中 国 国 家 标 准 汇 编

495

GB 26158～26185

（2010 年制定）

中国标准出版社　编

中国质检出版社
中国标准出版社
北　京

图书在版编目（CIP）数据

中国国家标准汇编：2010 年制定．495：GB 26158～26185/中国标准出版社编．—北京：中国标准出版社，2012

ISBN 978-7-5066-6535-3

Ⅰ．①中…　Ⅱ．①中…　Ⅲ．①国家标准-汇编-中国-2010
Ⅳ．①T-652.1

中国版本图书馆 CIP 数据核字(2011)第 187949 号

中国质检出版社
中国标准出版社 出版发行
北京市朝阳区和平里西街甲 2 号(100013)
北京市西城区三里河北街 16 号(100045)
网址:www.spc.net.cn
总编室:(010)64275323　发行中心:(010)51780235
读者服务部:(010)68523946
中国标准出版社秦皇岛印刷厂印刷
各地新华书店经销

*

开本 880×1230　1/16　印张 37.75　字数 1 009 千字
2012 年 1 月第一版　　2012 年 1 月第一次印刷

*

定价 220.00 元

出 版 说 明

1.《中国国家标准汇编》是一部大型综合性国家标准全集。自1983年起，按国家标准顺序号以精装本、平装本两种装帧形式陆续分册汇编出版。它在一定程度上反映了我国建国以来标准化事业发展的基本情况和主要成就，是各级标准化管理机构，工矿企事业单位，农林牧副渔系统，科研、设计、教学等部门必不可少的工具书。

2.《中国国家标准汇编》收入我国每年正式发布的全部国家标准，分为"制定"卷和"修订"卷两种编辑版本。

"制定"卷收入上一年度我国发布的、新制定的国家标准，顺延前年度标准编号分成若干分册，封面和书脊上注明"20××年制定"字样及分册号，分册号一直连续。各分册中的标准是按照标准编号顺序连续排列的，如有标准顺序号缺号的，除特殊情况注明外，暂为空号。

"修订"卷收入上一年度我国发布的、修订的国家标准，视篇幅分设若干分册，但与"制定"卷分册号无关联，仅在封面和书脊上注明"20××年修订-1，-2，-3，……"字样。"修订"卷各分册中的标准，仍按标准编号顺序排列(但不连续)；如有遗漏的，均在当年最后一分册中补齐。需提请读者注意的是，个别非顺延前年度标准编号的新制定的国家标准没有收入在"制定"卷中，而是收入在"修订"卷中。

读者配套购买《中国国家标准汇编》"制定"卷和"修订"卷则可收齐上一年度我国制定和修订的全部国家标准。

3.由于读者需求的变化，自1996年起，《中国国家标准汇编》仅出版精装本。

4.2010年我国制修订国家标准共2846项。本分册为"2010年制定"卷第495分册，收入国家标准GB 26158～26185的最新版本。

中国标准出版社
2011年8月

目　　录

ICS 13.180
A 25

中华人民共和国国家标准

GB/T 26158—2010

中国未成年人人体尺寸

Human dimensions of Chinese minors

2011-01-14 发布　　2011-07-01 实施

中华人民共和国国家质量监督检验检疫总局
中国国家标准化管理委员会　发布

前　言

本标准按照 GB/T 1.1—2009 给出的规则起草。

本标准由全国人类工效学标准化技术委员会(SAC/TC 7)提出并归口。

本标准起草单位:中国标准化研究院、中国科学院数学与系统科学研究院、北京服装学院、空军航空医学研究所、总装防化研究院。

本标准主要起草人:张欣、冉令华、刘太杰、冯士雍、郑嵘、肖惠、郭小朝、晁储芝、张宝芹、丁松涛。

中国未成年人人体尺寸

1 范围

本标准给出了未成年人(4 岁～17 岁)72 项人体尺寸所涉及的 11 个百分位数。

本标准适用于未成年人用品的设计与生产,以及与未成年人相关设施的设计和安全防护。

2 规范性引用文件

下列文件对于本文件的应用是必不可少的。凡是注日期的引用文件,仅注日期的版本适用于本文件。凡是不注日期的引用文件,其最新版本(包括所有的修改单)适用于本文件。

GB/T 5703　用于技术设计的人体测量基础项目(GB/T 5703—2010,ISO 7250-1:2008,MOD)

3 术语和定义

GB/T 5703 中界定的以及以下术语和定义适用于本文件。

3.1

k 百分位数　k percentile

一个数值,对 $0<k<100$,测量项目不超过此值的概率恰为 $k\%$。

3.2

桡骨茎突点高　radial stylion height

桡骨茎突点至地面的垂直距离。

3.3

膝厚　knee depth

在膑骨中点部位,膝的纵向水平直线距离。

3.4

眉间顶颈弧长　glabella-vertex-cervical

从眉间点,经头顶点至颈椎点的弧长。

3.5

无名指长　finger Ⅳ length

无名指指尖点至其掌指关节的近位弯屈肤纹的直线距离。

3.6

小指长　finger Ⅴ length

小指指尖点至其掌指关节的近位弯屈肤纹的直线距离。

4 人体尺寸

4.1 年龄分组与测量项目

本标准将未成年人分为五个年龄组:4 岁～6 岁、7 岁～10 岁、11 岁～12 岁、13 岁～15 岁、16 岁～

17 岁，每个年龄组给出了 72 项人体尺寸的 11 个百分位数。测量项目示意图见附录 A。

注：年龄计算方法参见 GB/T 22187—2008。

4.2 人体尺寸百分位数

4.2.1 分年龄组未成年男子人体尺寸百分位数见表 1～表 5。

4.2.2 分年龄组未成年女子人体尺寸百分位数见表 6～表 10。

4.3 6 个区域未成年人身高、胸围和体重的均值及标准差

附录 B 中列出了我国东北华北、中西部、长江下游、长江中游、两广福建、云贵川 6 个自然区域未成年人身高、胸围和体重的均值及标准差。

注：6 个自然区各自包括的省市如下所示：

——东北华北区：黑龙江、吉林、辽宁、内蒙古、河北、山东、北京、天津；

——中西部区：河南、山西、陕西、宁夏、甘肃、新疆、西藏；

——长江下游区：江苏、浙江、安徽、上海；

——长江中游区：湖北、湖南、江西；

——两广福建区：广东、广西、海南、福建；

——云贵川区：云南、贵州、四川、重庆。

表 1 4 岁～6 岁未成年男子人体尺寸百分位数

单位为毫米

测量项目		百分位数										
		P1	P2.5	P5	P10	P25	P50	P75	P90	P95	P97.5	P99
立姿测量项目												
1	体重/kg	13.5	14.4	15.0	15.7	17.1	18.9	21.3	23.9	25.9	29.0	32.1
2	身高	971	986	1 000	1 025	1 066	1 113	1 170	1 210	1 237	1 258	1 280
3	眼高	854	865	880	900	942	988	1 042	1 081	1 104	1 123	1 146
4	颈椎点高	773	787	797	815	854	897	945	984	1 003	1 024	1 048
5	颏下点高	771	782	794	814	854	898	948	988	1 009	1 027	1 046
6	肩高	730	742	754	772	808	851	899	931	954	974	1 001
7	桡骨茎突点高	432	443	450	461	483	508	537	560	573	583	596
8	中指指点高	376	385	392	401	421	444	472	492	504	512	519
9	中指指尖点高	324	335	342	349	367	388	411	432	443	450	463
10	会阴高	359	373	380	393	417	449	478	503	516	528	542
11	胫骨点高	208	215	221	228	241	259	277	292	302	309	316
12	髂前上棘点高	468	479	492	506	535	569	602	630	646	661	683
13	上肢长	396	402	411	421	441	466	491	509	524	538	540
14	上臂长	163	169	171	177	188	199	213	220	226	231	238
15	前臂长	112	116	123	126	137	145	155	166	173	180	184
16	大腿长	246	255	263	272	289	308	328	346	357	366	381
17	小腿长	175	182	188	193	206	224	239	254	264	271	278
18	最大体宽	265	270	274	280	291	304	318	335	349	364	377

表 1（续）

单位为毫米

测量项目		百分位数										
		P1	P2.5	P5	P10	P25	P50	P75	P90	P95	P97.5	P99
立姿测量项目												
19	肩最大宽	252	256	260	264	274	286	298	313	323	333	348
20	肩宽	211	214	218	224	233	245	257	268	274	280	292
21	胸宽	183	189	193	198	206	216	226	235	242	248	256
22	腰宽	163	166	169	173	180	189	199	211	218	231	241
23	两髂嵴点间宽	163	167	172	176	183	193	204	215	225	234	256
24	臀宽	180	186	191	195	202	212	223	234	242	253	264
25	体厚	149	155	159	165	173	184	195	206	213	222	234
26	乳头点胸厚	132	136	138	142	149	155	164	172	177	184	191
27	胸厚	126	128	131	134	140	147	154	162	167	174	184
28	腹厚	122	125	129	133	139	147	156	166	175	182	197
29	膝厚	60	62	63	65	69	74	79	84	87	90	96
30	颈围	226	231	236	240	248	258	268	281	288	297	309
31	胸围	518	532	543	553	573	598	628	657	677	708	742
32	肘围	139	143	148	152	160	169	177	188	195	200	214
33	前臂围	127	131	137	142	149	159	169	180	186	196	210
34	腕围	99	103	106	111	117	124	133	143	154	162	170
35	腰围	446	456	464	473	490	512	539	571	607	635	678
36	腹围	466	469	477	485	504	527	554	590	627	652	704
37	臀围	509	523	530	541	563	588	622	652	681	716	749
38	大腿围	263	273	280	288	303	325	347	375	392	424	450
39	腿肚围	192	198	204	208	218	229	243	259	270	282	298
坐姿测量项目												
40	坐高	550	560	570	585	603	628	653	675	686	697	706
41	膝高	266	274	281	289	303	323	343	356	365	372	384
42	眼高	433	445	457	469	488	513	535	557	570	577	587
43	颈椎点高	361	366	375	386	401	421	441	459	469	477	487
44	肩高	314	325	332	343	361	379	397	419	430	440	448
45	小腿加足高(腘高)	207	216	223	230	245	263	281	293	299	303	313
46	臀宽	173	181	185	191	201	212	223	235	245	252	268
47	大腿厚	61	69	72	72	79	87	94	104	108	116	118
48	臀-膝距	302	307	315	323	338	357	377	396	407	417	429
49	臀-腘距	233	243	249	259	274	294	313	331	340	349	358

表 1（续） 单位为毫米

测量项目		百分位数										
		P1	P2.5	P5	P10	P25	P50	P75	P90	P95	P97.5	P99
坐姿测量项目												
50	腹围	484	491	502	510	532	560	596	640	665	704	744
51	肘高	112	123	130	137	148	162	177	191	199	206	213
52	肩肘距	180	184	188	195	206	217	228	238	246	253	256
头部测量项目												
53	头全高	173	180	184	188	195	206	213	220	224	227	231
54	头宽	138	140	142	144	148	152	156	159	162	164	167
55	头长	159	161	164	166	170	174	180	184	187	190	192
56	形态面长	80	83	85	87	91	95	99	102	105	106	109
57	头矢状弧	283	289	294	302	314	327	338	347	352	356	363
58	眉间顶颈弧长	373	384	392	402	414	427	443	459	470	478	493
59	头围	473	479	484	489	499	511	524	536	546	558	571
60	耳屏间弧	299	307	312	317	327	338	347	356	363	368	373
61	头冠状围	488	498	512	531	552	573	594	611	622	630	640
手部测量项目												
62	手长	106	108	110	113	118	123	130	135	139	143	153
63	手宽	51	52	53	54	56	59	61	64	65	66	68
64	拇指长	31	33	34	35	37	39	42	44	45	46	50
65	食指长	40	41	42	43	45	48	51	53	55	56	60
66	中指长	45	46	47	49	51	54	56	59	61	63	67
67	无名指长	42	43	44	46	48	50	53	56	57	59	63
68	小指长	32	33	34	35	37	39	42	44	45	47	50
69	食指近位宽	11	12	12	13	13	14	15	16	17	17	18
70	食指远位宽	10	11	11	11	12	13	14	14	15	15	16
足部测量项目												
71	足长	140	146	149	155	163	172	182	190	194	196	200
72	足宽	46	49	52	56	62	67	72	76	79	82	86

表 2　7 岁～10 岁未成年男子人体尺寸百分位数

单位为毫米

测量项目		百分位数										
		P1	P2.5	P5	P10	P25	P50	P75	P90	P95	P97.5	P99
立姿测量项目												
1	体重/kg	17.9	19.3	20.3	21.4	23.9	27.9	33.6	40.9	46.4	49.9	55.3
2	身高	1 130	1 166	1 187	1 214	1 260	1 320	1 380	1 431	1 462	1 486	1 525
3	眼高	1 009	1 043	1 062	1 088	1 135	1 194	1 251	1 303	1 329	1 356	1 391
4	颈椎点高	912	944	962	985	1 030	1 085	1 140	1 190	1 216	1 238	1 280
5	颏下点高	916	952	969	992	1 038	1 093	1 150	1 197	1 226	1 248	1 284
6	肩高	873	899	916	941	981	1 038	1 092	1 136	1 165	1 186	1 219
7	桡骨茎突点高	514	533	546	561	584	620	652	684	700	716	732
8	中指指点高	446	464	479	490	514	544	573	602	616	628	645
9	中指指尖点高	390	407	417	428	447	476	504	529	544	555	569
10	会阴高	456	474	486	500	529	565	597	626	644	662	677
11	胫骨点高	260	271	279	287	305	325	347	366	378	389	400
12	髂前上棘点高	581	601	615	630	664	704	744	779	800	818	843
13	上肢长	474	485	495	511	534	563	592	615	631	645	661
14	上臂长	199	202	209	216	227	240	254	267	274	282	289
15	前臂长	137	145	152	159	169	180	191	202	206	213	221
16	大腿长	305	315	325	336	354	379	401	423	434	446	456
17	小腿长	222	232	238	247	263	282	303	322	332	343	358
18	最大体宽	284	292	299	306	320	340	370	403	429	443	464
19	肩最大宽	277	283	289	296	308	326	349	376	392	404	418
20	肩宽	242	248	252	259	271	286	303	317	327	335	343
21	胸宽	207	211	215	221	232	246	262	282	294	302	312
22	腰宽	177	181	185	190	200	213	237	267	282	294	306
23	两髂嵴点间宽	182	186	190	196	206	220	242	270	286	297	309
24	臀宽	206	210	214	221	232	247	267	288	301	311	323
25	体厚	160	167	172	177	188	203	221	246	261	271	285
26	乳头点胸厚	142	147	151	154	163	173	187	205	217	225	238
27	胸厚	133	137	141	144	152	162	174	189	198	207	218
28	腹厚	128	132	136	140	147	160	179	207	222	236	252
29	膝厚	70	73	75	78	83	89	97	105	110	115	118
30	颈围	238	243	247	252	261	274	291	310	322	332	342
31	胸围	559	581	593	607	636	675	737	808	853	889	926
32	肘围	149	153	157	163	172	186	200	218	228	237	248
33	前臂围	139	142	147	152	163	177	193	210	221	231	239

表 2（续）

单位为毫米

测量项目		百分位数										
		P1	P2.5	P5	P10	P25	P50	P75	P90	P95	P97.5	P99
立姿测量项目												
34	腕围	106	109	113	117	125	135	149	162	172	179	189
35	腰围	473	484	494	504	529	568	634	726	769	808	851
36	腹围	490	502	513	525	550	589	659	751	798	837	877
37	臀围	570	585	597	610	642	686	741	808	843	866	898
38	大腿围	298	311	318	329	352	384	430	475	501	525	547
39	腿肚围	216	224	229	236	251	269	294	321	337	349	356
坐姿测量项目												
40	坐高	625	639	653	664	686	715	740	765	776	791	808
41	膝高	325	335	343	353	371	393	417	436	449	457	468
42	眼高	509	524	535	548	570	596	621	645	659	672	684
43	颈椎点高	414	427	437	448	466	488	513	531	543	555	570
44	肩高	372	386	396	405	426	448	473	491	505	516	531
45	小腿加足高(腘高)	263	272	280	288	302	324	342	360	371	378	389
46	臀宽	200	206	212	218	231	247	269	292	306	317	331
47	大腿厚	76	79	83	87	97	108	119	130	134	141	145
48	臀-膝距	358	372	381	391	413	440	466	492	509	519	535
49	臀-腘距	292	302	311	322	341	364	388	409	423	435	446
50	腹围	514	526	535	549	580	631	710	805	859	898	939
51	肘高	137	147	152	159	173	188	202	217	227	235	249
52	肩肘距	217	220	227	231	246	260	274	285	293	300	310
头部测量项目												
53	头全高	184	188	195	199	206	217	224	231	235	238	242
54	头宽	143	145	147	149	153	158	162	166	168	170	173
55	头长	163	166	168	171	175	181	186	191	195	198	201
56	形态面长	88	90	91	94	98	102	106	111	113	116	119
57	头矢状弧	290	298	305	313	324	336	347	357	364	368	374
58	眉间顶颈弧长	401	409	417	424	437	451	466	479	488	497	510
59	头围	485	492	498	505	517	530	545	560	571	580	595
60	耳屏间弧	312	318	324	328	338	349	359	368	374	380	386
61	头冠状围	516	529	540	557	581	603	624	641	652	660	669
手部测量项目												
62	手长	123	126	129	132	137	144	150	157	162	165	170

表 2（续）

单位为毫米

测量项目		百分位数										
		P1	P2.5	P5	P10	P25	P50	P75	P90	P95	P97.5	P99
手部测量项目												
63	手宽	57	59	60	61	63	66	69	72	74	76	78
64	拇指长	38	39	40	41	43	46	49	51	53	54	57
65	食指长	46	48	49	51	53	56	59	62	64	65	67
66	中指长	52	54	55	57	59	62	66	69	71	73	74
67	无名指长	48	50	51	53	55	58	61	64	66	68	69
68	小指长	37	38	39	41	43	46	48	51	52	54	55
69	食指近位宽	13	13	14	14	15	16	17	17	18	19	19
70	食指远位宽	11	12	12	13	13	14	15	16	16	17	17
足部测量项目												
71	足长	172	177	180	186	195	205	216	226	231	235	241
72	足宽	58	60	63	66	71	77	82	87	90	93	97

表 3　11 岁～12 岁未成年男子人体尺寸百分位数

单位为毫米

测量项目		百分位数										
		P1	P2.5	P5	P10	P25	P50	P75	P90	P95	P97.5	P99
立姿测量项目												
1	体重/kg	24.8	26.2	27.6	29.1	32.6	38.0	45.5	53.9	60.3	68.1	75.4
2	身高	1 309	1 330	1 350	1 374	1 418	1 466	1 521	1 582	1 620	1 650	1 677
3	眼高	1 182	1 202	1 223	1 246	1 288	1 338	1 392	1 453	1 486	1 516	1 547
4	颈椎点高	1 079	1 100	1 118	1 139	1 178	1 224	1 277	1 329	1 367	1 392	1 421
5	颏下点高	1 085	1 104	1 124	1 144	1 186	1 233	1 284	1 346	1 374	1 403	1 435
6	肩高	1 028	1 048	1 065	1 086	1 126	1 169	1 218	1 270	1 299	1 327	1 353
7	桡骨茎突点高	608	617	629	642	669	699	731	763	782	800	812
8	中指指点高	518	535	548	561	584	613	641	670	689	702	718
9	中指指尖点高	457	471	482	493	515	537	564	591	605	616	631
10	会阴高	557	568	580	597	619	647	674	702	720	734	750
11	胫骨点高	313	321	329	338	353	371	393	414	425	436	448
12	髂前上棘点高	700	714	727	743	771	801	837	873	894	912	939
13	上肢长	556	567	578	589	607	632	661	686	704	722	736
14	上臂长	231	238	243	249	260	271	285	296	307	314	320
15	前臂长	170	173	177	184	191	202	213	224	231	235	242
16	大腿长	359	372	383	393	411	430	451	470	484	495	514

表 3（续） 单位为毫米

测量项目		百分位数										
		P1	P2.5	P5	P10	P25	P50	P75	P90	P95	P97.5	P99
立姿测量项目												
17	小腿长	263	275	284	292	308	325	347	366	379	386	398
18	最大体宽	317	324	331	340	356	380	412	445	464	483	508
19	肩最大宽	313	317	323	330	343	362	386	409	427	441	461
20	肩宽	272	281	287	292	304	318	334	349	360	370	384
21	胸宽	230	236	241	247	257	272	290	309	322	333	343
22	腰宽	193	200	206	212	223	239	265	293	309	323	339
23	两髂嵴点间宽	200	206	211	218	229	246	270	296	313	326	338
24	臀宽	233	239	244	250	262	278	297	316	329	343	358
25	体厚	170	178	183	190	201	218	239	265	280	294	312
26	乳头点胸厚	152	157	162	167	176	190	207	229	243	252	268
27	胸厚	146	149	154	158	167	178	194	211	225	235	249
28	腹厚	133	138	142	148	158	173	198	228	244	260	275
29	膝厚	82	85	87	90	96	102	110	117	122	127	133
30	颈围	251	256	261	266	278	293	312	331	346	362	380
31	胸围	618	634	649	665	699	750	818	896	940	985	1 040
32	肘围	163	169	174	181	192	206	222	239	249	257	267
33	前臂围	156	162	168	173	184	200	216	232	241	254	265
34	腕围	116	121	124	129	136	147	160	173	183	193	203
35	腰围	508	524	536	549	580	629	709	802	854	903	944
36	腹围	532	545	556	571	604	657	738	832	881	925	982
37	臀围	645	661	672	689	723	771	829	887	923	974	1 025
38	大腿围	349	359	366	380	406	441	486	528	553	571	608
39	腿肚围	245	252	259	266	283	304	331	355	370	384	399
坐姿测量项目												
40	坐高	693	704	715	729	747	776	802	834	852	867	891
41	膝高	389	396	403	411	428	446	465	487	501	511	520
42	眼高	574	589	596	610	629	656	683	711	729	749	766
43	颈椎点高	469	480	491	502	517	541	563	592	607	625	643
44	肩高	429	438	448	459	477	498	523	545	563	574	592
45	小腿加足高(腘高)	310	318	324	335	349	367	382	399	409	421	430
46	臀宽	226	235	242	248	262	280	302	323	339	354	365
47	大腿厚	90	94	97	101	109	119	134	144	152	159	166

表 3（续）

单位为毫米

测量项目		百分位数										
		P1	P2.5	P5	P10	P25	P50	P75	P90	P95	P97.5	P99
坐姿测量项目												
48	臀-膝距	430	441	448	458	478	500	525	549	565	576	594
49	臀-腘距	349	360	367	377	396	416	437	457	471	485	501
50	腹围	549	564	581	602	644	706	796	888	943	992	1 059
51	肘高	155	163	170	177	188	206	224	238	253	264	271
52	肩肘距	249	256	264	267	278	292	307	318	325	332	340
头部测量项目												
53	头全高	191	195	199	206	213	220	231	238	242	246	253
54	头宽	146	148	150	153	157	161	166	170	172	174	177
55	头长	169	171	173	176	180	185	191	196	199	202	205
56	形态面长	93	95	97	99	103	108	113	117	120	124	130
57	头矢状弧	290	298	305	314	325	337	349	360	367	371	379
58	眉间顶颈弧长	409	419	425	432	446	459	475	490	499	508	520
59	头围	501	508	514	520	530	543	559	574	583	595	608
60	耳屏间弧	314	322	328	335	345	356	366	375	381	387	395
61	头冠状围	522	538	554	570	595	618	639	658	663	670	681
手部测量项目												
62	手长	139	142	145	148	154	160	168	176	181	185	189
63	手宽	63	64	65	67	69	72	76	79	82	84	87
64	拇指长	43	44	45	46	49	51	54	58	60	61	63
65	食指长	52	54	55	56	59	62	65	69	71	73	75
66	中指长	59	61	62	63	66	69	73	77	79	81	84
67	无名指长	55	57	58	59	61	64	68	72	74	76	78
68	小指长	42	44	44	46	48	51	54	57	58	60	63
69	食指近位宽	14	14	15	15	16	17	18	19	20	20	21
70	食指远位宽	12	13	13	14	14	15	16	17	18	18	19
足部测量项目												
71	足长	197	201	206	211	219	228	239	248	254	260	265
72	足宽	63	66	69	72	78	83	89	93	97	101	104

表4　13岁～15岁未成年男子人体尺寸百分位数　　单位为毫米

测量项目		百分位数										
		P1	P2.5	P5	P10	P25	P50	P75	P90	P95	P97.5	P99
立姿测量项目												
1	体重/kg	29.9	32.3	34.7	38.2	43.7	50.5	58.8	69.4	76.3	83.5	90.6
2	身高	1 412	1 438	1 469	1 506	1 574	1 638	1 694	1 740	1 765	1 790	1 816
3	眼高	1 287	1 312	1 339	1 379	1 443	1 506	1 559	1 605	1 630	1 652	1 671
4	颈椎点高	1 170	1 201	1 227	1 262	1 321	1 378	1 432	1 472	1 494	1 515	1 537
5	颏下点高	1 183	1 212	1 237	1 273	1 335	1 396	1 447	1 490	1 515	1 537	1 559
6	肩高	1 115	1 147	1 173	1 205	1 259	1 312	1 364	1 404	1 427	1 448	1 475
7	桡骨茎突点高	666	678	693	716	747	781	814	839	854	868	883
8	中指指点高	575	595	606	627	656	688	717	742	757	768	786
9	中指指尖点高	507	521	533	548	573	601	627	651	664	677	689
10	会阴高	611	626	641	659	688	717	749	773	789	806	820
11	胫骨点高	346	357	366	377	395	414	435	453	462	472	485
12	髂前上棘点高	760	782	802	823	859	894	929	958	978	992	1 011
13	上肢长	603	620	632	650	679	711	737	761	773	783	798
14	上臂长	253	260	267	275	289	303	318	330	336	343	349
15	前臂长	184	191	195	202	213	224	238	249	256	260	267
16	大腿长	393	409	420	433	455	479	502	523	534	546	558
17	小腿长	300	311	318	329	346	365	383	401	412	419	430
18	最大体宽	342	351	362	374	394	417	444	473	496	512	540
19	肩最大宽	334	345	352	362	381	402	423	442	455	469	482
20	肩宽	297	305	312	322	339	357	376	392	400	406	415
21	胸宽	244	252	259	267	282	301	320	338	352	360	373
22	腰宽	207	215	221	229	242	259	280	311	327	339	362
23	两髂嵴点间宽	216	222	229	236	249	265	285	312	325	341	361
24	臀宽	251	258	268	277	293	311	329	347	361	372	385
25	体厚	185	189	195	202	213	228	247	269	285	296	311
26	乳头点胸厚	166	170	175	181	192	205	221	242	256	265	283
27	胸厚	157	162	167	173	183	197	212	229	240	249	262
28	腹厚	141	147	152	157	167	180	203	233	255	268	286
29	膝厚	89	94	97	101	106	113	120	126	131	135	140
30	颈围	262	272	279	288	303	322	341	360	372	384	398
31	胸围	666	688	705	727	769	822	885	963	1 008	1 045	1 102
32	肘围	173	180	186	194	206	220	237	253	265	276	288

表 4（续）

单位为毫米

测量项目		百分位数										
		P1	P2.5	P5	P10	P25	P50	P75	P90	P95	P97.5	P99
立姿测量项目												
33	前臂围	171	180	186	193	207	222	238	255	265	274	285
34	腕围	123	129	133	139	148	158	168	179	185	192	200
35	腰围	541	559	571	587	621	663	733	834	887	936	992
36	腹围	570	586	600	619	651	697	768	868	923	973	1 031
37	臀围	697	719	741	764	807	856	907	967	1 011	1 052	1 095
38	大腿围	380	390	402	416	445	480	525	573	603	629	658
39	腿肚围	265	276	284	295	313	335	361	387	405	421	439
坐姿测量项目												
40	坐高	740	758	773	791	827	866	899	924	939	953	964
41	膝高	421	432	443	457	474	493	512	527	536	544	554
42	眼高	621	632	650	669	704	740	773	798	813	827	838
43	颈椎点高	509	524	536	553	581	617	644	668	679	690	704
44	肩高	469	480	491	509	534	563	589	610	628	639	654
45	小腿加足高(腘高)	342	356	363	371	386	403	421	439	447	454	465
46	臀宽	245	254	262	271	289	309	330	350	362	376	391
47	大腿厚	97	101	105	108	119	130	144	155	163	170	177
48	臀-膝距	470	482	494	508	530	554	577	596	608	619	632
49	臀-腘距	378	391	403	416	437	461	482	501	511	519	532
50	腹围	583	603	620	642	678	729	809	911	970	1 030	1 099
51	肘高	173	181	191	199	217	235	253	271	285	293	310
52	肩肘距	271	282	289	296	311	325	340	354	361	368	376
头部测量项目												
53	头全高	199	202	206	213	220	231	238	246	253	256	260
54	头宽	149	151	154	156	161	165	170	175	177	179	182
55	头长	171	174	177	180	185	191	196	202	206	209	211
56	形态面长	101	103	105	110	116	120	126	130	132	135	141
57	头矢状弧	300	307	313	320	331	342	355	366	372	378	386
58	眉间顶颈弧长	425	432	439	448	461	476	494	510	521	533	548
59	头围	509	519	526	533	545	559	576	592	602	613	624
60	耳屏间弧	323	329	335	342	353	363	374	383	390	394	400
61	头冠状围	547	561	574	591	615	638	659	678	687	694	703

表 4（续）

单位为毫米

测量项目		百分位数										
		P1	P2.5	P5	P10	P25	P50	P75	P90	P95	P97.5	P99
手部测量项目												
62	手长	151	156	160	164	172	180	187	193	196	199	202
63	手宽	68	70	71	73	77	80	83	86	88	89	91
64	拇指长	47	48	50	51	55	58	61	64	65	66	68
65	食指长	57	59	61	63	66	69	73	76	78	79	81
66	中指长	64	66	68	71	74	78	82	85	87	88	90
67	无名指长	60	62	64	66	69	73	76	79	81	83	84
68	小指长	46	48	49	51	54	57	60	63	64	65	67
69	食指近位宽	15	15	16	16	17	19	20	21	21	22	22
70	食指远位宽	13	14	14	15	15	16	17	18	19	20	20
足部测量项目												
71	足长	214	220	225	231	240	249	257	265	270	274	278
72	足宽	64	69	73	77	82	88	95	100	104	107	110

表 5　16 岁～17 岁未成年男子人体尺寸百分位数

单位为毫米

测量项目		百分位数										
		P1	P2.5	P5	P10	P25	P50	P75	P90	P95	P97.5	P99
立姿测量项目												
1	体重/kg	40.1	42.9	45.1	47.9	51.5	56.7	63.7	72.4	80.4	88.4	95.5
2	身高	1 553	1 578	1 602	1 626	1 665	1 706	1 746	1 785	1 809	1 825	1 858
3	眼高	1 421	1 450	1 470	1 495	1 533	1 573	1 613	1 652	1 672	1 696	1 726
4	颈椎点高	1 298	1 324	1 344	1 367	1 401	1 442	1 478	1 512	1 535	1 553	1 579
5	颏下点高	1 316	1 341	1 361	1 387	1 422	1 461	1 501	1 534	1 555	1 576	1 609
6	肩高	1 236	1 262	1 277	1 299	1 335	1 371	1 409	1 444	1 468	1 484	1 509
7	桡骨茎突点高	726	743	753	767	792	816	843	865	880	894	911
8	中指指点高	637	649	663	677	699	723	746	768	782	796	812
9	中指指尖点高	555	566	577	590	609	631	652	674	685	699	710
10	会阴高	658	666	676	691	716	742	767	791	806	820	836
11	胫骨点高	370	377	385	395	409	426	444	462	471	481	493
12	髂前上棘点高	824	839	854	869	897	924	955	980	996	1 011	1 037
13	上肢长	664	675	683	695	718	739	760	780	793	804	819
14	上臂长	275	285	289	296	307	318	331	340	347	354	361
15	前臂长	199	205	209	217	224	235	246	253	260	267	274

表 5（续）

单位为毫米

测量项目		百分位数										
		P1	P2.5	P5	P10	P25	P50	P75	P90	P95	P97.5	P99
立姿测量项目												
16	大腿长	424	440	451	462	480	498	517	534	545	556	567
17	小腿长	314	325	330	339	354	373	393	412	420	430	440
18	最大体宽	381	391	400	409	423	439	459	486	509	531	551
19	肩最大宽	371	383	389	398	412	426	442	460	471	485	513
20	肩宽	326	336	346	354	369	383	398	409	416	423	430
21	胸宽	268	277	284	292	304	320	335	352	363	372	385
22	腰宽	228	233	240	247	258	272	287	311	332	347	359
23	两髂嵴点间宽	236	241	247	253	264	276	291	311	331	350	363
24	臀宽	285	291	297	305	315	326	340	356	368	379	398
25	体厚	191	199	205	211	223	238	254	272	290	305	325
26	乳头点胸厚	177	182	186	192	201	214	228	247	260	274	290
27	胸厚	174	178	183	188	197	208	220	235	246	258	272
28	腹厚	150	155	161	166	175	187	202	230	251	271	286
29	膝厚	97	101	103	106	111	117	123	129	133	137	141
30	颈围	301	306	310	317	329	342	357	374	385	400	410
31	胸围	742	757	771	791	823	867	917	987	1 042	1 086	1 123
32	肘围	188	192	199	207	217	230	244	259	270	280	288
33	前臂围	198	203	208	215	225	237	249	262	272	281	291
34	腕围	136	140	144	148	156	164	173	183	192	201	210
35	腰围	577	594	610	625	656	693	742	832	900	948	997
36	腹围	611	630	644	661	690	727	776	871	940	981	1 033
37	臀围	785	802	818	835	863	894	937	986	1 026	1 062	1 118
38	大腿围	418	431	443	455	477	506	545	588	620	649	686
39	腿肚围	290	298	307	315	330	349	370	396	413	426	445
坐姿测量项目												
40	坐高	817	841	859	870	892	917	939	957	971	982	989
41	膝高	448	458	465	475	490	505	522	534	545	555	566
42	眼高	693	717	733	747	766	790	810	830	845	852	864
43	颈椎点高	575	596	607	618	639	657	679	695	708	716	728
44	肩高	524	538	549	563	582	603	625	643	653	661	675
45	小腿加足高(腘高)	353	362	369	381	393	414	433	450	460	467	479
46	臀宽	273	283	291	298	313	327	343	362	377	390	409

表 5（续）

单位为毫米

测量项目		百分位数										
		P1	P2.5	P5	P10	P25	P50	P75	P90	P95	P97.5	P99
坐姿测量项目												
47	大腿厚	108	112	116	119	126	137	148	162	170	173	183
48	臀-膝距	510	519	526	535	552	572	590	608	620	630	642
49	臀-腘距	407	418	427	440	457	475	493	510	521	531	540
50	腹围	619	639	654	672	705	746	804	894	976	1 043	1 093
51	肘高	199	206	217	228	242	260	278	296	306	314	325
52	肩肘距	297	307	311	318	329	340	354	365	372	379	386
头部测量项目												
53	头全高	202	207	213	217	224	235	242	249	253	256	260
54	头宽	153	155	157	160	164	169	174	178	181	183	185
55	头长	176	180	182	185	190	195	200	206	209	211	214
56	形态面长	102	105	107	109	114	119	123	128	131	134	136
57	头矢状弧	304	313	318	325	337	350	363	373	380	386	391
58	眉间顶颈弧长	434	444	451	461	475	489	505	522	536	548	566
59	头围	525	534	539	546	559	571	586	601	608	617	628
60	耳屏间弧	332	336	341	347	356	367	377	387	392	397	401
61	头冠状围	552	570	586	603	626	650	670	686	697	704	714
手部测量项目												
62	手长	164	168	170	174	179	185	191	196	199	202	205
63	手宽	73	75	76	77	80	82	85	87	89	90	93
64	拇指长	50	51	53	54	57	59	62	64	66	68	70
65	食指长	61	64	65	67	69	72	75	77	79	80	82
66	中指长	69	71	73	74	77	80	83	86	88	89	91
67	无名指长	65	67	68	70	72	75	78	81	82	84	85
68	小指长	49	51	52	54	56	59	62	64	66	67	68
69	食指近位宽	15	16	17	17	18	19	20	21	22	22	23
70	食指远位宽	14	14	15	15	16	17	18	19	19	20	20
足部测量项目												
71	足长	219	228	232	237	244	252	261	268	273	276	280
72	足宽	67	71	75	79	85	91	96	101	104	106	110

表 6　4 岁～6 岁未成年女子人体尺寸百分位数

单位为毫米

测量项目		P1	P2.5	P5	P10	P25	P50	P75	P90	P95	P97.5	P99
立姿测量项目												
1	体重/kg	13.0	13.6	14.2	14.9	16.2	18.1	20.2	22.5	24.4	25.8	28.9
2	身高	957	972	994	1 014	1 054	1 109	1 158	1 194	1 225	1 241	1 271
3	眼高	837	858	875	898	934	985	1 035	1 077	1 097	1 114	1 139
4	颈椎点高	760	774	793	811	848	891	941	978	997	1 017	1 051
5	颏下点高	755	774	790	812	849	895	945	981	1 002	1 024	1 046
6	肩高	710	725	746	765	803	844	895	930	950	966	1 005
7	桡骨茎突点高	425	439	451	462	485	510	538	560	573	584	606
8	中指指点高	373	385	396	404	424	447	472	495	505	516	534
9	中指指尖点高	324	334	342	352	370	392	414	432	443	454	475
10	会阴高	364	376	387	399	421	452	481	506	521	531	549
11	胫骨点高	206	215	222	228	242	258	277	291	299	304	314
12	髂前上棘点高	472	483	495	507	533	566	602	628	644	654	671
13	上肢长	386	394	405	415	433	459	484	505	516	527	560
14	上臂长	161	166	170	175	184	195	208	217	224	228	235
15	前臂长	112	116	123	126	134	144	155	166	170	177	181
16	大腿长	249	259	266	272	288	308	329	346	353	364	374
17	小腿长	173	181	190	197	209	224	242	255	264	271	282
18	最大体宽	258	262	267	272	283	296	311	325	339	349	367
19	肩最大宽	247	252	257	261	271	282	294	305	316	324	343
20	肩宽	208	212	218	223	233	245	256	266	273	280	289
21	胸宽	180	185	189	194	202	210	220	229	236	244	251
22	腰宽	159	161	165	169	176	184	195	204	213	222	234
23	两髂嵴点间宽	162	167	169	172	180	190	201	212	222	233	244
24	臀宽	180	185	190	194	202	212	224	234	241	250	259
25	体厚	144	149	153	159	168	177	188	199	207	212	225
26	乳头点胸厚	128	131	134	137	143	151	158	167	172	179	187
27	胸厚	121	123	126	129	135	141	148	157	161	166	175
28	腹厚	110	120	125	129	135	143	152	162	168	178	190
29	膝厚	58	61	63	65	69	73	78	84	86	89	97
30	颈围	217	222	226	231	239	248	258	269	277	283	297
31	胸围	507	515	527	538	559	584	611	637	657	691	719
32	肘围	131	139	142	147	156	164	174	182	190	196	206

表6（续）

单位为毫米

测量项目		百分位数										
		P1	P2.5	P5	P10	P25	P50	P75	P90	P95	P97.5	P99
立姿测量项目												
33	前臂围	123	131	134	140	147	156	167	176	184	191	198
34	腕围	98	101	105	109	115	122	132	142	152	157	166
35	腰围	432	439	448	458	477	498	522	554	576	603	653
36	腹围	451	459	467	477	495	517	544	575	604	636	668
37	臀围	508	515	525	535	557	586	617	650	672	692	728
38	大腿围	265	274	281	289	308	331	356	383	404	427	452
39	腿肚围	191	197	200	205	216	228	241	255	265	274	294
坐姿测量项目												
40	坐高	545	560	567	574	599	625	646	672	682	697	719
41	膝高	262	270	276	285	302	318	339	356	364	371	380
42	眼高	430	444	451	462	484	509	531	556	567	580	596
43	颈椎点高	354	365	372	379	397	416	436	455	466	477	491
44	肩高	313	321	332	339	357	376	397	415	426	433	449
45	小腿加足高(腘高)	202	209	220	228	244	262	280	296	302	309	318
46	臀宽	176	180	184	188	198	209	222	236	245	250	266
47	大腿厚	65	69	72	72	79	87	94	101	108	112	119
48	臀-膝距	303	310	316	323	340	359	380	398	409	418	429
49	臀-腘距	240	247	254	264	280	300	318	334	345	354	364
50	腹围	471	481	490	502	522	549	582	623	651	680	713
51	肘高	116	123	130	137	148	162	173	188	195	199	206
52	肩肘距	297	307	311	318	329	340	354	365	372	379	386
头部测量项目												
53	头全高	173	180	184	188	195	202	210	217	222	224	231
54	头宽	137	139	140	142	146	150	154	158	161	163	165
55	头长	155	157	160	162	166	171	176	181	183	186	190
56	形态面长	79	82	83	85	88	92	96	100	102	105	109
57	头矢状弧	279	284	289	294	306	318	331	339	346	353	359
58	眉间顶颈弧长	375	384	390	398	410	424	438	452	462	476	493
59	头围	468	473	478	483	494	507	520	538	552	561	578
60	耳屏间弧	332	336	341	347	356	367	377	387	392	397	401
61	头冠状围	491	503	516	529	548	569	588	605	615	628	637

表 6（续）

单位为毫米

测量项目		百分位数										
		P1	P2.5	P5	P10	P25	P50	P75	P90	P95	P97.5	P99
手部测量项目												
62	手长	104	106	108	111	116	122	128	133	137	139	142
63	手宽	49	51	51	53	55	57	60	62	63	65	67
64	拇指长	30	32	33	34	36	39	41	43	44	46	47
65	食指长	39	40	42	43	45	48	51	53	54	56	57
66	中指长	44	46	47	48	51	54	56	59	61	62	64
67	无名指长	41	43	44	45	47	50	52	55	56	58	60
68	小指长	31	32	33	34	36	39	41	43	44	46	47
69	食指近位宽	11	11	12	12	13	14	15	15	16	17	17
70	食指远位宽	10	10	11	11	12	12	13	14	15	15	16
足部测量项目												
71	足长	134	141	146	151	159	169	178	186	191	195	199
72	足宽	47	50	53	55	60	65	69	73	75	77	80

表 7　7 岁～10 岁未成年女子人体尺寸百分位数

单位为毫米

测量项目		百分位数										
		P1	P2.5	P5	P10	P25	P50	P75	P90	P95	P97.5	P99
立姿测量项目												
1	体重/kg	17.1	18.2	19.2	20.3	22.7	26.0	31.0	36.8	41.0	44.7	50.0
2	身高	1 125	1 146	1 170	1 198	1 246	1 306	1 370	1 429	1 466	1 498	1 543
3	眼高	1 001	1 025	1 046	1 075	1 122	1 180	1 242	1 298	1 333	1 365	1 416
4	颈椎点高	906	930	948	974	1 018	1 073	1 132	1 186	1 219	1 248	1 294
5	颏下点高	912	935	955	984	1 028	1 082	1 143	1 194	1 229	1 264	1 313
6	肩高	862	884	904	927	970	1 024	1 081	1 132	1 166	1 191	1 231
7	桡骨茎突点高	515	526	540	555	580	612	648	681	699	717	742
8	中指指点高	450	461	472	489	512	543	576	605	620	635	659
9	中指指尖点高	396	403	414	428	448	475	504	532	547	559	583
10	会阴高	463	478	489	506	532	568	604	633	654	673	697
11	胫骨点高	258	269	277	287	303	323	344	364	376	387	397
12	髂前上棘点高	581	598	610	630	659	702	743	781	803	821	851
13	上肢长	462	476	488	498	521	550	580	607	626	641	665
14	上臂长	193	199	203	210	220	235	249	264	271	278	289
15	前臂长	141	148	152	159	166	177	188	199	206	213	220

表 7（续）

单位为毫米

测量项目		百分位数										
		P1	P2.5	P5	P10	P25	P50	P75	P90	P95	P97.5	P99
立姿测量项目												
16	大腿长	307	318	324	336	354	378	402	425	437	448	465
17	小腿长	220	229	238	247	264	282	302	321	332	343	354
18	最大体宽	280	286	291	299	312	330	352	377	395	411	429
19	肩最大宽	271	278	283	290	302	319	338	358	374	386	404
20	肩宽	238	244	250	257	268	283	299	314	324	333	342
21	胸宽	197	202	208	213	224	236	251	265	277	288	298
22	腰宽	168	173	179	184	195	209	226	246	264	276	289
23	两髂嵴点间宽	175	180	186	191	201	215	233	253	269	281	299
24	臀宽	202	207	213	219	231	246	263	281	292	305	318
25	体厚	153	158	165	170	179	192	207	224	237	250	261
26	乳头点胸厚	136	140	143	148	156	165	178	191	205	216	226
27	胸厚	127	131	134	138	145	154	165	178	186	195	209
28	腹厚	120	126	130	135	144	154	169	189	203	218	232
29	膝厚	66	70	73	77	82	88	95	101	106	110	115
30	颈围	219	229	235	241	250	262	274	290	300	309	323
31	胸围	537	554	569	585	614	649	698	754	802	841	882
32	肘围	140	147	152	157	167	179	191	205	214	223	232
33	前臂围	136	140	145	152	161	172	185	200	209	219	224
34	腕围	104	109	112	115	121	129	138	148	154	161	168
35	腰围	445	459	472	487	514	546	597	658	707	751	790
36	腹围	469	485	497	512	539	574	628	693	737	783	832
37	臀围	559	574	586	605	638	676	727	780	817	848	881
38	大腿围	298	308	318	332	354	384	423	461	485	511	539
39	腿肚围	211	217	224	233	247	264	284	306	322	335	351
坐姿测量项目												
40	坐高	621	632	645	657	679	708	737	762	780	802	827
41	膝高	323	328	338	350	367	389	411	432	446	457	469
42	眼高	498	514	525	538	561	589	617	643	661	679	701
43	颈椎点高	408	419	427	440	459	480	506	527	545	561	584
44	肩高	368	383	388	397	419	440	466	488	502	517	534
45	小腿加足高(腘高)	263	269	277	285	300	320	339	357	368	380	387
46	臀宽	195	201	209	216	227	244	263	282	299	312	323

表 7（续）

单位为毫米

测量项目		百分位数										
		P1	P2.5	P5	P10	P25	P50	P75	P90	P95	P97.5	P99
坐姿测量项目												
47	大腿厚	74	79	83	87	94	101	116	123	130	134	144
48	臀-膝距	362	372	382	394	413	439	465	490	508	522	538
49	臀-腘距	296	308	316	326	345	366	391	413	428	441	456
50	腹围	485	503	517	533	566	612	668	744	790	826	882
51	肘高	137	145	152	159	170	184	199	213	224	235	246
52	肩肘距	209	217	224	228	242	253	271	282	293	300	307
头部测量项目												
53	头全高	188	191	195	199	206	213	220	228	231	235	242
54	头宽	138	142	145	147	151	156	160	165	168	171	175
55	头长	159	163	165	167	172	177	182	187	190	192	196
56	形态面长	86	87	89	91	95	99	103	108	110	113	116
57	头矢状弧	279	287	292	298	309	320	333	344	351	357	365
58	眉间顶颈弧长	401	409	414	420	432	446	459	473	485	497	518
59	头围	486	492	498	504	515	528	543	562	577	592	600
60	耳屏间弧	307	312	317	324	334	344	353	363	368	374	381
61	头冠状围	507	522	535	551	573	594	614	630	641	650	661
手部测量项目												
62	手长	120	124	126	130	135	142	149	157	161	165	169
63	手宽	55	57	58	59	61	64	67	70	72	73	75
64	拇指长	37	38	39	40	43	46	49	52	53	55	57
65	食指长	47	48	49	50	53	56	59	62	64	66	68
66	中指长	52	54	55	56	59	62	66	69	72	73	75
67	无名指长	48	50	51	52	55	58	61	64	66	68	70
68	小指长	36	38	39	40	42	45	48	51	52	54	56
69	食指近位宽	12	13	13	14	14	15	16	17	17	18	19
70	食指远位宽	11	12	12	12	13	14	14	15	16	16	17
足部测量项目												
71	足长	164	169	173	180	189	201	212	222	228	234	239
72	足宽	51	54	58	62	68	73	78	83	87	90	93

表 8 11 岁～12 岁未成年女子人体尺寸百分位数 单位为毫米

测量项目		百分位数										
		P1	P2.5	P5	P10	P25	P50	P75	P90	P95	P97.5	P99
立姿测量项目												
1	体重/kg	24.7	26.1	27.3	29.0	32.7	37.8	44.1	51.0	56.4	61.5	69.0
2	身高	1 308	1 338	1 361	1 390	1 437	1 487	1 540	1 584	1 610	1 630	1 658
3	眼高	1 186	1 218	1 238	1 266	1 310	1 361	1 413	1 454	1 479	1 501	1 535
4	颈椎点高	1 076	1 104	1 132	1 153	1 197	1 244	1 293	1 332	1 357	1 380	1 404
5	颏下点高	1 087	1 118	1 140	1 165	1 208	1 259	1 306	1 348	1 371	1 396	1 425
6	肩高	1 029	1 057	1 079	1 103	1 140	1 187	1 231	1 270	1 295	1 313	1 344
7	桡骨茎突点高	609	627	641	655	681	710	736	763	776	791	811
8	中指指点高	525	544	555	573	601	628	655	678	692	703	720
9	中指指尖点高	472	485	494	507	527	551	576	597	608	620	634
10	会阴高	568	585	598	611	635	661	688	716	730	741	752
11	胫骨点高	316	326	333	342	359	374	392	407	417	425	436
12	髂前上棘点高	699	718	737	754	783	814	846	873	891	906	924
13	上肢长	549	567	575	589	610	635	661	680	693	707	719
14	上臂长	231	238	243	249	260	274	285	296	303	310	320
15	前臂长	170	173	178	184	195	202	213	225	231	238	246
16	大腿长	369	379	390	399	418	438	459	477	488	495	509
17	小腿长	274	282	289	300	314	331	347	361	368	379	391
18	最大体宽	315	320	326	335	350	372	398	425	443	462	484
19	肩最大宽	308	315	320	327	341	358	378	398	414	426	438
20	肩宽	271	278	287	295	307	322	336	350	359	368	378
21	胸宽	224	230	234	240	251	266	283	300	311	323	331
22	腰宽	191	198	204	211	223	239	259	281	296	310	322
23	两髂嵴点间宽	198	205	211	217	230	245	263	283	298	310	323
24	臀宽	236	241	247	256	269	288	306	324	337	347	364
25	体厚	164	173	178	186	197	212	228	248	260	273	286
26	乳头点胸厚	147	153	157	163	173	187	205	225	237	250	263
27	胸厚	141	146	150	154	162	173	186	201	211	220	234
28	腹厚	130	136	141	145	155	169	186	209	223	237	259
29	膝厚	82	85	87	90	95	102	108	115	119	124	129
30	颈围	239	247	253	258	269	282	296	312	323	331	339
31	胸围	602	618	631	652	689	737	798	871	909	947	1 001
32	肘围	157	162	167	173	184	197	212	227	236	245	262

表 8（续）

单位为毫米

测量项目		百分位数										
		P1	P2.5	P5	P10	P25	P50	P75	P90	P95	P97.5	P99
立姿测量项目												
33	前臂围	158	162	166	172	182	194	210	224	235	245	260
34	腕围	112	116	120	124	132	140	149	159	165	171	177
35	腰围	499	510	523	539	568	612	673	742	783	829	880
36	腹围	525	541	555	571	601	647	710	782	824	871	923
37	臀围	653	666	681	699	738	787	843	896	929	967	1 020
38	大腿围	358	366	375	386	411	447	488	532	559	579	600
39	腿肚围	250	255	259	267	281	303	325	348	361	371	385
坐姿测量项目												
40	坐高	700	715	726	740	765	794	823	849	866	875	888
41	膝高	390	400	406	415	431	449	465	482	491	501	511
42	眼高	578	596	607	619	643	672	700	726	740	753	767
43	颈椎点高	473	484	495	508	528	553	580	604	617	630	642
44	肩高	430	444	451	466	484	509	531	553	563	574	585
45	小腿加足高(腘高)	316	324	331	339	355	371	382	397	404	414	424
46	臀宽	230	236	242	250	267	288	308	328	343	352	366
47	大腿厚	90	94	97	101	108	119	130	141	148	155	161
48	臀-膝距	439	448	456	468	487	511	533	553	567	581	600
49	臀-腘距	354	369	379	389	407	427	448	467	480	490	504
50	腹围	547	558	573	592	634	687	756	830	883	926	982
51	肘高	162	166	173	181	195	213	228	246	256	264	271
52	肩肘距	249	256	264	267	282	296	307	321	329	332	340
头部测量项目												
53	头全高	195	199	202	206	213	220	228	235	238	246	249
54	头宽	143	146	149	151	155	160	164	168	171	173	176
55	头长	165	167	170	173	176	182	187	192	196	199	202
56	形态面长	92	94	95	98	102	105	110	116	117	120	123
57	头矢状弧	287	292	296	302	313	326	338	350	357	362	369
58	眉间顶颈弧长	411	420	426	433	444	459	474	490	498	508	520
59	头围	499	505	511	518	529	542	556	572	584	596	608
60	耳屏间弧	314	322	326	331	341	351	362	372	377	382	388
61	头冠状围	535	549	559	572	595	616	636	652	663	670	681

表 8（续）

单位为毫米

测量项目		百分位数										
		P1	P2.5	P5	P10	P25	P50	P75	P90	P95	P97.5	P99
手部测量项目												
62	手长	140	143	146	149	155	162	168	173	177	179	182
63	手宽	62	63	64	66	68	71	74	76	78	79	81
64	拇指长	43	44	46	47	50	52	55	57	59	61	62
65	食指长	53	55	56	58	60	64	67	69	71	72	74
66	中指长	60	61	63	65	68	71	74	77	79	80	82
67	无名指长	55	57	58	60	63	66	69	72	73	74	76
68	小指长	41	43	44	46	48	51	54	57	58	59	61
69	食指近位宽	13	14	14	15	16	16	17	18	19	19	20
70	食指远位宽	12	12	13	13	14	15	16	16	17	18	18
足部测量项目												
71	足长	195	199	204	208	216	225	233	241	245	249	256
72	足宽	61	65	68	71	76	81	85	90	93	96	100

表 9　13 岁～15 岁未成年女子人体尺寸百分位数

单位为毫米

测量项目		百分位数										
		P1	P2.5	P5	P10	P25	P50	P75	P90	P95	P97.5	P99
立姿测量项目												
1	体重/kg	31.1	33.8	35.5	38.1	41.8	46.6	52.8	60.3	65.3	70.5	78.4
2	身高	1 426	1 452	1 474	1 497	1 534	1 573	1 611	1 647	1 669	1 689	1 710
3	眼高	1 302	1 327	1 345	1 368	1 407	1 444	1 483	1 519	1 540	1 555	1 583
4	颈椎点高	1 189	1 211	1 229	1 251	1 284	1 322	1 359	1 390	1 410	1 428	1 451
5	颏下点高	1 201	1 223	1 243	1 266	1 302	1 338	1 375	1 409	1 429	1 445	1 471
6	肩高	1 130	1 150	1 169	1 191	1 223	1 259	1 297	1 328	1 349	1 370	1 391
7	桡骨茎突点高	660	681	695	707	728	754	778	800	814	826	840
8	中指指点高	580	594	610	624	645	667	692	711	724	736	750
9	中指指尖点高	506	523	534	547	566	587	609	627	640	649	666
10	会阴高	611	626	634	647	669	691	716	740	752	763	773
11	胫骨点高	339	346	353	362	376	392	408	422	432	440	448
12	髂前上棘点高	756	769	786	801	827	855	883	910	926	941	956
13	上肢长	599	614	624	633	651	672	693	711	722	730	740
14	上臂长	253	260	264	271	280	291	303	313	319	325	330
15	前臂长	177	186	191	195	206	213	224	231	238	242	249

表 9（续）

单位为毫米

测量项目		百分位数										
		P1	P2.5	P5	P10	P25	P50	P75	P90	P95	P97.5	P99
立姿测量项目												
16	大腿长	394	402	413	425	442	462	483	502	515	527	542
17	小腿长	292	300	307	317	332	347	362	379	385	391	403
18	最大体宽	343	353	361	370	386	404	426	452	470	486	506
19	肩最大宽	335	343	349	358	371	385	401	419	433	446	461
20	肩宽	298	307	314	320	332	343	356	368	376	383	392
21	胸宽	240	248	254	261	273	286	303	318	328	337	348
22	腰宽	210	220	226	234	247	263	280	300	313	326	345
23	两髂嵴点间宽	218	225	232	239	252	266	284	302	316	329	346
24	臀宽	265	274	283	292	306	320	336	352	362	372	387
25	体厚	182	188	195	202	214	229	246	264	275	288	300
26	乳头点胸厚	163	170	177	183	196	210	227	247	260	274	287
27	胸厚	155	160	165	169	178	189	201	214	224	233	246
28	腹厚	141	147	151	156	167	181	197	218	233	246	267
29	膝厚	91	93	96	98	103	108	115	120	125	129	134
30	颈围	263	269	273	278	288	300	313	328	338	348	358
31	胸围	666	690	708	731	770	815	869	937	975	1 013	1 057
32	肘围	167	175	180	186	197	210	225	240	251	261	271
33	前臂围	171	176	183	188	199	210	223	238	247	254	265
34	腕围	122	126	130	134	140	148	157	166	171	176	181
35	腰围	537	552	566	586	620	663	716	780	824	870	929
36	腹围	567	590	605	626	661	706	764	830	871	916	984
37	臀围	731	755	775	797	831	871	916	967	997	1 027	1 065
38	大腿围	391	407	420	436	464	496	535	579	605	632	662
39	腿肚围	267	278	286	296	311	329	351	373	388	401	418
坐姿测量项目												
40	坐高	758	780	791	802	823	849	870	888	899	910	924
41	膝高	418	425	432	440	454	468	482	497	504	511	519
42	眼高	635	654	668	679	701	722	744	764	775	787	802
43	颈椎点高	520	534	547	560	579	599	621	639	650	661	675
44	肩高	477	488	498	512	531	552	570	589	599	610	621
45	小腿加足高(腘高)	333	342	346	356	370	382	396	407	417	424	429
46	臀宽	260	271	279	288	303	320	337	355	366	377	390

表 9（续）

单位为毫米

测量项目		百分位数										
		P1	P2.5	P5	P10	P25	P50	P75	P90	P95	P97.5	P99
坐姿测量项目												
47	大腿厚	94	101	105	108	119	126	141	152	159	163	170
48	臀-膝距	477	487	498	507	524	543	561	578	590	600	613
49	臀-腘距	389	402	411	420	436	454	473	490	499	507	520
50	腹围	589	605	624	646	686	739	805	876	922	963	1 018
51	肘高	180	188	195	202	217	235	253	267	278	285	296
52	肩肘距	274	278	285	292	303	314	325	336	339	347	354
头部测量项目												
53	头全高	199	202	206	213	220	227	235	242	246	249	253
54	头宽	147	150	152	155	159	163	168	172	174	177	179
55	头长	168	171	173	176	180	185	191	196	199	202	205
56	形态面长	96	98	101	102	106	110	114	119	121	124	127
57	头矢状弧	293	299	304	309	318	329	340	351	357	363	369
58	眉间顶颈弧长	423	430	436	443	455	470	485	501	513	523	534
59	头围	512	516	523	529	539	552	565	580	589	601	613
60	耳屏间弧	324	329	334	340	349	359	369	378	384	389	395
61	头冠状围	552	568	582	595	615	633	651	666	676	686	693
手部测量项目												
62	手长	151	154	156	159	164	169	174	179	182	184	188
63	手宽	66	67	68	69	71	74	76	78	79	81	83
64	拇指长	46	47	49	50	52	54	57	59	61	62	63
65	食指长	57	59	61	62	64	67	69	72	73	75	77
66	中指长	64	66	68	69	71	74	77	79	81	83	84
67	无名指长	60	61	62	64	66	69	71	74	76	77	79
68	小指长	43	46	47	49	51	54	56	58	60	61	62
69	食指近位宽	14	15	15	16	17	17	18	19	20	20	21
70	食指远位宽	12	13	13	14	15	15	16	17	18	18	19
足部测量项目												
71	足长	204	209	213	217	224	231	239	245	250	253	257
72	足宽	65	68	71	73	78	83	88	92	95	99	103

表 10　16 岁～17 岁未成年女子人体尺寸百分位数

单位为毫米

测量项目		百分位数										
		P1	P2.5	P5	P10	P25	P50	P75	P90	P95	P97.5	P99
立姿测量项目												
1	体重/kg	38.3	40.0	41.2	43.1	46.5	50.5	55.3	61.1	65.4	69.4	75.6
2	身高	1 465	1 486	1 501	1 520	1 551	1 590	1 627	1 662	1 686	1 701	1 721
3	眼高	1 334	1 357	1 374	1 389	1 425	1 461	1 498	1 537	1 558	1 570	1 584
4	颈椎点高	1 226	1 245	1 255	1 271	1 305	1 338	1 372	1 408	1 427	1 440	1 462
5	颏下点高	1 233	1 255	1 269	1 284	1 319	1 353	1 390	1 425	1 444	1 458	1 478
6	肩高	1 164	1 183	1 197	1 211	1 243	1 276	1 310	1 345	1 364	1 378	1 396
7	桡骨茎突点高	691	702	711	724	742	764	786	808	822	833	850
8	中指指点高	609	619	627	640	657	678	699	720	732	743	756
9	中指指尖点高	536	544	551	562	577	597	617	635	648	657	670
10	会阴高	612	626	634	646	669	691	719	741	755	769	781
11	胫骨点高	338	346	353	363	378	393	409	423	431	439	447
12	髂前上棘点高	767	783	791	806	829	855	885	913	930	944	960
13	上肢长	608	621	629	639	657	679	697	718	729	738	752
14	上臂长	256	264	268	274	284	295	306	314	322	329	334
15	前臂长	184	188	194	199	206	217	226	235	242	246	253
16	大腿长	404	412	421	430	445	465	484	506	519	530	545
17	小腿长	289	296	305	314	330	347	365	379	386	394	403
18	最大体宽	372	378	384	390	403	418	435	454	470	483	505
19	肩最大宽	357	363	369	374	385	397	411	425	436	446	458
20	肩宽	309	315	322	328	340	351	364	375	382	389	402
21	胸宽	253	259	265	273	284	298	310	322	330	338	350
22	腰宽	227	234	242	250	262	275	288	305	318	331	344
23	两髂嵴点间宽	233	242	247	254	265	278	292	307	318	328	340
24	臀宽	292	298	305	312	321	332	345	358	367	375	384
25	体厚	193	200	205	213	224	238	252	266	276	284	296
26	乳头点胸厚	179	187	192	198	209	221	236	253	263	272	282
27	胸厚	165	169	173	178	187	196	207	218	225	233	240
28	腹厚	152	156	160	166	175	186	201	219	230	242	259
29	膝厚	94	97	99	101	105	110	116	121	124	128	132
30	颈围	272	278	282	287	297	307	319	332	342	350	358
31	胸围	733	746	762	778	811	849	892	943	973	1 005	1 036
32	肘围	179	186	191	197	206	217	229	241	250	259	270

表 10（续）

单位为毫米

测量项目		百分位数										
		P1	P2.5	P5	P10	P25	P50	P75	P90	P95	P97.5	P99
立姿测量项目												
33	前臂围	185	190	194	199	208	218	229	239	246	253	264
34	腕围	128	132	135	139	144	151	159	169	178	203	219
35	腰围	577	593	606	624	653	690	734	791	835	875	914
36	腹围	622	638	651	669	700	737	785	839	873	914	954
37	臀围	804	818	832	847	870	900	935	974	1 001	1 025	1 065
38	大腿围	435	449	459	471	493	517	547	581	608	637	667
39	腿肚围	288	296	304	311	323	339	356	376	387	397	410
坐姿测量项目												
40	坐高	794	805	813	827	845	863	885	899	913	921	932
41	膝高	422	428	433	440	454	468	483	497	507	512	523
42	眼高	672	682	692	703	720	740	759	777	787	798	807
43	颈椎点高	556	567	577	585	599	617	635	653	664	675	693
44	肩高	506	516	524	534	549	567	585	599	610	621	632
45	小腿加足高(腘高)	331	335	346	353	368	379	393	407	414	425	433
46	臀宽	284	291	299	306	317	330	345	359	370	378	392
47	大腿厚	105	108	112	116	123	134	141	152	159	163	170
48	臀-膝距	492	501	509	516	531	548	566	582	592	600	610
49	臀-腘距	381	399	410	422	441	459	477	493	503	511	522
50	腹围	629	647	664	683	717	764	817	875	921	948	987
51	肘高	195	202	209	217	231	249	264	282	289	296	307
52	肩肘距	274	278	285	292	303	314	325	336	339	347	354
头部测量项目												
53	头全高	199	202	206	213	217	227	235	242	246	249	253
54	头宽	148	151	153	155	159	163	168	172	174	176	178
55	头长	171	173	175	177	181	186	191	196	198	201	204
56	形态面长	98	99	101	103	107	112	116	120	123	125	127
57	头矢状弧	295	302	307	313	322	333	345	357	363	368	375
58	眉间顶颈弧长	417	427	434	442	454	468	484	503	515	526	541
59	头围	511	517	525	531	541	553	565	579	590	603	613
60	耳屏间弧	324	329	334	340	349	359	369	378	384	389	395
61	头冠状围	556	569	581	596	617	636	653	667	677	684	693

表 10（续）

单位为毫米

测量项目		百分位数										
		P1	P2.5	P5	P10	P25	P50	P75	P90	P95	P97.5	P99
手部测量项目												
62	手长	152	155	157	160	165	170	175	181	183	185	190
63	手宽	66	67	68	70	72	74	76	79	80	80	82
64	拇指长	45	47	48	50	52	55	57	59	61	62	64
65	食指长	58	59	61	62	64	67	70	72	74	75	76
66	中指长	64	66	68	69	72	74	77	80	82	83	85
67	无名指长	60	61	63	64	67	69	72	75	76	77	79
68	小指长	44	46	47	49	52	54	57	59	60	62	63
69	食指近位宽	14	15	16	16	17	18	18	19	20	20	21
70	食指远位宽	13	13	14	14	15	16	16	17	18	18	19
足部测量项目												
71	足长	202	210	213	217	223	231	238	245	248	252	257
72	足宽	61	66	70	73	78	83	88	92	95	98	103

附 录 A
（资料性附录）
人体尺寸测量项目示意图

A.1 人体尺寸测量项目示意图见图 A.1～图 A.5。

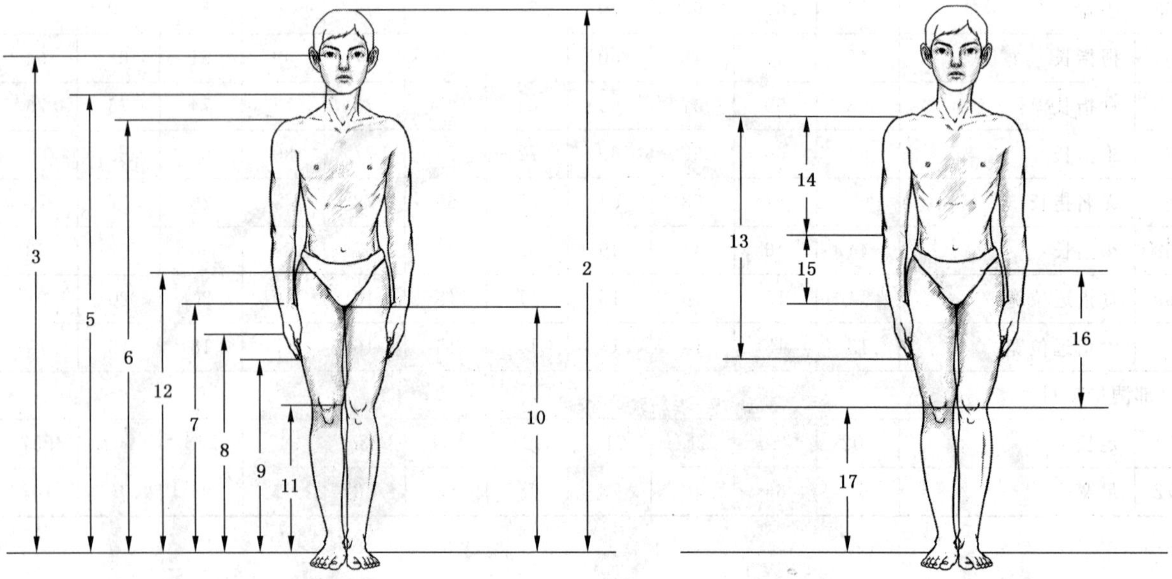

a) b)

说明：

2——身高；
3——眼高；
4——颈椎点高；
5——颏下点高；
6——肩高；
7——桡骨茎突点高；
8——中指指点高；
9——中指指尖点高；
10——会阴高；
11——胫骨点高；
12——髂前上棘点高；
13——上肢长；
14——上臂长；
15——前臂长；
16——大腿长；
17——小腿长；
18——最大体宽；
19——肩最大宽；
20——肩宽；
21——胸宽；
22——腰宽；
23——两髂嵴点间宽；
24——臀宽；
25——体厚；
26——乳头点胸厚；
27——胸厚；
28——腹厚；
29——膝厚；
30——颈围；
31——胸围；
32——肘围；
33——前臂围；
34——腕围；
35——腰围；
36——腹围；
37——臀围；
38——大腿围；
39——腿肚围。

图 A.1 立姿测量项目示意图

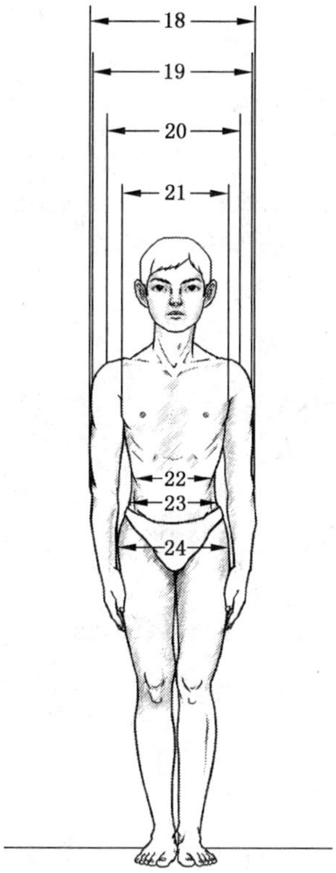

c)

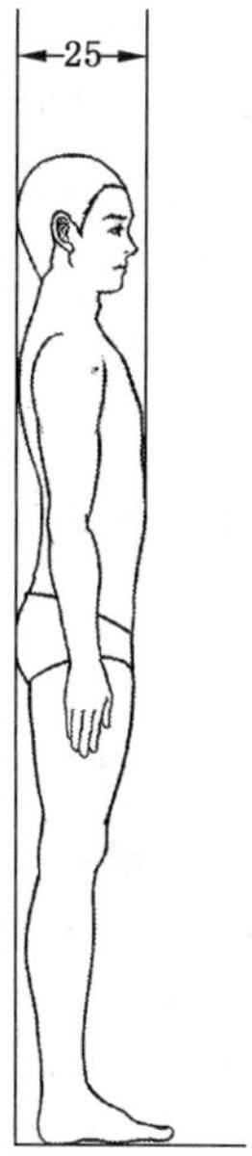

d)

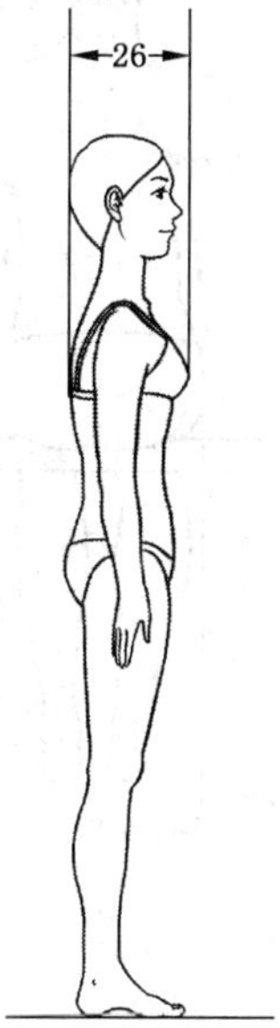

e)

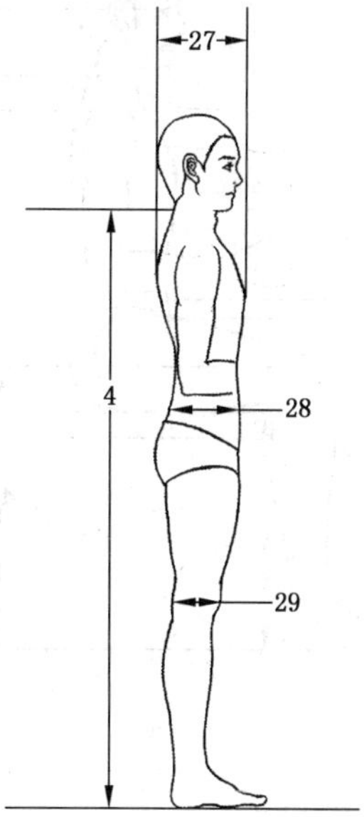

f)

图 A.1（续）

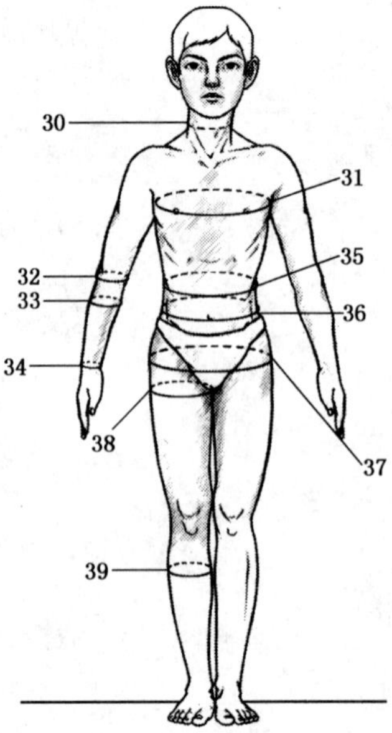

g)

图 A.1（续）

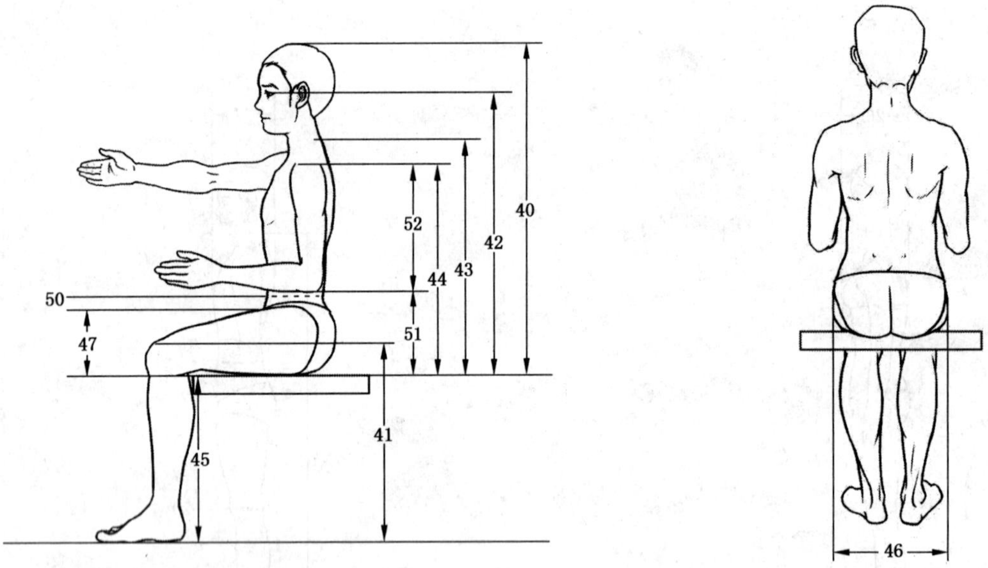

a)　　　　b)

说明：

40——坐高；

41——膝高；

42——眼高；

43——颈椎点高；

44——肩高；

45——小腿加足高(腘高)；

46——臀宽；

47——大腿厚；

48——臀-膝距；

49——臀-腘距；

50——腹围；

51——肘高；

52——肩肘距。

图 A.2　坐姿测量项目示意图

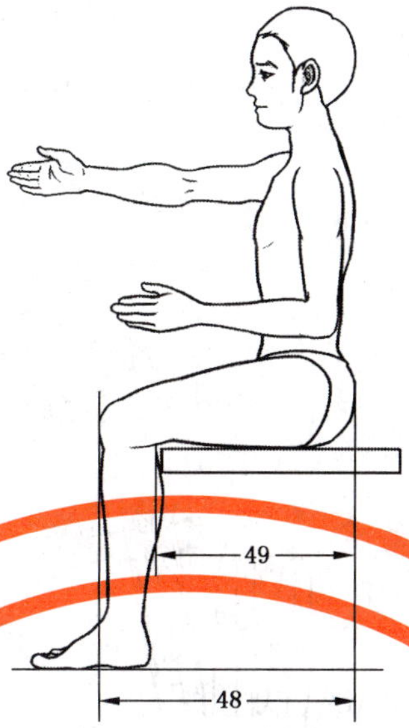

c)

图 A.2（续）

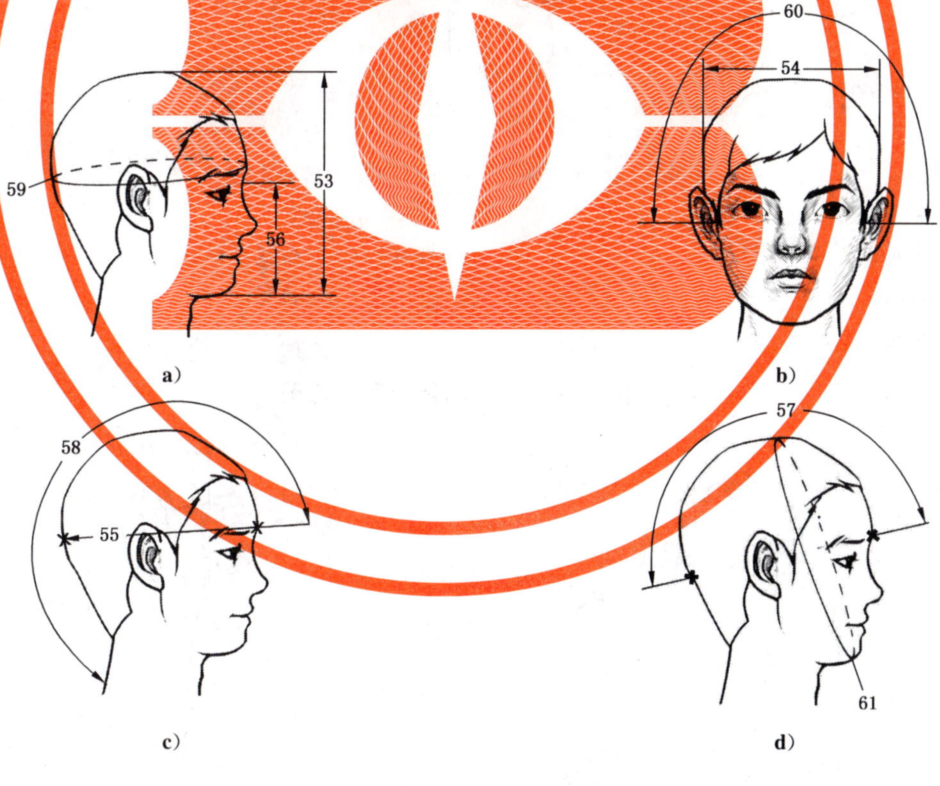

说明：

53——头全高；

54——头宽；

55——头长；

56——形态面长；

57——头矢状弧；

58——眉间顶颈弧长；

59——头围；

60——耳屏间弧；

61——头冠状围。

图 A.3　头面部测量项目示意图

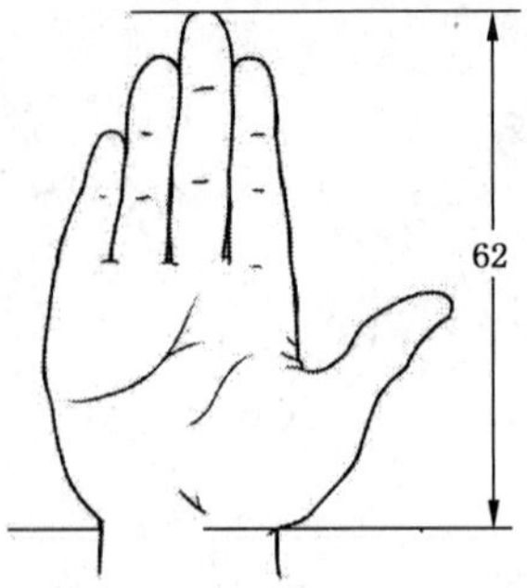

a）

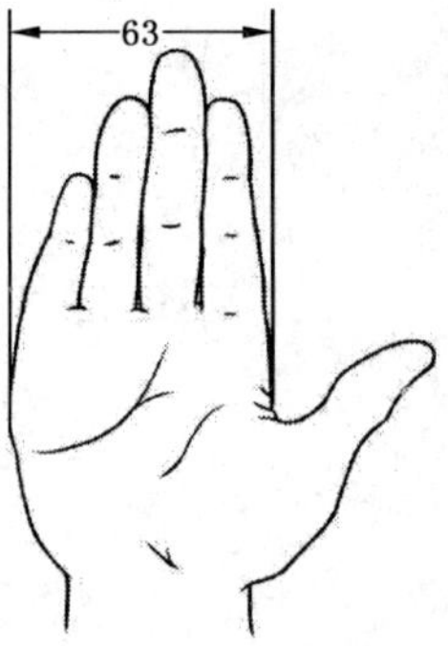

b）

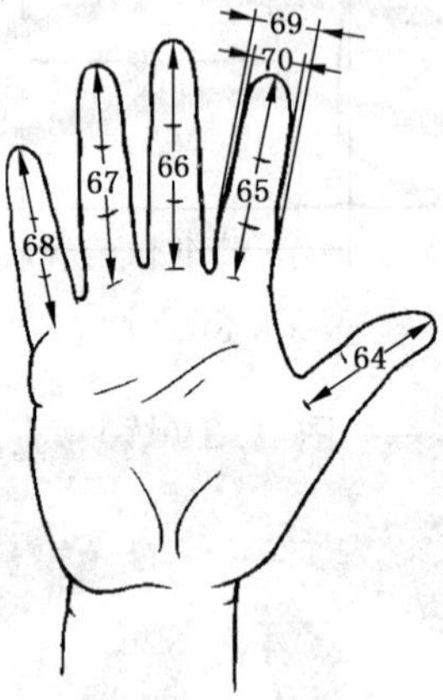

c）

说明：

62——手长；

63——手宽；

64——拇指长；

65——食指长；

66——中指长；

67——无名指长；

68——小指长；

69——食指近位宽；

70——食指远位宽。

图 A.4　手部测量项目示意图

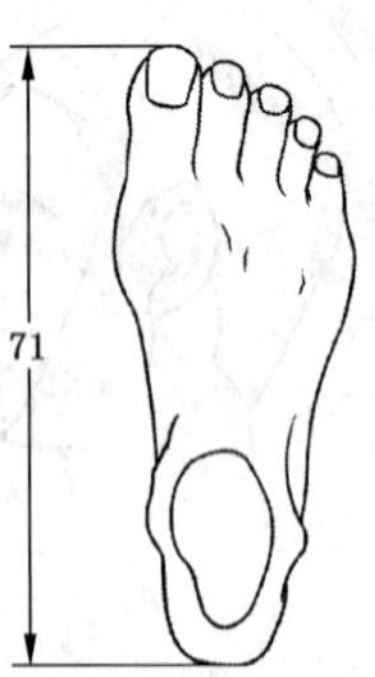

a）

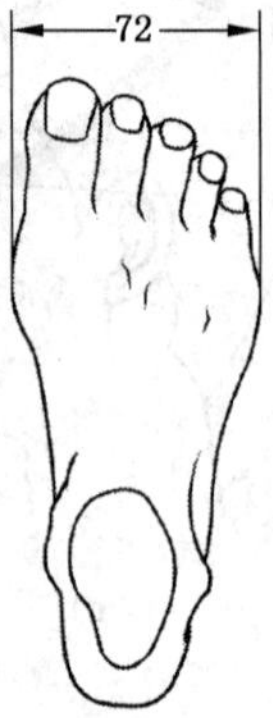

b）

说明：

71——足长；

72——足宽。

图 A.5　足部测量项目示意图

附 录 B
（资料性附录）
6个区域未成年人身高、胸围和体重的均值及标准差

B.1 6个区域未成年男子和女子的身高、胸围和体重的均值及标准差见表B.1和表B.2。

表B.1 6个区域未成年男子身高、胸围和体重的均值及标准差

年龄	项目	东北华北区		中西部区		长江下游区		长江中游区		两广福建区		云贵川区	
		均值	标准差	均值	标准差	均值	标准差	均值	标准差	均值	标准差	均值	标准差
4岁～6岁	体重/kg	19.9	4.1	19.2	3.4	20.3	7.8	19.2	3.4	21.3	4.3	18.9	3.2
	身高/mm	1 124	74	1 122	73	1 121	60	1 106	75	1 130	73	1 108	75
	胸围/mm	585	51	588	39	589	41	579	41	621	53	578	39
7岁～10岁	体重/kg	31.4	9.4	30.8	8.6	30.4	8.4	28.3	7.2	30.5	7.8	27.6	6.2
	身高/mm	1 335	86	1 335	90	1 332	83	1 302	84	1 321	79	1 307	76
	胸围/mm	682	90	695	86	691	81	656	74	698	79	653	67
11岁～12岁	体重/kg	44.6	13.8	41.7	10.8	40.8	10.8	38.9	9.1	38.6	8.2	37.3	9.2
	身高/mm	1 494	86	1 483	75	1 486	82	1 461	78	1 458	69	1 453	79
	胸围/mm	780	109	773	92	757	94	731	86	754	75	735	81
13岁～15岁	体重/kg	56.0	14.5	52.8	12.8	53.9	12.6	49.5	11.0	53.0	13.6	49.3	11.4
	身高/mm	1 651	91	1 632	89	1 650	83	1 607	90	1 637	93	1 611	86
	胸围/mm	836	106	832	95	828	96	804	91	824	96	805	88
16岁～17岁	体重/kg	64.5	13.6	57.4	9.6	60.2	11.0	55.4	8.4	58.6	11.4	56.2	8.3
	身高/mm	1 733	59	1 703	62	1 723	59	1 679	59	1 712	63	1 684	59
	胸围/mm	890	97	859	76	877	81	840	63	857	84	853	72

表B.2 6个区域未成年女子身高、胸围和体重的均值及标准差

年龄	项目	东北华北区		中西部区		长江下游区		长江中游区		两广福建区		云贵川区	
		均值	标准差	均值	标准差	均值	标准差	均值	标准差	均值	标准差	均值	标准差
4岁～6岁	体重/kg	19.1	3.5	18.4	3.2	18.7	3.5	18.1	3.1	19.5	3.0	18.1	2.8
	身高/mm	1 115	78	1 106	80	1 113	67	1 094	63	1 121	64	1 102	75
	胸围/mm	568	43	574	55	569	48	562	39	591	36	563	37
7岁～10岁	体重/kg	29.0	7.5	28.3	7.3	27.5	7.1	26.9	6.8	27.2	6.4	26.5	6.0
	身高/mm	1 328	88	1 322	91	1 313	86	1 291	95	1 311	92	1 299	83
	胸围/mm	656	78	658	76	656	72	631	74	656	59	647	58
11岁～12岁	体重/kg	42.7	11.0	39.9	9.0	40.3	9.8	37.7	8.0	38.2	7.5	36.9	7.9
	身高/mm	1 507	77	1 494	81	1 502	75	1 469	69	1 489	71	1 469	71
	胸围/mm	767	97	749	84	750	90	718	78	738	68	730	76

表 B.2（续）

年龄	项目	东北华北区		中西部区		长江下游区		长江中游区		两广福建区		云贵川区	
		均值	标准差	均值	标准差	均值	标准差	均值	标准差	均值	标准差	均值	标准差
13 岁～15 岁	体重/kg	51.9	11.5	48.6	9.6	47.7	8.7	46.1	8.3	47.9	9.2	46.8	8.6
	身高/mm	1 592	61	1 578	56	1 582	60	1 555	53	1 575	59	1 554	60
	胸围/mm	838	91	819	82	817	80	797	71	817	78	816	75
16 岁～17 岁	体重/kg	54.3	8.5	51.7	6.8	51.3	8.0	51.3	7.0	48.8	6.1	50.3	7.2
	身高/mm	1 611	54	1 597	55	1 602	52	1 572	52	1 577	52	1 577	55
	胸围/mm	858	71	855	63	848	74	840	66	828	55	841	75

参 考 文 献

[1] GB/T 10000—1988 中国成年人人体尺寸

[2] GB/T 22187—2008 建立人体测量数据库的一般要求(ISO 15535:2003,IDT)

ICS 13.180
A 25

中华人民共和国国家标准

GB/T 26159—2010

中国未成年人手部尺寸分型

Hand sizing system of Chinese minors

2011-01-14 发布　　2011-07-01 实施

中华人民共和国国家质量监督检验检疫总局
中国国家标准化管理委员会 发布

前　言

本标准按照 GB/T 1.1—2009 给出的规则起草。

本标准由全国人类工效学标准化技术委员会(SAC/TC 7)提出并归口。

本标准起草单位:中国标准化研究院、中国科学院数学与系统科学研究院、北京服装学院、空军航空医学研究所、总装防化研究院。

本标准主要起草人:冉令华、张欣、刘太杰、冯士雍、郑嵘、肖惠、郭小朝、晁储芝、张宝芹、丁松涛。

中国未成年人手部尺寸分型

1 范围

本标准给出了未成年人(4 岁～17 岁)手部尺寸分型的设置,以及手部其他部位尺寸的计算方法。

本标准适用于未成年人手套、玩具等用品的设计、生产与选用。

2 规范性引用文件

下列文件对于本文件的应用是必不可少的。凡是注日期的引用文件,仅注日期的版本适用于本文件。凡是不注日期的引用文件,其最新版本(包括所有的修改单)适用于本文件。

GB/T 5703 用于技术设计的人体测量基础项目(GB/T 5703—2010,ISO 7250-1:2008,MOD)

3 术语和定义

GB/T 5703 中界定的以及以下术语和定义适用于本文件。

3.1

拇指长 finger Ⅰ length

拇指指尖点至掌指关节的近位弯屈肤纹的直线距离。

3.2

中指长 finger Ⅲ length

中指指尖点至掌指关节的近位弯屈肤纹的直线距离。

3.3

无名指长 finger Ⅳ length

无名指指尖点至掌指关节的近位弯屈肤纹的直线距离。

3.4

小指长 finger Ⅴ length

小指指尖点至掌指关节的近位弯屈肤纹的直线距离。

3.5

虎口中指指尖距 first web space-finger Ⅲ tip distance

拇指自然外展时,虎口拇指根点至中指指尖点的直线距离。

3.6

拇指指关节宽 finger Ⅰ breadth

拇指指关节两侧面间的最大直线距离。

4 手部尺寸分型设置

4.1 手部尺寸分型表示方法

手部尺寸分型用“号”和“型”表示。其中“号”表示手长,按 10 mm 分挡,其值为每挡的中间值;“型”

表示手宽，按 5 mm 分挡，其值为每挡的中间值。号与型之间用斜线分开。

示例：在号型“160/75”中，160 对应于手长 155 mm～164 mm，75 对应于手宽 72.5 mm～77.4 mm。

4.2 手部尺寸分型

手部尺寸分型的设置见表 1。

表 1 手部尺寸分型设置

单位为毫米

号	型							
	55	60	65	70	75	80	85	90
110	110/55	—	—	—	—	—	—	—
120	120/55	120/60	—	—	—	—	—	—
130	—	130/60	130/65	—	—	—	—	—
140	—	140/60	140/65	—	—	—	—	—
150	—	—	150/65	150/70	—	—	—	—
160	—	—	160/65	160/70	160/75	—	—	—
170	—	—	—	170/70	170/75	170/80	—	—
180	—	—	—	—	180/75	180/80	180/85	—
190	—	—	—	—	—	190/80	190/85	190/90
200	—	—	—	—	—	—	200/85	200/90

5 手部其他部位尺寸的计算

5.1 其他部位的选定与分类

选择产品设计中所涉及的 10 项手部其他部位作为关键部位(示意图见附录 A)，分为长度和宽度两类。

——长度类：掌长、中指长、拇指长、食指长、无名指长、小指长、虎口中指指尖距；

——宽度类：食指近位宽、食指远位宽、拇指指关节宽。

5.2 其他部位尺寸的回归方程

手部其他部位尺寸与手长和手宽的回归方程见表 2。根据回归方程，可分别计算出这些部位的尺寸。

表 2 手部其他部位尺寸的回归方程

单位为毫米

控制部位	男	女
	回归方程	回归方程
掌长	$Y=2.35+0.556X_1$	$Y=1.95+0.552X_1$
拇指长	$Y=-2.60+0.335X_1$	$Y=-1.21+0.329X_1$
食指长	$Y=-0.36+0.389X_1$	$Y=0.35+0.393X_1$
中指长	$Y=-1.02+0.439X_1$	$Y=0.80+0.433X_1$

表 2（续）

单位为毫米

控制部位	男	女
	回归方程	回归方程
无名指长	$Y=-1.42+0.413X_1$	$Y=1.25+0.399X_1$
小指长	$Y=-1.64+0.328X_1$	$Y=-0.72+0.321X_1$
虎口中指指尖距	$Y=10.98+0.645X_1$	$Y=14.84+0.613X_1$
食指近位宽	$Y=2.79+0.199X_2$	$Y=2.40+0.203X_2$
食指远位宽	$Y=3.05+0.168X_2$	$Y=2.72+0.173X_2$
拇指指关节宽	$Y=4.14+0.200X_2$	$Y=3.10+0.209X_2$
注：X_1 为手长尺寸，X_2 为手宽尺寸，Y 为手部其他部位的尺寸。		

6 手部尺寸分型的使用

宜据手部尺寸分型的覆盖率（见附录 B）、长和手宽的均值及标准差（见附录 C），以及生产供应条件和产品特性等具体情况合理选择和使用手部尺寸分型。

附　录　A
（资料性附录）
手部测量项目示意图

A.1　手部测量项目的示意图见图 A.1。

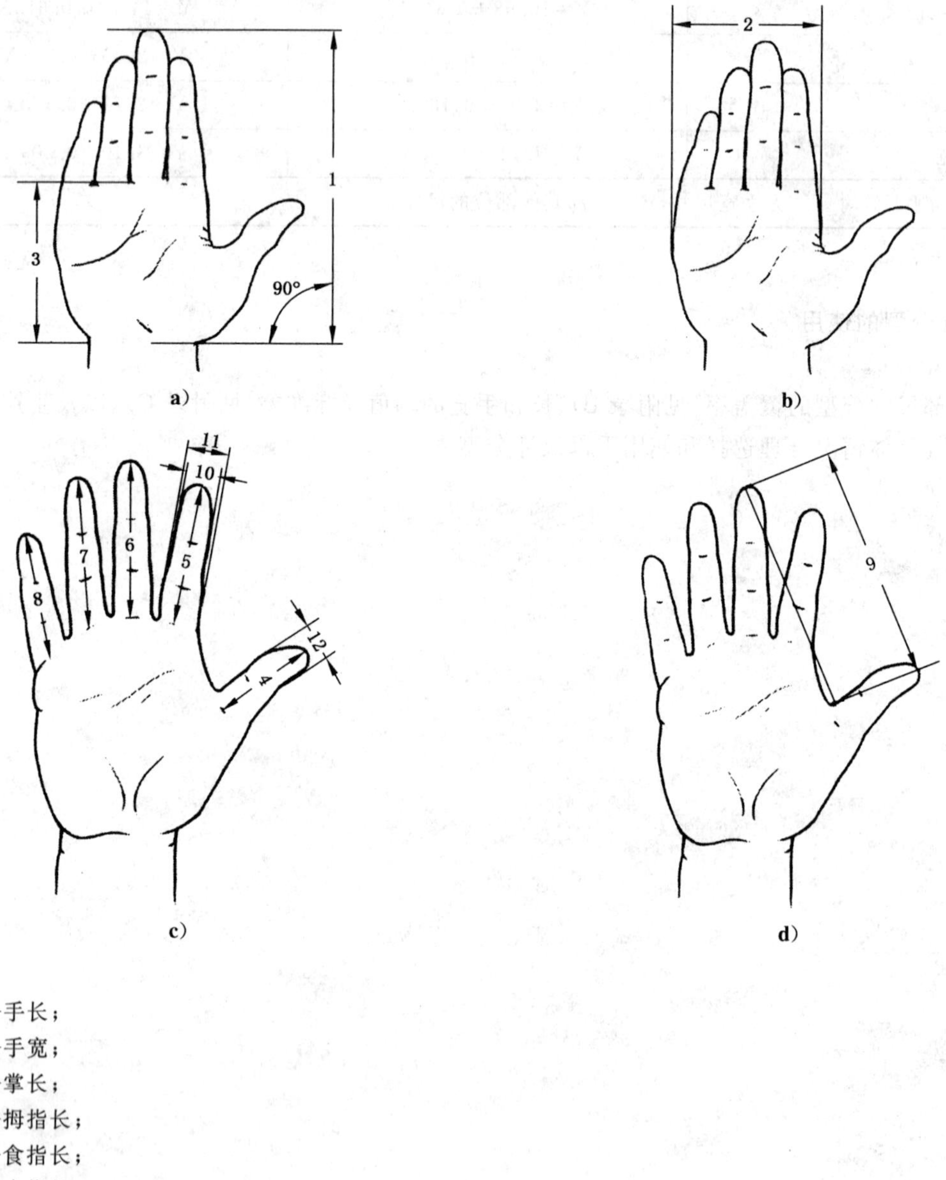

说明：

1——手长；
2——手宽；
3——掌长；
4——拇指长；
5——食指长；
6——中指长；
7——无名指长；
8——小指长；
9——虎口中指指尖距；
10——食指近位宽；
11——食指远位宽；
12——拇指指关节宽。

图 A.1　手部测量项目示意图

附 录 B
（资料性附录）
手部尺寸分型的覆盖率

B.1 手部尺寸分型的覆盖率见表 B.1。

表 B.1 手部尺寸分型的覆盖率

手长分挡 mm	号的总覆盖率 %	手宽分挡 mm							
		55	60	65	70	75	80	85	90
110	1.99	0.82	—	—	—	—	—	—	—
120	4.58	2.29	1.41	—	—	—	—	—	—
130	8.66	—	4.48	1.78	—	—	—	—	—
140	13.4	—	4.66	6.41	—	—	—	—	—
150	16.99	—	—	7.54	6.70	—	—	—	—
160	17.63	—	—	2.89	8.92	5.12	—	—	—
170	15.01	—	—	—	3.89	7.72	2.86	—	—
180	10.46	—	—	—	—	3.81	4.89	1.16	—
190	5.97	—	—	—	—	—	2.73	2.26	0.34
200	2.80	—	—	—	—	—	—	1.43	0.77

注：表中给出的覆盖率反映了各种手部尺寸分型在全国未成年人中所占的比例。例如：尺寸分型为 120/55 的未成年人占全国未成年人的比例为 2.29%。

附 录 C
（资料性附录）
手长和手宽的均值及标准差

C.1 手长和手宽的均值及标准差见表C.1。

表C.1 手长和手宽的均值及标准差

单位为毫米

年龄	手长				手宽			
	男		女		男		女	
	均值	标准差	均值	标准差	均值	标准差	均值	标准差
4岁	117.2	6.7	115.3	6.6	56.0	3.3	54.4	3.3
5岁	123.0	7.4	122.6	7.1	58.1	3.4	56.7	3.2
6岁	129.4	6.6	128.1	6.6	60.4	3.3	58.6	3.2
7岁	135.5	6.6	133.0	7.3	62.2	4.3	60.2	3.4
8岁	142.0	7.1	139.5	7.1	64.7	3.8	62.3	3.4
9岁	145.6	7.6	144.6	8.1	66.5	3.9	64.1	3.8
10岁	153.1	8.7	152.1	9.1	68.6	4.5	66.5	4.2
11岁	157.7	9.5	158.9	9.1	70.3	4.5	69.3	4.2
12岁	165.5	11.0	164.3	8.8	73.5	5.3	70.8	4.5
13岁	173.9	11.0	168.4	7.9	77.1	5.1	72.7	4.2
14岁	181.0	10.3	169.7	7.6	80.1	4.9	73.2	3.8
15岁	184.1	8.7	170.0	7.7	81.6	4.4	73.3	3.8
16岁	185.0	9.2	170.2	8.0	82.1	4.5	73.4	3.8
17岁	185.5	8.5	170.2	8.0	82.4	4.3	73.5	3.6

参 考 文 献

[1] GB/T 16252—1996 成年人手部号型
[2] GB/T 22187—2008 建立人体测量数据库的一般要求(ISO 15535:2003,IDT)

ICS 13.180
A 25

中华人民共和国国家标准

GB/T 26160—2010

中国未成年人头面部尺寸

Head-face dimensions of Chinese minors

2011-01-14 发布 2011-07-01 实施

中华人民共和国国家质量监督检验检疫总局
中国国家标准化管理委员会 发布

前　言

本标准按照 GB/T 1.1—2009 给出的规则起草。

本标准由全国人类工效学标准化技术委员会(SAC/TC 7)提出并归口。

本标准起草单位:中国标准化研究院、中国科学院数学与系统科学研究院、北京服装学院、空军航空医学研究所、总装防化研究院。

本标准主要起草人:刘太杰、张欣、冉令华、冯士雍、郑嵘、郭小朝、丁松涛、肖惠、晁储芝、张宝芹。

中国未成年人头面部尺寸

1 范围

本标准给出了未成年人(4 岁～17 岁)头面部尺寸的基础数据和主要尺寸的二维分布表。

本标准适用于未成年人头面部用品的设计。

2 规范性引用文件

下列文件对于本文件的应用是必不可少的。凡是注日期的引用文件,仅注日期的版本适用于本文件。凡是不注日期的引用文件,其最新版本(包括所有的修改单)适用于本文件。

GB/T 5703　用于技术设计的人体测量基础项目(GB/T 5703—2010,ISO 7250-1:2008,MOD)

3 术语和定义

GB/T 5703 中界定的以及以下术语和定义适用于本文件。

3.1

头全高　total head height

头顶点至颏下点的垂直距离。

3.2

两耳外宽　ear-to-ear breadth

左、右两耳向外最突出部位间的水平直线距离。

3.3

头冠状围　transversal circumference

以头顶点为起点,经颏下点至起点的围长。

3.4

头耳高　vertex-tragion height

头顶点至耳屏点的垂直距离。

3.5

眼顶高　vertex-pupil height

头顶点至眼内角点的垂直距离。

3.6

头斜长　gnathion opisthocranion distence

头部以眼耳平面定位时,颏部在正中矢状面上的最低点至枕后的直线距离。

3.7

头顶点至眉间点距　vertex pronasale distence

头顶点至眉间点的垂直距离。

3.8

鼻尖点至枕后点斜距　pronasal-opistocranion distance

鼻尖点至枕后点的直线距离。

3.9

眉间顶颈弧长　glabella-vertex-cervical

从眉间点，经头顶点至颈椎点的弧长。

4　头面部尺寸

4.1　概述

未成年人头面部尺寸根据我国4岁～17岁未成年男子和女子头面部尺寸的实测数据统计计算得到。本标准共包括15项未成年人头面部尺寸数据，测量项目示意图见附录A。

4.2　头面部尺寸数据

4.2.1　未成年男子和未成年女子头面部尺寸数据见表1。

表1　未成年男子和未成年女子头面部尺寸数据　单位为毫米

序号	项目名称	男子(4岁～17岁)		女子(4岁～17岁)	
		平均值	标准差	平均值	标准差
1	头全高	222.6	15.7	219.9	13.7
2	头长	186.5	10.3	181.4	9.2
3	头宽	162.0	8.5	159.5	8.0
4	头围	548.4	29.0	541.6	26.1
5	形态面长	109.5	10.7	105.3	9.1
6	头矢状弧	339.2	19.3	326.4	18.2
7	耳屏间弧	356.2	18.4	351.3	17.3
8	两耳外宽	186.8	10.3	175.1	9.5
9	头冠状围	619.0	40.8	612.8	37.5
10	头耳高	133.7	8.6	132.6	8.1
11	眼顶高	117.9	10.8	118.2	9.6
12	头斜长	218.0	16.5	213.7	14.6
13	头顶点至眉间点距	92.3	12.7	93.2	11.1
14	鼻尖点至枕后点斜距	207.0	14.2	201.4	12.0
15	眉间顶颈弧长	465.6	30.6	458.1	28.2

4.2.2　分年龄段未成年男子头面部尺寸数据见表2。

表2　分年龄段未成年男子头面部尺寸数据　单位为毫米

序号	项目名称	4岁～6岁		7岁～10岁		11岁～12岁		13岁～15岁		16岁～17岁	
		均值	标准差	均值	标准差	均值	标准差	均值	标准差	均值	标准差
1	头全高	203.8	12.2	215.3	12.5	221.1	12.7	229.6	13.3	233.2	12.9
2	头长	174.7	7.2	180.9	8.1	185.3	7.8	190.7	8.6	195.0	8.0

表 2（续）

单位为毫米

序号	项目名称	4岁～6岁		7岁～10岁		11岁～12岁		13岁～15岁		16岁～17岁	
		均值	标准差	均值	标准差	均值	标准差	均值	标准差	均值	标准差
3	头宽	151.8	6.0	157.6	6.4	161.1	6.6	165.4	7.1	168.9	7.1
4	头围	512.5	19.5	531.8	22.0	545.4	21.7	561.4	23.6	572.6	21.2
5	形态面长	94.9	6.2	102.2	6.8	108.2	7.5	115.5	7.9	118.9	7.3
6	头矢状弧	325.3	17.4	335.3	17.5	336.6	18.3	342.6	17.9	349.7	18.7
7	耳屏间弧	337.2	15.3	348.7	15.8	355.3	16.1	362.9	16.4	366.8	15.6
8	两耳外宽	174.4	8.5	183.6	8.7	187.3	8.7	190.1	9.0	192.4	9.2
9	头冠状围	571.4	32.2	601.1	33.1	615.5	34.6	635.6	33.9	646.6	33.5
10	头耳高	127.3	8.0	130.7	7.5	133.1	8.1	136.4	8.0	137.7	7.7
11	眼顶高	113.1	10.7	116.3	10.1	116.9	10.5	119.7	10.7	120.9	10.5
12	头斜长	198.8	12.2	208.0	12.9	217.4	13.5	225.2	13.1	230.7	12.5
13	头顶点至眉间点距	87.9	12.4	91.9	12.4	91.5	12.9	93.5	12.8	94.3	11.9
14	鼻尖点至枕后点斜距	189.2	8.9	197.5	10.1	205.2	11.3	214.2	10.5	219.6	9.4
15	眉间顶颈弧长	428.9	23.8	451.5	22.5	460.3	23.0	478.0	25.4	490.7	25.6

4.2.3 分年龄段未成年女子头面部尺寸数据见表 3。

表 3 分年龄段未成年女子头面部尺寸数据

单位为毫米

序号	项目名称	4岁～6岁		7岁～10岁		11岁～12岁		13岁～15岁		16岁～17岁	
		均值	标准差	均值	标准差	均值	标准差	均值	标准差	均值	标准差
1	头全高	203.0	11.5	213.6	11.1	221.4	11.5	226.3	11.3	226.2	11.4
2	头长	171.3	7.2	176.8	7.7	182.0	7.9	185.6	8.0	186.0	7.3
3	头宽	150.0	6.2	156.0	7.1	159.8	6.8	163.1	6.7	163.5	6.4
4	头围	509.0	22.1	530.7	23.6	543.6	21.8	553.3	20.6	554.3	20.4
5	形态面长	94.9	6.2	102.2	6.8	108.2	7.5	115.5	7.9	118.9	7.3
6	头矢状弧	318.0	17.6	320.6	18.1	326.0	18.2	329.4	16.4	334.1	17.1
7	耳屏间弧	334.2	14.4	343.4	15.3	351.5	15.8	358.9	15.2	359.1	14.1
8	两耳外宽	174.4	8.5	183.6	8.7	187.3	8.7	190.1	9.0	192.4	9.2
9	头冠状围	567.4	30.7	592.4	31.8	614.3	31.0	631.7	28.8	633.6	28.7
10	头耳高	127.1	7.7	129.4	7.6	132.5	7.4	135.4	7.4	135.5	7.4
11	眼顶高	114.4	10.1	116.7	9.5	118.6	9.3	119.9	9.4	119.2	9.3
12	头斜长	196.2	11.9	205.1	12.1	215.5	11.9	220.6	11.2	221.7	11.6
13	头顶点至眉间点距	89.7	11.5	93.1	11.5	93.4	10.8	94.7	10.9	93.2	10.7
14	鼻尖点至枕后点斜距	185.8	9.2	193.9	9.2	202.6	9.6	207.7	9.1	208.6	8.6
15	眉间顶颈弧长	425.0	23.1	446.7	22.5	460.1	22.5	471.0	24.5	469.9	26.7

5 头面部尺寸的二维分布

5.1 头面部尺寸二维分布表的设置和分挡

头面部尺寸二维分布表依据未成年男子和未成年女子的头长、头宽的二维分布覆盖率设置。头长和头宽均按 5 mm 分挡。使用中可按实际需要合理归并,计算覆盖率,设置型号。

5.2 头长和头宽的二维分布表

未成年男子和女子头长与头宽的二维分布见表 4 和表 5。

表 4 未成年男子头长与头宽的二维分布比例

单位为百分比

头长	头宽												
	135 mm	140 mm	145 mm	150 mm	155 mm	160 mm	165 mm	170 mm	175 mm	180 mm	185 mm	190 mm	195 mm
150 mm	—	—	—	0.01	—	—	—	—	—	—	—	—	—
155mm	—	0.01	—	0.05	0.01	—	—	—	—	—	—	—	—
160 mm	0.01	—	0.06	0.23	0.10	0.05	—	—	—	—	—	—	—
165 mm	—	0.11	0.49	0.66	0.65	0.30	0.05	0.01	—	—	—	—	—
170 mm	0.03	0.11	0.76	1.39	1.86	1.17	0.37	0.12	—	—	—	—	—
175 mm	0.02	0.25	0.81	2.21	3.02	2.93	1.43	0.46	0.01	0.02	—	—	—
180 mm	0.02	0.13	0.65	1.99	3.90	4.20	3.04	1.17	0.33	0.02	—	—	—
185 mm	0.01	0.12	0.47	1.22	3.65	5.03	4.95	2.59	0.80	0.12	0.02	—	—
190 mm	—	0.03	0.21	0.86	2.02	3.88	4.79	3.50	1.53	0.45	0.02	—	—
195 mm	—	—	0.05	0.43	1.03	2.56	3.69	3.36	1.79	0.74	0.09	—	—
200 mm	—	0.01	0.03	0.10	0.38	1.16	1.98	2.28	1.54	0.54	0.18	0.03	—
205 mm	—	0.01	0.01	0.03	0.08	0.47	0.95	1.13	0.90	0.57	0.14	0.05	0.01
210 mm	—	—	—	—	0.01	0.12	0.23	0.40	0.45	0.28	0.12	0.02	—
215 mm	—	—	—	—	—	0.03	0.05	0.11	0.08	0.08	0.07	—	—

表 5 未成年女子头长与头宽的二维分布比例

单位为百分比

头长	头宽												
	130 mm	135 mm	140 mm	145 mm	150 mm	155 mm	160 mm	165 mm	170 mm	175 mm	180 mm	185 mm	190 mm
150 mm	—	0.01	0.02	—	0.02	—	—	—	—	—	—	—	—
155 mm	—	—	0.05	0.08	0.11	0.05	0.02	—	—	0.01	—	—	—
160 mm	0.01	0.03	0.18	0.31	0.48	0.26	0.07	0.01	0.01	0.01	—	0.01	—
165 mm	—	0.10	0.30	0.96	1.47	1.07	0.55	0.22	0.05	0.02	—	—	—
170 mm	0.01	0.06	0.43	1.20	2.07	2.85	2.00	0.89	0.23	—	0.02	0.01	—
175 mm	—	0.09	0.38	1.10	2.99	4.30	4.57	2.49	1.07	0.24	0.05	—	0.01
180 mm	—	0.03	0.19	0.75	2.24	4.57	5.94	4.74	1.84	0.59	0.10	0.01	—

表 5（续）

单位为百分比

头长	头宽												
	130 mm	135 mm	140 mm	145 mm	150 mm	155 mm	160 mm	165 mm	170 mm	175 mm	180 mm	185 mm	190 mm
185 mm	—	—	0.11	0.51	1.46	3.51	5.43	5.11	2.80	0.95	0.20	0.02	—
190 mm	—	—	0.05	0.24	0.59	2.15	3.63	3.71	2.55	0.76	0.22	0.03	—
195 mm	—	—	0.01	0.05	0.27	0.81	1.90	1.86	1.55	0.58	0.17	—	—
200 mm	—	—	—	—	0.02	0.36	0.66	0.90	0.64	0.28	0.14	0.01	—
205 mm	—	—	—	0.02	0.03	0.03	0.20	0.23	0.26	0.10	0.05	—	0.01
210 mm	—	—	—	—	—	0.02	0.03	0.05	0.07	0.03	—	0.02	—
215 mm	—	—	—	—	—	—	—	—	—	0.01	0.02	0.01	—

附　录　A
（资料性附录）
头面部测量项目示意图

A.1　头面部测量项目的示意图见图 A.1。

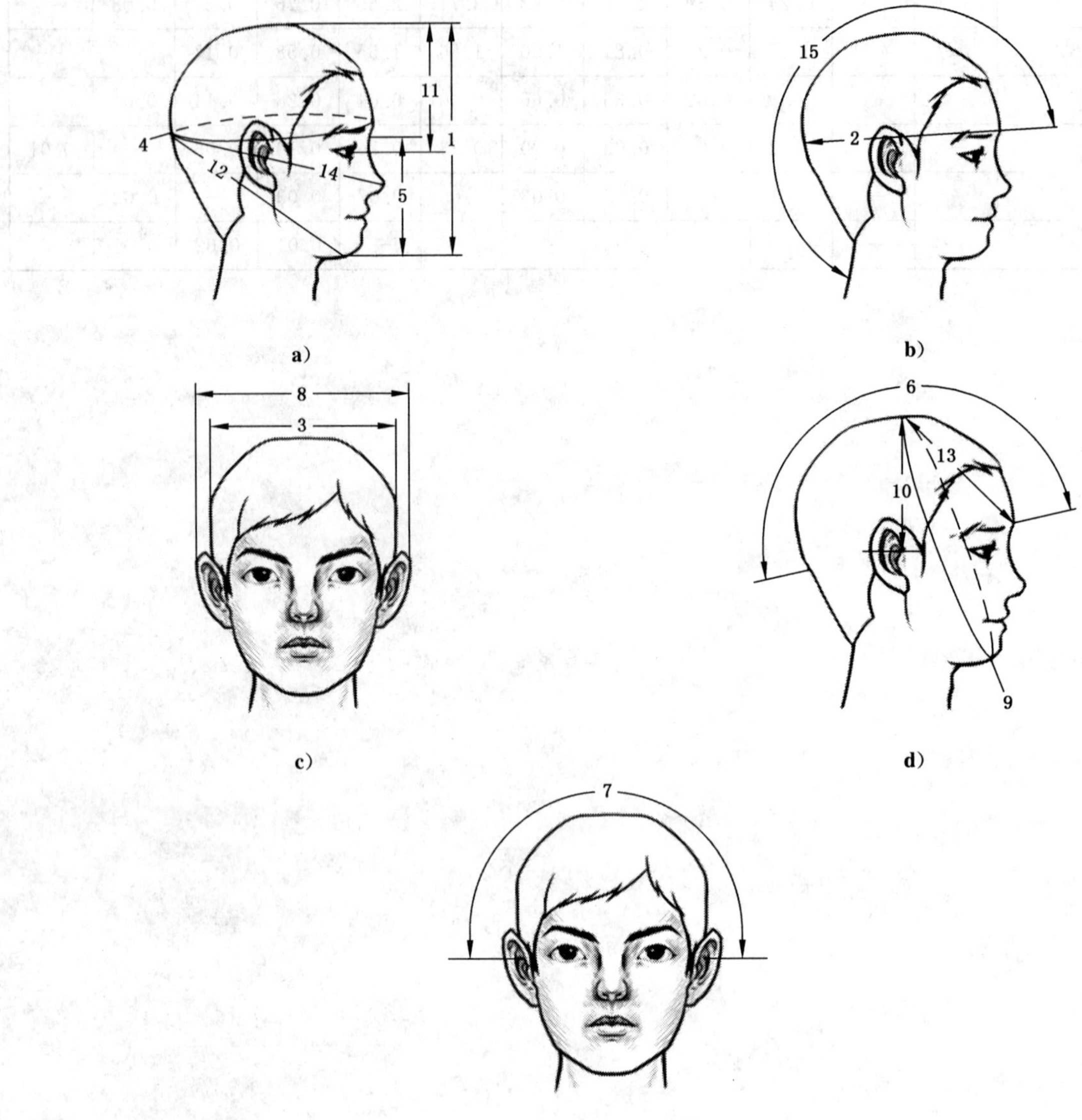

1——头全高；
2——头长；
3——头宽；
4——头围；
5——形态面长；
6——头矢状弧；
7——耳屏间弧；
8——两耳外宽；
9 ——头冠状围；
10——头耳高；
11——眼顶高；
12——头斜长；
13——头顶点至眉间点距；
14——鼻尖点至枕后点斜距；
15——眉间顶颈弧长。

图 A.1　头面部测量项目示意图

参 考 文 献

[1] GB/T 2428—1998,成年人头面部尺寸
[2] GB/T 22187—2008,建立人体测量数据库的一般要求(ISO 15535:2003,IDT)

ICS 13.180
A 25

中华人民共和国国家标准

GB/T 26161—2010

中国未成年人足部尺寸分型

Foot sizing system of Chinese minors

2011-01-14 发布 2011-07-01 实施

中华人民共和国国家质量监督检验检疫总局
中国国家标准化管理委员会 发布

前　言

本标准按照 GB/T 1.1—2009 给出的规则起草。

本标准由全国人类工效学标准化技术委员会(SAC/TC 7)提出并归口。

本标准起草单位:中国标准化研究院、中国科学院数学与系统科学研究院、中国皮革和制鞋工业研究院、北京服装学院、空军航空医学研究所、总装防化研究院。

本标准主要起草人:冉令华、张欣、刘太杰、冯士雍、李松竹、郑嵘、郭小朝、丁松涛、肖惠、晁储芝、张宝芹。

中国未成年人足部尺寸分型

1 范围

本标准给出了未成年人(4 岁～17 岁)足部尺寸分型的设置,以及除足长和足宽之外其他足部尺寸的回归方程。

本标准适用于未成年人鞋类等用品的设计、生产与选用。

2 规范性引用文件

下列文件对于本文件的应用是必不可少的。凡是注日期的引用文件,仅注日期的版本适用于本文件。凡是不注日期的引用文件,其最新版本(包括所有的修改单)适用于本文件。

GB/T 5703 用于技术设计的人体测量基础项目(GB/T 5703—2010,ISO 7250-1:2008,MOD)

3 术语和定义

GB/T 5703 中界定的以及以下术语和定义适用于本文件。

3.1

垂直足围 instep girth

以胫骨前下点为起点,经足底至起点与地面垂直的围长。

3.2

胫骨前下点高 articulates inferior tibiae height

胫骨前下点至地面的垂直距离。

3.3

足趾高 toe height

第一蹠趾关节上缘至地面的垂直距离。

3.4

足后跟宽 heel breadth

在足后跟部,外踝点的下方向腓侧最突出的点与内踝点的下方向胫侧最突出点之间的水平直线距离。

4 足部尺寸分型设置

4.1 足部尺寸分型表示方法

足部尺寸分型用“号”和“型”表示。其中“号”表示足长,按 5 mm 分挡,其值为每挡的中间值;“型”表示足宽,按 3 mm 分挡,其值为每挡的中间值。号与型之间用斜线分开。

示例:在号型 160/63 中,160 对应于足长 157.5 mm～162.4 mm,63 对应于足宽 61.5 mm～64.4 mm。

4.2 足部尺寸分型

足部尺寸分型的设置见表 1。

表 1 足部尺寸分型的设置

单位为毫米

号	型													
	60	63	66	69	72	75	78	81	84	87	90	93	96	99
145	145/60	—	—	—	—	—	—	—	—	—	—	—	—	—
150	150/60	150/63	150/66	—	—	—	—	—	—	—	—	—	—	—
155	155/60	155/63	155/66	—	—	—	—	—	—	—	—	—	—	—
160	—	160/63	160/66	160/69	—	—	—	—	—	—	—	—	—	—
165	—	165/63	165/66	165/69	—	—	—	—	—	—	—	—	—	—
170	—	—	170/66	170/69	170/72	—	—	—	—	—	—	—	—	—
175	—	—	175/66	175/69	175/72	—	—	—	—	—	—	—	—	—
180	—	—	—	180/69	180/72	180/75	—	—	—	—	—	—	—	—
185	—	—	—	185/69	185/72	185/75	—	—	—	—	—	—	—	—
190	—	—	—	—	190/72	190/75	190/78	—	—	—	—	—	—	—
195	—	—	—	—	—	195/75	195/78	195/81	—	—	—	—	—	—
200	—	—	—	—	—	200/75	200/78	200/81	—	—	—	—	—	—
205	—	—	—	—	—	205/75	205/78	205/81	—	—	—	—	—	—
210	—	—	—	—	—	—	210/78	210/81	210/84	—	—	—	—	—
215	—	—	—	—	—	—	215/78	215/81	215/84	—	—	—	—	—
220	—	—	—	—	—	—	—	220/81	220/84	220/87	—	—	—	—
225	—	—	—	—	—	—	—	225/81	225/84	225/87	—	—	—	—
230	—	—	—	—	—	—	—	—	230/84	230/87	230/90	—	—	—
235	—	—	—	—	—	—	—	—	235/84	235/87	235/90	—	—	—
240	—	—	—	—	—	—	—	—	—	240/87	240/90	240/93	—	—
245	—	—	—	—	—	—	—	—	—	—	245/90	245/93	245/96	—
250	—	—	—	—	—	—	—	—	—	—	250/90	250/93	250/96	—
255	—	—	—	—	—	—	—	—	—	—	—	255/93	255/96	255/99
260	—	—	—	—	—	—	—	—	—	—	—	260/93	260/96	260/99

5 足部其他尺寸

表 2 给出了产品设计所涉及的足部其他 7 项尺寸与足长和足宽的二元线性回归方程。根据回归方程，可分别计算出这些尺寸的数值。足部测量项目的示意图见附录 A。

表 2 足部其他尺寸的回归方程

单位为毫米

足部其他部位	年龄段	男	女
		回归方程	回归方程
足后跟围	4 岁～6 岁	$Y=1.921+0.866X_1+0.868X_2$	$Y=3.139+0.802X_1+0.832X_2$
	7 岁～10 岁	$Y=1.327+0.863X_1+0.972X_2$	$Y=2.238+0.835X_1+0.904X_2$
	11 岁～12 岁	$Y=-0.869+0.918X_1+1.135X_2$	$Y=1.944+0.824X_1+0.988X_2$
	13 岁～15 岁	$Y=2.468+0.869X_1+1.060X_2$	$Y=4.523+0.667X_1+1.154X_2$
	16 岁～17 岁	$Y=2.813+0.782X_1+1.093X_2$	$Y=6.012+0.664X_1+0.999X_2$
垂直足围	4 岁～6 岁	$Y=3.679+0.373X_1+1.296X_2$	$Y=3.204+0.469X_1+1.090X_2$
	7 岁～10 岁	$Y=2.810+0.346X_1+1.493X_2$	$Y=3.663+0.415X_1+1.165X_2$
	11 岁～12 岁	$Y=3.024+0.378X_1+1.395X_2$	$Y=4.196+0.315X_1+1.362X_2$
	13 岁～15 岁	$Y=3.662+0.313X_1+1.490X_2$	$Y=5.172+0.254X_1+1.423X_2$
	16 岁～17 岁	$Y=3.219+0.313X_1+1.541X_2$	$Y=6.066+0.226X_1+1.410X_2$
胫骨前下点高	4 岁～6 岁	$Y=1.480+0.159X_1+0.256X_2$	$Y=1.548+0.182X_1+0.188X_2$
	7 岁～10 岁	$Y=2.904+0.065X_1+0.316X_2$	$Y=2.607+0.117X_1+0.226X_2$
	11 岁～12 岁	$Y=3.240+0.068X_1+0.285X_2$	$Y=3.979+0.041X_1+0.253X_2$
	13 岁～15 岁	$Y=3.335+0.076X_1+0.254X_2$	$Y=4.244+0.027X_1+0.273X_2$
	16 岁～17 岁	$Y=3.751+0.061X_1+0.258X_2$	$Y=4.631+0.040X_1+0.200X_2$
斜足围	4 岁～6 岁	$Y=1.741+0.120X_1+2.030X_2$	$Y=2.739+0.051X_1+2.043X_2$
	7 岁～10 岁	$Y=1.832+0.084X_1+2.096X_2$	$Y=2.549+0.112X_1+1.908X_2$
	11 岁～12 岁	$Y=1.611+0.075X_1+2.147X_2$	$Y=2.487+0.051X_1+2.084X_2$
	13 岁～15 岁	$Y=1.494+0.054X_1+2.220X_2$	$Y=2.994+0.028X_1+2.099X_2$
	16 岁～17 岁	$Y=2.588+0.050X_1+2.111X_2$	$Y=2.959+0.024X_1+2.127X_2$
斜足宽	4 岁～6 岁	$Y=0.574+0.028X_1+0.902X_2$	$Y=0.920+0.002X_1+0.915X_2$
	7 岁～10 岁	$Y=0.522+0.026X_1+0.914X_2$	$Y=0.712+0.026X_1+0.884X_2$
	11 岁～12 岁	$Y=0.403+0.017X_1+0.954X_2$	$Y=0.613+0.007X_1+0.950X_2$
	13 岁～15 岁	$Y=0.129+0.014X_1+0.999X_2$	$Y=0.725+0.008X_1+0.941X_2$
	16 岁～17 岁	$Y=0.655+0.013X_1+0.945X_2$	$Y=0.519+0.007X_1+0.969X_2$

表 2（续）

单位为毫米

足部其他部位	年龄段	男	女
		回归方程	回归方程
足后跟宽	4 岁～6 岁	$Y=1.454+0.059X_1+0.347X_2$	$Y=0.736+0.107X_1+0.309X_2$
	7 岁～10 岁	$Y=0.348+0.126X_1+0.325X_2$	$Y=0.406+0.147X_1+0.249X_2$
	11 岁～12 岁	$Y=-0.035+0.144X_1+0.326X_2$	$Y=0.091+0.129X_1+0.343X_2$
	13 岁～15 岁	$Y=-0.005+0.117X_1+0.404X_2$	$Y=-0.115+0.119X_1+0.399X_2$
	16 岁～17 岁	$Y=0.367+0.118X_1+0.356X_2$	$Y=0.567+0.103X_1+0.368X_2$
足趾高	4 岁～6 岁	$Y=0.797+0.049X_1+0.154X_2$	$Y=0.834+0.041X_1+0.164X_2$
	7 岁～10 岁	$Y=1.133+0.034X_1+0.147X_2$	$Y=0.749+0.069X_1+0.104X_2$
	11 岁～12 岁	$Y=1.033+0.028X_1+0.179X_2$	$Y=1.536+0.025X_1+0.119X_2$
	13 岁～15 岁	$Y=1.122+0.031X_1+0.163X_2$	$Y=1.811-0.008X_1+0.179X_2$
	16 岁～17 岁	$Y=1.775+0.013X_1+0.141X_2$	$Y=1.638+0.008X_1+0.161X_2$
注：X_1 为足长尺寸，X_2 为足宽尺寸，Y 为足部其他部位的尺寸。			

6 足部尺寸分型的使用

宜根据足部尺寸分型的覆盖率（见附录 B）、足长和足宽的均值及标准差（见附录 C），以及生产供应条件和产品特性等具体要求合理选择和使用足部尺寸分型。

附 录 A
（资料性附录）
足部测量项目示意图

A.1 足部测量项目的示意图见图 A.1。

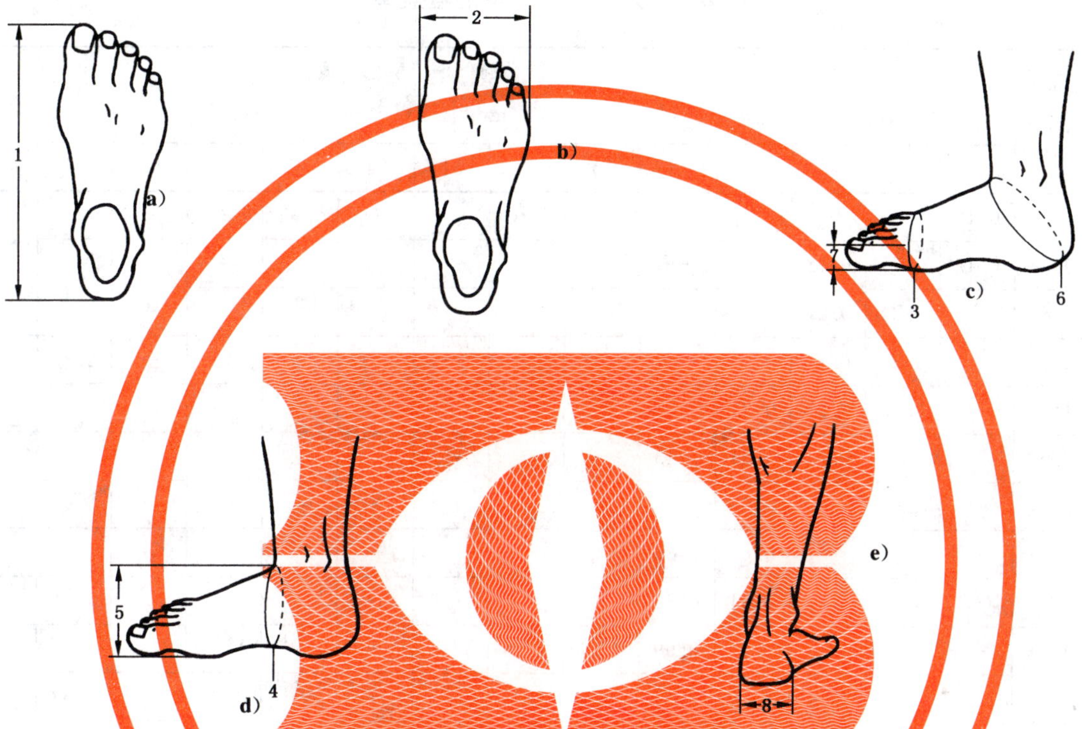

说明：

1——足长；

2——足宽；

3——足围；

4——垂直足围；

5——胫骨前下点高；

6——足后跟围；

7——足趾高；

8——足后跟宽。

图 A.1 足部测量项目示意图

附　录　B
（资料性附录）
足部尺寸分型的覆盖率

B.1　足部尺寸分型的覆盖率见表B.1。

表B.1　足部尺寸分型的覆盖率

号 mm	号的总覆盖率 %	型 mm													
		60	63	66	69	72	75	78	81	84	87	90	93	96	99
145	0.38	0.10	—	—	—	—	—	—	—	—	—	—	—	—	—
150	0.56	0.12	0.15	0.12	—	—	—	—	—	—	—	—	—	—	—
155	0.81	0.13	0.20	0.21	—	—	—	—	—	—	—	—	—	—	—
160	1.14	—	0.24	0.30	0.24	—	—	—	—	—	—	—	—	—	—
165	1.54	—	0.25	0.38	0.39	—	—	—	—	—	—	—	—	—	—
170	2.04	—	—	0.43	0.54	0.43	—	—	—	—	—	—	—	—	—
175	2.61	—	—	0.42	0.65	0.65	—	—	—	—	—	—	—	—	—
180	3.24	—	—	—	0.69	0.85	0.68	—	—	—	—	—	—	—	—
185	3.92	—	—	—	0.64	0.98	0.97	—	—	—	—	—	—	—	—
190	4.61	—	—	—	—	0.99	1.21	0.96	—	—	—	—	—	—	—
195	5.26	—	—	—	—	1.32	1.30	0.96	—	—	—	—	—	—	—
200	5.85	—	—	—	—	—	1.26	1.53	1.21	—	—	—	—	—	—
205	6.30	—	—	—	—	—	1.05	1.59	1.55	—	—	—	—	—	—
210	6.61	—	—	—	—	—	—	1.44	1.73	1.36	—	—	—	—	—
215	6.73	—	—	—	—	—	—	1.14	1.70	1.65	—	—	—	—	—
220	6.67	—	—	—	—	—	—	—	1.41	1.75	1.36	—	—	—	—
225	6.41	—	—	—	—	—	—	—	1.09	1.02	1.56	—	—	—	—
230	6.00	—	—	—	—	—	—	—	—	1.32	1.57	1.21	—	—	—
235	5.45	—	—	—	—	—	—	—	—	0.94	1.38	1.32	—	—	—
240	4.81	—	—	—	—	—	—	—	—	—	1.07	1.26	0.97	—	—
245	4.12	—	—	—	—	—	—	—	—	—	—	1.07	1.26	0.97	—
250	3.43	—	—	—	—	—	—	—	—	—	—	0.70	0.90	0.69	—
255	2.80	—	—	—	—	—	—	—	—	—	—	—	0.71	0.67	0.41
260	2.20	—	—	—	—	—	—	—	—	—	—	—	0.49	0.58	0.44

注：表中给出的覆盖率反映了各种足部号型在全国未成年人中所占的比例。例如：号型为150/60的未成年人占全国未成年人的比例为0.12%。

附 录 C
（资料性附录）
足长和足宽的均值及标准差

C.1 足长和足宽的均值及标准差见表C.1。

表C.1 足长和足宽的均值及标准差

单位为毫米

年龄	足长				足宽			
	男		女		男		女	
	均值	标准差	均值	标准差	均值	标准差	均值	标准差
4岁	162.2	10.7	160.0	12.2	65.2	3.8	64.3	4.2
5岁	170.4	10.0	168.2	8.9	69.2	4.6	67.3	3.8
6岁	178.7	10.5	177.6	10.4	72.0	4.7	70.3	4.2
7岁	190.0	10.3	185.5	11.2	74.9	4.3	72.2	4.5
8岁	199.7	10.5	194.5	10.2	78.2	4.6	74.7	4.2
9岁	205.7	11.6	202.2	11.2	80.1	5.0	76.9	4.9
10岁	214.5	11.3	211.7	11.3	82.2	4.8	79.3	4.9
11岁	222.2	12.6	220.7	12.4	85.4	5.0	82.6	5.2
12岁	230.6	13.1	224.8	11.6	87.6	5.5	84.3	4.6
13岁	240.0	13.3	228.5	10.6	90.1	5.5	85.5	4.7
14岁	247.2	12.3	229.9	10.4	93.3	6.0	86.5	4.8
15岁	248.5	12.5	228.9	10.4	93.7	5.6	86.5	4.6
16岁	250.0	11.7	229.0	10.9	94.7	5.4	86.2	4.3
17岁	251.0	12.3	228.8	10.3	94.8	5.1	86.4	4.0

参 考 文 献

[1] GB/T 3293—2007 中国鞋楦系列
[2] GB/T 3293.1—1998 鞋号
[3] GB/T 16252—1996 成年人手部号型
[4] GB/T 22187—2008 建立人体测量数据库的一般要求(ISO 15535:2003,IDT)

ICS 35.240.20
L 76

中华人民共和国国家标准

GB/T 26162.1—2010/ISO 15489-1:2001

信息与文献　文件管理
第1部分：通则

Information and documentation—Records management—Part 1:General

(ISO 15489-1:2001,IDT)

2011-01-14 发布　　　　2011-06-01 实施

中华人民共和国国家质量监督检验检疫总局
中国国家标准化管理委员会　发布

前　　言

GB/T 26162《信息与文献　文件管理》标准由以下两部分组成：

——第1部分：通则；

——第2部分：指南。

本部分为GB/T 26162的第1部分。

本部分等同采用ISO 15489-1:2001《信息与文献　文件管理　第1部分：通则》。

本部分由国家档案局提出。

本部分由全国信息与文献标准化技术委员会(SAC/TC 4)归口。

本部分起草单位：国家档案局、中国人民大学信息资源管理学院、南京政治学院上海分院。

本部分主要起草人：李伯富、安小米、张正强、聂曼影、杜梅、王红敏、王光越、马小彬、李国华、段荣婷、宋扬。

引　言

文件管理方针和程序的标准化是为了使所有文件都得到恰当的关注和保护，通过使用标准化方法和程序，能够更为有效地检索出文件中所包含的证据和信息。

ISO 成员国一致同意以澳大利亚的国家标准《AS 4390 文件管理标准》为基础，将国际上文件管理的最佳实践发展为标准，在这种背景下，制定了 ISO 15489。为了规范我国的文件管理，使我国文件管理工作与国际接轨，特将 ISO 15489-1:2001 转化为 GB/T 26162 的本部分。

本标准的第 2 部分为《指南》，第 2 部分为本标准的合理使用提供了详细的说明和实施方案。建议将其与本部分配合使用。

信息与文献　文件管理
第1部分:通则

1　范围

GB/T 26162 的本部分规定了信息与文献中文件管理的总体要求和方法。

GB/T 26162 的本部分适用于：

a) 任何公共机构或私人机构在进行活动过程中所形成或收到的所有格式或载体的文件的管理，也适用于个人文件的形成和保管；

b) 为机构确定文件的管理职责、管理方针、管理程序、管理系统和管理过程提供指导；

c) 支持质量管理框架，提供符合 GB/T 19001 和 GB/T 24001 的文件管理指导；

d) 为文件系统的设计和实施提供指导。

也适用于：

a) 机构的管理人员；

b) 文件、信息和技术的专业管理人员；

c) 机构内的所有其他职员；

d) 其他负责文件形成和保存的个人。

本部分不适用于档案馆馆藏档案的管理。

2　规范性引用文件

下列标准中的条款通过 GB/T 26162 的本部分的引用而成为本部分的条款。凡是注日期的引用标准，其随后所有的修改单(不包括勘误的内容)或修订版均不适用于本部分，然而，鼓励根据本部分达成协议的各方研究是否可使用这些标准的最新版本。凡是不注日期的引用标准，其最新版本适用于本部分。

GB/T 3860　文献工作　文献审读、主题分析与选定标引词的方法(GB/T 3860—2009,ISO 5963:1985,NEQ)

GB/T 4894　信息与文献　术语(GB/T 4894—2009,ISO 5127:2001,MOD)

GB/T 19001　质量管理体系　要求(GB/T 19001—2008,ISO 9001:2008,IDT)

GB/T 24001　环境管理体系要求及使用指南(GB/T 24001—2004,ISO 14001:2004,IDT)

3　术语和定义

GB/T 4894 界定的(除下列术语)以及下列术语和定义适用于 GB/T 26162 的本部分。

3.1

利用　access

查找、使用或检索信息的权利、机会和方法。

3.2

问责　accountability

个人、机构和团体必须对其行动负责并且可能需要向他人说明的原则。

3.3

行动跟踪　action tracking

对履行业务的部门/个人进行时限监控的过程。

3.4

档案机构　archival authority;archival agency;archival institution;archival programme

负责对档案进行鉴定、接收、保管、提供利用和批准销毁其他文件的机构。

3.5

分类　classification

在文件管理中,依据分类体系中所规定的逻辑结构、方法和程序规则,按照类目对业务活动和/或文件进行的系统标识和整理。

3.6

分类体系　classification system

参见:分类(3.5)。

3.7

转换　conversion

将文件从一种载体转换到另一种载体或从一种格式转换成另一种格式的过程。

参见:迁移(3.13)。

3.8

销毁　destruction

消除或删除文件,使之无法恢复的过程。

3.9

处置　disposition

按照文件处置规范或其他规定,对文件实施保管、销毁或移交的一系列过程。

3.10

记录　document

可以作为一个单元记录下来的信息或对象。

3.11

标引　indexing

为了方便文件或信息的检索而建立检索入口的过程。

3.12

元数据　metadata

描述文件的背景、内容、结构及其管理过程的数据。

3.13

迁移　migration

在维护文件真实性、完整性、可靠性和可用性的前提下,将文件从一个系统转移到另一个系统的行动。

参见:转换(3.7)。

3.14

保护　preservation

从技术和内容两个方面来确保真实性文件得到长期保存而涉及的过程和操作。

3.15

文件　records

机构或个人在履行其法定义务或开展业务活动过程中形成、接收并维护的作为凭证和具有查考作用的信息。

3.16

文件管理　records management

对文件的形成、接收、维护、利用及处置进行高效和系统控制的管理,包括捕获并保存业务活动及事务处理的证据和信息的过程。

3.17

文件系统　records system

对文件进行捕获和管理并提供长期利用的信息系统。

3.18

登记　registration

在文件进入系统时，赋予文件以唯一标识符的行为。

3.19

跟踪　tracking

文件运转信息和利用信息的形成、捕获和维护。

3.20

移交　transfer〈custody〉

保管过程中文件的保管权、所有权和/或责任权的变化。

3.21

移动　transfer〈movement〉

文件从一个保管场所移动到另一个保管场所。

4　文件管理的效用

机构内部的文件管理包括：

a）制定文件管理政策和标准；

b）分配文件管理职责和权限；

c）制定并公布文件管理程序和指南；

d）提供与文件的管理和利用相关的服务；

e）设计、应用并维护专门的文件管理系统；

f）实现文件管理与业务系统和业务过程的集成。

文件是有价值的信息资源和重要的业务资产。为了保护并保存活动的证据，机构和团体应该采用系统的方法对文件进行管理。文件管理系统是业务活动的信息源，这些信息可以为后续活动及其业务决策提供支持，也可以明确当前和未来的相关利益方的责任。文件给机构带来的效用如下：

a）以有序、高效、负责的方式开展业务活动；

b）以一致和公平的方式提供服务；

c）支持并记录政策的形成和管理决策的过程；

d）保证宏观管理与微观管理的一致性、连贯性和效率；

e）方便业务活动在整个机构内的有效开展；

f）在发生受灾的情况下，提供可持续运作的能力；

g）满足有关档案、审计和监督方面的法律法规的要求；

h）为法律诉讼提供保护和支持，包括对与机构活动证据存在与否相伴随的风险管理提供的保护和支持；

i）保护机构的利益，保护员工、客户和当前及未来利益相关方的权利；

j）支持并记录当前和未来的研究活动、进展状况、取得的成绩以及历史研究活动；

k）提供事务活动、个人活动和文化活动的证据；

l）建立事务标识、个人标识和文化标识；

m）维护机构记忆、个人记忆或集体记忆。

5 监管环境

所有机构都需要确定影响其事务活动的监管环境和对其事务活动进行记录的要求。机构的方针和程序应反映监管环境在其业务过程中的应用。反映机构活动的文件应有足够的证据证明机构顺应了监管环境。

监管环境包括：

a) 法律、行政法规、规章以及通用业务环境，包括与文件、档案、利用、隐私、证据、电子商务、数据保护和信息相关的法律和法规；

b) 强制性的业务标准；

c) 推荐性的最佳实践；

d) 推荐性的行为与道德准则；

e) 社会对行业或机构行为的预期。

至于哪些监管环境要素(单一的或综合的)最适用于机构文件管理的要求取决于机构及其所属行业系统的性质。

6 方针与职责

6.1 概述

为确保满足业务活动在证据、问责和信息等方面的需要，遵守本部分的机构应该遵守本部分建立、记录、维护并颁布文件管理的方针、程序和方法。

6.2 方针

机构应制定并记录其文件管理方针，目的是为了形成并保存真实、可靠和可用的文件，并在需要时随时对其业务职能及活动提供支持。机构应保证文件管理方针在机构内各部门执行。

文件管理方针应得到最高决策层的批准并在机构内公布，应明确相关责任的分工。

制定文件管理方针应对业务活动进行分析，明确法律、法规、其他标准以及最佳实践在文件形成过程中应用的情况。机构应考虑其组织环境和经济因素。为了确保文件管理方针能够反映业务发展的需要，应定期对方针进行评估。

6.3 职责

机构应明确划分文件管理的职责和权力，并在机构内公布。当需要形成和捕获文件时，应明确责任者。机构内所有员工都应分担文件管理职责，除文件管理人员，还应包括相应的信息专业人员、执行主管、业务部门负责人、系统管理员及其工作涉及形成文件的其他人员，同时，在岗位职责说明和同类说明中应该明确规定文件管理责任。具体的文件管理的领导责任及问责应该由机构内负有相应权力的人承担，并可依法任命。

文件管理职责应包括：

a) 文件管理专业人员对文件管理负全责，包括文件系统的设计、实施、操作和维护。文件管理还应包括进行文件管理和文件系统的操作培训；

b) 执行主管负责支持文件管理方针在机构内的实施；

c) 系统管理人员负责确保所有记录在使用时的准确性、可获取性和可读性；

d) 所有员工均有责任和义务确保其活动中文件的准确性和完整性。

档案机构应参与文件管理方针和文件管理程序的规划和实施。

7 文件管理要求

7.1 文件管理规划的原则

为了支持业务活动的持续运作，顺应监管环境，承担必要的问责，机构应形成并维护真实、可靠、可

利用的文件,并确保其在保管期限内的完整性。为此,机构应建立并执行综合的文件管理规划,该规划包括:

a) 确定每项业务过程中应形成的文件,文件中需包含的信息;
b) 确定应形成和捕获的文件的形式和结构以及采用的技术;
c) 确定应形成的与文件和文件管理过程相关的元数据,以及对这些元数据进行的持久链接和管理;
d) 确定文件在业务过程和其他用户之间的检索、利用以及传输要求,以及满足上述的要求的保管期限;
e) 决定文件的组织方式,以满足利用要求;
f) 评估由于缺失关于某项活动的可靠的文件而必需承担的风险;
g) 为满足业务要求和社会期望而保管文件,并确保其长期可获取;
h) 遵守法律法规要求、执行现行标准和机构方针;
i) 确保文件在安全可靠的环境中得到维护;
j) 确保只根据需要或要求保存文件;
k) 通过文件形成或管理现状的改善而能促进业务过程、决策以及行动在效果、效率或质量方面提高的时机,进行确定和评估。

文件及元数据的形成和捕获规则应纳入到相应的过程程序中,以满足所有业务过程对活动证据的要求。

业务可持续性规划和应急措施应满足:通过风险分析,对机构职能的持续运行至关重要的文件进行识别,并采取相应的保护措施,确保需要时可以获得。

7.2 文件的特点

7.2.1 一般要求

文件应正确地反映其所传递的、所决定的以及所采取的行动,能够满足相关业务的需要及用于问责的目的。

文件中应包含记录事务过程的必要的元数据,或者与这些元数据建立持久的链接或关联,具体如下:

a) 应保持文件结构的完整性,文件结构由文件的格式以及文件各构成要素间的关系两部分构成;
b) 在文件中应明确体现文件形成、接收以及利用等环节所处的业务背景(包括事务所处的业务过程,事务发生的日期和时间以及事务的参与者);
c) 分开存放的记录间的链接在共同构成一份文件时,应明显体现出记录之间的链接关系。

文件管理的方针、程序和实践应确保形成具有7.2.2~7.2.5中所列特点的可靠的文件。

7.2.2 真实性

一份真实的文件应符合下列条件:

a) 文件与其制文目的相符;
b) 文件的形成和发送与其既定的形成者和发送者相吻合;
c) 文件的形成或发送与其既定时间一致。

为了确保文件的真实性,机构应执行并记录文件管理方针和程序,便于控制文件的形成、接收、传输、保管和处置,从而确保文件形成者是经过授权和确认的,同时文件受到保护能够防止未经授权进行的增、删、改、利用和隐藏。

7.2.3 可靠性

一份可靠的文件是指文件的内容可信,可以充分、准确地反映其所证明的事务、活动或事实,在后续的事务或活动过程中以其为依据。文件应在事务处理或与其相关的事件发生之时或其后不久形成,且由经办人或由业务活动设备形成。

7.2.4 完整性

一份文件的完整是指文件是齐全的,并且未加改动。

应防止文件未经授权而改动。文件管理方针和程序中应明确下列事项:文件形成之后可对文件进行哪些添加或注释,在何种条件下可授权添加或注释,及授权由谁来负责添加或注释。任何授权的对文件的注释、增或删都应明确标明并可跟踪。

7.2.5 可用性

可用的文件是指能够被定位查找、检索、呈现或理解的文件。可用的文件应能够直接表明文件与形成它的业务活动和事务过程。文件间的背景联系中应包含文件形成和利用的信息,以便于理解事务活动的过程,确认文件所处的业务活动背景和职能活动背景,记录活动过程的顺序,维护文件间的联系。

8 文件系统的设计与实施

8.1 总体要求

文件管理的策略是文件管理方针、程序和方法的制定以及系统的设计与实施都要以满足机构的运作需求为前提,并使其与监管环境相符。

机构所采纳的用于记录业务活动的文件管理策略应明确规定哪些文件是必要的,以及将它们捕获到文件系统的时间、地点和方式。

符合要求的文件系统其实施策略可包括:

a) 设计文件系统;

b) 形成文件系统文档;

c) 培训文件从业人员及其他人员;

d) 将文件转换到新的文件系统、转换成新格式和引入新的控制手段;

e) 制定标准并对采标及执行情况进行评估;

f) 判定文件保存价值,并确定其保管期限,不断地顺应监管环境。

应以策略方案的形式将文件管理策略表述出来,诸如信息管理战略方案,并将其纳入到机构范围内的规划文件中。

为了能够形成和捕获符合要求的文件,使之成为日常业务活动的一部分,应对信息系统、业务应用系统和通信系统以及它们所支持的业务过程进行设计、修改或重新设计。

8.2 文件系统的特点

8.2.1 一般要求

文件系统应确保文件具备7.2中所定义的特点,同时系统本身应具备8.2.2～8.2.6中所列出的特点。

8.2.2 可靠性

任何用于管理文件的系统都应按照可靠的运行程序持续、正常地运行。

文件管理系统应:

a) 例行地捕获业务活动范围内的所有文件;

b) 组织方式反映文件形成者的业务过程;

c) 防止未经授权对文件进行的改动或处置;

d) 例行地发挥主要信息源的作用,提供文件中所记录行动的信息;

e) 实现对所有相关文件和元数据的即时利用。

系统的可靠性应通过形成并保留系统运行的文件来记录。系统运行文件应显示系统已满足了上述所列准则的要求。

文件系统应响应业务需要的不断变化,但是系统的任何变化都不应影响系统中文件的特点。同样,如果将文件从一个系统转移到另一个系统,转移过程不应对文件的特点产生负面影响。

8.2.3 完整性

为了防止在未经授权情况下对文件进行的利用、销毁、改动和删除，建议使用诸如利用监控、用户身份验证、授权销毁和保密等控制手段。这些控制手段可嵌入到文件系统内，也可是独立于文件系统外的专门系统。对于电子文件来说，机构需要证明系统故障、系统升级以及定期维护不会影响到文件的完整性。

8.2.4 一致性

文件系统的管理应满足现行业务的各种要求，顺应监管环境法规，并符合社会对机构的期望。文件形成者应理解这些要求对其所从事的业务活动的影响。建议定期评估文件系统是否符合这些要求，并将评估过程形成的文件作为证据保存。

8.2.5 全面性

文件系统的管理对象应是机构或机构的部门在其全部业务活动范围内开展工作所形成的文件。

8.2.6 系统性

建议系统地形成、维护和管理文件。建议通过文件系统和业务系统的设计和运行来实现文件形成和保管工作的系统化。

文件系统应准确的记录文件管理的方针、职责分工以及正规的管理方法。

8.3 文件系统的设计与实施

8.3.1 一般要求

文件管理系统应具有能够执行并支持第9章中所描述的各项文件管理过程的功能。

在确定文件系统的设计与实施及其所支持的各项过程时，需要考虑与之相关的机构现有的系统。

8.3.2 对文件处理过程的记录

文件系统应完整和准确地反映与某份记录相关联的全部事务处理活动，包括与单份文件相关的事务处理过程。这些细节信息可作为元数据的一部分，或嵌入文件、或作为文件的附件、或与文件关联起来。另一个办法是，可将这些细节作为审核跟踪记录下来，其保存时间(或期限)至少应与其相关文件的保存时间(或期限)相同。

8.3.3 物理存储载体及其保护

在设计文件系统时，建议充分考虑下列事项：适应的保存环境及存储载体、物理防护材料、处理程序和存储系统。文件的保管和维护期限会影响存储载体的选择，为确保发现和降低风险，文件系统应有灾难预防措施。在灾难抢救及灾后恢复过程中都应保证文件的完整性不受影响。

8.3.4 分布式管理

文件系统应支持文件存址的不同选择。在法定权利和监管环境允许的情况下，可将文件实体保存在一个机构内，但是文件的管理职责和保管控制仍旧属于其形成机构或另外有关当局。这种保存权、所有权和责任分离的做法尤其适用于电子文件系统。变更可以在系统内随时发生，但是任何变更都应进行跟踪和记录。

8.3.5 转换和迁移

在整个文件保管期限内，无论系统发生任何变化，包括格式转换、在软硬件平台之间或应用软件之间进行迁移，文件系统的设计都应确保文件仍旧是真实的、可靠的和可以利用的(见8.5)。

8.3.6 利用、检索和使用

文件系统应为业务的持续运作提供及时而高效的文件利用和检索，满足相关的问责要求。

系统应对利用加以控制，以确保文件的完整性不受损害。建议提供并维护审计跟踪或用其他方法证明文件得到了有效保护，没有被非法利用、更改或销毁。

8.3.7 保管和处置

文件系统应便于随时对文件的保管和处置作出决定并实施，包括在系统设计阶段。同时应能够适时进行自动处置。建议系统提供审核跟踪或用其他方法来跟踪已完成的处置行动。

8.4 文件系统的设计与实施方法

为了设计和实施长期可持续利用的文件系统，设计和实施的方法是至关重要的。

下面 a)～h)所列出的方法在设计中的运用顺序并一定不是固定的，可根据机构的需求及规范要求和机构及文件管理环境的变化，分步骤、重复、部分或逐步采用下列方法：

a) 初步调查：通过原始资料和访谈收集信息，确定并记录机构的定位和宗旨、机构的结构、法律环境、监管环境、业务环境和政治环境，以及文件管理的关键因素和致命弱点。

b) 分析业务活动：通过纪实性原始资料和访谈收集信息，确定并记录每一项业务职能、活动和事务，并将其等级排列，也就是建立业务分类体系，确定并记录业务过程流以及构成业务过程的具体事务。

c) 确定文件要求：通过原始资料和访谈收集信息，确定每项业务职能、活动和事务对证据和信息的要求，这些要求的满足离不开文件。而要求本身可以通过分析机构的监管环境(见第 5 章)和分析不形成和不维护文件所带来的风险得出。接下来决定每个要求可如何通过文件管理过程给予满足并清晰地表达和记录下文件要求。最后选择最能满足业务职能、活动或事务要求的合适的文件结构。

d) 评估现存系统：对现存文件系统和其他信息系统进行鉴定和分析，测试其文件满足要求的性能。

e) 确定满足文件要求的策略：确定满足文件要求的策略，可包括采纳方针、标准、程序和工作方法；按文件要求设计并实施新系统。可针对不同的文件要求单独或组合采用策略。策略选择的出发点应是对不能满足文件管理要求的风险程度的分析，包括在文件系统所要支持的业务职能中不能满足文件要求的风险，在现有系统环境中不能满足文件要求的风险，及在策略应成功实施的机构文化中不能满足文件要求的风险(见第 7 章)。

f) 文件系统的设计：设计一个文件系统，在文件系统中体现本部分所制定的策略、过程和工作方法，确保文件系统支持而不是阻碍业务活动过程。对文件系统进行评估，必要时，重新设计业务活动过程及其运行业务系统和通讯系统并使其与文件管理一体化。

g) 文件系统的实施：建议运用项目规划和适当的方法来系统地实施文件系统，目的在于使文件系统的运行纳入业务过程及其相关系统。

h) 实施后评估：收集关于文件系统运行情况的信息是一个完整而持续的过程。这一工作的内容有：对管理人员和重要员工进行访谈；采用问卷调查；观察系统运行；查看程序手册、培训材料和其他记录；随机抽查文件质量以及控制措施；审查和评估系统运行情况；启动并监控纠正行为、建立持续监督制度和定期评估制度。

8.5 文件系统的终止

当文件系统停止使用时，尽管可继续获取文件，但不允许给系统再增加新的文件。可依照有效的文件处置表，采用转换及迁移策略将文件从系统中转移出来。建议记录系统终止的过程，因为这些记录将用于维护文件的真实性、可靠性、可用性和完整性依然保存在系统内，包括转换方案或数据映射(见 7.2)。

9 文件管理的过程及控制

9.1 确定文件系统需捕获的记录

在对本机构的监管环境、业务需求和问责要求、以及因文件缺失带来的风险进行分析的基础上，判断哪些记录应捕获到文件系统中。随机构的类型以及所处的法律、社会背景的不同，要求也相应地不同。

记录以多种载体形式形成和接收，而且所用的技术也在不断变化，因此，记录的主要特征是动态性。记录可由多个形成者形成，存在多个版本，存在于不同的形成时间阶段。

业务活动或个人活动都应以文件形式捕获下来，并与描述各种特征的元数据链接，这些元数据反映在组织或个人受活动约束时的特定业务背景，反映组织或个人的责任，或记录活动、决定或决策的过程。

9.2 确定文件的保管期限

系统内文件的保管期限应基于对监管环境、业务需求和问责要求以及风险进行的评估。

建议由特定业务活动的管理部门、指定的文件管理人员以及其他所需人员根据内、外文件管理方针或标准以及特定业务活动的文件要求来共同确定文件的保管期限。

法律或相关法规可要求最短保管期限，或要求授权机构如档案机构或审核员提交相关议案并获得必要批准。

在决定保管期限时，应考虑所有相关利益方的权益，同时所做的决定不能故意剥夺任何人的利用权。

文件保管应：

a) 通过下列方法，满足当前和未来的业务活动需要：
   1) 将过去和现在的决策和活动信息作为机构记忆的一部分保存下来，以便提供关于当前和未来决策及活动的信息；
   2) 保留过去和当前活动的证据，以满足问责义务的要求；
   3) 经过批准尽早系统地销毁无用文件；
   4) 保存文件的背景信息，以便未来利用者能够判断出文件的真实性和可靠性，即便文件系统已经停止使用或文件系统已有重大变化。
b) 为满足法律上的要求，确保监管环境应用于文件管理，保证特定业务活动的可记录、可理解和可执行。
c) 通过下列方法来满足机构内外相关利益方的当前及未来需要：
   1) 确定相关利益方（包括业务伙伴、客户、其他受机构决策或行动影响的人员以及为了满足问责要求，有权利用机构文件的人员，包括审核员、规章制度的权力机构、调查团、档案机构或研究人员）在文件保管方面的合法权益，即使文件的保管时间超过了机构所要求的保管期限；
   2) 确定并评估文件给研究工作和整个社会所带来的法律、财政、政治、社会效益或其他的正面收益；
   3) 遵守相应档案机构制定的相关规章。

需要持续保管的文件：

a) 提供机构方针及行动的证据和信息；
b) 提供机构及其服务的客户群体之间相互关系的证据和信息；
c) 记录个人和机构的权利和义务；
d) 有助于建立机构的科学、文化和历史记忆；
e) 包含关于机构内外相关利益方权益活动的证据和信息。

9.3 文件捕获

将文件捕获到文件系统中的目的：

a) 建立文件、文件形成者与文件形成的业务背景之间的联系；
b) 确定文件在文件系统中的位置及其相互关系；
c) 建立与其他文件间的链接。

捕获过程可以通过分配明确的元数据来实现，元数据与具体文件的关系可以是嵌入式、隶属式或者是关联式的，但与具体文件的格式无关。文件系统的程序中应包括捕获功能，文件管理背景元数据最具权威性，它可以跟踪文件在任意时候的状态、结构和完整性，并且能够揭示文件与其他文件的关系。

捕获文件的方法：

a) 分类和标引:通过分类和标引实现文件的恰当链接、分类、命名、安全保护、用户许可、检索、处置以及鉴别核心文件;

b) 整理:无论是实体案卷还是电子目录,都要按照逻辑结构和顺序整理,便于日后的利用和参考;

c) 登记:登记的目的是为了证明文件在文件系统中的存在;

d) 针对承担并完成业务活动而编制的系统模板,其功能是:

   1) 提供描述业务背景的元数据;

   2) 证明文件存在的地址;

   3) 识别未完成的活动;

   4) 识别文件的使用者;

   5) 识别利用文件的时间;

   6) 提供事务的操作证据。

9.4 登记

在采用登记过程的文件系统中:

a) 当文件被捕获进入系统时,予以登记;

b) 只有在登记完毕后,才允许对文件进行下一步的操作。

登记的主要目的是为了证明文件已经形成或捕获到文件系统中。登记的另一主要效用是便于检索。登记时会记录下简短的著录信息或关于文件的元数据,并分配给文件一个系统唯一的标识符。登记标志着文件正式捕获到文件系统中。

在文件系统中,可对文件进行不只一个层次或集合的登记。电子文件系统从捕获文件开始可对文件进行自动登记,这一过程对业务系统用户是透明的,无需文件管理员的干预。

9.5 分类

9.5.1 业务活动分类

对业务活动进行分类是协助业务运作的有力工具,很多业务活动分类过程都涉及文件管理,包括:

a) 提供单份文件之间的联系,通过单份文件的积累提供业务活动的持续记录;

b) 确保文件长期以一致的方式命名;

c) 协助检索关于某项职能或活动的所有文件;

d) 确定文件集合的安全保护措施和利用方法;

e) 分配特定文件集合的用户利用许可或操作许可;

f) 分配特定文件集合的管理职责;

g) 为相关活动分配文件;

h) 确定文件的适当保管期限和处置方法。

9.5.2 分类体系

为反映本机构的业务,分类体系的制定必须基于对机构业务活动的分析。分类体系能用于支持各种文件管理过程,为此机构需首先决定业务活动所需的分类控制等级。

9.5.3 词汇控制

在文件复杂的情况下,可采用词汇控制支持分类体系和索引。词汇控制应解释机构特定的术语定义或用法。

9.5.4 标引

标引可手工或自动完成。在一个文件系统里,集合的各种层次都可进行标引。

标引指南参照 GB/T 3860。

9.5.5 代码的配置

通常应给文件组合分配一组代码。

编码的目的是为了存取文件。数字及代码反映了文件的“地址”,通过指定文件在文件系统中的存放地点,就可检索到文件。

9.6 存储和处理

文件的存储载体应确保文件在保管期限内的真实性(见 8.2)、可用性、可靠性,与维护、处理和存储相关的问题存在于文件的整个生命过程中,而不仅仅是存在于非现行期内。

在考虑文件的存储条件和处理过程时,需考虑其特定的物理特性和化学特性。具有保存价值的文件,无论形式如何,都要求较高的存储条件和处理条件,以使文件在整个价值存在期间都得到有效保管。存储条件和保管过程的设计应做到使文件免遭非法利用、丢失或毁坏,并做到防盗、防灾。

建议机构制定文件在不同文件系统间的转换或迁移的方针和指南。

设计电子文件系统时应确保系统无论发生什么样的变化、文件在整个保管期限内都是可以读取的、真实的、可靠的、可用的。采取的措施可包括将文件迁移到不同的软件上、通过仿真或其他方式再现文件。在这些过程发生时,发生过程的证据以及文件设计和格式变化的细节信息应一同保存。

9.7 利用

机构应制定正式的工作指南,明确规定文件的利用权限及利用条件。

机构运行的监管环境就文件的利用权、利用条件或利用限制制定了主要原则建议将这些原则纳入文件系统的实施中。这些监管环境可包括关于隐私、安全、信息自由和档案等领域的专门立法。文件可含有个人、商业或业务方面敏感信息,在某些情况下,对这些文件的利用或有关信息的利用应加以限制。

限制利用能用于机构内部用户也能用于外部用户。只有在机构的业务需求或监管环境特定要求的情况下,才应限制对文件的利用。限制利用的期限应有明确的规定,以确保在期满时不再对这些文件实施不必要的监控。利用限制的设定能随着时间的推移进行调整。

对利用的恰当控制通过划分文件利用状况及利用者的利用身份来实现。

利用过程的管理要保证:

a) 根据文件在特定时期内的利用状况对文件进行分类;

b) 仅对授权用户开放文件;

c) 提出申请并得到批准方能阅读加密文件;

d) 只有被授权者才能进行文件处理和业务处理操作;

e) 由机构内负责特定业务职能的部门制定自己责任范围内文件的利用许可条件。

在任何形式的文件系统中,监控并映射利用权限和对利用的管理职责是一个持续的过程,电子文件系统,尤其是那些通过地理分布式系统提供利用的系统,可从其他应用程序继承用户的身份验证协议。

9.8 跟踪

9.8.1 一般要求

跟踪文件系统内文件的运转和利用过程需要:

a) 指出必需的,但未完成的操作;

b) 使文件都能被检索;

c) 防止文件丢失;

d) 监控利用以保证系统的维护和安全,维护文件操作过程中的审核跟踪(如捕获、登记、分类、标引、存储、存取和利用、迁移和处置);

e) 系统合并或迁移时,保持鉴别单份文件的形成来源的能力。

9.8.2 行动跟踪

当机构对行动时限做出规定时,可在文件系统中实施行动跟踪,行动跟踪的内容有:

a) 根据文件中所记录的决定或事务分派相应的行动步骤;

b） 向指定人员分派行动任务；

c） 记录下预定的行动日期和实际执行的行动日期。

行动跟踪能有效实施的前提是，跟踪对象在传递给指定人员之前需在文件系统中进行登记。

9.8.3 存储跟踪

为了确保在需要时能查到所需文件，建议记录下文件的运转过程。存储跟踪机制可记录下文件细项的标识符、题名、所有人或单位以及运转的时间/日期。

系统应对人员间文件的交接和移交进行跟踪，对文件归还至原存放地点存档进行跟踪，以及对文件处置或移交到外部机构（包括档案机构）进行跟踪。

9.9 处置计划的实施

文件处置包括：

a） 立即销毁实体，包括重新写入和删除；

b） 在业务部门中继续保留一段时间；

c） 在机构的控制下将文件移交到恰当的保管场所或存储载体上；

d） 在机构重组、出售或私有化的过程中，将文件移交该业务活动的另一个责任机构；

e） 将文件移交给由独立的服务机构提供的文件保管基地，并由该服务机构代表文件形成机构按合同方式管理文件；

f） 将管理职责移交给恰当的权力机关，而实体仍由文件形成机构保存；

g） 向机构内部的档案部门移交；

h） 向机构外部的档案机构移交。

在销毁文件实体时，应遵循以下规则：

a） 销毁工作应经过授权；

b） 诉讼或调查悬而未决或正在进行的相关文件不应被销毁；

c） 销毁文件时应保证文件所含信息的机密性；

d） 批准销毁的所有文件副本都应销毁，包括安全副本、保管副本和备份副本。

9.10 对文件管理过程的记录

描述文件管理过程和文件系统的记录应强调法律、机构和技术三方面的要求。建议明确不同文件管理过程（如文件的分类、标引、评估和处置）的管理限权。

为了制定文件管理过程的实施、评估、审核和测试要求，建议记录相关的立法、标准和政策，为了维护机构内信息管理环境的完整性，应密切关注机构内所使用的其他信息系统和政策，以维护信息管理环境的整体完整。

关于文件捕获范围和保管期限的决定应清楚地记录和保存下来，这些决定可是日后处置文件的依据。在制定文件捕获范围和保管期限决定时，应准备好整个分析和评估过程的正式记录，并提交上级领导批准。记录的内容应包括业务活动的详细说明以及每种业务活动中形成的文件类型，并清楚和明确地指出文件的保管期限和处置行动。建议明确鉴别导致对文件实施处置行动的情况，也包括文件以另外存储形式转移的说明（如脱机或异地保存）。必要的时候，还要将这些记录提交给外部权力机构（如档案机构、审核员等）以便获得必要的批准。建议文件处置行动的记录在执行处置行动后继续保管和维护。

10 监控与审核

为了确保文件系统程序及运行过程符合机构的方针和要求，达到预期效果，应定期对文件系统进行监控。评估时从机构的业绩和用户对系统的满意度两个方面来考察。

监管环境可要求由外部机构来承担监控和审核。

如果文件系统或管理过程不合适或效率低下，建议对其进行修改。

建议记录系统的承诺/一致性情况及其监控，并建议保留记录报告。

11 培训

遵循本部分的机构应建立不断发展的文件培训规划。针对文件管理要求和特定管理方法建立的培训规划应明确所有人员在其工作中形成文件和捕获文件进入文件系统时的角色和职责，包括管理人员、员工、合同方、志愿者及其他负责机构整个或部分业务活动的人员。可与外部机构合作共同设计和实施培训规划。

索 引

ICS 35.240.20
L 76

中华人民共和国国家标准

GB/T 26163.1—2010/ISO 23081-1:2006

信息与文献　文件管理过程　文件元数据
第1部分:原则

Information and documentation—Records management processes—
Metadata for records —Part 1:Principles

(ISO 23081-1:2006,IDT)

2011-01-14 发布　　　　2011-06-01 实施

中华人民共和国国家质量监督检验检疫总局
中国国家标准化管理委员会　发布

前　　言

GB/T 26163《信息与文献　文件管理过程　文件元数据》标准目前仅有以下两部分：

——第 1 部分：原则；

——第 2 部分：概念与实施。

本部分为 GB/T 26163 的第 1 部分。

本部分等同采用 ISO 23081-1:2006《信息与文献　文件管理过程　文件元数据　第 1 部分：原则》。

本部分由国家档案局提出。

本部分由全国信息与文献标准化技术委员会(SAC/TC4)归口。

本部分起草单位：国家档案局、天津市档案局、安徽省档案局、江西省档案局、深圳市档案局、南京政治学院上海分院。

本部分主要起草人：王良城、张正强、王岚、黄玉明、方昀、毛海帆、方燕、杜梅、王红敏、刘峰、张淑霞、程妍妍、丁德胜。

引　言

GB/T 26163.1—2010为创建、管理和应用文件管理元数据建立了一个框架，并提出了管理原则。

GB/T 26163.1—2010是一个在国家标准GB/T 26162框架内理解、实施与使用元数据的指南。本部分提出了在业务处理过程中文件管理元数据的有关事项和支持业务处理过程及文件管理过程[1)]元数据的不同作用与类型。

GB/T 26163.1—2010未规定必须执行的文件管理元数据集，因为这类元数据根据组织机构或法律上特定需求的不同，在详细程度上是不同的。但是，GB/T 26163.1—2010根据国家标准GB/T 26162的需求对现存主要的元数据集做出了评价。

GB/T 26163.1—2010是GB/T 26163的第1部分，主要是为创建、管理和使用文件管理元数据建立一个框架，并提出管理它们的指导原则。

GB/T 26163的第2部分和第3部分将主要是用于解释并提供实施方面的指南，以及如何根据第1部分所提出的原则对文件管理元数据进行评估的指南。

1) 在GB/T 26163的本部分中，业务和业务工作是一个广义的术语，不局限于商业活动，而是包括了公共的行政管理，非盈利活动和其他活动。

信息与文献　文件管理过程　文件元数据　第1部分：原则

1　范围

GB/T 26163的本部分规定了文件管理元数据创建、管理及应用的原则。

本部分适用于：

——文件及其元数据；

——影响文件及其元数据的全部过程；

——文件及其元数据所处的各类系统；

——负责管理文件及其元数据的各类组织机构。

2　规范性引用文件

下列标准中的条款通过GB/T 26163的本部分的引用而成为本部分的条款。凡是注日期的引用标准，其随后所有的修改单(不包括勘误的内容)或修订版均不适用于本部分，然而，鼓励根据本部分达成协议的各方研究是否可使用这些标准的最新版本。凡是不注日期的引用标准，其最新版本适用于本部分。

GB/T 26162.1—2010　信息与文献　文件管理　第1部分：通则(ISO 15489-1:2001,IDT)

3　术语和定义

GB/T 26162.1—2010中确立的以及下列术语和定义适用于GB/T 26163的本部分。

3.1

责任者　agent

负责或参与文件形成、捕获和(或)文件管理过程的个人、机构或团体。

3.2

编码体系　encoding scheme

由自然语言中所有可接受的值构成的受控词表和(或)专用于机器处理的编码语法字符串。

3.3

方案　schema

表示元数据元素之间关系的逻辑架构。一般通过对元数据的使用及管理制定规则，尤其是关于语义、语法及值的可选性(或必备性)的规则来实现。

4　文件管理元数据

元数据管理是文件管理中必不可少的一部分，有着多种功能和用途。在文件管理背景下，元数据被定义为描述文件背景、内容、结构及其整个管理过程的数据(GB/T 26162.1—2010中3.12)。这些元数据是结构化或半结构化的信息，用于确保文件始终在同领域内或跨领域间形成、登记、分类、利用、保管和处置，用于反映特定群体的特定思想和特定活动。文件管理元数据还可用于对文件以及下列要素进行识别、确认和证实以说明其背景关系：形成、管理、维护和使用文件的人、过程、系统及其管理方针(见9.1)。

最初，在文件捕获节点，元数据用于对文件进行界定，将文件置于相应的业务背景中并对其进行管理上的控制。由于在文件或文件聚合生存期,文件或文件聚合被其他业务和应用环境所使用,这将新增元数据层。也就是说,随着时间的推移,元数据将不断积累以下相关信息:文件管理背景信息、业务过程信息以及文件结构变化信息或形式变化相关信息。积累下来的元数据可以源于或重复使用于不同的系统,并满足不同的用途。来源于现行业务活动的元数据即使现行业务活动不再需要时,如有研究需要或其他参考利用价值,可继续保留和使用。

元数据有助于长期保证文件的真实性、可靠性、可用性和完整性,有助于对信息对象的管理和理解,无论是物理的、模拟的,还是数字的。当然,元数据本身也需要管理。

文件管理总是涉及到元数据管理,但数字环境下的管理需求与传统环境下的管理需求表现形式不同,需要不同的机制识别、捕获、赋值和利用元数据。在数字环境下,只有采用元数据定义其关键特征,才是权威性的文件。同时这些特征应明确表达并记录下来,而不是像纸质环境下是隐含的。在数字环境下,有必要保证在形成、捕获和管理文件的系统中自动实现对文件管理元数据的创建和捕获。数字环境为我们定义、创建元数据并完整、及时地捕获文件提供了机遇,文件是事务的证据或者本身就是文件管理活动的对象。

5 文件管理元数据的意义与作用

5.1 文件管理元数据的一般作用

元数据以如下的方式为业务和文件管理提供支持:

a) 保护文件的证据特性并确保文件的长期可获取性和可用性;

b) 便于对文件的理解;

c) 支持并保证文件的证据价值;

d) 便于确保文件的真实性、可靠性和完整性;

e) 对访问管理、隐私管理和权限管理提供支持和管理;

f) 支持高效率的检索;

g) 通过确保在各种技术环境和业务环境下可靠地捕获文件从而支持互操作策略,并使文件持续性地得到长久保存;

h) 在文件与其形成的背景信息之间进行逻辑链接,并以一种结构化的、可靠的和有效的方式维护这种链接;

i) 为识别形成和捕获数字文件的技术环境提供支持,同时对维护文件的技术环境的管理提供支持,以便在需要真实性文件时可以随时复制文件;

j) 为实现文件在不同环境、计算机平台或保管策略之间的有效迁移提供支持。

5.2 组织机构宜使用的文件管理元数据

5.2.1 概述

机构应决定 GB/T 26163 在本部分中列出的元数据需求中有哪些是机构的系统中必要的,决定的过程取决于以下因素:

a) 业务需求;

b) 制度环境;

c) 影响业务运行的风险。

根据业务风险或业务需求确定机构不同领域所使用的元数据类型。

对于文件管理元数据持有不同角度不仅是可能的,而且这些角度同时存在。其包括:

1) 业务角度,即文件管理元数据具有支持业务处理的角度;

2) 文件管理角度,即文件管理元数据具有始终捕获文件特征和文件业务背景,并支持其管理的角度;

3) 使用角度,即从文件创建的业务背景出发,文件管理元数据具有检索、理解和解释文件的角度。

为了理解和长期使用文件，尤其是在形成文件的业务环境之外使用文件可能需要广义上的背景信息。

文件管理元数据包括：

i) 记录业务背景的元数据，即有关文件形成或捕获的业务背景，以及关于文件的内容、结构和显现的元数据；

ii) 记录文件管理和业务过程的元数据，即涉及文件使用的管理过程和业务处理过程，包括文件在内容、结构和显现上的变化的元数据。

5.2.2 捕获节点形成的元数据

文件捕获节点的元数据包括关于文件形成的背景信息、业务背景信息、涉及的责任者信息，以及关于文件内容、显现、结构和技术属性的元数据。这些元数据允许文件在应用软件或信息系统中使用，使文件具有可读性、可用性和可理解性。文件的背景包括关于形成文件的业务过程的信息。这些元数据可以使利用者了解文件形成机构的可信度、文件形成的环境、形成目的或形成文件的业务活动，同时可以了解文件与其他文件或文件聚合间的关系。业务背景元数据宜作为文件形成者形成文件的不可分割的部分，因此需要与文件同时捕获。

文件结构与文件内容同样重要。文件的结构包括：

a) 文件的物理结构或技术结构；

b) 文件的逻辑结构，即包括构成文件的所有数据要素之间的关系。

技术层面的元数据应描述文件形成或捕获的系统以及构成文件的数字组件技术特性。

5.2.3 文件捕获后的元数据

基于一份文件、一组文件或文件聚合所进行的所有的文件管理过程均应予以记录。为了保存文件，保证文件始终具有真实性、可靠性、可用性以及完整性，必须创建过程元数据，以便于记录这些文件管理的过程。描述每份文件的元数据应包括该文件已经采用或将要采用的管理过程方面的信息。根据既定的管理需要确定记录文件管理过程的详尽程度。文件管理过程元数据可应用于整个文件生命周期。文件管理过程可创建并使用技术元数据来还原或复制电子文件，但还原或复制过程应予以记录。此外，由管理活动引起的文件内容、背景和结构上的变化亦应记录。

在文件生命周期内，利用文件的业务过程应予以记录。这类业务上的利用包括与文件相关的业务行为、业务行为的起因以及其他文件。

关于文件的元数据以及在文件管理和利用过程中积累起来的元数据可形成一份文件，亦即元数据文件。元数据文件也需要管理。元数据的保存期限不得短于文件的生命周期。在处置文件(保管权或所有权发生移交、销毁)时，仍需要一些有关的元数据来证明文件的存在、管理和处置。

6 职责

机构应对文件管理元数据的职责作出明确规定，并在机构内部公布，以便明确何时应形成并捕获文件管理元数据，谁应对必要的行动负责(见 GB/T 26162.1—2010 中 6.3)。

元数据管理是业务管理和文件管理职责的一部分，机构内形成、捕获或管理元数据的所有员工均应承担元数据管理职责，包括文件管理者、有关的信息专业人士、行政主管人员、业务部门负责人、系统管理员以及其他形成或捕获文件的人员和工作内容中涉及元数据的人员。元数据管理的岗位、职责和责任应由机构内拥有相应权力的人担任，并在职位说明等文件中做出明确规定。具体职责如下：

a) 文件管理专业人员负责与文件相关的元数据的可靠性、真实性、可用性和完整性，并负责对使用者进行元数据捕获、管理和使用方面的培训。文件管理专业人员参与元数据要求的制定，负责制定相关的方针和策略并监督元数据的形成过程。

b) 所有员工应保证其负责的文件管理元数据的准确性和完整性。

c) 行政主管人员负责实施内部控制，确保用户、审计员、法官以及其他授权使用者能够信赖机构形成的信息，并负责为文件管理元数据及相关方针在机构内的使用提供支持。

d) 信息技术人员负责保障用于捕获和管理元数据的系统的可靠性、可用性和完整性，负责建立文件管理元数据与对应的文件之间的链接，并对链接进行维护。

培训规划应支持这些职责的履行，审计程序应对执行情况进行监控。

7 与其他元数据领域相关的文件管理元数据

7.1 概述

元数据的形成、捕获和利用可能是出于单一的、特定的目的，如电子业务、信息保存、资源描述、资源发现和权限管理，也可能是出于多种业务用途。文件管理元数据可用于所有这些目的。例如，捕获节点的元数据可继承资源描述元数据，并对其进行扩展，用于资源发现。文件管理元数据可直接从工作流系统、标准办公软件、电子邮件系统和其他业务系统中继承或抽取而来。

用于文件管理的元数据，无论是在文件捕获点上的元数据，还是与过程相关的元数据，都不可能孤立存在。因此，有必要在更广泛的背景内考虑文件管理元数据的形成和捕获，以便建立适当的链接和关系，使元数据既不重复也不冗余。

7.2 电子业务元数据

元数据在电子业务（包括电子商务和电子政务）的实施中发挥着重要作用。电子业务各阶段的元数据均应予以捕获，包括产品、服务、供应商或客户的地点，业务条款的签订，数字签名以及业务活动的交易过程本身。这些元数据提供了关于业务背景的信息，因此与文件管理中的背景元数据（见 9.2.1）、结构和存储元数据（见 9.2.1）、安全元数据（见 9.2.4）以及一些利用元数据（见 9.2.3）均有重叠。

7.3 信息保存元数据

如何长久保存信息（尤其是数字信息）以便实现持续利用，是文件管理领域、图书馆领域和档案界共同关注的问题。与纸张打印技术相比，信息技术具有不稳定性。为应对不断变化的信息技术带来的挑战，需要采用技术元数据；为了实现长久保存，需要附加结构元数据和存储元数据（见 9.2.1）以及关于文件管理过程的元数据（见 9.6）；为确保文件的长久可利用性以及文件的持续真实性、可靠性、可用性和完整性，需要记录文件管理过程元数据，包括利用和安全元数据、文件管理活动元数据、迁移、转换和移交元数据。

7.4 资源描述元数据

元数据的首要用途之一就是对资源进行描述，这些资源可以是图书、期刊、视频、文献、影像和艺术品，也包括移交到档案馆的文件。需要用元数据来标识资源，主要包括题名、形成者、日期、唯一标识符、与其他资源的关系（例如同一系列内的资源）以及大小或长度等。其中一些元数据元素也用于文件管理背景中。这些元数据与记录文件内容和来源的捕获节点的元数据相近或重叠。然而，文件管理和档案管理中的描述元数据比标准的资源描述元数据更加广泛，也包括其他元素，例如背景元数据（见 9.2.1）。

资源描述元数据类型与档案著录有密切的联系。为了始终维护文件的意义，将文件置于文件管理背景和行政管理背景之中，便于利用和管理，档案机构用元数据来描述档案文件。因此，现有的档案著录标准，如《国际标准——档案著录规则（总则）》（ISAD/G）与《国际标准——个人、团体和家族规范记录著录规则》（ISSAAR（CPF）[2]）与文件管理元数据在很大程度上是重叠的，二者都记录了业务背景和管理过程。档案管理（包括档案著录）是对经鉴别具有长久保存价值的文件所实施的补充和延续活动。因此，具有在机构的文件系统和档案管理系统之间实现元数据的迁移的功能是值得推荐的。

---

2) ISAD/G 与 ISSAAR（CPF）是由国际档案理事会（ICA，www.ica.org）发布的标准。ISAD/G 是档案著录的国际标准（总则），它为著录文件和文件组合提供了指南。ISSAAR（CPF）是档案规范记录（团体、个人和家族）著录的国际标准，它为著录创建文件的实体提供了指南。

7.5 资源发现元数据

资源发现(亦即信息检索)元数据与描述元数据(见7.4)有交叉,是对描述元数据的扩展。业务部门、知识管理者、图书馆员以及公众均需依赖元数据检索信息。索引、分类和位置元数据就是支持资源发现的实例。这些元数据也因强化文件管理目标而有助于文件资源的发现。在文件管理背景下,这类元数据主要与利用元数据相关(见9.2.3)。

7.6 权限管理元数据

权限管理是电子业务的一个特殊类型或方面,因其涉及对机构信息资源的权限管理和利用管理。它包括对权限的描述、认定、交易、监督和追踪,需要元数据来描述信息资源使用过程中所涉及的三个关键实体:参与方(例如形成者、发布者和使用者)、内容(包括创造性内容及其形式)和权限本身(例如许可、限制和有偿使用)。

8 元数据的管理

8.1 概述

元数据的管理可区分为两个领域:

a) 形成、捕获和管理文件管理元数据;

b) 制定、实施、维护和管理元数据规则及元数据结构,如文件类型定义(DTD)、方案或数据字典。

8.2 元数据的应用级次

根据机构的需求和要求,本条款所描述的元数据适用于三个不同的级次:

a) 单份文件;

b) 文件组合;

c) 整个文件系统。

文件系统应能够捕获任意级次的元数据。其中,某些元数据适用于系统内的任意文件,如题名,而另一些元数据则只能应用于比单份文件更高级次的文件组合。

8.3 在文件生命周期内宜形成及应用元数据的节点

在文件生命周期内的多个节点宜形成和应用元数据。

本条款中的多数元数据均应在文件捕获、登记和分类的过程中形成,如GB/T 26162.1—2010中9.3、9.4、9.5所述。应在文件捕获阶段即对文件进行定义,将文件置于业务背景中,确保管理过程的进行。

在文件生成之后应继续形成和捕获元数据。在下列情况下应更新元数据:文件参与业务办理并与其他文件建立联系;管理要求发生变化以及文件系统从一个机构移交到另一个机构。元数据需要反映环境的变化,这就是过程元数据(5.2.3)。

元数据的捕获和维护应作为业务管理和文件管理的常规工作。

注:按GB/T 26162.1—2010中9.5所列出的文件分类有助于满足9.2.4和9.6列出的元数据属性要求。

8.4 元数据管理的过程

8.4.1 概述

元数据的管理应与GB/T 26162.1—2010中第9章所规定一样,具有相同的过程:创建、捕获、存储、描述、维护、利用、以及方针、策略和方法的制定。

8.4.2 方针与方法的确定

责任者,包括文件管理者,应界定并记录管理元数据的方针和规定,并根据业务需要说明对元数据的需求。方针和规章制度应涉及下述几个方面的内容:职责分工,元数据应予创建和捕获的范围,创建与捕获时间，以及从何来源对元数据进行创建和捕获，有效的元数据结构类型，以及应使用何种标准和支持系统等。

8.4.3 标准规定的记录与推行

责任者（包括文件管理人员）应记录规则与方针，就内容标准、结构、术语及其他相关事宜统一使用的问题做出规定。这些规则与方针应确保元数据的结构、术语、实体描述和属性在使用中的一致性。

8.4.4 元数据的创建与维护

创建与维护文件时，文件管理人员应确认哪些元数据需要创建与捕获。文件创建时的元数据创建过程应予以监控与记录。

有关某一文件元数据的创建与变化情况的元数据，亦应明确并加以维护，因为这类元数据有助于在元数据文件中正确并一致地记录这些变化。

8.4.5 元数据管理结构的创建与维护

应制定并界定对元数据进行捕获、存储与管理的结构，以便反映文件及文件管理的需求（见8.6）。

元数据元素之间的关系，以及元数据元素与其所描述的信息对象之间的关系，应持续不断保持一致。因此，这些关系应始终得到正确的、一致的维护，尤其应注意通过迁移、转换和采用其他保存措施所引起的关系的变化。

8.4.6 元数据的捕获

责任者（包括文件管理人员）应基于GB/T 26162.1—2010中第9章所规定的文件管理流程，明确何时以何种渠道捕获何种元数据，同时确定如何捕获元数据（手工或自动的）。

8.4.7 元数据的存储

责任者（包括文件管理人员）应决定元数据存储的方式，以及元数据与其相关或所属对象之间持续的链接。元数据可在数据库中与文件一并存储，或分开存储，或同时以这两种方式进行存储。管理标准，如成本和绩效，可能是影响元数据以何种方式进行存储的因素。

8.4.8 元数据的描述

相对于文件及其相关的文件组合所保存的时间而言，对元数据进行管理是一个持续进行的过程。为保证文件有意义、具有可靠性和可用性，必要时应增加新的元数据。这项工作应自始至终地、跨部门地进行。例如，某一组织机构的职能与其所有的文件系统的相关部分，被移交到另一个组织机构时，即需进行这项工作，从而要求接收方调整其已有的元数据结构。要记录这些变化，组织机构即应制定相应的程序和方针。

根据文件共享和使用范围的程度可将元数据分为若干层次。文件在系统中得到管理，这些系统又在组织机构中得到管理，而这些组织机构又是更大背景中的一部分（如行业、政府、国家、公众乃至整个社会）。在这每一个层次上，元数据均应为其相关的文件提供足够的信息，以便对关注这些文件的利用者而言，使文件具有可理解性和可利用性。

随着时间的推移，原有的环境会发生变化或消失，人的认知也将与时俱进。这些变化要求将原有的文件创建环境反映到新的环境中去。这也要通过元数据来实现。这项工作将不断地由创建时未介入的后续机构的人员所接管。

8.4.9 元数据的利用

元数据的利用，应仅限于授权人员，并按正式批准生效的方针和规章制度来对其进行管理。应制定相应的安全与利用分类的方案。责任者还应制定文件管理元数据互操作的方针和规章制度，以促进文件跨信息系统、跨组织机构或跨管理权限的交换与检索。

此外，还应建立一种机制，以便对元数据的利用、使用、修改及增加的情况进行追踪和记录。

8.4.10 元数据的维护

8.4.10.1 过程与方法

对元数据及元数据结构的组织和维护，可以采用多种方法和技术。例如，包括描述实体、数据类型和实体数据类型关系的数据字典，以及用于描述数字对象结构的标准置标语言等。

维护过程如下：

a) 监控机制。确保元数据维护过程中数据的完整性；

b) 安全措施。对元数据进行控制利用，如建立责任者或系统与其所利用的实体或对象之间的授权规定，这类责任者还包括那些有权改变元数据结构的人员；

c) 恢复机制，以备系统瘫痪；

d) 备份程序；

e) 迁移技术，保证跨信息技术环境的迁移，或对文件管理元数据管理系统的改造或升级。

8.4.10.2 元数据的固化

文件的可信性取决于与之关联的情形，文件管理元数据的真实性同样取决于真实性规则或标准。因此，责任者应在其职责范围内记录所有与元数据有关的规章制度与方针。元数据结构上的变化，无论是内容上的还是在实体上的均应加以记录。

始终保证元数据的真实性并对元数据进行适当管理，重要因素之一就是要对捕获的元数据进行固化，以维护元数据的原貌。如需对元数据改变，应制定规则来控制这种改变过程。这类规则的内容包括记录修改的原因、修改的内容，以及记录有关授权的责任者。这些要求对任何一个涉及文件管理的组织机构都始终适用。

提供有关元数据文件自身创建与变化详细情况的元数据也应该得到维护。这类详细情况应该包括与元数据创建、变化以及下列活动有关的责任者的信息，如创建、修改、核对和删除元数据等。此外，用于定义及植入元数据元素的元数据方案，其所使用的版本也应该予以明确。

8.5 元数据结构

为了有助于在元数据元素之间建立关系，并使其有效，元数据元素需要结构化，例如，采用元数据方案。责任人员，包括文件管理者，应该为其所创建的、捕获的和管理的文件制定元数据方案，包括有关业务处理过程和责任人员的背景信息。这类元数据方案应始终加以维护，以便反映组织机构背景和业务背景中的变化。新的元数据方案与被取代的元数据方案之间的关系应该明确地加以说明，并应以书面形式加以记录。

元数据方案描述实体、元素以及两者之间的关系。元数据方案也支持对文件结构的描述(例如可扩展置标语言 XML 之类的置标语言)，元数据方案对于管理包含有这类描述信息的数据库也是很重要的。

例如，文件类型定义(DTD)和可扩展置标语言(XML)方案就是用于定义文件结构、数据库结构或其他对象的，而概念分类方案则是用于关系数据库和面向对象数据库的。

元数据结构以及构成元数据结构的元数据元素可以被编码体系进一步定义。编码体系是用于定义元数据元素的值或语法。

例如，编码体系包括在 GB/T 26162.1—2010 中 9.2 和 9.5 所指的预先制定好的规范：如业务分类表、利用和安全分类表以及保管期限表等。

使用元数据方案和编码体系的意义在于：

a) 便于元数据的集成与统一管理；

b) 通过不同元数据集之间的比较或映射实现互操作；

c) 表达元素之间的关系及语义；

d) 控制元数据元素之间的关系及其内在的语义；

e) 确保并维护信息系统(如文件系统)内的一致性；

f) 允许信息系统的模块化开发、分解或链接；

g) 提供开发信息系统或数据库的基础。

8.6 系统的作用

文件的形成、捕获和管理或者是在业务系统中实现，或者是在文件系统中实现，再或者由两个系统共同合作来实现，例如：

a) 业务系统独立形成、捕获、管理文件；

b) 业务系统形成文件，但不对文件进行管理，而是与专门的文件系统共同合作；

c) 文件系统形成、捕获、管理文件。

系统的使用，无论是单一系统或是集成系统，都必须具有使用和提供元数据的功能，其目的就是为了以可靠和有效的方式管理文件。

文件系统应该具有生成、捕获和管理相应元数据的功能，并应尽可能地使这一过程自动化，这应该作为文件系统设计与开发所必备的基础。

文件系统的设计应保证文件及其元数据在系统发生任何变化的情况下都具有可利用性、真实性、可靠性和可用性。

记录变化的手段之一就是采用审计追踪。为了确保业务的连续性，审计追踪对文件系统和业务系统是必要的，但是审计追踪可能无法完全满足为特定文件提供完整经办历史记录的文件管理要求(见GB/T 26162.1—2010 中 8.3.2)。

为了保证元数据来源可靠，还需要有文件管理的规范性文件，如业务方案、利用和安全分类方案，以及文件处置规定。若有可能，文件系统的设计应该将这些规范性文件置于系统之中，并自动地加以使用。

9 支持 GB/T 26162.1 所需的元数据类型

9.1 元数据类型的概述

本条款规定了有效地实施 GB/T 26162.1—2010 所需的元数据类型，并作为对 GB/T 26163.1—2010 第 5 章的进一步说明。GB/T 26163.1—2010 第 5 章主要规定在文件系统设计时应该应用的元数据的范围，以满足 GB/T 26162.1—2010 的要求。

要求支持 GB/T 26162.1—2010 元数据的类型可以分为下列几类(见图 1)：

a) 关于文件自身的元数据；

b) 关于业务规章制度、方针以及法规的元数据；

c) 关于责任者的元数据；

d) 关于业务工作或过程的元数据；

e) 关于文件管理过程的元数据。

元数据的这些类别，在文件捕获之前或之后同样适用。

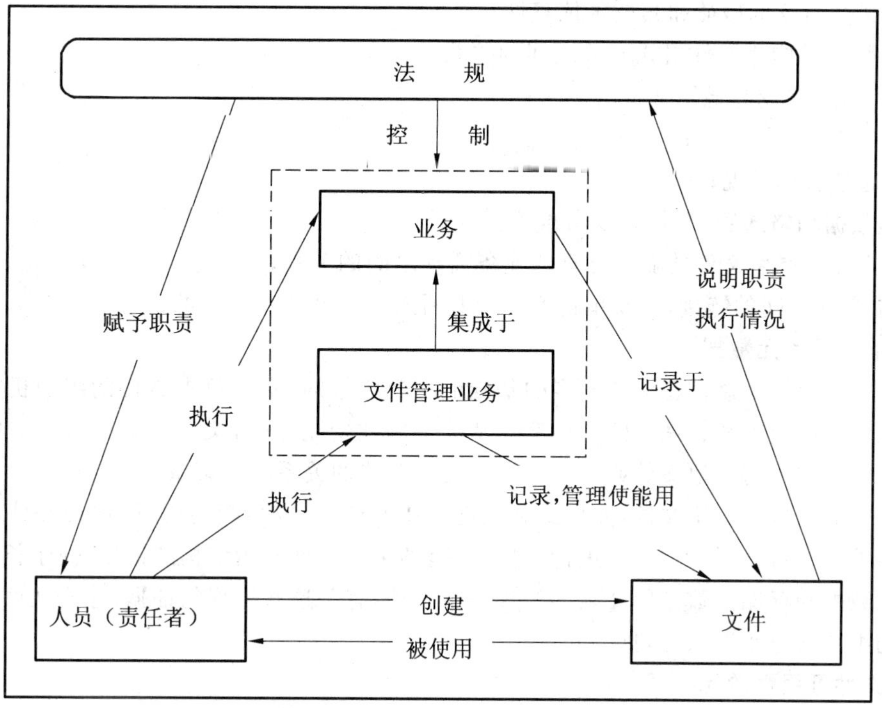

图 1 主要类型及其相互间关系[3)]

其中每一类都是由下列元数据构成：

1） 与文件一起捕获的元数据,并将元数据固化于自身的业务背景之中,使管理过程能够进行(如在文件捕获节点上的元数据)。

2） 不断创建与捕获的元数据(如过程元数据)；这类元数据已不是由文件创建组织机构所生成的,但是任何一个始终负责管理文件的组织机构都必须确保这类元数据的创建与捕获。

以上元数据的分类已作为本标准的框架。在以下的元数据要求中会明确指出源于GB/T 26162.1的具体条款。

9.2 关于文件自身的元数据

9.2.1 文件捕获节点上的元数据

在文件捕获点上,有关结构元数据和存储元数据,如格式和关键的技术环境,应该明确并加以记录,以保证在业务要求和其他要求所需的时间内维护文件的利用性,并确保文件的长期保存与管理。

在文件捕获点上,还必须捕获下列(见9.2.4和9.2.5)安全元数据和文件管理元数据。

为了确定文件和任何文件组合的内容以及它们的逻辑和物理结构、它们的技术属性,并为了记录文件之间的关系,关于文件的元数据应该：

a） 包括文件创建时的日期与时间；

b） 确认与描述文件创建时所涉及的责任者；

c） 记录文件的结构；

d） 记录文件的格式；

e） 记录任何化学与其他物理的特征；

3） 源于澳大利亚蒙纳士大学1998－1999研究项目《用于政务、商务、社会和文化用途的网络环境下全过程管理和利用信息资源的文件管理元数据标准》,“概念和关系模型：业务文件与社会法律环境”章节中的“图2 文件管理”和“图3 业务背景”。主要研究人员：Sue Mekemmish，Ann Pedersen 和 Steve Stuckey。网址是：http://www.simes.monash.edu/research/rcrg/research/spirit/reports.html.

f） 记录文件的技术特征和其技术依赖性；

g） 记录数据或构成文件格式元素之间的关系；

h） 记录利用、复制与显示文件的要求；

i） 便于迁移至不同软件；

j） 便于通过仿真再现；

k） 实施数据和格式管理活动，以防载体褪变；

l） 记录文件与产生文件的业务办理或业务活动之间的关系；

m） 记录文件之间的链接，以及单份文件与其所属的文件组合之间的链接。

9.2.2 文件捕获后的元数据

关于文件的元数据应该是在持续发展的基础上不断积累的，并与负责文件的组织机构无关。这类元数据记录文件在逻辑上和物理上的结构变化及技术属性变化，并对文件在新的背景中的使用进行描述。它们也应该对文件与其他文件或与文件组合之间新建的关系进行记录。

当前或先前的结构元数据文件，如格式和关键的技术环境，应继续使用，以保证文件的可利用性能够始终得到维护。应对该元数据文件进行维护，以提供关于文件原始结构的证据，便于长久保存。

由结构元数据和存储元数据所介入的过程一经启动，有关这些过程的证据，连同文件设计和文件格式任何变化的细节就应予以保留，见9.6。

9.2.3 支持文件可用性的元数据

9.2.3.1 概述

元数据应该用于标识文件，并使文件在文件系统中易于检索，易于使用。

文件系统应该对所有的相关文件，以及这些文件相关的元数据提供利用。设计系统时可使用元数据来实现这一目的。

9.2.3.2 文件捕获节点上的利用元数据

利用元数据应该具有以下的功能：

a） 对文件或文件组合的信息进行标识。

b） 对一份文件或文件组所属的文件组合，如一个案卷或类别，进行标识并加以记录。

c） 对文件位置的信息进行捕获。系统应该具有维护各类有关文件位置元数据详细情况的功能，文件位置可以是逻辑的，或是物理的，或者既是逻辑的又是物理的。位置详细情况的变化需要加以维护。文件起始位置与当前位置也需要加以记录，以便于跟踪文件。

d） 对文件、责任者与业务处理过程的链接进行标识并加以记录。

e） 对便于文件使用与理解的描述性信息进行记录，如主题分类、题名、关键词、摘要或概览等。

f） 便于对业务职能、活动和办理进行分类。

g） 便于对文件进行分类。

h） 对文件进行标引。

9.2.3.3 文件捕获后支持其利用的过程元数据

应该持续地对利用元数据进行监控，以保证这类元数据有助于文件的利用。但是，当发生下列情形时，应该对元数据进行修改：

a） 业务活动开始启动；

b） 人员发生变化；

c） 业务重点发生变化；

d） 文件管理的法规被采用或修改；

e） 文件位置发生变化；

f） 机构名称发生演变；

g） 新的业务系统被采用。

对过程的描述必须不断地进行，以保证文件的可用性。随着文件在其创建的组织机构之外被利用，或者在组织机构之内或机构之外被捕获，需要增加新的元数据来说明文件的业务背景。时间的流逝以及文件形成或捕获的背景信息的丢失是需要增加描述的其他原因。

9.2.4 支持文件安全的元数据

9.2.4.1 概述

所有文件系统都应该具有使用安全元数据的功能，为文件提供可靠的管理环境。

某些系统可能对安全级别的应用要求比较高。所以，系统中记录的业务风险与需求应该在元数据设计及应用之前就应该进行评估。

9.2.4.2 文件捕获节点上的安全元数据

安全元数据的关键元素，如基本的利用权限或限制，应该在文件创建或捕获时加以确认和应用，以便于文件的持续保存和管理。

安全元数据应该：

a) 对应用于文件及其文件组合、业务过程和责任者的利用限制进行确认；

b) 保证文件只能被授权的人员利用；

c) 对利用权限加以时间限制，保证定期复核；

d) 当普通用户利用不对普通用户开放的数据时，禁止元数据的显示。

9.2.4.3 文件捕获后支持安全的过程元数据

对文件的利用，只有当在业务需要或法律要求时才可加以限制。对安全元数据应该进行监控，并进行更新，以保证所有确认的权限限制都能够持续地起作用。

安全级别与安全规则在整个过程会发生改变，所以支持安全和利用管理的元数据应该相应地作出修改。组织机构应该保证这些修改被记录下来。

在文件存在的整个过程中，安全元数据需要进行维护，并进行更新。对这类元数据的修改应该反映出行政管理和人员的变化，以及在安全管理中相应的变化。

关于文件的元数据，其创建、捕获、管理和利用的需求，已包括在 GB/T 26162.1—2010 的下列条款中：

7.2.1，文件的特点——一般要求；

7.2.3，文件的特点——可靠性；

8.2.2，文件系统的特点——可靠性；

8.3.6，利用、检索和使用；

9.3， 文件捕获；

9.6， 存储和处理。

9.3 关于业务规章制度、方针和法规的元数据

9.3.1 在文件捕获节点上的关于业务规章制度、方针和法规的元数据

在文件捕获节点上，元数据应该记录文件对有关文件创建与文件管理的业务规章制度、方针和其他要求遵循的一致情况。

这类元数据应该具有如下功能：

a) 确认组织机构业务系统内所使用的专门的元数据方案；

b) 捕获业务规章制度或其他控制文件创建与管理的控制体系；

c) 捕获业务规章制度或其他控制元数据创建与管理的控制体系；

d) 捕获业务规章制度或其他控制文件管理操作的控制体系；

e) 捕获业务规章制度或其他控制文件利用和权限的控制体系；

f) 记录有关文件创建和/或管理的法规和其他规章制度；

g) 记录有关文件保管、安全或销毁的法规或其他规章制度；

h) 捕获法规或规章制度信息与文件或文件管理过程之间的链接。

9.3.2 文件捕获后关于业务规章制度、方针和法规的元数据

在持续不断进行的基础上,元数据应该用于证明系统是按照文件管理的业务规章制度、方针和其他要求来对文件进行管理的。例如,根据组织机构的业务要求,确认谁已利用了系统,这样的元数据是必须的,这就包括了已将文件管理职责所移交给的那个组织机构。

对于有关业务规章制度、方针和法规元数据,其创建、捕获和维护的需求已包括在GB/T 26162.1—2010 的下列条款中:

5,监管环境;

7.1,文件管理规划的原则;

8.2.3,文件系统的特点——完整性;

8.2.4,文件系统的特点——一致性;

8.3.6,文件系统的设计与实施——利用、检索和使用;

8.3.7,文件系统的设计与实施——保管和处置;

8.4a)~8.4c),文件系统的设计与实施方法;

9.1,确定文件系统需捕获的记录;

9.2,确定文件的保管期限;

9.7,利用。

9.4 关于责任者的元数据

9.4.1 在文件捕获节点上的责任者元数据

在文件捕获节点上,元数据应该包括与文件及文件管理有关的责任者的元数据。

在文件创建与文件管理中涉及到相关的责任者,有关他们的元数据必须加以捕获,以保证有相应的记录。这类元数据只允许相应责任者利用文件,并可以使只有经授权的工作人员才能使用文件系统,或在文件系统中执行文件管理的操作(见 9.6)。

在文件捕获节点上有关责任者的元数据应该具有如下功能:

a) 对涉及文件创建的责任者加以确认;

b) 对涉及文件管理过程的责任者以及他们的授权加以确认;

c) 对经授权利用文件的责任者加以确认。

9.4.2 文件捕获后关于责任者的元数据

责任者的职责自始至终是在变化的。文件系统需要对这些变化加以捕获。这类背景信息对于理解文件是必要的。它还可以保证仅限于相应责任者才能利用文件,并可以保证只有经授权的责任者才可使用文件系统,或在文件系统中执行文件管理操作(见 9.6)。

对于有关责任者的元数据,其创建、捕获和维护的需求,已包括在 GB/T 26162.1—2010 的下列条款中:

7.2.2,文件的特点——真实性;

7.2.3,文件的特点——可靠性;

8.2.2,文件系统的特点——可靠性;

8.2.3,文件系统的特点——完整性;

8.3.6,文件系统的设计与实施——利用、检索和使用;

9.2,确定文件的保管期限;

9.3,文件捕获。

9.5 关于业务过程的元数据

9.5.1 文件捕获节点上的关于业务过程的元数据

文件系统需要具有捕获与管理有关业务过程的元数据的功能。这包括有关业务职能、业务活动和

业务办理的元数据，还包括安全、可利用性和文件管理过程的元数据。因为后者在此更重要，所以，对其分别加以规定(见 9.6)。

这类元数据能够提供关键性的背景信息，从而有助于对文件的理解并使文件具有可信性。这类元数据，通过对在文件系统中所能够执行的操作的确认，从而便于证明业务操作的可信性。

在文件捕获点上有关业务过程的元数据应该具有如下功能：

a) 通过系统中的文件，对业务职能、业务活动和业务办理加以确认和记录；

b) 对文件、责任者和与其相关的业务职能、业务活动和业务办理之间的链接加以记录；

c) 对责任者或某一业务办理的参与人员加以确认，并记录下来；

d) 对有关业务过程和业务办理的安全与利用的规章制度加以记录；

e) 需要时，便于业务职能、业务活动和业务办理的自动化处理；

f) 便于业务职能、业务活动和业务办理的分类；

g) 便于文件的分类；

h) 捕获文件形成的日期与时间。

9.5.2 文件捕获后关于业务过程的元数据

文件系统需要积累与持续地管理有关过程的元数据，这包括在业务过程中有关文件使用的元数据，以及在整个文件所需保存期间应用于文件的有关安全、利用和文件管理过程的元数据。

这类元数据，通过自始至终地对文件所处的任一文件系统中已执行的操作的确认与记录，从而有助于文件的持续使用和对文件的说明，并有助于证明业务工作的可靠性。

对于有关业务过程的元数据，其创建、捕获和维护的需求，已包括在 GB/T 26162.1—2010 的下列条款中：

7.2.2，文件的特点——真实性；

7.2.3，文件的特点——可靠性；

7.2.4，文件的特点——完整性；

7.2.5，文件的特点——可用性；

8.2.2，文件系统的特点——可靠性；

8.2.3，文件系统的特点——完整性；

8.2.4，文件系统的特点——一致性；

8.2.5，文件系统的特点——全面性；

8.3.2，文件系统的设计与实施——对文件处理过程的记录；

8.3.6，文件系统的设计与实施——利用、检索和使用；

8.3.7，文件系统的设计与实施——保管和处置；

8.4a)～8.4c)，文件系统的设计与实施方法；

9.1，确定文件系统需捕获的记录；

9.2，确定文件的保管期限；

9.3，文件捕获；

9.4，登记；

9.5，分类；

9.6，存储和处理；

9.7，利用。

9.6 关于文件管理过程的元数据

9.6.1 文件捕获节点上的关于文件管理过程的元数据

这类文件管理元数据，对有关特定文件或文件组所需的文件管理方面的操作，会使其更方便，并可以使其自动化。有关这类文件管理的操作在 GB/T 26162.1—2010 中第 9 章已有详细的规定。

在文件捕获节点上，文件管理元数据的关键元素，如保管和处置的授权，分类和登记的详细情况，应该加以确认和应用，以便于在文件存在的整个过程中，有助于管理文件的组织机构履行其职责，并对文件有一个持续的管理。

文件管理元数据应该具有如下功能：

a) 对文件管理的规范性文件，如处置授权、业务工作分类表、安全和利用分类表，保证其能够在文件系统中得到应用；
b) 对应用于文件系统中文件的处置元数据，能够加以捕获；
c) 对真实性鉴定的方法和规则加以确认，并进行记录，确认与记录的方式要能够认定什么样的真实性鉴定需求已应用于哪类文件的业务程序和记录程序，以及哪些责任者负责这些工作；
d) 对要求负责特定工作的责任者，其授权或许可要加以确认，并加以记录；
e) 对用户的授权或许可，要加以时间限制，定期复核；
f) 对应用于文件系统中文件的利用和安全元数据，加以记录；
g) 便于业务职能、业务活动和业务办理的分类；
h) 便于文件的分类；
i) 对文件与其文件组合之间的链接，以及对文件、责任者与过程之间的链接，加以捕获；
j) 便于文件长久保存。

9.6.2 文件捕获后关于文件管理过程的元数据

创建有关文件管理过程的元数据，是保证文件的真实性、完整性、可用性和可靠性必要的组成部分，它始终适用于负责管理文件的各类组织机构。这类元数据的创建，对有关特定文件或文件组合所需的文件管理方面的操作，会使其更方便，并可以使这些操作自动化。

这类元数据的功能包括：

a) 记录每一次文件转换的认证程序；
b) 记录文件拷贝规则、拷贝件的不同类型，制作每种拷贝的授权以及文件载体寿命到期时的例行文件拷贝程序。

对于有关文件管理的元数据，其创建、捕获和维护的需求，已包括在 GB/T 26162.1—2010 的下列条款中：

8.2.2，文件系统的特点——可靠性；
8.2.3，文件系统的特点——完整性；
8.3.4，文件系统的设计与实施——分布式管理；
8.3.5，文件系统的设计与实施——转换和迁移；
8.3.7，文件系统的设计与实施——保管和处置；
8.5，文件系统的终止；
9.2，确定文件的保管期限；
9.5，分类；
9.6，存储和处理。

参 考 文 献

[1] ISO/IEC 11179-1:2004(E)信息技术 元数据注册(MDR)第1部分:框架

ICS 27.100
F 25

中华人民共和国国家标准

GB 26164.1—2010

电业安全工作规程 第1部分：热力和机械

Safety code of electric power industry—Part 1: Thermal and machine

2011-01-14 发布　　2011-12-01 实施

中华人民共和国国家质量监督检验检疫总局
中国国家标准化管理委员会　发布

前　言

本部分除第2章，第4章的4.2、4.3、4.4，附录A，附录C，附录D等条文为推荐性外，其余均为强制性。

GB 26164《电业安全工作规程》共分3部分：

——第1部分：热力和机械；

——第2部分：发电厂和变电站；

——第3部分：电力线路。

本部分为GB 26164的第1部分。

本部分按照GB/T 1.1—2009给出的规则起草。

本部分由中国电力企业联合会提出并归口。

本部分起草单位：大唐国际发电股份有限公司。

本部分主要起草人：安洪光、刘希祥、李新鹏、项建伟、唐勇、曾芳、刘银顺、杜红钢、赵云。

电业安全工作规程
第1部分:热力和机械

1 范围

本部分规定了从事电力生产的热力和机械作业的人员在生产现场或工作中的基本安全工作要求。

本部分适用于从事电力生产的所有人员和进入电力生产现场的有关人员。

2 规范性引用文件

下列文件对于本文件的应用是必不可少的。凡是注日期的引用文件,仅注日期的版本适用于本文件。凡是不注日期的引用文件,其最新版本(包括所有的修改单)适用于本文件。

GB/T 3608 高处作业分级

GB/T 3787 手持式电动工具的管理、使用、检查和维修安全技术规程

GB 4387 工业企业厂内铁路、道路运输安全规程

GB/T 6067 起重机械安全规程

GB 6095 安全带

GB 12348 工业企业厂界环境噪声排放标准

GB/T 19155 高处作业吊篮

GB 50016 建筑设计防火规范

GB 50229 火力发电厂与变电所设计防火规范

DL 408 电业安全工作规程(发电厂和变电站电气部分)

DL 409 电业安全工作规程(电力线路部分)

DL 612 电力工业锅炉压力容器监察规程

DL/T 651 氢冷发电机氢气湿度的技术要求

DL 5027 电力设备典型消防规程

3 总则

3.1 通则

3.1.1 电力生产必须坚持"安全第一、预防为主、综合治理"的方针。新建、改建、扩建工程的安全设施必须与主体工程同时设计、同时施工、同时投入生产和使用。

3.1.2 电力生产必须建立健全各级人员安全生产责任制。按照"管生产必须管安全"的原则,做到在计划、布置、检查、总结、考核生产工作的同时,计划、布置、检查、总结、考核安全工作。

3.1.3 从事电力建设项目的工程设计、施工、安装、监理、调试,以及电力生产的运行、检修和试验的各级人员,应掌握本部分的全部或有关部分。

3.1.4 各级领导人员不应发出违反安全规定的命令。工作人员接到违反安全规定的命令,应拒绝执行。任何工作人员除自己严格执行本部分外,有责任督促周围的人员遵守本部分。如发现有违反本部分,并足以危及人身和设备安全者,应立即制止。

3.2 厂区布局及工作场所

3.2.1 厂区选址应经过安全条件论证，总平面布局合理。竣工后，安全设施应经过竣工验收。

3.2.2 厂房等主要建筑物、构筑物必须定期进行检查，结构应无倾斜、裂纹、风化、下塌、腐蚀的现象，门窗及锁扣应完整，化妆板等附着物固定牢固。

3.2.3 寒冷地区的厂房、烟囱、水塔等处的冰溜子，应及时清除，以防掉落伤人或压垮构建筑物。如不能清除，应采取安全防护措施。厂房屋面板上不许堆放物件，对积灰、积雪、积冰应及时清除。厂房建筑物顶的排汽门、水门、管道应无因漏汽、漏水而造成的严重结冰，以防压垮房顶。

3.2.4 厂区的道路应随时保持畅通。室外设备的通道上、厂区主要道路有积雪时，应及时清扫，室外作业场所路滑的地段应铺撒防滑砂或采取其他防滑措施。

3.2.5 厂界的环境噪声应符合 GB 12348 的相关规定。

3.2.6 厂区消防设施的设计应符合 GB 50229 及 DL 5027 的相关规定。

3.2.7 易燃、易爆、有毒危险品，高噪音以及对周边环境可能产生污染的设备、设施、场所，在符合相关技术标准的前提下，应远离人员聚集场所。

3.2.8 工作场所必须设有符合规定照度的照明。主控制室、重要表计、主要楼梯、通道等地点，必须设有事故照明。工作地点应配有应急照明。高度低于 2.5 m 的电缆夹层、隧道应采用安全电压供电。

3.2.9 室内的通道应随时保持畅通，地面应保持清洁。

3.2.10 所有楼梯、平台、通道、栏杆都应保持完整，铁板必须铺设牢固。铁板表面应有纹路以防滑跌。在楼梯的始级应有明显的安全警示。

3.2.11 门口、通道、楼梯和平台等处，不准放置杂物；电缆及管道不应敷设在经常有人通行的地板上；地板上临时放有容易使人绊跌的物件（如钢丝绳等）时，必须设置明显的警告标志。当过道中存在高度低于 2 m 的物件时，必须设置明显的警告标志。地面有油水、泥污等，必须及时清除，以防滑跌。

3.2.12 工作场所的井、坑、孔、洞或沟道，必须覆以与地面齐平的坚固盖板。在检修工作中如需将盖板取下，必须设有牢固的临时围栏，并设有明显的警告标志。临时打的孔、洞，施工结束后，必须恢复原状。

3.2.13 所有升降口、大小孔洞、楼梯和平台，必须装设不低于 1 050 mm 高的栏杆和不低于 100 mm 高的脚部护板。离地高度高于 20 m 的平台、通道及作业场所的防护栏杆不应低于 1 200 mm。如在检修期间需将栏杆拆除时，必须装设牢固的临时遮栏，并设有明显警告标志。并在检修结束时将栏杆立即装回。原有高度 1 000 mm 或 1 050 mm 的栏杆可不作改动。

3.2.14 所有高出地面、平台 1.5 m，需经常操作的阀门，必须设有便于操作，牢固的梯子或平台。

3.2.15 楼板、平台应有明显的允许荷载标志。

3.2.16 禁止利用任何管道、栏杆、脚手架悬吊重物和起吊设备。

3.2.17 在楼板和结构上打孔或在规定地点以外安装起重滑车或堆放重物时，必须事先经过本单位有关技术部门的审核许可。

3.2.18 生产厂房及仓库应备有必要的消防设施和消防防护装备，如：消防栓、水龙带、灭火器、砂箱、石棉布和其他消防工具以及正压式消防空气呼吸器等。消防设施和防护装备应定期检查和试验，保证随时可用。严禁将消防工具移作他用；严禁放置杂物妨碍消防设施、工具的使用。

3.2.19 禁止在工作场所存储易燃物品，例如：汽油、煤油、酒精等。运行中所需小量的润滑油和日常使用的油壶、油枪，必须存放在指定地点的储藏室内。

3.2.20 生产厂房应备有带盖的铁箱，以便放置擦拭材料（抹布和棉纱头等），用过的擦拭材料应另放在废棉纱箱内，含有毒有害工业油品的废弃擦拭材料，应设置专用箱收集，定期清除。

3.2.21 所有高温的管道、容器等设备上都应有保温，保温层应保证完整。当环境温度在 25 ℃时，保温层表面的温度不宜超过 50 ℃。

3.2.22 油管道不宜用法兰盘连接。在热体附近的法兰盘，必须装金属罩壳。热管道或其他热体保温层外必须再包上金属皮。如检修时发现保温有渗油，应更换保温。

3.2.23 油管道的法兰、阀门以及轴承、调速系统等应保持严密不漏油。如有漏油现象，应及时修好，漏油应及时拭净。

3.2.24 生产厂房内外的电缆，在进入控制室、电缆夹层、控制柜、开关柜等处的电缆孔洞，必须用防火材料严密封闭。并沿两侧一定长度上涂以防火涂料或其他阻燃物质。

3.2.25 生产厂房的取暖用热源，应有专人管理。使用压力应符合取暖设备的要求。如用较高压力的热源时，必须装有减压装置，并装安全阀。安全阀应定期校验。

3.2.26 冬季室外作业采用临时取暖设施时，必须做好相应的防火措施，高处作业的场所必须设置紧急疏散通道。

3.2.27 进入煤粉仓、引水洞等相对受限场所以及地下厂房等空气流动性较差的场所作业，必须事先进行通风，并测量氧气、一氧化碳、可燃气等气体含量，确认不会发生缺氧、中毒方可开始作业。作业时必须在外部设有监护人，随时与进入内部作业人员保持联络。进出人员应登记。

3.2.28 在高温场所工作时，应为工作人员提供足够的饮水、清凉饮料及防暑药品。对温度较高的作业场所必须增加通风设备。

3.2.29 主控室、化验室等必要场所应配备急救箱，应根据生产实际存放相应的急救药品，并指定专人经常检查、补充或更换。

3.2.30 应根据生产场所、设备、设施可能产生的危险、有害因素的不同，分别设置明显的安全警示标志。

3.2.31 生产厂房装设的电梯，在使用前应经有关部门检验合格，取得合格证并制订安全使用规定和定期检验维护制度。电梯应有专责人负责维护管理。电梯的安全闭锁装置、自动装置、机械部分、信号照明等有缺陷时必须停止使用，并采取必要的安全措施，防止高空摔跌等伤亡事故。

3.3 工作人员的条件和个人防护

3.3.1 新录用的工作人员应经过身体检查合格。工作人员至少两年进行一次身体检查。凡患有不适于担任热力和机械生产工作病症的人员，经医生鉴定和有关部门批准，应调换从事其他工作。

3.3.2 企业必须对所有新员工进行厂（公司）、车间（部门）、班组（岗位）的三级安全教育培训，告知作业现场和工作岗位存在的危险因素、防范措施及事故应急措施，并按本部分和其他相关安全规程的要求，考试合格后方可上岗作业。调整岗位人员，在上岗前必须学习本部分的有关部分，并经考试合格后方可上岗。

3.3.3 对外来参观人员，必须进行现场危险有害因素的告知，并在有关人员陪同下，方可进入现场。对外来临时参加现场工作的人员，必须经过本部分教育和安全知识培训并经考试合格后，方可进入现场参加指定的工作，开始工作前必须向其介绍现场安全措施和注意事项。

3.3.4 与热力和机械相关的工作人员应按本部分每年考试一次。中断工作连续3个月以上者，必须重新学习本部分，并经考试合格后，方能恢复工作。

3.3.5 所有工作人员都应具备必要的安全救护知识，应学会紧急救护方法，特别要学会触电急救法、窒息急救法、心肺复苏法等，并熟悉有关烧伤、烫伤、外伤、气体中毒等急救常识。

3.3.6 使用易燃物品（如乙炔、氢气、油类、天然气、煤气等）的人员，必须熟悉这些物质的特性及防火防爆规则。

3.3.7 使用有毒危险品（如氯气、氨、汞、酸、碱）的人员，必须熟悉这些物质的特性及应急处理常识，防止不当施救。

3.3.8 使用有放射性物质（如钴、铯）的人员，必须熟悉放射防护及应急处理常识。

3.3.9 作业人员的着装不应有可能被转动的机器绞住的部分和可能卡住的部分，进入生产现场必须穿着材质合格的工作服，衣服和袖口必须扣好；禁止戴围巾，穿着长衣服、裙子。工作服禁止使用尼龙、化纤或棉、化纤混纺的衣料制做，以防遇火燃烧加重烧伤程度。工作人员进入生产现场，禁止穿拖鞋、凉鞋、高跟鞋；辫子、长发必须盘在工作帽内。作业接触高温物体，从事酸、碱作业，在易爆场所作业，必须穿着专用的手套、防护工作服。接触带电设备工作，必须穿绝缘鞋。

3.3.10 油漆作业时，应保持现场通风良好，工作人员戴口罩或防毒面具，现场应做好防火措施。

3.3.11 任何人进入生产现场（办公室、控制室、值班室和检修班组室除外），必须戴好安全帽。

3.3.12 冬季室外作业，应做好防寒措施。

3.3.13 工作服、专用防护服，个人防护用品应根据产品说明或实际情况定期进行更换。

3.4 设备的维护

3.4.1 机器的转动部分必须装有防护罩或其他防护设备（如栅栏），露出的轴端必须设有护盖。在机器设备断电隔离之前或在机器转动时，禁止从靠背轮和齿轮上取下防护罩或其他防护设备。

3.4.2 禁止在转动中的机器上装卸和校正皮带，或直接用手往皮带上撒松香等物品。

3.4.3 在机器完全停止以前，不准进行维修工作。维修中的机器应做好防止转动的安全措施，如：切断电源（电动机的开关、刀闸或熔丝应拉开；开关操作电源的熔丝也应取下；DCS 系统操作画面也应设置“禁止操作”），切断风源、水源、气源、汽源、油源；与系统隔离的有关闸板、阀门等应关闭，必要时，应加装堵板，并上锁；上述闸板、阀门上挂“禁止操作 有人工作”警告牌。必要时还应采取可靠的制动措施。检修工作负责人在工作前，必须对上述安全措施进行检查，确认措施到位无误后，方可开始工作。

3.4.4 禁止在运行中清扫、擦拭和润滑机器的旋转和移动的部分，严禁将手伸入栅栏内。清拭运转中机器的固定部分时，严禁戴手套或将抹布缠在手上使用，只有在转动部分对工作人员没有危险时，方可允许用长嘴油壶或油枪往油盅和轴承里加油。

3.4.5 禁止在栏杆上、管道上、靠背轮上、安全罩上或运行中设备的轴承上行走和坐、立，如必需在管道上坐、立才能工作时，必须做好安全措施。

3.4.6 应避免靠近和长时间的停留在可能受到烫伤的地方，例如：汽、水、燃油管道的法兰盘、阀门附近；煤粉系统和锅炉烟道的人孔及检查孔和防爆门、安全门附近；除氧器、热交换器、汽包的水位计以及捞渣机等处。如因工作需要，必须长时间停留时，应做好安全措施。

3.4.7 设备异常运行可能危及人身安全时，应停止设备运行。在停止运行前除必要的运行、维护人员外，其他人员不准接近该设备或在该设备附近逗留。

3.5 一般电气安全注意事项

3.5.1 所有电气设备的金属外壳应有良好的接地装置。使用中不应将接地装置拆除或对其进行任何工作。

3.5.2 任何电气设备上的标示牌，除原来放置人员或负责的运行值班人员外，其他任何人员不准移动。

3.5.3 不准靠近或接触任何有电设备的带电部分，特殊许可的工作，应执行标准 DL 408 电业安全工作规程（发电厂和变电所电气部分）中的有关规定。

3.5.4 严禁用湿手去摸触电源开关以及其他电气设备。

3.5.5 电源开关外壳和电线绝缘有破损不完整或带电部分外露时，应立即找电气人员修好，否则不准使用。不准使用破损的电源插头插座。

3.5.6 敷设临时低压电源线路，应使用绝缘导线。架空高度室内应大于 2.5 m，室外应大于 4 m，跨越道路应大于 6 m。严禁将导线缠绕在护栏、管道及脚手架上。

3.5.7 厂房内应合理布置检修电源箱。电源箱箱体接地良好，接地、接零标志清晰，分级配置漏电保安器，宜采用插座式接线方式，方便使用。

3.5.8 发现有人触电，应立即切断电源，使触电人脱离电源，并进行急救。如在高空工作，抢救时必须采取防止高处坠落的措施。

3.5.9 遇有电气设备着火时，应立即将有关设备的电源切断，然后进行救火。对可能带电的电气设备以及发电机、电动机等，应使用干式灭火器、二氧化碳灭火器或六氟丙烷灭火器灭火；对油开关、变压器（已隔绝电源）可使用干式灭火器、六氟丙烷灭火器等灭火，不能扑灭时再用泡沫式灭火器灭火，不得已时可用干砂灭火；地面上的绝缘油着火，应用干砂灭火。扑救可能产生有毒气体的火灾（如电缆着火等）时，扑救人员应使用正压式空气呼吸器。

3.6 工具的使用

3.6.1 简单工具

3.6.1.1 使用工具前应进行检查，严禁使用不完整的工具。

3.6.1.2 大锤和手锤的锤头应完整，其表面应光滑微凸，不应有歪斜、缺口、凹入及裂纹等缺陷。大锤及手锤的柄应用整根的硬木制成，且头部用楔栓固定。楔栓宜采用金属楔，楔子长度不应大于安装孔的三分之二。锤把上不应有油污。严禁戴手套或用单手抡大锤，使用大锤时，周围不准有人靠近。

3.6.1.3 用凿子凿坚硬或脆性物体时（如生铁、生铜、水泥等），必须戴防护眼镜，必要时装设安全遮栏，以防碎片打伤他人。凿子被锤击部分有伤痕不平整、沾有油污等，不准使用。

3.6.1.4 锉刀、手锯、木钻、螺丝刀等的手柄应安装牢固，没有手柄的不准使用。

3.6.1.5 使用撬杠作业时，支垫物应可靠，并采取措施防止被撬物倾倒或滚落。在使用加力杆时，必须保证其强度和嵌套深度满足要求，以防折断或滑脱。

3.6.2 磨削机具

3.6.2.1 使用前必须检查砂轮片，应无裂纹等缺陷。首次使用的砂轮片应检查其额定转速与砂轮机转速相匹配，且在有效期内使用。树脂和橡胶结合剂砂轮片存贮一年后必须经回转试验，合格者方可使用。砂轮片磨损到原半径的三分之一时必须更换。砂轮片在运输和使用过程中不应碰撞坚硬的物体。砂轮片应远离油脂、水或其他溶剂。

3.6.2.2 砂轮机必须装有用钢板制成、有足够强度的防护罩。防护罩的开口角度不超过90°，其中轮轴水平中心线以上不应大于65°。砂轮应使用法兰盘固定，法兰盘的直径应大于砂轮直径的三分之一。

3.6.2.3 固定式砂轮机防护罩在轮轴水平中心线以上开口角度大于30°时，应装设挡屑板。挡屑板安装于防护罩开口正端，宽度大于砂轮防护罩宽度，与砂轮圆周的间隙应小于6 mm。

3.6.2.4 固定式砂轮机应安装托架。托架高度不超过砂轮轴水平中心线，与砂轮圆周的最大间隙应不大于3 mm。

3.6.2.5 固定式砂轮机磨削产生的火花应向下；移动式砂轮机磨削时产生的火花应向远离使用者方向。

3.6.2.6 使用砂轮机时，禁止撞击，禁止用砂轮的侧面磨削，严禁站在砂轮机的正面操作，严禁两人同时使用一个砂轮机。操作人员应戴合格的防护眼镜。

3.6.2.7 除特殊工作需要的手提式小型砂轮，禁止使用没有防护罩的砂轮机。

3.6.2.8 角向磨光机的砂轮应选用增强纤维树脂型，其线速度不得小于80 m/s。磨削时，应使砂轮与工件保持15°～30°的倾斜位置；切削时，砂轮不得倾斜，不得横向摆动。

3.6.2.9 使用手提电动砂轮、坡口机，应选用结构特性符合削磨材料的砂轮，选用可调式砂轮防护罩，其圆周和侧面的最大外露角不应大于180°。

3.6.2.10 使用磨削机具时，应采取防火措施，防止火花引发火灾。

3.6.3 切割工具

3.6.3.1 使用无齿锯应符合3.6.2的规定。操作人员应站在锯片的侧面，锯片应缓慢地靠近被锯物件，不准用力过猛。火花飞溅方向不准有人停留或通过，并应预防火花点燃周围物品。

3.6.3.2 使用手持切割机应遵守3.6.2的有关规定，操作人员必须戴好头盔或防护面罩，现场应设置围栏或设置警告标志，禁止无关人员逗留。

3.6.4 机加工设备

3.6.4.1 机加工设备应定期维护和保养。设备上或附近应有明显的安全操作规定，操作人员应经过培训和安全考试合格。

3.6.4.2 机加工设备的本体照明应使用安全电压，电机外壳接地良好，不加防护罩的旋转连接部位楔子、销子不凸出。

3.6.4.3 冲、剪、压机械的离合器应动作灵活、可靠、无连冲，制动器灵敏可靠。安全防护装置齐全有效。

3.6.4.4 金属切削机床的防护栏、罩齐全有效。夹、装装置完好，限位、联锁、操作手柄灵敏可靠。

3.6.4.5 使用钻床时，必须把工件固定牢固。清除钻孔内金属碎屑时，必须先停止钻头的转动。不准用手直接清除铁屑。

3.6.4.6 使用钻床、车床等转动机械时严禁戴手套。

3.6.4.7 使用锯床时，工件必须夹牢，长的工件两头应垫牢，并防止工件锯断时伤人。

3.6.5 电气工器具

3.6.5.1 电气工器具应由专人保管，每6个月测量一次绝缘，绝缘不合格或电线破损的不应使用。手持式电动工具的负荷线必须采用橡皮护套铜芯软电缆，并不应有接头。

3.6.5.2 不熟悉电气工器具使用方法的工作人员不准擅自使用。使用中发生故障，应立即找专业人员修理。

3.6.5.3 严格使用Ⅰ类电气工具。使用外壳为金属材料的电动工具时，应戴绝缘手套。使用电动工具时，必须同时使用漏电保安器。漏电保安器应进行定期试验检查。

3.6.5.4 电气工器具的电线不应接触热体，不应放在潮湿的地上，经过通道时必须采取架空或套管等其他保护措施，严禁重载车辆或重物压在电线上。

3.6.5.5 使用塑料外壳的电气工器具应防止碰、磕以免损坏外壳，且严禁与汽油及其他有机溶剂接触。

3.6.5.6 使用电气工具时，不应提着电气工具的导线或转动部分。在梯子上使用电气工具，应做好防止感电坠落的安全措施。工作中离开工作场所、暂停作业或遇到临时停电应立即切断电气工具的电源。

3.6.5.7 使用电钻等电气工具时必须戴绝缘手套。装卸钻头应在断电情况下进行，装卸钻头不应用锤子或其他金属敲击，严禁手持工件进行钻孔。

3.6.5.8 使用电剪时，应先根据工件厚度调节刀头间隙。操作时应渐进用力，当刀轴往复次数急剧下降时，应立即减少推力。

3.6.5.9 在金属容器内和狭窄场所工作时，必须使用24 V以下的电气工具，或选用Ⅱ类手持式电动工具。必须设专人不间断地监护，监护人可以随时切断电动工具的电源。电源联接器和控制箱等应放在容器外面、宽敞、干燥场所。

3.6.6 行灯

3.6.6.1 行灯电压不应超过36 V，在周围均是金属导体的场所和容器内工作时，不应超过24 V，在潮湿的金属容器内、有爆炸危险的场所（如煤粉仓、沟道内）、脱硫烟道系统等处工作时，不应超过12 V。行灯变压器的外壳应可靠地接地，不准使用自耦变压器。

3.6.6.2 行灯电源应由携带式或固定式的降压变压器供给，变压器不应放在金属容器或特别潮湿场所的内部。

3.6.6.3 携带式行灯变压器的高压侧应带插头，低压侧带插座，并采用两种不能互相插入的插头。
3.6.6.4 行灯变压器的外壳必须有良好的接地线，高压侧应使用三相插头。

3.6.7 射钉枪

3.6.7.1 严禁用手掌推压钉管，严禁将枪口对人。
3.6.7.2 击发时，应将射钉枪垂直压紧在工作面上，当两次扣动扳机，子弹均不击发时，应保持原射击位置数秒钟后，再退出射钉弹。
3.6.7.3 射钉弹应随用随装。在更换零件或转移工作地点时，射枪内均不应装有射钉弹。

3.6.8 高压清洗机

3.6.8.1 使用高压清洗机前，应检查电气部分绝缘良好，高压软管不应扭结、挤压或强行拖拉，禁止使用不合适或有缺陷的软管。
3.6.8.2 高压枪头固定不牢不准加压。加压过程应缓慢进行，不应突然加压，不应超过铭牌最大压力。
3.6.8.3 操作喷枪的工作人员应有固定的立足点，严禁把高压水枪对人或电气设备。

3.6.9 气(风)动工具

3.6.9.1 不熟悉气、风动工具使用方法和修理方法的工作人员，不准擅自使用或修理气、风动工具。
3.6.9.2 风动工具的锤子、钻头、钎子等工作部件，应安装牢固，以防在工作时脱落。工作部件停止转动前不准拆换。
3.6.9.3 风动工具应使用干燥的压缩空气。风动工具的送风软管必须和工具连接牢固；连接前应把软管吹净；只有在停止送风时才可拆装软管；工作中禁止采用折弯软管的方法停止供气。
3.6.9.4 在有可能对眼、面部造成伤害的场所使用风动工具时，操作人员应佩戴防护眼镜或其他眼、面部防护用品。
3.6.9.5 气压大于0.2 MPa时，不应用供气管路中的压缩空气清洁机器和吹扫。
3.6.9.6 修理后的工具应进行试运转，试运转应在有防护的封闭区域内进行。
3.6.9.7 在梯子或移动平台上使用风动工具，必须将梯子或平台固定牢固。
3.6.9.8 禁止使用氧气瓶等高压气源作为风动工具的气源。

3.6.10 喷灯

3.6.10.1 使用喷灯的人员应熟悉喷灯使用方法。
3.6.10.2 喷灯使用前应检查：油筒不漏油，喷火嘴无堵塞，丝扣不漏气；油筒内的油量不超过油筒容积的3/4；加油的螺丝塞应拧紧。
3.6.10.3 用喷灯工作时，严禁将喷嘴对人或易燃物品点火，工作地点不应靠近易燃物品和带电体，尽可能保持空气流通。
3.6.10.4 严禁在使用煤油或酒精的喷灯内注入汽油。
3.6.10.5 不应将喷灯放在温度高的物体上，油筒内压力不应过高。
3.6.10.6 加油、放油以及拆卸喷嘴或其他零件等工作，必须待喷嘴冷却泄压后再进行。
3.6.10.7 喷灯用完后，应消压，待冷却后方可放入工具箱内。

4 工作票

4.1 工作票种类

4.1.1 在热力、机械和热控设备、系统上进行安装、检修、维护、试验工作，需要对设备、系统采取安全措施或需要运行人员在运行方式、操作调整上采取保障人身、设备安全措施的工作时，必须使用工作票，热力机械工作票基本内容见附录 A。

4.1.2 火力发电厂在生产设备、系统上工作，需要将设备、系统停止运行或退出备用，由运行值班人员采取断开电源、隔断与运行设备联系的热力系统时，对检修设备进行消压、吹扫等任何一项安全措施的检修工作，应使用热力机械工作票(格式见附录 A)。

4.1.3 火力发电厂在热控电源、通讯、测量、监视、调节、保护等涉及 DCS、联锁系统及设备上的工作；需要将生产设备、系统停止运行或退出备用的，使用热控工作票(格式见附录 A)。

4.1.4 水力发电厂在水力机械、设备、系统上进行安装、检修、维护、试验工作，需要对设备、系统采取安全措施的或需要运行人员在运行方式、操作调整上采取保障人身、设备安全措施的，使用水力机械工作票(格式见附录 A)。

4.1.5 水力发电厂在水力机械设备的控制电源、通讯、测量、监视、控制、调节、保护等系统的工作，使用水力自控工作票(格式见附录 A)。

4.1.6 工作票的安全措施栏可以使用附页(格式见附录 A)。

4.1.7 非集控运行发电厂，热机与电气联系进行停送电，应使用停、送电联系单(格式见附录 A)。

4.1.8 现场进行动火作业的，应根据消防规程的相关规定，同时使用动火工作票。

4.2 工作票的使用

4.2.1 工作票应使用统一格式，各单位可以根据实际情况进行补充，但不得删减。

4.2.2 工作票一式两份，检修人员手执一份，运行人员留存一份。

4.2.3 各单位应每年对工作负责人、工作许可人、工作票签发人进行安全规程、运行和检修规程的培训和考试，考试合格的，经厂(公司)领导批准，予以公布。

4.2.4 工作票应用钢笔或圆珠笔填写与签发。由计算机生成的工作票可采用电子签名。

4.2.5 工作票由工作负责人填写，工作签发人审核、签发。

4.2.6 一份工作票中，工作票签发人、工作负责人和工作许可人三者不得相互兼任。一个工作负责人不得在同一现场作业期间内担任两个及以上工作任务的工作负责人或工作组成员。

4.2.7 机组大、小修或临检时，可按设备、系统、专业工作情况使用一张工作票。

4.2.8 一个班组在同一个设备系统上依次进行同类型的设备检修工作时，如全部安全措施不能在工作开始前一次完成，应分别办理工作票。

4.2.9 工作票必须编号。要确保每份工作票在本厂内的编号唯一，且便于查阅、统计、分析。

4.2.10 在危及人身和设备安全的紧急情况下，经值长许可后，可以没有工作票即进行处置，但必须由运行班长(或值长)将采取的安全措施和没有工作票而必须进行工作的原因记在运行日志内。

4.2.11 许可进行工作的事项(包括工作票号码、工作任务、许可工作时间及完工时间)必须记在运行班长(或值长)的操作记录簿内。

4.3 填写工作票

4.3.1 工作票的填写必须使用标准的术语，设备应注明名称及编号。

4.3.2 票面需要填写数字的，应使用阿拉伯数字(母线可以使用罗马数字)；时间按 24 h 计算，年度填写 4 位数字，月、日、时、分填写 2 位数字。

4.3.3 “工作负责人”栏：工作负责人即为工作监护人，单一工作负责人或多项工作的总负责人填入此栏。

4.3.4 “班组”栏：一个班组检修，班组栏填写工作班组全称；几个班组进行综合检修，则班组栏填写检修单位。

4.3.5 “工作班成员”栏：应将每个工作人员的姓名填入“工作班成员”栏，超过 10 人的，只填写 10 人姓名，并写明工作班成员人数(如＊＊＊等共　人)，其他人员姓名写入附页。“共　人”的总人数包括工作负责人。有监护人的应明确监护人。

4.3.6 “工作地点”栏:写明被检修设备所在的具体地点。

4.3.7 “工作内容”栏:描述工作内容,要求准确、清楚和完整。

4.3.8 “计划工作时间”栏:根据工作内容和工作量,填写预计完成该项工作所需时间。

4.3.9 “必须采取的安全措施”栏:填写检修工作应具备的安全措施,安全措施应周密、细致,不错项、不漏项。检修工作需要运行人员在运行方式、操作调整上采取的措施,以及采取隔断的安全措施,必须写入安全措施栏。不需要做安全措施则在相应栏内填写“无”,不应空白。

4.3.10 工作票安全措施“执行情况”栏:根据“必须采取的安全措施”栏中的要求,需要运行值班人员执行的,由工作许可人完成安全措施后,在相应栏内做“√”记号,如不需要做安全措施的,工作许可人在对应的“执行情况”栏中填写“无”;需要检修作业人员执行的安全措施,由工作票填写人在相应的措施后注明“检修自理”,工作负责人完成该项安全措施后,在对应的“执行情况”栏内填写“检修自理”。

4.3.11 “运行值班人员补充的安全措施”栏的内容包括:由于运行方式或设备缺陷需要扩大隔断范围的措施;运行人员需要采取的保障检修现场人身安全和运行设备安全的措施;补充工作票签发人(或工作负责人)提出的安全措施;提示检修人员的安全注意事项;如无补充措施,应在该栏中填写“无补充”,不得空白。

4.3.12 “批准工作结束时间”栏:由值长根据机组运行需要填写该项工作结束时间。

4.3.13 工作许可人和工作负责人在检查核对安全措施执行无误后,由工作许可人填写“许可工作开始时间”并签名,然后,工作负责人确认签名。

4.3.14 “工作票延期”栏:工作负责人填写,当班值长(单元长)或值班负责人确认签名。

4.3.15 “允许试运时间”及“允许恢复工作时间”栏:当班工作许可人填写并签名,工作负责人确认签名。

4.3.16 “工作终结时间”栏:工作负责人填写并签名,工作许可人签名确认。

4.3.17 使用热控工作票和水力自控工作票时,“需要退出热工保护或自动装置名称”栏由工作负责人填写,同时填写主保护退、投申请单,履行审批手续,并将审批单附在工作票后。

4.3.18 “备注”栏填写内容:需要特殊注明以及仍需说明的交待事项,如该份工作票因故未执行,电气第一种工作票中接地线未拆除等情况的原因等;中途增加工作成员的情况;其他需要说明的事项。

4.3.19 每份工作票签发人和许可人修改不得超过两处。其中设备名称、编号、接地线位置、日期、时间、动词以及人员姓名不得改动。工作票票面修改处应有修改人员签名或盖章。

4.4 工作票的执行程序

4.4.1 工作票的生成。根据工作任务的需要和计划工作期限,确定工作负责人。工作负责人根据工作内容及所需安全措施选择使用工作票的种类,填写工作票或调用标准工作票。

4.4.2 工作票的签发。工作负责人填写好工作票,交给工作票签发人审核,由工作票签发人对票面进行审核,确认无误后签发。

4.4.3 工作票的送达。计划工作需要办理第一种工作票的,应在工作开始前,提前一日将工作票送达值长处,临时工作或消缺工作可在工作开始前,直接送值长处。

4.4.4 工作票的接收。值班人员接到工作票后,单元长(或值班负责人)应及时审查工作票全部内容,必要时填好补充安全措施,确认无问题后,填写收到工作票时间,并在接票人处签名。

4.4.5 安全措施的执行。根据工作票计划开工时间、安全措施内容、机组启停计划和值长(或单元长)意见,由运行班长(或单元长)安排运行人员执行工作票所列安全措施。

4.4.6 安全措施中如需由(电气)运行人员执行断开电源措施时,(热机)运行人员应填写停、送电联系单,(电气)运行人员应根据联系单内容布置和执行断开电源措施。措施执行完毕,填好措施完成时间,执行人签名后,通知热机运行人员,并在联系单上记录受话的热机运行人员姓名,停电联系单保存在电气运行人员处备查，热机运行人员接到通知后，应做好记录。对于集控运行的单元机组，运行人员填写电气倒闸操作票并经审查后即可执行。严禁口头联系或约时停、送电。

4.4.7 现场措施执行完毕后，登记在工作票记录本中。

4.4.8 工作许可。检修工作开始前，工作许可人会同工作负责人共同到现场对照工作票逐项检查，确认所列安全措施完善和正确执行。工作许可人向工作负责人详细说明哪些设备带电、有压力、高温、爆炸和触电危险等，双方共同签字完成工作票许可手续。

开工后，严禁运行或检修人员单方面变动安全措施。

4.4.9 工作监护。开工后，工作负责人应在工作现场认真履行自己的安全职责，认真监护工作全过程。

工作负责人因故暂时离开工作地点时，应指定能胜任的人员临时代替并将工作票交其执有，交待注意事项并告知全体工作班人员，原工作负责人返回工作地点时也应履行同样交接手续；离开工作地点超过两小时者，必须办理工作负责人变更手续。

4.4.10 工作人员变更。工作班成员变更，新加入人员必须进行工作地点和工作任务、安全措施学习，由工作负责人在两张工作票的“备注”栏分别注明变更原因、变更人员姓名、时间并签名。

工作负责人变更，应经工作票签发人同意并通知工作许可人，在工作票上办理变更手续。工作负责人的变更情况应记入运行值班日志。

4.4.11 工作间断。工作间断时，工作班人员应从现场撤出，所有安全措施保持不动，工作票仍由工作负责人执存。间断后继续工作前，工作负责人应重新认真检查安全措施应符合工作票的要求，方可工作。当无工作负责人带领时，工作人员不得进入工作地点。

4.4.12 工作延期。工作票的有效期，以值长批准的工作期限为准。工作若不能按批准工期完成时，工作负责人必须提前 2 h 向工作许可人申明理由，办理申请延期手续。延期手续只能办理一次，如需再延期，应重新签发新的工作票。

4.4.13 设备试运。检修后的设备应进行试运。检修设备试运工作应由工作负责人提出申请，经工作许可人同意并收回工作票，全体工作班成员撤离工作地点，由运行人员进行试运的相关工作。严禁不收回工作票，以口头方式联系试运设备。

试运结束后仍然需要工作时，工作许可人和工作负责人应按“安全措施”执行栏重新履行工作许可手续后，方可恢复工作。如需要改变原工作票安全措施，应重新签发工作票。

4.4.14 工作终结。工作结束后，工作负责人应全面检查并组织清扫整理工作现场，确认无问题后，带领工作人员撤离现场。工作许可人和工作负责人共同到现场验收，检查设备状况，有无遗留物件，是否清洁等，然后在工作票上填写工作结束时间，双方签名，工作方告终结。

4.4.15 工作票终结。运行值班人员拆除临时围栏，取下标示牌，恢复安全措施，汇报值长（班长、机组长）。对未恢复的安全措施，汇报值长（班长、机组长）并做好记录，在工作票右上角加盖“已执行”章，工作票方告终结。

4.5 工作票管理

4.5.1 工作票实施分级管理、逐级负责的管理原则。运行、检修主管部门应是确保工作票正确实施的最终责任部门。安全监督部门是工作票的监督考核部门，对执行全过程进行监督，并对责任部门进行考核。

4.5.2 发电企业领导应定期组织综合分析执行工作票过程中存在的问题，提出改进措施。

4.5.3 已执行的工作票应由各单位指定部门按编号顺序收存，至少保存 3 个月。

4.6 工作票中相关人员的安全职责

4.6.1 工作票签发人

a) 工作是否必要和可能；

b) 工作票上所填写的安全措施是否正确和完善；
c) 经常到现场检查工作是否安全地进行。

4.6.2 工作负责人

a) 正确地和安全地组织工作；
b) 对工作人员给予必要指导；
c) 随时检查工作人员在工作过程中是否遵守安全工作规程和安全措施。

4.6.3 工作许可人

a) 检修设备与运行设备确已隔断；
b) 安全措施确已完善和正确地执行；
c) 对工作负责人正确说明哪些设备有压力、高温和有爆炸危险等。

4.6.4 值班负责人(运行班长、单元长)

a) 对工作票的许可至终结程序执行负责；
b) 对工作票所列安全措施的完备、正确执行负责；
c) 对工作结束后的安全措施拆除与保留情况的准确填写和执行情况负责。

4.6.5 工作班成员

a) 工作前认真学习安全工作规程、运行和检修工艺规程中与本作业项目有关规定、要求；
b) 参加危险点分析，提出控制措施，并严格落实；
c) 遵守安全规程和规章制度，规范作业行为，确保自身、他人和设备安全。

4.6.6 值长

a) 负责审查检修工作的必要性，审查工作票所列安全措施是否正确完备、是否符合现场实际安全条件；
b) 对批准检修工期，审批后的工作票票面、安全措施负责；
c) 不应批准没有危险点控制措施的工作票。

5 贮运煤设备的运行和检修

5.1 基本规定

5.1.1 发电厂运煤系统的各工作地点应有相互联系用的信号或通信设备。
5.1.2 各工作场所或通道以及铁道沿线应有良好的照明。
5.1.3 严禁止在运煤设备运行中进行任何检修或清理工作。
5.1.4 各种运煤设备在许可开始检修工作前，运行值班人员必须将电源切断并挂上警告牌。检修工作完毕后，检修工作负责人必须检查工作场所已经清理完毕，所有检修人员已离开，方可办理工作票终结手续。
5.1.5 检修工作处所如有裸露的电线，应认为是带电的，不准触碰。对可能触到的裸露电线，应在检修工作开始前由电气人员拉开电源和上锁，并将该线挂上接地线接地。
5.1.6 严禁在可能突然下落的设备(如抓斗、吊斗等)下面进行工作或行走。必需在这些设备下面进行检修等工作时，应先做好防止突然下落的安全措施。
5.1.7 不准在有煤块掉落的地方通行或工作，并在周围设置围栏和安全警示标志。

5.1.8 在移去煤中的雷管时，必须由专业人员操作并特别小心，防止撞击、掉落、挤压或受热，在任何情况下不得拉动导火线。运煤皮带上发现雷管时，应立即将皮带停下处理。取出的雷管，必须交有关部门处理。

5.1.9 斗轮机、皮带等贮运煤设备开动前，必须进行音响警示，管理部门应对持续时间、间隔时间、次数等进行详细规定。

5.2 厂内铁道

5.2.1 在铁道与汽车道或人行道的交叉地点应设有“小心火车”的标示牌。如交叉地点为交通要道，必须设拦路杆，并有专人管理，在机车到来前及时放下。在通过厂内铁道时要特别注意有无机车驶近。当机车驶近时不准抢过铁道。

5.2.2 沿铁道两侧的人行道，应保持畅通。当机车来到或听到汽笛声时，应及时向两旁躲避。轨道中心线与道边建筑物的距离不应小于 6 m，否则应采取防护措施。

5.2.3 与运煤无关人员禁止上下机车或运煤车辆。在机车完全停止前，严禁任何人上下车辆、作业或跳车。

5.2.4 卸煤沟、储煤场等处应装有音响信号，使卸煤工人及时知道机车到来。机车在摘钩并离开前，卸煤工人不准靠近车辆。

5.2.5 禁止在铁道上或车底下休息，不准从车辆下面或两节车的中间穿行。

5.2.6 在铁道附近进行工作可能影响调车作业或行车安全时，工作负责人应事先与调车人员联系，作好安全措施，必要时应设专人监护。

5.2.7 在紧急情况下，任何人都可对机车发出“停止”的信号，要求立即停车。

5.2.8 司机离开机车时，应将机车可靠制动，将车门上锁。

5.2.9 煤车摘钩、挂钩或起动前，必须由调车人员查明车底下或各节车辆的中间确已无人，才可发令操作。

5.2.10 厂内铁道或迁车台运行中，火车两侧安全距离内不准行人或车辆通行。

5.2.11 发电厂应制定关于车辆调度的专门规程，有关人员必须严格执行。

5.3 储煤场

5.3.1 储煤场应有良好的照明、排水沟和消防设备，消防车辆的通路应畅通。

5.3.2 储煤场不得超设计能力存储。储煤场内煤堆底部与靠近煤堆的铁轨、非承重挡风墙、干煤棚、立柱支架等之间至少应有 1.5 m 的距离，如有装煤或卸煤的机械（如坦克抓煤机、推煤机等）需要在其间进行工作时，还应适当放宽。

5.3.3 卸煤沟或卸煤孔上应盖有坚固的箅子，卸煤时不准拿掉。箅子的网眼不宜大于 200 mm×200 mm。

5.3.4 寒冷地区的发电厂，卸煤车内冻煤时应有防止卸煤工人滑倒的措施。

5.3.5 工人砸煤时应戴防护眼镜。砸煤时要注意站的位置，以防跌倒伤人。

5.3.6 堆取煤时，应随时注意保持煤堆有一定的边坡，避免形成陡坡（不宜超过 60°），以防坍塌伤人。在工作中如发现有形成陡坡的可能时，应采取措施加以消除。对已经形成的陡坡，在未消除以前，禁止人员和车辆从上部或下部靠近陡坡。

5.3.7 卸煤工应熟悉各种型式煤车车门的操作方法。在操作中应特别注意防止被车门打伤或被掉下的煤砸伤。不准由不熟悉开闭方法的人开闭车门。开闭车门前应通知煤车上的及附近的有关人员。车门打开或关闭后应挂牢。

5.3.8 卸煤工应从车箱上的脚蹬上下煤车，严禁从车上跳下。

5.3.9 禁止在一个煤车内同时进行机械卸煤和人工卸煤。人工清扫车底的工作，应待卸煤机械离开车辆后始可进行。

5.3.10 人力撬车时应有专人负责指挥，使用专用的撬车工具，并应有防止发生溜车的措施。

5.3.11 用小推车人工推煤或机车推煤时，前后车辆应保持一定的距离（不宜小于 10 m），禁止蹬上推煤车。煤车应有刹车装置，禁止使用损坏了的煤车。上煤坡道不准超过 35°，煤车后不准有人员通过或停留，以免滑车伤人。

5.3.12 装有煤气红外线原煤解冻库时，必须制定有关防火防爆的安全规定。

5.3.13 煤场存煤应及时倒烧，防止存煤积煤自燃。发现积煤自燃时，应及时采取措施灭火，防止一氧化碳和二氧化硫等气体中毒，不应将已燃存煤上至皮带。

5.3.14 存煤自燃时，禁止在煤堆正上方作业及灭火，防止坍塌。

5.3.15 卸汽车煤时，严禁在汽车行走中打开马槽，人员应远离推煤机拖动的载重汽车。

5.4 各式运煤机

5.4.1 所有运煤机（如龙门抓煤机、坦克抓煤机、扒煤机、推煤机、斗轮机、螺旋卸煤机、翻车机等）应保持完好，并应定期进行检修和试验。刹车装置不正常或有其他重大缺陷时应禁止使用。

5.4.2 斗轮机、桥式龙门抓煤机等转动机械停止工作时，必须将轮斗放置有可靠支点的位置固定并切断电源，上好轨道夹。遇 6 级以上大风时，应停止作业，并用钢丝绳加固。

5.4.3 与工作无关的人员，不准在运行中的运煤机旁逗留。在抓煤机抓斗活动范围内严禁人员通过或逗留。

5.4.4 司机开动运煤机前应发出音响信号，确定附近无人和无妨碍起动的障碍物时方可起动。

5.4.5 除当班司机人员外，严禁其他人员擅自开动运煤机。运煤机在运行中不准人员上下和进行维护工作。各式运煤机操作室的门窗应保持完好，窗户应加装防护栏杆，门应加装闭锁，以防行车中操作人员探头了望或走出操作室。

5.4.6 禁止用吊斗、抓斗载运人员或工具。

5.4.7 当司机离开运煤机时，应将电源切断或将发动机停止；较长时间离开时，应将运煤机驾驶室的门上锁。

5.4.8 坦克抓煤机在抓斗抓满煤时，禁止开动车身行走。

5.4.9 推煤机上下煤堆及在煤堆上工作时，应注意坡度和煤堆有无发生坍塌的可能，以防推煤机翻倒。在煤堆上作业时，推煤机距煤堆边缘要保持一定距离。

5.4.10 扒煤机、卷扬机等设备在运行时，严禁任何人跨越钢丝绳。停用时，无关人员不准跨越钢丝绳。

5.4.11 更换钢丝绳时，必须事先做好防止设备转动的安全措施。工作时应戴手套。

5.4.12 轮斗机的梯子及围栏，应保持完整。照明应保证足够的亮度。推土机配合轮斗机作业时，应保持 3 m 以上的安全距离。

5.4.13 翻车机作业时应遵守下列规定：

a) 限位器必须动作良好，回转自动限位保护应投入，手动限位器处于备用状态；
b) 值班人员必须检查煤车是否符合翻车机的要求，不准翻卸不符合要求的煤车；
c) 翻车机在运行中，作业区内不准无关人员靠近；
d) 当翻车机回转到 90°后，需要清扫车底时，必须先切断电源并设置有效的防止自动翻转的装置，并取得值班人员许可，方可进行工作；
e) 如需在翻车机下部煤箅子上清除大块煤、杂物以及检查维护时，应切断电源，挂警告标示牌，并取得值班人员许可，方可进行；
f) 调车人员不准乘车辆进入翻车机室。机车必须在翻车机运行之前退出翻车机工作区域。

5.4.14 螺旋卸煤机作业时应遵守下列规定：

a) 螺旋卸煤机的起降限位装置和车门闭锁装置必须灵敏可靠；

b) 螺旋卸煤机在工作前必须检查确认上部无人工作，螺旋位于限位位置。警示铃停止后方可开动螺旋卸煤机；

c) 汽车螺旋卸煤机下方煤蓖子应及时清理，防止运煤汽车进入卸车区域时与螺旋卸煤机发生碰撞；

d) 螺旋卸煤机卸完煤后，应随即将螺旋提升至高度限位，停放在规定位置；

e) 禁止用螺旋卸煤机从事运送人员、吊起重物、推拉车皮等无关工作。

5.5 运煤皮带

5.5.1 运煤皮带及各种有关设备旁边的人行通道，应保持畅通，所有转动部分及拉紧皮带的重锤，均应有遮栏。运行中加油的装置，应接在遮栏外面。不准用手伸入遮栏内加油。

5.5.2 运煤皮带的两侧人行道均应装设防护栏杆和紧急停运的“拉线开关”。皮带上方适当位置宜安装高置停运装置，以备紧急时刻自救。各段皮带及转运站等重要场所应设有皮带起动的警告电铃。相关管理部门应明确规定起动预警铃声响时间的长短、间隔和次数。在紧急情况下，任何人都可拉“拉线开关”停止皮带的运行。事后，必须经过检查联系，方可再次起动。

5.5.3 禁止在皮带上或其他有关设备上站立、越过、爬过及传递各种用具，跨越皮带必须经过通行桥。螺旋输粉机、刮板给煤机上盖板应完好，封闭严密，不应敞口运行。禁止在螺旋输粉机、刮板给煤机盖板上作业、行走或站立。

5.5.4 禁止在运行中的皮带上直接用手撒松香、涂油膏等防滑物料。皮带在运行中不准对设备进行维修、人工取煤样或检出石块等杂物的工作。工作人员应站在栏杆外面，袖口要扎好，以防被皮带挂住。

5.5.5 人工疏通下煤管时应站在平台上，并注意防止被捅煤工具打伤。

5.5.6 清理磁铁分离器的铁块时，应先停止皮带运行并切断电源。工作人员应戴上手套，并使用工具(如铁铲)进行清理工作。

5.5.7 运煤皮带和滚筒上，应装刮煤器。禁止在运行中人工清理皮带滚筒上的粘煤或对设备进行其他清理工作。

5.5.8 禁止与工作无关的人员在运煤皮带的通廊及各种有关设备的室内通行或逗留。外人进入以上地点时，应先得到值班人员的许可，并遵守注意事项。

5.5.9 在拨煤小车的车轮前，应装清道器，以防小车行走时伤人。

5.5.10 带式磁性除铁器传动轮周围应有防护罩，并有防止运行中的除铁器上铁物飞出伤人的措施。

5.5.11 在清理振动筛、碎煤机设备时，应待设备完全停稳后，做好安全措施才能进行清理。

5.6 原煤斗

5.6.1 原煤斗应有坚固完整的箅子，在运行中不准将箅子取下。检修中如需将箅子取下则应设临时遮栏，防止工作人员掉入煤斗。

5.6.2 捅煤斗内的堵煤，应使用专门的捅条并站在煤斗上部的平台上进行。捅煤时不准将箅子拿掉。

5.6.3 进入原煤斗的人孔应有坚固的盖，平时应拴牢。人孔应有上下用的梯子及缚安全带绳子用的固定装置；如使用临时梯子上下，则应有拴牢梯子的固定装置。

5.6.4 进入煤斗内进行检修工作前，应与运行班长取得联系，将煤斗内的原煤用完，关闭煤斗出口的挡板，切断给煤机电源并挂警告牌。

5.6.5 不准进入有煤的煤斗内捅堵煤。在特殊情况下，需进入有煤的煤斗内进行工作时，必须经主管生产的领导批准，并采取下列安全措施：

a) 防止煤斗内 CO 等有害气体中毒；

b) 通知运行值班人员将煤斗出口挡板关闭，切断给煤机电源并挂警告牌；

c) 工作人员应戴口罩、手套，把袖口和裤脚扎好，进入煤斗必须使用安全带，安全带的绳子应缚在外面的固定装置上(禁止把绳子缚在铁轨上)并至少有2人在外面进行监护,进入煤斗后安全带应由监护人一直保持在稍微拉紧的状态,工作人员应使用梯子上下;

d) 如果煤堆积在煤斗的一侧并有很大的陡坡(60°～70°)时,应在进入煤斗前将陡坡用捅条消除,以免塌下将人埋住;

e) 打开煤斗箅子或箅子上的人孔门时,应采取措施,防止箅子或人孔门落入煤斗。工作结束后应将箅子或人孔重新盖好并拴牢;

f) 当发生异常时,禁止采用不当方法施救,以免事故扩大。

5.6.6 锅炉停用时间较长时,应将煤斗原煤烧尽,防止积煤自燃。发现煤斗内的煤有自燃现象时,应立即采取措施灭火。煤斗内如有燃着或冒烟的煤时,禁止入内。

5.7 储煤筒仓

5.7.1 筒仓下部入口处应设置醒目的"严禁烟火"警示牌,筒仓顶部防爆窗外设"危险！请勿靠近"的警示牌。

5.7.2 储煤筒仓进料前应确认该储煤筒仓下无任何人员。

5.7.3 不准移动储煤筒仓进口的箅子,以防人员落入储煤筒仓。

5.7.4 储煤筒仓堵塞时,应用压缩空气等破拱,不准任何人进入储煤筒仓内戳煤。

5.7.5 处理储煤筒仓搭桥时应采取防止煤块飞溅及滑仓伤人的措施,并应保证工作必须至少2人进行。

5.7.6 处理储煤筒仓搭桥前,必须将与储煤筒仓相对应的皮带开启后,方可进行,严禁在皮带停止时处理。如发生滑仓,应在保证自身安全的情况下立即关闭气源阀门,并就地停止储煤筒仓下的皮带运行。

6 燃油(气)设备的运行和检修

6.1 基本规定

6.1.1 新建、扩建和改建的油区设计和施工必须符合GB 50016建筑设计防火规范的有关规定。油罐区内油罐壁间的防火间距和易燃油、可燃油的储罐与周围建筑物的防火间距应符合本部分附录B的规定。

6.1.2 发电厂内应划定燃油(气)区。燃油区周围必须设置围墙,其高度不低于2 m,并挂有"严禁烟火"等明显的警告标示牌,动火应办动火工作票。锅炉房内的燃油母管检修时,应按寿命管理要求应加强检查;运行中巡回检查路线应包括各单元燃油(气)母管管段和支线。

6.1.3 必须制定燃油(气)区出入管理制度。非值班人员进入燃油(气)区人员应进行登记,交出火种,关闭手机、对讲机等通讯设施,不准穿钉有铁掌的鞋子,并在入口处释放静电。

6.1.4 燃油(气)区的一切设施(如开关、刀闸、照明灯、电动机、空调机、电话、门窗、电脑、手电筒、电铃、自起动仪表接点等)均应为防爆型。当储存、使用油品为闪点不小于60 ℃的可燃油品时,配电间、控制操作间的电气、通讯设施可以不使用防爆型,但设施的选用应符合标准GB 50058爆炸和火灾危险环境电力装置设计规范的规定。电力线路必须是暗线或电缆。不准有架空线。

6.1.5 燃油(气)区内应保持清洁,无杂草树木等易燃物品,无油污,不准储存其他易燃物品和堆放杂物,不准搭建临时建筑。

6.1.6 燃油(气)区内应有符合消防要求的消防设施,必须备有足够的消防器材,并经常处在完好的备用状态。燃油(气)区宜安装在线消防报警装置。

6.1.7 燃油(气)区周围必须有消防车行驶的通道,通道尽头设有回车场,并经常保持畅通。燃油(气)区内禁止电瓶车进入。因工作需要必须进入的机动车,应按规定在尾气排放处加装防火罩。

6.1.8 卸油区及燃油(气)罐区必须有避雷装置和接地装置。燃油(气)罐接地线和电气设备接地线应分别装设。输燃油(气)管应有明显的接地点。燃油(气)管道法兰应用金属导体跨接牢固,热力管道尽可能布置在燃油(气)管道的上方。每年雷雨季节前应检查,并测量接地电阻。

6.1.9 燃油(气)区内一切电气设备的维修,都必须停电进行。

6.1.10 参加燃油(气)区工作的人员,应了解燃油(气)的性质和有关防火防爆规定。对不熟悉的人员应先进行有关燃油(气)的安全教育,然后方可参加燃油(气)设备的运行和维修工作。

6.2 卸油工作

6.2.1 卸油站台应有足够的照明。冬季应清扫冰雪,并采取必要的防滑措施。

6.2.2 油车、油船卸油加温时,原油应不超过 45 ℃,重油不应超过 80 ℃。

6.2.3 卸油用蒸汽的温度,应考虑到加热部件外壁附着物不致有引起着火的可能,蒸汽管道外部保温应完整,无附着物,以免引起火灾。

6.2.4 油车、油船卸油时,严禁将箍有铁丝的胶皮管或铁管接头伸入仓口或卸油口。在正常作业状态时,卸油管道安全流速不应大于 4.5 m/s。

6.2.5 打开油车上盖时,严禁用铁器敲打。开启上盖时应轻开,人应站在侧面。上下油车应检查梯子、扶手、平台是否牢固,防止滑倒。卸油沟的盖板应完整,卸油口应加盖,卸完油后应盖严。

6.2.6 卸油区内铁道必须用双道绝缘与外部铁道隔绝。油区内铁路轨道必须互相用金属导体跨接牢固,并有良好的接地装置,接地电阻不大于 5 Ω。

6.2.7 火车机车与油罐车之间至少有两节隔车,才允许取送油车。在油区作业时,机车烟囱应扣好防火纱网,并不准开动送风器和清炉渣。行驶速度应小于 5 km/h,不准急刹车,挂钩应缓慢。车体不准跨在铁道绝缘段上停留,避免电流由车体进入卸油线。内燃机车应配带好灭火器。油区内禁止溜放车。

6.2.8 工作人员应待机车与油罐车脱钩离开后,方可登上油车开始卸油工作。

6.2.9 油船靠岸后,禁止无关船只靠近。

6.2.10 卸油过程中,现场必须有人巡视,防止跑、冒、漏油。

6.2.11 禁止在可能发生雷击或附近存在火警的环境中卸油作业。

6.2.12 油船、汽车卸油时,应可靠接地,输油软管应接地。

6.3 燃油的储存管理

6.3.1 地面和半地下油罐周围应建有符合要求的防火堤(墙),防火堤(墙)如有损坏应及时修复。金属油罐应有淋水装置。泡沫灭火装置的安装应符合相关消防规定。

6.3.2 油罐的顶部应装有呼吸阀或透气孔。储存轻柴油、汽油、煤油、原油的油罐应装呼吸阀;储存重柴油、燃料油、润滑油的油罐应装透气孔和阻火器。运行人员应定期进行下列检查:

a) 呼吸阀应保持灵活好用;

b) 阻火器的铜丝网应保持清洁畅通。

6.3.3 油罐测油孔应用有色金属制成。油位计的浮标同绳子接触的部位应用铜料制成。运行人员应使用铜制工具或专用防爆工具操作。

6.3.4 用电气仪表测量油罐油温时,严禁将电气接点暴露于燃油及燃油气体内,以免产生火花。

6.3.5 油泵房应保持良好的通风,及时排除可燃气体。

6.3.6 燃油温度必须严加监视,防止超温。

6.4 燃油设备的检修

6.4.1 燃油设备检修开工前,检修工作负责人和当值运行人员必须共同将被检修设备与运行系统可靠地隔离,在与系统、油罐、卸油沟连接处加装堵板,并对被检修设备进行有效地冲洗和换气,测定设备冲洗换气后的气体浓度(气体浓度限额可根据现场条件制订)。严禁对燃油设备及油管道采用明火办法测验其可燃性。

6.4.2 油区检修应使用防爆工具(如有色金属制成的工具)。紧急情况下,如使用铁制工具时,应采取防止产生火花的措施,例如涂油、加铜垫等。

6.4.3 油区检修用的临时动力和照明的电线,应符合下列要求:

a) 电源应设置在油区外面;

b) 横过通道的电线,应有防止被轧断的措施;

c) 全部动力线或照明线均应有可靠的绝缘及防爆性能;

d) 禁止把临时电线跨越或架设在有油或热体管道设备上;

e) 禁止把临时电线引入未经可靠地冲洗、隔绝和通风的容器内部;

f) 用手电筒照明时应使用防爆电筒;

g) 所有临时电线在检修工作结束后,应立即拆除。

6.4.4 燃油设备检修需要动火时,应办理动火工作票。动火工作票的内容应包括动火地点、时间、工作负责人、监护人、审核人、批准人、安全措施等项。发电企业应明确规定动火工作的批准权限。

6.4.5 动火工作必须有监护人。监护人应熟知设备系统、防火要求及消防方法。其职责是:

a) 检查防火措施的可靠性,并监督执行;

b) 在出现不安全情况时,有权制止动火;

c) 动火工作结束后检查现场,做到不遗留任何火源。

动火工作进行时,消防人员必须始终在场。

6.4.6 检修油管道时,必须作好防火措施。禁止在油管道上进行焊接工作。在拆下的油管上进行焊接时,必须事先将管子冲洗干净。

6.4.7 在油区进行电、火焊作业时,电、火焊设备均应停放在指定地点。不准使用漏电、漏气的设备。火线和接地线均应完整、牢固,禁止用铁棒等物代替接地线和固定接地点。电焊机的接地线应接在被焊接的设备上,接地点应靠近焊接处,不准采用远距离接地回路。

6.4.8 在燃油管道上和通向油罐(油池、油沟)的其他管道上(包括空管道)进行电、火焊作业时,必须采取可靠的隔绝措施,靠油罐(油池、油沟)一侧的管路法兰应拆开通大气,并用绝缘物分隔,冲净管内积油,放尽余气并测量油气合格后方可工作。

6.4.9 在油罐内进行检修工作,必须按照本部分11.3的有关规定执行。在油罐内进行明火作业时,应将通向油罐的所有管路系统隔绝,拆开管路法兰通大气。油罐内部应冲洗干净,并进行良好的通风。油泵房及油罐区禁止采用皮带传动装置,以免产生静电引起火灾。

6.5 燃气设备(燃机系统)的运行与检修

6.5.1 燃机系统及其附近必须严禁烟火并设"严禁烟火"的警示牌,应备有必要的消防设备,严禁放置易爆易燃物品。

6.5.2 禁止与工作无关人员进入燃机系统附近。因工作需要进入时实施登记准入制度,严禁携带火种、禁止穿带铁钉的鞋,关闭移动通讯工具。进入燃机系统前应先消除静电。燃机系统附近应安装强力通风设备。

6.5.3 在燃机系统及其附近进行明火作业或做可能产生火花的工作,必须办理动火工作票。应事先经过可燃气体含量测定。

6.5.4 燃机系统的相关防爆规定可参照第13章执行。

6.5.5 在可燃气管道上进行检修工作(如更换阀门、垫,焊接支管等),应将检修的一段管道与运行中的可燃气管道可靠地隔断(关闭阀门并加堵板),然后用压缩空气或蒸汽通入管道进行吹洗,将残留的可燃气完全排出,并用小动物或仪器试验,证明管道内确无可燃气存在,可开始工作。

6.5.6 在可能有可燃气体的地方进行检修工作时,应遵守下列规定:

a) 必须戴防毒面具,并宜在上风位置上工作;

b) 工作人员不得少于2人,其中一人担任监护工作;

c) 在管道内部或不易救护的地方工作,应使用安全带,安全带绳子的一端紧握在监护人的手中,监护人随时与管道内部工作人员保持联系;

d) 应使用铜制的工具,以避免引起火花(必须使用钢制的工具时,应涂上黄油)。禁止穿有铁钉的鞋;

e) 工作人员感到不适时,应立即离开工作地点,到空气流通的地方休息;

f) 应准备氧气、氨水、脱脂棉等急救药品。

6.5.7 禁止用捻缝和打卡子的方法消除可燃气管道的不严密处。

6.5.8 严禁一切火源接近运行中的可燃气体管道。应用仪器或肥皂水检查可燃气管道的严密性,禁止用火焰检查。可燃气管道内部的凝结水发生冻结时,应用蒸汽或热水熔化,禁止用火烤。

6.5.9 检修后的可燃气管道,应进行可燃气泄漏试验,经检验合格后,才可恢复管道的使用。

7 锅炉和煤粉制造设备的运行与维护

7.1 基本规定

7.1.1 观察锅炉燃烧情况时,应戴防护眼镜或用有色玻璃遮护眼睛。严禁站在看火门、检查门或喷燃器检查孔的正对面。

7.1.2 对于循环流化床等正压锅炉,巡检时应避免在封闭的人孔门及与炉膛连接的膨胀节处长期停留,在锅炉运行时,严禁打开任何门孔。

7.1.3 当制粉设备内部有煤粉空气混合物流动时,严禁打开检查门。开启锅炉的看火门、检查门、灰渣门时,应缓慢小心,工作人员应站在门后,并选好向两旁躲避的退路。

7.1.4 在锅炉运行中应经常检查锅炉承压部件有无泄漏现象。

7.1.5 冲洗水位计时,应站在水位计的侧面,操作阀门时应缓慢小心。

7.1.6 当锅炉濒临灭火时,禁止投油、气助燃。当锅炉发现灭火时,禁止采用关小风门,继续给粉、给油、给气使用爆燃的方法来引火。锅炉灭火后,必须立即停止给粉、给油、给气。只有经过充分通风后(5 min),方可重新点火。

7.1.7 捅下煤管或煤斗内的堵煤,要使用专用的工具。捅下煤管堵煤时,不准用身体顶着工具或放在胸前用手推着工具,以防打伤。工具用毕,应即取出。捅煤斗堵煤时,应站在煤斗上面的平台上进行,严禁进入煤斗站在煤层上捅堵煤。

7.1.8 给煤机在运行中发生卡、堵时,禁止用手直接拨堵塞的异物。如必须用手直接工作,应将给煤机停下,并做好防止转动的措施。

7.1.9 在锅炉运行中,不应带压对承压部件进行焊接、捻缝、紧螺丝等工作。在特殊紧急情况下,需带压进行上述工作时,必须采取安全可靠措施,并经厂主管生产的领导批准,正确使用防烫伤护具,由专业人员操作,方可进行处理。

7.1.10 检修后的锅炉,允许在升压过程中热紧法兰、人孔、手孔等处的螺丝。但热紧时,锅炉汽压不准超过下列数值:

额定汽压不大于5.884 MPa的:0.294 MPa;

额定汽压大于5.884 MPa的:0.490 MPa。

热紧螺丝只许由专业人员进行,并必须使用标准扳手,不应将扳手的手把接长。

7.1.11 安全门必须按照DL 612电力工业锅炉压力容器监察规程的规定执行,定期进行排汽试验。

7.2 吹灰

7.2.1 锅炉吹灰前，应适当提高燃烧室负压，并保持燃烧稳定。吹灰时工作人员应戴手套。

7.2.2 使用移动式吹灰设备时，工作人员应戴手套和防护眼镜。在吹灰管未插入燃烧室或烟道前，不准打开阀门通入蒸汽或压缩空气。工作完毕后应先关闭阀门，然后再取(退)出吹灰管。

7.2.3 吹灰时，禁止打开检查孔观察燃烧情况。

7.2.4 吹灰器有缺陷、锅炉燃烧不稳定或有炉烟与炉灰从炉内喷出时，禁止吹灰。如在吹灰过程中，遇有上述情况时，也应停止吹灰。

7.2.5 吹灰器管路应进行定期检查。

7.2.6 使用燃气吹灰器的，放置燃气的房子、燃气管道的布置应远离火源和热源，在显眼的位置设置警告标志，并定期进行泄漏检测，发现泄漏应及时进行处理。

7.3 排污

7.3.1 排污时工作人员必须戴手套。在排污装置有缺陷或排污工作地点和通道上没有照明时，禁止进行排污工作。

7.3.2 开启排污门可以使用专用的扳手，不准使用套管套在扳手上帮助开启排污门。锅炉运行中不准修理排污一次门。

7.3.3 排污系统有人正在检修时，禁止进行排污。在同一排污系统内，如有其他锅炉正在检修时，排污前应查明检修的锅炉确已和排污系统隔断。

7.3.4 排污管道易被人碰触的部分，应加保温层，以免烫伤工作人员。

7.3.5 当排污池周围有塌陷时，应扩大警示范围，防止进一步塌陷造成人员伤害。

7.4 除焦

7.4.1 除焦工作，应由经过训练的工作人员进行，实习人员未经指导与学习，不准单独进行除焦工作。

7.4.2 循环流化床锅炉发生结焦时，应尽快安排停炉处理。锅炉停运后，必须等锅炉冷却后方可进入。如果是炉膛床面结焦，清焦时应防止表面塌陷，并作好回料管落渣的防范措施；如果是分离器或回料阀内结焦，必须由上面进行除焦，逐步向下，并作好防止塌陷的措施。

7.4.3 除焦时工作人员必须穿着防烫伤的工作服、工作鞋，戴防烫伤的手套和必要的安全用具。

7.4.4 当燃烧不稳定或有炉烟向外喷出时，禁止打焦。

7.4.5 除焦时，两旁应无障碍物，以便有炉烟外喷或灰焦冲出时，工作人员可以向两旁躲避。

7.4.6 除焦工作开始前应先得到运行值班人员同意。除焦时，运行人员应保持燃烧稳定，并适当提高燃烧室负压。在工作现场，应有明显的“正在除焦”的标志。

7.4.7 除焦时，工作人员应站在平台上或地面上，不准站在楼梯上、管子上、栏杆上等地方，工作地点应有良好照明。

7.4.8 除焦用的工具必须完整适用，用毕应将工具放在指定的地点。

7.4.9 在结焦严重或有大块焦渣掉落可能时，应停炉除焦。停炉采用水力除焦时应做好防止烫伤的措施，进入炉内人工除焦时，应防止高空掉焦和渣井坍塌.

7.4.10 除焦时不准用身体顶着工具，以防打伤。工作人员应站在除焦口的侧面，斜着使用工具，并安排专人进行监护。

7.5 除灰、渣

7.5.1 担任除灰工作的人员必须经过培训及训练。

7.5.2 除灰时，工作人员应戴手套，穿防烫伤工作服和长筒靴，并将裤脚套在靴外面，以防热灰进入靴内。

7.5.3 除灰用的工具(如铁耙、铁钩等),应完整、牢固,使用前应检查。

7.5.4 当燃烧不稳定或有烟灰向外喷出时,禁止除灰。除灰时应适当提高燃烧室的负压。

7.5.5 除灰地点和灰渣门旁的通道须明亮。灰渣门两旁应无障碍物,以便必要时工作人员向两旁躲避。

7.5.6 除灰前应先通知运行人员,在工作现场应有明显的提醒标志。除灰完毕后也应通知运行人员。

7.5.7 放灰时,除灰设备和排灰沟附近禁止工作或逗留。

7.5.8 灰渣门应有远距离机械开闭装置,应缓慢开启,以防灰渣突然冲出。开启灰渣门前,应先将灰渣斗内的灰渣用水浇透。禁止出红灰。

7.5.9 捣碎灰渣斗内较大的渣块时,事先应做好安全措施。工作人员不应正对灰渣门,应站在灰渣门的一侧,斜着使用工具。

7.5.10 放入灰车内的灰渣,如尚未完全熄灭,应用水浇灭。不准推运灰渣尚未熄灭的灰车。掉落在除灰地点的灰渣应用水浇灭,并随时清除。

7.5.11 向灰车中灰渣浇水时,工作人员站立的位置至少距离灰车 1.5 m～2 m,以免被灰渣和蒸汽烫伤。浇水时,禁止无关人员在旁逗留。事故排渣至地面的灰堆,如其温度较高,可能烫伤人员或引起火灾时,装车前应用水进行冷却。冷却灰堆时,禁止直接将水冲入灰堆,应采取从外到里逐步冷却的方法。

7.5.12 运灰铁道应平坦并应保持畅通,应及时清除散落灰渣,以防推车人员绊倒。在冬季应注意扫雪和砸冰,易滑跌处可撒上炉灰以防滑倒。

7.5.13 用机动车拖运一列灰车时,运灰人员不准站在灰车与灰车之间。

7.5.14 人力推灰车时不准在灰车前拉灰车,应在后面推。运灰人员不准站在灰车底座上,以防轧伤或撞伤。在几个人同时推灰车时,灰车之间应保持一定的距离。

7.5.15 从锅炉的烟道下部放灰时,工作人员必须缓慢地打开灰斗的挡板,并站在侧边以防烫伤。必要时应先向热灰浇水。

7.5.16 放炉排漏煤时,应缓慢打开漏煤斗挡板,应注意有无红煤冲下,若发现有红煤,应用水浇灭。

7.5.17 采用水力除灰时,禁止将锅炉的排污、疏水等排到除灰沟内。

7.5.18 定期疏通或清扫地下除灰沟时,应采取必要的安全措施(如切断水源,保证通风等),并应有人在外监护。

7.5.19 检查液态除渣的出渣口时,工作人员必须戴上有色防护眼镜,并应避开通渣孔的正面,防止烫伤。如产生氢爆时,应把水源切断,放尽存水,工作人员应带防爆面罩,无关人员不准在现场逗留。

7.5.20 循环流化床锅炉必须配备冷却介质流量控制功能。实现冷却介质控制门关闭与冷渣器开启闭锁,同时实现冷却介质流量低、温度高跳冷渣器等保护功能。主床排渣时,必须保证冷渣器在投运状态,渣温能够降到允许的温度。外置床事故排渣口周围必须设置固定的围栏,事故排渣时,现场必须有人监督,放出的渣料应冷却至常温后才可清理。

7.5.21 禁止在运行中的捞渣机周围长时间停留,防止人员烫伤。

7.5.22 不停炉进行捞渣机检修时,应采取措施防止大焦块坠落渣船飞溅伤人。不停炉检修干渣机时应带空气呼吸器,防止烫伤。

7.6 煤粉制造设备的维护

7.6.1 为了防止煤粉爆炸,在起动制粉设备前,必须仔细检查设备内外是否有积粉自燃现象,若发现有积粉自燃时,应予清除,然后方可起动。

7.6.2 运行中的制粉系统不应有漏粉现象。制粉设备的厂房内不应有积粉,积粉应随时清除。发现积粉自燃时,应用喷壶或其他器具把水喷成雾状,熄灭着火的地方。不得用压力水管直接浇注着火的煤粉,以防煤粉飞扬引起爆炸。

7.6.3 在球磨机运行中，禁止在传动装置和滚筒下部清除煤粉和钢球。

7.6.4 禁止在制粉设备附近吸烟或点火。不准在运行中的制粉设备上进行焊接工作。如需在运行中的制粉设备附近进行焊接工作，必须采取必要的安全措施，并得到生产领导的批准。

7.6.5 对给粉机进行清理或掏粉前，应将给粉机电动机的电源切断，挂上警告牌，并应注意防止自燃的煤粉伤人。

7.6.6 禁止把制粉系统的排气排到不运行(包括热备用)的或正在点火的锅炉内，也不准把清仓的煤粉排入不运行(包括热备用)的锅炉内。

7.6.7 制粉系统应有足够的防爆门，选择防爆门的结构形式和安装地点时，应注意到防爆门动作时不致烫伤工作人员，不应正对电缆或电缆桥架。

7.6.8 制粉设备检修工作开始前，应将有关设备内部积粉完全清除，并与有关的制粉系统可靠地隔绝。如需进入内部工作时，应将有关人孔门全部打开(必要时应打开防爆门)，以加强通风。

7.6.9 直吹式锅炉制粉系统，在停炉或磨煤机切换备用时，应先将该系统煤粉烧尽或清理干净。

8 锅炉设备的检修

8.1 基本规定

8.1.1 在锅炉内部进行检修工作前，应把该炉与蒸汽母管、给水母管、排污母管、疏水总管、加药管等的联通处用有尾巴的堵板隔断，或将该炉与各母管、总管间的严密不漏的阀门关严并上锁，然后挂上警告牌并打开门后疏水门。电动阀门还应将电动机电源切断，并挂上警告牌。

8.1.2 在工作人员进入燃烧室及烟道内部进行清扫和检修工作前，将该炉的烟道、风道、燃油系统、煤气系统、吹灰系统等与运行中的锅炉可靠地隔断，并与有关人员联系，将给粉机、排粉机、送风机、增压风机、回转式空气预热器、电除尘器等的电源切断，并挂上禁止起动的警告牌。

8.1.3 进入循环流化床炉膛内部检修时，必须将炉膛出口及分离器入口烟道进行有效的隔离，防止工作人员高空坠落或防止高空落物。分离器内有检修工作时，禁止人员进入回料阀内工作，如果必须进入时，必须采取有效的防范措施。

8.1.4 燃烧室及烟道内的温度在60 ℃以上时，不准入内进行检修及清扫工作。若有必要进入60 ℃以上的燃烧室、烟道内进行短时间的工作时，应制定组织措施、技术措施、安全措施、应急救援预案，设专人监护，并经厂主管生产的领导批准。

8.1.5 在锅炉大修中，动火作业(包括氧气瓶、乙炔气瓶等易燃易爆装置的放置)应与运行油管道保持足够的安全距离，并采取可靠的安全措施。

8.1.6 在工作人员进入燃烧室、烟道以前，应充分通风，不准进入空气不流通的烟道内部进行工作。检修的锅炉不应漏进炉烟、热风、煤粉或油、气。

8.1.7 进入炉内、锅内(汽包)、烟风道、回转式预热器、除尘器、煤粉仓等封闭空间内工作时，工作人员至少2人以上且外面必须有1名工作人员监护，所有工作人员必须进行登记，工作结束必须清点人员及工具，确保不遗留在工作室内。在关闭人孔门或砌堵人孔以前，检修工作负责人应再进行一次同样的检查，确认没有人、工具或杂物遗留后立即关闭。

8.2 燃烧室的清扫与检修

8.2.1 进入燃烧室进行工作前，应先通过人孔、手孔、看火孔等处向热灰和焦渣浇水。工作负责人应检查耐火砖、大块焦渣有无塌落的危险，遇有可能塌落的砖块和焦渣，应先打落。

8.2.2 清扫燃烧室前，应先将锅炉底部灰坑除清。清扫燃烧室时，应停止灰坑除灰，待燃烧室清扫完毕，再从灰坑放灰。

8.2.3 清除炉墙或水冷壁灰焦时，应从上部开始，逐步向下进行，不应先从下部开始。如特殊情况不能先从上部开始时，必须做好安全措施，并经有关领导批准，才能进行清焦。禁止进入冷灰斗内进行清焦工作。

8.2.4　在燃烧室搭设的脚手架必须牢固。即使有大块焦渣落下，也不致损坏；同时，落在脚手架上的灰焦应及时清除，以防超过脚手架的荷重。炉内升降平台使用前应加强检查和验收，验收合格后方可使用。禁止1人进入炉内升降平台作业。

8.2.5　在燃烧室上部或排管处有人进行工作时，下部不准有人同时进行清扫工作。

8.2.6　燃烧室清扫工作完毕后，清扫工作负责人必须清点人员和工具，检查是否有人或工具还留在燃烧室内。

8.2.7　工作人员进入燃烧室进行检修工作前，检修工作负责人必须检查燃烧室是否能安全地进行工作，并检查燃烧室和第一段烟道内的灰和焦渣是否已清扫干净，然后才允许工作人员进入燃烧室。如需对锅炉进行紧急检修而未能预先清扫燃烧室时，工作负责人必须先查明燃烧室内确无悬挂着的大块焦渣，没有积存的热灰和焦渣，没有损坏的炉墙、石旋砖等以及其他可能落下的物件，并按8.1.1、8.1.2、8.1.3的要求，检查各项安全措施，确认无误后，方可允许工作人员进入燃烧室。

8.2.8　在燃烧室内工作需加强照明时，应由电气专业人员安设110 V、220 V临时性的固定电灯，电灯及电线须绝缘良好，并安装牢固，放在碰不着人的高处。安装后必须由检修工作负责人检查。禁止带电移动110 V、220 V的临时电灯。

8.2.9　在燃烧室内工作如需要开动吸风机以加强通风和降温时，应先通知内部工作人员撤出。

8.2.10　燃烧室内调换炉管、水冷壁管或拆砌炉墙时，如没有可靠的隔离措施，下面不准有人工作。

8.3　烟道、过热器、再热器、省煤器、空气预热器的检修

8.3.1　清扫烟道时，应先检查烟道内有无尚未完全燃烧的燃料堆积在死角等处所，如有，应立即除掉。未完全燃烧的燃料含有大量可燃的细灰，在猛烈拨动时，可能燃烧起来，因此在清除时应特别小心。

8.3.2　清扫省煤器前，必须打开空气门或抬起安全门，省煤器内应没有压力。

8.3.3　工作人员进出烟道时，应用梯子上下。不能使用梯子的地方，可使用牢固的绳梯。放置绳梯必须避开热灰，防止绳梯被热灰烧坏。

8.3.4　清扫烟道时，应有一人站在外边靠近人孔门的地方，经常和在烟道内工作的人员保持联系。

8.3.5　清扫、检修烟道及省煤器时，必须打开所有的人孔门，以保证足够的通风。如需使用吸风机加强通风时，工作人员应先离开烟道，方可启动吸风机，等待烟道内的灰尘减少，并经清扫工作负责人检查认为可以工作时，方可允许工作人员戴上防护眼镜和口罩进入烟道内工作。但此时在吸风机入口前一段烟道内不准有人工作。

8.3.6　在烟道内检修时，应在靠近垂直烟道前1 m的水平烟道处加装可靠的临时护栏，以防人员坠落。

8.3.7　清扫烟道工作，应在上风位置顺通风方向进行，不准有人停留在下风烟道内。

8.3.8　清扫空气预热器上部时，不准有人在下部工作或逗留。清扫下部时必须特别注意不要被落下的灰尘烫伤。

8.3.9　在烟道内进行检修工作前，应先清扫烟道，如因工作紧急不能预先清扫时，检修工作负责人应按8.1.2、8.1.3、8.1.4的要求检查各项安全措施。烟道灰斗内的灰渣，在任何情况下均应事先清除。

8.3.10　在烟道内进行检修工作前，应检查脚下支持板牢固可靠，防止塌落摔伤。

8.3.11　在受热面的管子上工作时，应铺上脚手板，并固定牢固。

8.4　煤粉仓

8.4.1　锅炉停用时间较长时，应将煤粉仓煤粉烧尽，防止积粉自燃。发现粉仓内有自燃现象时，应立即采取措施灭火。粉仓内如有燃着或冒烟的煤粉时，禁止入内。

8.4.2 严禁进入储有煤粉的煤粉仓内工作。清扫煤粉仓前，应与运行值班人员取得联系，将仓内煤粉用尽或放光。

8.4.3 清扫煤粉仓前，必须将连通该煤粉仓的所有落粉管闸门及消火管闸门等关闭上锁，并挂上"禁止操作，有人工作"的警告牌。进入煤粉仓前，应进行彻底通风。只有经过工作负责人的检查(如用仪表测量或用小动物检查)和允许后，才可进行工作。

8.4.4 清扫煤粉仓的工作人员应戴防毒面罩、防护眼镜、手套，服装应合身，袖口、裤脚应用带子扎紧或穿专用防尘服。进入仓内必须使用安全带，安全带的绳子应缚在仓外固定物上，并至少有2人在外严密监护。监护人在监护中应抓紧工作人员安全带的绳子，并能看见工作人员的动作，喊话时应能听见，如发生意外，应立即把工作人员救上来。**工作人员进出煤粉仓时，应使用梯子上下**。

8.4.5 清扫煤粉仓时，严禁在仓内或仓外附近吸烟或点火。禁止将火柴或易燃物品及其他非必需的物件带进煤粉仓内。

8.4.6 如煤粉仓四角有积粉工作人员需靠近铲除时，应先放置跳板，跳板应有足够的强度和宽度，并应放置牢固。铲除积粉应使用铜质或铝质工具，防止产生火花。

8.4.7 清扫过程中如发现煤粉仓内残留的煤粉有自燃现象时，清扫人员应立即退到仓外，用蒸汽或二氧化碳灭火。

8.4.8 煤粉仓清扫工作人员应根据身体情况，轮流工作与休息。检修结束时，应清点人数。

8.4.9 煤粉仓内的照明必须使用12 V行灯，橡皮线和灯头绝缘应良好，行灯不准埋入积粉内，防止积粉自燃。

8.5 受热面的清洗和汽包内部的检修

8.5.1 锅炉放水和冷却后，在打开汽包人孔门以前，检修工作负责人必须按8.1.1的要求检查该炉应与各管道可靠地隔断，并检查压力表指示为零。

8.5.2 打开汽包人孔门时应有人监护。工作人员应戴着手套小心地将人孔门打开，不可将脸靠近，以免被蒸汽烫伤。打开不带铰链的人孔门时，应在松螺丝前用绳子将人孔门系牢，以便稳妥地放在汽包内。

8.5.3 工作人员进入汽包前，检修工作负责人应检查汽包内的温度，不宜超过40 ℃，并有良好的通风。在汽包内工作的人员应根据身体情况，轮流工作与休息。

8.5.4 进入汽包的工作人员，应穿专用工作服，以防杂物落入炉管内。在汽包内工作时，应有一人在汽包外面监护。工作中断时，工作负责人应清点人数和工具，确认无人或工具留在汽包内时，应关闭汽包门并加盖封条。

8.5.5 汽包内禁止放置电压超过24 V的电动机。电压超过24 V的电动机只能放在汽包外面使用。

8.5.6 严禁在汽包内充氧作业。

8.5.7 使用高压水清洗受热面工作开始前，应检查洗管器的电动机、水泵、电线和行灯是否完好，电动机外壳必须有良好接地，刀闸及开关应有良好的绝缘把手。

8.5.8 如使用高压水洗管器清洗受热面管时，应有人负责高压水阀门的开关工作，按清洗工作人员的要求开关阀门。在高压水洗管器未牢固固定前，严禁开启水门。操作水门开关人员不准同时担任其他工作。

8.5.9 采用化学清洗时，禁止在清洗系统上进行明火作业和其他工作。在加药处及锅炉顶部严禁吸烟。充酸时应防止焊口泄漏造成的设备或人身伤害。

8.6 转动机械的检修

8.6.1 所有转动机械(如风机、泵、磨煤机、给粉机、给煤机、碎渣机等)，在开始检修工作前，检修工作负责人应按3.4.3的要求，检查防止转动的措施。机组运行中对单侧风机进行检修时，应采取牢靠的防止设备自转的措施。禁止采用电机冷却风扇叶轮制动转子。

8.6.2 有关值班人员应将停止转动机械的原因和隔离情况记人运行日志中。值班人员只有在接到检修工作负责人的正式通知并收回工作票，至现场检查工作人员确已离开有关设备后，才可以取下警告牌，恢复设备的使用，并记入运行日志内。

8.6.3 所有转动机械检修后的试运行操作，应由运行值班人员根据检修工作负责人的要求进行，检修工作人员不准自己进行试运行的操作。

8.6.4 转动机械检修完毕后，应恢复防护装置，否则不准起动。

8.6.5 吸风机、送风机、回转式空气预热器等检修后，在试运行前，检修工作负责人和运行值班人员必须检查燃烧室、烟道、空气预热器等处确已无人工作，方可试运行。

8.6.6 在转动机械试运行起动时所有人员应先远离，站在转动机械的轴向位置，并有一人站在事故按钮位置，以防止转动部分飞出伤人。

8.6.7 不应在电动机和热机转动设备连接的情况下试转电机的转向。

8.7 水压试验

8.7.1 在锅炉水压试验的升压过程中，应停止锅炉本体内外一切检修工作。工作负责人在升压前应检查炉内各部位不应有其他工作人员，如有，应通知他们暂时离开，然后才可开始升压。

8.7.2 省煤器或减温器单独进行水压试验时，如汽包内有人工作，在开始进水前工作负责人必须通知汽包内的工作人员离开。

8.7.3 水压试验进水时，管理空气门及给水门的人员不准擅自离开，以免水满烫伤其他人员。

8.7.4 禁止在带压运行下进行捻缝、焊接、紧螺丝等工作。如需不放水紧螺丝，应先将压力降到符合7.1.9的规定。

8.7.5 水压试验后泄压或放水，应检查放水总管处无人工作，方可进行。如检修人员进行操作，则应取得运行班长的同意。放水完毕后，应再通知运行班长。

8.7.6 锅炉进行1.25倍工作压力的超压试验时，在保持试验压力的时间内不准进行任何检查，应待压力降到工作压力后，方可进行检查。双色水位计不应进行超压试验，防止玻璃碎裂伤人。

8.8 安全门的校验

8.8.1 安全门校验工作应在水压试验后进行。

8.8.2 安全门校验时应保证运行操作人员与现场校验人员通讯畅通，并安排一人在现场统一指挥。

8.8.3 现场校验人员应作好噪音防护措施并保证安全通道的畅通，待检验的安全门附近严禁站人。

8.8.4 实际排汽试验前必须充分暖管，冬季校验前应确保室外疏水管、及消音器孔未堵塞。

8.8.5 安全门不启座时，禁止用敲打阀门的方法助力起跳。封闭式锅炉校验安全门时应打开窗户通风，防止蒸汽外泄烫伤。

9 环保设备运行与检修

9.1 基本规定

9.1.1 在脱硫塔内部进行检修工作前，应将与该脱硫塔相连的石灰石浆液进料管、石膏浆液排除管、事故浆液排出管、事故浆液进入管、出入口烟道的阀门或挡板门关严并上锁，挂上警告牌。电动阀门还应将电动机电源切断，并挂上警告牌。停止该脱硫塔的增压风机、浆液循环泵、氧化风机、烟气换热器(GGH)、脱硫塔搅拌器等设备的运行，并将各设备电源切断，并挂上警告牌。

9.1.2 在脱硫吸收塔内动火作业前，工作负责人应检查相应区域内的消防水系统、除雾器冲洗水系统在备用状态。除雾器冲洗水系统不备用时，严禁在吸收塔内进行动火作业。动火期间，作业区域、吸收塔底部各设置一名专职监护人。

9.1.3 工作人员进入各类除尘器、脱硝设施、脱硫设施检修工作前，必须将对应锅炉的吸风机、给粉机、排粉机、送风机、回转式空气预热器等的电源切断，并挂上禁止起动的警告牌。

9.1.4 不停锅炉运行进行袋式除尘器个别烟气室的检修时，必须将要检修的袋式除尘器烟气室对应的烟道进出口挡板门关闭，切断挡板门电源，并挂上警告牌。

9.1.5 进入电除尘器、袋式除尘器、脱硝反应器内检修时，先进行充分的通风降温，除尘器内的温度应在40 ℃以下，否则不准入内进行检修工作。若必须进入40 ℃以上的除尘器内进行短时间的工作时，应订出具体的安全措施并设专人监护，并经厂主管生产领导批准后进行。

9.1.6 工作人员进入脱硫系统增压风机、烟气换热器(GGH)、脱硫塔、烟道以前，应充分通风，不准进入空气不流通的烟道内部进行工作。

9.1.7 工作人员进入气力输灰系统储灰罐内检修工作前，必须将进入到该储灰罐的气力输灰仓泵停止运行或将干灰输送管道切换到其他储灰库，将输灰管道阀门关闭(电动门应将电源切断)，并挂上禁止开关的警告牌。

9.1.8 工作人员进入脱硝储氨罐内检修工作前，必须把氨罐内剩余氨气清除干净，将与该罐相连的管道阀门关闭，并挂上禁止开关的警告牌。

9.2 电除尘器运行与检修

9.2.1 在电除尘器运行时严禁打开人孔门，严禁对阴极系统进行检修。

9.2.2 进入电除尘器本体检修前，必须停止锅炉吸送风机运行，微开吸送风机出入口挡板。当本体内温度降至40 ℃以下时，方可进入本体工作。如因工作需要，本体内温度在40 ℃～50 ℃时，应根据自身身体情况轮流工作和休息。超过50 ℃时，严禁进入本体内工作。进入本体工作时，应由专人负责进出本体人员的管理登记工作，每次进出本体由本人签名。

9.2.3 进入本体工作人员应穿连身工作服，带防尘口罩。

9.2.4 进入本体检修人员随身携带的移动照明必须为36V以下。

9.2.5 工作人员进入电除尘器本体内部进行检修工作前，检修工作负责人必须检查除尘器阴极与接地网的接地线连接可靠，并用接地棒将阴极对地放电。检查阳极板、阴极线及灰斗积灰确已清理干净，方可允许工作人员进行检修工作(如阳极板、阴极线及灰斗积灰不能清理干净，应采取防尘、防跌入灰斗的措施，方可进入本体内部施工)。灰斗料位计采用放射性核料位计的要可靠进行隔绝，防止对检修人员产生伤害。

9.2.6 在电除尘器本体内部工作需要开动吸风机时，必须先通知内部工作人员撤离本体，待吸风机停止及出入口挡板微开，本体内部灰尘减少，温度下降后再进入。

9.2.7 在本体内部检修阳极板和阴极线时，必须带好工具袋，禁止将焊条头、螺栓、螺母及其他杂物掉入灰斗或搭接在阴极框架上，工作点下面严禁站人。

9.2.8 检修整流变压器及高压隔离开关时，必须停止整流变压器运行，并做好高压设备接地措施后方可进行。多台整流变压器共处一室时，应停止该室所有整流变压器运行，并做好高压设备接地措施。

9.2.9 电除尘检修结束试运振打、进行空载升压试验前，检修负责人必须对本体内部详细检查一次，确认检修人员全部离开除尘器内部，人孔门全部关闭螺栓拧紧后，可进行升压试验。

9.2.10 电除尘运行中检修或更换整流变压器出口阻尼电阻时，应将高压隔离开关打到接地位置，并通过临时接地线可靠接地。若阻尼电阻位于电场侧，还应将两侧电场停运，做好接地措施。

9.3 气力输灰系统运行与检修

9.3.1 电动锁气器(卸灰机)运行中，严禁将手伸进锁气器内部检查叶轮转动情况，或在运行中将手伸入电动锁气器内清除杂物。

9.3.2 仓泵在运行中，严禁拆卸与仓泵连接的管道、阀门和手孔，严禁对法兰密封进行更换检修。

9.3.3 仓泵在运行中严禁打开人孔门，防止干灰喷出伤人。

9.3.4 储灰库在运行中严禁打开人孔门，防止烟尘飞扬和人员跌落灰库。

9.3.5 输灰管道在运行中，严禁对漏灰处进行补漏，防止干灰喷出伤人。

9.3.6 进行仓泵检修时必须将进料阀、出料阀、进气阀关闭，并挂“禁止操作”警示牌。必须将排气阀打开，并挂“禁止操作”警示牌。

9.3.7 进入仓泵内检修前，应将灰全部输送干净。如不能将灰全部输送干净，应做好清灰准备工作，防止发生扬尘。

9.3.8 在进行电动锁气器检修时，应将灰斗灰卸净或将灰斗下部插板门关闭。

9.3.9 在进入灰库检修时，必须将灰库气化风机停止运行，切断电源，并挂“禁止启动”警示牌。或将进入灰库风管道阀门关闭，并挂“禁止操作”警示牌。

9.3.10 在进行灰库检修时，严禁在灰库内有积灰情况下进入灰库内作业。在无法清除积灰时，必须做好防尘、防人员跌入灰库的措施，在有专人负责监护情况下，方可进入灰库内检修作业。

9.3.11 灰库检修结束后，应清点人员及工具，严禁将杂物遗留在灰库内。

9.3.12 在对灰库卸灰装置进行检修时，必须将卸灰装置电源关闭，并挂“禁止操作”警示牌。

9.3.13 灰库检修时，必须在人孔门周围设好护栏，并挂警示牌，防止人员跌落。

9.3.14 严禁在仓泵泵体、压缩空气储气罐随意开孔，严禁在泵体上随意焊接部件。如需开孔或进行焊接工作必须经主管生产领导批准。

9.3.15 仓泵检修结束后，必须将仓泵内杂物清理干净，经检修负责人检查后关闭人孔门。

9.3.16 严禁用大锤敲击仓泵泵体。

9.4 袋式除尘器运行与检修

9.4.1 袋式除尘器运行中，严禁将运行室人孔门打开。

9.4.2 在不停止吸风机运行情况下，对袋式除尘器某个室进行检修，必须将与该室相连的进出口烟道挡板门全部关闭，并切断电动执行器电源，挂禁止操作警示牌。在进入除尘器前，必须做好良好通风，当温度低于 40 ℃时，方可进入除尘器净气室内作业。

9.4.3 进行袋式除尘器入口烟道、气流均布板、烟气室检修时，必须做好防止火花进入除尘器滤袋区域的措施。

9.4.4 在进入袋式除尘器净气室内检修作业时，严禁带入火种。确需动火时应办理动火工作票，做好防止着火的措施。

9.4.5 袋式除尘器检修结束后，工作负责人必须对人员、工具进行清点，防止工器具落入滤袋中。严禁用水冲洗滤网。

9.5 锅炉烟气脱硫系统运行与检修

9.5.1 脱硫系统运行时，严禁关闭与该套脱硫系统相连的出、入口烟道挡板门；严禁停止脱硫塔系统上全部浆液循环泵的运行；严禁停止烟气换热器的运行。

9.5.2 石灰石制浆系统斗提机运行时，严禁打开手孔进行检查。

9.5.3 石灰石卸料机在运行时，严禁打开手孔，伸手检查卸料机内部叶轮。

9.5.4 所有检修人员进入烟气系统(包括原烟气烟道，净烟气烟道、脱硫塔、烟气换热器、增压风机等)作业时，必须经过充分的通风换气、排水后，方可进入。进入该系统作业的人员必须登记，外部必须留有人员进行联系、监护。

9.5.5 在脱硫烟道内部作业必须使用 12 V 的防爆照明灯具。

9.5.6 在进入原烟气烟道，净烟气烟道、脱硫塔、烟气换热器(GGH)、增压风机内作业时，检修负责人应对带入的工具进行登记,检修结束后将工具及杂物全部带出容器。

9.5.7 所有衬胶、涂磷的防腐设备上(如:脱硫塔、球磨机、衬胶泵、烟道、箱罐、管道等),不应做任何焊接工作,如因设备系统必须进行焊接作业,应严格执行动火工作程序。焊接作业结束后,应对焊接及其影响部位重新进行防腐处理。

9.5.8 进行脱硫塔检修时,必须先将脱硫塔内浆液全部排除,否则严禁进入脱硫塔内作业。

9.5.9 进行脱硫塔除雾器和喷淋系统检修时,严禁动火。

9.5.10 严禁在除雾器上站人或堆放物料。

9.5.11 进行斗提机检修前,应停止进料,斗提空转 2 周后,检修人员方可打开人孔门进行检修。斗提机检修时应做好防止上部落物的措施。

9.5.12 进行石灰石破碎机检修时,严禁向破碎机入口卸石灰石。

9.5.13 进行具有放射性的密度计检修、维护时必须由取得相关资证人员进行,严禁非专业人员擅自检查。

9.5.14 在脱硫烟气系统检修结束后,检修负责人必须清点检修人员,确认全部从容器内出来后,方可关闭人孔门。

9.5.15 石灰石浆液和石膏排出系统停止运行时,必须严格执行顺控程序操作,每次必须对系统内部进行充分的水冲洗,以免积浆造成设备、管道系统的堵塞。

9.5.16 冬季在寒冷地区,停止脱硫系统运行后,必须将管道内冲洗水及时排放干净,以免将管道冻坏、塌落。

9.6 水力除渣系统运行与检修

9.6.1 严禁在脱水仓运行时(未进行析水前)打开排渣门。

9.6.2 严禁在浓缩机内动火作业(内有玻璃钢斜管组件时)。如需要动火,应做好防止点燃玻璃钢斜管组件的措施。

9.6.3 严禁在浓缩机玻璃钢斜管组件上踩踏,如需在其上作业时,应做好防止塌落的措施。

9.6.4 冬季天气寒冷地区,停止浓缩机、脱水仓运行后,必须将水全部排净,防止冻结、塌落。

9.6.5 停止输渣管道、输浆管道运行后,必须用清水冲洗管道,防止渣浆堵塞管道。冬季要及时将管道内冲洗水放净,防止冻结、塌落。

9.7 液氨法烟气脱硝系统运行与检修

9.7.1 运送液氨和氨水的汽车槽车到达现场后,必须服从站台卸车人员的指挥,汽车押运员只负责车上软管的连接,不准操作卸车站台的设备、阀门和其他部件,罐区卸车人员负责管道的连接和阀门的开关操作。

9.7.2 汽车罐车装卸料时,应按指定位置停车,发动机熄火,并采取有效制动措施;接好接地线;装卸过程中严禁启动车辆。

9.7.3 卸料导管应支撑固定,卸料导管与阀门的连接应牢固,阀门应逐渐开启。如有泄漏应及时消除。

9.7.4 卸车时应保留罐内有 0.05 MPa 以上余压,但最高不得超过当时环境温度下介质的饱和压力。

9.7.5 液氨卸料时,应排尽管内残余气体,严禁用空气压料和用有可能引起罐体内温度迅速升高的方法进行卸料。液氨罐车可用不高于 45 ℃温水加热升温或用不大于设计压力的干燥的惰性气体压送。

9.7.6 液氨卸料时,押运员、罐区卸车人员不得擅自离开操作岗位,驾驶员必须离开驾驶室。

9.7.7 液氨卸料速度不应太快,且要有静电导除设施。

9.7.8 当贮罐液位达到安全高度以后,禁止往贮罐强行卸料。

9.7.9 槽车内的物料必须卸净,然后关闭阀门,收好卸料导管和支撑架。

9.7.10 罐车卸料完毕后,关闭紧急切断阀,并将气液相阀门加上盲板,收好卸料导管和支撑架。

9.7.11 卸车结束后，押运员应将罐车所有配件及卸车记录随车返回。

9.7.12 卸料的设备管线应定期进行检查，装卸管线应选用相应压力等级的材料，并可靠连接。

9.7.13 卸料场所应符合有关防火、防爆规定的要求，并配备一定量的防毒面具等防护器材。

9.7.14 出现雷雨天气，附近有明火、易燃、有毒介质泄漏及其他不安全因素时，禁止装卸料作业。

9.7.15 罐车不得兼作贮罐使用，也不得从罐车直接灌瓶或其他容器。

9.7.16 严禁在生产装置区、卸车站台清洗和处理剩余危险物料作业，也不应随意用装置区内的消防水、生产用水冲洗车辆。

9.7.17 卸料完毕后、槽车应立即离开卸车站台。

9.7.18 液位计爆裂时，应带好防毒面具、胶皮手套，打开水喷头，迅速关闭液位计的上下阀，根据实际情况进行倒罐操作。

9.7.19 液位计失灵时，关闭气相阀门，从液位计底部排放污物，或关闭液相阀门，用气相压力从液位计底部排放阀排出污物。

9.7.20 温度过高，可以打开液氨储罐的喷淋系统，对液氨储罐进行喷淋降温。

9.7.21 液氨管线突然发生爆炸或发生大量氨气泄漏时，抢修人员应戴好防毒面具，判别事故部位，切断液氨、气氨来源。及时打开水喷淋系统，喷水吸收泄漏的氨气。及时报告值班长，并与相关岗位联系。

9.7.22 运行人员必须经常注意检查各储罐的压力计、液面计、温度计等仪表是否处于正常状态，如有异常及时消除。

9.7.23 所有岗位的操作人员必须通过考核，持证上岗，严禁无证人员上岗操作。

9.7.24 从事氨区运行操作工作和检修工作人员，必须按相关规定着装，上岗时必须携带有关防护用品，并定期检查各个岗位的劳动保护用品，保证在岗劳动保护用品始终处于良好状态。

9.7.25 储氨罐、以氨为介质的设备、氨输送管道及阀门等动火检修时，必须使用动火工作票。在检修前必须做好可靠的隔绝措施，并对设备管道等用惰性气体进行充分的置换，经检测合格后方可动火检修。

9.7.26 在出现氨泄漏时严禁使用钢质、铁质工具进行操作，以防出现火花导致爆炸。

9.7.27 严禁在存储氨的管道、容器外壁进行焊接、气割作业。

9.8 尿素法脱硝系统运行与检修

9.8.1 尿素输送斗提机内应保持清洁，禁止落入杂物，在运行中严禁检修斗提机。

9.8.2 进入尿素储仓内检修前，必须将尿素全部清空，并充分通风后，方可进入内部工作。储仓内存有尿素时不准在仓内、外壁上动火作业。

9.8.3 进入尿素溶解罐内前，必须将罐内浆液全部排空，充分通风并测试罐内氨气残存量符合要求后，方可进入。

9.8.4 进入热解炉内工作参照8.1.2规定执行。

9.8.5 对尿素输送管道动火检修时，必须做好防止管道内残余氨气爆炸的措施。

9.8.6 在热解炉制备氨气过程中严禁停止稀释风的供给。

9.8.7 在热解炉供油系统工作时参照6.4.4、6.4.5、6.4.7规定执行。

10 汽(水)轮机的运行与检修

10.1 基本规定

10.1.1 汽轮机在开始检修之前，应用阀门与蒸汽母管、供热管道、抽汽系统等隔断，阀门应上锁并挂上“禁止操作，有人工作”警告牌。还应将电动阀门的电源切断，并挂“禁止合闸，有人工作”警告牌。疏水系统应可靠地隔绝。对汽控阀门，也应隔绝其控制装置的气源，并在进汽汽源门上挂“禁止操作，有人工作”警告牌。检修工作负责人应检查汽轮机前蒸汽管确无压力后，方可允许工作人员进行工作。

10.1.2 汽轮机各疏水出口处，应有必要的保护遮盖装置，防止放疏水时烫伤人。

10.1.3 必须经过有关主管领导批准并得到值长的同意后，才可以在运行中的汽轮机上进行下列调整和检修工作：

a) 在汽轮机的调速系统或油系统上进行调整工作(例如调整油压、校正调速系统连杆长度等)时，应尽可能在空负荷状态下进行。

b) 在内部有压力的状况下紧阀门的盘根或在水、油或蒸汽管道上装卡子以消除轻微的泄漏。以上工作应由检修单位指定的熟练人员担任，并在工作负责人指导下进行。

10.1.4 如需对运行中的汽轮机的承压部件进行焊接、捻缝、紧螺丝等工作，必须遵守7.1.9规定。

10.1.5 禁止在起重机吊着的重物下边停留或通过。

10.1.6 在尾水不排水情况下检修工作密封、水导轴承或其他部件时，应可靠投入检修密封围带，并确保顶盖处排水设施运行正常。

10.2 汽轮机的检修

10.2.1 揭开汽轮机汽缸大盖时，必须遵守下列要求：

a) 必须在一个负责人的指挥下进行吊大盖的工作；

b) 使用专用的揭盖起重工具，起吊前应按照16.2.18的要求进行检查；

c) 检查大盖的起吊是否均衡时，以及在整个起吊时间内，严禁工作人员将头部或手伸入汽缸法兰接合面之间。

10.2.2 大修中需将汽轮机的汽缸盖翻身时，应由检修工作负责人或其指定的人员(必须是熟悉该项起重工作的)指挥，复原时也是一样。严禁工作人员在汽缸盖的下方进行工作。进行翻汽缸盖的工作时应注意下列各项：

a) 场地应足够宽大，以防碰坏设备；

b) 选择适当的钢丝绳和专用夹具，应能承受翻转时可能受到的动负载；

c) 在整个翻大盖的过程中应使用正确的钢丝绳结绳方法，以防发生滑脱、弯折或与尖锐的边缘发生摩擦，并能保持汽缸的重心平稳地转动，不致在翻转时发生撞击；

d) 汽缸离开支架时，应立即检查所有吊具，确认无问题才能继续起吊。吊起高度以保证小钩松开后不碰地即可；

e) 指挥人员和其他协助的人员应注意站立的位置，防止在大盖翻转时被打伤。

10.2.3 使用加热棒拆装汽缸螺丝时，应先测绝缘。现场电线应放置整齐。工作人员离开现场应切断电源。使用时应特别注意，电加热器只有在插入螺栓孔后才应接通电源，严禁将带电的加热杆从一个螺栓孔移至另一个螺栓孔中，在使用时严禁敲击、碰撞，以免折断碰坏，使用后每支加热器应旋入配电工具箱内固定座中，妥善保管。

10.2.4 拆装轴承工作必须遵守下列规定：

a) 揭开和盖上轴承盖应使用环首螺栓，将丝扣牢固地全部旋进轴瓦盖的丝孔内，以便安全地起吊；

b) 为了校正转子中心而需转动轴瓦或加装垫片时，必须把所转动的轴瓦固定后再进行工作，以防人手被打伤；

c) 在轴瓦就位时严禁用手拿轴瓦的边缘，以免在轴瓦下滑时使手受伤；

d) 用吊车直接对装在汽缸盖内的转子进行微吊工作，应检查吊车的制动装置动作可靠。微吊时钢丝绳应垂直，操作应缓慢，装千分表监视，并应派有经验的人员进行指挥和操作。

10.2.5 装卸汽机转子，必须使用专用的直型或弓型铁梁和专用的钢丝绳，并必须仔细检查钢丝绳的绑法是否合适，然后将转子调整平衡。起吊时严禁人站在转子上使起吊平衡。

10.2.6　如果需要在吊起的隔板、隔板套、轴承盖、汽封套、轴瓦以及汽缸盖下面进行清理结合面、涂抹涂料等工作时，必须使用专用撑架，由检修工作负责人检查合格后方可进行。

10.2.7　检修中如需转动转子时，必须遵守下列规定：

a）必须在一个负责人的指挥下，进行转动工作，转动前必须先通知附近的人员；

b）如用吊车转动转子时，严禁站立在拉紧的钢丝绳的对面；

c）如需站在汽缸水平接合面用手转动转子，严禁戴线手套，鞋底必须擦干净。开始转动前，应先站稳，脚趾不准伸出汽缸接合面。

10.2.8　盖上汽缸盖前，必须事先检查确实无人、工具和其他物件留在汽缸或凝汽器内，汽缸内各抽汽口、疏水孔堵塞的物品确认全部取出，方允许盖上。

10.2.9　校转子动平衡时，必须遵守下列规定：

a）必须在一个负责人的指挥下进行校验工作；

b）校动平衡工作场所周围须用绳子或栅栏围好，严禁无关人员入内；

c）用电动机和皮带拖动转子时，应有防止皮带断裂时打伤人的措施。皮带脱落后，必须待转子完全停止转动，才可重新装上皮带；

d）试加重量必须装置牢固，防止松脱或飞脱打伤工作人员；

e）校验工作中，当发现异常情况时，应立即切断电动机的开关；

f）进行高速校转子动平衡工作中，在拆装重量块时，必须隔断汽源，关闭自动主汽门或电动主汽门，切断电源，并挂"禁止操作，有人工作"警告牌。盘车装置应在脱开位置，并切断电源。并挂"禁止合闸，有人工作"警告牌。在拆装平衡块时，应有防止拆卸工具和平衡块掉下来或掉入设备内的措施。

10.2.10　拆卸自动主汽门、调速汽门及离心式调速器时，应根据其构造使用专用工具（如长丝扣螺栓等），均衡地放松弹簧，以防弹簧弹出伤人。严禁将手插入阀门与阀座之间。

10.2.11　在清理端部轴封、隔板轴封或其他带有尖锐边缘的零件时，应戴手套。

10.2.12　在下汽缸中工作时，凝汽器喉部的孔和抽汽孔应用木板盖上。

10.2.13　用高温给水或蒸汽冲洗冷油器时，应戴手套、面罩、围裙并着长靴，裤脚套在靴外面。

10.2.14　在对抗燃油系统进行检修时，应注意通风，着合适的防护衣和手套，不应使抗燃油接触到皮肤和眼睛，严禁吸入到人体内，工作后应彻底洗手和洗脸，确保安全。

10.2.15　给水泵在解体拆卸螺丝前，工作负责人必须先检查进出口阀门确已关严，然后将泵体放水门打开，放尽存水，防止拆卸螺丝后有压力水喷出伤人。

10.3　凝汽器的清洗

10.3.1　打开凝汽器门前，应由工作负责人检查循环水进出水门已关闭，同胶球清洗系统隔绝，挂上"禁止操作，有人工作"警告牌，并放尽凝汽器内存水。如为电动阀门，还应将电动机的电源切断。并挂上"禁止合闸，有人工作"警示牌。

10.3.2　进入凝汽器内工作时，应使用12 V行灯。

10.3.3　当工作人员在凝汽器内工作时，应有专人在外面监护，防止别人误关人孔门，并在发生意外时进行急救。凝汽器循环水进水口应加装临时堵板，以防人、物落入。

10.3.4　清扫完毕后，工作负责人应清点人员和工具，查明确实无人和工具留在凝汽器内，方可关闭人孔门，然后报告值长。办理工作票终结手续。

10.4　热交换器的检修维护

10.4.1　在检修以前，为了避免蒸汽或热水进入热交换器内，应将热交换器和联接的管道、设备、疏水管和旁路管等可靠地隔断，所有被隔断的阀门应上锁，并挂上"禁止操作，有人工作"警告牌。检修工作负责人和运行人员应共同检查上述措施符合要求后,方可开始工作。

10.4.2 检修前必须把热交换器内的蒸汽和水放掉,打开疏水门和放空气门,确认无误后方可工作。在松开法兰螺丝时应当特别小心,避免正对法兰站立,以防有残存的水汽冲出伤人。

10.4.3 长期检修时和在阀门不严密的情况下,应对被检修的设备加上带有尾巴的堵板,堵板的厚度应符合设备的工作参数。

10.4.4 检修结束后,检修工作负责人必须检查,确定所有工作已经完毕,堵板已拆除,工作现场已清理干净,所有工作人员已离开检修场所,才可通知运行人员恢复设备的使用。

10.5 在井下和沟内的工作

10.5.1 没有得到运行班长(值长或机组长)许可时,严禁进入电缆沟、疏水沟、下水道和井下等处工作。在开始工作以前,工作负责人必须检查这些地点是否安全,通风是否良好,并检查有无可燃气存在(应用小动物、仪器或矿灯检查,不准用明火检查)。当发生危险时,应防止不当施救。

10.5.2 进入下水道、疏水沟和井下进行检修工作前,必须采取措施,防止蒸汽或水在检修期间流入工作地点。有关的汽水门应关严、上锁并挂"禁止操作,有人工作"警告牌。

10.5.3 沟道或井下的温度超过 50 ℃时,不应进行工作,温度在 40 ℃~50 ℃时,应根据身体条件轮流工作和休息。若有必要在 50 ℃以上进行短时间的工作时,应订出具体的安全措施并经厂主管生产的领导批准。

10.5.4 在沟道或井下进行工作时,必须在周围设置遮栏和警示标志。工作现场不应少于 2 人,地面上应有一人担任监护。进入沟道或井下的工作人员应戴安全帽,使用安全带,安全带的绳子应绑在地面牢固物体上,由监护人进行监视。如果工作人员需要撤离,沟道、井坑、孔洞的盖板和安全设施必须恢复,或在其周围设置临时围栏并装设照明等显著标志。

10.5.5 工作完毕后工作负责人应清点人员和工具,查明确实无人或工具留在井下或沟内后,将盖板或其他防护装置装复,并通知运行人员工作已经完毕。

10.6 喷水池、冷水塔及空冷塔的维护

10.6.1 进入喷水池或冷水塔的储水池内及空冷塔工作不得少于 2 人,其中一人担任监护。在池内水中工作须使用安全带,戴救生圈或穿救生衣。

10.6.2 在运行中的水池内工作时,严禁靠近循环水泵的进水管口。严禁进入运行中的水沟内工作。

10.6.3 检修喷水池的喷嘴应站在木船或木排上进行,禁止在配水管上行走。

10.6.4 在水沟、水井、进水滤网及冷水塔水池周围等地点,应装设防止工作人员落入水中的栏杆、盖板等防护装置以及必要的照明。喷水池四周的池壁应高出地面至少 200 mm,旁边应有便道。

10.6.5 水池的隔墙应足够坚固,当一侧放水后,隔墙应能承受另一侧池水的静压力。放水检修水池或清除淤泥时,工作人员应避免站在隔墙下边,防止隔墙倒塌受伤。

10.6.6 进入水塔内部工作时,应注意塔筒内壁没有厚积的青苔等杂物落下。塔内走道及栏杆应保持完整,水塔中央竖井井口必须有栏杆和盖板。进入机力通风塔内工作时,应先切断风机电源,挂上"禁止合闸,有人工作"警告牌,并将风机叶轮制动;如机力通风塔运行时,则应将通向风机的门关闭上锁。

10.6.7 冬季清除水塔进风口和水池的积冰时,至少应有 2 人进行工作,应有充分的照明和防止滑跌摔倒的措施。

10.6.8 检修冷水塔及间接空冷塔筒身时,地面四周应作好围栏,防止碎块落下伤人。

10.6.9 检修冷水塔及间接空冷塔筒壁时,应遵守本部分第 15 章高处作业的有关规定。工作人员必须站在脚手架或可靠的吊篮上进行筒壁的检修工作,严禁站在梯子上修理筒壁。工作人员应使用安全带,戴安全帽。

10.6.10 使用吊台必须有可靠的升降联系制度和操作方法。每次开始工作前应对卷扬机、钢丝绳和滑

车详细进行检查。卷扬机应设专人操作。

10.6.11 严禁在循环水进水口附近区域内、喷水池或冷水塔的水池内游泳。

10.6.12 进水口的旋转滤网两侧应装防护罩。如需进入防护罩里进行人工清理时，必须使滤网停止运行，切断电源，挂上“禁止合闸，有人工作”警告牌，至少应有2人进行工作。如有坠落危险时，应使用安全带。

10.6.13 空冷塔内通道、栏杆、盖板应保持完好，区域内照明应正常。

10.6.14 在空冷塔内工作时，应做好防止人员烫伤、高空坠落的安全措施，进行风机、减速箱等转动设备和电气设备检修时，必须切断电源，挂上“禁止合闸，有人工作”警告牌，严禁踩踏在叶片和散热片上工作。

10.6.15 空冷塔内消防设施应齐全，在空冷塔内明火作业必须办理动火工作票。

10.7 水轮机的检修

10.7.1 进入水轮机内工作时，应采取下列措施：

a) 关闭进水闸门，排除疏水钢管内积水，并保持钢管排水阀和蜗壳排水阀全开启，做好彻底隔离水源措施，防止突然来水；
b) 关闭尾水门，做好堵漏工作；
c) 开启钢管排水阀和尾水管排水阀；
d) 切断本体的技术供水主、备用水源；
e) 切断机组与系统的电气连接；
f) 尾水管水位应保证在工作点以下；
g) 做好防止导水叶转动的措施；
h) 切断水导轴承润滑水源和调相充气气源。

10.7.2 在尾水管内搭设脚手架或平台时，导水叶与转轮间的绳索只能作为临时过渡，其重量最终不得由导水叶与转轮承受。脚手架或平台搭设完毕后，绳索必须拆除。

10.7.3 机组在检修期间，如需进行盘车或操作导水叶时，检修工作负责人应先检查蜗壳、导水叶、转轮室和水机室、发电机空气间隙等相关静止、转动结合部无妨碍转动的物件遗留。与检修工作无关人员应全部撤离。同时应做好在转动期间防止有人进入的措施和警示标志。

10.7.4 在导水叶区域内或调速环拐臂处工作时，必须切断油压，应在调速器的操作把手和供油阀门上悬挂“有人工作，禁止操作”的警示牌。做好防止拐臂动作的措施。

10.7.5 在水涡轮内进行电焊、气割或铲磨时，应做好通风和防火措施，并备有必要的消防器材。

10.7.6 进入进水口钢管、蜗壳、转轮室和尾水管等危险部位工作时，应有两人以上，做好防滑、防坠落的措施，必要时应使用安全带，有足够照明并备带手电。

10.7.7 在封闭压力钢管、蜗壳、尾水管人孔前，检修工作负责人应先检查里面确无人员和物件遗留在内。在封闭蜗壳人孔时还需再进行一次检查后，立即封闭。

10.7.8 调速系统调试动作时，各活动部位(活动导叶之间、控制环、双联臂、拐臂等处)严禁有人工作或穿行。严禁将头、手脚伸入转动部件活动区域内。水轮机室和蜗壳内应有足够的照明，入口处应挂禁止标志，并有专人监护。

10.7.9 调速系统在接力器和导叶联调动作时，在水轮机室和蜗壳内应有专人监护，并保证通讯畅通；各活动部位(活动导叶之间、控制环、双联臂、拐臂等处)严禁有人工作或穿行，严禁将头、手脚伸入活动导叶间，并保证水轮机室和蜗壳内应有足够的照明。

10.7.10 水轮机转轮吊装时，应有专人负责统一指挥。转轮未落到安装位置时，除指挥者外，严禁其他人员在转轮上任意走动或工作。

10.7.11 在转轮室进行检修工作时，转轮室下方应有盖板或坚固支架，转轮室上方应做好防护措施，防止落物。

11 管道、容器的检修

11.1 汽、水管道的检修

11.1.1 不停机进行汽、水管道的检修工作，必须经有关生产领导批准和运行人员的许可（工作票和动火票），并应在检修工作负责人的领导下进行。工作人员应熟悉管道系统的连接方式及各阀门和配件的用途和检修方法。

11.1.2 在许可开始检修前，运行值班人员必须作好一切必要的切换工作，保证检修的一段管道可靠地与其他部分隔断，放掉内部的汽、水、油或可燃气。各有关阀门应上锁，并挂警告牌，对电动阀门还应切断电源，并将这些操作以及发出许可工作的通知，详细地记录在值班日志中。

11.1.3 开始工作前，检修工作负责人必须会同值班人员共同检查，确定需要检修的管道已可靠地与运行中的管道隔断，没有汽、水、油或可燃气流入的可能。

11.1.4 在汽、水管道上进行长时间的检修工作时，检修管段应用带尾巴的堵板与运行中的管段隔断，或将它们之间的两个串联严密不漏的阀门关严，两个串联阀门之间的疏水门或放水门应打开。关闭的阀门和打开的疏水门或放水门应做好防止误操作的措施并挂警告牌。

11.1.5 管道检修工作前，检修管段的疏水门必须打开，以防止阀门不严密时漏泄的水或蒸汽积聚在检修的管道内。拧松管道或阀门的法兰盘螺丝时，应先将法兰盘上离身体远的一半螺丝松开，再略松近靠身体一侧的螺丝，使存留的汽、水从对面缝隙排出，以防尚未放尽的汽、水烫伤工作人员。附近如有电器设备，应加以遮挡以防汽、水喷到上面。如果管道上没有疏水门，则应在检修工作负责人的监护下由熟练技工进行松螺丝工作。如果检修的管段上没有法兰盘而需要用气割或电焊等方法进行检修时，应开启该管段上的疏水门，必要时应小心地慢慢松开疏水门上的法兰，证实内部确无压力或存水后，方可进行气割或焊接工作。

11.1.6 检修工作完毕后，检修工作负责人应会同运行值班人员检查工作确已完结，加装的堵板已经拆除，管道已恢复常态，工作场所已经清理完毕，所有检修人员已经离开，然后才可取下警告牌和锁链。拆除堵板时，必须先将堵板的另一侧积存的汽、水放尽。

11.1.7 不准在有压力的管道上进行任何检修工作。特殊情况下在运行中的管道、阀门上紧固阀门盘根和在管道上打卡子以消除轻微的漏泄等工作，必须经主管生产领导批准并取得值长同意，并由主管领导指定熟练的人员，在工作负责人的指导和监护下进行。在工作中应注意操作方法的正确性（如螺丝不要紧得过度，紧度要均匀，注意操作位置，防止汽、水烫伤等）。

在特殊情况下需要在有压力的管道上进行检修工作时，应按照 7.1.9 的规定执行。

11.1.8 安装管道法兰和阀门的螺丝时，应用撬棒校正螺丝孔，不准用手指伸入螺丝孔内触摸，以防轧伤手指。

11.2 地下管道

11.2.1 在地下维护室内对设备进行操作、巡视、维护或检修工作，不应少于 2 人。

11.2.2 开闭地下维护室的人孔盖，必须使用适当的工具，不准用手直接开闭。

11.2.3 打开地下维护室的人孔进行工作时，必须在打开人孔周围设置遮栏和警示标志，夜间还应在遮栏上悬挂红灯。

11.2.4 在人孔盖下面应装有上下用的脚蹬（间距 30 cm～40 cm）或固定的铁梯。

11.2.5 进入有水的地下维护室及沟道内进行操作或检修，工作人员应穿橡胶靴。

11.2.6 在地下维护室和沟道内工作，禁止使用明火照明，可用 12 V～36 V 的行灯。在有有害气体的地下维护室及沟道内工作，应使用携带式的防爆电灯或矿工用的蓄电池灯。

11.2.7 地下维护室及沟道内应保持清洁，出入口不准堆积任何物品。

11.2.8 在地下维护室和沟道内使用汽油机或柴油机时，应将汽油机或柴油机的排气管接到外面，并有良好通风，否则不准使用。

11.2.9 进入有有害气体或温度高的地下维护室之前，应至少打开维护室的2个人孔，并在每个人孔上面放置通风筒或导风板，其中一个正对来风方向，另一个正对去风方向，以加强通风。

11.2.10 在地下维护室内进行工作前，工作负责人必须检查室内有无有害气体，检查的方法可用仪器测量，也可使用绳子吊下专用的矿灯或小动物作试验，但禁止用燃烧着的火柴或火绳等投进地下维护室内来检查，以防止发生爆炸。在有有害气体的维护室内严禁吸烟。

11.2.11 有关领导及工作人员应掌握地下维护室经常发生有害气体的部位，并在图表资料上注明。在检修开始前，应采取相关的措施。

11.2.12 在可能发生有害气体的地下维护室或沟道内进行工作的人员，除必须戴防毒面具外，还必须使用安全带，安全带绳子的一端应紧握在上面监护人手中。如果监护人必须进入维护室作救护，应先戴上防毒面具和系上安全带，防止不当施救。并应另有其他人员在上面作监护。预防一氧化碳及煤气中毒，应戴上有氧气囊（罐）的防毒面具。

11.2.13 在聚集含量不超标的有害气体的地下维护室内工作，工作人员应轮班倒换工作。

11.2.14 地下维护室和沟道内的温度超过50 ℃时，不准进入工作。在40 ℃～50 ℃温度内工作，也应适当地轮换工作和休息。

11.3 容器内的工作

11.3.1 进入容器、槽箱内部进行检查、清洗和检修工作，应加强通风。严禁向内部输送氧气。

11.3.2 若容器或槽箱内存在有害气体或存在有可能发生有害气体的残留物质，应先进行通风，把有害气体或可能发生有害气体的物质清除后，再进行有害气体、含氧量的测量。氧气浓度应保持在19.5%～21%内，工作人员方可进内工作。工作人员应轮换工作和休息。

11.3.3 在密闭容器内使用氩、二氧化碳或氦气进行焊接作业时，必须在作业过程中通风换气，使氧气浓度保持在19.5%～21%内，作业人员使用正压式呼吸器。在容器、水池内环境中作业，禁止使用过滤式防毒面具。

11.3.4 采用气体充压对箱、罐等容器、设备找漏时，应使用压缩空气。压缩空气经可靠的减压控制阀门控制在措施规定的压力下方可进行充压。对装过易燃介质的在用容器，充压前必须进行彻底清洗和置换。禁止使用各类气体的气瓶进行充压找漏。

11.3.5 在盛过易燃物品的容器内部或外部进行焊接工作，应按照14.1.7的规定进行。

11.3.6 凡在容器、槽箱内进行工作的人员，应根据具体工作性质，事先学习必须注意的事项（如使用电气工具应注意事项，气体中毒、窒息急救法等），工作人员不得少于2人，其中一人在外面监护。在可能发生有害气体的情况下，工作人员不得少于3人，其中2人在外面监护。监护人应站在能看到或听到容器内工作人员的地方，以便随时进行监护。监护人不准同时担任其他工作。发生问题应防止不当施救。

11.3.7 在容器、槽箱内工作，如需站在梯子上工作时，工作人员应使用安全带，安全带的一端拴在外面牢固的地方。

11.3.8 在容器内衬胶、涂漆、刷环氧玻璃钢时，应打开人孔门及管道阀门，并进行强力通风。工作场所应备有泡沫灭火器和干砂等消防工具，严禁明火。对这项工作有过敏性的人员不准参加。

11.3.9 在关闭容器、槽箱的人孔门以前，工作负责人必须清点人员和工具，检查确实没有人员或工具、材料等遗留在内，才可关闭。

12 化学工作

12.1 基本规定

12.1.1 化验人员应穿耐酸、碱腐蚀工作服。必要时应穿橡胶围裙和橡胶靴。化验室应有自来水，通风设备,消防器材,急救箱,急救酸、碱伤害时中和用的溶液以及毛巾、肥皂等物品。

12.1.2 严禁将化学药品放在饮食器具内,不应将食品和食具放在化验室内。工作人员饭前和工作后应洗手。

12.1.3 严禁用口尝和正对瓶口用鼻嗅的方法鉴别性质不明的药品,应用手在容器上方轻轻扇动,在稍远的地方嗅发散出来的气味。

12.1.4 化验人员应熟知化学药品的化学物理特性,应用滴管或移液管吸取,严禁用口含玻璃管吸取酸碱性、毒性及有挥发性或刺激性的液体。

12.1.5 试管加热时不应将试管口朝向自己或别人,刚加热过的玻璃仪器不应接触皮肤及冷水。

12.1.6 禁止使用破碎的或不完整的玻璃器皿。

12.1.7 装有药品的瓶子上应贴上明显的标签,并分类存放。严禁使用没有标签的药品。

12.1.8 氧化剂和还原剂以及其他容易互相起反应的化学药品如储放在相邻近的地方,应采取可靠的物理隔离。

12.1.9 凡有毒性、易燃、致癌或有爆炸性的药品不准放在化验室的架子上,应储放在隔离的房间和保险柜内,或远离厂房的地方,并有专人负责保管。存放易爆物品、剧毒药品的保险柜应用两把锁,钥匙分别由2人保管。使用和报废这类药品应有严格的管理制度。对有挥发性的药品应存放在专门的柜内。使用这类药品时应特别小心,必要时应戴口罩、防护眼镜及橡胶手套;操作时必须在通风柜内或通风良好的地方进行,并应远离火源;接触过的器皿应及时清洗干净。

12.1.10 蒸馏易挥发和易燃液体所用的玻璃容器必须完整无缺陷。蒸馏时严禁用火焰加热,应采用热水浴法或其他适当方法。采用热水浴法时,应防止水浸入加热的液体内。

12.1.11 用烧杯加热液体时,液体的高度不应超过烧杯的2/3。

12.2 取样工作

12.2.1 汽、水取样地点,应有良好的照明。取样时应戴手套。

12.2.2 高温汽水样品必须通过冷却装置降温后取样,应保持冷却水管畅通和冷却水量充足。

12.2.3 取样时应先开启冷却水门,再慢慢开启取样管的汽水门,使样品温度保持在30 ℃以下。调整阀门开度时,应避免蒸汽冒出,以防烫伤。

12.2.4 取样过程中如遇冷却水中断,应立即关闭取样管入口门。

12.2.5 在运行设备上取油样,应得到运行人员的同意,并在其协助下操作。

12.2.6 应采用机械自动取样机采取煤样。一般不宜在运行的皮带上人工取样。如不得已在皮带上人工采样时,工作人员应扎好袖口,站在栏杆外面,握紧铁锹,并逆煤流的方向取煤样。

12.2.7 上煤车取煤样时,应事先经燃料值班人员同意,并确定煤车在取样期间不会移动,才可上煤车取煤样,不应在运行的皮带上人工取样。

12.2.8 在制氢系统和发电机氢冷却系统上取样时,必须事先取得有关值班运行人员的同意,并应按照本部分第13章的有关规定执行。

12.3 水处理药品的使用

12.3.1 储存生石灰、菱苦土、凝聚剂及漂白粉等药品的房屋应通风良好,保持室内干燥无潮气。

12.3.2 使用和装卸水处理药品的工作人员,应熟悉药品的特性和操作方法。工作时应穿工作服,戴防护眼镜、口罩、手套,穿橡胶靴。在露天装卸这些药品时,应站在上风处,防止吸入飞扬的药品粉末。

12.3.3 工作地点应装有自来水,并备有毛巾和肥皂。

12.3.4 当凝聚剂或漂白粉溶液溅到眼睛内时,必须立即用大量清水冲洗。漂白粉溶液溅到皮肤上时,应立即用水和肥皂冲洗。

12.3.5 不应将装过漂白粉的空桶放在厂房内。撒落在地面上的漂白粉应立即清除干净。

12.3.6 氨水、联氨在搬运和使用时，必须放在密封的容器内，不应与人体直接接触。如漏落在地上，应立即用水冲刷干净。氨水、联氨及其容器的存放地点，应安全可靠，严禁无关人员靠近。

12.3.7 氨水、联氨管道系统应有“剧毒危险、易燃易爆危险”的标志。

12.3.8 氨瓶应涂有明显标志，严禁将氨瓶放在烈日下曝晒和用明火烤。溶氨时应缓慢开启氨瓶出口阀，同时应开启吸气器。

12.3.9 溶聚合剂(聚合铝、聚合铁等)时，不应将药品溅到手上或洒在地面上。

12.3.10 进入酸气较大的场所进行紧急抢修时，应佩戴套头式防毒面具。

12.4 强酸强碱性药品的使用

12.4.1 在涉及酸、碱类工作的地点，应备有自来水、毛巾、药棉及急救时中和用的溶液。

12.4.2 搬运和使用浓酸或强碱性药品的工作人员，应熟悉药品的性质和操作方法；并根据工作需要戴口罩、橡胶手套及防护眼镜，穿橡胶围裙及长筒胶靴(裤脚应放在靴外)。工作负责人应检查防护设备是否合适。

12.4.3 搬运盛装浓酸或浓碱溶液的容器时，应将容器固定，严禁溶液溅出和损坏容器，容器应由2人搬运，不应由一人单独搬运。用车子或抬箱搬运时，必须将容器稳固地放在车上或抬箱中，或加以捆绑。严禁用肩扛、背驮或抱住的方法搬运盛装浓酸或浓碱溶液的容器。

12.4.4 搬运容器的道路应畅通，并在必要地点装设水源和急救用品。

12.4.5 使用浓酸的一切操作，都必须在室外或宽畅并通风良好的室内通风柜内进行。如果室内没有通风柜，应装强力通风设备。

12.4.6 酸碱槽车进厂后应取样检验。用压缩空气顶压卸车时，顶压的压力不应超过槽车允许的压力。严禁在带压下进行泄压操作。严禁在无送气门、空气门和不准承压的槽车上用压缩空气顶压卸车。

12.4.7 从酸槽或酸储存箱中取出酸液时，宜采用负压抽吸、泵输送或自流方式输送。如采用虹吸的方法时，不应使用不耐酸的橡胶管。在室内取酸时，如必须用酸瓶倒酸，则操作应特别缓慢，下面应放置较大的耐腐蚀盆(玻璃盆或陶瓷盆)。

12.4.8 配制稀酸时，严禁将水倒入酸内，应将浓酸缓慢地沿着器壁注入水中，并不断进行搅拌，使产生的热量迅速扩散。

12.4.9 当浓酸倾撒在室内时，应先用碱中和，再用水冲洗，或先用泥土吸收，扫除后再用水冲洗。

12.4.10 开启强碱容器和溶解强碱时，应戴橡胶手套、口罩和眼镜并使用专用工具。打碎大块强碱时，应先用废布包住，细块不应飞出。配制热的浓碱液时，必须在通风良好的地方或在通风柜内进行。溶解的速度应慢，并经常以木棒搅拌。

12.4.11 地下或半地下的酸碱罐的顶部不应站人。酸碱罐周围应设不低于15 cm的围堰及不低于100 cm的围栏。酸碱罐周围悬挂明显的安全警示标志。

12.4.12 酸碱储存罐应使用电子液位计，当采用玻璃液位管时，应装金属防护罩。

12.4.13 从事酸碱等工作时应带防护眼镜(面罩)。当浓酸溅到眼睛内或皮肤上时，应迅速用大量的清水冲洗，再用0.5%的碳酸氢钠溶液清洗。当强碱溅到眼睛内或皮肤上时，应迅速用大量的清水冲洗，再用2%的稀硼酸溶液清洗眼睛或用1%的醋酸清洗皮肤。经过上述紧急处理后，应立即就医治疗。当浓酸溅到衣服上时，应先用水冲洗，再用2%稀碱液中和，最后再用水清洗。

12.4.14 用氢氟酸酸洗锅炉时，应遵守下列规定：

a) 氢氟酸应装在聚乙烯或硬橡胶容器内，桶盖密封。不准放在阳光下曝晒；

b) 参加浓酸系统工作人员除按照本部分12.4.2规定穿戴必要的防护用具外，还应戴防毒口罩(含有钠石灰过滤的)和面罩。工作结束后，必须冲洗头面和身体各部；

c) 稀酸系统如有泄漏，应用警戒带围起，并派人看守，严禁靠近；

d) 皮肤上溅着酸液，应立即用大量清水冲洗，并涂可的松软膏，眼睛内溅入酸液，应用大量清水冲洗，并滴氢化可的松眼药水；

e） 严禁将酸洗废液不经处理直接排放入河流或其他水域。

12.5 磷酸酯抗燃油的使用

12.5.1 试验室应有良好的通风条件，加热应在通风厨中进行。

12.5.2 从事磷酸酯抗燃油工作的人员应熟悉抗燃油的特性，工作时应穿工作服，戴手套及口罩。现场严禁吸烟和吃东西。

12.5.3 人体接触磷酸酯抗燃油后，应采取以下处理措施：

a） 误食处理：一旦吞进磷酸酯抗燃油，应立即采取措施将其呕吐出来，然后到医院进一步诊治；

b） 误入眼睛内：立即用大量清水冲洗，再到医院治疗；

c） 皮肤沾染：立即用水、肥皂清洗干净；

d） 吸入蒸汽：立即脱离污染气源，送往医院诊治。

12.5.4 磷酸酯抗燃油如有泄漏迹象，应采取以下措施：

a） 消除泄漏点；

b） 采取包裹或涂敷措施，覆盖绝热层，消除多孔性表面，以免磷酸酯抗燃油渗入保温层中；

c） 将泄漏的磷酸酯抗燃油通过导流沟收集；

d） 如果磷酸酯抗燃油渗入保温层并着火，应使用二氧化碳及干粉灭火器灭火，不应用水灭火，磷酸酯抗燃油燃烧会产生有刺激性的气体，除产生二氧化碳、水蒸气外，还可能产生一氧化碳、五氧化二磷等有毒气体。因此，现场宜配备供氧装置或防毒面具，防止吸入对身体有害的烟雾。

12.5.5 废磷酸酯抗燃油的处理

不准随意排放磷酸酯抗燃油。对报废以及洒落的磷酸酯抗燃油应妥善处理：

a） 对于退出运行的磷酸酯抗燃油，宜再生利用。如果没有再生利用价值，应采取返回制造厂回收或高温焚烧的方法处理；

b） 对于撒落的抗燃油应收集，如果难以收集，用锯末或棉纱汲取收集，采取高温焚烧的措施处理。

12.6 液氯设备的运行和检修

12.6.1 氯气室屋顶，应设有足够的淋水设施（水门应装在室外）和排气风扇。加液氯工作应由两人进行。

12.6.2 氯瓶应涂有暗绿色“液氯”字样的明显标志。严禁将氯瓶放在烈日下曝晒和用明火烤。应采用淋水法增加氯气挥发量，但水温不宜过高，严禁用沸水浇氯瓶安全阀。

12.6.3 应用10%氨水检查储氯设备有无泄漏，如有泄漏应及时处理，漏氯处不应与水接触，防止腐蚀。

12.6.4 当有大量氯气漏出时，工作人员应立即戴上防毒面具，关闭门窗，开启室内淋水阀门，将氯瓶放入碱水池中。最后，用排气风扇抽出余氯。

12.6.5 受氯气轻微中毒仍能行动者，应立即离开现场，口服复方樟脑酊解毒，并在胸部用冷湿敷法救护；中毒较重者应吸氧气；如已昏迷者，应立即施行人工呼吸法，并通知医务人员急救。

12.6.6 拆卸加氯机时，检修人员应尽可能站在上风位置，如感到身体不适时，应立即离开现场，到空气流通地方休息。

12.6.7 在用酒精擦洗加氯机零件时，严禁烟火。

12.6.8 加氯机检修工作结束后，应由专人对所有接头逐个检查，防止漏装错装，并用氨水检漏。

12.7 水处理设备的检修和运行

12.7.1 一般规定

12.7.1.1 水处理设备内介质一般具有毒害性、腐蚀性等特性，设备的检修工作必须严格执行工作票制度。

12.7.1.2 在许可开始检修前，运行值班人员必须做好安全措施，确保检修设备可靠隔离。

12.7.1.3 化学设备检修时更换的备品备件材质必须与介质相适应，避免因腐蚀造成化学介质泄漏伤人或造成环境污染。

12.7.1.4 在有毒、有害和腐蚀性系统设备附近工作时，应有必要的遮挡和隔绝措施，防止人员受伤和中毒。

12.7.1.5 水处理设备发生泄漏时，不得直接用手触摸检查泄漏情况或堵漏。

12.7.1.6 水处理设备、管道等应有明显的颜色标识，并在适当区域设置安全警示牌。

12.7.2 酸碱系统

12.7.2.1 化学车间酸库应设置酸雾吸收装置，所有酸溶液箱、罐的排气必须经过酸雾吸收装置进行排放。

12.7.2.2 化学车间加药间、酸碱库内应有冲洗水，同时设置必要的淋浴喷头和洗眼装置。

12.7.2.3 拆卸酸碱等强腐蚀性设备时，必须先泄掉设备内部压力，防止酸碱喷出伤人；当有酸碱液体流出时，应立即用大量清水冲洗稀释，防止流出的酸碱液体腐蚀设备及基础。

12.7.2.4 进行酸碱系统检修工作时，工作人员应穿防酸碱工作服、胶鞋、戴橡胶手套、防护眼镜、呼吸器等必要安全劳动保护用品。

12.7.2.5 酸系统发生泄漏缺陷需进行检修时，如需动火作业，应先在动火区域或设备内部检测氢气浓度，防止因氢气聚集发生燃烧和爆炸。

12.7.2.6 酸碱系统投运前，值班人员应先检查阀门状态是否正确，防止系统超压造成酸碱泄漏。

12.7.2.7 泄漏的酸碱液必须回收至废水处理系统，严禁直接外排以免造成环境污染。

12.7.3 离子交换设备

12.7.3.1 离子交换器内部检修工作时，使用的软梯必须经检验合格，工作人员进入内部工作应遵守容器内部作业相关规定，检修中排装置等设备时应遵守高处作业相关安全规定。

12.7.3.2 在衬里设备外表面进行电火焊工作时，必须制定严格的防止衬里着火燃烧的措施，进行衬胶的打磨等工作时，工作人员应戴口罩。

12.7.3.3 衬胶修补后采用电火花方法检验时，工作人员应做好防止触电的安全措施。

12.7.3.4 离子交换设备检修中止工作人员撤出时，应清点人数和工具。

12.7.3.5 离子交换器内部的树脂倒出或者装填树脂工作宜采用水力输送方式。当采用人力搬运时，需及时清扫脚手架和地面遗漏的树脂，防止人员滑倒受伤。

12.7.4 凝结水精处理设备

12.7.4.1 中压凝结水处理装置运行中应防止中压系统和低压系统串水损坏设备、伤人。

12.7.4.2 汽机厂房凝结水精处理设备检修如需动用电火焊工作，必须履行明火工作票制度，动火前应先检测氢气浓度。

12.7.5 淡化水系统

12.7.5.1 电渗析设备在检修和运行中应采取防止产生氢气爆炸的措施。

12.7.5.2 海水反渗透压力容器端板松动时禁止设备运行，防止脱出伤人。

12.7.6 电解制氯系统

12.7.6.1 采用电解海水或食盐水制取次氯酸钠的系统，必须保证车间内通风良好，次氯酸钠储罐必须设置必要的排氢装置，防止氢气在储罐内聚集。

12.7.6.2 电解制氯间内必须设置“严禁烟火”、“当心中毒”、“当心腐蚀”等安全警示标志。

12.7.6.3 制氯设备检修时，必须将设备可靠停止，充分冲洗干净，排出系统残存的氢气和氯气。在制氯间进行动火作业时，必须办理动火工作票。

12.7.6.4 制氯设备运行时禁止两手同时接触电解装置的两极。

12.7.7 炉内加药设备

12.7.7.1 氨水、联氨具有毒性和腐蚀性，工作人员应佩戴防护眼镜、口罩等安全用具。如果眼睛、皮肤不慎沾上氨水、联氨，应立即用大量清水清洗，情况严重时应紧急就医。

12.7.7.2 液氨发生泄漏时，应立即用大量清水喷淋以吸收氨气，并通知消防单位处理。

13 氢冷设备和制氢、储氢装置的运行与维护

13.1 基本规定

13.1.1 制氢站、发电机氢系统和其他装有氢气的设备附近，必须严禁烟火，严禁放置易爆易燃物品，并应设“严禁烟火”的警示牌。在制氢站、发电机的附近，应备有必要的消防设备。制氢站周围应设有不低于 2 m 的围墙。

13.1.2 禁止与工作无关的人员进入制氢室和氢罐区。因工作需要进入制氢站的人员应实行登记准入制度，所有进入制氢站的人员应关闭移动通讯工具、严禁携带火种、禁止穿带铁钉的鞋。进入制氢站前应先消除静电。

13.1.3 禁止在制氢室、储氢罐、氢冷发电机以及氢气管路近旁进行明火作业或做能产生火花的工作。如必须在上述地点进行焊接或点火的工作，应事先经过氢气含量测定，证实工作区域内空气中含氢量小于 3%，并经厂主管生产的领导批准办理动火工作票后方可工作，工作中应至少每 4 h 测定空气中的含氢量并符合标准。

13.1.4 制氢站的配电间、控制操作间电气、通讯设施的设计应符合 GB 50058 爆炸和火灾危险环境电力装置设计规范的规定。

13.1.5 制氢和供氢的管道、阀门或其他设备发生冻结时，应用蒸汽或热水解冻，禁止用火烤。为了检查各连接处有无漏氢的情况，可用仪器或肥皂水进行检查，禁止用火检查。

13.1.6 储氢设备(包括管道系统)和发电机氢冷系统进行检修前，必须将检修部分与相连的部分隔断，加装严密的堵板，并将氢气按规程规定置换为空气，按照 13.1.3 规定办理手续后，方可进行工作。

13.1.7 排出带有压力的氢气、氧气或向储氢罐、发电机输送氢气时，应均匀缓慢地打开设备上的阀门和节气门，使气体缓慢地放出或输送。禁止剧烈地排送，以防因摩擦引起自燃或爆炸。

13.1.8 制氢室中应备有橡胶手套和防护眼镜，以供进行与碱液有关的工作时使用；还应备有稀硼酸溶液，以供中和溅到眼睛或皮肤上的碱液。在配制电解液工作中，关于处理碱液的安全注意事项，应按照 12.4 的有关规定执行。

13.1.9 在发电机内充有氢气时或在电解装置上进行检修工作，应使用铜制的工具，以防发生火花；必须使用钢制工具时，应涂上黄油。

13.2 制氢设备的运行与维护

13.2.1 应在线检测制氢设备中的氢气纯度、湿度和含氧量，并定期进行校正分析化验。氢纯度、湿度和含氧量必须符合规定标准，其中氢气纯度不应低于 99.5%，含氧量不应超过 0.5%，氢气湿度(露点温度)应不大于 −25 ℃，如果达不到标准，应立即进行处理，直到合格为止。

13.2.2 制氢电解槽和有关装置(如压力调整器等)必须定期进行检修和维护，保持正常运行，以保证氢

气的纯度符合规定。值班室内应设有带报警的压力调整器液位监测仪表。压力调整器发生故障时应停止电解槽运行。

13.2.3 油脂和油类不应和氧气接触，以防油剧烈氧化而燃烧。进行制氢设备的维护工作时，手和衣服不应沾有油脂。

13.2.4 制氢室着火时，应立即停止电气设备运行，切断电源，排除系统压力，应用二氧化碳灭火器灭火。由于漏氢而着火时，应用二氧化碳灭火并用石棉布密封漏氢处不使氢气逸出，或采用其他方法断绝气源。

13.2.5 不准用手碰触电解槽，禁止用两只手分别接触到两个不同的电极上。

13.2.6 制氢室应设漏氢检测装置，房顶应有经常处于开启状态的透气窗。并采用木制门窗，门应向外开。室外还应装防雷装置，防雷接地装置每年进行一次检测，接地电阻应满足要求。所有电气设备的运行维护以及检修工作中的安全注意事项，应遵守 DL 408 电业安全工作规程（发电厂和变电所电气部分）的有关规定。

13.2.7 电解槽氢氧两侧运行的温度差和压力差必须保持在合格的范围内。

13.3 储氢罐与气瓶

13.3.1 气瓶应直立地固定在支架上，不应受热，应避免直接受日光照射。储氢罐上应涂以白色。储氢罐上的安全门应定期校验，保证动作良好。

13.3.2 氢气瓶的搬运、储存和使用中的其他注意事项，应遵守 14.3 的有关规定。

13.3.3 应定期测定运行中储氢罐的氢气纯度、湿度和含氧量并保证在合格范围，应根据氢罐内的湿度定期排除氢罐内的凝结水。

13.3.4 在环境温度低于零度的地区，储氢罐的底部排水管道、阀门及向空安全阀应有防冻措施，防止冻坏管道、阀门。

13.3.5 由制氢站向发电机补充氢气应经储氢罐，禁止由电解槽直接向发电机补氢；储氢罐的氢气入口和供氢出口管路应分别设置，且供氢出口管应从储氢罐内的中上部引出。

13.4 发电机氢系统

13.4.1 氢冷发电机的氢气置换操作，必须使用 CO_2、N_2 等不活泼气体按专门的操作规程进行置换。在置换过程中，必须保证各种气体取样与化验工作的正确性，防止误判断。

13.4.2 发电机氢冷系统中的氢气纯度、湿度和含氧量，在运行中必须实现在线检测并进行定期校正化验。氢纯度、湿度和含氧量必须符合规定标准，其中氢气纯度不应低于 96.0%，含氧量不应超过 1.2%，露点温度（湿度）在发电机内最低温度为 5 ℃时不高于 −5 ℃，在发电机内最低温度不小于 10 ℃时，不高于 0 ℃，应均不低于 −25 ℃。如果达不到标准，应立即进行处理，直到合格为止。

13.4.3 氢冷发电机的轴封必须严密，当机内充满氢气时，轴封油不准中断，油压应大于氢压，以防空气进入发电机外壳内或氢气充满汽轮机的油系统中而引起爆炸。主油箱上的排烟机，应保持经常运行。如排烟机故障时，应采取措施使油箱内不积存氢气。

13.4.4 为了防止因阀门不严密发生漏氢气或漏空气而引起爆炸，当发电机为氢气冷却运行时，置换空气的管路必须隔断，并加严密的堵板。当发电机为空气冷却运行时，补充氢气的管路也应隔断，并加装严密的堵板。

13.4.5 氢冷发电机的排氢管必须接至室外。排氢管的排氢能力应与汽轮机破坏真空停机的惰走时间相配合。

14 电焊和气焊

14.1 基本规定

14.1.1 从事焊接工作人员必须具有相应资质。焊接锅炉承压部件、管道及承压容器等设备的焊工，必须按照标准 DL 612 电力工业锅炉压力容器监察规程中焊工考试部分的要求，经考试合格，并持有合格证，方允许工作。

14.1.2 焊工应戴防尘(电焊尘)口罩穿帆布工作服、工作鞋，戴工作帽、手套，上衣不应扎在裤子里。口袋应有遮盖，脚面应有鞋罩，以免焊接时被烧伤。

14.1.3 禁止使用有缺陷的焊接工具和设备。

14.1.4 不准在带有压力(液体压力或气体压力)的设备上或带电的设备上进行焊接。在特殊情况下需要在带压和带电的设备上进行焊接时，必须采取安全措施，并经主管生产的领导批准。对承重构架进行焊接，必须经过有关技术部门的许可。

14.1.5 禁止在装有易燃物品的容器上或在油漆未干的结构或其他物体上进行焊接。

14.1.6 禁止在储有易燃易爆物品的房间内进行焊接。在易燃易爆材料附近进行焊接时，其最小水平距离不应小于 5 m，并根据现场情况，采取安全可靠措施(用围屏或石棉布遮盖)。

14.1.7 对于存有残余油脂或可燃液体的容器，必须打开盖子，清理干净；对存有残余易燃易爆物品的容器，应先用水蒸气吹洗，或用热碱水冲洗干净，并将其盖口打开。对上述容器所有连接的管道必须可靠隔绝并加装堵板后，方准许焊接。

14.1.8 在风力超过 5 级时禁止露天进行焊接或气割。但风力在 5 级以下 3 级以上进行露天焊接或气割时，必须搭设挡风屏以防火星飞溅引起火灾。

14.1.9 下雨雪时，不宜露天进行焊接或切割工作。如必须进行焊接时，应采取防雨雪的措施。

14.1.10 在可能引起火灾的场所附近进行焊接工作时，必须备有必要的消防器材。

14.1.11 进行焊接工作时，必须设有防止金属熔渣飞溅、掉落引起火灾的措施以及防止烫伤、触电、爆炸等措施。焊接人员离开现场前，必须进行检查，现场应无火种留下。

14.1.12 在高空进行焊接工作，必须遵照本部分第 15 章的有关规定。

14.1.13 在梯子上只能进行短时不繁重的焊接工作，并遵守本部分 15.8 的规定。禁止登在梯子的最高梯阶上进行焊接工作。

14.1.14 在锅炉汽包、凝汽器、油箱、油槽以及其他金属容器内进行焊接工作，应有下列防止触电的措施：

a) 电焊时焊工应避免与铁件接触，应站立在橡胶绝缘垫上或穿橡胶绝缘鞋，应穿干燥的工作服；
b) 容器外面应设有可看见和听见焊工工作的监护人，并应设有开关，以便根据焊工的信号切断电源；
c) 容器内使用的行灯，电压不准超过 24 V。行灯变压器的外壳应可靠地接地，不准使用自耦变压器；
d) 行灯用的变压器及电焊变压器不应带入锅炉及金属容器内。

14.1.15 在密闭容器内，不准同时进行电焊及气焊工作。

14.1.16 在坑井或深沟内进行焊接，应遵守本部分 10.5 的有关规定。

14.1.17 气焊与电焊不应上下交叉作业。

14.1.18 无关人员不准靠近正在进行射线检验的工作场所。

14.1.19 电焊机的接拆线、停送电工作应由具备资质人员进行操作。

14.2 电焊

14.2.1 在室内或露天进行电焊工作时应在周围设挡光屏，防止弧光伤害周围人员的眼睛。

14.2.2 在潮湿地方进行电焊工作，焊工必须站在干燥的木板上，或穿橡胶绝缘鞋。

14.2.3 固定或移动的电焊机(电动发电机或电焊变压器)的外壳以及工作台，必须有良好的接地。焊机应采用空载自动断电装置等防止触电的安全措施。

14.2.4 电焊工作所用的导线，必须使用绝缘良好的皮线。如有接头时，则应连接牢固，并包有可靠的绝缘。连接到电焊钳上的一端，至少有 5 m 为绝缘软导线。

14.2.5 电焊机必须装有独立的专用电源开关，其容量应符合要求。焊机超负荷时，应能自动切断电源，禁止多台焊机共用一个电源开关。

14.2.6 禁止连接建筑物金属构架和设备等作为焊接电源回路。

14.2.7 禁止使用氧气管道和乙炔管道等易燃易爆气体管道作为接地装置的自然接地极，防止由于产生电阻热或引弧时冲击电流的作用，产生火花而引爆。

14.2.8 电焊设备的装设、检查和修理工作，必须在切断电源后进行。

14.2.9 电焊钳必须符合下列基本要求：

a） 应牢固地夹住焊条；

b） 焊条和电焊钳的接触良好；

c） 更换焊条必须便利；

d） 握柄必须用绝缘耐热材料制成。

14.2.10 电焊机的裸露导电部分和转动部分以及冷却用的风扇，均应装有保护罩。

14.2.11 电焊工应备有下列防护用具：

a） 镶有滤光镜的手把面罩或套头面罩，护目镜片；

b） 电焊手套，工作服；

c） 橡胶绝缘鞋；

d） 清除焊渣用的白光眼镜(防护镜)。

14.2.12 焊接作业的椅子，应用木材或其他绝缘材料制成。

14.2.13 电焊工在合上电焊机开关前，应先检查电焊设备，如电动机外壳的接地线是否良好，电焊机的引出线是否有绝缘损伤、短路或接触不良等现象。

14.2.14 合上或拉开电源刀闸时，应戴干燥的手套，不应接触电焊机的外壳。

14.2.15 电焊工更换焊条时，必须戴电焊手套，以防触电。

14.2.16 清理焊渣时必须戴上白光眼镜，并避免对着人的方向敲打焊渣。

14.2.17 在起吊部件过程中，严禁边吊边焊的工作方法。只有在摘除钢丝绳后，方可进行焊接。

14.2.18 不准将带电的绝缘电线搭在身上或踏在脚下。电焊导线经过通道时，应采取防护措施，防止外力损坏。

14.2.19 当电焊设备正在通电时，严禁触摸导电部分。

14.2.20 电焊工离开工作场所时，必须切断电源。

14.2.21 电焊工应服从工作负责人的指挥，禁止在带压设备和重要设备上引弧。

14.3 气焊气割

14.3.1 储存气瓶的仓库应具有耐火性能；门窗应采用向外开形式，装配的玻璃应用毛玻璃或涂以白色油漆；地面应该平坦不滑，砸击时不会发生火花。

14.3.2 容积较小的仓库(储存量在 50 个气瓶以下)与其他建筑物的距离应不少于 25 m；较大的仓库与施工及生产地点的距离应不少于 50 m；与住宅和办公楼的距离应不少于 100 m。

14.3.3 储存气瓶仓库周围 10 m 距离以内，不准堆置可燃物品，不准进行锻造、焊接等明火工作，并禁止吸烟。

14.3.4 仓库内应设架子，使气瓶垂直立放，空的气瓶可以平放堆叠，但每一层都应垫有木制或金属制的型板，堆叠高度不准超过 1.5 m。

14.3.5 装有氧气的气瓶不准与乙炔气瓶或其他可燃气体的气瓶储存于同一仓库。

14.3.6 储存气瓶的仓库内不准有取暖设备。

14.3.7 储存气瓶的仓库内，必须备有消防用具，并应采用防爆的照明，室内通风应良好。

14.3.8 气瓶的搬运应遵守下列规定：

a) 气瓶搬运应使用专门的抬架或手推车。每一气瓶上必须套以厚度不少于 25 mm 的防震胶圈两个，以免运输气瓶时互相撞击和震动；

b) 运输气瓶时应安放在特制半圆形的承窝木架内；如没有承窝木架时，可以在每一气瓶上套以厚度不少于 25 mm 的绳圈或橡皮圈两个，以免互相撞击；

c) 全部气瓶的气门都应朝向一面；

d) 用汽车运输气瓶时，气瓶不准顺车厢纵向放置，应横向放置。气瓶押运人员应坐在司机驾驶室内，不准坐在车箱内；

e) 为防止气瓶在运输途中滚动，应将其可靠地固定住；

f) 用敞车运输气瓶时，应用帆布遮盖或采取其他遮阳措施，以防止烈日曝晒；

g) 气瓶内不论有无气体，搬运时，应将瓶颈上的保险帽和气门侧面连接头的螺帽盖盖好；

h) 运送氧气瓶时，必须保证气瓶不致沾染油脂、沥青等；

i) 严禁把氧气瓶及乙炔瓶放在一起运送，也不准与易燃物品或装有可燃气体的容器一起运送。禁止运送和使用没有防震胶圈和保险帽的气瓶。

14.3.9 焊接工作结束或中断焊接工作时，应关闭氧气和乙炔气瓶、供气管路的阀门，确保气体不外漏。重新开始工作时，应再次确认没有可燃气体外漏时方可点火工作。

14.4 氧气瓶和乙炔气瓶的使用

14.4.1 在连接减压器前，应将氧气瓶的输气阀门开启四分之一转，吹洗 1s～2s，然后用专用的扳手安上减压器。工作人员应站在阀门连接头的侧方。

14.4.2 发现气瓶上的阀门或减压器气门有问题时，应立即停止工作，进行修理。

14.4.3 氧气瓶应按《气瓶安全监察规程》(原劳动部颁发)进行水压试验和定期检验。过期未经水压试验或试验不合格者不准使用。在接收氧气瓶时，应检查印在瓶上的试验日期及试验机构的鉴定合格证。

14.4.4 运到现场的氧气瓶，必须验收检查。如有油脂痕迹，应立即擦拭干净；如缺少保险帽或气门上缺少封口螺丝或有其他缺陷，应在瓶上注明“注意！瓶内装满氧气”，退回制造厂。

14.4.5 氧气瓶应涂天蓝色，用黑颜色标明“氧气”字样；乙炔气瓶应涂白色，并用红色标明“乙炔”字样；氮气瓶应涂黑色，并用黄色标明“氮气”字样；二氧化碳气瓶应涂铝白色，并用黑色标明“二氧化碳”字样。其他气体的气瓶也均应按规定涂色和标字。气瓶在保管、使用中，严禁改变气瓶的涂色和标志，以防止层涂色脱落造成误充气。

14.4.6 氧气瓶内的压力降到 0.196 MPa，不应再使用。用过的瓶上应写明“空瓶”。

14.4.7 氧气阀门只准使用专门扳手开启，不准使用凿子、锤子开启。乙炔阀门应用特殊的键开启。

14.4.8 在工作地点，最多只许有两个氧气瓶：一个工作，一个备用。

14.4.9 使用中的氧气瓶和乙炔气瓶应垂直放置并固定起来，氧气瓶和乙炔气瓶的距离不得小于 5 m。

14.4.10 禁止使用没有防震胶圈和保险帽的气瓶。严禁使用没有减压器的氧气瓶和没有回火阀的溶解乙炔气瓶。

14.4.11 禁止装有气体的气瓶与电线相接触。

14.4.12 在焊接中禁止将带有油迹的衣服、手套或其他沾有油脂的工具、物品与氧气瓶软管及接头相接触。

14.4.13 安放在露天的气瓶，应用帐棚或轻便的板棚遮护，以免受到阳光曝晒。

14.4.14 严禁用氧气作为压力气源吹扫管道。

14.5 减压器

14.5.1 减压器的低压室没有压力表或压力表失效，一概不准使用。

14.5.2 将减压器安装在气瓶阀门或输气管前，应注意下列各项：

a) 必须选用符合气体特性的专业减压器，禁止换用或替用；

b) 减压器(特别是连接头和外套螺帽)不应沾有油脂，如有油脂应擦洗干净；

c) 外套螺帽的螺纹应完好，帽内应有纤维质垫圈(不准用棉、麻绳、皮垫或胶垫代替)；

d) 预吹阀门上的灰尘时，工作人员应站在侧面，以免被气体冲伤，其他人员不准站在吹气方向附近。

14.5.3 将减压器和氧气瓶连接后，应将减压器顶针松起，再开启氧气瓶的阀门，开启阀门不准猛开，应监视压力，以免气体冲破减压器。

14.5.4 减压器冻结时应用热水或蒸汽解冻，禁止用火烤。

14.5.5 减压器如发生自动燃烧，应迅速灭火并把氧气瓶的阀门关闭。

14.5.6 减压器需要长时间停用时，应将氧气瓶的阀门关闭。工作结束时，应将减压器自气瓶上取下，由焊工保管。

14.5.7 氧气瓶的减压器应涂蓝色；乙炔发生器的减压器应涂白色，以免混用。

14.5.8 每个氧气减压器和乙炔减压器上只允许接一把焊炬或一把割炬。

14.6 橡胶软管

14.6.1 橡胶软管应具有足以承受气体压力的强度，并采用异色软管。氧气软管应用 1.961 MPa 的压力试验，乙炔软管应用 0.490 MPa 的压力试验。二种软管不准混用。

14.6.2 橡胶软管的长度宜大于 15 m。两端的接头(一端接减压器，另一端接焊枪)必须用特制的卡子卡紧，或用软的和退火的金属绑线扎紧，以免漏气或松脱。

14.6.3 在连接橡胶软管前，应先将软管吹净，并确定管中无水后，才准许使用。禁止用氧气吹乙炔气管。

14.6.4 使用的橡胶软管不准有鼓包、裂缝或漏气等现象。如发现有漏气现象，不准用贴补或包缠的方法修理，应将其损坏部分切掉，用双面接头管将软管连接起来并用夹子或金属绑线扎紧。

14.6.5 可燃气体(乙炔)的橡胶软管如在使用中发生脱落、破裂或着火时，应首先将焊枪的火焰熄灭，然后停止供气。氧气软管着火时，应先采取措施停止供气。

14.6.6 通气的橡胶软管上方禁止进行动火作业，以防火灾。

14.6.7 乙炔和氧气软管在工作中应防止沾上油脂或触及金属溶液。禁止把乙炔及氧气软管放在高温管道和电线上，不应将重的或热的物体压在软管上，也不准将软管放在运输通道上，不准把软管和电焊用的导线敷设在一起。

14.7 焊枪

14.7.1 焊枪在点火前，应检查其连接处的严密性及其嘴子有无堵塞现象，禁止在着火的情况下疏通气焊嘴。

14.7.2 焊枪点火时，应先开氧气门，再开乙炔气门，立即点火，然后再调整火焰。熄火时与此操作相反，即先关乙炔气门，再关氧气门，以免回火。

14.7.3 由于焊嘴过热堵塞而发生回火或多次鸣爆时，应迅速先将乙炔气门关闭，再关闭氧气门，然后将焊嘴浸入冷水中。

14.7.4 焊工不准将正在燃烧中的焊枪放下；如有必要时，应先将火焰熄灭。

14.8 氩弧焊

14.8.1 焊接工作场所应有良好的通风。

14.8.2 焊工应戴防护眼镜、静电口罩或专用面罩，以防臭氧、氮氧化合物及金属烟尘吸入人体。

14.8.3 焊接时应减少高频电流作用时间，使高频电流仅在引弧瞬时接通，以防高频电流危害人体。

14.8.4 氩弧焊所用的钍、钍、钨极应放在铅制盒内。氩弧焊时应尽量采用放射性元素少的铈钨电极，在磨钨极时应戴口罩和手套，磨完钨极后应洗脸和洗手。

14.8.5 操作时应先开冷却水管阀门，确认回流管里已有冷却水回流时，打开氩气阀门，再打开焊枪点弧开关；熄火的操作步骤与上述相反，以防钍、钍、钨极烧坏挥发。

15 高处作业

15.1 基本规定

15.1.1 凡在离坠落基准面 2 m 及以上地点进行的工作，都应视作高处作业。凡能在地面上预先作好的工作，必须在地面上作好，尽量减少高处作业。在架空线路杆塔、风力发电的塔筒上工作时，应遵守其相关安全规程的规定。

15.1.2 从事高处作业的人员必须身体健康。患有精神病、癫痫病及经医师鉴定患有高血压、心脏病等不宜从事高处作业病症的人员，不准参加高处作业。凡发现工作人员有饮酒、精神不振时，禁止登高作业。

15.1.3 高处作业应采取搭设脚手架、使用高空作业车、梯子、移动平台等措施，防止工作人员发生坠落。

15.1.4 高处作业地点的下方应设置隔离区，并设置明显的警告标志，防止落物伤人。隔离区域为 R 与起吊工件最大长度之和。隔离区应按以下原则划分：

h 为作业位置至其底部的垂直距离，R 为半径。

当 2 m≤h≤5 m 时，R=2 m；

当 5 m<h≤15 m 时，R=3 m；

当 15 m<h≤30 m 时，R=4 m；

当 h>30 m 时，R=5 m。

15.1.5 在坝顶、陡坡、屋顶、悬崖、杆塔、吊桥以及其他危险的边沿进行工作，临空一面应装设安全网或防护栏杆。

15.1.6 峭壁、陡坡的场地或人行道上的冰雪、碎石、泥土应经常清理，靠外面一侧应设 1.2 m 高的栏杆。在栏杆内侧底部应设 18 cm 高的侧板或土埂，以防坠物伤人。

15.1.7 在没有脚手架或者在没有栏杆的脚手架上工作，高度超过 1.5 m 时，必须使用安全带，或采取其他可靠的安全措施。

15.1.8 安全带在使用前应进行检查，并应定期（每隔 6 个月）按批次进行静荷重试验；试验荷重为 225 kg，试验时间为 5 min，试验后检查是否有变形、破裂等情况，并做好记录。不合格的安全带应及时处理。悬挂安全带冲击试验时，用 80 kg 重量做自由落体试验，若不破断，该批安全带可继续使用。对抽试过的样带，必须更换安全绳后才能继续使用。使用频繁的绳，应经常做外观检查，发现异常时应立即更换新绳，带子使用期为（3～5）年，发现异常应提前报废。

15.1.9 安全带的挂钩或绳子应挂在结实牢固的构件上，或专为挂安全带用的钢丝绳上。禁止挂在移动或不牢固的物件上。

15.1.10 高处作业应一律使用工具袋。较大的工具应用绳拴在牢固的构件上，不准随便乱放，以防止从高空坠落发生事故。

15.1.11 在进行高处工作时，不准在工作地点的下面通行或逗留，工作地点下面应有围栏或装设其他保护装置，防止落物伤人。如在格栅式的平台上工作，应采取防止工具和器材掉落的措施。

15.1.12 不准将工具及材料上下投掷，要用绳系牢后往下或往上吊送，以免打伤下方工作人员或击毁脚手架。

15.1.13 上下层同时进行工作时，中间必须搭设严密牢固的防护隔板、罩棚或其他隔离设施。工作人员必须戴安全帽。

15.1.14 冬季在低于－10 ℃进行露天高处工作，必要时应在施工地区附近设有取暖的休息所；取暖设备应有专人管理，注意防火。高空冬季施工浇注水泥时，禁止在木制脚手板上下生火炉养护。

15.1.15 在6级及以上的大风以及暴雨、打雷、大雾等恶劣天气，应停止露天高处作业。电力线路作业应按DL 409电业安全工作规程（电力线路部分）的规定执行。

15.1.16 禁止登在不坚固的结构上(如石棉瓦、彩钢板屋顶)进行工作。为了防止误登，应在这种结构的必要地点挂上警告牌。

15.1.17 厂房外墙、烟囱、冷水塔等处应设置固定爬梯，高出地面2.4 m以上部分应设有护圈。高百米以上的爬梯，中间应设有休息的平台，并应定期进行检查和维护。上爬梯必须逐档检查爬梯是否牢固，上下爬梯必须抓牢，并不准两手同时抓一个梯阶。

15.1.18 专用高空作业车辆应定期维护保养，专人驾驶。启升、制动装置可靠，液压机构无渗漏现象，严禁超载使用。

15.1.19 移动平台工作面四周应有1.2 m高的护栏，升降机构牢固完好，升降灵活，液压机构无渗漏现象，有明显的荷重标志，严禁超载使用，禁止在不平整的地面上使用。使用时应采取制动措施，防止平台移动。

15.1.20 使用铝合金快装脚手架前，应认真检查组件有无损坏、变形，扣件有无损坏变形。严禁超载使用。

15.2 脚手架

15.2.1 搭脚手架所用的杆柱可采用木杆、竹竿或金属管。应符合如下要求：

a) 木杆应采用剥皮杉木或其他各种坚韧的硬木。禁止使用杨木、柳木、桦木、油松和其他腐朽、折裂、枯节等易折断的木杆。

b) 竹竿应采用3年以上的、坚固无伤的毛竹，严禁使用青嫩、枯黄、黑斑、虫蛀、疵点、枯质或裂纹连通二节以上受机械损伤的毛竹。使用竹杆搭设脚手架时，其立杆、斜杆、顶撑、大横杆的小头不宜小于75 mm，小横杆的小头不小于90 mm。

c) 钢管应使用焊接钢管或无缝钢管。禁止使用弯曲、压扁或者有裂缝的管子，各个管子的接连部分应完整无损，以防倾倒或移动。

d) 钢管应平直，平直度允许偏差为管长的1/500；两端面应平整，不应有斜口、毛口；严禁使用有硬伤(硬弯，砸扁等)及严重锈蚀的钢管。

15.2.2 脚手板可采用木、竹、钢质材料。应符合如下要求：

a) 木手板应采用杉木或松木制作。长3 m～6 m木手板，宽度不宜小于200 mm，厚度不应小于50 mm，距离两端80 mm处，应各设直径为4 mm的镀锌钢丝箍2圈～3圈(或用薄铁皮包箍)并用钉子钉牢。

b) 竹脚手板宜采用毛竹或楠竹，用螺栓将竹片并列连接而成。螺栓直径8 mm～10 mm，间距500 mm～600 mm，螺栓离端部200 mm～250 mm。竹片宽度不应小于30 mm，厚度不应小于8 mm。

c) 钢脚手板应是用厚2 mm的钢板冲压而成。四边厚度为5 mm，宽度为230 mm～250 mm。板面冲有梅花型布置直径25 mm的凸包或圆孔。冲压钢脚手板不应有裂纹、开焊与硬弯。

15.2.3 脚手杆的材质不同，连接材料也不同。不应互相串用。应符合下列要求：

a) 木脚手杆应使用8号镀锌铁线。使用3个月以下，三层以下的脚手架可使用直径10 mm的三股小白麻绳连接。

b) 竹脚手杆一般用竹篾连接。竹篾用水竹或慈竹劈成，质地新鲜，坚韧带青。厚度0.6 mm～

0.8 mm，宽度 5 mm。断腰、大节疤和受潮、发霉的不能使用。使用前一天应用水浸泡。

c) 钢管脚手杆的连接材料应为扣件。其材质应符合 GB 15831 钢管脚手架扣件的规定；采用其他材料制作的扣件，应经试验证明其质量符合本部分的规定后方可使用。新购置的扣件应有出厂合格证明。用于搭设脚手架的铰链不准使用脆性的铸铁材料。连接各个构件间的铰接螺栓必须拧紧。

15.2.4 搭拆脚手架必须在专人的统一指挥下，由具有合格资质的专业架子工进行。上岗人员应定期进行体检，凡不适于高处作业者，不得上脚手架操作。

15.2.5 搭拆脚手架时工作人员必须戴安全帽，系安全带，穿防滑鞋。

15.2.6 脚手架的荷载必须能足够承受站在上面的人员和物件等的重量，并留有一定裕量，严禁超荷载使用。禁止在脚手架和脚手板上进行起重工作、聚集人员或放置超过计算荷重的材料。

15.2.7 脚手架应同建筑物连接牢固，立杆或支杆的底端应埋入地下，深度应视土壤性质决定；在埋入杆子的时候，应先将土夯实；如果是竹杆，必须在基坑内垫以砖石，以防下沉；遇松土或者无法挖坑的时候；必须绑设地杆。金属管脚手架的立杆，必须垂直地稳放在垫板上，在安置垫板前应将地面夯实、整平。立杆应套上柱座，柱座系由支柱底板及焊接在底板上的管子制成。

15.2.8 脚手板和斜道板应满铺于架子的横杆上。在斜道两边、斜道拐弯处和脚手架工作面的外侧，应设 1.2 m 高的栏杆，并在其下部加设 18 cm 高的护板。

15.2.9 脚手架应装有牢固的梯子，以便工作人员上下和运送材料。用起重装置起吊重物时，不准把起重装置和脚手架的结构相连。上下脚手架应走斜道或梯子，不应沿绳、脚手立杆、栏杆或借构筑物攀爬。

15.2.10 禁止将脚手架直接搭靠在楼板的木楞上及未经计算过补加荷重的结构部分上，或将脚手架和脚手板固定在建筑不十分牢固的结构上（如栏杆、管子等）。严禁在各种管道、阀门、电缆架、仪表箱、开关箱及栏杆上搭设脚手架。

15.2.11 作业层脚手板应铺满、铺稳，脚手板和脚手架相互间应连接牢固。脚手板的两头应放在横杆上，固定牢固。脚手板不准在跨度间有接头。

15.2.12 搭设好的脚手架，未经验收不应擅自使用。使用工作负责人每天上脚手架前，必须进行脚手架整体检查。在冬季应清除脚手板上的冰雪，并采取适当的防滑措施。

15.2.13 特殊型的大型脚手架、炉膛脚手架，必须由使用部门负责人、使用工作负责人、脚手架搭建负责人共同进行验收。验收合格后，方可交付使用。严禁用木桶、木箱、砖及其他建筑材料搭临时铺板来代替正规脚手架。

15.2.14 脚手架上临时放置的零星物件，必须做好防窜、防坠落、防滑的措施。

15.2.15 脚手架上使用电、气焊时，应做好防火措施，防止火星和切割物溅落引起火警。

15.2.16 在运行设备场所或带电设备附近搭设脚手架时，应在电气专业监护人的监护下方可进行搭设工作。

15.2.17 脚手架接近带电体时，应按电气安全规程的要求，保持安全距离，并做好防止触电的措施。

15.2.18 脚手架上禁止乱拉电线。必须安装临时照明线路时，木竹脚手架应加绝缘子，金属管脚手架应另设木横担。

15.2.19 在工作过程中，不准随意改变脚手架的结构，有必要时，必须经过搭设脚手架的技术负责人同意。

15.2.20 特殊形式的脚手架，例如悬吊式脚手架、装在水电站的进水口、调压井等处的脚手架等，应有专门设计，并经本单位主管生产的领导批准。

15.3 移动式脚手架

15.3.1 移动式脚手架必须经过设计和验收。

15.3.2 严禁在脚手架上有人或工具、材料的情况下移动脚手架。

15.3.3 移动较大的移动式脚手架，可用绞盘、卷扬机等均衡缓慢地移动，但在移动时应有切实防止脚手架倾倒的措施。移动脚手架时，其道路应铺平。移动脚手架时应防止撞物和触电。

15.3.4 移动式脚手架已位于工作地点后，应即将活动部分可靠地绑牢固定，然后将脚手架本身与建筑物连接牢固。

15.4 脚手架的拆除

15.4.1 在拆除大型的脚手架时，应遵守下列规定：

a) 拆除脚手架时，必须设专人监护；

b) 脚手架拆除前，工作负责人必须到现场检查，如脚手架拆除后有遗留下的空洞、栏杆不完整，必须做好临时防范措施，同时立即安排做好补缺工作；

c) 在准备拆除脚手架的周围应设围栏，并在通向拆除地区的路口悬挂警告牌；

d) 敷设在需要拆除的脚手架上的电线和水管应首先切断，电线必须由电气人员拆除。

15.4.2 拆除脚手架的各部分应按顺序进行，当拆某一部分时，应不使另一部分或其他的结构部分发生倾斜倒塌现象。当脚手架采取分段、分立面拆除时，对不拆除的脚手架两端，应先进行抛撑加固或横向斜撑加固。

15.4.3 拆除脚手架，必须由上而下地分层进行，不准上下层同时作业，拆下的构件应用绳索捆牢，并用起重设备、滑车或卷扬机吊下，不准向下抛掷。

拆除脚手架时严禁采取将整个脚手架推倒，或先拆下层主柱的方法。

15.4.4 不应先行拆掉脚手架的栏杆与楼梯，而应与脚手架的拆除工作同时配合进行。

15.4.5 在脚手架拆除区域内，禁止与该项工作无关的人员逗留。

15.4.6 在电力线路附近拆除时，应停电进行。不能停电时，应采取防止触电和打坏线路的措施。

15.5 炉膛内脚手架

15.5.1 进入炉膛搭设脚手架时，必须停止吸、送风机、磨煤机的运行，并做好防止误启动的措施。

15.5.2 必须保证炉膛内足够的照明，电源设备配有触电保护器或隔离变压器，电源线在进入人孔门部分要加橡皮绝缘垫，做好防触电安全措施。

15.5.3 进入炉膛施工前，工负责人必须进行安全措施交底，炉膛内不得少于2人，炉外必须设专人监护。

15.6 悬吊式脚手架、炉内升降平台与吊篮

15.6.1 非特殊场所的作业，不宜使用吊篮。

15.6.2 有架空输电线的场所，吊篮的任何部位与输电线的安全距离不应小于10 m。如果条件限制，应与有关部门协商，并采取安全防护措施后方可架设。

15.6.3 使用悬吊式脚手架或吊篮应经过设计和验收。吊篮平台、悬挂机构、提升机构、主制动器、辅助制动器、安全保护装置等必须符合GB/T 19155高处作业吊篮的要求。

15.6.4 钢丝绳的安全系数应不小于9。工作钢丝绳最小直径应不小于6 mm。安全钢丝绳必须独立于工作钢丝绳另行悬挂，其型号、规格宜与工作钢丝绳相同。

15.6.5 吊篮平台上应装有固定式的安全护栏，靠工作面一侧的高度应不小于800 mm，后侧及两边高度应不小于1 100 mm，护栏应能承受1 000 N水平移动的集中载荷。吊篮平台如装有门，其门不得向外开，门上应装有电气联锁装置。

15.6.6 炉内升降平台、吊篮等的操作人员必须经过技术培训和考核合格并取得有效证书。

15.6.7 悬吊式脚手架或吊篮每天使用前，应经过安全检查员核实配重和检查悬挂机构，并进行空载运行，以确认设备处于正常状态。

15.6.8 吊篮上的操作人员应配置独立于悬吊平台的安全绳及安全带或其他安全装置，应严格遵守操作规程。

15.6.9 炉内升降平台、吊篮等严禁超载或带故障使用。

15.6.10 悬吊式脚手架与邻近的悬吊式脚手架，严禁在中间用跳板跨接使用。

15.6.11 吊篮上使用的便携式电动工具的额定电压值不得超过 220 V，并应有可靠的接地。

15.6.12 吊篮在正常使用时，严禁使用安全锁制动。

15.6.13 炉内升降平台、吊篮等的钢丝绳，在使用以后每月应至少检查 2 次，并应符合 GB 5972 起重机械钢丝绳保养、维护、安装、检验和报废的规定。

15.6.14 用来吊拉炉内升降平台、吊篮等所用的钢丝绳和大绳，应保护其不与穿墙孔、吊篮的边缘、房檐等棱角相磨擦，其直径应根据计算决定。吊物的安全系数不小于 6，吊人的安全系数不小于 14。

15.6.15 悬吊式脚手架和吊篮禁止使用麻绳，其所用的钢丝绳和其他绳索应作 1.5 倍静荷重试验；此外吊篮还应进行动荷重试验，试验应使吊篮装载超过工作荷重 10% 的重量以等速升降法进行，并应作出试验记录。

15.6.16 用来升降炉内升降平台、吊篮等的卷扬机应备有安全制动装置，应防止起吊时，工作人员在转动的卷扬机把柄上偶然松手，炉内升降平台或吊篮落下。升降平台或吊篮应有专人指挥。用来升降的卷扬机应固定在牢固的地锚或建筑物上，固定处所的耐拉力必须大于设计荷重的 5 倍。

15.6.17 禁止一人独自在炉内升降平台上作业。

15.7 斜道与跳板

15.7.1 斜道坡度如大于 1∶3，板面应架成台阶，每阶的高度应以 15 cm 为宜。通行手推车的斜道坡度不应大于 1∶7。斜道的宽度，单方向通行时，不应小于 1 m，双向通行时，不应小于 1.5 m。

15.7.2 斜道板与跳板的厚度不应小于 5 cm，如果其跨度超过一般脚手板的规定时，则其厚度应该根据计算决定。

15.7.3 跳板的坡度应保持在 1∶3 以下，在跳板的全宽上应钉有防滑木条，各木条的距离应为 30 cm～40 cm。

15.7.4 在斜道或跳板上通行时，斜道板或跳板应不致被压弯或发生滑动，斜道板的两侧应装上 1.2 m 高的栏杆，必要时应装护板。

15.7.5 跳板搭在圆顶型或拱型的建筑物上时，其底面应当备有合于下面建筑物圆弧型的底垫，以保证其稳固性。

15.8 梯子

15.8.1 梯子的使用、管理必须符合 GB/T 17889.1 梯子中的要求。各使用单位使用的梯子应指定专人管理。使用前应进行检查，且应及时修理，以保持完整。

15.8.2 梯子的支柱应能承受工作人员携带工具攀登时的总重量。梯子的横木应嵌在支柱上，不准使用钉子钉成的梯子。梯阶的距离不应大于 40 cm。

15.8.3 在梯子上工作时，梯子与地面的斜角度为 60°左右。工作人员必须登在距梯顶不少于 1 m 的梯蹬上工作。

15.8.4 如梯子长度不够而需要将两个梯子连接使用时，应用金属卡子接紧，或用铁丝绑接牢固。

15.8.5 工作前应把梯子安置稳固，不可使其动摇或倾斜过度。在水泥或光滑坚硬的地面上使用梯子时，其下端应安置橡胶套或橡胶布，同时应用绳索将梯子下端与固定物缚住。

15.8.6 在木板或泥地上使用梯子时，其下端须装有带尖头的金属物，同时用绳索将梯子下端与固定物缚住。

15.8.7 靠在管子上使用的梯子，其上端应有挂钩或用绳索缚住。

15.8.8 若已采用上述方法仍不能使梯子稳固时，可派人扶着，但必须做好防止落物打伤下面人员的安全措施。

15.8.9 人字梯应具有坚固的绞链和限制开度的拉链。

15.8.10 严禁将梯子架设在不稳固的支持物上使用。

15.8.11 在通道上使用梯子时，应设监护人或设置临时围栏；放在门前使用时，必须采取防止门突然开启的措施。

15.8.12 人在梯子上时，禁止移动梯子。

15.8.13 在转动部分附近使用梯子时，为了避免机械转动部分突然卷住工作人员的衣服，应在梯子与机械转动部分之间临时设置薄板或金属网防护。

15.8.14 在梯子上工作时应使用工具袋；物件应用绳子传递，不准从梯上或梯下互相抛递。

15.8.15 禁止在悬吊式的脚手架上搭放梯子进行工作。

15.8.16 软梯的安全系数不得小于10。软梯应挂在可靠的支持物上。

15.8.17 软梯必须每半年进行一次荷重试验，试验时以500 kg的重量挂在绳索上，经5 min若无变形或损伤即认为合格，然后才准继续使用。试验结果应作记录，由试验负责人签章。过期未作试验的软梯，不准继续使用。

15.8.18 使用软梯前，必须由工作负责人进行检查，并清除软梯上方山崖上的风化危石。

15.8.19 软梯的架设应指定专人负责或由使用者亲自架设。未经批准的人员不准攀登软梯，也不准作软梯的架设工作。

15.8.20 在软梯上只准一个人工作。在软梯上工作的人员，衣着必须灵便，并应使用安全带，戴安全帽，带工具袋。

15.9 悬崖陡壁上工作的特殊规定

15.9.1 在悬崖陡壁进行工作的人员必须经过身体检查和安全训练，并应戴安全帽，穿防滑的鞋，使用安全带或安全绳。

15.9.2 安全带或安全绳应挂在坚固可靠的基础上。用来专作固定安全带的绳索，应在每次使用前进行检查；每6个月作一次定期试验，试验是以静荷重225 kg，悬吊5 min，如有损坏或变形应禁止使用。

15.9.3 悬崖陡壁上作业，应按自上而下的方式进行。使用梯子、脚手架应按照本章有关规定；在凸凹不平的悬崖陡壁上作业，禁止使用吊篮。

15.9.4 在悬崖上通行的小路，必须符合以下规定：

a) 在悬崖陡壁上工作或行走时，应在悬空的一面用钢钎作柱，架设1.2 m高的木挡屏；

b) 小路上松动的土石应全部清除；

c) 在小路临山一面应设一道扶绳，以便行走扶用；

d) 在崖壁上工作时，如在悬空工作的下面有人工作或通行，应设挡板或安全网。

16 起重和搬运

16.1 基本规定

16.1.1 在进行设备检修、改造工程与基本建设建筑安装工作前，必须在施工组织设计中明确规定起重工作所采用起重设备的规范与安全操作要求。

16.1.2 起重能力在50 t以上的起重设备，有关的工程设计单位应参加设备的订货、验收、试运转及鉴定起重设备的安全技术问题。

16.1.3 交接起重设备时，应由交付单位提出设备构造、装配、安全操作与维护的说明书；接收单位按说明书及清单上的规定进行验收。

16.1.4 对于需要经过安装、试车方可运行的起重设备，包括与之相关的电力等接线，行驶轨道或路面、路基的状况及标志的设置等，必须经有关的专业技术人员进行检查和试验，出具书面检验报告和发放合格证后，方可正式投入使用。特种设备应在特种设备安全监督管理部门登记并经检验检测机构检验合格。

16.1.5 起重设备的停置，燃料或附属材料的存放环境应制定相关的管理措施，事先应进行查验或提出要求，以确保安全。

16.1.6 起重机械只限于熟悉使用方法并经有关机构业务培训考试合格、取得操作资格证的人员操作。取得一种或几种起重设备合格证的驾驶人员，去承担另一种新型起重设备的驾驶工作前，应经过新设备的单独测验，取得相应的操作资格证后方可正式工作。

16.1.7 起重机械和起重工具的工作负荷，不准超过铭牌规定。没有制造厂铭牌的各种起重机具，应经查算，并作荷重试验后，方准使用。

16.1.8 各式起重机、各种简单起重机械、钢丝绳、麻绳、纤维绳、吊装带、吊环等的检查和试验等，可参考附录C的有关资料。

16.1.9 一切重大物件的起重、搬运工作应由有经验的专人负责指挥，参加工作的人员应熟悉起重搬运方案和安全措施。起重搬运时应由一人指挥，指挥人员应经有关机构专业技术培训取得资格证的人员担任。

16.1.10 遇有大雾、照明不足、指挥人员看不清各工作地点或起重驾驶人员看不见指挥人员时，不准进行起重工作。

16.1.11 遇有6级以上的大风时，禁止露天进行起重工作。

16.1.12 各种起重机检修时，应将吊钩降放在地面。

16.1.13 各种起重机械的安装、使用以及检查、试验等，除应遵守本部分的规定外，还应执行相关的国家、行业标准。

16.2 各式起重机的使用

16.2.1 没有得到司机的同意，任何人不准擅自登上起重机或起重机的轨道。

16.2.2 各式起重机的齿轮、转轴、对轮等露出的转动部分，均应安设保护装置。

16.2.3 各式起重机应根据需要安装过卷扬限制器、过负荷限制器、起重臂俯仰限制器、行程限制器（电动葫芦单梁、悬挂起重机的小车和手动起重机运行机构除外）、联锁开关等安全装置以及移动旋转及升降机构的刹车装置。悬臂起重机应有起重指示器。露天工作的起重机必须安有夹轨钳、锚定装置等防风装置，其零件无缺损，独立工作分别有效。轨道移动式起重机必须安有夹轨钳。

16.2.4 电动行车的移动机构及电动行车小车的移动机构，当其行车速度超过0.5 m/s时，应设有切断电源的自动刹车装置。电动起重机卷筒的每一方面驱动都应有二个刹车装置，但起重能力在30 t以下而按设备的结构又不能再装第二套刹车装置时，可在仅有一套刹车装置的情况下投入运行。

16.2.5 大型机组用的室内桥式起重机，必须装有可靠的微量调节控制系统，以保证大件起吊时的可靠性。

16.2.6 各式起重机的技术检查，每年至少一次。对新装、拆迁的起重机在运行前，应经过一次技术检查，并用一定的荷重进行静力试验和动力试验。对于起重机的技术检查，首先应检查其有无保险装置、联锁装置和防护装置，以及这些装置是否完好；再检查附件（绳索、链条、吊钩、齿轮和转动装置）的状况与磨损程度和固定物（螺帽开口销等）的状况；对电力传动的起重机，还应检查接地状况。

16.2.7 静力试验的目的是检查起重设备的总强度和制动器的动作。试验的方法应是加上最大工作荷重量，提升离地约100 mm使其悬吊10 min，然后将负荷增加10%，再吊10 min，检查整个起重设备的状况和部件。新安装或大修后的起重机应将负荷增加25%，再吊10 min，然后进行检查。桥式及龙门式起重机和高架起重机等在进行静力试验时，还应测量构架的挠曲弯度，其数值不准超过规定标准（见附录C)。

16.2.8 动力试验应是在起重设备经过静力试验证明机械结构良好后进行。试验方法应是将超过最大工作荷重量的10%的负荷悬吊于钩上,然后往复升降数次,并以同样负荷试验其运动部分和行程自动限制器。如一切正常,即可投入运行。

16.2.9 电动起重机的金属结构以及所有电气设备的外壳,应可靠接地。移动式起重机的金属结构,应通过行车轨道接地。电动行车小车,应通过金属结构接地。

16.2.10 起重工作应有统一的信号,起重机操作人员应根据指挥人员的信号(旗语、哨音、手势)来进行操作;操作人员未接到指挥信号时,除规避危险之外不准操作。

16.2.11 装有过卷扬限制器、过负荷限制器、行程限制器以及起重臂俯仰限制器等的各式起重机,在工作时,指挥人员必须在其限制范围以内进行工作,禁止利用这些安全装置来代替正规操作动作,但属于自动化操作范围以内的安全装置除外。

16.2.12 禁止工作人员利用吊钩载人。

16.2.13 起重物品必须绑牢,吊钩应挂在物品的重心上,吊钩钢丝绳应保持垂直。禁止使吊钩斜着拖吊重物。在吊钩已挂上而被吊物尚未提起时,禁止起重机移动或作旋转动作。

16.2.14 起重机的荷重在满负荷时,应避免离地太高。起吊重物提升的速度应均匀平稳,不宜忽快忽慢、忽上忽下,以免重物在空中摇晃发生危险。放下时速度不宜太快,防止吊物落地时碰坏。

16.2.15 吊运有爆炸危险的物品(如压缩气瓶、强酸强碱、易燃性油类等),应制订专门的安全技术措施,并经主管生产的领导批准。

16.2.16 起重机在起吊大的或不规则的构件时,应在构件上系以牢固的拉绳,使其不摇摆不旋转。

16.2.17 起吊的重物,必须先用吊索(钢丝绳或铁链)很牢固和稳妥地绑住,吊索(钢丝绳或铁链)不应有打结和扭劲的情况。所吊的物件若有棱角或光滑的部分,在棱角或滑面与绳子相接触处应加以包垫,防止吊索受伤或打滑。

16.2.18 起吊重物前应由工作负责人检查悬吊情况及所吊物件的捆绑情况,认为可靠后方准试行起吊。起吊重物稍一离地(或支持物),就应再检查悬吊及捆绑情况,认为可靠后方准继续起吊。在起吊过程中如发现绳扣不良或重物有倾倒危险,应立即停止起吊。

16.2.19 起重机传动装置在运转中变换方向时,应经过停止稳定后再开始逆向运转,禁止直接变更运转方向。运转速度不宜变换过大,加速或减速应逐渐进行。

16.2.20 与工作无关人员禁止在起重工作区域内行走或停留。起重机正在吊物时,任何人不准在吊杆和吊物下停留或行走。

16.2.21 起吊重物不准让其长期悬在空中。有重物暂时悬在空中时,严禁驾驶人员离开驾驶室或做其他工作。

16.2.22 重物应稳妥地放置放在地上,防止倾倒或滚动,必要时应用绳绑住。

16.2.23 起重机上的配电盘、变压器及滑动环应有保护装置。

16.2.24 起重机及起重设备上所用的电缆,应用橡胶绝缘电缆;裸线只允许作为滑行导线。电缆可装在自动卷筒上,或设在用刨光木板作成与轨道平行的木槽内。电源电缆应有专人(电工)负责检查是磨损而有漏电现象,如发现胶皮损坏,应进行修理。

16.2.25 移动式起重机的驾驶室应装有音响(钟、喇叭、电铃)或色灯的信号装置,以备操作时发出警告。

16.2.26 起重机上应备有灭火装置,驾驶室内应铺橡胶绝缘垫,严禁存放易燃物品。

16.2.27 用两台起重机同吊一件物体时,应遵守下列规定:

a) 两台起重机的起重量如大小不同,则在挂绳子时,应根据起重容量计算绑扎钢丝绳的距离来分配荷重,或按不同的起重容量制作横梁来承受起重量,以免一台所受的负荷过重,一台过轻,造成事故;

b) 每台起重机的荷重均不准超过该机的安全起重量；

c) 应由专人统一指挥，指挥人应站在两台起重机的驾驶人员均能看清的地方；

d) 起重物应保持水平，起重绳应保持垂直；

e) 应在工作负责人的直接领导下，按照由企业生产领导批准的安全技术措施进行。

16.2.28 埋在地下无法估计重量的物件，禁止用各式起重机起吊。

16.2.29 起重机上的平衡荷重物，严禁搬动或任意增减。

16.2.30 各式电动起重机，在工作中一旦停电，应将起动器恢复至原来静止的位置，再将电源开关切断；设有制动装置的应将其闸紧。工作完毕或休息时，应将电动机的开关拉开。离开驾驶室时应断开电源，锁好驾驶室门。

16.2.31 正在运行中的各式起重机，严禁进行调整或修理工作。电动起重机的电气设备发生故障时，必须先断开电源，然后才可进行修理。

16.2.32 卷扬机（手摇式和电动式）、绞盘（绞磨）的安装地点，必须使工作人员能清楚地看见重物的起吊位置；否则，应使用自动信号或无线对讲机。

16.2.33 卷扬机应固定牢固，并应符合使用说明书的规定。操作人员的位置应能看清指挥人员和拖动或起吊的物件，未经固定的卷扬机严禁使用。

16.2.34 安装卷扬机时，应保持从卷筒中心线到第一导向滑轮的安全距离。带槽卷筒应大于卷筒宽度的 15 倍；无槽卷筒应大于卷筒宽度的 20 倍。当钢丝绳在卷筒中间位置时，滑轮的位置应与卷筒轴线垂直，其垂直度允许偏差为 6°距离宜大于 6 m。

16.2.35 卷扬机必须有可靠的刹车装置（自动制动器、手闸、脚闸）。如刹车装置失灵或不灵敏，在修复前禁止使用。

16.2.36 钢丝绳在卷扬机滚筒上的排列应整齐；吊钩在拖动（水平运动）或吊起（上下或垂直运动）最低工作位置时，卷筒上的钢丝绳必须保持有设计规定的安全圈数；在工作时不能放尽，至少应留五圈。

16.2.37 改变卷扬机滚筒的转动方向，应在滚筒完全停止后进行。

16.2.38 开动卷扬机前的准备及检查工作如下：

a) 清除工作范围内的障碍物；

b) 指挥人员、起重工和司机等应预先确定并熟悉联系的信号，以便工作协调，避免发生危险；

c) 指挥人员应与司机保持密切联系，对所卷扬的物体，在任何位置应能看见；

d) 检查各起重零件，如钢丝绳、滑轮、吊钩和各种连接器；如有损坏，应及时修理或调整；

e) 检查转动部分有无毛病，特别是刹车装置，如不灵活可靠，应即时调整或修理；

f) 检查卷扬机的基础是否牢固可靠，基础螺丝有无松动等现象；

g) 检查轴承、齿轮（或齿轮箱）、钢丝绳、滑轮等润滑情况是否良好；

h) 如能空车转动，应设法转动一、二转，检查各部分的传动机构有无故障，齿轮是否啮合，再详细检查各部螺丝、弹簧、销子等有无松脱，机器内部及周围有无妨碍运转的东西；

i) 如系电动卷扬机，应检查接地线、保险丝、电线、起动装置和制动器等的接头是否牢固良好。检查前应注意电源是否已断开。

16.2.39 卷扬机在运转中禁止进行下列工作：

a) 往滑车上套钢丝绳；

b) 修理或调整卷扬机的转动部分；

c) 当物件下落时用木棍来制动卷扬机的滚筒；

d) 站在提升或放下重物的地方附近；

e) 改正卷扬机滚筒上缠绕得不正确的钢丝绳。

16.2.40 用手摇卷扬机提升重物时，必须使卷扬机上的棘轮卡子卡在棘轮轮齿上。

16.2.41 手动卷扬机工作完毕后必须取下手柄。

16.2.42 移动式悬臂起重机(履带式、铁路和汽车起重机),应有随吊杆起落高度而定的最大负荷指示器,并应在驾驶员操作台旁边,挂有吊杆起落高度与其最大允许负荷的对照表格,使驾驶人员能正确地知道吊杆起升到某一个高度时所能提升的最大负荷。

16.2.43 禁止用铁路起重机或桥式、龙门式起重机来牵引车皮或其他重物。

16.2.44 移动式悬臂起重机不应在架空电力线路下面工作,如必须工作时,应事先与该线路的主管部门联系,做好防护措施或停止供电才可进行吊运工作。起重机在架空电力线路下面通过时,应将起重臂落下。在架空电力线路两旁附近工作时,起重设备(包括起吊物件)与线路(在最大偏斜时)的最小间隔距离应不小于表1的数值。

表1 起重设备(包括起吊物)与线路(在最大偏斜时)的最小间隔距离

供电线路电压	1 kV 以下	1~20 kV	35~110 kV	154 kV	220 kV	330 kV	500 kV	750 kV
与供电线路在最大偏斜时的最小间隔距离/m	1.5	2	4	5	6	7	8	11

16.2.45 悬臂式起重机吊杆升起的仰角不应大于75°。起吊前应检查仰角指示器的位置是否符合实际。

16.2.46 悬臂式起重机空车行驶时,其吊杆应放在10°~30°的位置,吊钩应用绳索捆在吊杆上。如系汽车起重机,则应把吊钩挂在车前的横档上,以免吊杆及吊钩摆动,吊杆所放的位置应是行车的正前方,而转盘、吊杆以及吊钩上的滑车都应闸住。起重机回转时,吊钩滑车必须闸住。

16.2.47 履带式或汽车起重机行驶时,必须注意周围有无障碍物;不准碰上建筑物、电杆、电线、电杆拉线。

16.2.48 汽车起重机的吊杆如为折合式,当进行起重时必须将其伸直,不准弯曲起重。

16.2.49 使用汽车起重机起吊重物时,必须将支座盘牢靠地连接在支腿上,支腿应可靠地支承在坚实可靠的地面上。如在松土地面上工作时,应在支座盘下垫置枕木、钢板、路基箱等。

16.2.50 桥式、龙门式起重机(或抓煤机)轨道的终端,应设置缓冲器。轨道每20 m应接地一次。轨道上禁止涂油或撒沙子。

16.2.51 汽车起重机必须在水平位置上工作,其允许倾斜度不得大于3°。汽车起重机运行必须遵守下列规定:

a) 汽车起重机司机和起重指挥必须持有效证件方可操作和指挥;
b) 汽车起重机必须定期保养、年检、严禁带病作业;
c) 汽车起重机不得在暗沟、地下管沟、防空洞等上面作业;
d) 汽车起重机作业时,转台(或转盘)上不得站人。汽车起重机行驶时,车上操纵室严禁坐人;
e) 在输电线路附近或电磁波感应较强地区作业时,起重机应设置接近输电线警报器或防电磁波感应措施。其起重臂、吊具、辅具、钢丝绳、缆风绳和重物等,与输电线的最小距离必须符合安全要求;
f) 起重机工作时风力不得超过产品使用说明书的规定值;
g) 当重物处于悬挂状态时,严禁起重机司机和起重指挥离开工作岗位。

16.2.52 桥式起重机最高点与屋架最低点间应有10 cm以上的距离,行车和驾驶室的突出面与建筑物的距离不应小于10 cm。由地面到驾驶室或由驾驶室到行车走道,必须设有扶梯。沿行车轨道如有通道,其宽度应不小于40 cm,并应有栏杆,在行车运行中不准有人通行。

16.2.53 开动桥式起重机前,必须注意轨道两侧和地面上人员的安全,应先按音响信号,然后推上开关开动行车。吊物所经过路线的下方如有人时,应警告迅速躲开,方可行驶。

16.2.54 在露天工作的桥式、龙门式电动起重机的驾驶室内，冬天可装有电气取暖设备，工作人员离开时，必须切断电源。不准用煤火炉取暖。

16.2.55 在桥式起重机轨道上进行检修时，检修地点两端应用钢轨夹具夹住，起重机不得开入该检修地区。驾驶人员离开驾驶室时，应将总开关和吊车滑行导线开关拉开，切断电源，并将吊钩挂起。装在厂房内的桥式起重机，不用时应停放在下面没有运行着的机组上空。

16.2.56 桥式及龙门式起重机停止工作时，应将起重机开到轨道中间，切断电源并上好轨道夹。

16.2.57 用汽车、拖拉机牵引导线、地线或起重搬运物件时，除遵守本部分 16.2.38 规定外，必要时还应在汽车或拖拉机司机处设置指挥司机的信号传递人员。

16.3 钢丝绳、纤维绳、吊钩、滑车、千斤顶和手拉葫芦的使用

16.3.1 钢丝绳的使用，应按照制造厂家技术规范的规定。如果没有技术规范的规定时，应从钢丝绳上切下 1 500 mm 左右一段，作单丝的抗拉强度试验；整绳的抗拉强度为单丝抗拉强度总和的 83%，作为该钢丝绳的技术数据。钢丝绳使用中必须加强寿命管理，严格按附录 C 的有关规定按月检查，使用达到寿命期，外表完好的也应报废。其他绳索也应遵循同一原则。

16.3.2 绳索在使用前必须仔细检查，所承受的荷重不准超过规定。

16.3.3 钢丝绳或麻绳应在通风良好、不潮湿的室内保管，应放置在架上或悬挂好。钢丝绳应定期上油，纤维绳受潮后必须加以干燥，在使用中应避免碰到酸碱液或热体。合成纤维或吊装带（聚酰胺、聚酯、聚本烯）应在避光和无紫外线辐射的条件下存放。

16.3.4 钢丝绳端部用绳卡（U 形螺栓）固定连接时，绳卡压板应在钢丝绳主要受力的一边（长头一边），绳卡间距不应小于钢丝绳直径的 6 倍，绳卡连接的个数应符合附录 C 表 C.2 的规定，两根钢丝绳用绳卡搭接时，除应遵守上述规定外，绳卡数量应比附录 C 表 C.2 中绳卡的个数规定增加 50%。

16.3.5 环绳结合段长度不应小于钢丝绳直径的 20 倍，但最短不应少于 300 mm（见附录 C）。

16.3.6 双头绳索结合段长度不应小于钢丝绳直径的 20 倍，但最短不应少于 300 mm，并经过试验合格方可使用（见附录 C）。

16.3.7 环绳及绳索必须经过 1.25 倍容许工作荷重的静力试验合格后，方可使用。

16.3.8 在吊起重物时，其绳索间的夹角宜不大于 90°。用单吊索起吊重物挂钩时应打“挂钩结”，荷重和绳索夹角的关系见附录 C。

16.3.9 在任何情况下禁止钢丝绳和电焊机的导线或其他电线相接触。

16.3.10 通过滑轮或滚筒的钢丝绳不准有接头。往滑轮上缠绳时，应注意松紧度，同时不应扭卷。

16.3.11 钢丝绳上的污垢及干固的润滑油，应用抹布和煤油清除，不准使用钢丝刷及其他锐利的工具清除。

16.3.12 麻绳、棕绳或棉纱绳，用作一般的允许荷重的吊重绳时，应按其断面积 10 N/mm^2 计算，用作捆绑绳时，应按其断面积 5 N/mm^2 计算。

16.3.13 麻绳、棕绳或棉纱绳在潮湿状态下的允许荷重应减少一半，涂沥青的纤维绳应降低 20% 使用。

16.3.14 切断绳索时，必须先将预定切断的两边用软钢丝扎结，以免切断后绳索松散。钢丝绳在切断前每边需要扎结的道数应为：麻心钢丝绳，3 道；钢心钢丝绳，4 道。

16.3.15 无论是单面或双面吊钩，均应有制造厂家的技术规范，否则不准用在起重设备中。

16.3.16 起重设备中所用的吊钩和吊环，应是锻成的或用钢板铆成的，不准使用铸成的或用钢条弯成的。有裂纹或显著变形的不准使用，也不准在吊钩上焊补或在受力部位钻孔。

16.3.17 使用的滑车或滑车组，必须经常详细检查，如滑车边缘磨损过多、有裂纹或滑车轴弯曲等缺陷，均不准使用。

16.3.18 滑车不准拴挂在未经计算的结构物上。使用开门滑车，应将开门的钩环紧固，防止钢丝绳（或

纤维绳)自动滑出。

16.3.19 拴挂固定滑车的桩或锚,应按土质不同情况加以计算,使之埋设牢固可靠。如使用的滑车可能着地,则应在滑车底下垫以木板,防止垃圾窜入滑车。

16.3.20 在高处悬挂滑车的工作,应由有经验的人员进行,并应使用安全带;必要时工作负责人应在场指导和监护。

16.3.21 千斤顶的顶重头必须能防止重物的滑动。螺旋千斤顶或齿条千斤顶应装有防止螺杆或齿条脱离丝扣或齿轮的装置。不准使用螺纹或齿条已磨损的千斤顶。

16.3.22 千斤顶必须垂直地放在荷重的下面,必须安放在结实的或垫以硬板的基础上,以免在举重时发生歪斜,压弯齿条或螺纹。

16.3.23 不应在千斤顶的摇把上套接管子或用其他任何方法来加长摇把的长度。液压千斤顶使用配套的手柄起升额定起重量时,手柄操作力应不大于 400 N,不小于 100 t 的使用双油泵的千斤顶的操作力不得超过(400×2)N。

16.3.24 使用液体或压缩空气传动的千斤顶时,禁止工作人员站在千斤顶安全栓的前面。

16.3.25 当液体或压缩空气传动的千斤顶升至一定高度时,必须在重物下放垫板,防止活塞突然下降,发生事故。往下放时,应随重物下放高度逐步撤去垫板。

16.3.26 用两台以上千斤顶起一重物时,应选择上升速度相同者。如用不同的速度者,则应逐一多次轮流慢慢起动。

16.3.27 禁止将千斤顶放在长期无人照料的荷重下面。

16.3.28 对没有制造厂铭牌或调换过零件(如链索、蜗母轮等)的链式起重机,应根据链索及蜗母轮的计算能力作荷重试验,以规定其工作荷重。链式起重机的检查和试验见附录 C。

16.3.29 链式起重机的链扣、蜗母轮及轮轴发生变形、生锈或链索磨损严重时,应禁止使用。

16.3.30 悬挂链式起重机的架梁或建筑物,必须经过计算,否则不准悬挂。梁架必须固定,以防斜向受力或重物摇晃时,架梁滑动走位跌落。禁止用手拉葫芦长时间悬吊重物,禁止用链式起重机长时间悬吊重物。禁止链式起重机悬挂在运行状态或存有介质的管道上。

16.3.31 使用手拉葫芦前,应作无负荷的起落试验一次,检查其刹车以及传动装置是否良好,然后再进行工作。

16.4 扒杆、缆索起重机、绞磨

16.4.1 组立扒杆和缆索起重机,应由专业的起重人员绑设,所用的材料应按设计规定。

16.4.2 组立扒杆和缆索起重机所用的材料必须仔细检查,质量不良的材料不准使用,所用的拖拉绳和地锚绳以及地锚应经过计算。地锚的分布和埋没深度,应根据不同的土质而设计,锚碇绳的安全系数应为拖拉绳的 1.5 倍。

16.4.3 扒杆和缆索起重机的拖拉绳,不准挂设在未经计算过的建筑物或其他物件上。

16.4.4 组立扒杆和缆索起重机支架时,前后方禁止站人,同时应有专人统一指挥,指挥者应站在能看见各处的较高的地方。每根拖拉绳应有专人负责,按照指挥信号准确地松紧。

16.4.5 缆索起重机承载小车至少应有 3 个滑轮,当载重量大时尚应增加,以减低钢丝绳的弯曲应力。

16.4.6 使用扒杆或缆索起重机起重时,应详细检查以下各项工作:

a) 基础或垫木以及锚碇(桩锚或地锚)必须稳固;

b) 承载索、拖拉绳应拉紧;

c) 起吊荷重不准超过允许荷重,也不准偏拉斜吊;

d) 锚碇(桩锚或地锚)应拴紧,不准松动。

16.4.7 绞磨必须安装在平稳牢固的地方,并设有制动及逆止的安全装置。固定机座的地锚和钢丝绳必须经过计算。钢丝绳的安全系数应不低于 6。

16.4.8 绞磨曳引钢丝绳，必须在磨芯上绕四道以上，并不准重叠。磨芯应有防止绳索跑出的安全装置。

16.4.9 绞磨应有专人指挥，推磨工人必须听从指挥，未经许可不准离开绞磨，松紧绞磨曳引钢丝绳的工作应由有经验的起重人员来进行。

16.4.10 选用扒杆应经过计算，扒杆至少应有 4 根拖拉绳，人字扒杆应有 2 根拖拉绳，所有拖拉绳均应固定在已经计算过的地锚或建筑物上。

16.4.11 使用斜臂扒杆起重时，其斜臂与水平面所成的角度应不小于 30°，也应不大于 75°。当斜臂扒杆与水平面所成角度为 30°时，斜臂与起伏滑车组的夹角应不小于 45°。

16.4.12 由于安装斜臂扒杆而使建筑物的个别部分增加荷重，必要时应采取加固措施，并应事先征得有关单位的同意。

16.4.13 起重滑车组除了向扒杆所在的方面倾斜外，不准向其他方面倾斜。

16.4.14 滑车组在拉紧时，上下 2 滑车间的距离，应不小于 0.5 m。

16.4.15 由滑车组钢丝绳通至卷扬机中间的导向滑车必须有销子，起重时销子必须扣上。导向滑车的内角侧应避免站人。

16.5 人工搬运

16.5.1 工作人员应根据搬运物件的需要，穿戴披肩、垫肩、手套、口罩、眼镜等防护用品。

16.5.2 搬运的过道应平坦畅通，夜间搬运应有足够的照明。如需经过山地陡坡或凹凸不平之处，应预先勘测道路。

16.5.3 用人工搬运或装卸重大物件而需要搭跳板时，应使用厚 5 cm 以上的木板，跳板中部应设有支持物，防止木板过度弯曲。

从斜跳板卸物件时，应用绳子将物件从后面拴住，工作人员应站在卸放重物的两侧，不准站在卸放重物的正面下边。

16.5.4 不准肩荷重物登上移动式梯子或软梯。

16.5.5 容易破碎的物品必须放在适当的框、篮或架子上搬运。

16.5.6 搬运管子、工字铁梁等长形物件，应注意防止物件甩动，打伤附近的人员或设备。用车推时应绑好。

16.5.7 加热的液体应放在专门的容器内搬运，并且不应盛满，应用车子推或 2 人抬，不准 1 人肩荷搬运。

16.5.8 手工搬运的安全要求如下：

a) 肩扛。其重量以不超过本人体重为宜。最好有人搭肩，搭肩应稍下蹲，待重物到肩后，直腰起立，不应弯腰，以防扭伤腰部。

b) 肩抬。2 人以上抬运重物时，必须同一顺肩。换肩时重物必须放下。多人共同搬运、抬运或装卸较大的重物时，应有 1 人担任指挥，搬运的步调应一致，前后扛应同肩，必要时还应有专人在旁监护。

c) 使用撬杠。可根据具体情况采用长短大小不同的撬杠。操作时，撬杠应放在身体一侧，两腿叉开，两手用力。不准站在或骑在撬杠上面工作，不准将撬杠放在肚子下，以防发生事故。

d) 使用跳板。有时候手工装卸时需要使用跳板。如果选择不当，搭架不好，往往会造成摔伤。为此，在使用跳板时，应注意以下事项：

   1) 必须使用厚度大于 50 mm 的跳板，凡腐朽、扭纹、破裂的跳板，不得使用；

   2) 单行跳板，其宽度不得小于 0.6 m。双行跳板，其宽度不得小于 1.2 m；

   3) 跳板坡度不得大于 1∶3。凡超过 5 m 长的跳板，下部应设支撑；

   4) 跳板两头应包扎铁箍，以防裂开。

16.5.9 用管子滚动搬运必须遵守下列规定：

a) 应由专人负责指挥。

b) 管子应能承受重压，直径相同。

c) 管子承受重物后两端各露出约 30 cm，以便调节转变。

d) 在重物滚动搬运中，放置管子应在重物移动的前方，并应有一定距离。移动中需要增加滚杠时，必须停止移动。在移动中需要调正方向时，应用锤击，禁止用手去拿受压的管子，以防压伤手指。

e) 重物上坡时应用木楔垫牢管子，以防管子滚下；下坡时，必须用绳子拉住重物的重心，防止下滑过快。

16.6 车辆和船舶运输

16.6.1 机动车驾驶必须严格执行公安部门制定的交通规则。司机必须有驾驶执照，非驾驶人员不准驾驶车辆。

16.6.2 机动车停车场或车库内禁止存放汽油及易燃物品并禁止吸烟，应备有足够的消防器材。动火检修后应全面检查，不应遗留火种。

16.6.3 线路工程使用汽车运输，在工程未开工前，应指定专人对运输道路进行检查，确定运输路线。对易发生事故的坡路、弯路、泥泞冰雪之处，应详细告知运输人员，必要时应事先予以补修和树立标示牌。

16.6.4 使用船舶运输应根据船只载重量及平衡程度装载，不准超载。运输重大设备时，应事先制定安全措施。

16.6.5 上下船只用的跳板，必须宽搭稳架。所装器材均应顺序堆放，并用绳索绑牢。装卸前，工作负责人应仔细检查和研究装卸方法和存放位置，并详细向工作人员说明。凡油脂及易燃物品均应妥善保管，并做好防火措施。

16.6.6 遇 6 级以上大风时，船舶不准行驶，应靠岸停泊。

16.6.7 船上应备有救生设备和消防设备。乘船人员必须遵守乘船规定，禁止下水洗澡。船未停妥，不准上下。船上应指定维护安全的人员。

16.6.8 非驾驶人员严禁开船。

16.6.9 厂内专用机动车辆(电瓶车、铲车、翻斗车等)的使用与管理，应遵守下列规定：

a) 本部分中的“厂内机动车辆”是指在 GB/T 16178 厂内机动车辆安全检验技术要求中所确定的适用车辆，即从事厂(场)内运输作业的各类机动车辆。

b) 厂内机动车辆，必须按照规定要求，经所在地区政府相关部门注册登记，定期检验，安装厂内机动车牌照、安全检验合格后，方可投入使用。

c) 车辆应由专人驾驶和保养，驾驶人员必须经有关部门的专业技术和安全操作考试合格，持有效驾驶证后，方可独立驾驶。

d) 开车前应检查车辆的制动系统、转向系统、操纵机构和传动系统、行驶系统、车身的安全性能；叉车还应检查升降架、倾斜机构、叉架动作应正常。车辆的制动器、转向器、喇叭、灯光、雨刷和后视镜必须保持齐全有效。行驶途中，如制动器、转向器、喇叭、灯光发生故障或雨雪天雨刷发生故障时，应停车进行修复，未经修复不得继续驾驶。

e) 车辆装载不得超过铭牌核定荷重。

f) 装载货物必须均衡平稳，捆扎牢固，车厢侧板、后栏板必须关好，拴牢。货物长度超过后栏板时，不得遮挡号牌、转向灯、尾灯和制动灯。装载散状、粉状或液态货物时，不得散落、飞扬或滴漏车外。装运物件应用绳子扎牢或用木块垫稳。

g) 机动车车厢以外的任何部位或货运汽车、拖拉机的挂车、起重车、罐车、平板车和轮胎式专用车，翻斗车、铲车不得载人。

h） 厂内机动车时速应按 GB 4387 工业企业厂内铁路、道路运输安全规程执行（消防车、工程抢险车和救护车在执行任务时不受此规定限制）。

i） 机动车驾驶员应遵守下列规定：车辆行驶时他人不准和驾驶员闲谈。起动车辆应先鸣喇叭。遇到路面狭窄、不平和重车时，应缓慢行驶，车速每小时不应超过 5 km，空车时不准超过 10 km。在十字路口交叉转弯时应减速鸣号靠右行，并做好手势或预报信号，应注意保持车距，做好刹车准备。停车离开时应切断电源并锁好车门。

j） 电瓶车充电时应距离明火处 5 m，并加强通风。

k） 铲车运输时，铲架应放低行驶。工作完毕铲架应收起绑好。

l） 车应停在指定地点或道路有效路面以外不妨碍交通的地方，不应逆向停车，坡路上停车必须采取防溜车措施。驾驶员离开车时，应拉紧手刹、切断电路、锁好车门。

16.7 码头工作

16.7.1 码头上应备有一定数量的救生设施和消防器材，并应放在明显的地方。工作人员临水作业时，必须穿救生衣。

16.7.2 应及时清除码头工作场所的油渍、霜、雪。冰冻期间应铺上草包，以防滑跌。码头上不准堆积杂物及易燃易爆物品。

16.7.3 工作人员接、解缆绳时，人应站稳，不准站在码头边缘处。拉不住的缆绳应放手。应注意船上抛出的缆绳方向，不准手拉缆绳甩头的顶端，防止手轧伤。

16.7.4 上下码头和跨越两船时，如高低相距大于 0.5 m，应使用跳板或梯子。

16.7.5 扶梯、跳板使用前应先检查，并应搁在牢靠的地方。船上使用木梯、竹梯时，上端应用绳子绑牢。栈桥应设有扶手。

16.8 卸船机和推扒机

16.8.1 非卸船机司机不得操作卸船机。卸船机司机操作时必须听从班长指挥，确认周围作业环境无障碍后，方可进行作业。

16.8.2 禁止拆除安装在卸船机和推扒机上的安全保护装置，应经常检查安全装置的完整性。

16.8.3 禁止用卸船机进行吊人的危险操作。

16.8.4 卸船机作业中，无关人员不得登机。

16.8.5 卸船期间，发现缆绳松动必须及时通告船方。禁止使用直接磨掉 7% 的钢丝绳或一束中的股线断线数达 10% 的钢丝绳。煤船漂离码头 2 m 以上，禁止卸煤作业。

16.8.6 安装吊具必须通知司机切断主电源。

16.8.7 遇有暴雨、突发性大风、大雾天气视线不清及不可抗拒的自然灾害时应停止卸船机作业，并将卸船机开至指定的停机位置，将锚定板插入码头的锚定坑中，迅速组织人员撤离到安全地带。

16.8.8 吊推扒机时，禁止在推扒机上载人、载物。指挥人员及地面工作人员不得站立在推扒机和抓斗的下方或从下方通过。

16.8.9 非推扒机司机严禁操作推扒机。

16.8.10 卸船机抓斗、推扒机不得同舱作业。

16.8.11 斜坡超过 25°时，推扒机不得横向上坡；超过 35°时，不得上坡下坡，应将推刀触立倒车慢行；斜坡上下不得停车。

16.8.12 严禁司机在提起的推刀下检查或清洗推扒机。

16.8.13 夜间工作应保证照明良好。

16.8.14 工作完毕离开卸船机时，必须做到“人离机、电先停”，并做好其他安全措施。推扒机工作完毕后应熄火停在平地。

17 土石方工作

17.1 基本规定

17.1.1 在有地下设施(如电缆、管道及埋设物等)的地方进行土方工程,必须在施工前与该项设施的主管部门联系,查看图纸资料,以便查明地下设施的正确位置,办理动土工作票且应在该项设施的主管部门的代表监督下进行施工。

17.1.2 开始挖土前,必须采取排除地面水及防止其侵入的措施。当基坑、井坑挖至地下水位以下的深度时,四周应作成适当纵坡的排水沟,大型基坑、井坑的排水设施必须在开挖前经过设计并具有建设单位、设计单位、施工单位审核的施工方案。

17.1.3 挖掘石方应自上而下施工。在挖掘前应将斜坡上的浮石或在斜坡上工作时发现的松动浮石或单块大石头,全部清除。严禁采用挖空底脚的方法挖掘土石,防止坍塌事故。

17.1.4 在接近地下电缆、管道及埋设物的地方施工时,不准使用铁镐、铁撬棍或铁楔子等工具进行挖土,也不准使用机械挖土。

17.1.5 在挖掘地区内发现有事先未预料到的地下设备或其他不可辨别的东西时,应立即停止工作,并报告上级领导处理,严禁随意敲击或处置。

17.1.6 在可能出现可燃气的地点工作时,应预先通告工作人员,施工现场严禁烟火,并在明显位置挂有"禁止烟火"的警示牌,作好防毒准备,如应备有足够的防可燃气用具及可燃气检定器等。在基坑、井坑、沟槽内等地方工作时,如突然发现可燃气体或有可疑现象,应立即停止工作,撤离全部工作人员,并报告上级处理;在有害气体未彻底消除前不准恢复工作。

17.1.7 沿轨道边缘进行挖土时,应设围栏或设专人监视车辆的来往,以防危险。

17.1.8 在交通拥挤地点、广场或施工区域进行挖掘沟道、井坑、基坑工作,应在其周围设置围栏及警告标志,夜间设红灯示警。

17.1.9 在基坑、井坑、地槽边缘堆置土方或其他材料时,其土方底角(或其他材料)与坑边距离应不少于 0.8 m,且堆置土方等物的高度不应超过 1.5 m。但当边坡为直坡或在自然坍落角(安息角)范围内的坡度时,则其与坑边的距离应根据计算确定。

17.1.10 当发现土壤有可能坍塌或滑动裂缝时,所有在下面工作的人员必须离开工作面,然后组织工人将滑动部分先挖去,或采取防护措施再进行工作。在雨季和化冻期间,应注意土方坍落。

17.1.11 工人上下基坑、井坑应使用铺设钉有防滑条的跳板,如坑道窄狭,可使用靠梯,但梯阶的距离应不大于 40 cm。坑内应设置便于施工人员疏散的爬梯,工人上下基坑不准攀登水平支撑或撑杆。

17.1.12 在铁塔、电杆、地下埋设物及铁道附近进行挖土时,必须在其周围加固后,方准进行工作。

17.1.13 开挖没有边坡的沟、井,必须根据挖掘的深度,先打桩后设支撑再开挖;装设支撑的深度,应根据土壤的性质和湿度决定。如挖掘的深度不大于 1.5 m,可将两壁挖成小于自然坍落角的边坡,而不设支撑。在施工中应经常检查支撑的安全状况,有危险征象时,应立即加固。

17.1.14 禁止一切人员在基坑内休息,防止土方坍落伤人。

17.1.15 已挖出的基坑、沟槽等,遇到雨、雪浸湿时,应采取下列措施:

a) 工作负责人应经常检查土壤变化情况,如有滑动、裂缝等现象时,应先将其消除才可继续进行工作;

b) 土方有坍塌危险者,应先停止工作,采取措施将险情排除后再将积水排出;

c) 局部放宽土坡边坡或加固边坡,以保持稳定;

d) 坡顶附近,禁止行人和车辆通过。

17.1.16 拆除支柱、木板的顺序应从下而上。一般的土壤,同一时间拆下的木板不应超过三块;松散和不稳定的土壤，一次不应超过一块。更换横支撑时，必须先安上新的，然后拆下旧的。拆卸工作必须在工作负责人的指导下进行。

17.1.17 冬季挖土，在冻层深度范围内，可不设支撑，但超过此范围时，必须作适当的固壁支撑。

17.2 挖土

17.2.1 人工挖土的各种工具(锹、镐、锄等)必须坚实，工具把柄应用坚硬的木料制成，表面必须刨光。锹、镐、锄等应有倒楔子使其安装牢固。

17.2.2 在挖土的工作面上，工作人员间应保持适当的间隔距离，以防所用工具脱落伤人。

17.2.3 每班开始工作前，应详细检查挖土的边坡是否有松动、断裂、虚软和悬土层等现象，如有上列现象，应立即采取措施防止土坡坍落。

17.2.4 在挖土坑中留作人行道的土堤，应保持有足够稳定的边坡，或加适当的支撑，但顶宽应大于70 cm。

17.2.5 使用挖土机或推土机进行机械挖土时，应订出专门的操作规程和安全措施。

17.2.6 开动挖土机械前，应发出规定的音响信号。

17.2.7 当挖土机械正在工作或行走时，应遵守下列规定：

a) 禁止在举重臂或吊斗下面有人逗留或通过；
b) 禁止任何工作人员上下挖土机和在挖斗内载重或传递东西；
c) 禁止进行各种辅助工作和在回转半径内平整地面；
d) 地面上应有专人指挥、引导。

17.2.8 挖土机暂时停止工作时，司机应将吊斗放到地面上，不准使其悬空。

17.2.9 清除吊斗内的泥土或卡住的石块，应经司机许可并将吊斗置于地面并停止工作后，才可进行清楚。

17.2.10 挖土机械在建筑物附近工作时，对墙柱、台阶等建筑物的距离应保持在1 m以上，以免推倒建筑物。

17.3 打眼工作

17.3.1 人工打眼应遵守以下各项：

a) 打眼的位置应选在符合安全条件的适宜地方；
b) 在开始打眼工作前，应检查锤头、锤把及钢钎子等，以防止脱落或断裂，并且应注意站立的地方是否有裂缝、松软、坠落、坍陷、滑动等现象；
c) 人工打眼可以采取单人打眼(即一手拿钎子，另一手打锤子)或2人打眼(1人扶钎子，另1人打锤子)，严禁采用1人扶钎子，2人轮流打锤子的方法打眼；
d) 打锤的人应站在扶钎子人的侧面，禁止站在对面，以避免落锤不准、脱锤或断把时打伤对方；
e) 在工作前和举锤时，应注意附近是否有人，两组以上同时进行工作，打锤人的左右前后应与其他工作人员保持一定的距离，以免伤人；
f) 打眼时应注意钎头是否开花，如有此现象，应立即更换钎子。

17.3.2 进行钻眼工作前应检查下列各项：

a) 工作地点附近是否有不稳固的岩石；
b) 工作面里是否还有瞎炮，或者在炮眼底部未爆炸部分内是否还剩有未爆炸的药包，发现有瞎炮药包时，应报告工作负责人通知炮工进行处理；
c) 在钻眼时，不准钻旧眼底和防震孔；
d) 如用水洗式凿岩机钻眼时，水箱应装满水。

17.3.3 对含有石英的岩石钻眼时，应使用水洗式凿岩机，以防止石英粉对人体的损害。凿岩机所用的水，必须清洁。

17.3.4 当开动水洗式凿岩机时，应先开水门，后开风门；当停钻时应先关水门后关风门。向水箱里注水或清理水箱时，开盖以前应关闭进气门并将放气门打开，消除箱中压力。

17.3.5 钻眼工人应戴手套、安全帽；在有粉尘的地方应戴防护眼镜和口罩；使用湿钻时，工人应配备适当的防水用具(雨衣、雨鞋等)。

17.3.6 钻眼时必须注意不使钻钎楔住和被岩粉卡住。如被卡住，不准将凿岩机往外拔，应用扳手向外转动拔出。

17.4 爆破工作

17.4.1 爆破工作必须委托具有专业资质的单位执行。必须经过专门训练并取得相关爆破资质的人员执行任务和帮助搬运爆破物品。

17.4.2 炸药和雷管必须分别储存和携带，不应和易燃物放在一起，应设专人管理。储存地点，必须取得当地公安部门的同意。携带时，应放在专用的背包内，禁止将炸药和雷管放在衣兜里或揣在怀内。

17.4.3 对无效的炸药进行处理时，应采用可靠方法，不准任意销毁，一般可用下列方法处理：

a) 硝酸炸药——用爆炸法、溶解法、淹溺法或烧毁法；
b) 黄色炸药——用爆破烧毁法；
c) 导火线——用烧毁法；
d) 雷管——用爆破法。

17.4.4 炮眼装药前，应检查炮眼内是否还有钻粉及杂物，将炮眼内清理干净后方可装药。在同一工作地点一次放炮的炮眼，应全部打好后，再行装药。往炮眼内装药应用木棍轻轻送，不得用力过大压挤药包；严禁使用铁钎子往眼内推送药包。

17.4.5 放炮地点与建筑物距离不符合放炮的规定时，应在爆破点的上部加保护设施，防止岩石块飞出伤人。

17.4.6 在放炮前，要将工具及爆破材料全部拿出现场。工作负责人应清点人员，所有工作人员应退出现场 200 m 以外。如为土方爆破，应在 100 m 以外的安全地点隐避。如采取深孔爆破并加大药力时，可适当增加安全距离。

17.4.7 担任放炮的人员，应经过专业学习并持有从事该工种的工作资格证书。采用电放炮时，接线与放炮必须由一人担任。

17.4.8 雷管和导火线连接时，应用特殊钳子夹雷管口部，严禁碰雷汞部分或用牙代替钳子。

17.4.9 放炮前，应同附近工作人员及居民取得联系，并应在危险区域内，设立明显的警告标志，必要时采取声光报警的方式，警告附近的人员，交叉路口应设专人看守，爆破现场应禁止使用手机等无线电通讯工具。雷雨天禁止进行爆破工程的相关工作。

17.4.10 爆破工作只准由一人负责统一指挥。必须在得到爆破指挥者同意后才能进行放炮。

17.4.11 炮响后，应详细检查是否有瞎炮，但必须等待 20 min 后，方可回到坑口进行检查。

17.4.12 点导火线应用火绳或其他特殊办法。在同一基坑内不应同时点 4 个以上的导火线，如需要时，可集体连引导火线。

17.4.13 未响的炮眼和剩药的炮底，不准继续打眼或从炮眼里往外抽药包和雷管。重新打眼时，应离瞎炮 60 cm 以上，并应与原来炮眼方向相同。

17.4.14 放完炮后，必须清点雷管、药包数目是否相符，再把剩余的雷管和药包退回仓库。

17.4.15 岩石经爆破后，松动的以及有裂缝的部分和孤石，应先用撬棍撬下或用大锤敲下后，才可在下面进行其他工作。在山崖上或斜坡上进行撬石工作应由上而下，工人应站在石头的两侧撬，严格禁止站在石头滑落的方向撬。用撬棍撬石，不应将棍端紧抵腹部，撬棍撬着地点的仰角在 60°以下时，不应将撬棍放在肩上施力，防止重石滑下发生危险。

18 水银和潜水工作

18.1 水银工作

18.1.1 从事水银仪表工作的人员必须穿工作服,工作服应经常洗涤,保持清洁。

18.1.2 做水银仪表工作不应用手直接接触水银,应戴乳胶手套(外科手术用的)。禁止用嘴含工具吸水银。

18.1.3 禁止在水银仪表工作的房屋内饮食。

18.1.4 从事水银仪表工作人员,应遵守下列规定:

a) 饭前和工作后应仔细洗手和洗脸;

b) 工作结束后应换下工作服;

c) 每天工作结束后应洗澡;

d) 定期进行身体检查,发现有中毒情况应及时治疗。

18.1.5 水银仪表的修理场所应和其他房间隔离(如在同一楼房内应设在底层),应装有机械通风的设备,并定期测量室内含汞量。

18.1.6 水银仪表修理场所的墙壁应涂刷油漆,油漆的高度应占墙壁高度的2/3。

18.1.7 水银仪表修理场所的地面应平滑、严密无缝(如水磨石地面),地面应略向一边倾斜,排水沟应有单独的积水井。

18.1.8 水银仪表修理台的台面应光滑无缝,四周边缘应高起,台面的一角应较低,在该角下面应接有排出管,使落在台面上的水银经该管流入放在下面并盛有清水的容器内。

18.1.9 水银应妥善保管,盛水银的容器必须紧密封闭。

18.1.10 往仪器内部灌注水银时,盛水银的容器内必须浮盖一层清水。

18.1.11 从仪表往外放水银时,在任何场所,都应放入盛有清水的容器内。

18.1.12 在拆卸仪表时,如发现有水银附着在零件的表面上,应把零件放在盛有汽油的容器内,用毛刷将水银刷干净。

18.1.13 为了避免水银从容器中溢出,真空表的容器应做成封闭形的,但仍应保持容器和外界大气相连通(例如可采用穿有50 mm～60 mm高玻璃管的橡皮塞)。

18.1.14 如果气压表和真空表的水银容器没有盖,必须在水银面上浮盖一层1 mm～2 mm厚的甘油,以防水银蒸发。

18.1.15 玻璃的水银真空表或气压表,应装在木制的或金属制的匣子内,匣子的一面,应装上保护玻璃,以便观看。

18.1.16 厂房内如发现仪表漏出水银,应立即报告热工值班人员进行处理。

18.1.17 水银工作所用的工具不准外借他人使用。

18.1.18 水银工作用过的废棉纱、抹布以及清除的垃圾、报废的水银灯、水银器件等不准随意抛弃,应集中保管,妥善处理,防止水银扩散。

18.2 潜水工作

18.2.1 潜水工作应由经过考试合格并执有潜水专业资格证的专业潜水人员担任。

18.2.2 潜水员下潜时必须遵守下列规定:

a) 戴好头盔后应试验排气阀门,调节空气,确认正常无异时,方可沿水绳下水;

b) 当头盔刚淹没水线下时,停止排气,检查潜水衣、头盔、接口、袖口等有无漏气现象,经信号员检查许可后,方可下潜;

c) 下潜速度不宜超过10 m/min;

d) 到工作位置后，立即打信号灯或用水下专用通信设备，向岸上指挥人员汇报自己的感觉和身体情况，服从岸上指挥人员的指令，并将水绳按水流方向放置在身体的下游侧。

18.2.3 潜水作业前应对潜水衣具、气源、加压系统、通讯设备、水下作业工具、减压设备、修理工具进行认真检查。深水作业应由医生到场监护，并准备实施医疗保障应急预案。

18.2.4 潜水员在水下工作时，必须遵守下列规定：

a) 必须按照工作前制定的安全技术措施和潜水方案进行，工作开始前应及时向岸上指挥人员汇报潜水方向，岸上指挥人员应根据气泡对潜水员的路线进行调整布置；

b) 应将信号绳和气管在臂上缠绕一圈；

c) 应随时清理信号绳和气管，以免工作位置转移时缠绕；

d) 禁止将信号绳改作他用，打信号应清楚，接到转移方向指示时，应先面对信号绳和气管，再按指示方向前进；

e) 水下行走应侧身移动，不应在重吊物件、其他悬吊障碍物和船只下面穿过，不应随意触动无关物体或水生物；

f) 应避免踏动淤泥，在淤泥上工作时，应调整空气，使潜水衣有一定浮力，当陷入淤泥中时，应缓慢小心地调整空气，改变潜水衣的浮力，从淤泥中拔出来时，应注意防止放漂；

g) 使用调整阀时应谨慎小心，不准打开过大，防止放漂，在任何情况下，下肢不准高于头部；

h) 带着多根绳子进行工作时，应预先做好记号，工作时未查明是哪根绳子前，不准冒险割断。进行复杂的水下作业时，必须利用"进行绳"来引导方向。

18.2.5 潜水员自水下上升时，必须遵守下列规定：

a) 上升前应清理信号绳和气管，收拾好工具，检查周围环境，开始上升时应向水面报告；

b) 应沿入水绳上升，并按减压规定进行减压，服从水面关于减压停休的命令；

c) 上升速度宜为 5 m/min～6 m/min；

d) 接近水面时，手抓前压重物，大量排气，并应注意防止头部与船底及其他物体相碰。

18.2.6 潜水员在进行水下闸门作业时，必须在闸门关闭以后下水，在闸门开启之前出水，并有可靠措施，保证潜水员在水下时不会误开闸门。

18.2.7 在水下检查闸门下放位置时，潜水员必须将身体避开，手扶门面。

18.2.8 在闸门漏水较大处工作时，应在离漏水处 2 m～5 m 处下水，下水前应先用物体试验吸力大小，防止潜水员被吸。

18.2.9 在水下坝体前工作时，工作段两边闸门不准开启放水。

18.2.10 在一般情况下禁止夜间水下作业，如遇特殊情况需在夜间作业时，应经主管生产的领导批准，并应遵守下列规定：

a) 潜水作业船上必须有良好的照明设备；

b) 自作业开始至结束，必须有强光照射潜水员排出气泡的水面；

c) 必须保证在电气照明故障时有常明设备。遇电气照明故障时，应立即命令潜水员按减压规定上升出水。

附　录　A
（资料性附录）
热力机械工作票

A.1　热力机械工作票

热力机械工作票式样如下：

热力机械工作票(票样　A3 纸)

No.　　　　　　　　　　　　　编号：

1. 工作负责人：__________　　　____班组：____　__________附页：　张
2. 工作班成员：____共____人
3. 工作地点：____
4. 工作内容　____
5. 计划工作期限自____年____月____日____时____分至____年____月____日____时____分
6. 必须采取的安全措施：
7. 措施执行情况，请填写表 A.1-1。

表 A.1-1　措施执行情况

具体安全措施	执行情况(√)
(1) 应断开下列开关、刀闸和保险等，并在操作把手(按钮)上设置"禁止合闸，有人工作"警告牌：	(1)
(2) 应关闭下列截门、挡板(闸板)，并挂"禁止操作，有人工作"警告牌：	(2)
(3) 应开启下列阀门、挡板(闸板)，使燃烧室、管道、容器内余汽、水、油、灰、烟排放尽，并将温度降至规程规定值：	(3)
(4) 应将下列截门停电、加锁，并挂"禁止操作，有人工作"警告牌：	(4)
(5) 其他安全措施：	(5)

工作票签发人：＿＿＿＿＿＿＿＿＿＿ ＿＿＿＿年＿＿月＿＿日 ＿＿时＿＿分
工作票接收人：＿＿＿＿＿＿＿＿＿＿ ＿＿＿＿年＿＿月＿＿日 ＿＿时＿＿分

8. 运行值班人员补充的安全措施：

9. 批准工作结束时间：＿＿＿年＿＿月＿＿日＿＿时＿＿分 值长(或单元长)：

10. 补充措施执行情况：

11. 工作负责人变更：自＿年＿月＿日＿时＿分原工作负责人离去，变更为＿＿＿任工作负责人。
工作票签发人：＿＿＿＿＿工作许可人：＿＿＿＿

12. 工作票延期：有效期延长到＿＿＿年＿＿月＿＿日＿＿时＿＿分。
值长(或单元长)：＿＿＿＿＿运行值班负责人：＿＿＿＿＿工作负责人：＿＿＿＿

13. 检修设备需试运(工作票交回，所列安全措施已拆除，可以试运)，请填写表 A.1-2。

表 A.1-2　检修设备试运允许

允许试运时间	工作许可人	工作负责人
月　日　时　分		
月　日　时　分		
月　日　时　分		

14. 检修设备试运后，工作票所列安全措施已全部执行，可以重新工作，请填写表 A.1-3。

表 A.1-3　检修设备试运后恢复工作

允许恢复工作时间	工作许可人	工作负责人
月　日　时　分		
月　日　时　分		
月　日　时　分		

15. 工作终结：工作人员已全部撤离，现场已清理完毕。
全部工作于＿＿＿年＿＿月＿＿日＿＿时＿＿分结束。
工作负责人：＿＿＿＿＿ 工作许可人：＿＿＿＿＿＿

16. 备注：

A.2　热控工作票

热控第一种工作票式样如下：

热控第一种工作票(票样　A3 纸)

No.　　　　编号：

1. 工作负责人(监护人)：＿＿＿＿＿ 班组：＿＿＿＿＿ 附页：＿＿张
2. 工作班成员：＿＿＿＿＿＿＿＿＿＿＿＿＿＿＿＿＿＿＿＿＿＿＿＿共＿＿人
3. 工作地点：＿＿＿＿＿＿＿＿＿＿＿＿＿＿＿＿＿＿＿＿＿＿＿＿＿＿＿＿
4. 工作内容：＿＿＿＿＿＿＿＿＿＿＿＿＿＿＿＿＿＿＿＿＿＿＿＿＿＿＿＿
5. 计划工作时间：自＿＿＿年＿＿月＿＿日＿＿时＿＿分至＿＿＿年＿＿月＿＿日＿＿时＿＿分
6. 需要退出热工保护或自动装置名称：＿＿＿＿＿＿＿＿＿＿＿＿＿＿＿＿
7. 必须采取的安全措施：

8. 措施执行情况：请填写表 A.2-1。

表 A.2-1 措施执行情况

具体安全措施	执行情况(√)
(1) 由运行人员执行的有：	
(2) 运行值班人员补充的安全措施(工作许可人填写)：	
(3) 由工作负责人执行的有：	

工作票签发人：__________ ________年______月______日______时______分。

工作票接收人：__________ ________年______月______日______时______分。

9. 批准工作时间：自____年__月__日__时__分至____年__月__日__时__分。

值长(或单元长)：____________

10. 由运行人员负责的安全措施已全部执行，核对无误。从____年__月__日__时__分许可开始工作。

运行值班负责人：__________工作负责人：____________工作许可人：__________

11. 工作负责人变更：自____年__月__日__时__分原工作负责人离去，变更为______担任工作负责人。

工作票签发人：__________运行值班负责人：______

12. 工作票延期：有效期延长到______年____月____日____时____分

值长(或单元长)：__________运行值班负责人：__________工作负责人：________

13. 检修设备需试运(工作票交回，所列安全措施已拆除，可以试运)：请填写表 A.2-2。

表 A.2-2 检修设备试运

允 许 试 运 时 间	工作许可人	工作负责人
月 日 时 分		
月 日 时 分		
月 日 时 分		

14. 检修设备试运后，工作票所列安全措施已全部执行，可以重新工作：请填写表 A.2-3。

表 A.2-3 检修设备试运后恢复工作

允许恢复工作时间	工作许可人	工作负责人
月 日 时 分		
月 日 时 分		
月 日 时 分		

15. 工作结束：工作人员已全部撤离，现场已清理完毕。

全部工作于______年__月__日__时__分结束。工作负责人：__________工作许可人：______

16. 备注：

A.3 水力机械工作票

水力机械工作票式样如下：

水力机械第一种工作票(票样 A3 纸)

No.　　　　　　　　　　　　　　编号：

1. 工作负责人(监护人)：__________班组：__________　　附页：______张
2. 工作班成员：____共____人
3. 工作地点：____
4. 工作内容：____
5. 计划工作时间：自______年____月____日____时____分至______年____月____日____时____分
6. 需要退出保护或自动装置名称：__________________________________
7. 必须采取的安全措施：
8. 措施执行情况：请填写表 A.3-1。

表 A.3-1 措施执行情况

(1) 具体安全措施：	执行情况(√或×)
(2) 由运行人员补充的安全措施：	

工作票签发人：__________　　______年____月____日____时____分。

工作票接收人：__________　　______年____月____日____时____分。

9. 批准工作时间：自____年__月__日__时__分　至____年__月__日__时__分。

值长：____________

10. 上述安全措施已全部执行，核对无误。从____年__月__日__时__分许可开始工作。

工作许可人：__________值长：__________工作负责人：__________

11. 工作负责人变更：自____年__月__日__时__分原工作负责人离去，变更为____担任工作负责人。

工作票签发人：____________　值长：__________

12. 工作票延期：有效期延长到____年__月__日__时__分

工作负责人：______________值长：______________工作许可人：________

13. 检修设备需试运(工作票交回，所列安全措施已拆除，可以试运)：请填写表 A.3-2。

表 A.3-2 检修设备试运

允许试运时间	工作许可人	工作负责人
月 日 时 分		
月 日 时 分		
月 日 时 分		

14. 检修设备试运后，工作票所列安全措施已全部执行，可以重新工作：请填写表 A.3-3。

表 A.3-3 检修设备试运后恢复工作

允许试运时间	工作许可人	工作负责人
月 日 时 分		
月 日 时 分		
月 日 时 分		

15. 工作终结：工作人员已全部撤离，现场已清理完毕。全部工作于____年____月____日____时____分结束。
工作负责人：____________ 工作许可人：____________
16. 备注：

A.4 水力自控工作票

水力自控工作票式样如下：

水力自控工作票(票样 A3 纸)

No. 编号：

1. 工作负责人(监护人)：__________ 班组：__________
2. 工作班成员：______________________________ 共____人
3. 工作地点：______________________________
4. 工作内容：______________________________
5. 计划工作时间：自____年____月____日____时____分至____年____月____日____时____分
6. 需要退出热工保护或自动装置名称：______________________________
7. 必须采取的安全措施：
8. 措施执行情况：请填写表 A.4-1。

表 A.4-1 措施执行情况

(1) 具体安全措施：	执行情况(√)

表 A.4-1（续）

(2) 运行值班人员补充的安全措施(工作许可人填写)：	
(3) 工作负责人执行的措施：	

工作票签发人：＿＿＿＿＿　　＿＿＿年＿＿月＿＿日＿＿时＿＿分。

工作票接收人：＿＿＿＿＿　　＿＿＿年＿＿月＿＿日＿＿时＿＿分。

9. 批准工作时间：自＿＿年＿月＿日＿时＿分至＿＿年＿月＿日＿时＿分。值长＿＿＿＿＿

10. 由运行人员负责的安全措施已全部执行，核对无误。

从＿＿年＿月＿日＿时＿分许可开始工作。

工作许可人：＿＿＿＿值长：＿＿＿＿＿工作负责人：＿＿＿＿

11. 工作负责人变更：自＿＿年＿月＿日＿时＿分原工作负责人离去，变更为＿＿担任工作负责人。

工作票签发人：＿＿＿＿值长：＿＿＿＿工作许可人：＿＿＿＿

12. 工作票延期：有效期延长到＿＿年＿月＿日＿时＿分

工作负责人：＿＿＿＿值长＿＿＿＿＿工作许可人：＿＿＿＿＿

13. 检修设备需试运(工作票交回，所列安全措施已拆除，可以试运)：请填写表 A.4-2。

表 A.4-2　检修设备试运

允许试运时间	工作许可人	工作负责人
月　日　时　分		
月　日　时　分		
月　日　时　分		

14. 检修设备试运后，工作票所列安全措施已全部执行，可以重新工作：请填写表 A.4-3。

表 A.4-3　检修设备试运后恢复工作

允许试运时间	工作许可人	工作负责人
月　日　时　分		
月　日　时　分		
月　日　时　分		

15. 工作结束：工作人员已全部撤离，现场已清理完毕。

全部工作于＿＿年＿月＿日＿时＿分结束。工作负责人：＿＿＿＿＿工作许可人：＿＿＿＿＿

16. 备注：

A.5　工作票安全措施附页

工作票安全措施附页式样如下：

工作票安全措施附页(票样　A4 纸)

1. 必须采取的安全措施填表 A.5-1。

表 A.5-1　必须采取的安全措施

班组：__________　　　　　　　　　　　　工作票编号：

必须采取的安全措施：	措施执行情况：

工作票签发人：____________

2. 运行值班人员补充的安全措施填表 A.5-2。

表 A.5-2　运行值班人员补充的安全措施

运行值班人员补充的安全措施：	补充措施措施执行情况：

工作负责人：________　工作许可人：________　值班负责人：__________

第____页　共____页

A.6　热机检修工作停送电联系单

A.6.1　热机检修工作停电联系单见表 A.6-1。

表 A.6-1　热机检修工作停电联系单

编号...............

工作票号		值长(单元长)	
停电设备 名称(包括应拉开的开关、刀闸和保险等)			
热机申请人(班长)		电气接受人(班长)	
申请停电时间	.... 月...............日 .... 时...............分	停电措施 执行完时间	.... 月...............日 .... 时...............分
停电措施执行人		已通知热机负责人	.... 月...............日 .... 时...............分

A.6.2 热机检修工作送电联系单见表 A.6-2。

表 A.6-2 热机检修工作送电联系单

编号...............

工作票号		值长(单元长)	
送电设备名称			
热机申请人(班长)		电气接受人(班长)	
申请送电时间	.... 月...............日 .... 时...............分	送电完毕时间	.... 月...............日 .... 时...............分
送电措施执行人		已通知热机负责人	.... 月...............日 .... 时...............分

附 录 B
（规范性附录）
储油罐防火间距

B.1 油罐区内油罐壁间的防火距离

油区内油罐壁间的防火距离见表 B.1。

表 B.1 油区内油罐壁间的防火距离

	地上式	半地下式	地下式
易燃油（闪点 45 ℃以下）	*D*	0.75*D*	0.5*D*
可燃油（闪点 45 ℃以上）	0.75*D*	0.5*D*	0.4*D*

注 1：*D* 为两相邻油罐中较大的油罐直径（m）。

注 2：不同性质的燃油，不同形式油罐之间的防火间距，应采用上列数值中的较大值。

注 3：浮顶油罐之间或闪点大于 120 ℃的可燃油罐之间的防火间距，可按上列数据的规定减少 25%。

注 4：直径大于 30 m 的地下易燃油罐之间的防火间距为 15 m；直径大于 25 m 的地下可燃油罐之间的防火间距为 10 m。

B.2 易燃油、可燃油的储罐与周围建筑物的防火间距

易燃油、可燃油的储罐与周围建筑物的防火间距见表 B.2。

表 B.2 易燃油、可燃油的储罐与周围建筑物的防火间距

名称	一个油罐区的总储量/m^3	防火间距/m 耐火等级 一、二级	三级	四级
易燃油	1～50	12	15	20
	51～200	15	20	25
	201～1 000	20	25	30
	1 001～5 000	25	30	40
可燃油	5～250	12	15	20
	251～1 000	15	20	25
	1 001～5 000	20	25	30
	5 001～25 000	25	30	40

注 1：防火间距应从距建筑物最近的储罐外壁算起，但防火堤外侧基脚线至建筑物的距离应不小于 10 m。

注 2：浮顶油罐或闪点大于 120 ℃的可燃油罐与建筑物的防火间距，可按表中的规定减少 25%。

注 3：一个单位如有几个储罐区时，储罐区之间的防火间距应不小于表中相应储量四级建筑的较大值。

附 录 C
（资料性附录）
起重设备检验与试验

C.1 桥式、龙门式和高架起重机等进行静力试验时，其构架的挠曲度要求

手动起重机≯1/400 跨距长度；

电动起重机≯1/700 跨距长度；

电动高架起重机≯1/500 跨距长度。

挠曲度的测量，可用水平仪。在静力试验中，如发现构架有残余变形，应查明和消除引起变形的原因；否则，起重机不应使用。

C.2 利用吊车起吊重物时，拴系物件的绳索所承受的拉力可按下面公式计算：

$$S=\frac{Q}{M\times\cos\alpha}$$

式中：

S——每根绳索的拉力，N；

Q——起吊荷重，N；

M——拴系的绳索分支根数；

α——拴系的绳索与垂直方向所成的角度。

在任何情况下，绳索中的最大工作拉力不应超过它的最大容许拉力。

C.3 钢丝绳的安全系数如下：

a） 用于固定起重设备的拖拉绳——3.5；

b） 用于人力开动的起重设备——4.5；

c） 用于机器动力的起重设备——5～6；

d） 用以绑扎起重物的绑扎绳——10；

e） 用于载人的升降机——14。

钢丝绳的工作荷重＝抗拉强度安全系数

C.4 钢丝绳报废、换新或截除的规定：

a） 起重机械钢丝绳在一个节距（每股钢丝绳绕绳一周的轴向长度）中，有下表 C.1 内的断丝根数者应报废。

表 C.1 起重机械钢丝绳在一个节距断丝根数

最初的安全系数	钢丝绳的结构							
	6×19＝114＋1		6×37＝222＋1		6×61＝366＋1		18×19＝342＋1	
	逆捻	顺捻	逆捻	顺捻	逆捻	顺捻	逆捻	顺捻
小于 6	12	6	22	11	36	18	36	18
6～7	14	7	26	13	38	19	38	19
大于 7	16	8	30	15	40	20	40	20

b） 钢丝绳中有断股者应报废。

c） 钢丝绳的钢丝磨损或腐蚀达到及超过原来钢丝直径的 40％时，或钢丝绳受过严重火灾或局部电火烧过时，应立即报废。

d) 钢丝绳压扁变形及表面起毛刺严重者应换新。

e) 钢丝绳的断丝数量不多，但断丝增加很快者应换新。

f) 钢丝绳受冲击负荷后，该段钢丝绳较原来的长度延长达到或超过 0.5%者，应将该段钢丝绳切去。

C.5 钢丝绳转弯使用卡子的规定。

C.6 钢丝绳转弯的一头应用卡子(螺丝卡箍)夹牢，使用卡子的个数应符合表 C.2 规定。

表 C.2 钢丝绳转弯使用卡子的个数

钢丝绳直径/mm	8.8	11	13	17.5	19.5	24	28	32.5
卡子个数	3	3	3	3	3	3	4	4
两卡子间距离/mm	70	80	100	120	140	160	200	230

C.7 环绳结合段的长度应符合表 C.3 规定，双头绳索的结合段长度应符合表 C.4 规定。

表 C.3 环绳结合段的长度

钢丝绳直径/mm	每一结合段长度/mm	环绳长度/m	钢丝绳的长度/m
19.5	400	8	16.5
19.5	400	10	20.5
22	450	8	16.5
22	450	12	24.5
25	500	8	16.5
25	500	12	24.5
30	750	10	21.5
30	750	15	31.5

表 C.4 双头绳索的结合段长度

钢丝绳直径/mm	每一结合段长度/mm	绳头长度/mm
12	300	300
16	350	400
19	400	500
22	450	600
25	500	700
30	600～800	800

C.8 环绳的允许荷重与其张开角度的关系(见表 C.5)。

表 C.5 环绳的允许荷重与其张开角度的关系

环绳角度	0°	45°	60°	90°	120°
容许荷重/%	100	97	86	70	50

C.9 起重工具检查和试验周期及质量要求(见表C.6)。

表C.6 起重工具检查和试验周期、质量要求

编号	工具名称	检查与试验质量标准	检查与试验周期
1	白棕绳	检查:绳子光滑、干燥无磨损现象。 试验:以2倍容许工作荷重进行10 min的静力试验,不应有断裂和显著的局部延伸	1个月检查1次 1年试验1次
2	钢丝绳(起重用)	检查: (1) 接扣可靠,无松动现象; (2) 钢丝绳无严重磨损现象; (3) 钢丝绳断裂根数在规程规定限度以内。 **注:** 非经常使用的钢丝绳(如吊汽缸及转子专用的钢丝绳)在使用前应进行检查。 试验:以2倍容许工作荷重进行10 min的静力试验,不应有断裂及显著的局部延伸现象	1个月检查1次 1年试验1次
3	铁 链	检查: (1) 链节无严重锈蚀,无磨损; (2) 链节无裂纹。 试验:以2倍容许工作荷重进行10 min的静力试验,链条不应有断裂、显著的局部延伸及个别链节拉长等现象	1个月检查1次 1年试验1次
4	链式起重机	检查: (1) 链节无严重锈蚀及裂纹,无打滑现象; (2) 齿轮完整,轮杆无磨损现象,开口销完整; (3) 撑牙灵活能起煞车作用; (4) 撑牙平面垫片有足够厚度,加荷重后不会拉滑; (5) 吊钩无裂纹变形; (6) 润滑油充分。 试验: (1) 新安装的或经过大修的,以1.25倍容许工作荷重进行10 min的静力试验后,以1.1倍容许工作荷重作动力试验,制动效能应良好,且无拉长现象; (2) 一般的定期试验,以1.1倍容许工作荷重进行10 min的静力试验	1个月检查1次 1年试验1次
5	滑车(绳子葫芦)	检查: (1) 葫芦滑轮完整灵活; (2) 滑轮杆无磨损现象,开口销完整; (3) 吊钩无裂纹、变形; (4) 综绳光滑无任何断裂现象(如有损伤须经详细鉴定); (5) 润滑油充分。 试验: (1) 新安装的或经过大修的以1.25倍容许工作荷重进行10 min的静力试验后,以1.1倍容许工作荷重作动力试验,不应有裂纹、显著局部延伸现象; (2) 一般的定期试验,以1.1倍容许工作荷重进行10 min的静力试验	1个月检查1次 1年试验1次
6	夹头、卡环等	检查:丝扣良好,表面无裂纹。 试验:以2倍容许工作荷重进行10 min的静力试验	1年检查1次 1年试验1次

表 C.6（续）

编号	工具名称	检查与试验质量标准	检查与试验周期
7	电动及机动绞车	检查： (1) 齿轮箱完整，润滑良好； (2) 吊杆灵活，铆接处螺丝无松动或残缺； (3) 钢丝绳无严重磨损现象，断裂根数在规程规定范围以内； (4) 吊钩无裂纹变形； (5) 滑轮滑杆无磨损现象； (6) 滚筒突缘高度至少应比最外层绳索的表面高出该绳索的一个直径。吊钩放至最低位置时，滚筒上至少剩有 5 圈绳索，绳索固定点良好； (7) 机械转动部分防护罩完整，开关及电动机外壳接地良好； (8) 卷扬限制器在吊钩升起距起重构架 300 mm 时自动停止； (9) 荷重控制器动作正常； (10) 制动器灵活良好。 试验： (1) 新安装的或经过大修的以 1.25 倍容许工作荷重升起 100 mm 进行 10 min 的静力试验后，以 1.1 倍容许工作荷重作动力试验，制动效能应良好，且无显著的局部延伸； (2) 一般的定期试验，以 1.1 倍容许工作荷重进行 10 min 静力试验	6 个月检查 1 次 (3) 使用前应进行检查 (7)(8)(9)(10) 1 个月试验检查 1 次 1 年试验 1 次
8	桥型起重机	检查：仔细检查整部起重设备及其各个部件 (一) 保险及防护装置 (1) 卷扬限制器在吊钩升起距起重构架 300 mm 时自动停止； (2) 车轨末端行程限制器作用灵活； (3) 荷重控制器动作正常； (4) 煞车灵活； (5) 齿轮、轴上螺栓、销键、靠背轮、煞车盘防护罩牢固完整。 (二) 起重机部件 (1) 钢丝绳无严重磨损现象，断裂根数在规程规定范围以内； (2) 吊钩无裂纹及变形，销子及滚珠轴承良好； (3) 滚筒突缘高度至少比最外层绳索表面高出该绳索的一个直径。吊钩放在最低位置时，滚筒上至少剩有 5 圈绳索，绳索固定点良好； (4) 齿轮箱良好，轴承无严重磨损； (5) 葫芦链节无严重锈蚀裂纹，齿轮完整，轮杆无磨损现象，撑牙灵活； (6) 起重机及电动机开关外壳接地良好。 试验： (1) 新安装的或经过大修的吊车应进行静力试验，以 1.25 倍容许工作荷重，悬吊 10 min，检查整个起重设备的状况和部件，并测量构架挠曲度； (2) 一般的定期试验以 1.1 倍容许工作荷重进行 10 min 的静力试验	(一) 1 年试验检查 1 次 (二) 结合大、小修进行检查 定期试验：常用的 1 年进行 1 次；不常用的，3 年进行 1 次

表 C.6（续）

编号	工具名称	检 查 与 试 验 质 量 标 准	检查与试验周期
9	千斤顶	检查： (1) 顶重头形状能防止物件的滑动； (2) 螺旋或齿条千斤顶，防止螺杆或齿条脱离丝扣的装置良好； (3) 螺纹磨损率不超过 20%； (4) 螺旋千斤顶，自动制动装置良好。 试验： (1) 新安装的或经过大修的，以 1.25 倍容许工作荷重进行 10 min 的静力试验后，以 1.1 倍容许工作荷重作动力试验，结果不应有裂纹、显著局部延伸现象； (2) 一般的定期试验，以 1.1 倍容许工作荷重进行 10 min 的静力试验	1 年试验 1 次
10	吊 钩	检查： (1) 无裂纹或显著变形； (2) 无严重腐蚀、磨损现象。 试验：以 1.25 倍容许工作荷重进行 10 min 的静力试验，用放大镜或其他方法检查，不应有残余变形，裂纹及裂口	1 年试验 1 次
11	安全带	检查： (1) 绳索无脆裂断股现象； (2) 皮带各部接扣及铆接处完整牢固。 试验：以 225 kg 重物悬吊 5 min，无损伤或局部延伸现象	1 个月检查 1 次 6 个月试验 1 次

注 1：新的起重设备和工具，容许在设备证件发出日起 12 个月内不需重新试验。

注 2：一切机械和设备在大修后必须试验而不受规定试验期限的限制。

注 3：各项试验结果应作记录。

附 录 D
（资料性附录）
工具的分类

工具按电击保护方式分为：

D.1 Ⅰ类工具

工具在防止触电的保护方面不仅依靠基本绝缘，而且它还包含一个附加的安全预防施，其方法是将可触及的可导电的零件与已安装的固定线路中的保护（接地）导线连接起来，以这样的方法来使可触及的可导电的零件在基本绝缘损坏的事故中不成为带电体。

D.2 Ⅱ类工具

工具在防止触电的保护方面不仅依靠基本绝缘，而且它还提供例如双重绝缘或加强绝缘的附加安全预防措施，没有保护接地或依赖安装条件的措施。

Ⅱ类工具分绝缘外壳Ⅱ类工具和金属外壳Ⅱ类工具。

Ⅱ类类应在工具的明显部位标有Ⅱ类结构符号。

D.3 Ⅲ类工具

工具在防止触电的保护方面依靠由安全特低电压供电和在工具内部不会产生比安全特低电压高的电压。

ICS 01.020
A 22

中华人民共和国国家标准

GB/T 26165—2010

经济贸易展览会　术语

Trade exhibition—Terminology

2011-01-14 发布　　2011-05-01 实施

中华人民共和国国家质量监督检验检疫总局
中国国家标准化管理委员会　发布

前　言

本标准的附录A为资料性附录。

本标准由全国会展业标准化技术委员会提出并归口。

本标准主要起草单位：上海市标准化研究院、上海市国际展览有限公司。

本标准主要起草人：陈先进、杨洁明、马娜、陆韧、晏绍庆、张丽萍、徐知国、谢龙生、庄妍。

经济贸易展览会　术语

1　范围

本标准给出了经济贸易展览会活动的常用术语和定义。

本标准适用于经济贸易展览会及相关领域的活动。

2　术语

2.1　展览类型

2.1.1

展览[会]　**exhibition**;fair

博览会

〈展览〉在一定地域空间和有限时间区间内举办的,以产品、技术、服务的展示、参观、洽谈和信息交流为主要目标的,有多人参与的群众性活动。

2.1.2

经济贸易展览会　**trade exhibition**;trade fair

以贸易、投资和经济合作等商务活动为主要功能的**展览会**(2.1.1)。

2.1.3

国际展览会　**international exhibition**;international exposition

境外参展商(2.3.7)不低于全部**参展商**(2.3.5)的10%,或者**境外观众**(2.3.12)不低于全部**观众**(2.3.9)的5%的**展览会**(2.1.1)。

2.1.4

出展　**out-bound exhibition**

以**参展商**(2.3.5)或展团的身份在境外参加或独立举办**展览会**(2.1.1)的行为。

2.2　展览场所

2.2.1

展览场所　**fairground**;venue

可供举办展览活动的场地及建筑物。

注:包括独立的永久性场地或建筑物,博物馆、图书馆等永久性场所为展览活动提供的专门场地,以及临时搭建的用于举办展览活动的场地。

2.2.2

展览场馆　**exhibition building**

展馆

场馆

以举办展览活动为主要功能的永久性建筑物。

2.2.3

地面承重　**floor load**;**loading capacity**

地面荷载

展馆(2.2.2)地面单位面积可承受的最大重量。

注:通常以吨/平方米为单位。

2.2.4

年场馆出租率　annual occupancy rate

展览场馆(2.2.2)在一个自然年度内实际出租的室内面积总和与其可供出租的室内面积总和的百分比。

2.2.5

主入口　main entrance

观众(2.3.9)进入展览区域的主要入口。

2.2.6

展台净面积　booth space;stand space

参展商(2.3.5)根据**参展合同**(2.5.5)有偿使用的**展台**(2.2.9)面积。

2.2.7

展览净面积　net exhibition space

展台净面积(2.2.6)之和。

2.2.8

展览总面积　gross exhibition space

展览会(2.1.1)实际用于展览活动的所有场地面积。

注：不包括餐饮区、办公区和仓储区。

2.2.9

展台　booth;stand

展览会(2.1.1)上用于展示活动的结构单元。

2.2.10

标准展台　package stand;shell scheme

标摊

展览场所(2.2.1)内主办(或承办)单位按统一样式和尺寸、采用统一材料搭建的**展台**(2.2.9)。

注：标准展台具备相同的基本配置,尺寸一般为 9 m^2、12 m^2、15 m^2。

2.2.11

光地　raw space

用于搭建**特装展台**(2.2.12)的展览场地。

2.2.12

特装展台　special design

特装

展览场所(2.2.1)内**标准展台**(2.2.10)以外的**展台**(2.2.9)。

2.2.13

楣板　fascia board

标准展台(2.2.10)上标有**参展商**(2.3.5)名称、机构标志和展台编号等有关信息的展板。

2.3　展览相关方

2.3.1

主办单位　organizer;sponsor

策划、运营**展览会**(2.1.1),拥有并对展览活动承担主要责任的组织。

2.3.2

承办单位　co-organizer

受**主办单位**(2.3.1)委托,承担、协助、参与**展览会**(2.1.1)策划或运营的组织。

2.3.3

协办单位　cooperator

协助主办(或承办)单位举办**展览会**(2.1.1)的组织。

2.3.4

支持单位　supporter

向**展览会**(2.1.1)或其相关活动提供有效资源的组织。

2.3.5

参展商　exhibitor

签订**参展合同**(2.5.5),履行合同义务,拥有**展台**(2.2.9)使用权,展示产品、技术和服务的组织。

2.3.6

境内参展商　domestic exhibitor

合法注册地在中华人民共和国境内的**参展商**(2.3.5),外商独资企业除外。

2.3.7

境外参展商　overseas exhibitor

境内参展商(2.3.6)以外的**参展商**(2.3.5)。

2.3.8

国家展团　national pavilion;national participation

由国家有关部门或其委托的机构组织的,代表该国家参展的展览团。

2.3.9

观众　visitor;attendee

展览会(2.1.1)展出期间,参观**展览会**(2.1.1)的人员。

注:不包括**主办单位**(2.3.1)、**场馆**(2.2.2)方、服务商、**参展商**(2.3.5)的工作人员。

2.3.10

专业观众　trade visitor

展览会(2.1.1)展出期间,出于收集信息、采购洽谈、联络**参展商**(2.3.5)等专业或商业目的参加**展览会**(2.1.1)的**观众**(2.3.9)。

2.3.11

境内观众　domestic visitor

登记且有效的通信地址及身份证明均为境内的**观众**(2.3.9)。

2.3.12

境外观众　overseas visitor

登记且有效的通信地址或身份证明为境外的**观众**(2.3.9)。

2.3.13

展览服务商　exhibition service provider;vender

为**展览会**(2.1.1)提供服务的组织。

注:展览服务商提供的服务可包括**展台**(2.2.9)搭建、**展品运输**(2.4.6)、广告代理、**观众登记**(2.4.11)、会务、餐饮服务等。

2.3.14

主场服务商　official service provider

由主办(或承办)单位指定并委托,为**参展商**(2.3.5)提供**现场服务**(2.4.7)的组织。

2.3.15

展览经理　show manager

有权力和责任带领项目团队、管理展览项目并达到项目目标的负责人。

2.4　展览有关活动

2.4.1

招商　visitor promotion

〈展览〉邀请可能成为**观众**(2.3.9)的个人或团体参加**展览会**(2.1.1)的活动。

2.4.2

招展　exhibitor promotion;exhibition acquisition

邀请可能成为**参展商**(2.3.5)的组织参加**展览会**(2.1.1)的活动。

2.4.3

商务配对　match making

主办(或承办)单位举办的、由**参展商**(2.3.5)和**专业观众**(2.3.10)参加的对口洽谈活动。

2.4.4

布展　move-in;build up

展览会(2.1.1)开幕前为展出所进行的现场准备活动。

2.4.5

撤展　move-out;tear down

展览会(2.1.1)闭幕后的现场清理活动。

2.4.6

展品运输　freight forwarding

会展物流服务商受**参展商**(2.3.5)委托将**展品**(2.6.1)从指定地点运至**展台**(2.2.9),或由**展台**(2.2.9)运回指定地点的活动。

2.4.7

现场服务　on-site service

展览会(2.1.1)期间,主办(或承办)单位和**展览服务商**(2.3.13)在**展览场所**(2.2.1)向**参展商**(2.3.5)和**观众**(2.3.9)提供的各种服务。

2.4.8

技术交流会　technical seminar

〈展览〉**参展商**(2.3.5)在**展览会**(2.1.1)期间举办的,主题与其产品、技术和服务有关的会议。

2.4.9

技术研讨会　technical conference

〈展览〉主办(或承办)单位在**展览会**(2.1.1)期间举办的技术会议。

2.4.10

展品销售　sales of exhibits

在**展览会**(2.1.1)现场销售实物**展品**(2.6.1)的活动。

2.4.11

观众登记　visitor registration

观众(2.3.9)根据主办(或承办)单位的要求提供信息的活动。

2.4.12

观众统计　visitor demographic

对登记的**观众**(2.3.9)信息数据进行汇总、分类、计算和分析等的活动。

2.4.13

展览统计　exhibition statistics

收集**展览会**(2.1.1)相关数据、计算和分析**展览会**(2.1.1)各项技术指标的活动。

2.5　展览有关文件

2.5.1

展览批文　exhibition license

国家展览管理部门根据相关法律法规对**国际展览会**(2.1.3)项目进行审查并批准后发放的许可文件。

2.5.2

租馆合同　lease contract for exhibition space

展览场馆(2.2.2)与主办(或承办)单位签订的**展览场所**(2.2.1)租赁协议。

2.5.3

招展书　sales brochure

主办(或承办)单位编制的、推广和销售**展览会**(2.1.1)的文件。

2.5.4

参展申请表　space application;space form

主办(或承办)单位编制的、供目标展商预定**展台**(2.2.9)的文件。

2.5.5

参展合同　space contract

参展商(2.3.5)与主办(或承办)单位签订的**展台**(2.2.9)租赁协议。

2.5.6

展位平面图　floor plan

标示**展览场所**(2.2.1)出入口、通道、**展台**(2.2.9)分布和公共服务设施等信息的图。

2.5.7

展商手册　exhibitor manual

主办(或承办)单位编制的、指导**参展商**(2.3.5)参展的文件。

2.5.8

展前预览　show preview

展览会(2.1.1)开幕前向**观众**(2.3.9)介绍**展览会**(2.1.1)、**参展商**(2.3.5)和主要**展品**(2.6.1)信息的文件。

2.5.9

参观指南　show guide

介绍**展览会**(2.1.1)、**参展商**(2.3.5)和**展品**(2.6.1)等信息,指导**观众**(2.3.9)参观**展览会**(2.1.1)的文件。

2.5.10

展报　show daily

报道在**展览会**(2.1.1)期间有关参展、参观及其他活动信息的报刊。

2.5.11

胸卡　badge

展览会(2.1.1)期间进入展览区域的人员佩戴的、用于标示人员身份的卡片。

注:通常按**主办单位**(2.3.1)、**参展商**(2.3.5)、**观众**(2.3.9)、媒体、工作人员等区分。

2.5.12

会刊 **show directory**;exhibition catalogue

展览会(2.1.1)开幕前编制并在**展览会**(2.1.1)期间向特定对象发放的、关于**参展商**(2.3.5)及**其展品**(2.6.1)信息的文件。

2.5.13

展会报告 **show report**

主办(或承办)单位在**展览会**(2.1.1)闭幕后发布的关于**展览会**(2.1.1)情况的报告。

2.6 其他

2.6.1

展品 **exhibits**

参展商(2.3.5)在**展览会**(2.1.1)期间展示的产品、技术和服务。

2.6.2

参展规则 **terms and conditions**;rules and regulations

由主办(或承办)单位和**展览场馆**(2.2.2)制定的,**展览会**(2.1.1)相关方和人员应遵守的规则。

2.6.3

媒体日 **press day**

展览会(2.1.1)仅对媒体开放的展览日。

附 录 A
（资料性附录）
经济贸易展览会术语常用英语对应词表

为辅助对术语的理解和增进国际交流，表 A.1 给出了一些术语在首选对应词和许用对应词以外，被广泛使用的英语对应词。

表 A.1 术语常用英语对应词表

序号	术语编号	优先术语	英语对应词 1	英语对应词 2	英语对应词 3
1	2.1.1	展览[会]	show	expo	exposition
2	2.1.2	经济贸易展览会	trade exposition		
3	2.2.10	标准展台	package booth		
4	2.3.4	支持单位	supporting organization	endorsing organization	
5	2.3.6	境内参展商	national exhibitor	local exhibitor	
6	2.3.11	境内观众	national visitor		
7	2.3.12	境外观众	foreign visitor		
8	2.4.5	撤展	break down	dismantling	

索 引

汉语拼音索引

英文对应词索引

ICS 29.080.20
K 48

中华人民共和国国家标准

GB/T 26166—2010

±800 kV 直流系统用穿墙套管

Wall bushings for ±800 kV DC power systems

2011-01-14 发布　　　　2011-07-01 实施

中华人民共和国国家质量监督检验检疫总局
中国国家标准化管理委员会　发布

前　言

本标准的附录A为资料性附录。

本标准由中国电器工业协会提出。

本标准由全国绝缘子标准化技术委员会(SAC/TC 80)归口。

本标准负责起草单位:西安高压电器研究院有限责任公司、西安西电高压套管有限责任公司、南方电网技术研究中心、机械工业北京电工技术经济研究所、南京电气集团有限公司、苏州电瓷厂有限公司、西安西电变压器有限责任公司。

本标准参加起草单位:北京网联直流输电工程咨询有限公司、国网电力科学研究院、中国电力科学研究院、西安交通大学、清华大学、国家绝缘子避雷器质量监督检验中心、抚顺传奇雷诺尔套管有限公司等。

本标准主要起草人:李西育、吕金壮、党镇平、朱斌、黎小林、何平、陆洲、李希、罗兵、郭丽平。

本标准参加起草人:聂定珍、吴光亚、范建斌、彭宗仁、梁曦东、赵宇明、果岩、危鹏、宋伊力。

±800 kV 直流系统用穿墙套管

1 范围

本标准规定了±800 kV 直流系统用穿墙套管的特性和试验。

本标准适用于±800 kV 直流系统用穿墙套管，包括极母线穿墙套管、中点母线穿墙套管（每极双阀并有旁路开关时）、中性母线穿墙套管。

2 规范性引用文件

下列文件中的条款通过本标准的引用而成为本标准的条款。凡是注日期的引用文件，其随后所有的修改单（不包括勘误的内容）或修订版均不适用于本标准，然而，鼓励根据本标准达成协议的各方研究是否可使用这些文件的最新版本。凡是不注日期的引用文件，其最新版本适用于本标准。

GB/T 507—2002 绝缘油 击穿电压测定法（eqv IEC 156:1995）

GB/T 528—2009 硫化橡胶或热塑性橡胶 拉伸应力应变性能的测定（ISO 37:2005，IDT）

GB/T 529—2008 硫化橡胶或热塑性橡胶撕裂强度的测定（裤形、直角形和新月形试样）（ISO 34-1:1994，MOD）

GB/T 1408.1—2006 绝缘材料电气强度试验方法 第1部分：工频下试验（IEC 60243-1:1998，IDT）

GB/T 1408.2—2006 绝缘材料电气强度试验方法 第2部分：对应用直流电压试验的附加要求（IEC 60243-2:2001，IDT）

GB/T 1692—2008 硫化橡胶 绝缘电阻率的测定

GB/T 2900.1—2008 电工术语 基本术语

GB/T 2900.8—2009 电工术语 绝缘子（IEC 60050-471:2007，IDT）

GB/T 4109—2008 交流电压高于 1 000 V 的绝缘套管（IEC 60137:2008，MOD）

GB/T 5654—2007 液体绝缘材料 相对电容率、介质损耗因数和直流电阻率的测量（IEC 60247:2004，IDT）

GB/T 6553—2003 评定在严酷环境条件下使用的电气绝缘材料耐电痕化和蚀损的试验方法（IEC 60587:1984，IDT）

GB/T 7600—1987 运行中变压器油水分含量测定法（库仑法）

GB/T 11020—2005 固体非金属材料暴露在火焰源时的燃烧性试验方法清单（IEC 60707:1999，IDT）

GB/T 21429—2008 户外和户内电气设备用空心复合绝缘子 定义、试验方法、接收准则和设计推荐（IEC 61462:1998，MOD）

GB/T 22674—2008 直流系统用套管（IEC 62199:2004，MOD）

GB/T 23752—2009 额定电压高于 1 000 V 的电器设备用承压和非承压空心瓷和玻璃绝缘子（IEC 62155:2003，MOD）

GB/T 24623—2009 高压绝缘子无线电干扰试验（IEC 60437:1997，MOD）

GB/T 24622—2009 绝缘子表面湿润性测量导则（IEC 62073:2003，IDT）

GB/T 24624—2009 绝缘套管 油为主绝缘（通常为纸）浸渍介质套管中溶解气体分析（DGA）的判断导则（IEC 61464TR:1998，NEQ）

GB/T 26218.1—2009 污秽条件下使用的高压绝缘子的选择和尺寸确定 第1部分：定义、信息

和一般原则(IEC/TS 60815-1:2008,MOD)

3 术语和定义

GB/T 2900.1—2008、GB/T 2900.8 以及 GB/T 22674—2008、GB/T 4109—2008、GB/T 21429—2008 和 GB/T 23752—2009 所确立的术语和定义适用于本标准。

4 使用条件

4.1 概述

除非另有规定,符合本标准的套管应能够在 GB/T 4109—2008 规定的条件和额定值下运行,并汇总如下:

a) 环境空气温度按照 GB/T 4109—2008 表 3 的规定,特殊环境温度由供需双方协议;

b) 海拔不超过 1 000 m。海拔超过 1 000 m 时,应按照 GB/T 4109—2008 中的 5.2 校正;

c) 与绝缘材料接触的外部连接件和金属部件的温度和温升不应超过 GB/T 4109—2008 表 2 规定的范围;

d) 穿墙套管的户内部分外表面上不应出现凝露,否则应通风或加热;

e) 套管安装角度:套管轴线与水平方向呈 0°～30°。

4.2 影响设计、试验和应用的因素

影响设计、试验和应用的因素见 GB/T 22674—2008 中的 5.2。

5 技术要求

5.1 一般要求

套管应符合 GB/T 22674—2008 和本标准规定的要求。主要技术参数如表 1 所示。额定电流标准值从以下值中优选:3 150 A、4 000 A、5 000 A、6 300 A。

5.2 机械应力要求

直流穿墙套管应能承受由直流电流、谐波电流和冲击电流等产生的机械应力,其值根据具体工程参数计算确定或由供需双方协议。

5.3 安装及接地部分相关尺寸

直流穿墙套管的安装尺寸、接线位置等应经供需双方协议。

供方可根据需方要求,在直流穿墙套管的设计结构上考虑加装电流互感器的位置。

5.4 套管用空心绝缘子

套管用空心瓷绝缘子应符合 GB/T 23752—2009,套管用空心复合绝缘子应符合 GB/T 21429—2008。

注:直流绝缘子选择和尺寸确定的有关技术规范正在制定中。空心绝缘子的选用可参照 IEC 60815-1:2008 以及正在制定的 IEC 60815-4 和 IEC 60815-5。

所用空心复合绝缘子的伞套材料应满足下列要求:

a) 体积电阻率≥1×10^{12} Ω·m;

b) 击穿强度≥30 kV/mm;

c) 耐电痕化及蚀损不低于 TMA4.5 级;

d) 机械抗撕裂强度≥10 kN/m;

e) 机械拉伸强度≥4.0 MPa;

f) 扯断伸长率≥150%;

g) 湿润性等级 WC1～WC2;

h) 阻燃性 FV-0 级。

5.5 运行检测装置

套管应设有相应的运行监测装置,如气体压力监视装置(对气体绝缘套管)、油样抽取点(对于油纸

绝缘套管)、测量抽头等。

表 1 ±800 kV 直流系统用穿墙套管主要技术参数

项目		技术参数		
额定电压/kV		±800	±400	±100
额定持续电压/kV		±816	±408	±50/80AC(峰值)
雷电冲击耐受电压/kV ≥		1 950	1 175	450
操作冲击耐受电压/kV ≥		1 600	950	325
无线电干扰水平(±900 kV 下)/μV ≤		2 000	2 000	2 000
额定弯曲耐受负荷/N ≥[a]	户内	1 500	1 500	1 500
	户外	1 500	1 500	1 500
统一爬电比距/(mm/kV)	户内	22.0		
	户外	27.8		
		34.7		
		43.3		
		53.7		
[a] 为典型工程值,必要时可由供需双方协议。				

6 试验

6.1 试验一般要求

试验可按照 GB/T 22674—2008、GB/T 4109—2008,以及 GB/T 21429—2008 和 GB/T 23752—2009 的相关规定进行。除非供需双方协商一致,操作冲击耐受电压试验、温升试验、机械试验和特殊试验应该在尽可能接近套管实际安装角度的情况下进行。

6.2 试验项目

6.2.1 型式试验

型式试验试品应在逐个试验合格后的产品中随机抽取,数量 1 只。在型式试验中,套管将承受比实际运行时高的负荷,试验中不应出现任何损伤。

型式试验包括:

a) 1 min 工频干耐受电压试验及局部放电量测量;
b) 雷电冲击干耐受电压试验;
c) 操作冲击干或湿耐受电压试验;
d) 温升试验;
e) 悬臂负荷耐受试验;
f) 充液体、充混合物和液体绝缘套管的密封试验;
g) 充气、气体绝缘和浸气套管的内压力试验;
h) 尺寸检查;
i) 复合伞套材料试验;
j) 热短时电流耐受试验;
k) 无线电干扰电压试验。

注:a)项~h)项和 GB/T 22674—2008 相同,i)项~k)项为本标准列入的试验项目。

6.2.2 逐个试验

除非供需双方另有协议,适用时试验应按以下顺序对每只套管逐只进行:

a) 介质损耗因数(tanδ)和电容量测量;
b) 雷电冲击干耐受试验;
c) 工频干耐受电压试验;
d) 重复测量介质损耗因数(tanδ)和电容量;
e) 直流耐受电压下的局部放电量的测量;
f) 极性反转试验下的局部放电量测量;
g) 介质损耗因数(tanδ)和电容量的重复测量;
h) 抽头绝缘试验;
i) 充气、气体绝缘和浸气套管的内压力试验;
j) 充液体、充混合物和液体绝缘套管的密封试验;
k) 充气、气体绝缘和浸气套管的密封试验;
l) 法兰或其他装配件的密封试验;
m) 外观和尺寸检查。

注:所有试验项目和 GB/T 22674—2008 相同。

6.2.3 特殊试验

由供需双方协商确定特殊试验的可行性、试验方案。

特殊试验包括以下内容:

——污秽条件下的人工淋雨试验;
——人工污秽试验;
——均匀淋雨直流电压试验;
——不均匀淋雨直流电压试验。

6.2.4 现场交接试验

现场交接试验应在套管安装现场进行。试验包括:

——外观检查;
——套管主绝缘的绝缘电阻测量;
——测量端子的绝缘电阻测量;
——套管主绝缘的 tanδ 和电容量测量;
——末屏对地的 tanδ 测量;
——套管渗漏检查;
——套管中油样性能(油中水分含量、介质损耗、击穿电压)测量和油中气体分析。

注:安装现场和试验室环境不同,相关测量结果可能存在差异。

7 试验方法和结果判定

7.1 型式试验

本标准中 6.2.1a)项~h)项试验按照 GB/T 22674—2008 第 8 章;j)项试验按照 GB/T 4109—2008 中 8.8i)项复合伞套材料以及 k)项试验按以下方法进行。

7.1.1 体积电阻率试验

应按 GB/T 1692—2008 规定的试验方法测量硅橡胶材料的体积电阻率,其值应≥10^{12} Ω·m。

7.1.2 直流介电强度试验

a) 试品的准备:试品厚度为(2±0.1)mm,其余应符合 GB/T 1408.1—2006 和 GB/T 1408.2—2006 的要求。
b) 试验装置与程序:试验采用直流电压,电源的纹波系数应不大于 5%。试验程序参照 GB/T 1408.1—2006 进行。对 5 个试品分别进行直流介电强度试验。

c) 试验的判定：每个试品的直流介电强度应不小于 30 kV/mm。

7.1.3 耐电痕化和蚀损试验

a) 试品准备：试品以 5 个为一组，同时进行试验。每个试品的尺寸为 120 mm×50 mm×6 mm。试品的配方及硫化温度应与伞套相同。若伞与护套的配方及硫化温度不同，则应分别进行本项试验。

b) 试验装置：本项试验按照 GB/T 6553—2003，采用斜面法进行试验。试验装置应能提供+4.5 kV 的直流电压，且在进行试验时，当高压侧流过持续 0.5 s 的 60 mA 电流时，试验装置的输出电压降应不大于 5%。流过试品表面的污液流量为(0.2±0.05)mL/min。

c) 试验程序：按照 GB/T 6553—2003 规定的方法安装试品。试验采用 GB/T 6553—2003 的方法 1：恒定电痕化电压法，对试品施加+4.5 kV 的直流电压，并提供污液，持续 6 h。试验前后应测量流过每只试品的污液流量及总量，并记录每只试品的试验时间。流过试品的污液不得循环使用。

d) 试验的判定：试验判定按照 GB/T 6553—2003 规定，且电蚀损深度均不大于 2.5 mm。

7.1.4 机械抗撕裂强度试验

应按照 GB/T 529—2008 规定的方法测定绝缘子用伞套材料的机械抗撕裂强度，其值应不小于 10 kN/m(直角形试样)。

7.1.5 机械拉断强度试验

应按照 GB/T 528—2009 规定的方法测定绝缘子用伞套材料的机械拉断强度，其值应不小于 3.5 MPa。

7.1.6 拉断伸长率试验

应按照 GB/T 528—2009 规定的方法测定绝缘子用伞套材料的拉断伸长率，其值应大于 100%。

7.1.7 绝缘子表面憎水性测量与评价

绝缘子表面的憎水性评价包括伞套材料的憎水性、染污后憎水性的迁移特性、憎水性在一定条件下的下降以及恢复特性。

憎水性状态用静态接触角(θ_s)和憎水性分级(HC)来表示。

7.1.7.1 试品准备

试品的配方及硫化温度应与按正常工艺生产的绝缘子的伞套相同。

a) 接触角法测量时采用平板试品，试品面积为(30～50)cm^2，试品厚度(3～6)mm，试品数量为 3 个。

b) 喷雾法测量时采用平板或伞裙试品，面积(50～100)cm^2，试品数量为 5 个。

c) 清洁表面试品预处理：用无水乙醇清洗表面，然后用去离子水(或蒸馏水)冲洗，干燥后置于防尘容器内，在试验室环境条件下至少保存 24 h。

d) 试品涂污及憎水性迁移：清洁表面试品预处理后，应按照盐密和灰密(硅藻土)分别为 0.1 mg/cm^2、0.5 mg/cm^2 涂污，以使其表面暂时易被湿润。涂污后的试品置于试验室环境条件下的防尘容器内 4 天。

7.1.7.2 憎水性测量

应按照 GB/T 24622—2009 推荐的方法 A 接触角法和方法 C 喷雾法测量试品的憎水性。

7.1.7.3 试验判定

a) 伞套材料的憎水性：清洁试品表面的静态接触角 θ_s 的平均值应≥100°，最小值应≥90°，且憎水性分级应为 HC1 和 HC2(HC3 的试品不多于 1 个)。

b) 伞套材料憎水性在一定条件下的下降：在试验室环境条件下，将 5 片清洁试品置于盛有蒸馏水的玻璃容器中浸泡 96 h。蒸馏水应保证试品被完全浸没，其电导率小于 10 μS/cm。将试品取出后，甩掉表面的水珠，用滤纸吸干残余水分。然后任选 3 个试品，顺序测量其静态接触角 θ_s 及 HC 等级，其余两个试品仅测 HC 等级。每个试品的测量过程应在 10 min 内完成。试品的

静态接触角 θ_s 的平均值应≥90°，最小值应≥85°，且憎水性分级应为 HC3 和 HC4（HC5 的试品不多于 1 个）。

c) 憎水性在一定条件下的恢复特性：将 b）测量后的试品在实验室环境条件下静置 48 h。然后任选 3 个试品，顺序测量其静态接触角 θ_s 及 HC 值，其余两个试品仅测 HC 值。试品的静态接触角 θ_s 的平均值应≥95°，最小值应≥90°，且憎水性分级应为 HC2 和 HC3（HC4 的试品不多于 1 个）。

d) 染污后憎水性的迁移特性：任选 3 个按照 7.1.7.1d）涂污并放置 4 d 的试品，顺序测量其静态接触角 θ_s 及 HC 等级，其余两个试品仅测 HC 等级。试品的静态接触角 θ_s 的平均值应≥110°，最小值应≥100°，且憎水性分级应为 HC2 和 HC3（HC4 和 HC5 的试品不多于 1 个）。

7.1.8 阻燃性

阻燃性试验应按 GB/T 11020—2005 第 9 章方法进行，达到 FV-0 级。

7.1.9 无线电干扰电压试验

无线电干扰电压试验方法按照 GB/T 24623—2009 的规定进行，施加电压和无线电干扰水平应符合表 1 规定。

7.2 逐个试验

符合本标准的套管逐个试验应按照 GB/T 22674—2008 第 9 章进行。

7.3 特殊试验

依据供需双方的协议，只有在污秽（见 7.3.2）和表面均匀受潮（见 7.3.3）的条件下，套管直流绝缘的电气强度决定尺寸和绝缘设计的时候，才进行特殊试验。此外，在尽可能接近运行情况的特殊条件下，允许在穿墙套管上进行不均匀淋雨试验（见 7.3.4）。

注 1：当穿墙套管的固定法兰受建筑物墙壁屏蔽而形成干燥区时，其电气强度会受户外绝缘体表面的不均匀淋雨的影响。

注 2：穿墙套管表面的不均匀潮湿可以使套管发生闪络，该闪络电压比在污秽或均匀湿润表面下的湿试验时获得的电压更低。此外，由不均匀电压分布产生的局部冲击电流使套管的内绝缘承受了较高的电应力，从而使套管的局部受损。

7.3.1 污秽条件下的人工淋雨试验

污秽条件下的人工淋雨试验条件、试验方法和结果判定由供需双方协议。

7.3.2 人工污秽试验

人工污秽试验按照 GB/T 22674—2008 中 10.1 的规定进行。

7.3.3 均匀淋雨直流耐压试验

均匀淋雨直流耐压试验按照 GB/T 22674—2008 中 10.2 的规定进行。

7.3.4 不均匀淋雨直流耐压试验

不均匀淋雨直流耐压试验按照 GB/T 22674—2008 中 10.3 的规定进行。

7.4 现场交接试验

7.4.1 外观检查

外观检查应按照 GB/T 4109—2008 中 9.10 规定进行。

7.4.2 套管主绝缘的绝缘电阻测量

套管主绝缘的绝缘电阻应使用 5 000 V 兆欧表测量，主绝缘的绝缘电阻值应不低于 5 000 MΩ。

7.4.3 测量端子的绝缘电阻

套管测量端子的绝缘电阻应使用 2 500 V 兆欧表测量，测量端子的绝缘电阻应不低于 1 000 MΩ。

7.4.4 测量套管主绝缘的 tanδ 和电容量

在 10 kV 的试验电压下测量套管主绝缘的 tanδ，测量值应不大于 GB/T 4109—2008 表 5 规定。必要时，可根据制造厂商提供的曲线校正。tanδ 校正值应符合 GB/T 4109—2008 表 5 规定，并与出厂值比较不应有明显增长。电容式套管的实测电容值与产品铭牌数值或出厂试验值相比，其差值应小于±5%。

7.4.5 测量套管末屏对地的 tanδ

在 2 kV 的试验电压下测量套管末屏对地 tanδ，测量值应不大于 3%。

7.4.6 套管渗漏检查

充气、气体绝缘以及气体浸渍套管的年泄漏率应不大于 0.5%，检漏方法由供需双方协议。

对于充液体、充混合物以及液体绝缘套管，目测检查不应有可见渗漏。

7.4.7 油样性能测量

以油或油浸纸为主绝缘的套管，其油性能指标应符合表 2 的规定。

套管用油中水分含量测量按照 GB/T 7600—1987 进行。

套管用油介质损耗测量按照 GB/T 5654—2007 进行。

套管用油击穿电压试验按照 GB/T 507—2002 进行。

套管用油中气体测量及分析判断按照 GB/T 24624—2009 进行。

表 2 套管内油性能参考值

击穿电压 kV	tanδ，% (90 ℃)	含水量 mL/L	油中溶解气体含量/(μL/L)				
			乙炔	总烃	氢	一氧化碳	二氧化碳
≥60	≤0.4	≤0.01	<1.0	≤70	≤70	≤1 000	≤3 400
注：考虑到±800 kV 套管的重要性，油中溶解的乙炔、总烃和氢含量指标比 GB/T 24624—2009 要求减半。							

注：由于油样测量取样导致套管油量不足而需要补油时，所用的油应和套管原用油同标号、同产地，并进行混油试验，以免导致套管内油质下降。

8 铭牌

直流穿墙套管铭牌应牢固固定在明显可见的位置，所标示的项目内容应清晰，所用材料应能够耐受使用场所气候的影响，提供的信息按照 GB/T 22674—2008 中 6.2 的规定。

附 录 A
（资料性附录）
工程技术指标示例

表 A.1 为工程 A 用套管技术指标，表 A.2 为工程 B 用套管技术指标。

表 A.1 工程 A 用套管技术指标

项　　目	高压端套管	中性母线套管	低压端套管
外套材料	复合材料	复合材料	复合材料
标称直流电压/kV	±800	±400	±100
额定峰值电压/kV	816	408	50DC+80ACpk
额定电流/A	3 125	3 125	3 125
最大持续电流(户内≤50 ℃/户外≤40 ℃)/A	3 461	3 461	3 461
最大持续电流(户内≤50 ℃/户外≤25 ℃)/A	3 795	3 795	3 795
2 h 过载电流(户内≤50 ℃/户外≤25 ℃)/A	3 965	3 965	3 965
5 s 过载电流(户内≤50 ℃/户外≤40 ℃)/A	4 193	4 193	4 193
3 s 过载电流(户内≤50 ℃/户外≤25 ℃)/A	4 892	4 892	4 892
3 s 过载电流(户内≤50 ℃/户外≤35 ℃)/A	4 539	4 539	4 539
雷电冲击耐受电压(peak)/kV	1 950	1 175	450
操作冲击耐受电压(peak)/kV	1 600	950	325
外绝缘雷电冲击耐受电压(peak)/kV	2 103	1 300	450
外绝缘操作冲击耐受电压(peak)/kV	1 698	1 050	325
最小公称爬电比距(户外侧，复合外套)/(mm/kV)	45	45	45DC+25AC
最小爬电距离(户外侧)/mm	36 720	18 360	3 809
悬臂耐受负荷(户外侧)/N	1 500	1 500	1 500
悬臂耐受负荷(户内侧)/N	1 500	1 500	1 500
无线电干扰水平/μV	<2 500	<2 500	<2 500
脉冲个数(10 min 内局部放电水平>2 000 pC)	≤10	≤10	≤10

表 A.2 工程 B 用套管技术指标

项　　目	电　　压	
	800 kV 极线套管	400 kV 极线套管
额定电流/A	4 000	4 000
额定短时耐受电流(1 s，r. m. s)/kA	20	20
额定峰值耐受电流(peak)/kA	50	50
标称直流电压/kV	±800	±400
额定峰值电压/kV	816	408
直流耐受电压(2 h)/kV	1 224	612

表 A.2（续）

项目		电压	
		800 kV 极线套管	400 kV 极线套管
工频耐受电压(1 min 干、湿)/kV		857	430
雷电冲击耐受电压/kV		1 800	903
操作冲击耐受电压/kV		1 600	825
极性反转耐受电压/kV		1 020	510
悬臂耐受负荷		—	—
爬电比距(复合外绝缘)/(mm/kV)	户内	>14	>14
	户外	>45	>45

ICS 29.100.01
K 97

中华人民共和国国家标准

GB/T 26167—2010

电机专用设备检测方法

Inspection method for electrical machine of special equipment

2011-01-14 发布　　2011-07-01 实施

中华人民共和国国家质量监督检验检疫总局
中国国家标准化管理委员会　发布

前　言

本标准按照 GB/T 1.1—2009 给出的规则起草。

本标准由中国电器工业协会提出。

本标准由全国电工专用设备标准化技术委员会(SAC/TC 412)归口。

本标准起草单位:山东中际电工机械有限公司、芜湖电工机械有限公司、浙江巨龙自动化设备有限公司。

本标准主要起草人:王伟修、戚志平、张克清、陈昭明。

本标准是首次制定。

电机专用设备检测方法

1 范围

本标准规定了电机专用设备中的冲槽机及小型电机用槽绝缘插入机、绕线机、嵌线机、整形机、绑扎机的术语和定义、通用检测方法、专用检测方法。

本标准适用于电机专用设备中的冲槽机及小型电机用槽绝缘插入机、绕线机、嵌线机、整形机、绑扎机。

2 规范性引用文件

下列文件对于本文件的应用是必不可少的。凡是注日期的引用文件，仅注日期的版本适用于本文件。凡是不注日期的引用文件，其最新版本(包括所有的修改单)适用于本文件。

GB/T 2900.39 电工术语 电机、变压器专用设备

GB/T 16769 金属切削机床 噪声声压级测量方法

GB/T 23644 电工专用设备通用技术条件

JB/T 5349 冲槽机

JB/T 7634 定子槽绝缘插入机

JB/T 10486 嵌线机

JB/T 10487 串模绕线机

3 术语和定义

GB/T 2900.39 界定的术语和定义适用于本文件。

4 通用检测方法

4.1 环境适应性检测

空载运转性能试验前应进行设备工作环境、电压波动情况检测，检测工具是温度计、湿度计、电压表，检测结果应符合 GB/T 23644 的规定。

4.2 附件及工具检查

随设备提供的附件及工具应进行检查，检查结果应符合 GB/T 23644 的规定。

4.3 安全保护检测

4.3.1 绝缘电阻测量。用 500 V 及以上的绝缘电阻测试仪在电气控制装置带电回路与接地装置之间进行测量，测量结果应不小于 1 MΩ。

4.3.2 接地电阻测量。用接地电阻测试仪在电气控制装置主接地端子和装有电器的任何金属构件之

间进行测量，测量结果应不大于 0.1 Ω。

4.3.3 带有保护开关的安全防护装置应进行动作试验不少于 3 次。

4.3.4 其他项目进行目测，结果应符合 GB/T 23644 的规定。

4.4 外观质量检测

4.4.1 目测油、水、气、电等管、线路安装排列状况。

4.4.2 用常规量具测量接触面的错位量。

4.4.3 表面涂装颜色根据用户要求用样板对比，目测检查。

4.4.4 以上项目检测结果应符合 GB/T 23644 的规定。

4.5 轴承温升检测

空载运转性能试验运行 30 min 后，用精度等级不低于 0.5 的测温仪测量各轴承部位的工作温度，其温升不超过 35 K。

4.6 噪声检测

噪声检测应在设备正常工作条件下进行，检测方法按 GB/T 16769 的规定，检测结果应符合 GB/T 23644 的规定。

5 专用检测方法

5.1 冲槽机专用检测方法

5.1.1 主要零件加工精度应符合表 1 的规定。

表 1

检测项目	检测工具	检测方法	要　求
a) 机身工作台面的平面度误差	1. 等高支承 2. 可调量块 3. 平板	将三个等高支承置于工作台上相距最远的三点，再将平板置于等高支承上，在四周和对角线上，每 50 mm(不足 50 mm，按 50 mm 计)用可调量块测量一次，取最大读数差值	符合 JB/T 5349 的规定
b) 滑块下平面的平面度误差	1. 带指示器的测量架 2. 可调支承 3. 平板	装配前将滑块支承在平板上，调整被测平面最远处的三点，使其与平板等高。将指示器沿被测素线(滑块四周边)作直线移动，取最大读数差值	
c) 滑块模柄孔对 T 型槽的对称度误差	1. 芯轴 2. 塞尺 3. 卡板	在模柄孔中装入芯轴，将卡板卡住两端 T 型槽，用塞尺检查卡板与芯轴的距离；然后用卡板卡住 T 型槽的另一边，再用塞尺检查卡板与芯轴的距离，取最大差值	

5.1.2 装配质量检测应符合表2的规定。

表2

检测项目	检测工具	检测方法	要求
a) 滑块行程偏差	高度游标卡尺	用高度游标卡尺测量,取标准值与测量值之差值	符合JB/T 5349的规定
b) 最大封闭高度偏差		滑块处于下止点,调节螺杆使滑块调至最高位置,用高度游标卡尺测量滑块底面到工作台面的距离,取标准值与测量值之差	
c) 封闭高度调节量偏差		用高度游标卡尺测量,取标准值与测量值之差	
d) 滑块每分钟最高行程次数偏差	秒表	用秒表计时,取标准值与测量值之差	
e) 导轨与机身的固定结合面	塞尺	用塞尺测量	
f) 镶钢导轨面与滚动块的接触面积	红丹粉	涂色检查	
g) 分度齿轮的接触面积			
h) 飞轮圆跳动误差	精度为0.01 mm百分表	用百分表测量,取指示器的最大读数差值	
i) 气动系统	泡沫剂	用泡沫剂涂试	
j) 润滑系统	—	目测	
k) 滑块下平面对工作台面平行度误差	带有指示器的测量架	在最大封闭高度进行检测,将带指示器的测量架放在工作台的平尺上,指示器的测头触及滑块下平面,按纵向和横向两个方向进行检测,取相邻两端点的最大读数差值	
l) 滑块行程对工作台面的垂直度误差	1. 角尺 2. 带指示器的测量架	在任意封闭高度进行检验,将角尺放在工作台上的平尺上,带指示器的测量架紧固在滑块上,指示器测头触及角尺测量面。滑块向下运行时,按纵向和横向两个方向进行检测,取最大读数差值	
m) 分度轴孔的径向圆跳动误差	带指示器的测量架	将带指示器的测量架紧固在分度座上,指示器测头垂直触及分度轴孔表面,分度轴旋转一周,取指示器的最大读数差值	
n) 分度轴中心和滑块模柄孔中心连线与分度座导轨平行度误差		在工作台上固定一平尺,使其测量面与滑块模柄孔中心和分度轴中心的连线平行。将指示器固定在分度座上,使测头触及平尺测量面,分度座距滑块最大位置向最小位置移动,取指示器的最大读数差值	

表 2（续）

检测项目	检测工具	检测方法	要　求
o）分度座每进给 2 mm 时的偏差	带指示器的测量架	将带指示器的测量架固定在工作台面上，指示器测头触及分度座。分度座按进给程序进给 2 mm，在任意位置，反复测量三次，取指示器的最大读数与理论进给值之差	
p）模架每进给 2 mm 时的偏差		将带指示器的测量架固定在工作台面上，指示器测头触及模架表面。模架按进给程序进给 2 mm，在任意位置，反复测量三次，取指示器的最大读数与理论进给值之差	

5.1.3　空载运转性能试验

设备装配完毕后，应进行整机联动空载运转性能试验，试验时间不少于 2 h。试验应从最低冲次开始，逐步升高。试验时观察设备运行的平稳性、动作的灵活性，其结果应符合 JB/T 5349 的规定。

5.1.4　负载运转性能试验

空载运转性能试验合格后，按设备的技术规程进行负载运转性能试验。

a）按用户提供的冲片和要求及产品说明书中的冲片直径、冲槽数选择规定的冲次试验，试验片数不少于 3 片，其结果应符合 JB/T 5349 的规定。

b）对冲片加工精度进行检测，检测项目和结果应符合表 3 的规定。

表 3

检测项目	检测工具	检测方法	要　求
a）槽孔在圆周上的分度误差	精度为 0.02 mm 游标卡尺	用游标卡尺逐槽测量槽间距并记录，取最大读数差值	符合 JB/T 5349 的规定
b）槽孔对定位孔的径向圆跳动误差	精度为 0.01 mm 千分尺	用千分尺逐槽测量槽底到定位孔表面的距离，取最大读数差值	
c）同批冲片槽孔分布直径的变动量		同批冲片中抽取任两张冲片，用千分尺测量任意同名槽的槽底到定位表面的距离，取最大读数差值	

5.2　小型电机用槽绝缘插入机专用检测方法

5.2.1　主要零部件精度检测应符合表 4 的规定。

表 4

检测项目	检测工具	检测方法	要　求
a）成形模槽形表面、冲头成形表面和切纸刀表面的粗糙度	粗糙度仪	粗糙度仪测头分别触及凹模、凸模槽形表面和切纸刀表面并进行滑动，取指示器的最大读数值	符合设计要求

表 4（续）

检测项目	检测工具	检测方法	要　求
b） 折边成形块成形面的表面粗糙度	粗糙度样块	将折边成形块成形面与粗糙度样块对比	符合设计要求
c） 模盘槽口的分度偏差	三坐标测量仪	选取基准槽中心线，逐槽测量，取标准值与测量值的最大差值	

5.2.2　装配质量检测应符合表 5 的规定。

表 5

检测项目	检测工具	检测方法	要　求
a） 成形模中心线与冲头中心线偏移误差	塞尺	成形模与冲头闭合后，用塞尺测量成形模与冲头之间的间隙，取最大读数差值	符合 JB/T 7634 的规定
b） 动刀与定刀之间的间隙误差		动、定刀闭合后，用塞尺测量动刀与定刀之间的间隙，取最大读数差值	
c） 模盘、成形模、导向端模槽口的中心线偏移误差	1. 专用芯轴 2. 塞尺	模盘、成形模、导向端模组合后，将专用芯轴插入槽型内，用塞尺检测配合间隙，取最大读数差值	
d） 推入机构两导柱的平行度误差	精度为 0.01 mm 千分尺	用千分尺测量两导柱距离，取最大读数差值	
e） 折边机构两送纸导向块间的平行度误差		用千分尺测量两导向块的距离，取最大读数差值	符合设计要求

5.2.3　空载运转性能试验

设备装配完毕后，检查各部位的润滑情况、气动系统和电气控制系统，准确无误后方可进行空载运转性能试验。试验中检查动作的可靠性、准确性和连续性，其结果应符合设计要求。

5.2.4　负载运转性能试验

设备在空载运转性能试验合格后，按设备的技术规程进行负载运转性能试验。

a）　对生产节拍进行试验，试验的方法和结果应符合 JB/T 7634 的规定。

b）　对产品性能进行检测，检测项目和结果应符合表 6 的规定。

表 6

检测项目	检测工具	检测方法	要　求
a） 槽绝缘片的长度和折边宽度偏差	精度为 0.02 mm 游标卡尺	随机抽取 10 张槽绝缘片，展开后分别进行测量，取标准值与测量值的最大差值	符合 JB/T 7634 的规定
b） 槽绝缘片剪切边与非剪切边的垂直度误差	1. 90°尺 2. 塞尺	随机抽出槽绝缘 10 片，将非剪切边与 90°尺一边对齐，用塞尺测量另一边与 90°尺的间隙，逐片测量，取最大值	符合设计要求

表 6（续）

检测项目	检测工具	检测方法	要　求
c）槽绝缘片表面质量	—	随机抽出未插入铁芯的槽绝缘10片，将其展开，目测	表面无划伤
d）槽绝缘片与定子槽形的符形程度	—	目测	符合设计要求

5.3 小型电机用绕线机专用设备检测方法

5.3.1 主要零部件精度检测应符合表7的规定。

表 7

检测项目	检测工具	检测方法	要　求
a）导柱直线度误差	精度为0.01 mm百分表	在标准平台上，用顶尖顶住导柱两端顶尖孔，用带有两块百分表的表架沿铅垂轴剖面的两条素线测量，然后转位测量若干个剖面，取指示器的最大读数差值	符合设计要求
b）沉模及推线滑块四导柱孔与中心孔位置度误差	三坐标测量仪	将沉模滑块放在三坐标测量台上，以中心孔为基准，用三坐标测量四导柱孔与基准孔的中心距，取最大值	
c）主轴、联接套各台阶圆与内孔同轴度误差	1. 专用芯轴 2. V型铁 3. 精度为0.01 mm百分表	专用芯轴与主轴组装后放到标准平台的V型铁上，将两块百分表调零，转动主轴、联接套，测量各台阶圆的若干个截面，取各截面的最大读数差值	
d）转台中心孔与线叉定位孔及定位销孔位置度误差	三坐标测量仪	将转台平放于三坐标平台上，以中心孔为基准，分别测量线叉定位孔、定位销孔与中心孔的中心距，取最大差值	符合设计要求
e）主轴箱两主轴孔和两排线轴孔的同轴度误差		将主轴箱平放于三坐标平台上，分别以一侧主轴孔和排线孔为基准，测量另一侧主轴孔和排线孔，取最大读数差值	

5.3.2 装配质量检测应符合表8的规定。

表 8

检测项目	检测工具	检测方法	要　求
a）在绕线初始位置，吊模轴和联接套上下端的圆跳动误差	精度为0.01 mm百分表	将百分表固定在基座上，旋转飞叉，分别测量吊模轴上端和联接套上下端的外圆跳动，分别取指示器的最大读数差值	符合设计要求
b）绕线模与线叉位置关系	—	目测	

表 8（续）

检测项目	检测工具	检测方法	要　求
c）气动系统密封情况	泡沫剂	用泡沫剂涂试	无漏气现象
d）跳段段距偏差	精度为 0.02 mm 游标卡尺	在控制器设定五组跳段数据，用游标卡尺测量尾座后面导向杆每次跳段长度，取标准值与测量值的最大差值	符合设计要求

5.3.3　空载运转性能试验

设备装配完毕后，检查各部位的润滑情况、气动系统和电气控制系统，准确无误后方可进行空载运转性能试验。试验中检查动作的可靠性、准确性和连续性，其结果应符合设计要求。

5.3.4　负载运转性能试验

设备在空载运转性能试验合格后，按设备的技术规程进行负载运转性能试验。试验时对产品性能进行检测，检测项目和结果应符合表 9 的规定。

表 9

检测项目	检测工具	检测方法	要　求
a）记匝精度	记匝仪或人工计数	随机抽取绕制的线圈 5 组，用记匝仪或人工计数，取标准值与计数值的最大差值	符合 JB/T 10487 的规定
b）绕线后漆包线质量	盐水	随机抽取绕制的线圈 5 组，将线圈引出线去漆皮后通以 DC12V 电压，将线圈放入按比例配制的盐水中，持续通电到规定时间，检测结果以针孔个数的最大数计（去除漆包线本身质量的影响）	符合设计要求
c）绕组电阻值变化量	电桥	随机抽取绕制的线圈 5 组，用电桥测量线圈电阻值，取标准值与测量值的最大差值	
d）漆包线直径变化量	精度为 0.01 mm 千分尺	用千分尺测量绕后漆包线直径 3 次，取最小值与绕前直径差	

5.4　小型电机用嵌线机专用设备检测

5.4.1　主要零部件精度检测应符合表 10 的规定。

表 10

检测项目	检测工具	检测方法	要　求
a）导指表面、储存条表面和推头前端的粗糙度	粗糙度仪	粗糙度仪测头分别触及导指、储存条和推头的表面，指示器的最大读数为各表面粗糙度	符合设计要求
b）槽楔库槽口、固定套槽口和推头槽口的分度偏差	三坐标测量仪	选取基准槽中心线，分别逐槽测量，取标准值与测量值的最大差值	

表 10（续）

检测项目	检测工具	检测方法	要　求
c） 推杆直线度误差	塞尺	将推杆放到标准平台上，用塞尺测量推杆与平台的间隙，取最大值	符合设计要求

5.4.2　装配质量的检测应符合表 11 的规定。

表 11

<table>
<tr><th>检测项目</th><th>检测工具</th><th>检测方法</th><th>要　求</th></tr>
<tr><td>a） 槽楔库轴向窜动量</td><td rowspan="3">塞尺</td><td>用塞尺测量槽楔库端面间隙</td><td>符合 JB/T 10486 的规定</td></tr>
<tr><td>b） 冲板与成形板槽口的对称度误差</td><td>冲板插入成形板槽口，用塞尺测量周边间隙，取最大差值</td><td rowspan="2">符合设计要求</td></tr>
<tr><td>c） 动刀与定刀的间隙</td><td>动、定刀闭合后，用塞尺量取动刀与定刀配合间隙，取最大差值</td></tr>
<tr><td>d） 嵌线机头的导指、推头等相关件组装后推头的滑动情况</td><td>—</td><td>目测</td><td>滑动灵活，无阻滞现象</td></tr>
<tr><td>e） 槽楔库的分度偏差</td><td>槽楔推杆</td><td>用槽楔推杆往槽楔通道中插入进行检测</td><td>能顺利通过</td></tr>
</table>

5.4.3　空载运转性能试验

设备装配完毕后，检查各部位的润滑情况及气动系统和电气控制系统，准确无误后方可进行空载运转性能试验。试验中检查动作的可靠性、准确性和连续性，其结果应符合设计要求。

5.4.4　负载运转性能试验

设备在空载运转性能试验合格后，按设备的技术规程进行负载运转性能试验。试验中检测产品使用性能，检测的项目和要求应符合表 12 的规定。

表 12

<table>
<tr><th>检测项目</th><th>检测工具</th><th>检测方法</th><th>要　求</th></tr>
<tr><td>a） 槽楔长度偏差</td><td rowspan="2">精度为 0.02 mm 游标卡尺</td><td>用游标卡尺测量 20 个槽楔长度，取标准值与测量值的最大差值</td><td>符合 JB/T 10486 的规定</td></tr>
<tr><td>b） 槽楔折边对称度误差</td><td>用游标卡尺测量槽楔折边高度，取最大读数差值</td><td>符合设计要求</td></tr>
<tr><td>c） 槽楔在定子槽中的位置</td><td>—</td><td>做 5 台定子的嵌线试验，逐台检查槽楔在定子槽中的位置</td><td>槽楔不应插到槽绝缘外面及漏线</td></tr>
<tr><td>d） 嵌线后的槽绝缘质量</td><td>介质击穿装置</td><td>将定子线圈引出线去漆皮后连接介质击穿装置，并通以规定的电压，持续到规定时间</td><td>不应有击穿或闪烁现象</td></tr>
</table>

表 12（续）

检测项目	检测工具	检测方法	要　求
e)　嵌入定子铁芯的漆包线质量	盐水	将定子线圈引出线去漆皮后通以DC12V电压，将定子放入按比例配制的盐水中，持续通电到规定时间，检测结果以针孔个数计（去除漆包线本身质量的影响）	符合设计要求
f)　生产节拍	秒表	用秒表连续测量10台24槽定子嵌线的时间，计算每台定子的实际嵌线时间	符合JB/T 10486的规定

5.5　小型电机用整形机专用设备检测

5.5.1　主要零部件精度检测应符合表13的规定。

表 13

检测项目	检测工具	检测方法	要　求
a)　分线头、扩涨板和保护齿的表面粗糙度	粗糙度仪	粗糙度仪测头分别触及分线头、扩涨板和保护齿的表面最大读数即为各表面粗糙度	符合设计要求
b)　整形芯和整形块滑座槽口的分度偏差	三坐标测量仪	选取基准槽中心线，逐槽测量，取标准值与测量值的最大差值	
c)　导柱母线的直线度误差	1. 标准平台 2. V型铁 3. 精度为0.01 mm百分表	将导柱放到标准平台的两块V型铁上，使V型铁位于该轴段的两端，用带有两块百分表的表架沿铅垂轴剖面的两条素线测量，然后转位测量若干个截面，取指示器的最大读数差值	
d)　导柱两端定位台阶圆对滑动轴段的同轴度误差		将导柱放到标准平台的两块V型铁上，使V型铁支承两端定位台阶圆，将两块百分表调零，转动导柱，测量滑动轴段的若干个截面，取各截面的最大读数差值	

5.5.2　装配质量的检测应符合表14的规定。

表 14

检测项目	检测工具	检测方法	要　求
a)　滑动板对工作台面板的平行度误差	精度为0.01 mm百分表	将百分表置于工作台面板上，测头触及滑动板上面，移动百分表进行测量，取指示器的最大读数差值	符合设计要求
b)　上下整形模同轴度误差	1. 专用芯轴 2. 塞尺	将专用芯轴分别安装在上下活动板上，芯轴闭合后，用塞尺检测配合间隙，取最大读数差值	

表 14（续）

检测项目	检测工具	检测方法	要　求
c)　滑动板中心孔与上模的同轴度误差	1. 专用芯轴 2. 塞尺	将两个专用芯轴分别安装在上活动板和滑动板上，芯轴闭合后，用塞尺检测配合间隙，取最大读数差值	符合设计要求
d)　外圆整形块收缩到位后与端部压套的滑动配合间隙	塞尺	使外圆整形块收缩到位，用塞尺测量端部压套与整形块的间隙	
e)　上模扩涨板、定位条对下模芯槽口的配合间隙		使上模扩涨板、定位条与下模芯闭合，用塞尺检测配合间隙	
f)　各滑动部位动作情况	—	目测	运动灵活，无卡阻和停滞
g)　液压系统	—	按实际工作压力的 1.2 倍并持续 20 min，进行耐压试验	无渗漏
h)　气动系统	泡沫剂	用泡沫剂涂试	无漏气

5.5.3　空载运转性能试验

设备装配完毕后，检查各部位的润滑情况及液压系统、气动系统和电气控制系统，准确无误后方可进行空载运转性能试验。试验中检查动作的可靠性、准确性和连续性，其结果应符合设计要求。

5.5.4　负载运转性能试验

设备在空载运转性能试验合格后，按设备的技术规程进行负载运转性能试验。试验中检测产品使用性能，检测的项目和要求应符合表 15 的规定。

表 15

检测项目	检测工具	检测方法	要　求
a)　槽楔轴向窜动量	精度为 0.02 mm 游标卡尺	测量定子两端槽楔探出铁芯的长度，取最大差值	符合设计要求
b)　整形后的槽绝缘质量、相间伤线检测	介质击穿装置	将定子线圈引出线去漆皮后连接介质击穿装置，通以规定的电压，并持续到规定时间	不得有击穿或闪烁现象
c)　匝间伤线检测	匝间仪	对整形后的定子绕组施加规定的匝间冲击电压，持续到规定时间，检查波形的重合情况	符合设计要求
d)　端部线圈的最终外形	专用检具或精度为 0.02 mm 游标卡尺	用专用检具或游标卡尺检测线圈内孔、外圆及端部高度	

5.6　小型电机用绑扎机专用设备检测方法

5.6.1　主要零部件精度检测应符合表 16 的规定。

表 16

检测项目	检测工具	检测方法	要　求
a) 绑扎针表面粗糙度	粗糙度仪	粗糙度仪触头触及绑扎针表面，并进行滑动，取指示器的最大读数值	符合设计要求
b) 针杆母线的直线度误差	1. 标准平台 2. V 型铁 3. 精度为 0.01 mm 百分表	将针杆放到与标准平台平行的两顶尖之间，用带有两块百分表的表架沿铅垂轴剖面的两条素线测量，然后转位测量若干个截面，取指示器的最大读数差值	
c) 针杆外径与绑扎针安装孔的同轴度误差	1. 标准平台 2. V 型铁 3. 精度为 0.01 mm 百分表 4. 专用芯轴	将专用芯轴装入绑扎针的安装孔内，针杆放到标准平台的两块 V 型铁上，使 V 型铁位于该轴段的两端，转动针杆，用百分表测量若干个截面，取指示器的最大读数差值	
d) 工作台面的平面度误差	1. 标准平台 2. 精度为 0.01 mm 百分表	将工作台放于标准平台上，调整被测面上的被测角点使其等高，移动百分表进行测量，取指示器的最大读数差值	

5.6.2 装配质量的检测应符合表 17 的规定。

表 17

检测项目	检测工具	检测方法	要　求
a) 上下工作台面板的平行度误差	精度为 0.01 mm 杠杆百分表	将百分表置于下工作台面板上面，测头触及上工作台面板下面，移动百分表进行测量，取指示器的最大读数差值	符合设计要求
b) 针杆升降导柱中心线平行度误差	精度为 0.01 mm 千分尺	用千分尺测量针杆升降导柱的距离，取最大读数差值	
c) 绑扎针与定子定位盘的中心对称度误差	1. 精度为 0.02 mm 游标卡尺 2. 专用芯轴	将专用芯轴置于定位盘上，绑扎针调整至定位盘的端面，用游标卡尺测量专用芯轴与绑扎针的距离，然后取其平均值，测量值与平均值的最大差值即为对称度误差	
d) 定位盘的分度偏差		将专用芯轴置于定位盘上，转动定位盘，用游标卡尺测量专用芯轴与绑扎针的距离，然后取其平均值，取测量值与平均值的最大差值	
e) 气动系统	泡沫剂	用泡沫剂涂试	无漏气
f) 各滑动部位动作情况	—	目测	运动灵活，无卡阻和停滞

5.6.3 空载运转性能试验

设备装配完毕后，检查各部位的润滑情况及气动系统和电气控制系统，准确无误后方可进行空载运转性能试验。试验中检查动作的可靠性、准确性和连续性，其结果应符合设计要求。

5.6.4 负载运转性能试验

设备在空载运转性能试验合格后，按设备的技术规程进行负载运转性能试验。试验中检测产品使用性能，检测的项目和要求应符合表18的规定。

表 18

检测项目	检测工具	检测方法	要求
a) 端部线圈绑扎质量	—	目测	无钩线、钩纸、漏绑不良现象，绑扎线无松动
b) 端部线圈轴向窜动量	精度为0.02 mm游标卡尺	用游标卡尺测量绑扎后线圈端部高度，取测量值与绑扎前高度值的最大差值	符合设计要求
c) 生产节拍	秒表	用秒表连续测量5台24槽定子绑扎的时间，计算定子每槽的实际绑扎时间	

ICS 29.035.20
K 15

中华人民共和国国家标准

GB/T 26168.1—2010/IEC 60544-1:1994

电气绝缘材料　确定电离辐射的影响
第1部分:辐射相互作用和剂量测定

Electrical insulating materials—Determination of the effects of ionizing radiation—Part 1: Radiation interaction and dosimetry

(IEC 60544-1:1994,IDT)

2011-01-14 发布　　2011-07-01 实施

中华人民共和国国家质量监督检验检疫总局
中国国家标准化管理委员会　发布

前　言

GB/T 26168《电气绝缘材料　确定电离辐射的影响》分为4个部分：

——第1部分：辐射相互作用和剂量测定；

——第2部分：辐照和试验程序；

——第3部分：辐射环境下应用的分级体系；

——第4部分：运行中老化的评定程序。

本部分为第1部分。

本部分等同采用IEC 60544-1:1994《电气绝缘材料　电离辐射影响的测定　第1部分：辐射相互作用和剂量测定》。

本部分在等同采用IEC 60544-1:1994时做了如下编辑性修改：

——用小数点“.”代替作为小数点的逗号“,”。

——删除了国际标准的前言。

——本部分的引用文件，对已经转化为我国标准的，一并列出了我国标准及其与国际标准的转化程度。

——本部分增加规范性引用文件章节，以下章节编号顺延。

——根据GB/T 1.1将原标准附录B中的参考文献单独列出。

本部分的附录A、附录B为规范性附录。

本部分由中国电器工业协会提出。

本部分由全国电气绝缘材料与绝缘系统评定标准化技术委员会(SAC/TC 301)归口。

本部分负责起草单位：机械工业北京电工技术经济研究所、上海电缆研究所。

本部分参加起草单位：核工业第二研究设计院、上海核工业研究设计研究院、沈阳电缆产业有限公司、常州八益电缆有限公司、江苏上上电缆集团、浙江万马电缆股份有限公司、浙江万马高分子材料有限公司、上海电缆厂有限公司、临海市亚东特种电缆料厂、上海凯波特种电缆料厂、安徽电缆股份有限公司、江苏华光电缆电器有限公司、工业和信息化部第五研究所、深圳市旭生三益科技有限公司。

本部分主要起草人：孙建生、吕冬宝、顾申杰、柴松、周叙元、王松明、杨娟、陈文卿、王怡遥、周才辉、项健、张万友、杨仁祥、居学成。

引　　言

要制定合适的标准来评价绝缘材料的耐辐射能力是十分复杂的，因为这些标准与材料的使用条件有关，例如，如果绝缘电缆在为反应堆添加燃料的操作中变弯曲，它的使用寿命就是电缆吸收辐射剂量后，它的一项或多项力学性能降到规定值以下所需的时间。环境的温度、周边空气的组成以及吸收全部剂量所需的时间（剂量率或通量）都是决定化学变化速率和机理的重要因素，在某些情况下，短时变化也会成为限制因素。

首先必须明确材料曝露的辐照区域以及最终吸收的辐射剂量；其次，必须建立材料力学性能和电性能的测试方法，以便确定辐射降解，再将这些性能与应用要求联系起来从而形成合适的分级体系。

本部分介绍了绝缘材料的电离辐射效应相关情况；第2部分描述了在辐照过程中如何保持不同的曝露条件，也明确了这些条件的控制方法，以便得到需要的性能，此外，它还建立了一些重要的辐照条件，制定了性能变化的测定方法以及相应终点判据；第3部分定义了绝缘材料耐辐射能力的分级体系，并且提供了一套在辐射条件下表征工作稳定性的参数，是一个选择绝缘材料的导则；第4部分介绍运行中老化的评定程序。

电气绝缘材料　确定电离辐射的影响 第1部分:辐射相互作用和剂量测定

1　范围

GB/T 26168 的本部分规定了评价电离辐射对所有类型有机绝缘材料影响需考虑的各种因素。

本部分适用于针对 X 射线、γ 射线和电子射线,还提供了剂量测定术语指南、照射量和吸收剂量的测定方法,以及吸收剂量的计算方法。

2　规范性引用文件

下列文件中的条款通过 GB/T 26168 的本部分的引用而成为本部分的条款,凡是注日期的引用文件,其随后所有的修改单(不包括勘误的内容)或修订版均不适用于本部分;然而,鼓励根据本部分达成协议的各方研究是否可使用这些文件的最新版本;凡是不注日期的引用文件,其最新版本适用于本部分。

GB/T 26168.2—2010　电气绝缘材料　确定电离辐射的影响　第2部分:辐照和试验程序(IEC 60544-2:1991,IDT)

GB/T 26168.3—2010　电气绝缘材料　确定电离辐射的影响　第3部分:辐射环境下应用的分级体系(IEC 60544-4:2003,IDT)

3　术语和定义

以下术语和定义适用于本部分。

3.1

照射量(X)　exposure

照射量(X)是材料在电磁辐射场(X 射线或 γ 射线)受到的照射强度。照射量(X)是 dQ 除以 dm 所得的商,其中 dQ 的值是在质量为 dm 大气中,由光子释放的全部电子(负电子和正电子)在大气中完全被阻止时所产生的离子总电荷的绝对量:

$$X=\frac{\mathrm{d}Q}{\mathrm{d}m}$$

照射量的国际单位是库伦/千克(C/kg),原单位伦琴 R:1R=2.58×10^{-4} C/kg。

照射量描述了在标准的参考物质——大气中辐照,电磁场的电离辐射对材料产生的影响。

3.2

电荷通量(Q')　electron charge fluence

电荷通量(Q')是 dQ 与 dA 的比值,dQ 是时间 t 内在面积 dA 上发生的电子电荷碰撞数:

$$Q'=\frac{\mathrm{d}Q}{\mathrm{d}A}$$

3.3

电流密度(j)　electron current density

电流密度(j)是 dQ' 与 dt 的比值,dQ' 是时间间隔 dt 内的电荷通量:

$$j=\frac{\mathrm{d}Q'}{\mathrm{d}t}=\frac{\mathrm{d}^2Q}{\mathrm{d}A\mathrm{d}t}$$

3.4

吸收剂量(D)　absorbed dose

吸收剂量(D)是与辐照场性质无关的被辐照材料吸收的能量,吸收剂量 D 是 d$\bar{\varepsilon}$ 与 dm 的比值,d$\bar{\varepsilon}$ 是

质量为 dm 的材料吸收到的电离辐射能的平均值。

$$D=\frac{d\bar{\varepsilon}}{dm}$$

吸收剂量的国际单位是戈瑞(Gy):

1 Gy=1 J/kg(=10^2 rad)。

由于定义中没有区分材料的种类,戈瑞仅能用于针对某一具体材料而言。吸收剂量部分取决于被辐照材料的组成,不同的材料,即使曝露在同样的辐射场中,其吸收剂量往往也不同。

3.5

吸收剂量率($\dot{D}$)　absorbed dose rate

吸收剂量率($\dot{D}$)是 dD 与 dt 的比值,dD 是时间间隔 dt 内吸收剂量的增量:

$$\dot{D}=\frac{dD}{dt}$$

吸收剂量率的国际单位是戈瑞/秒(Gy/s);

1 Gy/s=1 W/kg(=10^2 rad/s=0.36 Mrad/h)。

4　评估绝缘材料耐辐射能力要考虑的因素

4.1　辐射场的评估

对于不同的辐射类型,其对辐射场的描述也不同。

4.1.1　电磁辐射场可用光量子密度和能量分布来描述,然而习惯上将能量达到 3 MeV 的 X 射线或 γ 射线用它在大气中的电离效应来描述,因此使用照射量的概念。

4.1.2　通常用电流密度(流速)来描述粒子场,如果粒子具有能量分布,比如电子束,就需要加上能谱的信息。

4.1.3　最终目的都是为了将置于辐射场中的任何材料的吸收剂量和剂量率能够计算出来。将不同的材料曝露于等通量的光子或粒子下,它们吸收的能量可能是不同的。首要目标是确定标准的方法和步骤来测量曝露绝缘材料的辐射场特性。第五章列出了一系列符合这一目标的辐射剂量测定技术和相关参考文件。

4.2　吸收剂量和吸收剂量率的确定

利用辐照探测器(例如电离箱、热量计和化学剂量计)来测量,并计算辐射场中被辐射材料的吸收剂量或吸收剂量率数据的技术已比较完善。第 5 章讲述了可靠且方便的测量技术,第 6 章包含了用在 X 射线或 γ 射线中测量的数据来计算其他材料的吸收剂量或吸收剂量率,其数据依赖于材料或能量,而第 7 章给出了估算电子辐射剂量的方法。

4.3　辐射诱导的变化及其测定

尽管辐射与物质的相互作用的种类是繁多的,但主要过程还是分子中离子的产生和电子激发态的形成,进而导致自由基的产生;辐射也会产生自由电子,这些自由电子会在低位能点被捕获;第一种现象会造成材料永久的化学、力学和电性能的变化,第二种现象会导致暂时的电性能变化。[10]

4.3.1　永久性变化

在高分子材料中,辐照过程中产生的自由基会导致裂解和交联反应、从而改变绝缘材料的化学结构,通常会导致力学性能的降低,力学性能降低会频繁导致电性能发生显著改变,但是更严重的是在力学性能严重降低之前,电性能有时会发生重大变化。例如,介质损耗角和介电常数的变化对谐振电路的可靠性影响很大。交联和裂解的程度依赖于吸收剂量、吸收剂量率、材料结构和辐射的环境条件,因为自由基有时消除的很慢,可能会发生辐射后效应。

4.3.1.1　环境条件和材料形状

在测量辐射效应过程中,要严格控制并记录环境条件和材料形状,重要的环境参数包括温度、反应介质以及辐照期间的机械和电应力，如果有空气，由于氧气扩散效应和氢过氧化物断裂速率常数的原因，辐照时间(通量和剂量率)也是很重要的试验参数，这两个因素都与时间相关。要控制影响聚合物中氧气扩散和平衡浓度的条件，包括：温度、氧气压力、材料形状以及辐照时间。

如果用连续的应力来模拟同时有多种应力的效果，例如：高温下辐照，可能会出现其他结果；如果试样先辐照再加热或者反过来，结果可能也是不一样的。

4.3.1.2 辐射后效应

在有机聚合物中，反应活性物质(如残留的自由基)的缓慢消耗会导致辐射后效应。在进行评价的时候应对此作出修正试验，测试应在辐照后适当的时间内进行，并确保试样被保存在标准的实验室气氛中。氧气与残余自由基的反应会导致进一步的降解。

4.3.2 短时效应

4.3.2.1 尽管本条不包括辐照过程中的性能测试，但是一些基础内容还是会涉及到。短时效应主要表现为辐照过程中以及之后的电性能变化，诸如诱导电导率；可以通过测定诱导电导率来确定短时辐射效应。这些效应主要与剂量率有关。

4.3.2.2 经验表明，诱导电导率和吸收剂量率 $\dot{D}$ 通常不完全成比例关系，反而随着 $\dot{D}^{\alpha}$ 变化，α 小于 1。辐射灵敏度描述如下：

$$\sigma_i = k\dot{D}^{\alpha}$$

为了确定 k 和 α，至少要进行两项测试，更复杂的是，k 和 α 也和吸收总剂量有关。

4.3.2.3 由于电极材料中的光电子和康普顿电子会干扰试样本身的感应电流，所以对于诱导电导率的测量是非常精密的。穿过电离气体的离子流如果不消除，也会造成测量错误。应该确定消除这些干扰因素而保留相关因素的测试方法。

4.3.2.4 为了方便起见，使用单位剂量率的一个简单参数、例如诱导电导率 σ_i 和在同样测试条件下测得的暗电导率 σ_o 的比值 σ_i/σ_o 来表征材料短时效应的敏感性。

5 剂量测定方法

5.1 综述

在已知的辐射场中，使用物理测量方法而不依赖仪器测量来测定照射量、电流密度或者吸收剂量的方法称为绝对方法。定义中不直接涉及绝对方法的精确性，但是对仪器技术的研究和辐射诱导反应的基础研究结果表明，这些绝对方法，例如热量计，被广泛视为主要的剂量测定标准方法。在辐射效应的研究中，不仅经常用到这些实验方法，而且在辐射源计量的国家或国际标准实验室中能见到这些方法的应用。对于光子源，测量精度为在 2%～3%。这些方法可以作为不同实验室比较的可靠标准。

除了这些绝对方法，还有用于计量并有很多用途的，可测定吸收剂量的相对辐射量测定方法[21]。这都是基于在辐照场中，计量用材料吸收能量后能发生各种可测的化学反应或能量转移。许多辐照感应物，例如塑料薄膜或无机固体物被用于剂量测定，这样既相对容易操作且结果易于分析，在对于精度要求不高的时候，其优势明显。

5.2 绝对方法

5.2.1 伽马射线

5.2.1.1 大气电离室可用于测量 3 MeV 及以下的照射量 X。也就是说，它们设计用于测量大气中电荷量 dQ 以及产生电离电子的大气质量 dm。

5.2.1.2 如果 $\dot{D}$ 不太高，在确定达到平衡条件的情况下，可用空腔电离室测量照射量[9]。如果在特定的介质中，使用空腔电离室测定吸收剂量，所用的腔壁和气体都要与介质相匹配。对于某一特定类型的辐射，如果在两种介质中由吸收辐射造成的次级电离粒子的通量密度和能量分布相同，就可以说两种材料相配。

5.2.1.3 量热计的工作原理是：在辐射场中吸收能量，保留这些能量并转化为热能，而热量可以通过系统温度的升高来测量[4],系统的热容可通过与辐射产生相同温升的电能输入量来测定。在某些系统中,辐射能量通过化学反应或非化学反应转化为化学能会有一些偏差,但这些偏差是可以校正的。尽管如此,由于吸收的辐射能向热能的转化建立了一个能量沉积与辐射量无关的系统,量热计已成为一种绝对方法,而其他标准方法都必须根据它来校正。

5.2.2 **电子束**

5.2.2.1 辐照量或放射量测定采用的是未修正的物理测定方法来测定吸收剂量或电子通量。有两种绝对方法可测定辐射量或放射量:一个是量热计法,另一个是电流密度计法。这些绝对方法主要用于校正常规剂量计,如果不使用常规薄膜剂量计的话,一般很难测量剂量-深度分布。

5.2.2.2 量热计法用于测量吸收剂量或能量通量。如果使用高空间分辨率的常规剂量计来测量相对剂量-深度分布,测得材料单位面积上的吸收能量就能够确定吸收剂量。简单的准绝热方法能被用作部分吸收型量热计[25]和全吸收型量热计。

5.2.2.3 电流密度方法是通过测量电子加速器单位面积辐射场的电荷或电流,它是一种放射量计量方法。[33]。这不是一种剂量测定方法,但是如果在同样的吸收材料中,与密度计的电荷吸收器相碰撞的平均电子能量和相对剂量-深度分布可用常规剂量计测出,这种方法就可用来测量吸收剂量。法拉第杯常用于电子束的电荷测量,但不适用于广角分布的宽电子束在单位面积上的电荷或电流的精确测量,测量电子加速器的散射宽电子束的一种简化方法是使用组装的非真空室石墨电荷吸收器[33][35]。

通过吸收器组装和与斜入射相关的电子背散射修正的特殊装置,能精确测得有效吸收面积;通过减少中心吸收器周围的额外电场的形成可避免周围空气中电离电荷的影响。

5.3 **相对方法**

5.3.1 化学转化剂量计的原理是:在辐射过程中会发生特定反应,而反应程度与吸收剂量成比例关系。硫酸亚铁(弗里克剂量计)被确定为此类方法中的标准,也是最可靠的,它应用广泛,适用于不同实验室之间的比较[4][9][1]。其他体系也是很重要的,因为它们能够扩展硫酸亚铁方法的使用范围。氨基酸类(丙胺酸)剂量计被 IAEA 推荐为转换标准[28][29][20]。塑料,无论着色或非着色,都适用作化学剂量计[18][22][23][34][32]。

5.3.2 其他相对方法都基于光致发光或热致发光产生的物理效应[3][26][8]。

5.3.3 如果由于环境条件(辐射前后的温度、湿度、气氛、光照等)、剂量率和辐射能谱的不同,相对剂量计会出现偏差,那它就只能在与校正条件一样的情况下使用。其他造成偏差的原因有:辐射前后的不稳定性、批次差别、响应特性的非线性、尺寸偏差、纯度或化学效应等。

5.3.4 如果剂量计特性与 γ 射线和电子束的辐射参数,如电子能谱、剂量率、辐照时间、辐照温度等无关,那么在 γ 射线下获得的校正常数或校正曲线也能适用于电子束。

5.4 **测量吸收剂量的推荐方法**

5.4.1 表 1 列出了一部分绝对方法和相对方法及其特性,例如:

——吸收剂量和吸收剂量率的范围;

——辐射能的影响;

——温度或湿度的影响;

——薄膜或目标物的材料和厚度;

——输出类型;

——实际应用情况;

——参考文件。

5.4.2 对于绝缘材料在高吸收剂量或高吸收剂量率下的辐照测量,难以使用剂量计,因为剂量计的部件会产生辐射效应或受损坏(比如,电离室的绝缘损坏)。

为了避免这种情况,需要特殊的试验和工艺。对列出的大多数方法的更全面综述可见[4],以及表 1 列出的参考文件。

表 1 推荐的测量吸收剂量常用方法

方法	输出格式	剂量范围/Gy	剂量率范围/Gy/s	能量	温度	备注	参考文件
绝对方法							
量热计	温度	10^{-1}～10^{4}	3×10^{-3}～1.5×10^{4}	与能量无关	无影响	最常用的是绝热型。 高精度的热阻传感器。 直接电子输出适用于高能场	[4][27]
空腔电离室	电流		≤3×10^{2}	制造者说明	无影响	已商业化。直接电子输出可用于低剂量和低剂量率常的精密测量	[9][33][35]
相对方法							
化学变换法 硫酸亚铁剂量计 （弗里克剂量计）	分光光度	4×10^{-2}～4×10^{2}	≤30	在 0.66 MeV～16 MeV 范围内与能量无关	在 0 ℃～50 ℃影响极小，分光光度计输出敏感	实验室容易制备	[4][1][9]
硫酸高铈	分光光度	5×10^{2}～10^{7}	≤10^{7}	同硫酸亚铁	影响小	对杂质敏感	
气相转变法 聚乙烯	氢气量	10^{2}～10^{7}	3×10^{-3}～3×10^{2}	无关	低于 80 ℃	方便读出	
光学密度法 着色与不着色的聚甲基丙烯酸甲酯	分光光度	2×10^{3}～3×10^{4}	≤100		影响小		[5][36]
胶片剂量计膜	分光光度	10^{3}～3×10^{6}	≥10^{4}		50 ℃以下无影响	对 UV 敏感	[18][22][23]
三乙酸纤维素膜	分光光度	10～3×10^{5}	≥10^{7}		无影响		[34][32]
光致发光法 银-活化磷酸盐玻璃	荧光	10^{-4}～10^{2}	≥10^{7}	30 keV～1.2 MeV，放大 10～30 倍由玻璃尺寸、类型决定，屏蔽可改	从 25 ℃起加照射量偏差的校正因子		[3][9][6]
热致发光法 氟化锂	荧光	10^{-4}～3×10^{2}	≤5×10^{2}	50 keV～1.2 MeV，放大 1.5 倍	210 ℃有时间稳定发光峰	输出仪器和玻璃都已商业化。 在 γ 和中子混合场不稳定	[19][9][26] [8][6]
自由基法 丙氨酸	ESR 分光计	5×10^{-1}～10^{6}		影响小		稳定性和重复性好	[28][29][20]

6 X射线或γ射线吸收剂量的测定

6.1 综述

吸收剂量是描述绝缘材料辐照效应的参数。

推荐的测试是一种通过对X射线或γ射线辐射场的认识和材料组成来计算吸收剂量的技术[1][2]。通过一种材料的吸收剂量就可以计算在同样辐射场中其他材料的吸收剂量。

6.2 通过测量照射量来计算吸收剂量[13][14]

6.2.1 吸收剂量已成为比较不同辐射效应的基础，因此必须确定被辐射材料沉积的吸收剂量。试样在大气中的照射量可作为计算吸收剂量的基础信息。下面各条中的公式都是计算要用到的。表2和表3提供了必要的数值因数和计算示例。

表2 数值因数 f_i（单位照射量的吸收剂量），单位J/C，用于从绝缘材料所含元素的照射量计算吸收剂量-计算式参见附录B（使用原CGS单位，拉德和伦琴参见附录B备注）

光子能量/MeV	H	C	N	O	F	Si	S	Cl	P
0.10	59.3	31.1	32.4	33.8	34.7	64.7	87.2	99.2	72.9
0.15	64.7	33.0	33.4	33.8	32.7	41.1	47.3	48.8	42.2
0.20	66.3	33.6	33.6	34.1	32.3	36.7	38.8	38.8	36.7
0.30	66.7	33.7	33.8	33.8	31.9	34.6	35.2	36.8	33.9
0.40	66.7	33.6	33.7	33.7	31.9	34.0	34.3	33.1	32.0
0.50	66.7	33.7	33.7	33.7	31.9	33.6	34.0	32.7	32.7
0.60	66.7	33.7	33.7	33.7	32.0	33.7	33.8	32.5	32.7
0.80	66.7	33.6	33.7	33.7	31.9	33.6	33.4	32.3	32.7
1.0	66.7	33.6	33.7	33.7	31.9	33.4	33.7	32.1	32.4
1.5	66.7	33.7	33.7	33.7	31.8	33.7	33.6	31.9	32.4
2.0	66.7	33.7	33.7	33.7	31.9	33.8	33.8	32.4	32.8
3.0	65.1	33.5	33.7	33.8	32.2	34.5	34.5	33.5	33.5

表3 数值因数 f_m（单位照射量的吸收剂量），单位J/C，用于一些重要的绝缘材料及其他化合物从照射量计算吸收剂量（使用原CGS单位，拉德和伦琴参见附录B备注）

材　料		f_m/(J/C)	
		1 MeV	0.1 MeV
聚苯乙烯	$(CH)_n$	36.4	33.3
聚乙烯	$(CH_2)_n$	38.2	34.9
尼龙-6	$(C_6H_{11}ON)_n$	36.8	34.5
聚二甲基硅氧烷	$(C_2H_6OSi)_n$	36.0	47.0
聚多硫化乙烯	$(C_2H_4S_4)_n$	34.9	77.9
偏二氯乙烯共聚物	$(C_4H_5Cl_3)_n$	33.7	77.5

表 3(续)

材料		f_m/(J/C)	
		1 MeV	0.1 MeV
聚四氟乙烯	$(CF_2)_n$	32.3	33.8
聚氯三氟乙烯	$(C_2F_3Cl)_n$	32.2	53.5
聚氯乙烯	$(C_2H_3Cl)_n$	34.5	70.5
聚二氯乙烯	$(C_2H_2Cl_2)_n$	33.3	81.4
聚吡咯烷酮	$(C_6H_9NO)_n$	36.4	33.7
聚乙烯咔唑	$(C_{14}H_{11}N)_n$	35.7	32.9
聚乙酸乙烯酯	$(C_4H_6O_2)_n$	36.0	34.1
聚甲基丙烯酸甲酯	$(C_5H_8O_2)_n$	36.4	34.1
磷酸三丁酯	$(C_4H_9)_3PO_2$	36.8	39.5
弗里克剂量计	—	37.4	37.2
注:这是 1 MeV 的数据,适用于 0.5 MeV~1.5 MeV。也适用于^{60}Co、^{137}Cs 以及 2 MeV~3 MeV 的 X 射线辐射。			

应用实例:

对于聚四氟乙烯,光能在 1 MeV 时的数值因数 f_{FTPE}可以计算得出。PTFE 的分子式是$(CF_2)_n$(不考虑链封端、不饱和度和杂质),C 和 F 的 $a_C=0.24$,$a_F=0.76$。

表 2 中给出的 1 MeV 时 $f_c=33.6$ J/C,$f_F=31.9$ J/C,将这些值代入式(2),得到:

$$f_{FTPE}=(0.24\times33.6)+(0.76\times31.9)=32.3\ \text{J/C}$$

6.2.2 材料 m 的吸收剂量 D_m,计算式如下:

$$D_m=f_mX \qquad \cdots\cdots(1)$$

式中数值因数 f_m 是每单位照射量的吸收剂量的系数。为了计算 f_m,需要知道材料的成分以及元素 i 的数值因数 f_i:

$$f_m=\sum_i a_i f_i \qquad \cdots\cdots(2)$$

其中,a_i 是材料中元素 i 的质量分数;

而 f_i 是元素 i 的每单位照射量的吸收剂量。

6.2.3 表 2 给出光子能在 0.1 MeV~3.0 MeV 时,列出的各种元素的 f_i 值,单位为 J/C(f_i 见附录 B)。在带电粒子平衡的条件下,f_i 值才有效(解释见附录 A)。

表 3 给出一些常用材料在光子能 1.0 MeV~0.1 MeV 时按式(2)计算得到的 f_m 值。

6.2.4 对于很多有机材料,在光子能 0.5 MeV~1.5 MeV 时进行辐照,则式(2)中 f_m 计算大致如下:

$$f_m=(32.9a_H-1.94a_F-1.55a_{Cl}-1.16a_P+33.7)\ \text{J/C}$$

6.3 通过一种材料的吸收剂量计算另一种材料的吸收剂量

6.3.1 假设照射量恒定,在不考虑照射量的时候,数值因数在比较不同介质中的吸收剂量时也是有效的。根据附录 B 中式(B.2)在照射量恒定的情况下,两种介质的 f_m 的比值等于它们的质量能量-吸收系数之比$(\mu_{en}/\rho)_m$;因此亦等于吸收剂量之比,在介质 1 中的吸收剂量 D_1,利用数值因数 f_1 和 f_2 就能把在介质 2 中的吸收剂量 D_2 计算出来,公式如下:

$$D_1=\frac{f_1}{f_2}D_2 \qquad \cdots\cdots(3)$$

6.3.2 当使用化学剂量计时，测得的化学变化能直接转换为吸收剂量。如果入射光子能已知，通过 f_m 的比值就可用化学剂量计测得的吸收剂量算出在任何介质中的吸收剂量(受 6.4 的限制)。

6.3.3 例如，如果用弗里克剂量计测得 1 h 的 ^{60}Co 辐照的吸收剂量 $D_{Fricke}=5$ Gy，而要想得到的是 PE 试样在同样的辐射源中 1 h 的吸收剂量，那么计算如下。

弗里克剂量计的质量分数：$a_H=0.11$，$a_O=0.88$，$a_S=0.013$。表 2 给出了 1.0 MeV 光子能的 f_i 值。将 a_i 和 f_i 值代入式(2)，得到 $f_{Fricke}=37.4$ J/C。查表 3，$f_{PE}=38.2$ J/C，按照式(3)计算 PE 的吸收剂量：

$$D_{PE}=\frac{f_{PE}}{f_{Fricke}}\times D_{Fricke}=1.02\times 5\ \text{Gy}=5.1\ \text{Gy}$$

6.3.4 同样，只要辐射能在 0.1 MeV 或 0.5 MeV～1.5 MeV，表 3 的数值因数可用于将表中任一种材料的吸收剂量换算成另一种材料的吸收剂量。

6.4 剂量-深度分布(局限性)

6.4.1 由于被辐射材料的吸收剂量分布是变化的，并且受试样厚度、密度、辐射能量的影响，有必要判定当射线穿透材料时，多大剂量变化是其承受的极限。常用的辐射源能量为 0.5 MeV～1.5 MeV，假设对于一个点辐射源，随意设定试样前后面的吸收剂量的差别为 25%(在试样中衰减 25%)，并且没有叠加、试样密度为 1 g/cm^3、单向辐射(见附录 A)，那么如果辐射能为 0.5 MeV，则试样厚度为 2.8 cm；如果辐射能为 1.5 MeV，则试样厚度就能达到 5 cm。对于其他的辐射源结构(例如平板状的辐射源)，试样厚度就会显著不同。

6.4.2 在附录 A 中，图 A.3 是密度为 1 g/cm^3 的试样在单向辐射中能量衰减 10% 和 25% 的厚度曲线。对于更高密度的材料曲线会向左偏移，对于更低密度的材料，则曲线会向右偏移。对于试样中 10% 或 25% 衰减的精确厚度，可以用图 A.3 中获得的值除以试样电子密度和 3.3×10^{23}/g 的比值再得到。由于曲线的计算仅基于衰减，忽略在更厚试样中的叠加，曲线给出的是单向辐射在给定能量和厚度下最大的衰减；非单向辐射会导致更大的衰减。

7 电子辐射的剂量估算方法

7.1 综述

7.1.1 在本章中，电子束的剂量估算方法主要适用于电子能量范围为几百 keV 至几 MeV，剂量范围为 kGy 至 MGy。

7.1.2 电子束辐射场常用电子能谱和电流密度来表征，电流密度是单位时间内、与单位面积辐照平面相碰撞的电荷数。束扫描电子加速器正常运行时，辐射平面瞬间电流密度的周期性改变取决于扫描频率。实际上，辐射场用穿过束窗和气隙之间的电子平均能量以及扫描周期内电流密度平均值来表征。试样表面的平均电子能量 E_m，可用下列计算式估算：

$$E_m=E_0-\Delta E_w-\Delta E_a \qquad \cdots\cdots(4)$$

其中 E_0 是电子未射到束窗前的原始能量，ΔE_w 和 ΔE_a 分别是电子在穿过束窗和气隙时的平均能量损失。每种能量损失大致等于撞击停止能和厚度(单位是 g/cm^2)的乘积，或者在厚度远小于电子射程时，可用式(6)粗略估算。

7.1.3 辐射场中平均电流密度分布大致决定了材料吸收剂量率的横向分布，吸收剂量率横向分布在辐射场扫描轴的垂直方向一般呈现高斯分布。高斯分布的半峰宽依赖于电子能量、原子序数、束窗厚度以及束窗到试样的气隙距离。在静态辐射中，材料横向剂量的均匀性主要由平均电流密度的分布决定，如果扫描强度在扫描轴方向是均匀的，并且辐照采用一个恒速传输系统，这时材料的横向剂量分布也会是均匀的。

7.1.4 在静态辐射中，扫描过程中剂量率的平均值一般被估算为平均剂量率，下列两个因素使估算变复杂：ⅰ)电子束的重叠，ⅱ)试样在运输系统中的运动。

7.1.5 整个材料的剂量均匀性由剂量-深度分布决定，而后者与材料平面的横向剂量分布无关。图1是电子加速器在均质材料中形成的典型剂量-深度分布曲线。剂量-深度分布分为两个深度区域表征：一个是剂量累加区域，另一个是剂量降低区域。当能量高于1 MeV时，有效射程 R_u 大致随着电子能量呈线性增加，但是在电子束辐射中剂量随着深度的变化远大于在 γ 射线辐射中。表面剂量和峰值剂量的比率、有效射程与一些辐射参数有关，比如电子能量、材料的原子组成，束窗的厚度以及气隙的距离等，在典型的辐照状态下，如果电子能量高于1MeV这一比率是0.6～0.8。

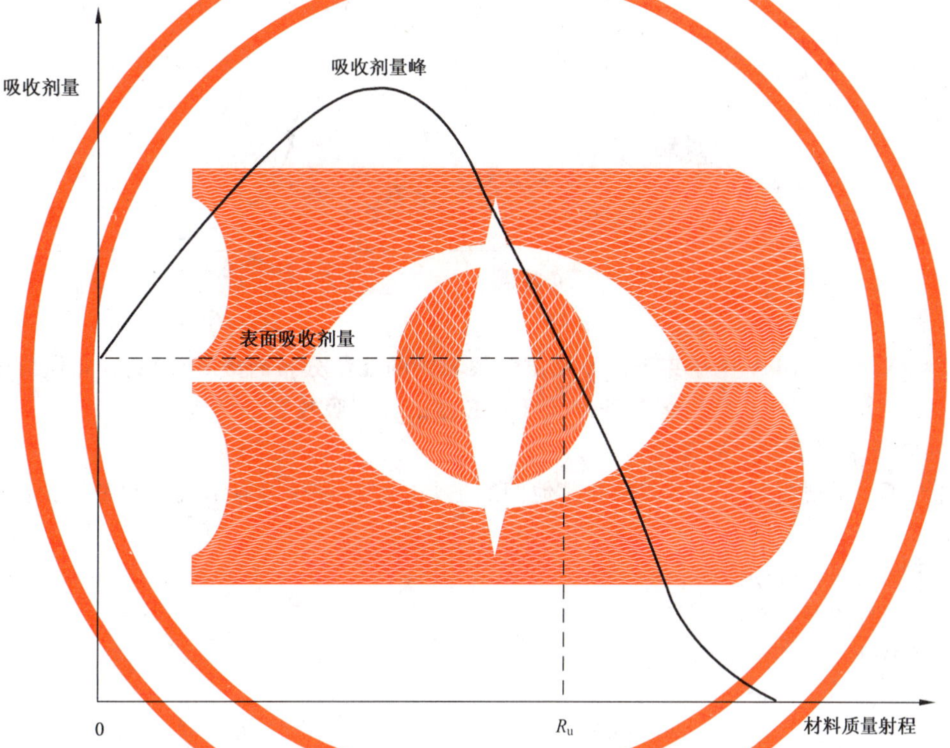

图1 典型的电子加速器辐照过程中均匀材料的深度-剂量分布曲线

(加速电压>0.5 MV，R_u 为有效射程)

7.1.6 在一个三层平板吸收器(束窗、空气层和试样)[31][17]中，如果平面层状材料在辐射场中的运动方向与电子束扫描方向垂直，并且电子束正常是单能的、平行平面碰撞束窗，则材料每单位电子通量的剂量-深度分布可以作为能量吸收函数 $l(z)$ 的一部分计算。图2是平面层状聚乙烯材料曝露在1 MeV电子束下的 $l(z')$(z'是三层的总厚度)计算结果的一个图例。三层的 $l(z')$ 差异与吸收剂量的差异不相等。图3是在同样辐照条件下测得的几种典型绝缘材料相对剂量-深度分布的对比图，不能忽视典型有机绝缘材料之间的差异，这是由于它们的质量撞击停止能和质量多次散射能不同，其不同主要取决于氢含量和有效原子序数。

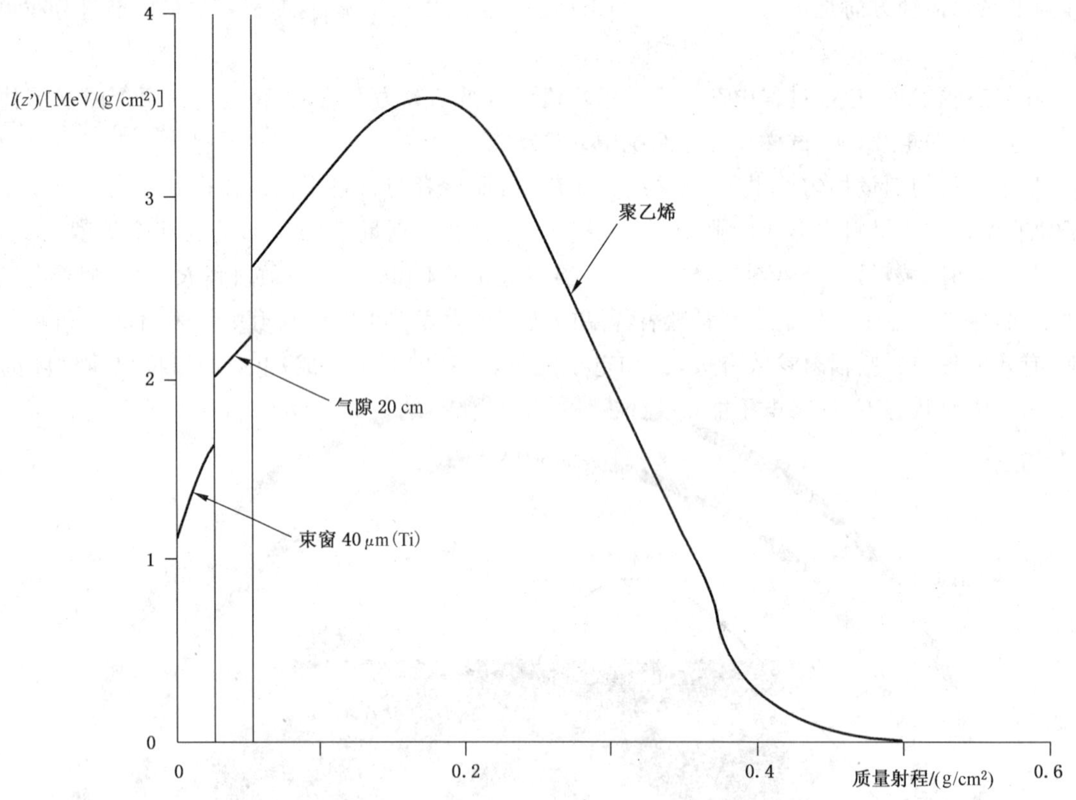

图 2 曝露在 1 MeV 电子束下的平面层状聚乙烯的能量分布函数 $l(z')$ 的计算结果图例
(z'是包含束窗、气隙和 PE 层的三层吸收器总厚度)

7.2 推荐的电子束剂量测量步骤

表 1 给出了一系列绝对和相对方法及其他们的主要特性。一个推荐的剂量测量步骤检查列表包含如下内容[12]：

1） 电子能量和试样厚度的关系；
2） 试验包含的剂量范围；
3） 试样温升与平均剂量率的关系以及试验允许的辐照时间；
4） 试验要求的剂量均匀性：
   a） 在厚度范围内的剂量均匀性的限制；
   b） 试样横向剂量均匀性的限制；
5） 辐射方法，需要考虑的试样数量、尺寸，温升，试样内剂量均匀性(静态或扫描辐射)；
6） 剂量测定方法的精确度和准确性限制；
7） 依照下述条件选择剂量计：
   a） 可测量的剂量范围；
   b） 剂量计的厚度决定了剂量输出的空间分辨率；
   c） 在规定的剂量水平上的精确度或可重复性；
   d） 在要求的剂量率范围内输出结果的变化；
   e） 辐射时和辐射后环境条件(光效应、温度、湿度、气体和储存情况的影响)造成的输出结果的变化限制；
   f） 输出的持久性或剂量指示的稳定性；
   g） 获得完善可靠的标准测量方法的有效性；
   h） 操作和输出的简单性；

i) 仅使用剂量计读出剂量的有效性；

j) 不同批次的重复性；

k) 成本；

8) 其他辐射参数(束流、扫描宽度、气隙距离、传送速度、辐射底板、温度、瞬间剂量率、背散射效应、电子斜入射、绝缘材料的电荷积累，等等)。

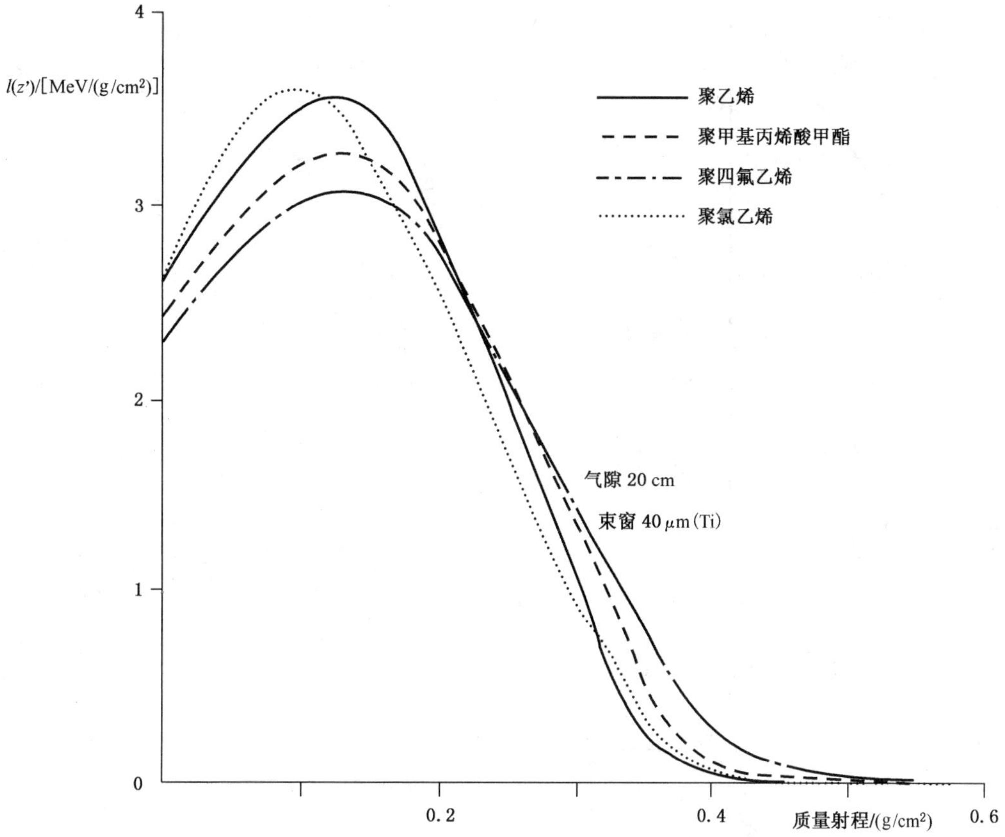

图 3 曝露在 1 MeV 电子束下的典型有机绝缘材料的能量分布函数 $l(z')$ 的计算结果图例

(z'是束窗、气隙和绝缘材料层的三层吸收器总厚度)

7.3 电子束辐射

7.3.1 如图 4 所示，考虑到试样内部由于剂量-深度分布造成的剂量变化，对绝缘材料进行单面电子束辐照时，一般都将样品分别在两种方式下进行：a)试样放在相同材质材料的底板上；b)试样夹在两块相同材质的片材中，它们的总厚度要大于电子的射程。对于厚度大于电子射程的试样一般采用双面辐射。

7.3.2 加速电压的选择基本上要能满足试验厚度内的剂量均匀性，束流和其他辐射条件，例如气隙距离、束扫描参数、输送系统的机械扫描参数等的选择要尽量减小辐照期间试样的温升，并充分提高辐照利用效率。

7.4 测量剂量-深度分布的方法

7.4.1 测量绝缘材料的剂量-深度分布是电子束剂量测量中有意义的典型实际应用。剂量-深度分布的测量方法基本有两种，一种是在块状绝缘材料中使用薄膜剂量计，另一种是在楔状绝缘材料中使用薄膜剂量计，每一种都有一些变化，见图 5。

7.4.2 在均匀堆积法中(见图 5a)，剂量计薄膜本身就和相同绝缘材料堆积在一起，直到厚度大于电子射程。这种方法给出了剂量计薄膜材料的剂量-深度分布，并且适用于组成相似的材料。这可能是唯一适用于测量低能电子束(<300 keV)剂量-深度分布的方法。

7.4.3 在交替堆积法中(见图 5b)，剂量计薄膜和组分与其相似的相同平板层状绝缘材料交替地堆在一起。这种方法可以适用于能量相对较高的电子束。

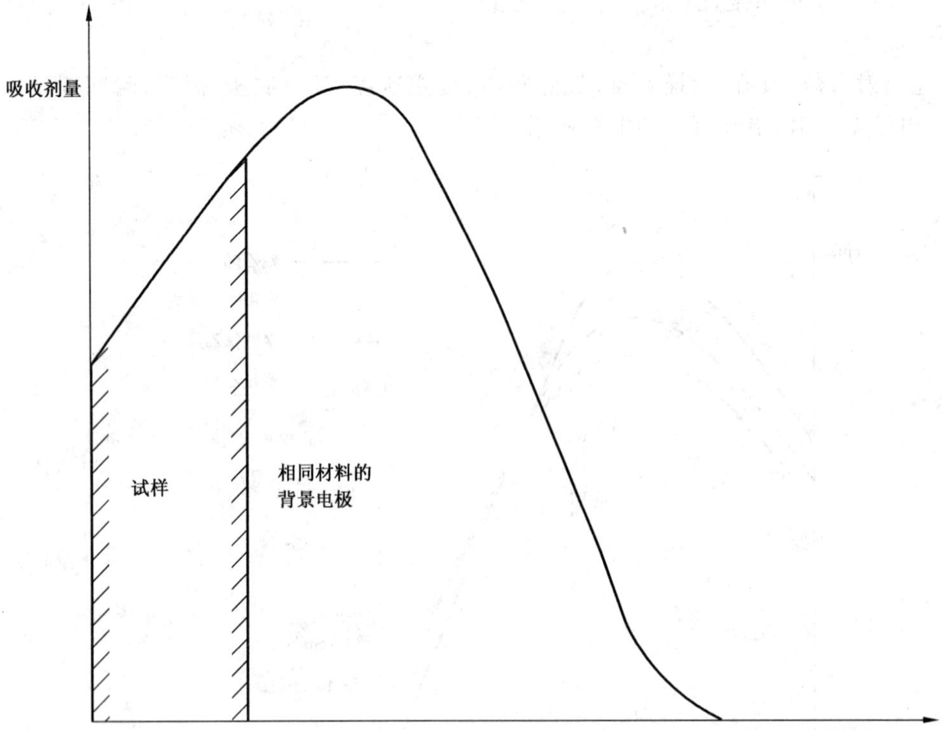

a) 试样和背板是同样材料

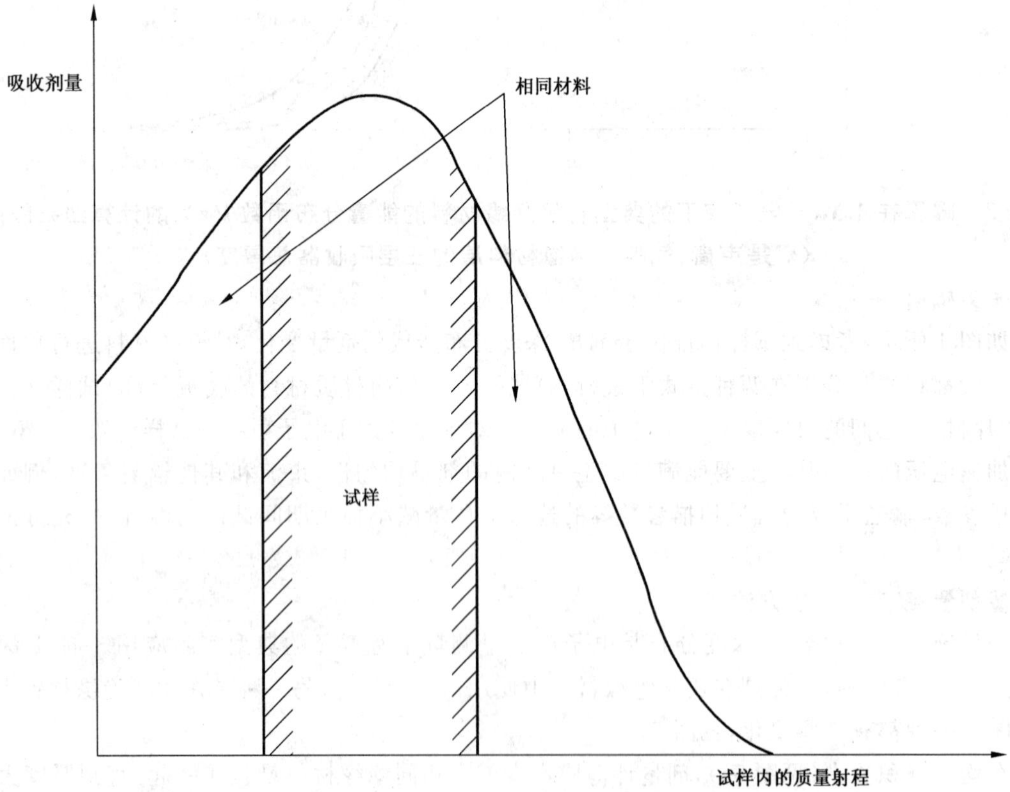

b) 试样夹在两片同样材料的板材中

图 4 用于计算典型深度-剂量分布的两种操作试样组合的方法示意图

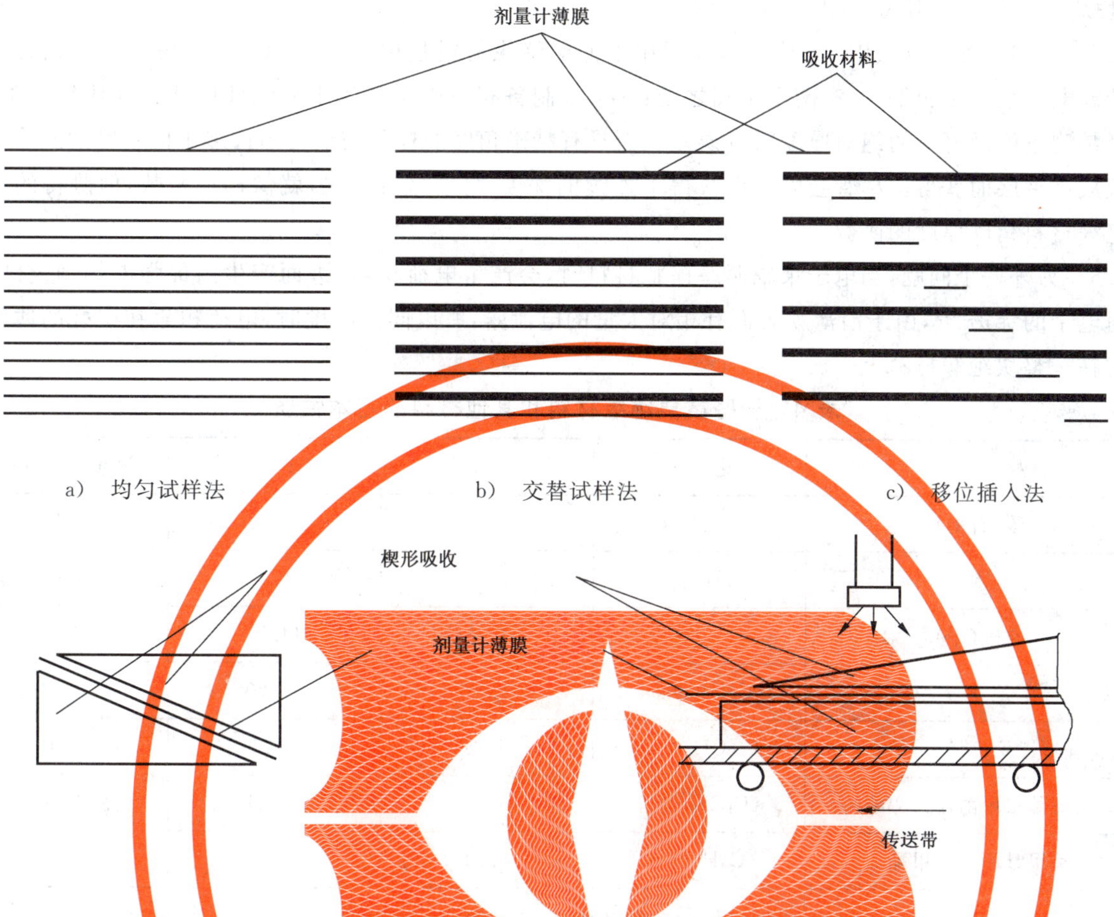

a) 均匀试样法　　b) 交替试样法　　c) 移位插入法

d) 线形楔形法　　e) 梯状楔形法

图 5 使用大量平板绝缘材料以及长楔形绝缘材料试样测量电子深度-剂量分布的试样组合操作示意图

7.4.4 在移位插入法中,(见图 5c),剂量计薄膜的小条插入到相同绝缘材料堆中去,这样就避免了剂量计薄膜的重叠。

7.4.5 如果堆积的绝缘材料被横向均匀地暴露在电子束中时,所考虑的吸收剂量 D_i 由下式得出:

$$D_i = f \cdot D_d = \frac{(S/\rho)_{col,i}}{(S/\rho)_{col,d}} \quad \cdots\cdots\cdots\cdots(5)$$

式中,D_d 是剂量计材料的吸收剂量,$(S/\rho)_{col,i}$ 和 $(S/\rho)_{col,d}$ 是绝缘材料和剂量计材料的电子质量撞击停止能,分别是两种材料的近似电子能谱的平均值[24]。

表 4 和表 5 给出了一些重要绝缘材料和其他材料的基本性质,以及这些材料中的电子质量撞击停止能。插入的剂量计薄膜电子能谱取决于堆积的绝缘材料的深度,一般而言,要获得每一深度的能谱并不容易。表 5 所示的比率 f 与所关心的绝缘材料耐辐射实验的能量范围的关系很小。剂量计材料能谱的大致确定对于估算合适精度的比率 f 已经足够。平均电子能量 E_n,作为典型的等量水绝缘材料的深度函数,大概的计算可用下列公式估算:

$$E_n = E_m(1 - z/R_{ex}) \quad \cdots\cdots\cdots\cdots(6)$$

式中 E_m 是入射电子的能量(MeV);z 是绝缘材料的厚度(g/cm^2);R_{ex} 是外推的电子射程(g/cm^2)。它通常被定义为照射到材料表面的电子透射曲线[30],表 6 列出了一些重要材料的外推电子射程,它是电子能量的函数。共混材料和复合材料的质量撞击停止能可以见[12]和[7]。

7.4.6 在线性-楔形方法中(见图 5d),剂量计薄膜被夹在两片同样的绝缘材料当中,上面那片是长楔形的。用密度分光光度计跟踪被辐照的剂量计薄膜，测出了剂量计材料的深度-剂量分布。绝缘材料的深度-剂量分布可以用式(5)进行剂量转换而得到。

7.4.7　在梯状楔形方法中(见图5e)，夹层中上面的绝缘材料是梯状楔形的。线性楔状方法尤其在针对低能电子束剂量测量时，有两个不利之处：一个是制备有精确角度的小型线性楔状试样比较困难，另一个是测量绝缘材料的绝对厚度时有误差。而具有精确角度的梯状楔形可由许多不同长度的绝缘材料薄膜放进夹层而获得。尽管会因此而获得不连续的深度-剂量分布曲线，就像梯形函数，但测得的分布是绝缘材料精确厚度的函数。

7.4.8　另外一个问题，当电子束辐照厚楔状材料时，会产生电荷积累，进而产生内部强电场，它会阻碍入射电子的穿透[11]，由于沿薄膜表面有相对大量的电泄露，所以同样厚度时，电荷积累在层叠的薄膜上要比在一整块绝缘材料上少。

表4　一些重要绝缘材料和其他材料的基本性质

材　　料	化学式	$\langle Z\rangle=$ 1)	$\langle A\rangle=$ 2)	密度/(g/cm³)
碳(石墨)	C	6	12.044	2.25
水	H_2O	7.22	13.00	1.00
空气(干)		7.38	14.77	1.205×10^{-3}
尼龙-6	$(C_6H_{11}ON)_n$	5.92	10.80	1.14
聚乙烯	$(CH_2)_n$	5.28	9.26	0.94
聚对苯二甲酸乙二醇酯	$(C_{10}H_8O_4)_n$	6.46	12.41	1.40
聚甲基丙烯酸甲酯	$(C_5H_8O_2)_n$	6.24	11.56	1.19
聚苯乙烯	$(CH)_n$	5.61	10.44	1.06
聚四氟乙烯	$(CF_2)_n$	8.28	17.25	2.20
聚氯乙烯	$(C_2H_3Cl)_n$	12.00	23.43	1.30
聚丙烯	$(C_3H_5)_n$	5.39	10.66	0.90
聚碳酸酯	$(C_{16}H_{14}O_3)_n$	6.10	12.16	1.20

注：

1)　有效原子数；

2)　有效原子量(原文为“weigh”)；

共混物和化合物的性质$\langle Z\rangle$和$\langle A\rangle$见下式：

$$\langle Z\rangle=\sum_j W_jZ_j \text{ 和 } \langle A\rangle=\langle Z\rangle\left(\sum_j W_jZ_j/A_j\right)^{-1}$$

式中W_j、Z_j和A_j分别是重量分数、原子数目、第j种原子组分的原子量。

表5 一些重要绝缘材料及其他材料的电子质量撞击停止能(MeV·cm²/g)[7]

电子能量 MeV	碳	水(液态)	空气(干)	尼龙-6	聚乙烯	聚对苯二甲酸乙二醇酯	聚甲基丙烯酸甲酯	聚苯乙烯	聚四氟乙烯	聚氯乙烯	聚丙烯	聚碳酸酯
0.1	3.671	4.115	3.633	4.152	4.384	3.823	4.006	4.034	3.421	3.604	4.287	3.920
0.15	2.883	3.238	2.861	3.263	3.443	3.015	3.152	3.172	2.697	2.843	3.367	3.084
0.2	2.482	2.793	2.470	2.813	2.967	2.603	2.719	2.735	2.330	1.457	2.902	2.660
0.3	2.083	2.355	2.084	2.369	2.497	2.195	2.292	2.305	1.968	2.077	2.443	2.242
0.5	1.782	2.034	1.802	2.032	2.142	1.889	1.957	1.984	1.699	1.793	2.098	1.930
0.7	1.673	1.917	1.706	1.906	2.008	1.776	1.856	1.864	1.600	1.690	1.969	1.813
1.0	1.609	1.849	1.661	1.823	1.930	1.710	1.788	1.794	1.534	1.633	1.893	1.748
1.5	1.584	1.822	1.661	1.801	1.895	1.684	1.760	1.766	1.522	1.615	1.860	1.719
2.0	1.587	1.824	1.684	1.802	1.895	1.686	1.762	1.768	1.525	1.623	1.861	1.721
3.0	1.611	1.846	1.740	1.823	1.917	1.709	1.784	1.791	1.546	1.653	1.883	1.744
5.0	1.658	1.892	1.833	1.870	1.965	1.758	1.832	1.839	1.589	1.708	1.931	1.791
10.0	1.730	1.968	1.979	1.946	2.042	1.831	1.908	1.916	1.657	1.791	2.008	1.867

表6 一些重要绝缘材料及其他材料的外推电子射程(g/cm²)[30]

电子能量 MeV	碳	铝	水	尼龙-6	聚乙烯	聚对苯二甲酸乙二醇酯	聚甲基丙烯酸甲酯
0.1	1.39×10^{-2}	1.30×10^{-2}	1.23×10^{-2}	1.26×10^{-2}	1.17×10^{-2}	1.23×10^{-2}	1.28×10^{-2}
0.15	2.80×10^{-2}	2.54×10^{-2}	2.45×10^{-2}	2.54×10^{-2}	2.36	2.65×10^{-2}	2.57×10^{-2}
0.2	4.51×10^{-2}	4.03×10^{-2}	3.93×10^{-2}	4.10×10^{-2}	3.83×10^{-2}	4.28×10^{-2}	4.15×10^{-2}
0.3	8.60×10^{-2}	7.53×10^{-2}	7.45×10^{-2}	7.81×10^{-2}	7.32×10^{-2}	8.23×10^{-2}	7.89×10^{-2}
0.5	1.83×10^{-1}	1.58×10^{-1}	1.58×10^{-1}	1.66×10^{-1}	1.56×10^{-1}	1.73×10^{-1}	1.68×10^{-1}
0.7	2.91×10^{-1}	2.49×10^{-1}	2.51×10^{-1}	2.65×10^{-1}	2.49×10^{-1}	2.75×10^{-1}	2.67×10^{-1}
1.0	4.63×10^{-1}	3.96×10^{-1}	3.98×10^{-1}	4.21×10^{-1}	3.96×10^{-1}	4.37×10^{-1}	4.25×10^{-1}
2.0	1.07×10^{0}	9.12×10^{-1}	9.18×10^{-1}	9.69×10^{-1}	9.12×10^{-1}	1.01×10^{0}	9.78×10^{-1}
3.0	1.68×10^{0}	1.44×10^{0}	1.45×10^{0}	1.53×10^{-1}	1.44×10^{0}	1.59×10^{0}	1.54×10^{0}
5.0	2.92×10^{0}	2.52×10^{0}	2.52×10^{0}	2.66×10^{0}	2.50×10^{0}	2.76×10^{0}	2.68×10^{0}
10.0	6.01×10^{0}	5.18×10^{0}	5.18×10^{0}	5.47×10^{0}	5.14×10^{0}	5.63×10^{0}	5.52×10^{0}

注:穿透深度是单能电子正常照射到平板吸收器上的穿透曲线几乎直线下降段中的斜率最大点的切线与 X 轴相交(穿透=0)。

附　录　A
（规范性附录）
带电粒子平衡厚度

当只使用不含次级电子的 X 或 γ 射线从一边对材料进行辐照时，随着射线穿透材料，（第一吸收剂）从一开始就总有能量沉积（吸收剂量），达到一定的厚度后，辐射能量沉积开始减弱。能量沉积达到最大值时的厚度通常称为带电粒子平衡厚度，它与辐射能量和被辐照材料的电子密度都有函数关系，材料厚度较大时，带电粒子会达到平衡。

图 A.1 是典型的能量沉积与厚度的函数曲线图。为了确保整个试样的带电粒子平衡，不管从哪边对试样进行辐照，都必须用吸收剂包裹试样。在高散射的辐照操作中，没有观察到沉积现象。推荐使用沉积层以便获得界定清晰的辐射状况。

图 A.2 电子密度 $3.3\times10^{23}\ cm^{-3}$ 的材料（水）的能量和吸收剂带电粒子平衡厚度的函数曲线图。

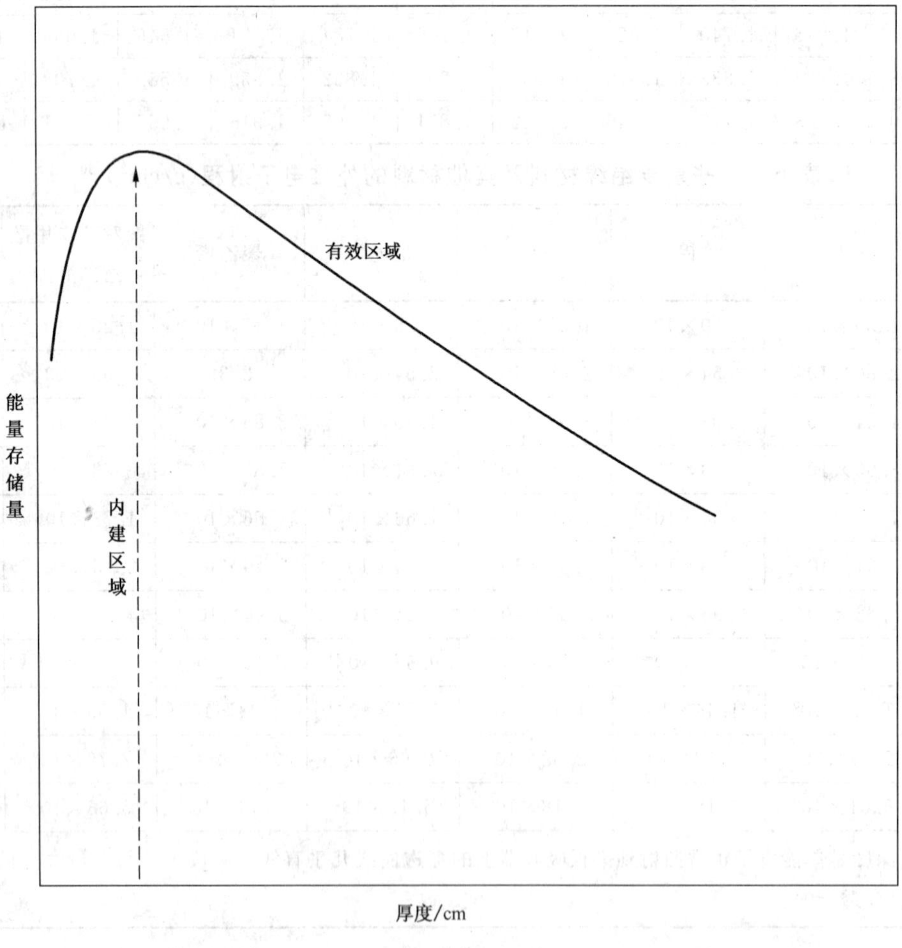

图 A.1　吸收剂量与厚度的函数关系图。最大值左边部分的曲线未知，因此试样有效厚度应不小于最大值右边的值

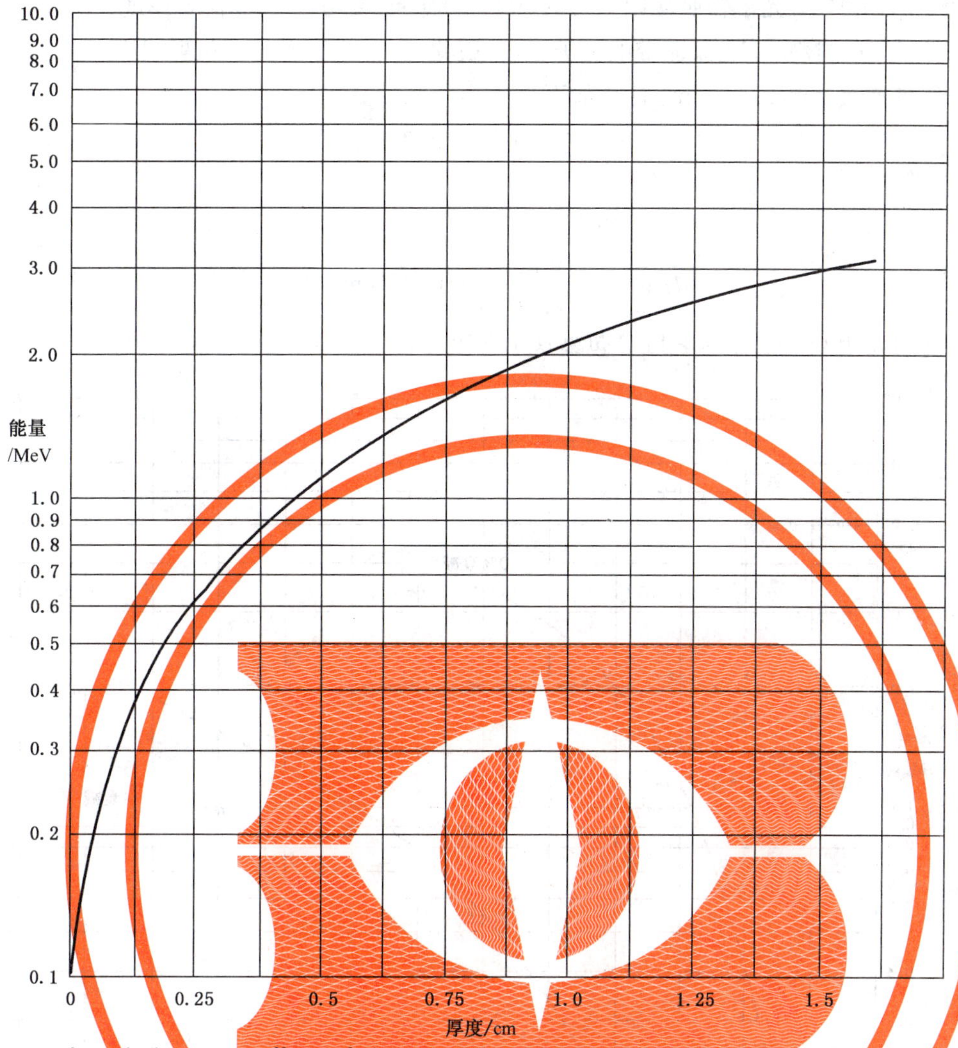

图 A.2　电子密度 3.3×10^{23} cm^{-3} 的材料(水)的能量和吸收剂带电粒子平衡厚度的函数曲线图

图 A.3 衰减一定的单向 X 射线或 γ 射线辐照的光子能量和水(或相同电子密度的材料)厚度的函数曲线图。

注:任何材料的电子密度 n 可以用下列公式估算:

$$n=\rho\frac{N_A}{M}\sum_i Z_i[\mathrm{cm}^{-3}]=\frac{N_A}{M}\sum_i Z_i[\mathrm{g}^{-1}] \quad\cdots\cdots\cdots\cdots(\mathrm{A}.1)$$

式中:

ρ——材料的密度,g/cm^3;

N_A——阿伏加德罗常数,6.023×10^{23} mol^{-1};

M——摩尔质量,g/mol;

Z_i——元素 i 的原子数;

$\sum_i Z_i$——每个分子的电子总数。

当元素 Z 在 17(不包括 H)以下时,$1/M(\sum_i Z_i)$ 大约为 1/2,对于有机材料上式又可简化为:

$$n=\rho\frac{N_A}{M}3\times10^{23}\rho[\mathrm{cm}^{-3}]=3\times10^{23}[\mathrm{g}^{-1}]$$

图 A.1 至图 A.3 即用这个方法进行估算的。

在图 A.2 中,如果电子密度增加超过估值,曲线会向左平移,反之,曲线向右移动。因此,等效厚度就相当于用图 A.2 中的值除以吸收剂电子密度与 3.3×10^{23} cm^{-3}(水的电子密度)的比值。

例如,假使用1.1 MeV光子辐照聚四氟乙烯(PTFE)薄膜,参考图A.2需要厚度为0.5 cm、电子密度为3.3×10^{23} cm^{-3}的材料,才能保证带电粒子平衡,因此,要用此厚度的水包裹试样。

因为PTFE的密度$\rho=2.2$ g/cm^3,计算如下:

$$\frac{n_{PTFE}}{n_{H_2O}}=\frac{3\times10^{23}\times2.2}{3.3\times10^{23}}=2$$

以及

$$d_{PTFE}=\frac{d_{H_2O}}{n_{PTFE}/n_{H_2O}}=0.25(cm)$$

这意味着必须要用0.25 cm的PTFE包裹这个薄膜。

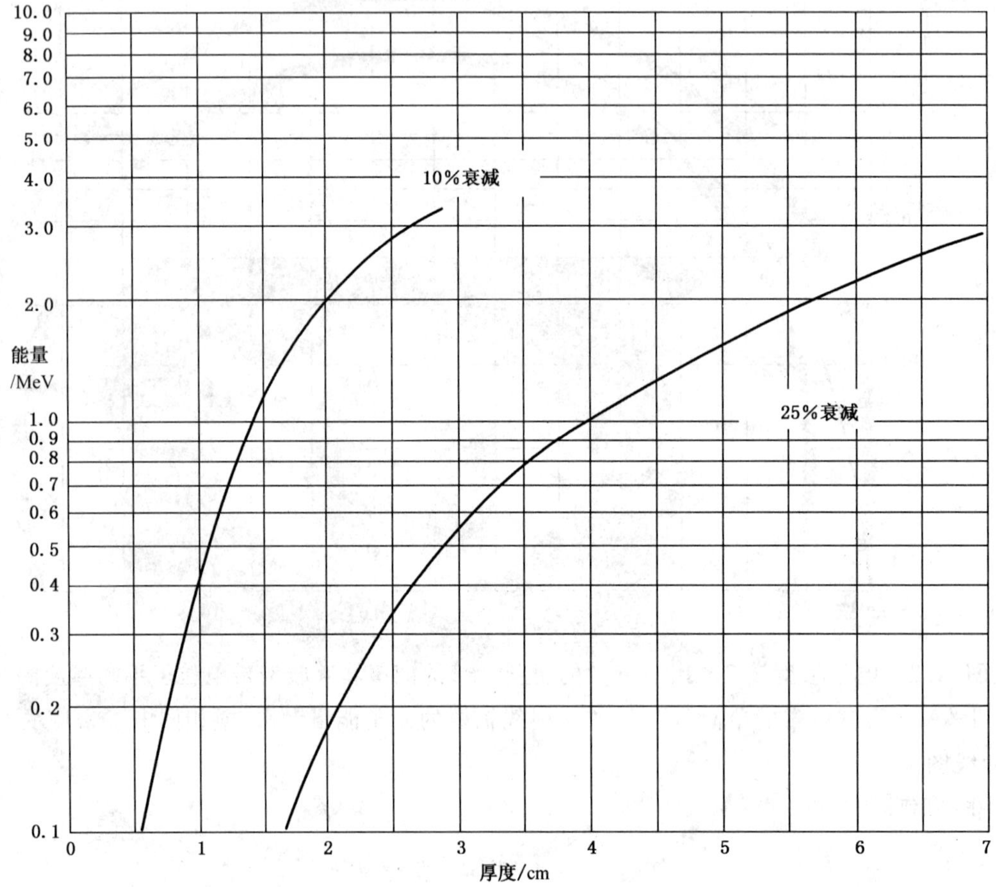

图A.3 衰减一定的单向X射线或γ射线辐照的光子能量和水厚度的函数曲线图

附 录 B
(规范性附录)
数值因数 f_i 的推导

X 射线或 γ 射线辐照材料时,它的能量吸收效率取决于它的质量能量吸收系数 $(\mu_{en}/\rho)_m$。

这可以用质量吸收系数乘以材料真正吸收的光子能量的分数来获得,因此需要用荧光、散射、湮灭、辐射和轫致辐射损失进行修正。

被辐射材料的质量能量吸收系数值,不管是共混材料还是复合物,都可以有下列近似关系:

$$(\mu_{en}/\rho)_m = \sum_i W_i(\mu_{en}/\rho)_i \qquad \text{(B.1)}$$

式中 W_i 和 $(\mu_{en}/\rho)_i$ 分别是 i 组分的质量分数和质量能量吸收系数。

只要存在带电粒子平衡,空气中 1 C/kg 的照射量能产生 33.68 J/kg 的吸收(空气中 33.7+0.2 eV 产生一个离子对)。同样的照射量,被辐照材料的吸收剂量可用下列公式计算:

$$D_m = D_{air}\frac{(\mu_{en}/\rho)_m}{(\mu_{en}/\rho)_{air}} = 33.68\frac{(\mu_{en}/\rho)_m}{(\mu_{en}/\rho)_{air}}X \qquad \text{(B.2)}$$

其中:

D_m——材料的吸收剂量,Gy;

D_{air}——空气的吸收剂量,Gy;

$(\mu_{en}/\rho)_m$——材料 m 的质量能量吸收系数;

$(\mu_{en}/\rho)_{air}$——空气的质量能量吸收系数;

X——照射量,C/kg。

将式(B.1)带入式(B.2),得到,

$$D_m = X\sum W_i f_i \qquad \text{(B.3)}$$

其中,

$$f_i = 33.68\frac{(\mu_{en}/\rho)_i}{(\mu_{en}/\rho)_{air}}\text{(J/C)} \qquad \text{(B.4)}$$

注:数值因数 f_i 也可以用旧的 C.G.S 单位 rad/R(1 rad/R=38.76 J/C)

$$f_i = 0.870\frac{(\mu_{en}/\rho)_i}{(\mu_{en}/\rho)_{air}}\text{(rad/R)}$$

参 考 文 献

[1] Standard method of test for absorbed gamma radiation dose in the Fricke dosimeter, ASTM D1671-72, Book of ASTM standards, Parts 39 and 45(1976).

[2] STM D2586 Calculation of absorbed dose from X or Gamma radiation, Book of ASTM standards, Parts 39 and 45(1976).

[3] F. H. Attix, Present status of dosimetry by radiophotoluminescence and thermoluminecence methods. U. S. Naval Research Laboratory, Rep. 6145(1964).

[4] F. H. Attix and W. C Roesch, Radiation dosimetry, Academic Press, Vol, Ⅰ (1968), Vol, Ⅱ (1966), Vol, Ⅲ (1969).

[5] J. H. Barrett, Int. J. Appl. Radiat. Isot. 33, 1177(1982).

[6] K. Becker, Solid state dosimetry, CRC Press, Cleveland(1973).

[7] M. J. Berger and S. M. Seltzer, Stopping powers and ranges of electrons and positrons, National Bureau of standards Rep. NBSIR 82-2550-A(1982), and ICRU Report 37(1984).

[8] B. Burgkhardt, D. Singh and E. Piesch, Nucl. Instrum. Methods 141, 363(1977).

[9] DIN 6800, Methods for dose measurements by radiological technique, Beuth-vertrieb GmbH (Berlin).

[10] Dole and Malcolm, The radiation-chemistry of macromolecules, Academic Press, Vol, Ⅰ (1972), Vol, Ⅱ (1973).

[11] B. Gross, Electrets, Sessler, ed. , Springer, Chapter 4(1980).

[12] International Atomic Energy Agency, Manual of food irradiation dosimetry, Technical Report Series No. 178, IAEA(1977).

[13] Radiation dosimetry: X-rays and Gamma rays with maximum photon energies between 0. 6 and 50 MeV, ICRU Report 14(1969).

[14] Radiation dosimetry: X-rays generated at potentials of 5 to 150 kV, ICRU Report 17 (1970).

[15] Radiation quantities and units, ICRU Report 33(1980).

[16] Radiation dosimetry: Electron beams with energies between 1 and 50 MeV, ICRU Report 35(1984).

[17] R. Ito and T. Tabata, Radiat. Center Osaka Prefect. Tech. Rep. No 8(1987).

[18] A. D. Kantz and J. C. Humphreys, Radiat. Phys. Chem. 10, 119(1977).

[19] C. J. Karzmark, J. White and J. F. Flowler, Lithium fluoride thermoluminescence dosimetry, Phys. in Med. And Biol. 9, 273(1964).

[20] T. Kojima et al. , Int. J. Radiat. Appl. Instr. , Appl. Rad. Isot. 37, 517(1986).

[21] W. L. mclaughlin, R. D. Jarrett and T. A. Olejnik, Dosimetry in preservation of foods by ionizing radiation, Vol. 1, E. S. Josephson and M. S. Peterson, eds. , CRC Press, BocaRaton, FL(1982).

[22] W. L. McLaughlin, J. C. Humphreys and W. Chen, Radiat. Phys. Chem. 25. 79(1985).

[23] W. L. McLaughlin et al. Radiat. Phys. Chem. 31. 505(1988).

[24] A. Miller and W. L. McLaugghlin. int. J. Appl. Radiat. Isot. 33. 1299(1982).

[25] A. Miller and A. Kovacs, Nucl. Instrum. methods in Phys. Res. B10/11, 994(1985).

[26] M. Oberhofer, Atomkermenergie 31, 209(1978).

[27] B. B. Radak and V. M. Markovic, Manual on radiation dosimetry, N. W. Holm and R. J. Berry, eds., Marcel Dekker, New York(1970), Chep. 3.

[28] D. F. Regulla and U. Deffner, Int. J. Appl. Radiat. Isot. 33. 1101(1982).

[29] D. F. Regulla and U. Deffner, High-dose dosimetry, IAEA, 221(1985).

[30] T. Tabata, R. Ito and S. Okabe: Nucl. Instrum. Methods 103, 85(1972).

[31] T. Tabata and R. Ito, Radiat. Center Osaka Prefect. Tech. Rep. No. 1(1981).

[32] N. Tamura et al., Radiat. Phys. Chem. 18, 947(1981).

[33] R. Tanaka, K. Mizuhashi, H. Sunaga and N. Tamura, Nucl. Instrum. methods 17, 201(1980).

[34] R. Tanaka, S. Mitomo and N. Tamura, Int. J. Appl. Radiat. Isot. 35, 875(1984).

[35] R. Tanaka, H. Sunaga and T. Agematsu, High-dose dosimetry, IAEA, 317(1985).

[36] B. Whittaker et al. High-dose dosimetry, IAEA, 293(1985).

ICS 29.035.20
K 15

中华人民共和国国家标准

GB/T 26168.2—2010/IEC 60544-2:1991

电气绝缘材料　确定电离辐射的影响 第2部分:辐照和试验程序

Electrical insulating materials—Determination of the effects of ionizing radiation—Part 2:Procedures for irradiation and test

(IEC 60544-2:1991,IDT)

2011-01-14 发布　　2011-07-01 实施

中华人民共和国国家质量监督检验检疫总局
中国国家标准化管理委员会 发布

前 言

GB/T 26168《电气绝缘材料　确定电离辐射的影响》分为4个部分：

——第1部分：辐射相互作用和剂量测定；

——第2部分：辐照和试验程序；

——第3部分：辐射环境下的应用分级体系；

——第4部分：运行中老化的评定程序。

本部分为第2部分。

本部分等同采用IEC 60544-2:1991《确定电气绝缘材料受电离辐射效应的导则　第2部分：辐照和测试程序》。

本部分在等同采用IEC 60544-2:1991时做了如下编辑性修改：

——删除国际标准前言。

——本部分的引用文件，对已经转化为我国标准的，并列出了我国标准及其与国际标准的转化程度。

——本部分名称根据系列标准名称统一更改为《电气绝缘材料　确定电离辐射的影响》。

——本部分增加规范性引用文件章节，以下章节编号顺延。

——将原标准第一部分引言单独列出。

——根据GB 1.1将原标准附录B中的参考文献单独列出。

本部分的附录A为资料性附录。

本部分由中国电器工业协会提出。

本部分由全国电气绝缘材料与绝缘系统评定标准化技术委员会(SAC/TC 301)归口。

本部分负责起草单位：机械工业北京电工技术经济研究所、上海电缆研究所。

本部分参加起草单位：核工业第二研究设计院、上海核工业研究设计研究院、沈阳电缆产业有限公司、常州八益电缆有限公司、江苏上上电缆集团、浙江万马电缆股份有限公司、浙江万马高分子材料有限公司、上海电缆厂有限公司、临海市亚东特种电缆料厂、上海凯波特种电缆料厂、安徽电缆股份有限公司、江苏华光电缆电器有限公司、工业和信息化部电子第五研究所、深圳市旭生三益科技有限公司。

本部分主要起草人：孙伟博、郭丽平、龚国祥、吕冬宝、顾申杰、柴松、周叙元、王松明、杨娟、陈文卿、王怡遥、周才辉、项健、张万友、杨仁祥、居学成。

引　言

当选择在辐射环境中使用绝缘材料时,设计人员需要有可靠的试验数据对待选材料进行比较。为此,必须根据标准化的试验程序得到每种材料的性能数据,这种标准程序应能够反映工作条件变化对材料重要性能的影响。尤其要考虑当正常工作条件下辐射剂量率较低,而绝缘材料却是根据高剂量率下试验所得耐辐射数据对材料进行的选择。

应很好地控制并记录测量辐射效应期间的环境条件,重要环境参数包括辐射期间的温度、反应介质以及力学、电气应力等。如果存在空气,辐射引发剂可能与氧气发生反应,如果没有空气就不会发生这种情况。这就是为什么某些聚合物在空气中辐照会影响吸收剂量率的原因,从而导致材料的实际耐辐射能力比在真空或惰性气体环境下低。这种情况通常被称作“剂量率效应”,在参考文献[1]至[14]中有详细介绍。

注:对于想知道更详细内容的本部分用户,可查阅参考文献。对那些没有在国际公开刊物上刊登的科技报告,参考文献末尾给出了可以得到这些科技报告的地址。

在下列情况下辐照时间也会成为一个重要的因素:

a) 扩散限制氧化等物理效应[8],[10];

b) 确定剂量率的过氧化氢分裂反应等化学现象[10],[14]。

典型扩散限制效应通常可以在空气中聚合物的辐射研究中观测到,其重要性取决于聚合物几何结构与氧渗透量以及消耗率之间的相互关系,而氧渗透量和消耗率又均取决于温度[10]。这就意味着厚试样在空气中受到辐照可能导致只有试样与空气接触表面部分氧化,进而导致材料性质的改变(与在有氧环境中辐照时相似)。因此,当材料要在低剂量率空气环境中长时间使用时,将试样高剂量率短时间置于相同剂量环境下可能无法确定其耐用性。通过以前的试验或试样厚度因素并结合氧渗透率和消耗率[8],[10]估计则可以避免上述问题。一种通过增加周围氧气压力有效消除氧扩散效应的技术目前正在研究之中[8]。

辐射引发反应会受到温度的影响,通过温度提高反应速率可导致辐射和热产生协同效应。在一般热老化预测中通常使用阿累尼乌斯方法,该方法使用了一个基于基本化学动力学的方程。尽管目前有大量关于辐射老化方法方面的研究,但该领域的研究比较落后[9]。用于老化试验建模的包括剂量、时间、阿累尼乌斯活化能、剂量率和温度等众多因素在内的一般性方程目前也正在测试之中[10-12]。应当指出:先后连续应用辐射和热(实际中经常这样用)时可能由于应用顺序的不同、试验结果也会显著差异,并且通常也不可能很好地模拟它们的协同效应[13],[14]。

绝缘材料要求的力学性能和电气性能、以及可以接受的辐射诱导变化程度是千差万别的,以至于无法就可接受性能给出一个框架建议。辐照条件也是如此。因此本部分只推荐很少几种根据以前经验证明是合适的性能和辐照条件。推荐的则是那些对辐射特别敏感的性能。对于一些特殊应用可能要选择其他性能。

GB/T 26168 的第 1 部分介绍了辐射效应评定所涉及的各种问题以及剂量测量术语指南、几种确定照射量和吸收剂量的方法以及一些根据所用剂量测量方法计算各种具体材料中吸收剂量的方法。第 2 部分主要介绍辐照和试验的程序。第 3 部分定义了一种分级体系,对绝缘材料耐辐射性能进行分级,还提供了一套描述材料对辐射环境适用性的参数,为绝缘材料的选择、标定指数和性能规格确定提供了指南。第 4 部分介绍了运行中老化的评定程序。

电气绝缘材料　确定电离辐射的影响
第2部分:辐照和试验程序

1　范围

GB/T 26168的本部分规定了确定辐射引发物理或化学性能变化之前,用电离辐射对绝缘材料进行辐照处理期间和前后应保持的辐照条件。提出可能有重要应用价值的几种辐照条件,并列出了在这些条件下可能影响辐射诱导反应的各种参数。

本部分适用于选择合适的试样、辐照条件和试验方法,以便于确定辐射对性能影响的重要性。由于许多材料都是在空气环境或惰性气体环境中使用,因此给出了这两种情况下的标准辐照条件。本部分附录A还给出了几种材料的测试报告示例。

本部分不适用于辐照期间的测量。

2　规范性引用文件

下列文件中的条款通过GB/T 26168的本部分的引用而成为本部分的条款。凡是注日期的引用文件,其随后所有的修改单(不包括勘误的内容)或修订版均不适用于本部分,然而,鼓励根据本部分达成协议的各方研究是否可使用这些文件的最新版本。凡是不注日期的引用文件,其最新版本适用于本部分。

GB/T 528—2009　硫化橡胶或热塑性橡胶　拉伸应力应变性能的测定(ISO 37:2005,IDT)

GB/T 1040(所有部分)　塑料　拉伸性能的测定(ISO 527(所有部分),IDT)

GB/T 1043.1—2008　塑料简支梁冲击性能的测定　第1部分:非仪器化冲击试验(ISO 179-1:2000,IDT)

GB/T 1408.1—2006　绝缘材料电气强度试验方法　第1部分:工频下试验(IEC 60243-1:1998,IDT)

GB/T 1410—2006　固体绝缘材料体积电阻率和表面电阻率试验方法(IEC 60093:1980,IDT)

GB/T 2411—2008　塑料和硬橡胶　使用硬度计测定压痕硬度(邵氏硬度)(ISO 868:2003,IDT)

GB/T 6031—1998　硫化橡胶或热塑性橡胶硬度的测定(10～100 IRHD)(idt ISO 48:1994)

GB/T 7759—1996　硫化橡胶、热塑性橡胶　常温、高温和低温下压缩永久变形测定(eqv ISO 815:1991)

GB/T 9341—2008　塑料　弯曲性能的测定(ISO 178:2001,IDT)

GB/T 10064—2006　测定固体绝缘材料绝缘电阻的试验方法(IEC 60167:1964(1996),IDT)

GB/T 10580—2003　固体绝缘材料在试验前和试验时采用的标准条件(IEC 60212:1971,IDT)

GB/T 26168.1—2010　电气绝缘材料　确定电离辐射的影响　第1部分:辐射相互作用和剂量测定(IEC 60544-1:1994,IDT)

GB/T 26168.3—2010　电气绝缘材料　确定电离辐射的影响　第3部分:辐射环境下应用的分级体系(IEC 60544-4:2003,IDT)

3　辐照

3.1　辐射类型和剂量测定

本部分包括下列几种辐射类型:

——X射线和γ射线;

——电子射线；

——质子射线；

——中子射线；

——γ射线和中子射线组合（“反应堆”辐射）。

一般来说，辐射类型不同，辐射效应也会不同。但是在许多应用中已发现，在类似试验条件以及相同吸收剂量和相同线性能量传递情况下，材料性能变化与辐射类型之间的关系并不密切[15-17]。因此在试验中应优先选择吸收剂量测量比较简单方便的辐射类型，如钴-60γ射线或快电子等。为了比较γ射线或快电子的反应堆辐射效应，可以用不同类型射线来照射相同化学成分的试样，并且可以对辐射诱导变化进行比较。

辐射诱导变化与吸收辐射能（以吸收剂量表示）有关，GB/T 26168.1 列出了推荐的剂量测定方法，同时也给出了吸收剂量和吸收剂量率的定义和单位，为方便起见列出公式如下：

吸收剂量(D)是 $d\bar{\varepsilon}$ 与 dm 的商，其中 $d\bar{\varepsilon}$ 是电离辐射照射到单位体积材料上的平均能量，dm 是单位体积材料的质量。

$$D=\frac{d\bar{\varepsilon}}{dm}$$

吸收剂量率($\dot{D}$)是时间间隔 dt 内的吸收剂量增量 dD。

$$\dot{D}=\frac{dD}{dt}$$

吸收剂量式中 D 国际单位制(SI)是戈瑞(Gy)；

1 Gy=1 J/kg (=10^2 rad)。

更高剂量时的常用单位是千戈瑞 (kGy)或兆戈瑞 (MGy)。

吸收剂量率的 SI 单位是戈瑞/秒；

1 Gy/s= 1 W/kg (=10^2 rad/s=0.36 Mrad/h)。

3.2 辐照条件

应明确的辐照条件包括：

——辐射的类型和能量；

——吸收剂量；

——吸收剂量率；

——周围介质；

——温度；

——机械应力、电应力和其他应力；

——试样厚度。

辐照宜采用γ射线、X射线或电子射线(见3.1)，应合理选择射线能量使试样吸收剂量的均匀性保持在±15%以内。

3.3 试样制备

由于试样质量差别可能导致试验结果出现偏差，应按照适用的国家标准、IEC 标准和 ISO 标准认真制备试样。

因为辐射效应可能取决于试样的尺寸，在进行各种比较试验中所用试样应具有统一尺寸。接受辐照的试样形状最好与后续试验所需要的试样形状一致。但如果试样必须从接受辐照的较大试件上切取，应在报告中记录试样切取的位置。

未受辐照控制试样应按照相同方法制备，并且经过与受辐照试样相同的处理和后辐照处理。

3.4 辐照程序

3.4.1 辐照剂量控制

辐射场内的照射率通常是不均匀的，另外还会因试样本身吸收能量而减少，因此吸收剂量不可能完全均匀。可通过过滤、多方向辐照试样、等速横穿辐射场或用辐射束扫描试样等方法使其均匀。剂量率偏差在±15%以内时不会对试验结果产生明显影响(见3.2),当偏差大于该推荐范围时应进行记录。

3.4.2 辐照温度控制

试样应在辐照温度下放置48 h或者直到与辐照温度平衡。

温度应从GB/T 10580—2003标准中给出的标准化系列值中选取。

辐照期间的试样温度应是通过在同样辐照条件下的另一个补充试样确定的。

注:补充试样上装有测温装置。

温度偏差是实际试验温度的函数,在室温至约40 ℃时允许偏差较大(如±5 K),当温度高时有较小允许偏差(如±2 K)比较合理。当偏差大于±2 K时应进行记录。

高剂量率辐照可能导致温度升高,可使用多种方法控制温度,但不要影响材料的性能或辐射条件。

应记录转变过渡区域(如熔化转变、玻璃态转变或次级转变)的辐照情况,因为当材料经历这些转变时降解会受到显著影响。

3.4.3 在空气中辐照

放置在空气中接受辐照的试样应确保试样各侧面都能接触到空气。一般情况下应阻止辐射诱导反应产物积聚(如用新鲜空气吹试样),但当需要确定这些产物(如O_3或HCl)是否影响材料性能时除外。

如果辐射源性质要求将试样装入密闭容器,则在标准大气条件下对试样进行封装。一般来说辐照将会改变容器内的条件(如大气的压力和化学成分),从而严重影响试验结果。应经常更换容器内的空气。应在试验报告中注明辐照在密闭容器内进行、制作容器的材料、试样体积与空气体积之比以及容器内空气的更换频率等。设计容器时应考虑加热或反应产物导致压力升高的可能性,以便将这种效应降至最小。

3.4.4 在其他介质中辐照(除空气以外)

在除空气以外其他气体中接受辐照的试样应置于≤1 Pa(10^{-5} Bar)的容器中至少放置8 h,然后再用该气体吹洗3次。吹洗后试样应置于充满气体的容器(温度为辐照温度)内,直到试样与气体温度基本达到平衡。在辐照期间,最好保持气流连续通过试样容器。如果定期更换气体则可使用密封容器(如有必要)。一般来说,只有当辐射源的性质要求必须在密封容器中进行整个辐照时才这样做,详细的方式应在报告中注明。

在液体介质中接受辐照的试样应在液体中浸泡足够长的时间,以便在辐照之前与液体达到基本平衡。耐辐射性能可能会受到预处理期间所产生的膨胀的影响。在整个辐照期间,试样应完全浸泡在液体中。搅动液体以及用流动或其他方式向试样提供新液体等均应在报告中注明。

3.4.5 在真空中辐照

在真空中接受辐照的试样应在压力≤1 Pa(10^{-5} Bar)的容器中至少放置24 h,并且在整个辐照期间压力都不应超过这一极限值。

3.4.6 高压辐照

在高压下接受辐照的试样应在该压力值的容器内放置足够长的时间以达到基本平衡,压力在整个辐照过程中应保持不变。参考文献[8]中介绍了一个用于高压氧气下的辐照技术。应在试验报告中详细注明辐照条件。

3.4.7 在机械应力作用下辐照

应将试样安装在合适的夹具上,使试样在整个辐照过程中受到一个机械应力。应在报告中详细说明试验方法。

3.4.8 在电应力作用下辐照

应将试样安装在合适的夹具上,使试样在整个辐照过程中受到一个电应力。应在报告中详细说明试验方法。

3.4.9 组合辐照程序

当使用以上程序所列任意两个或两个以上变量时,组合程序将集成各单个程序的所有相应功能。

3.5 后辐照效应

聚合物辐照会产生一些自由基或其他反应物,其中有些产物的生成速度要比它们的反应速度快很多,从而导致反应物在受辐照材料内积聚并且当试样从辐射场移开后仍可能继续反应。正是由于存在这种效应,试样在受辐照后应尽快(最好在一周内)进行试验。

3.6 指定的辐照条件

引言中讨论了与用短期的实验室试验对长期工作条件下效应进行评定相关的问题。以下给出了两种辐照条件,用于为与时间相关的氧效应提供方法:

——在高吸收剂量率(通常大于 1 Gy/s)的无氧化环境(如在无氧环境中或针对厚试样)下短期辐照。

由于在高剂量率条件下可能出现辐射加热现象,应通过指定试验温度来控制其上限。

——在低吸收剂量率(最大为 3×10^{-2} Gy/s)有氧环境(如空气环境)中长期辐照。

辐照期间的试样温度应通过补充试样进行确定,该补充试样中包含一个温度测量装置并且在与其他试样相同的条件下接受辐照。

注:应当认识到推荐长期辐照使用的剂量率是在长期现场工作条件和实际试验持续时间之间折衷选取的剂量率,它仍可能比许多相关长期应用中出现的剂量率高几个数量级。这些差别可能会加剧剂量率效应,其大小取决于聚合物类型和试样厚度。目前,剂量率远低于 3×10^{-2} Gy/s 时的使用寿命预测试验程序正在研究之中[9-12]。

在核反应堆应用中,试样辐照最好采用两种温度:室温 296 K±5 K 和 80 ℃。应考虑 3.4.2 的内容。

4 试验

4.1 概述

耐辐射能力可表征为:

——产生某一预定性能变化(见 4.3.1)所需要的吸收剂量,或

——某一固定吸收剂量(见 4.3.2)所产生的性能变化量。

为确定耐辐射能力应明确以下各点:

——辐照条件(见第 3 章);

——可能评估其变化的性能(见 4.2);

——性能终点判据和/或吸收剂量值(见 4.3)。

这些测试目的是确定材料性能的永久性变化。本部分不涉及辐照期间出现的过渡性变化。

4.2 测试程序

表 1 列出了那些可用于监测辐射效应的性能以及测试程序。尽管材料失效时可能会导致电性能急剧变化,但机械性能更为敏感[18][19]。塑料的机械性能最初由于交联而改善,但在高吸收剂量时会变脆而无使用价值,所以选择测试性能时应当考虑这点。

对于正常应用,经验表明最合适的力学性能为:

——硬质塑料在最大负荷时的弯曲应力;

——软质塑料和弹性体的断裂伸长率。

实际应用证明:用户可以规定表 1 中的任意一种性能或一种程序。另外,由于辐射源和容器的容积(在该容积内辐射场足够均匀)有限,因此对试样尺寸也有一定限制。

4.3 评定标准

4.3.1 终点判据

终点判据可用绝对值或相对值来表示。两种表示方法都可以用于对材料耐辐射能力的分级。表 1

用相对值对材料进行排序的示例。GB/T 26168.3—2010 中给出了辐射指数的评定。

针对某个具体应用或工作条件，可选取一个更合适的终点判据来反映最终使用要求。

表 1　辐射环境中绝缘材料分类时应考虑的重要性能和终点判据

材料类型	性能	试验程序	终点判据[a]
硬质塑料	弯曲强度	GB/T 9341—2008	50%
	屈服强度	GB/T 1040	50%
	断裂强度	GB/T 1040	50%
	冲击强度	GB/T 1043.1—2008	50%
	体积电阻率和表面电阻率	GB/T 1410—2006	10%
	绝缘电阻	GB/T 10064—2006	10%
	介电强度	GB/T 1408.1—2006	50%
软质塑料	断裂伸长率	GB/T 1040	50%
	屈服强度	GB/T 1040	50%
	断裂强度	GB/T 1040	50%
	冲击强度	GB/T 1043.1—2008	50%
	体积电阻率和表面电阻率	GB/T 1410—2006	10%
	绝缘电阻	GB/T 10064—2006	10%
	介电强度	GB/T 1408.1—2006	50%
弹性体	断裂伸长率	GB/T 528—2009	50%
	拉伸断裂强度	GB/T 528—2009	50%
	硬度/IRHD(国际橡胶硬度)	GB/T 6031—1998	改变 10 个单位值
	硬度/邵氏 A	GB/T 2411—2008	改变 10 个单位值
	压缩永久变形	GB/T 7759—1996	50%
	体积电阻率和表面电阻率	GB/T 1410—2006	10%
	绝缘电阻	GB/T 10064—2006	10%
	介电强度	GB/T 1408.1—2006	50%
注：[a] 表示为初始值的百分比。			

4.3.2　吸收剂量值

将材料用预先确定的或标准中规定的指定剂量来辐照也可以反映材料的耐辐射能力。在这种情况下，到最终剂量时可能达不到终点判据。

用于测定到性能变化量时推荐使用的吸收剂量值为：

10^3 Gy、10^4 Gy、10^5 Gy、3×10^5 Gy、10^6 Gy、3×10^6 Gy、10^7 Gy、3×10^7 Gy、10^8 Gy。

注：在许多情况下使用吸收剂量为 10^7 Gy 的极限比较合适，在一些特殊情况下使用 10^8 Gy。

4.4　评估

根据相关标准确定辐照试样和对照试样的性能，性能变化报告为受辐照试样与对照试样性能之间差或比值。

为确定产生给定性能变化的吸收剂量(终点判据，见 4.3)，可画出性能值或性能值变化与吸收剂量之间的关系曲线图，通过内插法可以确定性能终点判据对应的吸收剂量(见附录 A 中的示例 1)。

注：由于当吸收剂量增加时性能值不按简单数学公式变化，因此用外推法确定产生给定性能变化的吸收剂量相当受限。

5　报告

报告中应包括对本部分的引用，应在记录中报告与本部分推荐程序的各种偏差并列出如下信息：

5.1 材料

试验材料说明中应尽可能包括：

聚合物类型和制备方法；

供应商；

配方数据，如：填充剂（包括大小和形状）、增塑剂、稳定剂、光稳定剂等；

物理性能：密度、熔点、玻璃态转变温度、结晶度、取向、溶解度等。

5.2 辐照

辐射源说明：

类型、活度或束能、射线种类和能谱。对反应堆辐照应包括 γ 射线、热、超热和快中子的比例。

吸收剂量总清单：

剂量测定方法、吸收剂量率（带公差）、不同试样的辐照时间和吸收剂量。对加速器辐照应列出脉冲重复频率、脉冲宽度和最大通量密度。另外还要列出试样运行周期以及试样的“放入时间”和“放出时间”。

对反应堆或其他中子辐射源，根据通量密度（热、超热、快中子和 γ 射线等应单独确定）计算吸收剂量率。

辐照条件和辐照程序的相关细节，例如温度、大气或介质、压力、试样上的应力、容器等；特殊后辐照处理。

辐照日期。

5.3 测试

测试的性能和相关的测试标准，视情况而定（见 4.3）：

——终点判据；

——指定的吸收剂量。

5.4 结果

视情况而定（见 4.4）：

达到指定终点判据所需要的吸收剂量，或图表；

被辐照试样和对照试样的性能值，以及性能变化。

性能试验日期。

附录 A 是（1）电磁线圈绝缘、（2）电缆绝缘、（3）绝缘胶带的试验报告示例。

附　录　A
（资料性附录）
示例

示例 A.1
根据 GB/T 26168 的辐照试验报告

1. 材料：环氧—苯酚—酚醛清漆—双酚 A 树脂。
   成分：树脂 EPN 1138＋MY745＋CY221(50:50:20)，
      固化剂：HY905 (120)，
      促进剂：XB2687(0.3)。
   固化时间：24 h/120 ℃
   应用：电磁线圈绝缘
   供应商：NN
2. 辐照
   池式反应堆，水中，40 ℃
   快中子通量(E>1 MeV)：　3×10^{12} n/cm² s
   热中子通量：　5×10^{12} n/cm² s
   γ 剂量率：　400 Gy/s
   吸收剂量：　5×10^{6} Gy、1×10^{7} Gy、2.5×10^{7} Gy、5×10^{7} Gy
   剂量测定方法：　量热计和活化探测器
   辐照日期：　xy
3. 试验
   方法：　弯曲强度(GB/T 9341—2008)
   试样尺寸：　80 mm×10 mm×4 mm
   评判性能：　最大负荷下弯曲强度
   终点判据：　初始值的 50%
   试验日期：　xy
4. 结果：见表 A.1 和图 A.1。

表 A.1　试验结果

编号	特性			力学性能		
	成分	固化条件	吸收剂量 Gy	弯曲强度 S MPa	破坏挠度 D mm	切线弹性模量 M GPa
297	EPN 1138/	24 h,	0	127	12.4	3.8
	MY 745/	120 ℃	5×10^{6}	94	6.4	3.9
	CY 221/		1×10^{7}	70	4.5	4.1
	HY 905/		2.5×10^{7}	14	1.2	3.3
	XB 2687		5×10^{7}	2	0.7	0.5

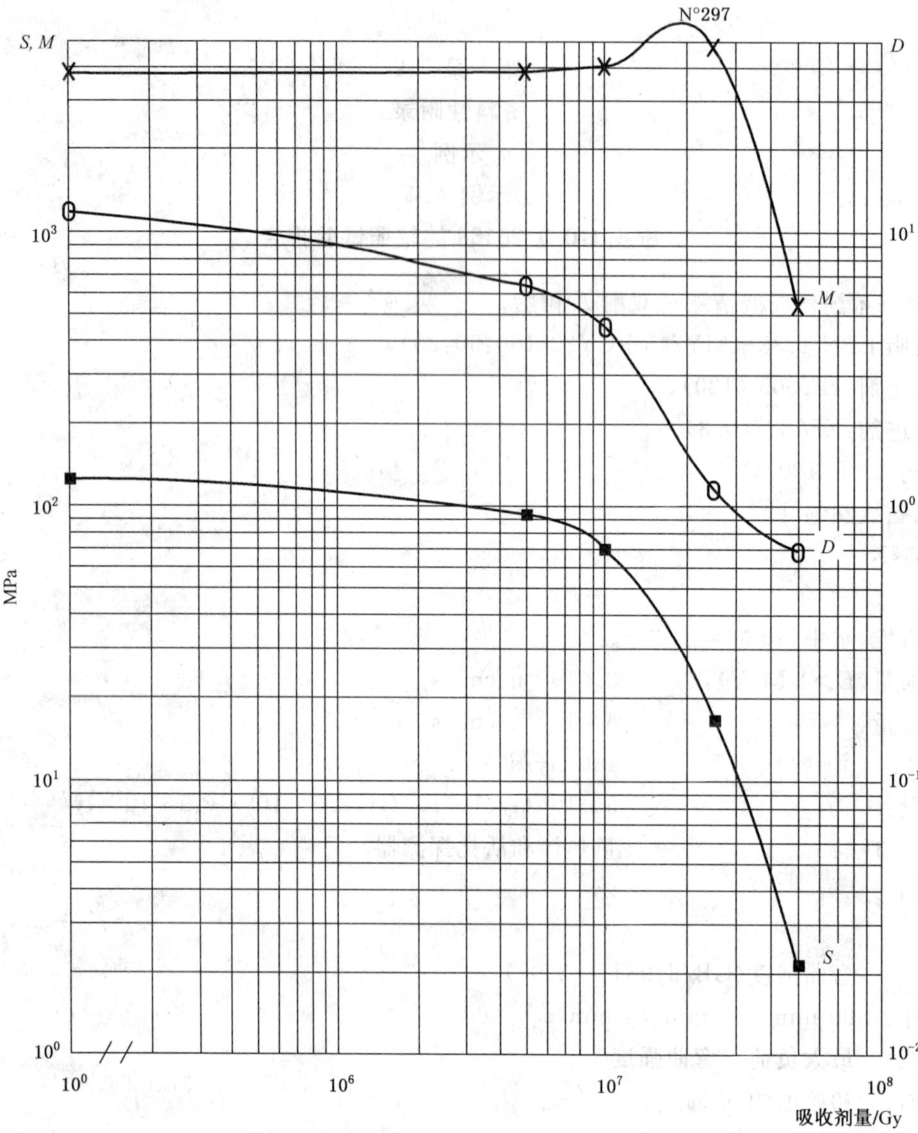

图 A.1 电磁线圈绝缘的机械性能变化与吸收剂量的关系图

示例 A.2
根据 GB/T 26168.2—2010 的辐照测试报告

1. 材料：低密度聚乙烯，热塑性电缆绝缘料，0.08%苯酚类稳定剂、密度 0.936 g/cm³。
   供应商：NN
2. 辐照
   系列 A、B、C、D：池式反应堆，位置 E1，大气，25 ℃
   吸收剂量：5×10^5 Gy、1×10^6 Gy、2×10^6 Gy、5×10^6 Gy
   剂量率：(7～70)Gy/s
   辐照日期：xy
   系列 E、F：钴-60 辐射源，大气，20 ℃
   吸收剂量：5×10^5 Gy、1×10^6 Gy
   剂量率：0.03 Gy/s
   辐照日期：xy
3. 测试
   方法：拉伸试验 GB 1040；硬度试验 GB/T 2411—2008
   试样：S2 型，从模板中制取(厚度为 2 mm)
   评判性能：断裂伸长率
   最终判据：初始值的 50%
   试验日期：(系列 A、B、C、D)xy
   (系列 E、F)xy
4. 结果：见表 A.2。

表 A.2 测试结果

编号	材料类型	辐射源，系列	剂量/Gy	剂量率/Gy/s	拉伸 强度 R/MPa	拉伸 伸长率 E/%	邵氏硬度 D
524	低密度聚乙烯	反应堆	0.0	0.0	13.7±1.4	588±36.0	44.0
	绝缘料						
	热塑性	A	5.0×10^5	70.0	18.1±1.0	391.0±4.5	45.0
	稳定剂 T/0.08	B	1.0×10^6	56.0	10.1±0.5	214.0±6.0	47.5
		C	1.9×10^6	7.8	11.8±0.6	61.0±2.0	52.0
		D	5.0×10^6	56.0	9.6±0.5	19.0±2.2	47.0
	同上	钴-60	0.0	0.0	13.7±1.4	588±36.0	44.0
		E	5.0×10^5	0.03	10.3±0.5	80.1±9.0	50.5
		F	1.0×10^6	0.03	10.9±0.5	55.0±5.0	51.0

示例 A.3
根据 GB/T 26168 的辐照测试报告

1 材料:高压设备用绝缘胶带
  有机硅树脂+Samica 产品(如云母纸,云母胶带……)+玻璃布
  供应商:NN
2 辐照
  废核燃料元件,大气,45 ℃
  剂量率:2.7 Gy/s
  吸收剂量:5×10^6 Gy、9.2×10^6 Gy、5×10^7 Gy
  辐照日期:xy
3 试验
  方法:笔直试样和 45°弯曲试样击穿电压(IEC 243-1)
  评判性能:笔直试样击穿电压
  最终标准:初始值的 50%
  试验日期:xy
4 结果:见表 A.3 和图 A.2

表 A.3 试验结果

编号	材料类型 供应商商标	剂量/ Gy	击穿电压/kV		10^5 Gy/h 时的辐射指数 GB/T 26168.3
			笔直试样	弯曲 45°试样	
E07	有机硅+Samica+玻璃布+PC 膜 F 级高压机器用绝缘胶带	0.0 5×10^6 9.2×10^6 5×10^7	5.10±0.30 1.80±0.10 1.90±0.45 1.70±0.25	4.50±0.54 0.90±0.07 1.00±0.10 1.00±0.10	<6.0

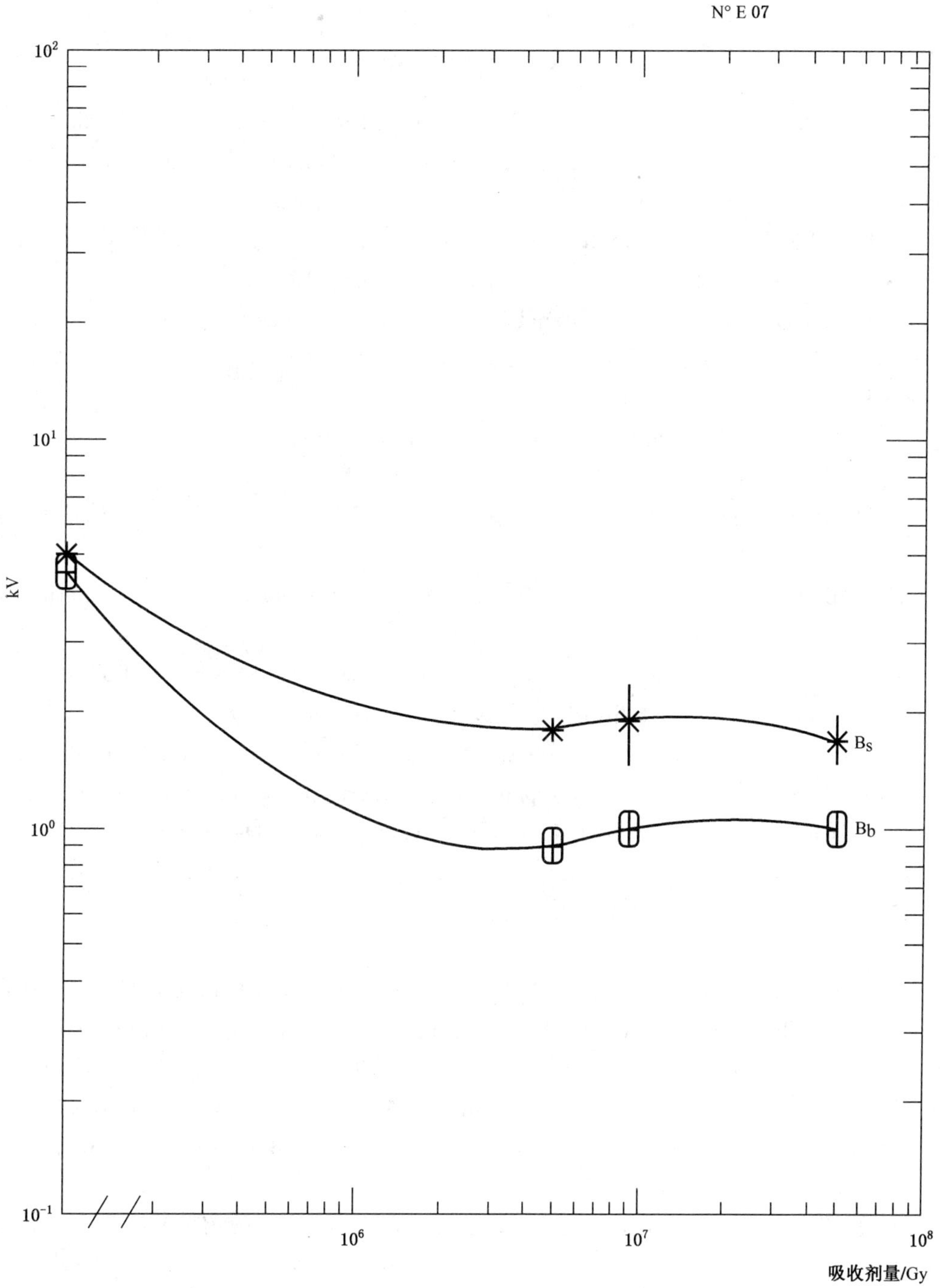

B_s——笔直试样；

B_b——弯曲试样。

图 A.2 绝缘胶带的击穿电压与吸收剂量的函数关系图

参 考 文 献

[1] H. Wilski, "Long-duration irradiation of plastics at low dose rate, Radiation Effects in Physics, Chemistry and Biology., (Proc. 2nd Int. Congr. on Radiation Research, Harrogate, 1962), eds. M. Ebert and A. Howard (North-Holland Publ. Co., Amsterdam, 1963).

[2] K. T. Gillen and R. L. Clough, "Occurrence and implications of radiation dose rate effects for material ageing studies., Rad. Phys. Chem. 78(3-4), 661-669(1981).

[3] K. Arakawa, T. Seguchi, Y. Watanabe, N. Hayakawa, I. Kuriyama and S. Machi, "Dose-rate effect on radiation-induced oxidization of polyethylene and ethylenepropylene copolymer., J. Polym. Sci., Polym. Chem. Ed. 79, 2123(1981).

[4] P. Maier and A. Stolarz, "Long-term radiation effects on commercial cable insulating materials irradiated at CERN》, CERN Report 83-08(1983).

[5] H. Wilski, "Review: The radiation-induced degradation of polymers, Rad. Phys. Chem. 29, No. 1, pp. 1-14 (1987).

[6] K. Wündrich, "A review of radiation resistance for plastic and elastomeric materials., Rad. Phys. Chem. 24, No. 5/6, pp. 503-510 (1985).

[7] R. L. Clough, "Radiation resistant polymers., in: Encyclopedia of Polymer Science and Engineering, Volume 73, Second Edition, Wiley, New York.

[8] T. Seguchi and K. Arakawa, "Oxidation region in polymer materials irradiated in oxygen under pressure., Report JAERI-M-9671, Japan Atomic Energy Research Institute(1981).

[9] R. L. Clough, K. T. Gillen, J. L. Campan, G. Gaussens, H. Schönbacher, T. Seguchi, H. Wilski and S. Machi, "Accelerated aging tests for predicting radiation degradation or organic materials., Nuclear Safety 25, 238-254 (1984).

[10] K. T. Gillen and R. L. Clough, 《A kinetic model for predicting oxidative degradation rates in combined radiation-thermal environments., J. Polym. Sci., Polym. Chem. Ed. 23, 2683 (1985).

[11] T. Seguchi, JAERI, "Analysis of dose rate dependence on radiation-thermal combined aging of polymer materials》, Proceedings Int. ANS/ENS Topical Meeting "Operability of Nuclear Power Systems in Normal and Adverse Environments", Albuquerque, NM, October 1986.

[12] S. G. Burnay and J. W. Hitchon, "Prediction of service lifetimes of elastomeric seals during radiation aging., J. Nucl. Mater. 737, 197 (1985).

[13] T. Seguchi et al., 《Radiation-thermal combined degradation of cable insulating materials, Report EIM-80-94, Institute of Electrical Engineers of Japan (1980).

[14] R. L. Clough and K. T. Gillen, 《Combined environment aging effects-, Jour. Polym. Sci., Polym. Chem. Ed. 79 (8), 2041-2051 (1981).

[15] T. Seguchi et al., 《Fast neutron irradiation effects., Rad. Phys. Chem. 26, 221-225 (1985).

[16] F. Hanisch, P. Maier, S. Okada and H. Schönbacher, 《The effects of radiation types and dose rates on selected cable insulating materials》, Radiat., Phys., Chem., Vol. 30, NO. 1, pp 1-9 (1987).

[17] F. Wyant, H. W. Buckalew, J. Chenion, F. Carlin, G. Gaussens, P. Le Tutour and M. Le Meur, 《US/French Joint Research Program regarding the behaviour of polymer base materials subjected to beta radiation》, Sandia Report SAND 86-0366, NUREG/CR-4530 (1986).

[18] O. Stuetzer, 《Correlation of electric cable failure with mechanical degradation-, Sandia

Report SAND 83-2622,NUREG/CR 3623 (1984).

[19] G. Liptak,R. Schuler,P. Maier,H. Schönbacher,B. Haberthür,H. Müller and W. Zeier,《Radiation tests on selected electrical insulating materials for high power and high voltage application-,CERN Report 85-02 (1985).

注:

CERN 报告可从以下地址获取:

Scientific Information Service(科学信息服务)

CERN

CH-1211 日内瓦 23,瑞士

—JAERI 报告可从以下地址获取:

高崎辐射化学研究院

Jaeri,高崎,Watanuki-machi,Gunmu-ken

370-12 日本

—SANDIA 报告可从以下地址获取:

National Technical Information Service(国家技术信息服务)

Springfield

弗吉尼亚 22161

ICS 29.035.20
K 15

中华人民共和国国家标准

GB/T 26168.3—2010/IEC 60544-4:2003

电气绝缘材料　确定电离辐射的影响
第3部分:辐射环境下应用的分级体系

Electrical insulating materials—Determination of the effects of ionizing radiation—Part 3:Classification system for service in radiation environments

(IEC 60544-4:2003,IDT)

2011-01-14 发布　　　　2011-07-01 实施

中华人民共和国国家质量监督检验检疫总局
中国国家标准化管理委员会　发布

前　言

GB/T 26168《电气绝缘材料　确定电离辐射的影响》分为4个部分：

——第1部分：辐射相互作用和剂量测定；

——第2部分：辐照和试验程序；

——第3部分：辐射环境下应用的分级体系；

——第4部分：运行中老化的评定程序。

本部分为第3部分。

本部分等同采用IEC 60544-4:2003《电气绝缘材料　确定电离辐射的影响　第4部分：辐射工作环境中的分级体系》。

本部分在等同采用IEC 60544-4:2003时做了如下编辑性修改：

——删除了国际标准的前言。

——本部分对应国际标准为第4部分，但由于此系列标准第3部分已并入第2部分，所以国家标准编号顺次排至第3部分。

——本部分的引用文件，对已经转化为我国标准的，列出了我国标准及其与国际标准的转化程度。

——按GB 1.1要求，将国际标准原文中出现的全部引用标准，放入规范性引用文件。

——按GB 1.1要求，将引用文件单独列出，删除参考文献。

本部分由中国电器工业协会提出。

本部分由全国电气绝缘材料与绝缘系统评定标准化技术委员会(SAC/TC 301)归口。

本部分负责起草单位：机械工业北京电工技术经济研究所、深圳市华测检测技术股份有限公司、上海电缆研究所。

本部分参加起草单位：核工业第二研究设计院、上海核工业研究设计研究院，沈阳电缆产业有限公司、常州八益电缆有限公司、江苏上上电缆集团、浙江万马电缆股份有限公司、浙江万马高分子材料有限公司、上海电缆厂有限公司、临海市亚东特种电缆料厂、上海凯波特种电缆料厂、安徽电缆股份有限公司、江苏华光电缆电器有限公司、工业和信息化部电子第五研究所。

本部分主要起草人：郭丽平、郭冰、李强、孙伟博、陆燕红、吕冬宝、顾申杰、柴松、周叙元、王松明、杨娟、陈文卿、王怡遥、周才辉、项健、张万友、杨仁祥。

引　言

有机绝缘材料在电气系统中具有举足轻重的作用。它们与金属材料、陶瓷材料一样，成为电气技术领域零部件的主要材料。在所有材料中，有机材料属于对辐射影响最为敏感的材料，不同有机材料对辐射影响的反应差别很大。因此，在选择应用于辐射环境中的绝缘材料时，要求提供候选材料的耐辐射性能信息。GB/T 26168 第 3 部分的目的是提供在上述用途中绝缘材料的耐辐射性能的分级。

本部分是《电气绝缘材料确定电离辐射的影响》系列标准的第 3 部分。

GB/T 26168.1 为概论，涉及评定辐射影响的众多问题。可用于知道制定辐射量测定术语、从所用辐射量测定法中确定某种具体材料的曝露与吸收剂量并计算吸收剂量等方法。

GB/T 26168.2 介绍了在辐射环境中维持七种不同类型曝露条件的步骤。它还规定了上述辐射条件的控制措施，从而将实验结果与之对应以获得关于材料性能的对比结果。另外，它还规定了用于确定绝缘材料性能变化与相应(终点判据)的某些重要辐射条件与试验步骤。

GB/T 26168.4 介绍在使用过程中老化的评定程序。

电气绝缘材料　确定电离辐射的影响
第3部分:辐射环境下应用的分级体系

1　范围

GB/T 26168的本部分规定了分级体系,作为选择和检索应用于核反应设施、反应堆燃料处理设施、辐照设施、离子加速器和X射线设备等辐射环境中所使用绝缘材料的指导。

分级体系为确定曝露于电离辐射环境下各种设备中所使用的三大类聚合物材料(硬质塑料、软质塑料和弹性体)的使用提供了一套参数。

本部分构成了对上述材料在辐射环境中的适用性进行定量评定的基础,提出确定上述材料的规格及供应商与用户间签订采购协议的指导。

2　规范性引用文件

下列文件中的条款通过GB/T 26168的本部分的引用而成为本部分的条款。凡是注日期的引用文件,其随后所有的修改单(不包括勘误的内容)或修订版均不适用于本部分,然而,鼓励根据本部分达成协议的各方研究是否可使用这些文件的最新版本。凡是不注日期的引用文件,其最新版本适用于本部分。

GB/T 528—2009　硫化橡胶或热塑性橡胶　拉伸应力应变性能的测定(ISO 37:2005,IDT)

GB/T 1040　塑料　拉伸性能的测定(ISO 527,IDT)

GB/T 1043.1—2008　塑料简支梁冲击性能的测定　第1部分:非仪器化冲击试验(ISO 179-1:2000,IDT)

GB/T 1408.1　绝缘材料电气强度试验方法　第1部分:工频下试验(IEC 60243,IDT)

GB/T 1410—2006　固体绝缘材料体积电阻率和表面电阻率试验方法(IEC 60093:1980,IDT)

GB/T 2411—2008　塑料和硬橡胶　使用硬度计测定压痕硬度(邵氏硬度)(ISO 868:2003,IDT)

GB/T 6031—1998　硫化橡胶或热塑性橡胶硬度的测定(10～100 IRHD)(idt ISO 48:1994)

GB/T 7759—1996　硫化橡胶、热塑性橡胶　常温、高温和低温下压缩永久变形测定(eqv ISO 815:1991)

GB/T 9341—2008　塑料　弯曲性能的测定(ISO 178:2001,IDT)

GB/T 10064—2006　测定固体绝缘材料绝缘电阻的试验方法(IEC 60167:1964(1996),IDT)

GB/T 10580—2003　固体绝缘材料在试验前和试验时采用的标准条件(IEC 60212:1971,IDT)

GB/T 26168.1—2010　电气绝缘材料　确定电离辐射的影响　第1部分:辐射相互作用和剂量测定(IEC 60544-1:1994,IDT)

GB/T 26168.2—2010　电气绝缘材料　确定电离辐射的影响　第2部分:辐照和试验程序(IEC 60544-2:1991,IDT)

IEC 61244-1:1993　高聚物长期辐射下老化的测定　第1部分:调节限制氧化扩散的技术

IEC 61244-2:1996　高聚物长期辐射下老化的测定　第2部分:低剂量辐射下老化预测程序

3　分级体系

特定用途的某种材料的分级是按照GB/T 26168.2—2010规定的特定环境和规定剂量下,对该材料进行辐射试验,对比辐射前后的机械和/或电气性能变化,在对比结果的基础上做分级。以上述试验为基础，该种材料被赋予一个“辐射指数”。为了考核材料的辐射指数，该种材料在规定条件下经受指定类别的剂量辐射后应满足终点判据。

终点判据可以表示为材料性能的一个绝对数值或材料性能数值与其初始值的百分比。可用上述两种方法的任意一种对材料的耐辐射性能进行分级。表1给出了材料性能数值或与其初始值百分比的推荐值。

除“辐射指数考核条件”另有规定外，所有测试应在从射线照射环境中移出后进行。试样辐射后的处理应按照 GB/T 26168.2—2010 中 3.5 的规定进行。

3.1 辐射指数的定义

辐射指数应定义为某一吸收剂量(单位为戈瑞〈Gy〉，在此剂量以下，材料相应的判据性能值在特定条件下达到终点判据)的对数值，即 $\log_{10}$的值，并保留两位有效数字。例如满足终点判据的辐射剂量为 2×10^4 Gy 的某种材料，其辐射指数为 4.3[即 $\log_{10}(2\times10^4)=4.301$]。辐射指数值应从表 2 给出的系列值中选取。

辐射指数应包括剂量率(见 3.2.1)或符号“vac”(见 3.2.2)，并在适当情况下包括特定的考核条件，比如，判定性能(见 3.3)，温度(见 3.4)和介质(见 4.2.3)。其他考核条件，见第 4 章。

GB/T 26168.2—2010 推荐优先使用 γ 射线、X 射线或电子束进行辐照试验。应规定材料暴露于何种辐射类型下。

3.2 剂量率

3.2.1 当在空气中进行不同剂量率的辐射试验时，可得到不同的辐射指数值，还取决于材料与辐照条件。同时，受扩散限制氧化(见 IEC 61244-1:1993)影响的剂量率还取决于试样的厚度。因此，在长期暴露条件下(见 GB/T 26168.2—2010 中 3.6)，辐射指数应与辐射剂量率和试样厚度(在此厚度下取得所需的辐射指数)等考核条件一同给出。例如，辐射指数 4.3(50 Gy/s,1 mm)。

3.2.2 如没有反应介质(即在真空或惰性气体中进行试验)，就不需要考虑剂量率的影响。在这种情况下，剂量率这一限制条件可用符号“vac”代替，例如，辐射指数 4.3(vac)。

3.2.3 有氧气存在时，一些聚合物在辐射诱导反应状态下可能出现分解反应。上述影响取决于通过扩散而透入被测材料中的氧量，相应地，它也取决于聚合物对气态氧的渗透性、样品的厚度和耗氧速率(见 IEC 61244-1)。在这种情况下，辐射剂量率是有影响的。

如果对辐射剂量率是否有影响没有足够的经验，则有必要尽可能接近材料工作环境中的剂量率进行试验。

至于在空气中辐照，3.2.1 规定的剂量率和样品厚度是指在等于或高于此剂量率和样品厚度时，辐射指数有效。

3.2.4 如果超过所需的辐照时间，建议根据 IEC 61244-2:1996 规定的步骤之一对剂量率的影响进行评估。

3.3 判定性能

3.3.1 正常应用条件下，硬质塑料最受约束的性能是最大载荷时的弯曲应力，软质塑料与弹性体的最受约束性能为断裂伸长率。除另有规定外，辐射指数都会采取这些性能作为终点判据，这里没有必要提及材料在寿命终止时的状态。

3.3.2 在保证用途的情况下，用户可从表 1 选择一项性能以确定辐射指数。在上述情况下，应规定试样材料经过试验的实际性能。

3.4 温度

3.4.1 确定辐射指数的正常试验温度应为室温(23 ℃±5 ℃)。

3.4.2 若材料的工作环境为高温环境，则高温环境成为估计材料在辐射环境中使用寿命的另外一个因素。不同材料所受到的影响不同。一般来说，在高温环境中，材料性能会加速老化，然而，有些材料在温度与剂量率的综合作用下使用寿命会更长。确定辐射指数时，应考虑影响材料使用寿命的每个参数及重要性能，因为降解反应的速率随温度而变化。它们的相对重要性取决于聚合物在规定温度时的物理状态。上述剂量率的变化比例可能在玻璃态转化温度或其他转化温度下发生剧烈变化。因此，受上述反应影响所改变的性能受辐射温度的影响。不同材料所受温度的影响程度不同。

3.4.3 如果材料的工作温度不是室温，则材料应在最接近 GB/T 10580—2003 及其后的 GB/T 26168.2—2010 中 3.4.2 规定的标准温度下试验。

3.5 其他考虑因素

3.5.1 性能的变化与剂量不呈典型的线性关系。建议不要用外推法得到的剂量值来确定终点判据。

3.5.2 应确定材料未受辐射作用时的初始性能值。比较某种聚合物的初始性能值，其辐射指数可表明该材料的耐辐射性能。当材料的使用性能要求与终点判据有关时，可从与工作环境下的剂量率与辐射指数对应的剂量大致得出材料使用寿命的估计值。然而，存在重大剂量率影响时，材料的实际使用寿命值与初始估计值相比可能大幅度降低(见 GB/T 26168.1—2010 和 GB/T 26168.2—2010)。

3.5.3 一个确定的辐射指数可能仅对经过试验的特定材料有效。这是因为材料化学成分(包括填料与添加剂)、物理结构、制作方法的改变可能导致辐射诱发的材料性能的变化程度发生改变。因此，不能仅因为一种材料与已经测试过的与该材料化学成分相同的材料，就采用同一种分级方式。

在某些情况下，由于特定材料的辐射指数是经过试验得出的，因此相关材料通常可能被划为耐辐射性相同的材料种类。例如，如果确信配方的改变不会对辐射作用效果产生影响，且该混合物组分的质量分数相差在10%以内，则这种划分方法是容许的。

4 辐射指数的意义与特定工作环境限制条件

4.1 辐射指数

表 2 列出的辐射指数值适用某种规定厚度的材料可在规定剂量率的环境中(见 3.2.1)，若带符号“vac”，表明材料在不存在反应介质的情况下，可在任何辐射剂量的室温(见 3.4.1)环境中应用(见 3.2.2)。另外，辐射指数是根据 3.3.1 和表 1 中相应的终点判据经下列试验得出的：

——硬质塑料在最大载荷时的弯曲应力，或

——软质塑料和合成橡胶的断裂伸长率。

4.2 带考核条件的辐射指数

4.2.1 当使用 4.1 规定以外的判定性能来评价某种材料的耐辐射性能时，经实际试验的性能应作为考核条件附加到辐射指数上(见 3.3.2)。

4.2.2 对于应用在室温以外的材料，辐射指数应附加限制条件，指明材料最高的工作温度(见 3.4.2)。

4.2.3 若反应介质不是空气，则具体的反应介质应作为限制条件附加到辐射指数上。

4.3 示例

辐射指数分级体系的应用范例如下所示：

- 名称“PVC，XY 型，辐射指数 6.0(50 Gy/s，1 mm)”

该名称表示厚度小于或等于 1 mm 的 XY 型聚氯乙烯(PVC)材料 23 ℃时在空气中受到剂量率为 50 Gy/s 的辐射作用后，当吸收剂量达到 1×10^6 Gy 时，其断裂伸长率为其初始值的 50%；

- 名称“环氧树脂，XY 型，辐射剂量 7.0 (vac，绝缘电阻)”

该名称表示 XY 型环氧树脂的在室温(23 ℃±5 ℃)的真空中接受辐照，当吸收剂量达到 1×10^7 Gy 时，其绝缘电阻为初始值的 10%；

- 名称“硅橡胶，XY 型，辐射指数 5.3(0.1 Gy/s，1 mm，表面电阻率，80 ℃)”

该名称表示厚度小于或等于 1 mm 的 XY 型硅橡胶在不高于 80 ℃的工作温度下，在空气中受到剂量率为 0.1 Gy/s 的辐射作用后，当其吸收剂量达到 2×10^5 Gy 时，其表面电阻率至少为初始值的 0.1倍。

表 1 评定绝缘材料在辐射环境的分级体系时应考虑的判据性能和终点判据

材料类型	性能	试验程序	终点判据[a]
硬质塑料	弯曲强度	GB/T 9341—2008	50%
	拉伸屈服强度	GB/T 1040	50%
	拉伸断裂强度	GB/T 1040	50%
	冲击强度	GB/T 1043.1—2008	50%
	体积与表面电阻率	GB/T 1410—2006	10%
	绝缘电阻	GB/T 10064—2006	10%
	介电强度	GB/T 1408.1—2006	50%
软质塑料	弯曲强度	GB/T 1040	50%
	断裂伸长率	GB/T 528—2009	50%
	拉伸屈服强度	GB/T 1040	50%
	拉伸断裂强度	GB/T 1040	50%
	冲击强度	GB/T 1043.1—2008	50%
	体积与表面电阻率	GB/T 1410—2006	10%
	绝缘电阻	GB/T 10064—2006	10%
	介电强度	GB/T 1408.1—2006	50%
弹性体	断裂伸长率	GB/T 528—2009	50%
	拉伸断裂强度	GB/T 528—2009	50%
	硬度/国际橡胶硬度	GB/T 6031—1998	改变 10 个单位值
	硬度/邵尔 A	GB/T 2411—2008	改变 10 个单位值
	压缩形变	GB/T 7759—1996	50%
	体积与表面电阻率	GB/T 1410—2006	10%
	绝缘电阻	GB/T 10064—2006	10%
	介电强度	GB/T 1408.1—2006	50%

[a] 以百分数表示的数值是指占初始数值的百分比。

表 2 辐射指数值

辐射指数值	符合终点判据的吸收剂量/Gy
4.0	1.0×10^4
4.1	1.3×10^4
4.2	1.6×10^4
4.3	2.0×10^4
4.4	2.5×10^4
4.5	3.2×10^4
4.6	4.0×10^4
4.7	5.0×10^4
4.8	6.3×10^4
4.9	8.3×10^4

表 2（续）

辐射指数值	符合终点判据的吸收剂量/Gy
5.0 5.1 5.2 : : 5.9	1.0×10^{5} 1.3×10^{5} 1.6×10^{5} : : 8.0×10^{5}
6.0 6.1 6.2 : : 6.9	1.0×10^{6} 1.3×10^{6} 1.6×10^{6} : : 8.0×10^{6}
7.0 7.1 7.2 : : 7.9	1.0×10^{7} 1.3×10^{7} 1.6×10^{7} : : 8.0×10^{7}
8.0 : : : 等等	1.0×10^{8} : : : 等等
注：辐射指数的限制条件见 4.2。	

ICS 29.035.20
K 15

中华人民共和国国家标准

GB/T 26168.4—2010/IEC 60544-5:2003

电气绝缘材料　确定电离辐射的影响 第4部分:运行中老化的评定程序

Electrical insulating materials—Determination of the effects of ionizing radiation—Part 4:Procedures for assessment of ageing in service

(IEC 60544-5:2003,IDT)

2011-01-14 发布　　2011-07-01 实施

中华人民共和国国家质量监督检验检疫总局
中国国家标准化管理委员会　发布

前　言

GB/T 26168《电气绝缘材料　确定电离辐射的影响》分为4个部分：

——第1部分：辐射相互作用和剂量测定；

——第2部分：辐照和试验程序；

——第3部分：辐射环境下的应用分级体系；

——第4部分：运行中老化的评定程序。

本部分为第4部分。

本部分等同采用IEC 60544-5:2003《电气绝缘材料确定电离辐射的影响　第4部分：运行中老化的评定程序》。

本部分在等同采用IEC 60544-5:2003时做了如下编辑性修改：

——用小数点"."代替作为小数点的逗号","。

——删除了国际标准的前言。

——本部分的引用文件，对已经转化为我国标准的，列出了我国标准及其与国际标准的转化程度。

——本部分增加规范性引用文件章节，以下章节编号顺延。

——原文为第5部分，由于IEC第3部分已并入第2部分，本部分准编号顺延至第4部分。

本部分由中国电器工业协会提出。

本部分由全国电气绝缘材料与绝缘系统评定标准化技术委员会(SAC/TC 301)归口。

本部分负责起草单位：机械工业北京电工技术经济研究所、上海电缆研究所。

本部分参加起草单位：上海核工业研究设计研究院、核工业第二研究设计院、沈阳电缆产业有限公司、常州八益电缆有限公司、江苏上上电缆集团、浙江万马电缆股份有限公司、浙江万马高分子材料有限公司、上海电缆厂有限公司、临海市亚东特种电缆料厂、上海凯波特种电缆料厂、安徽电缆股份有限公司、江苏华光电缆电器有限公司、工业和信息化部第五研究所、深圳市华测检测技术股份有限公司。

本部分主要起草人：孙建生、郭丽平、孙伟博、吕冬宝、顾申杰、柴松、周叙元、王松明、杨娟、陈文卿、王怡遥、周才辉、项健、张万友、杨仁祥、郭勇、朱平。

引 言

在电工绝缘材料领域，有机材料占很大的比重。这些材料对辐射的作用很敏感，而且材料种类不同，其响应程度也大不相同。因此能够评估绝缘材料在使用期间老化的程度是非常重要的。标准GB/T 26168的本部分提供了绝缘材料使用寿命检测程序。

评估基本聚合物曝露于辐照环境的寿命有几种途径，在这方面的发展是基于过去15年里对老化寿命影响因素的理解。在核电站，通常采用鉴定程序选择材料，包括聚合物基材料。先前这些鉴定程序是在对老化缺乏足够认识情况下编制的，因此本部分所讨论的大多数方法引证了先前鉴定程序的局限性。

本部分为第4部分，内容是关于运行中老化的评定程序。

第1部分(辐射相互作用与剂量测定)制定了导论，广泛涉及包括评测辐射作用等问题，该部分还给予下述内容的指南，放射测量学、几种放射和吸收剂量测定的方法以及几种应用放射测量学计算任一特定材料吸收剂量的方法。

第2部分(辐照和试验程序)描述了7种不同类型的辐照曝露条件的试验程序，该部分详细制定了试验条件的控制方法，以保证试验结果的表征性以及材料性能的可比性。该部分定义并确定了主要辐照条件和试验程序，用于特性转变结果和相应的终点指标。

第3部分(辐射环境下的分级体系)提供了推荐性的区分绝缘材料耐辐射性能的分类体系。

电气绝缘材料　确定电离辐射的影响　第4部分:运行中老化的评定程序

1　范围

GB/T 26168的本部分规定了用于辐射环境的聚合物材料运行中寿命评估方法,例如电缆绝缘和护套、弹性体密封材料、聚合物涂层和橡胶套管等。

本部分适用于提供评估运行中老化的指导方针,内容包括基于条件检测的寿命评估程序、严酷环境下试样存放装置的使用以及实际老化的样品制样。

2　规范性引用文件

下列文件中的条款通过GB/T 26168的本部分的引用而成为本部分的条款。凡是注日期的引用文件,其随后所有的修改单(不包括勘误的内容)或修订版均不适用于本部分,然而,鼓励根据本部分达成协议的各方研究是否可使用这些文件的最新版本。凡是不注日期的引用文件,其最新版本适用于本部分。

GB/T 26168.1—2010　电气绝缘材料　确定电离辐射的影响:第1部分:辐射相互作用和剂量测定(IEC 60544-1:1994,IDT)

GB/T 26168.2—2010　电气绝缘材料　确定电离辐射的影响:第2部分:辐照和试验程序(IEC 60544-2:1991,IDT)

IEC 61244-1:1993　高聚物长期辐照下老化的测定　第1部分:调节限制氧化扩散的技术

IEC 61244-2:1996　高聚物长期辐照下老化的测定　第2部分:低剂量辐射下老化预测程序

IEC/TR 61244-3:2005　高聚物长期辐照下老化的测定　第3部分:低压电缆材料在线监控过程

3　代号

BR	丁基橡胶
BWR	沸水反应堆
CM	状态监测
CSPE	氯磺化聚乙烯
DLO	氧化有限扩散
DRE	剂量率效应
DSC	差示扫描量热计
EPR	二元乙丙橡胶
EPDM	三元乙丙橡胶
ETFE	乙烯四氟乙烯共聚物
EVA	乙烯醋酸乙烯酯共聚物
IM	凹痕模数
LOCA	冷却剂失水事故
NBR	丁氰橡胶
OIT	氧化诱导时间
OIT/OITP	氧化诱导温度

PE	聚乙烯
PEEK	聚醚醚酮
PPO	聚苯醚
PVC	聚氯乙烯
PWR	压水堆
SIR	硅橡胶
TGA	热重分析仪
XLPE	交联聚乙烯
XLPO	交联聚烯烃

4 背景资料

在下述内容中有几种可选择的方法，用于老化寿命的评定，每种方法均有其优点和局限性，应根据使用者特定的要求选定适当方法。

对辐射环境下使用的聚合物进行老化评定，必须考虑几个因素。有些因素仅进行简要的讨论，详情可见参考文件。针对辐照加速老化，通常的方法是增加剂量率，这经常伴随着温度的升高，此时下述两种最重要因素的重要性也随之升高，其一为氧化有限扩散(DLO)，详见4.1；其二为剂量率效应(DRE)，详见4.2。本部分讨论了这些因素在实际使用中的含义，在4.3和4.4简要地陈述了加速老化程序，介绍了在运行期间评估其老化的方法。

4.1 氧化有限扩散(DLO)

当聚合物暴露在含氧环境中(如：空气)，它将吸收一定量的氧。在未发生氧化反应时，氧的吸收量与聚合物周围氧气分压成比例(根据著名的Henry理论)。老化将导致聚合物内部的氧化反应，并且随着剂量率和温度的提高其速度将明显增加，如果聚合物内部吸收氧的消耗速度快于环境氧扩散而致的补充速度，根据氧化有限扩散，内部氧浓度的降低能导致氧化反应下降甚至可忽略。

该作用的重要性决定于试样的厚度以及氧消耗速度与氧扩散系数(P)的比值(试样越薄DLO效应越小)。加速老化包含剂量率的增加，它将导致氧消耗速度的上升，如果剂量率上升时温度恒定，则氧的扩散系数不变，而这意味着当剂量率提高时DLO作用将更重要，这些结果在标准IEC 61244-1中有更详细地描述。

进行状态监测(CM)时应考虑DLO的影响。对于许多CM技术，在室温下进行性能测量不成问题，例如：密度和模量。另一方面，对于OIT和TGA在测量过程要大幅升温的CM技术，在CM参数的测量期间很可能存在DLO的影响。当画出CM方法的相互关系曲线时，一定要确定DLO，以保证获得辐照和热老化的代表性数据。

4.2 剂量率效应(DRE)

测量辐照剂量率效应的具体方法在IEC 61244-2中已加以描述，通常将DRE分成2类，第1类常用于表述加速辐照老化试验，与DLO效应有关，这些以DLO为基础的效应表述了物理的和形状尺寸的DRE。第2类涉及化学DRE，其具有很强特殊性，文献报道PVC和LDPE在过氧化氢介质中表现低的氧化分解反应显现出化学DRE[4]。

4.3 加速老化

有时实验室在加速老化程序中采用的加速因子，显著低于在设备鉴定中的，这能避免一些DLO和DRE相关联的问题的发生。这种加速老化更能模拟发生在使用条件下的长期老化，在这些加速老化试验中得到的数据能评估实际使用条件下的材料表现。

如IEC 61244-2所述，加速老化程序通常需要一组试验数据矩阵，用以覆盖环境条件，除了热老化和升温辐照老化的附加数据以外，至少拥有在常规操作温度下3组不同剂量率的数据，用以组成具备预测性的方法。应采用GB/T 26168.2—2010中叙述的原理选择加速老化试验的剂量率和温度，以确保氧化反应均匀发生。对于每个已有的环境条件,应获取几个不同的老化时间数据,其中最长老化时间能充分表征典型的老化分解。根据所选材料的耐辐射性,典型的试验程序将需 18 个月。试验组所需的数据类型决定于被评估的材料组成的类型,GB/T 26168.2—2010 给出了不同类型聚合物对应的试验参数的类型。

按照 IEC 61244-2 中关于 3 种不同的普遍认可的预测模型,对实验中发生的数据进行分析。

4.4 老化评估方法

本部分叙述了 2 种使用中的老化评定方法:

——非破坏性试验的条件检测方法;

——取自存放装置的材料试样。

条件检测技术用于评估在实际使用环境下延长材料老化周期的条件,使用环境如:核电站、加速器、核废料处理厂等。采用非破坏性的和微观取样试验的方法表明与老化降解有很好相关性,条件检测方法详见第 5 章。

采用取自现场存放装置的样品为使用中老化评估的可选方法,可作为老化管理程序中的破坏性试验部分,该部分详见第 6 章。

5 状态监测技术

5.1 概述

有多种方法可对聚合物,尤其是电缆材料,进行状态监测[5],[6]。但能够实际使用的并不多,这些在 IEC 61244-3 中已有提及。这些方法中,经过近几年的实际工作,建立了测量与聚合物降解参数相关联的数据,可能的方法如下:

——凹痕;

——氧化诱导时间(OIT);

——氧化诱导温度(OITP);

——热重分析(TGA);

——密度。

检测技术的试验程序分别在 5.3～5.7 加以叙述。

老化评估的状态监测被用于鉴定程序有几种途径,范围从短期故障追查到长期在线程序。短期试验中,条件检测的要点是确定问题的程度或者论证问题的不存在。例如,凹痕检测被用于测定电缆降解上升的受损程度,该电缆位于核电站进入沸水堆的隔热层受损的蒸气管附近。沿着电缆凹痕测量,可能获得受损区域的轮廓。

有时使用设计标准是有裕度的(例如电力电缆载流量的自温升计算),认为某根电力电缆会显著降解。采用 CM 方法来检测材料从而证明材料尚未降解到预测的程度,从而可以避免不必要的更换。

CM 方法能用于设计寿命期间的在线检测程序,典型用途如下:

——组件状态变化趋势与初始设备检验程序的质量状态的关系;

——状态监测数据与基于实验室加速老化数据的预测结果相比较,和与已知的环境条件的比较;

——处于严酷环境的存放装置中的元件监测(最常用于电缆和电工材料)。

5.2 CM 方法曲线相关性的建立

为了使用 CM 方法,建立被测量参数和材料降解或功能性降低的最先指示之间的关系是很重要的。对于聚合物电缆材料而言,由于电缆的物理性能劣化时电性能并无很大变化,通常采用断裂伸长率来表征降解。对于密封材料,压缩形变是一种有用的表示老化的指标。GB/T 26168.2 给出了其他组件的降解参数。在一定条件下通过老化样品的主要特征和相关参数的测量来确定相关曲线,如图 1 所示,测量应覆盖降解范围,从不老化直至剧烈老化。建立相关曲线时,推荐至少采用 5 组不同老化时间的数据(见图 2)。

通常用加速试验建立相关曲线。该试验应采用标准中的程序,见本标准第2部分。作为选择,如第6所述,可采用老化评定的存放装置方法建立相关曲线。

例如,电缆材料CSPE,(如图3所示)在加速老化程序获得的凹痕测量和断裂伸长率二者的相关曲线[7],获得了材料CSPE关于辐射和热二者老化很好的关联性,对该材料现场采用凹痕的测量能相对预测降解即剩余寿命的评估。使用老化模型,结合现场环境条件的指示,获得了对降解的预测(如IEC 61244-2所述)。

5.3 凹痕测量仪

凹痕测量仪是一种仪器,用于测定与聚合物压缩模量相关的参数。当驱使已知的仪器探针深入聚合物表面并检测时,测量载荷[8],凹痕测量特别用于电缆材料的评估,也可用于弹性体密封材料[9]。作用力对穿透的曲线的斜率为凹痕模数(*IM*),具有代表性的是最大作用力不大于15 N,见图4。

*IM*数值决定于探针的尺寸,探针的形状为一个截去顶端的圆锥体,其直径应记入报告。

5.3.1 试验方法

实验室测量,电缆试样最小长度应为100 mm。电缆材料凹痕的现场测量,既在电缆的圆周又在电缆的长度方向,应至少选择3处能测量的区域,待测试样表面应除去碎削和沉积物,若有沉积物,可用湿布擦去,而不应使用溶剂。

试样应用试验用夹子夹住并固定,应避免压缩。最大应力值和探针速度可预先设定。对于不同类型的聚合物,这些试验参数的推荐值列于表1。对于工地试验,沿着样品圆周或者长度方向至少进行3次试验,同一位置不应进行重复试验。试验室测试,推荐在样品圆周方向应试验3次,并且在长度方向至少2处位置进行重复试验。

5.3.2 试验数据的分析

凹痕试验期间得到的数据包含探针的压力(应力)以及对应的形变量,对应特定应力范围的凹痕模量(*IM*)由下列公式求得:

$$IM=(F_1-F_2)/(d_1-d_2)$$

式中F_1和F_2是应力值,d_1和d_2是相对应的形变数值,应力范围取在应力-应变曲线起初的线性部分,不同类型聚合物试验的应力范围推荐值列于表1。

5.3.3 报告

试验报告应包含下列要素:

——使用的仪器;

——探头的几何尺寸;

——试验的样品;

——样品中试验位置的区域;

——试验温度;

——探头速度;

——试验所用应力范围;

——每次试验的凹痕模量值,平均值以及与标准值的差值。

5.3.4 再现性

对于电缆材料,采用多个实验室试验评估了凹痕测量的再现性,具有代表性的*IM*数值在平均值的±5%~±10%之间,数值*IM*受到实验操作环境温度的影响,材料PVC, EVA和CSPE影响显著,材料EPR,EPDM,XLPE和PE在16 ℃~24 ℃温度范围内影响很小[10]。

5.3.5 局限性

*IM*是许多辐射环境使用的聚合物的良好的降解指示,已证明具有良好相关性数据的材料如下:电缆材料EPR、EPDM、CSPE、PVC、EVA和氯丁橡胶,氟聚合物和EPDM密封材料。本部分技术对于XLPE为基的电缆材料表征性差。

仪器商业应用起初的目的是测试电缆材料，而且主要适用于几何形状为圆柱体，直径范围 5 mm～30 mm。直径小于 3 mm 的电线，也能测定，只是所测模量偏差将高于大直径试样。

对于现场的电缆，通常仅仅护套材料能便于测试，根据护套材料的老化测试推断绝缘材料的老化状态，这始终是不可能的，对多数电缆而言，几乎不存在护套和绝缘二者之间老化的关联性[2]。

5.4 氧化诱导时间(OIT)

氧化诱导试验采用材料的微小试样，在不影响功能的情况下，该试样取自于组件(例如：电缆护套)。该试验使用商业化的差示扫描量热仪设备进行热分析，既可测定恒温条件下的氧化诱导时间，又可测定恒定升温速率条件下的氧化诱导温度。这二种方法互为补充，有一些材料当 OIT 的测定比较困难时，而 OITP 的测定则较为有效。随着材料的老化的加剧，其氧化诱导期缩短。

5.4.1 OIT 试验方法

试验的样品应为 8 mg～10 mg 材料，试样可以是刮自电缆护套表面的碎屑，或者取自绝缘试样的切片。试样应破碎成最大外形尺寸约 0.5 mm 的碎片，或者通过 40 目筛网，试样应置于仪器专用的样品盘中。推荐使用带有网格盖子的铝制平底锅，相同的空锅应被用作对照试样。DSC 仪器应在试验前校正温度，校正的方法应覆盖试验的温度范围。在试验时，氮气流速为 50 mL/min，样品温度快速升至试验温度。推荐的升温速率是：低于试验温度 10 ℃时为 50 ℃/min，接近试验温度时为 5 ℃/min。对于不同聚合物建议的试验温度列于表 2，这些温度通常被选用于 OIT 数值为 60 min～90 min 未老化的材料。当达到试验温度并且稳定，通过试验单元的气流被切换成氧气，同时检测氧化反应的起始点所需时间[11]。氧化反应起始点以基线上出现快速的放热热流为标志。同一批样品组至少进行 3 次试验，每次试验，氧气切换前试验温度稳定保持时间应相同，推荐保持 2 min。

5.4.2 OIT 试验分析

试验数据由通过试样锅的热流与时间的函数关系所得，氧化反应起始点以相对于基线的放热热流为标志，如图 5 所示，采用下述 2 种方法之一的仪器软件来计算发生时间。

方法 A—确定最大热流点并以此点在温谱图上作一切线。起始时间的定义是从氧流量的开始与切线和基准线相交的时间之差。

方法 B—在相对于基线特定阈值点对该曲线作一切线。起始时间的定义是从氧流量的开始与切线和基准线相交的时间之差。用于这一分析方法的阈值通常是 0.5 W/g 到 1 W/g。

5.4.3 OIT 试验报告

本试验报告应包含下列数据：

——使用的仪器；

——样品质量；

——使用的等温线温度；

——用于达到试验温度的升温速度；

——切换到氧气流前的维持时间；

——气流速度；

——使用的分析方法；

——每个试验样品的 OIT 数值；

——温度图谱举例。

5.4.4 OIT 试验的再现性

在 OIT 测量中，观察到其平均值一般从±5%～±10%范围变化[11]。事实上，对于一些材料的温度图谱分析会存在问题，定义平滑的基线由此测量氧化起始点经常是困难的(见图 6)，同样对于有些材料，多个起始点给选择适当的起始点带来更多困难(见图 7)。

5.4.5 OIT 试验的局限性

对于诸如 XLPE 和 EPR 这些材料，很容易找到单一的起始点和好的基线，OIT 试验成为条件监测中有用的方法，氧化诱导时间随着材料老化加剧而减少。OIT试验能用于PVC以及其他含氯聚合物，例如CSPE和氯丁橡胶，但是这些材料在试验过程中的分解产物具有腐蚀性，很有可能损害仪器设备。对于这些材料，需更少质量(1 mg～2 mg)的样品用于OIT试验，且小心操作。

在工厂里的电缆，除了到达使用期的电缆外，通常仅可取护套材料用于试验。并不是总能从护套材料的老化数据推断其老化状态，多数电缆，绝缘和护套二者老化几乎不存在关联性[2]。

5.5 氧化诱导温度(OITP)

氧化诱导试验采用材料的微小试样，在不影响功能的情况下，该试样取自于材料组成(例如：电缆护套)。该试验使用商业化的差示扫描量热仪进行热分析，既可测定恒温条件下的氧化诱导时间，又可测定恒定升温速率条件下的氧化诱导温度。这两种方法互为补充，有一些材料当OIT的测定比较困难时，而OITP的测定则较为有效。随着材料的老化的加剧，其氧化诱导温度降低。

5.5.1 OITP试验的试验方法

样品制备相同于OIT试验(见5.4.1)，OITP试验中，样品温度在氧气流中以恒定速率上升，推荐的速率为10 ℃/min。氧化的起始点由在平坦的基线上出线的放热热流，与OIT试验不同的是，诸如半晶体熔点等物理转变一起被显示(见图8)，每次OITP试验的开始温度应相同，每批同一样品至少进行3次试验。DSC仪器的温度由先前的OITP试验进行校正，校正的方法应覆盖用于试验的温度范围。

5.5.2 OITP试验分析

试验数据由通过试样锅的热流与温度的函数关系曲线获得，氧化反应的起始点以相对于基线的放热热流为标志，如图8所示，采用下述2种方法之一的仪器软件来计算起始点的温度。

方法A—确定最大热流点并以此点在温谱图上作一切线。起始时间的定义是从氧流量的开始与切线和基准线相交的时间之差。

方法B—在相对于基线特定阈值点对该曲线作一切线。起始时间的定义是从氧流量的开始与切线和基准线相交的时间之差。用于这一分析方法的阈值通常是0.5 W/g到1 W/g。

5.5.3 OITP试验报告

试验报告应包含下列内容：

——使用的仪器；

——样品质量；

——气流速率；

——升温速率；

——起始温度；

——用于分析的方法；

——每个被测样品的OITP值。

5.5.4 OITP试验的再现性

对于那些有明显起始点的材料的OITP测量，数值变化通常在±2 ℃[10]。像在OIT试验中一样有时也存在一些问题，但基线的确定，在OITP试验中很少出现问题。

5.5.5 OITP试验局限性

对于一些材料OITP试验表现出与老化有好的相关性，例如XLPE、EPR、EVA、PEEK和丁基橡胶电缆料。OITP试验能用于PVC以及其他含氯聚合物，例如CSPE和氯丁橡胶，但是这些材料在试验过程中的分解产物具有腐蚀性，很有可能损害仪器设备，对于这些材料，需更小质量(1 mg～2 mg)的样品才能进行OITP试验，且小心操作。

在工厂里的电缆，除了可在电缆端头处测定外，通常仅可取护套材料进行试验。并不是总能从护套材料的老化的数据推断其老化状态，多数电缆，绝缘和护套二者老化几乎不存在关联性[2]。

5.6 热失重分析(TGA)

类似于氧化诱导试验，热失重分析采用微量试样，在不影响功能的情况下，该试样取自于组件。该试验使用商用热分析仪器，检测在恒定的升温速率下的样品的重量损失，TGA 试验中，温度绝对值根据样品腔中的氧含量而变化，低的氧含量将得到高的起始值。TGA 温度值随辐射老化加剧而降低。

5.6.1 TGA 试验的试验方法

样品制备与 OIT 试验相同(见 5.4.1)，在氧气流中，样品温度以恒定速率上升，推荐的升温速率为 10 ℃/min，氧气的流速应为 50 mL/min。样品组中的每个样品至少进行 3 次试验。TGA 仪器的温度由先前的 TGA 试验进行校正，校正的方法应覆盖用于试验的温度范围。

5.6.2 TGA 试验的分析

试验数据包含样品质量与温度的函数曲线图(见图 9)。采用下述 2 种方法之一的仪器软件来决定氧化起始点。

方法 A—5%热失重时的温度。

方法 B—确定最大热失重点并从此点在温谱图上作一切线。起始温度的定义是切线和基准线相交的温度。

5.6.3 TGA 试验的报告

试验报告应给出下列信息：

——使用的仪器；

——气流速率；

——氧气含量；

——温升速率；

——起始温度；

——样品质量；

——分析使用方法；

——试验样品每个 TGA 试验温度。

5.6.4 TGA 试验的再现性

TGA 试验中具有代表性的起始点温度变化为±2 ℃[10]，试验数据的解释通常不存在问题，绝大多数 PVC 材料基线容易确定，在起始点温度质量快速减少。

5.6.5 TGA 试验的局限性

TGA 温度被发现与 PVC-基材料的辐照老化有很好相关性，但与纯热老化缺乏好的相关性(见图 10)[7]。这方法已被用于其他一些材料的评估(例如：EPR，CSPE)，但与老化的相关性不十分显著。

本条件监测方法除了能很好地应用于 PVC 基组成(例如：橡胶靴)以外，它早先已被应用于电缆绝缘和护套材料。

在工厂里的电缆，除了可在电缆端头处测定外，通常仅可取护套材料进行试验。并不是总能从护套材料的老化的数据推断其老化状态，多数电缆，绝缘和护套二者老化几乎不存在关联性[2]。

5.7 密度测定

当聚合物材料在空气中老化时，通常在老化降解过程中氧化起主导作用。氧化反应包括链断和交联的混合过程，导致生成氧化产物和气态产物。这些化学变化导致密度增加。例如：氢原子被更重的氧原子取代后，密度随之增加。存在众多技术可用于密度测量，对于小的固体样品，两种可行的方法引起人们注意，一种是密度梯度技术，另一种是号称为阿基米德方法，它是将样品先在空气中称重，然后置于密度小于样品的液体中称重。

5.7.1 密度梯度方法(1 mg 以及更小样品)

5.7.1.1 密度梯度试验方法

在密度梯度管中，通过标注样品的平衡位置进行密度的测量。用人工的方法，将高密度溶液和低密度溶液混合制备成梯度管，使得沿着梯度管密度梯度大致成线性[13]，在测定未知样品时，特制的已知密度的标度的玻璃珠引入并保留在梯度管中，梯度管保持在恒定温度下(通常为 23 ℃)，此时标度的玻璃珠被校准。样品被抛入梯度管后,它将浮于平衡位置,对于大样品约 1 mg 这些将清楚的快速的发生,对于小样品(<0.1 mg)则需要几个小时甚至更久,而这决定于样品细小的程度和梯度管中溶液的粘度。梯度管从顶部到底部的密度变化以及梯度管的长度(通常为 100 cm)决定了可获得的精确度,获得优于±0.000 5 g/cm^3 的精确度是容易的。

5.7.1.2　密度测量分析

一旦样品在梯度管中趋于平衡,记录样品和标度的玻璃珠的位置。根据由玻璃珠位置标定的密度曲线估计样品密度,由于大样品测试时估计值的分散性,至少应测试 2 个试样,对于小样品,多半需要测试 4 个试样。

5.7.1.3　密度梯度测量的报告

试验报告应包含下列数据:

——测量的每个试样的近似大小或者质量、数量;

——用于制备梯度管的液体;

——测试温度;

——梯度管长度上的分辨率(g/cm^3)/cm;

——被测的试样的密度。

5.7.1.4　密度梯度试验的再现性

再现性决定于几个因素,但主要是样品尺寸。对于大样品约 1 mg 的再现性优于±0.001 g/cm^3。更小的样品能获得类似的再现性,但是典型商业性材料的密度变化,造成再现性降低。有两个试验性的问题会导致误差,首先是样品上存在小的空气泡能导致错误读数,因此重要的是在样品投入梯度管前先适当润湿样品。当试样在趋于平衡时检查有没有小气泡。第二个问题涉及梯度管液体在样品中的吸收,如果选择的梯度管液体在样品中有相当溶解性,它们的吸收会影响测试,吸收影响的时间性决定于样品尺寸。因此,大样品在短时间趋于平衡,经常能在重要的吸收发生前完成测量。由于水溶液经常用于制备梯度管,这种情形下仅仅水被吸收,因此长时间的浸泡会导致材料视在密度下降。假如样品投入梯度管并迅速达到视在平衡位置,随后倒转并缓慢地沿试柱上升,说明上述因素的影响明显。

5.7.1.5　密度梯度试验的局限性

当电缆绝缘、护套以及弹性体密封圈的热或者辐照老化由氧化作用起主导作用时,对于应用于这些领域的大多数重要类型的聚合物能容易地检测到密度的变化。已经报道的结果显示下列材料环境热氧化和辐照老化伴随密度变化:CSPE、NR、BR、PVC、CPE、EPR、EPDM、XLPE、LDPE、XLPO 和 SIR[13],[14],[15]。

5.7.2　阿基米德密度方法(5 mg～50 mg 样品)

5.7.2.1　阿基米德方法的试验方法

阿基米德方法[14],[15],[16]采用精确的可反复测量的微量天平,分散性可低于±20 μg,取样范围约 5 mg～50 mg,首先在空气中称重,然后在密度低于样品的液体中称重。异丙醇和乙醇是二种很适合选择的液体,能容易地在大多数聚合物材料表面润湿,因此使得吸附于样品表面的微小气泡降至最小程度。

5.7.2.2　阿基米德测试的分析

如果当液体密度为 ρ_{liq},样品在空气中和在溶液中的质量分别是 W_{air} 和 W_{liq},则样品的密度由下式求得:

$$\rho=\left[\frac{W_{air}}{W_{air}-W_{liq}}\right]\rho_{liq}$$

液体的精确密度应由已知密度的小玻璃球的测定进行标定(与校准密度梯度管方法相同)。

5.7.2.3　阿基米德密度试验报告

试验报告应包含下列数据:

——每篇测试报告涉及的样品近似质量和数量；

——使用的液体；

——测试温度；

——刻度形式以及分辨率；

——每个试验样品的密度。

5.7.2.4 阿基米德密度试验的再现性

再现性决定于样品的尺寸、天平的精确度和样品密度与液体密度的差值，再现性可用公式（见5.7.2.2）中不同的参数的估计误差进行评估。

密度在 1.3 g/cm^3 附近的样品，取 10 mg，平衡液体为乙醇，测试精确至±0.01 mg，此时再现性通常近似于±0.002 g/cm^3。由于大的样品快速的测量，液体的吸收通常是不重要的。如果在液体中质量不稳定并且持续向一个方向漂移，这说明吸收现象明显。

5.7.2.5 阿基米德密度试验的局限性

当电缆绝缘、护套以及弹性体密封圈的热或者辐照老化由氧化反应起主导作用时，对于应用于这些领域的大多数重要类型的聚合物能容易地检测到密度的变化。已经报道的结果显示下列材料环境热氧化和辐照老化伴随密度变化：CSPE、NR、BR、PVC、CPE、EPR、EPDM、XLPE、LDPE、XLPO 和 SIR[13],[14]。

在工厂里的电缆，除了可在电缆端头处测定外，通常仅可取护套材料进行试验。并不是总能从护套材料的老化的数据推断其老化状态，多数电缆，绝缘和护套二者老化几乎不存在关联性[2]。

6 装置存放法

采用一个装置存放进行长期性能的评估比加速老化方法有更多优点，它能在真实的工厂条件下对材料组成的老化性能进行检测和监控，相对于使用这些材料的大多数场合[17],[18]，存放器经常置于更严酷的环境中。在这种情形下，存放器中材料的老化将更快。

最初使用的大多数的存放器被用于评估电缆和小电气组件，主要建在运行期少于 5 年的工厂内。

6.1 存放器的要求

存放装置使用的一个先决条件是存放器所在位置的辐照剂量和温度的分布状态，其位置在工厂的日常运行时能进行试验。工厂中的环境监测，特别是温度和辐照剂量，而且还有湿度以及其他影响因子，对任何老化程序都很重要。

现有的防辐射系统内的辐照剂量分布计算可能最初用于运行剂量的估测。可是，对于长期老化的评估，重要的是采用放射量测定以尽可能更多地获取实际装置位置的真实辐射剂量及其分布信息。标准 GB/T 26168.1—2010 给出了关于放射量的测定方法，为了增加这些测量的精确度，测量周期应延长到至少 2 年。

一旦得知剂量分布，便能选择存放器位置，甚至有可能找到与最高设计温度相似的位置。经验表明，在压水堆和沸水堆的反应水净化系统中，反应堆压力容器到蒸汽发生器之间的回路适合上述条件要求。

在选择存放器放置地点时，应注意确保造成老化的存放器环境条件与真实条件相类似，尤其是，应注意 XLPE-和 EPR-为基的组成在升高温度的辐照老化，通常它们的使用温度较低。这些材料表现为反温度作用[15],[19],[20]，在较低温度老化更快，图 11 列举了一个例子。对于这些材料，存放器应置于现场通常被认为环境温度最低的位置。

6.2 存放器装置的安装

应确定存放器的位置使得样品尽可能接受均匀的辐照（例如：处于压水堆辐照源附近的回路，它们应与回路保持恒定距离）。采用电缆盘捆扎于回路周围便能容易地达到上述要求。特殊设计的存放器能较容易地适应工厂现场条件。置于盘中的样品应为一层，应避免自身屏蔽。

存放器的装备,需要在辐射环境使用的特别挑选的装置组成,样品的数量和种类足够,满足在整个周期计划内和计划外的取样,整个周期为60年以上(用于新工厂),还应包含能满足将来条件检测方法改进的额外样品。

需要确定评估所需样品的数量及种类、取样的时间间隔和执行的试验,例如:对于电缆,用于断裂伸长率测试的十分理想的样品长度约为30 cm,大多数状态监测方法通常非破坏性的,或者仅仅是少量的材料。如果需要进行LOCA电性能试验,测试所需的样品最短长度为2 m~3 m之间。

存放器应适合放置放射线测量仪,用于记录存放器内部的辐照剂量,同时还需要监测温度。存放器内部的环境监测应至少持续2年,以获得长期环境条件的有代表性的图谱。应仔细确保新鲜的空气流进入存放器,应采取适当的防污染措施,但必须不阻塞空气的进入。

6.3 取自存放器的样品试验

首先,必须确定基准数据,针对所有安装于存放器的未老化材料,这些基准数据应包涵所有将来用于存放器材料的条件检测试验。在规定的时间间隔,应取样进行破坏性试验(例如:伸长率测试),或者进行条件检测试验,试验的间隔将经常受到存放器装置的无法接近而限制,在大多数工厂,仅当工厂运行临时暂停时,才可能接近存放器进行取样。

对于工厂的电缆存放器,试验计划按照下列模式进行[21]:

a阶段

对每个型号的电缆取样测试断裂伸长率。

b阶段

测试样品LOCA状况下的生存能力。为了简化试验和保存存放器中提供样品材料,实际LOCA耐久性早先采用改良的被称作蒸气试验的方法测定,当未达到50%剂量时,只要求样品断裂伸长率达到起始值的50%,样品电性能不考核,电缆样品长约30 cm,蒸气试验的温度、压力、湿度参照试验LOCA。当超过50%剂量,应进行完整的试验,其中包括常态的电性能试验。

c阶段

当试验或者如b阶段描述的蒸气试验完成时,应重复检测断裂伸长率。

对于电缆材料可选择的方法是用CM技术估测延伸率的变化,过去的数年间实用的条件检测技术得到发展。仅当CM试验显示明显的老化发生时,将要求样品实施拉伸试验以确认老化,或者如果需要对样品进行LOCA试验。这些方法能有效减少存放器中材料的总量。

6.4 样品间隔的确定

图12对确定样品取样时间作出了最好的解释,在图表上部分,由于时间作用,存放器的加速剂量与在实际装置最暴露位置上的剂量比较,图表中的数据来自于实际位置和存放器放射线测量。

存放器样品的伸长率试验结果(或者CM方法的估测值)对应同一时间刻度作于图12下半部分,在LOCA试验后,断裂伸长率保持率50%的界线是关于电缆运行能力的一个评估标准,基于运行经验,当材料断裂伸长率保留率为50%时,电缆仍然保持全部功能。或者是确定的LOCA试验绝缘电阻最小值,或者LOCA试验后断裂伸长率保留率50%,能被用于评定样品是否通过上述试验程序(见6.3中a阶段至c阶段)。

对于通常使用的电缆种类,在工厂开始运行5年后,从存放器取样是合理的,因为型式试验和鉴定试验已经提供了合理的可接受的时间间隔。下一个取样时间的确定,根据存放器的周期和试验结果而变化。只要伸长率结果显示微小变化,推荐2~3年后取下一个样。如果试验结果中存在任何恶化,尤其是LOCA试验之后,可能需要按照要求缩短取样间隔时间。

上述描写设想了最有利的情形,存放器在工厂试运行之前或之后即刻安装。可是实际遭遇的条件通常需要改变,例如存放器也能安装在一个老工厂,如运行期已大于5年,此时,置于存放器的电缆样品需要在实验室进行人工老化,为了接近实际老化数据,人工老化的剂量率应尽可能最低。

6.5 实时老化装置和操作经验

存放器方法主要适合新工厂，在相对高的剂量率位置安装存放器。存放器也能在工厂试运行后一定时间内安装，此时可能获得实际位置的真实辐照剂量。

然而，以后选择的是通过取自工厂的样品来评价长期老化行为。这个取样程序的缺点是影响了工厂运行以及必须用适合的鉴定过的装置来替代样品。然而，对于短期内必须得到确认结果的情况，使用这一方法是必要的。倘若存在可信的基础数据，能在不移动样品情况下进行评估，这些检测方法就是非破坏性的。

如果工厂内环境条件数据是可利用的，便能选择暴露在最严酷状态的装置的位置。对于电缆材料，如此位置通常是最接近回流管(PWR)或者在反应堆水输出系统(BWR)。取自实际位置的电缆样品，受辐照情况通常不均匀，例如电缆汇聚在回路内。电缆样品移动前，应测定剂量分布，并且应清楚确定电缆的位置，使得以后的试验结果能准确地解释。

适当的试样、检验、取样时间的确定以及试验间隔的确认，是上述方法的基本要素。

除非有非破坏性的CM方法可利用，为了完成这些方法，应再三重复地从工厂取样，这是另一个缺点。问题是，能否发现下一个样品的老化行为与第一个样品相同或者类似。在PWR工厂，同样的电缆会放置在不同的回路附近。

表1　凹痕测定试验参数推荐表

材　　料	探头速度/(mm/min)	最大应力/N	分析的应力范围/N
EPR/EPDM	5	10	1-4
CSPE	5	10	1-4
PVC	5	10	1-4
EVA	5	10	1-4
SIR	5	5	1-3
氟橡胶	5	10	1-4

表2　OIT测试试验温度推荐值

材　　料	试验温度/℃
XLPE	200-220
EPR	190-210
EVA	190-210

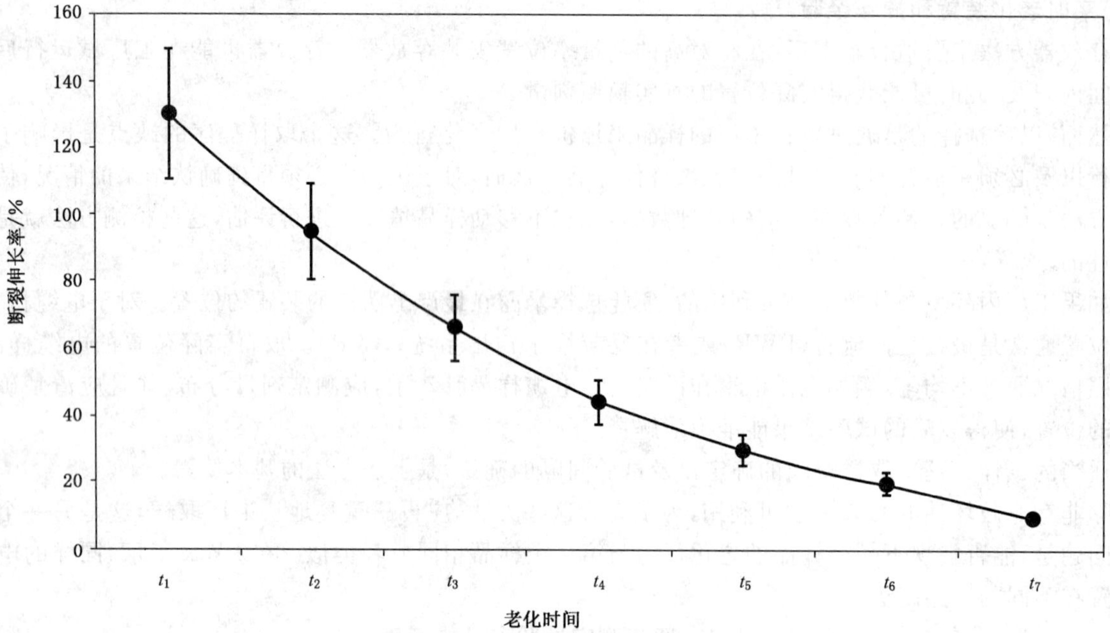

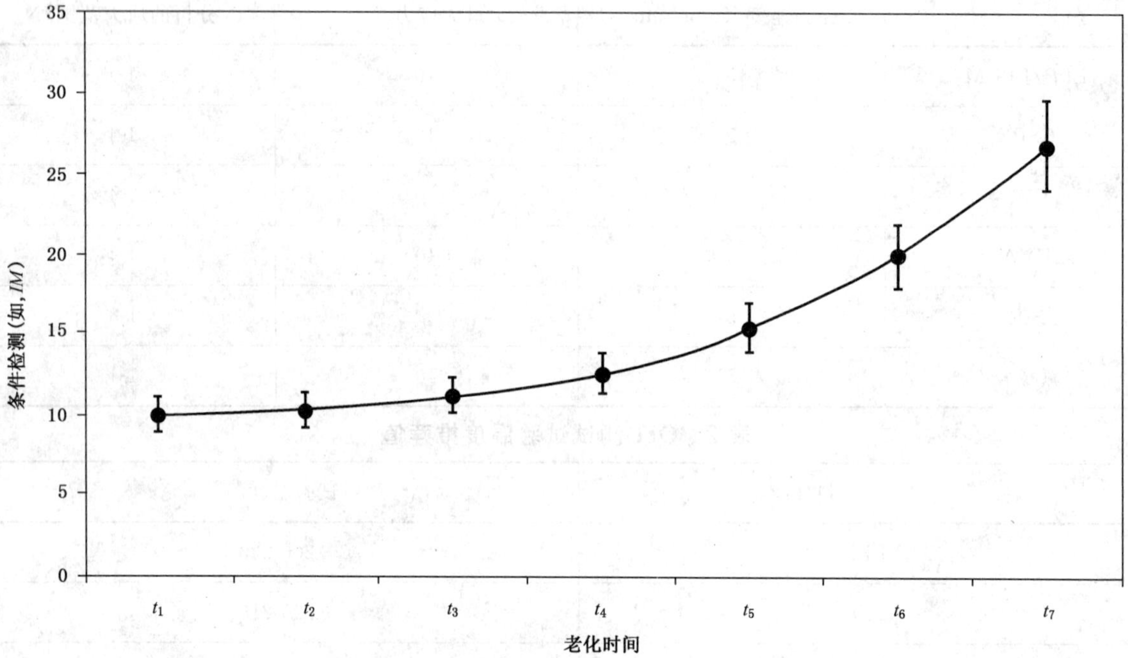

图 1　老化时间与断裂伸长率和条件检测(如 *IM*)的变化关系—示意图

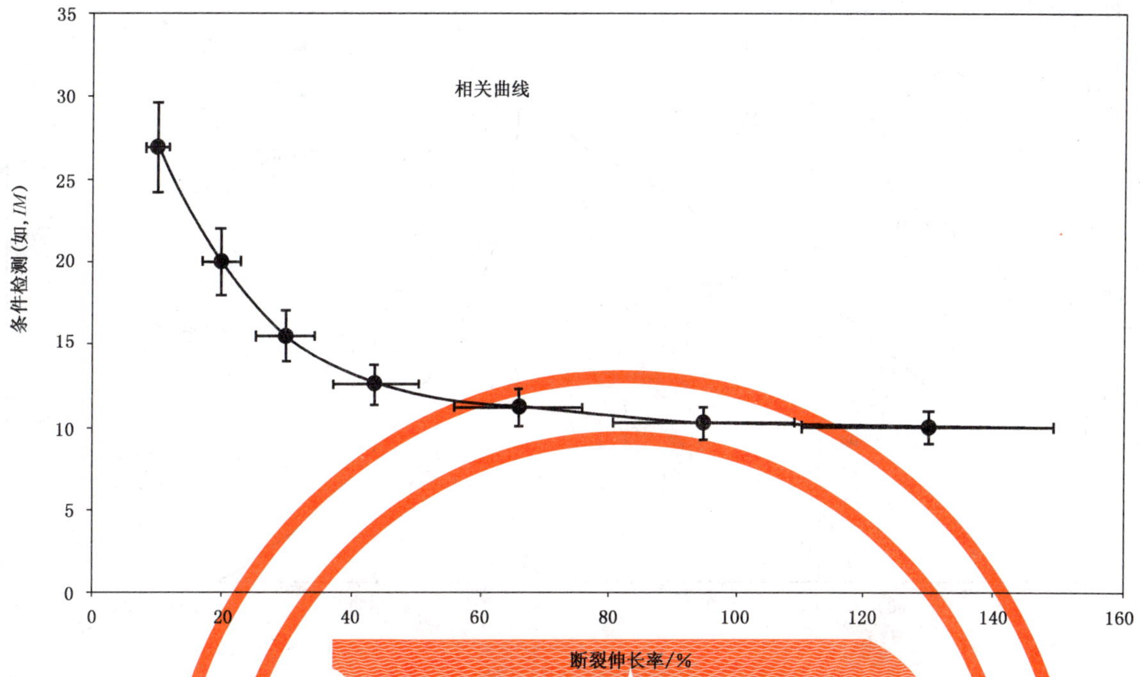

图 2 相关曲线(来自图 1 数据)—示意图

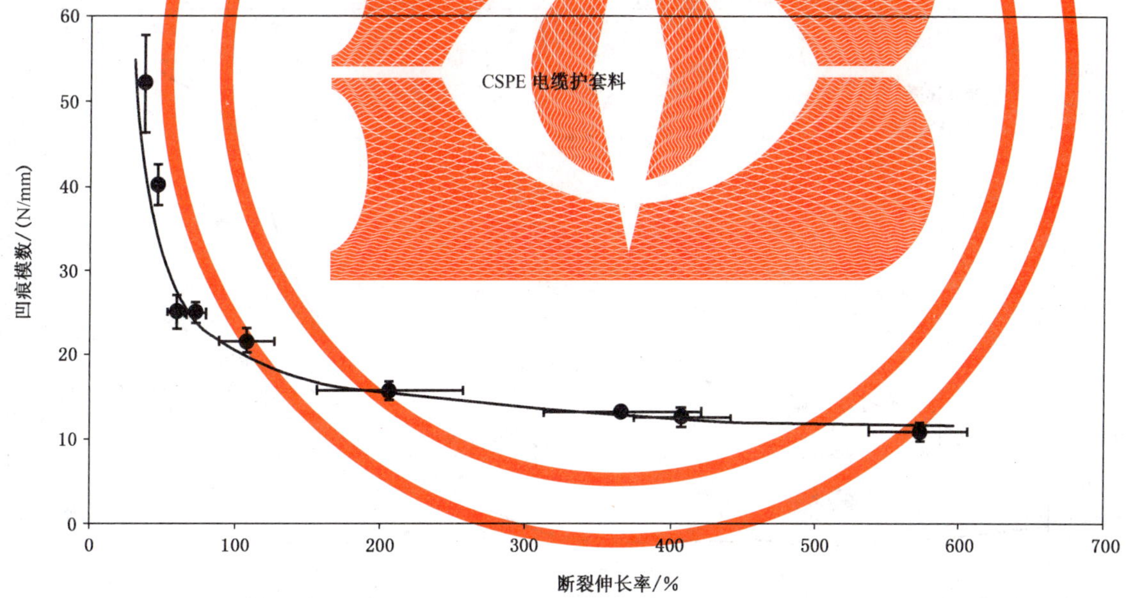

图 3 CSPE 电缆护套材料的 *IM* 和断裂伸长率的相关曲线—示意图[7]

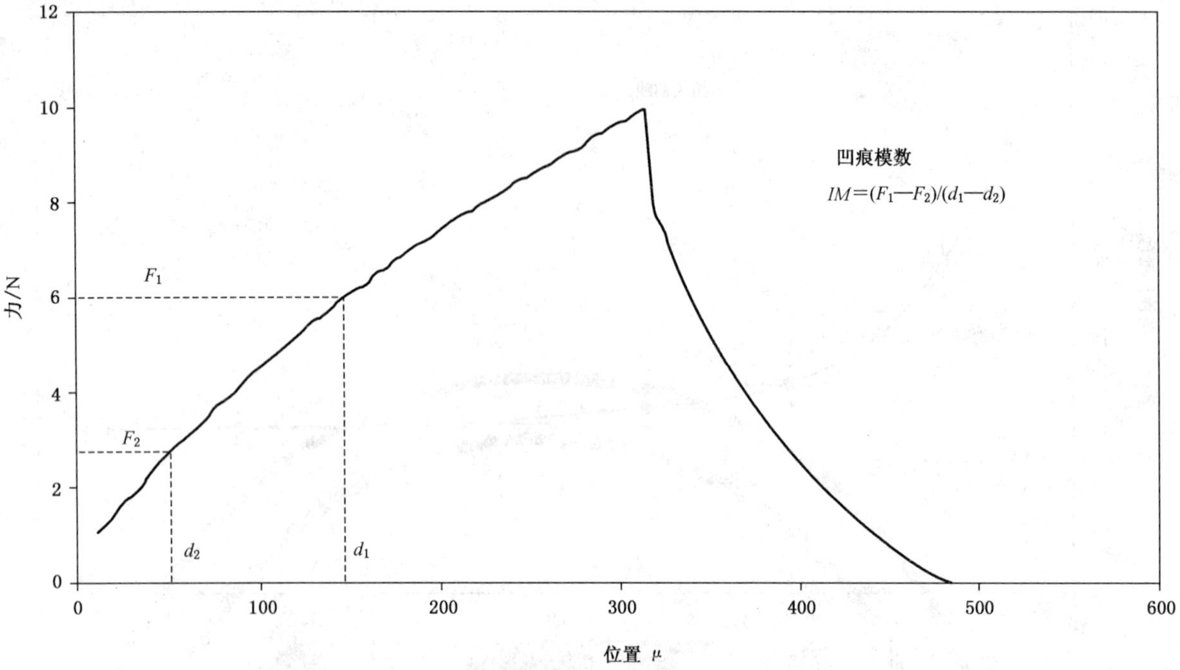

图 4 *IM* 试验中的力与位置典型曲线

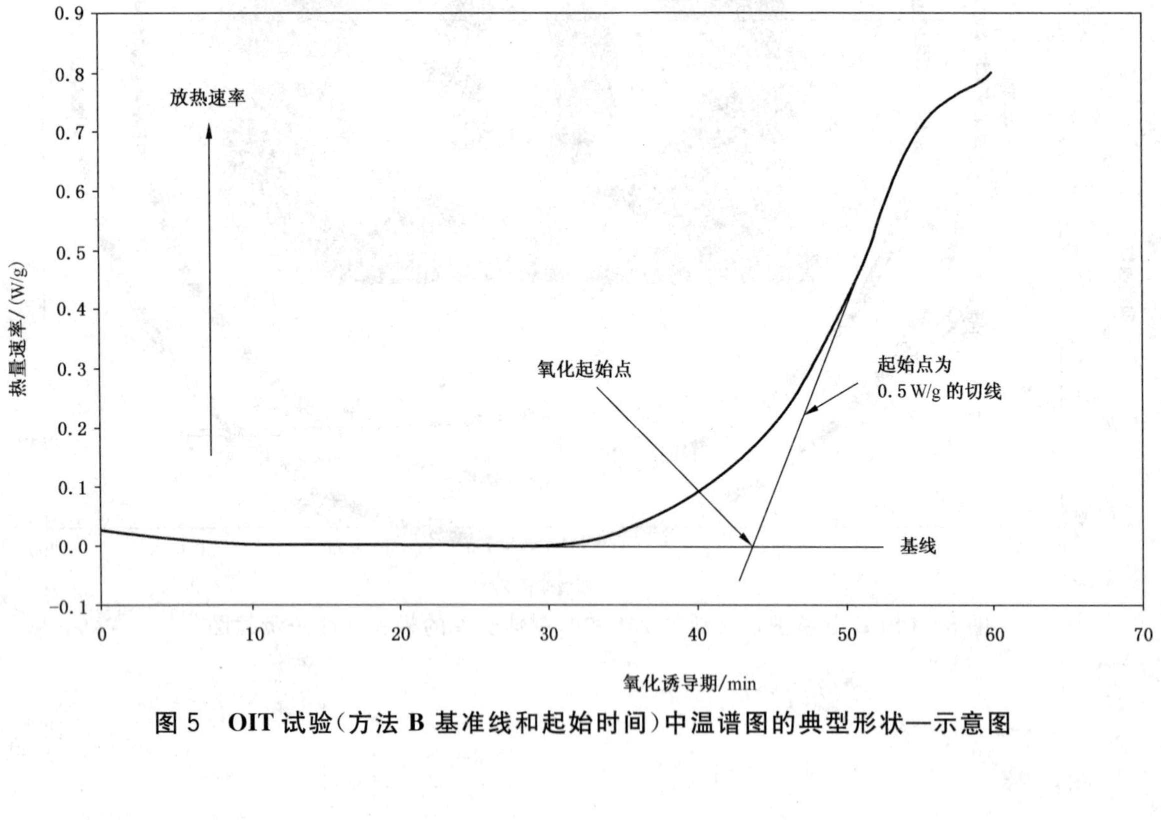

图 5 OIT 试验(方法 B 基准线和起始时间)中温谱图的典型形状—示意图

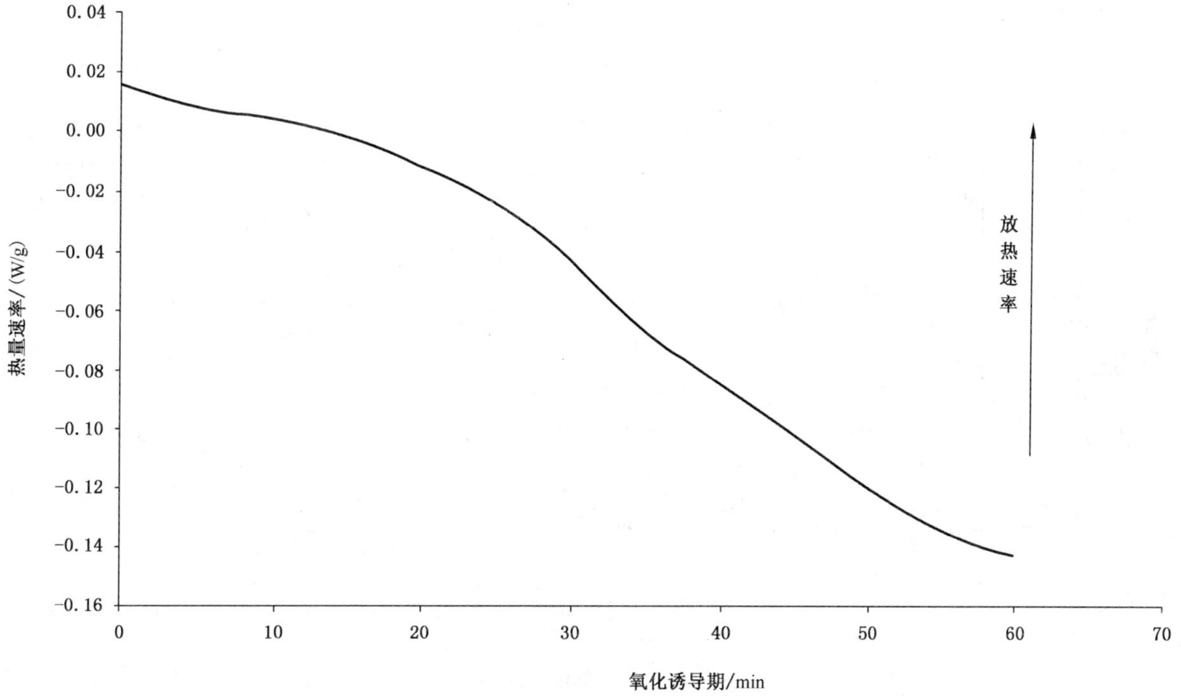

图 6 基准线未定义的 OIT 试验温谱图—示意图

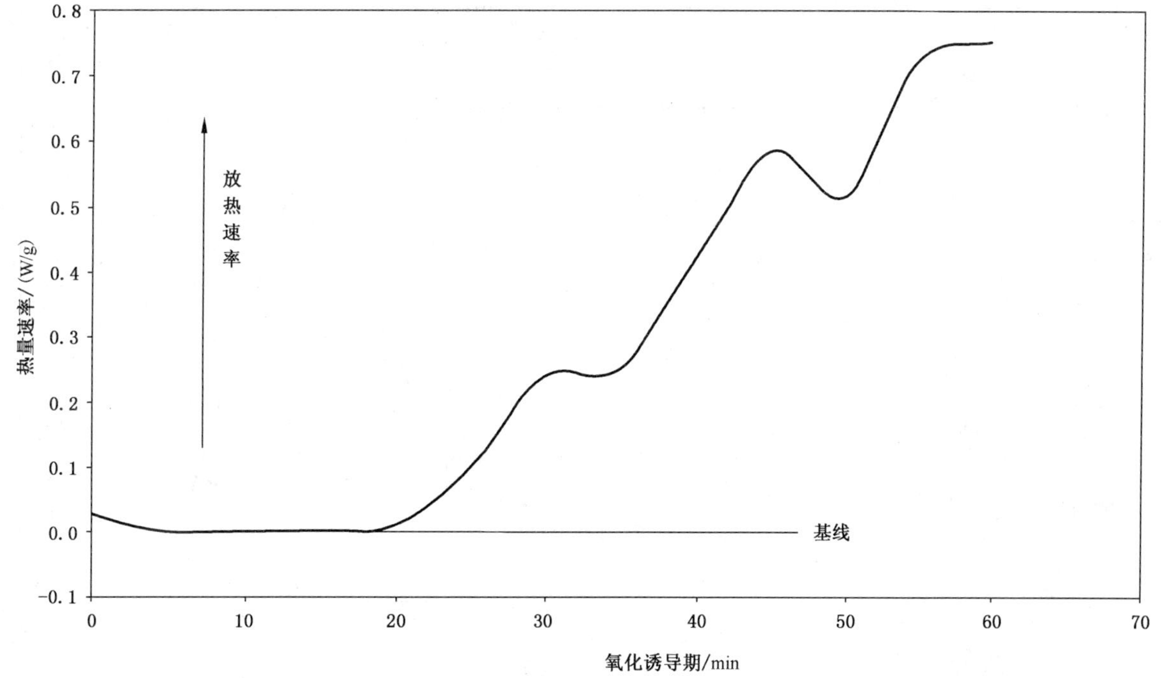

注：基准线已定义，但起始时间有多个。

图 7 有多个起始时间的 OIT 试验温谱图—示意图

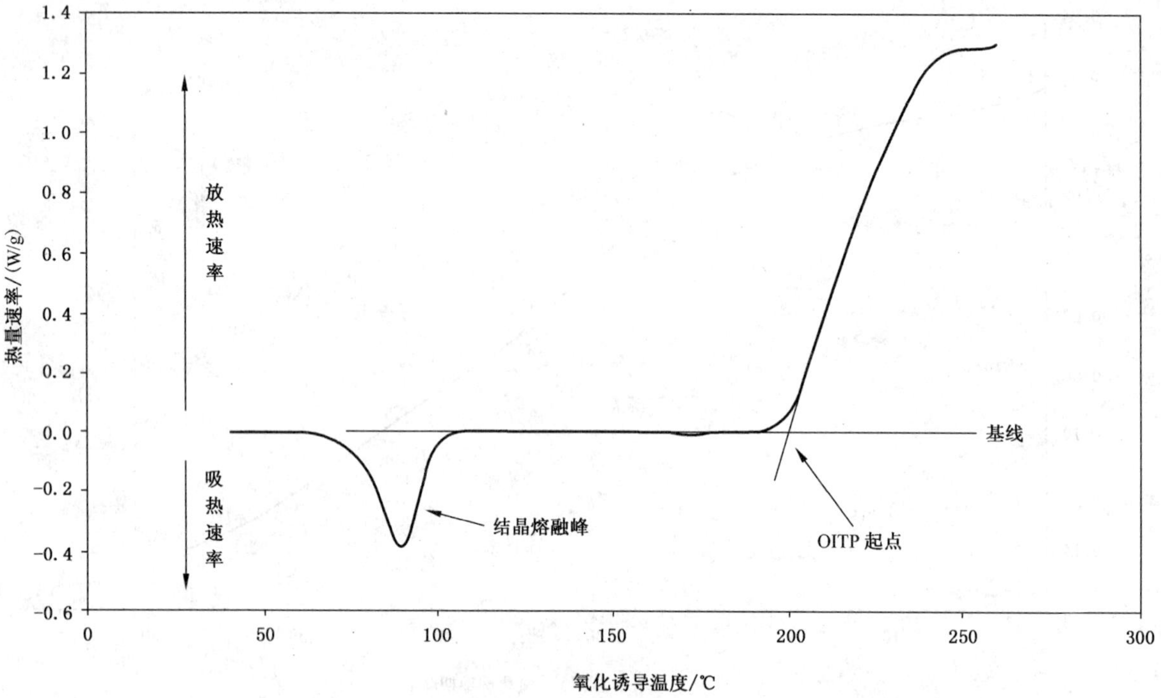

图 8 半结晶材料(如 XLPE)的典型 OTIP 试验温谱图—示意图

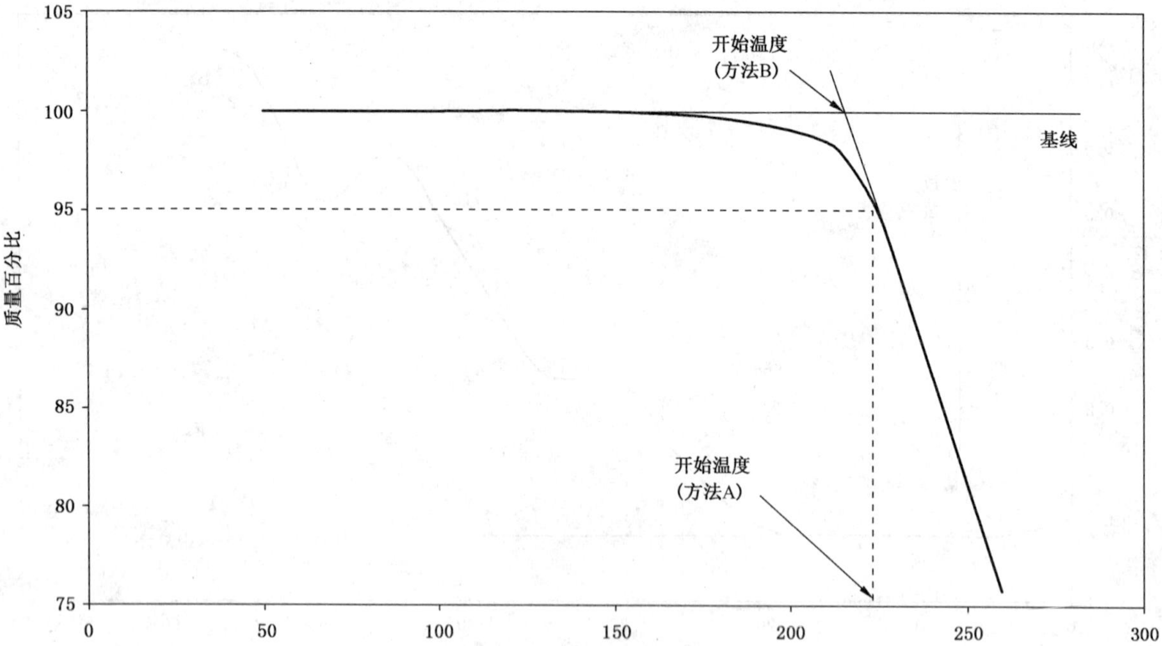

图 9 典型 TGA 试验数据图—示意图

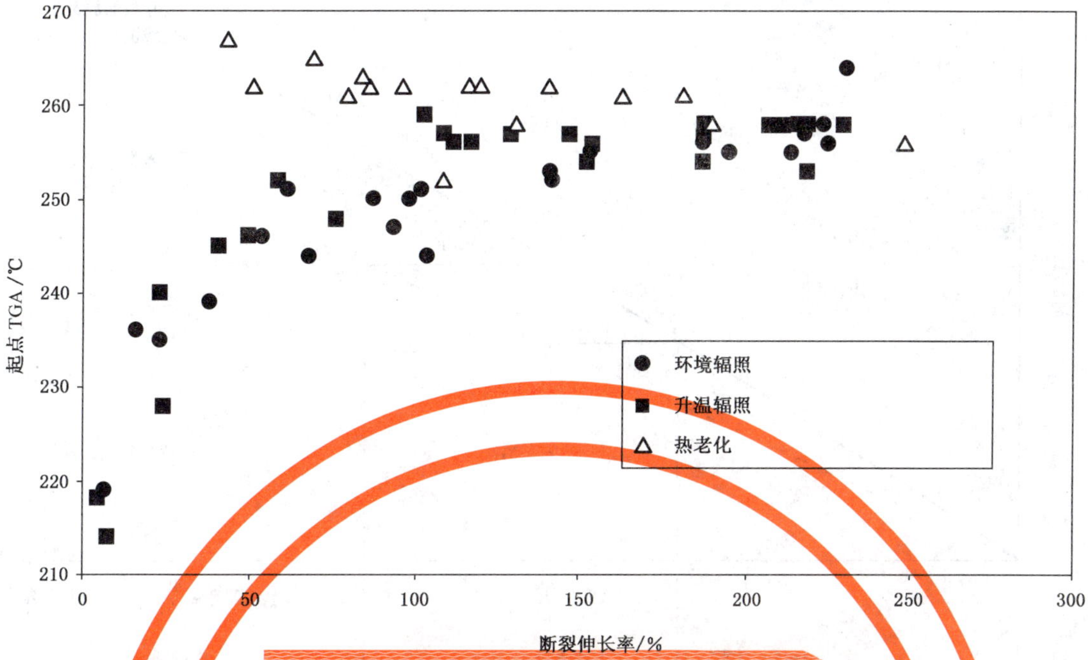

图 10 PVC 护套材料的 TGA 数据—断裂伸长率的相关性曲线

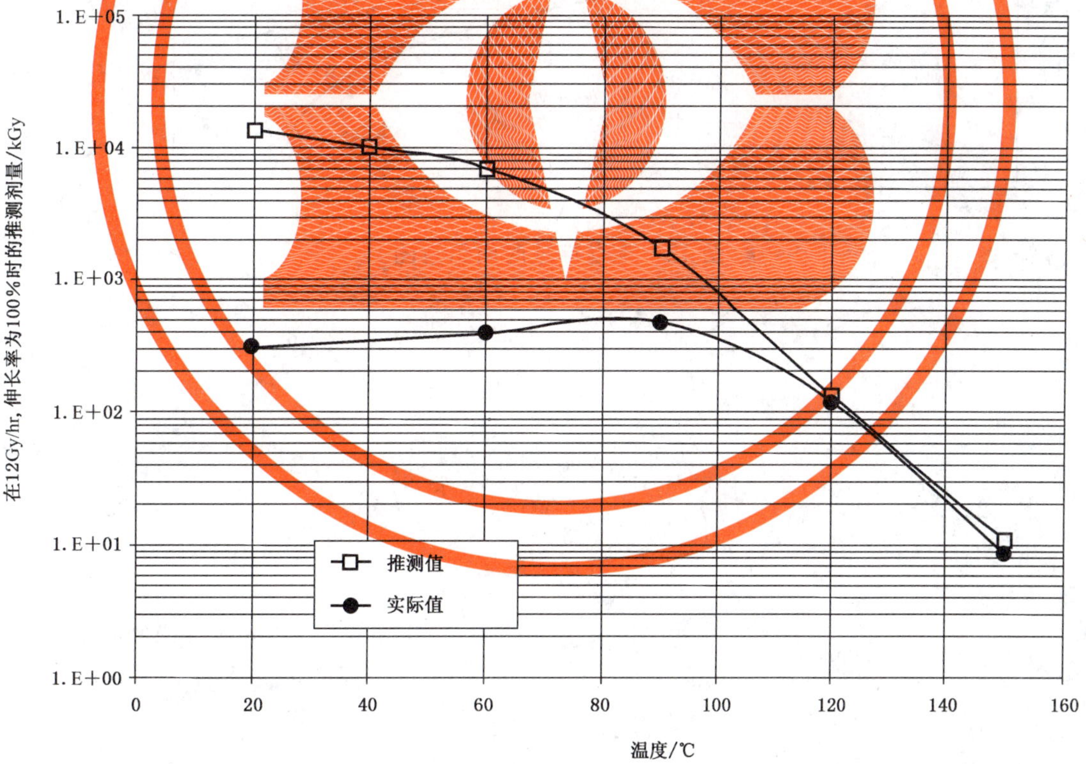

图 11 高温辐照时 XLPE 电缆绝缘材料的相反温度效应[20]

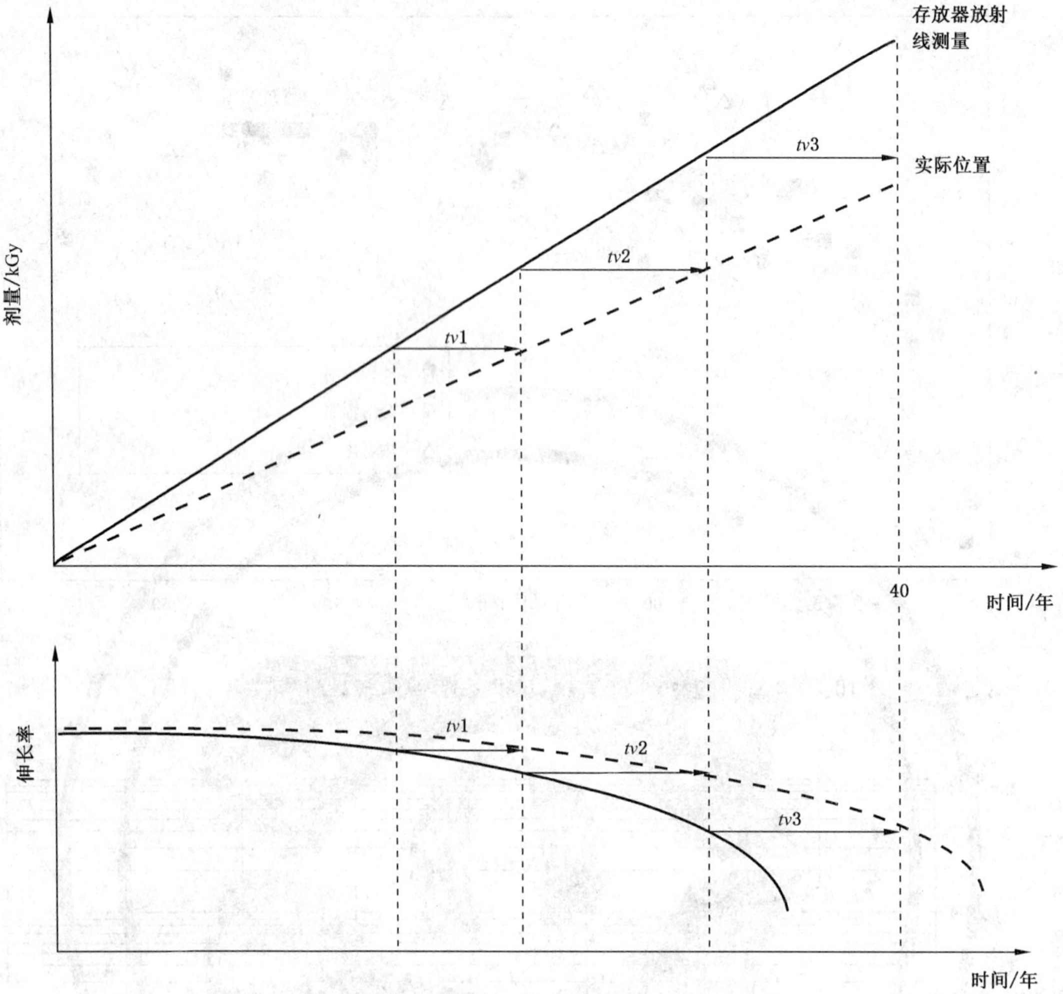

图 12　电缆存放时间示意图[21]

参 考 文 献

[1] "Pilot study on the management of ageing of instrumentation and control rod cables", Results of a co-ordinated research programme 1993-1995. IAEA-TECDOC-932, IAEA, Vienna, March 1997.

[2] "Management of ageing of in-containment I&C cables: Final report of the phase II IAEAco-ordinated research programme", AEAT-6577 (2000), ed. S. G. BURNAY.

[3] IEEE-323, "Qualifying class 1E equipment for nuclear power generating stations"; IEEE 383-1974, "Standard for type test of class 1E electrical cables, field splices and connections for nuclear power generating station".

[4] GILLEN, K. T. and CLOUGH, R. L., "A Kinetic Model for Predicting Oxidative Degradation Rates in Combined Radiation-Thermal Environments", J. Polym. Sci., Polym. Chem. Ed., 23, 2683 (1985).

[5] EPRI EL/NP/CS-5914-SR (1988), Proceedings of 1988 EPRI workshop on power plant cable condition monitoring.

[6] EPRI TR-102399 (1993), Proceedings of 1993 EPRI workshop on power plant cable condition monitoring.

[7] BURNAY, S. G. unpublished data (reproduced courtesy of INSS).

[8] CARFAGNO, C. P., SHOOK, T. A., GARDNER J. B. and SLITER G., "Development of a cable indenter to monitor cable ageing in-situ", Int. Conf. On Operability of nuclear systems in normal and adverse environments, Lyon (1989) p. 195.

[9] SPANG, K., "Ageing of electrical components in nuclear power plant: Relationships between mechanical and chemical degradation after artificial ageing and dielectric behaviour during LOCA", SKI Report 97:40 (1997).

[10] BURNAY, S. G., COOK, J. and EVANS, N., "Round-robin testing of cable materials (IAEA coordinated research programme 2)", AEAT-3631 (1998).

[11] REYNOLDS, A. B., DOYLE, T. E. and MASON, L. R., "Oxidation induction time (OIT) technology for electric cable condition monitoring and life assessment", DOE/ER/82249-2 (1997).

[12] KUSAMA, Y., YAGI, T., MORITA, Y., KAMIMURA, S. and YAGYU, H., "New method of detecting degradation in installed cables in nuclear power plant", NUREG/CP-0119 (1991) p. 261.

[13] GILLEN, K. T., CLOUGH, R. L. and DHOOGE, N. J. "Density Profiling of Polymers", Polymer 27, 225 (1986).

[14] GILLEN, K. T., CELINA M. and CLOUGH, R. L., "Density Measurements as a Condition Monitoring Approach for Following the Ageing of Nuclear Power Plant Cable Materials", Radiat. Phys. Chem. 56, 429 (1999).

[15] CELINA, M., GILLEN, K. T., WISE, J. and CLOUGH, R. L. "Anomalous Aging Phenomena in a Crosslinked Polyolefin Cable Insulation", Radiat. Phys. Chem. 48, 613 (1996).

[16] ASTM Standard D792-91, Density and Specific Gravity of Plastics by Displacement.

[17] ROST, H., BLEIER, A. and BECKER, W., "Lifetime of cables in nuclear power plant", Int. Conf. On Operability of nuclear systems in normal and adverse environments, Lyon(1989).

[18] EPRI RP 1707-13, "Natural vs. artificial ageing of nuclear power plant components. Draft interim report", M. T. SHAW, EPRI RP 1907-13 (1995).

[19] CELINA, M., GILLEN, K. T., WISE, J. and CLOUGH, R. L., "Inverse Temperature and Annealing Phenomena During Degradation of Crosslinked Polyolefins", Polym. Degrad. Stabil., 61, 231 (1998).

[20] BURNAY, S. G. and DAWSON, J., "Reverse temperature effect during radiation ageing of XLPE cable insulation material", Proceedings of International Conference on 'Ageing studies and lifetime extension of materials', 12-14 July 1999, St, Catherine's College, Oxford, UK, Kluwer/Plenum Press.

[21] MICHEL, W., "Prognosis on the ageing of cables", IAEA Technical Meeting on 'Age-related degradation of components in nuclear power plant', Bariloche, Argentina (1995).

[22] CEI 60544-4: 1985, Matériaux isolants - Détermination des effets des rayonnements ionisants—Partie 4: Système de classification pour l'utilisation dans un environnement sans rayonnement.

ICS 29.035.01
K 15

中华人民共和国国家标准

GB/T 26169—2010/IEC 61302:1995

电气绝缘材料耐电痕化和电蚀损的评定方法 旋转轮沉浸试验

Electrical insulating materials—
Method to evaluate the resistance to tracking and erosion—
Rotating wheel dip test

(IEC 61302:1995,IDT)

2011-01-14 发布　　2011-07-01 实施

中华人民共和国国家质量监督检验检疫总局
中国国家标准化管理委员会　发布

前　言

本标准等同采用 IEC 61302:1995《电气绝缘材料　耐电痕化和电蚀损的评定方法　旋转轮沉浸试验》(英文版)及其修改单 1:1995(英文版)。

为便于使用,本标准作了下列编辑性修改:

a)　删除国际标准的目次和前言;

b)　本标准的引用文件,对已经转化为我国标准的,列出了我国标准及其与国际标准的转化程度;

c)　用小数点“.”代替作为小数点的逗号“,”。

本标准的附录 A 为资料性附录。

本标准由中国电器工业协会提出。

本标准由全国电气绝缘材料与绝缘系统评定标准化技术委员会(SAC/TC 301)归口。

本标准起草单位:机械工业北京电工技术经济研究所、深圳标准技术研究院。

本标准主要起草人:朱玉珑、郭丽平、周文、温利峰。

电气绝缘材料耐电痕化和电蚀损的评定方法　旋转轮沉浸试验

1　范围

本标准规定了对受到液态污染物间歇作用且同时表面承受交流电应力的绝缘材料进行性能对比的试验方法。以耐电痕化和电蚀损试验进行对比的材料必须是同一种类的材料，因此不同种类材料的试验结果对比可能并非完全有效。

将圆棒形或圆管形标准试样安装于试验装置的旋转轮上，在试样两端装上电极，试样位于旋转轮的外圈。旋转轮与水平面呈一个很小角度作缓慢的旋转，从而试样可在盐水溶液(污染物)中反复地沉浸又离开。

注1：特殊情况下可能要求不同的试样形状、尺寸和电极间距。非标准试样的试验结果应仅用于与相似材料的对比。

试样离开溶液后，允许试样表面的溶液在施加规定电压前的很短时间内流掉或滴落。电压使试样表面的干燥区域产生放电(微小的电弧和火花)。放电可能导致表面劣化，直至闪络发生或泄漏电流超过规定值。用来对比材料的判断标准有闪络发生的时间，泄漏电流超过规定值时的时间，以及对劣化特性和严重程度的观察。

注2：为了充分加速劣化过程，本标准规定的试验条件应能使所有绝缘材料产生表面放电。在不太严酷的条件下，材料抵抗表面放电形成的能力有差异。这种能力的评估需考虑实际利益，但目前未有用于此目的的标准化试验。

在本标准规定的试验条件下测得的失效时间比其他电痕化和电蚀损试验测得的失效时间较长。GB/T 4207 和 GB/T 6553(见参考文献)所规定的试验耐受时间较短，试样较小，用来评估材料在表面受到液态污染物作用时耐受电应力的能力。这些试验对材料进行的分级，与较长耐受时间试验的分级不同。也可采用盐雾试验(IEC 尚未形成正式标准)，允许对比材料的试样形状与实际使用的相同。试验结果取决于所用的材料以及试样的设计。这些试验可从不同方面评估材料的耐电痕化和电蚀损。

试验条件使所有绝缘材料产生表面放电，因此仅需在试验前对试样表面进行清洁处理。若在试验前对试样进行条件化处理，如紫外线辐射或高湿度处理，则需详细规定条件化处理程序。

2　规范性引用文件

下列文件中的条款通过本标准的引用而成为本标准的条款。凡是注日期的引用文件，其随后所有的修改单(不包括勘误的内容)或修订版均不适用于本标准，然而，鼓励根据本标准达成协议的各方研究是否可使用这些文件的最新版本。凡是不注日期的引用文件，其最新版本适用于本标准。

GB/T 21223—2007　老化试验数据统计分析导则　建立在正态分布的试验结果的平均值基础上的方法(IEC 60493-1:1974,IDT)

3　术语和定义

下述术语和定义适用于本标准。

3.1

电痕化　tracking

固体绝缘材料表面由于局部放电产生导电或局部导电通道的逐渐劣化。

3.2

电痕 track

由电痕化产生的导电或局部导电通道。

3.3

电蚀损 electrical erosion

由于局部放电作用产生的但未形成电痕的固体绝缘材料蚀损。

3.4

旋转轮试验寿命 rotating wheel life

在规定试验条件下测得的失效时间中值。当试样上产生闪络或均方根泄漏电流大于 300 mA 时即可认定为失效。

4 试样

4.1 试样结构

标准试样应为一段具有环形截面的圆棒或圆管,外径应为 25 mm±1 mm。

只要可行,应使用圆棒。若使用圆管,其管壁必须有足够的厚度以防止试验过程中因电蚀损致使管壁穿透后试液从管壁流入。应将圆管的端部仔细密封以防止试液流入圆管内。密封材料不能沿着圆管外部扩散而影响试验结果。若要求有足够的机械硬度,则可在圆管内使用一段绝缘材料制成的圆棒作为支撑。

将管状不锈钢电极(见 5.1)安装在试样两端。两个电极相对的端面应作方形切面,可紧贴于试样。高压电极应有延伸出 0.2 mm 的不锈钢片以形成斜面电极,电极连接试样从而间歇地施加试验电压(见 5.1)。电极间距应为 140 mm±2 mm。附录 A 的图 A.1 为符合本标准要求的试样示例。

若试样的形状和尺寸与本标准规定的不同,则应在试验报告中描述清楚。此种试样的试验结果应仅与相似形状的试样进行对比。

4.2 制备

试样表面应使用合适的溶剂作清洁处理。

注:溶液应不会软化或改变试样。异丙醇(2-丙醇)适用于许多材料,但可能要用二甲苯去除硅脱模剂。二甲苯不宜用于遇二甲苯会膨胀的材料,比如橡胶材料可能会发生这种情况。

5 试验装置

5.1 总平面图

可将多达 10 个试样安装在直径 1.0 m～1.1 m 节距圆的旋转轮上,见附录 A 的图 A.3。旋转轮每分钟旋转三次。试样与旋转轴平行,而旋转轴与较低位置的高压电极水平方向的角度为 15°±2°。

通过斜面电极将电压沿着与电源连接的半圆形母线间歇施加于试样。将每个试样的接地电极通过过电流继电器与电源连接,当均方根泄漏电流大于 300 mA 时,各自的过电流继电器即将试验电压断开。可规定在试验期间连续或间歇测量电流。

放置盛有大约 150 L 盐水溶液的敞口容器,使得每个试样中心线的中点在每一次旋转的 1/6 转(60°)期间浸入溶液。试样在浸入溶液期间旋转 1/6 转(60°),接着在每一次旋转的 1/2 转(180°)期间施加试验电压。然后在试样再次浸入试验溶液前的 1/6 转(60°)期间将试验电压断开。试验周期重复进行。

接触试验溶液的所有金属部件应由含约 18%铬和 8%镍的不锈钢材料制成。

附录 A 的图 A.2～图 A.5 为满足本标准要求的试验装置示例。

5.2 电路

5.2.1 试验电压由频率 48 Hz～62 Hz、输出均方根电压 10 kV±0.5 kV 的交流电源供给。

试验电压的测量精度为1.5%。

电源的(瞬态)均方根短路电流应在10 kV时至少达到10 A。电压源应安装跳闸装置,当试样发生失效时可将试验电压断开而不影响轮子的旋转。应尽可能取下失效的试样后再施加电压。应至少每24 h检查一次轮子。应记录每个试样从施加电压至发生失效的累积时间。

注:或者可为每个试样单独配保险丝。

附录A的图A.6为满足本标准要求的简化的试验电路图。

5.3 试验溶液

5.3.1 试验溶液的配置为在蒸馏水或去离子水中加入氯化钠(NaCl),直至在25 ℃时溶液的电阻率达到(7.5±0.375)Ω·m。

5.3.2 在每次试验前,容器应进行清洁处理并盛满新鲜的试验溶液。在整个试验期间,试验溶液的液面高度应保持稳定,公差在±10 mm之内。可添加去离子水或蒸馏水进行必要的调整。

5.3.3 试验溶液的温度应为(25±5)℃。

5.3.4 试验溶液循环用的过滤器细度为75 μm,溶液的循环速率应为大约1 L/min。

注:使用丙烯酸—酚醛树脂滤芯过滤器可获得满意结果,过滤器尺寸为长248 mm、内径26 mm、外径66 mm。

5.3.5 容器应每隔一个月进行清洁处理并盛满新鲜溶液。

6 试验程序

6.1 均方根试验电压应为10 kV±0.5 kV。试验电压的频率应在48 Hz和62 Hz之间。

6.2 每个试验应包含至少5个相同的试样,直至5个试样全部失效,或达到预定的最长试验时间。应至少有半数相同试样已失效(如5个试样中的3个),试验才能结束。

6.3 通常情况下只有相同材料的试样才可同时进行测试。然而,若先前的试验已证实旋转轮法试验寿命未显著受到材料影响,则不同材料的试样也可同时进行测试。

7 试验结果

7.1 测得失效时间,估计中值和标准偏差(见GB/T 21223—2007)。

若达到以下判断标准时可认定为已发生失效:

——产生闪络;

——各自的均方根泄漏电流大于300 mA。

若部分试样但非全部试样在规定的最长试验时间内发生失效,应对检剔试验采用统计方法估计失效时间的标准偏差。

7.2 试验结束,应在清除松散碎屑后测量最大蚀损深度。

7.3 试验结束,应目测检查试样是否有蚀损、电痕化和表面裂痕化的现象,并应注意观察是否有松散污染层积聚在试样表面。

8 试验报告

试验报告应包含:

a) 所用材料的标识;

b) 试样详情:制备和尺寸、添加剂、填料、清洁程序以及所用溶剂,必要时的表面处理;

c) 试验结果,按第7章规定。

附 录 A
（资料性附录）
满足本标准要求的试样（图 A.1）和试验装置（图 A.2～图 A.6）示例

下述部件清单适用于图 A.2～图 A.6：

部件清单：

E	试样
F1	保险丝
H	计时器
J	绝缘子
L1	蜗轮电机
L2	十个碳刷
L3	绝缘子
L4	轴承
L5	轴承
L7	环氧树脂板，厚 28 mm
M	指示灯
P	电流表
Q1	接触器（可用 R1～R10 断开）
Q2	转换开关
R1～R10	过电流继电器
S	滑环
T	变压器
V	半圆母线

注：每个试样各需一套独立的碳刷和滑环，但图上仅显示一套。

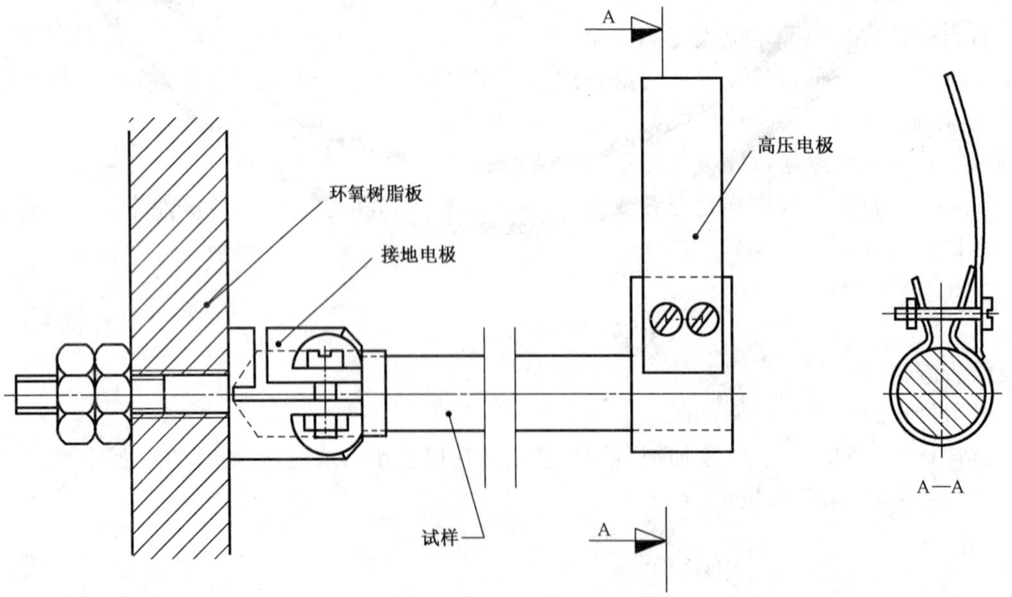

图 A.1 电极和试样

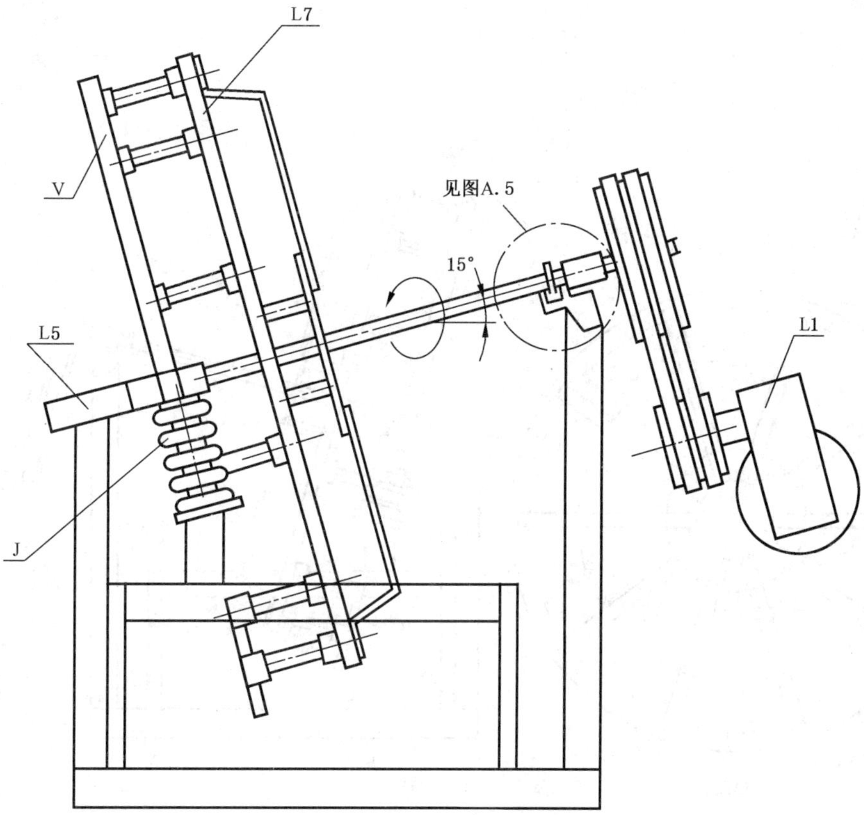

图 A.2

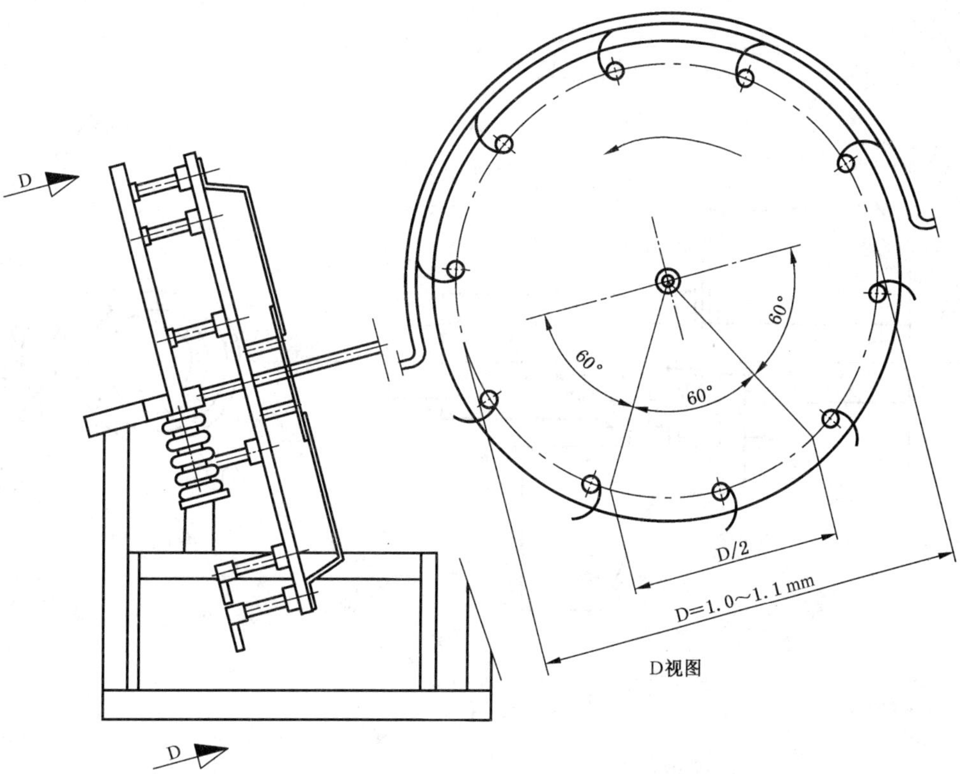

图 A.3

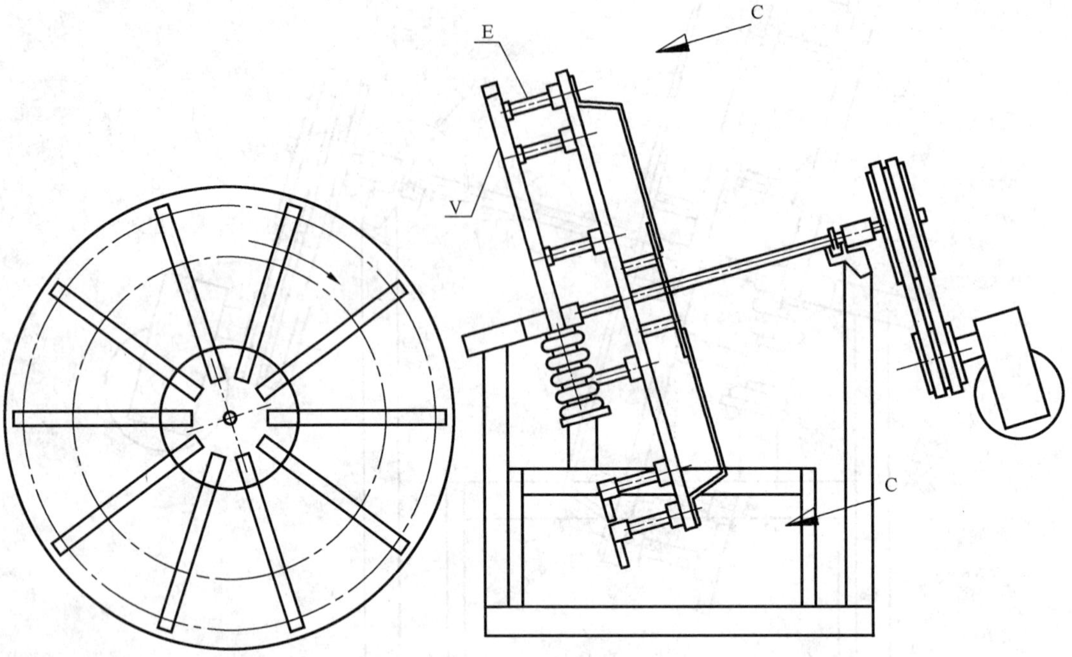

C视图

图 A.4

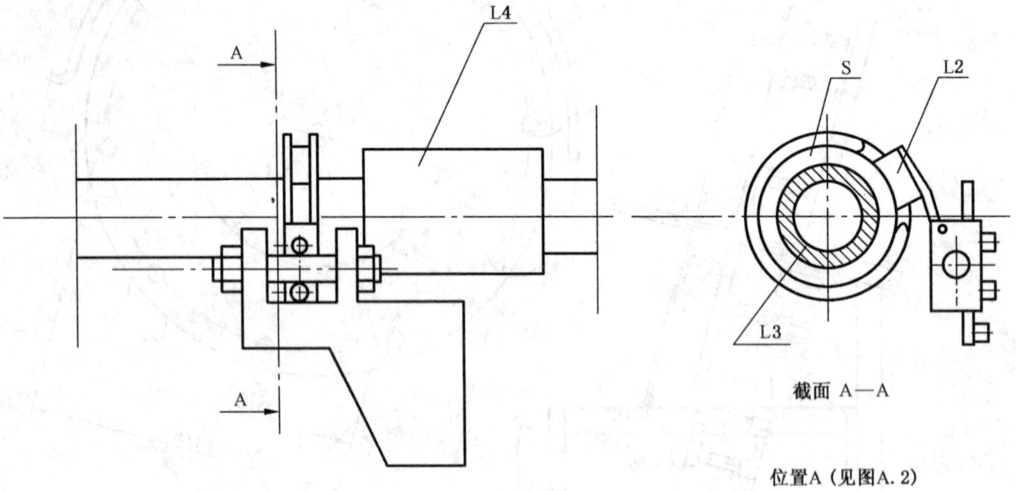

截面 A—A

位置A (见图A.2)

图 A.5

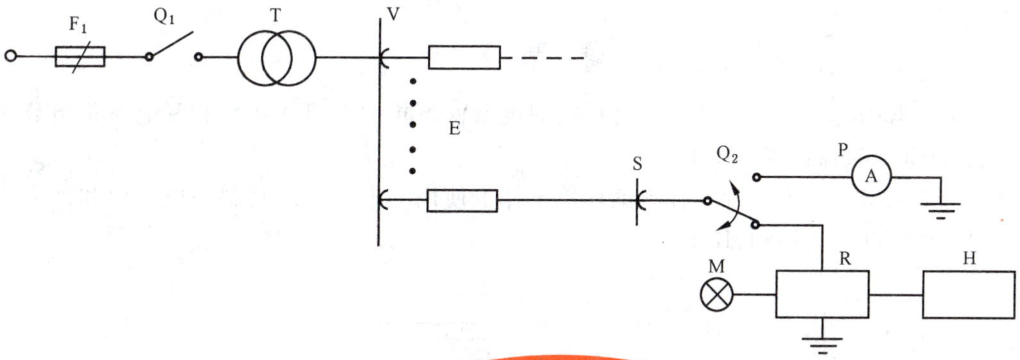

图 A.6　简化的试验电路图

参 考 文 献

[1] GB/T 4207—2003 固体绝缘材料在潮湿条件下相比电痕化指数和耐电痕化指数的测定方法(IEC 60112:1979,IDT)

[2] GB/T 6553—2003 评定在严酷环境条件下使用的电气绝缘材料耐电痕化和蚀损的试验方法(IEC 60587:1984,IDT)

ICS 29.080.30
K 15

中华人民共和国国家标准

GB/T 26170—2010/IEC/TS 62101:2005

电气绝缘系统 热、电综合应力快速评定

Electrical insulation systems—Short-time evaluation of combined thermal and electrical stresses

(IEC/TS 62101:2005,IDT)

2011-01-14 发布　　2011-07-01 实施

中华人民共和国国家质量监督检验检疫总局
中国国家标准化管理委员会　发布

前　言

本标准等同采用 IEC/TS 62101:2005《电气绝缘系统　热、电综合应力快速评定》(第一版,英文版)。

本标准在技术内容上与 IEC 62101:2005(第一版,英文版)无差异。为便于使用,本标准做了下列编辑性修改:

a) 删除了国际标准的前言;

b) 第 2 章"规范性引用文件"中的引用文件,凡有与之对应国家标准(或行业标准)的 IEC 标准均以国家标准(或行业标准)替代,随后文中引用的 IEC 标准号也作相应修改。

本标准由中国电器工业协会提出。

本标准由全国电气绝缘材料与绝缘系统评定标准化技术委员会(SAC/TC 301)归口。

本标准负责起草单位:上海电器科学研究所(集团)有限公司、山东齐鲁电机制造有限公司、上海电科电机科技有限公司、江门市江晟电机厂有限公司、浙江金龙电机股份有限公司、苏州巨峰绝缘材料有限公司。

本标准参加起草单位:桂林电器科学研究所、哈尔滨电机厂交直流电机有限责任公司。

本标准主要起草人:张生德、李锦梁、戎伟康、张妃、苏启明、刘权、叶锦武、徐伟宏、于龙英、方建国。

电气绝缘系统
热、电综合应力快速评定

1 范围

本标准规定了以下设备适用于电气绝缘系统(EIS)的热、电综合应力快速评定规程:

——供电电压 1 000 V 及以下(直流、交流、脉冲)的设备;

——使用绕线线圈模型:适用于变压器、扼流器、镇流器、电抗器、铁氧体逆变器等;

——正常情况下不经受振动的产品。

为测定热老化条件下的化学反应,模型应包含最终产品的所有组分。评定整个 EIS 的老化程序不允许修改。

2 规范性引用文件

下列文件中的条款通过本标准的引用而成为本标准的条款。凡是注日期的引用文件,其随后所有的修改单(不包括勘误的内容)或修订版均不适用于本标准,然而,鼓励根据本标准达成协议的各方研究是否可使用这些文件的最新版本。凡是不注日期的引用文件,其最新版本适用于本标准。

GB 6109.1—2008 漆包圆绕组线 第 1 部分:一般规定(IEC 60317-0-1:2005,IDT)

IEC 60216-5 电气绝缘材料 耐热特性 第 5 部分:绝缘材料相对耐热性指数(RTE)的测定

IEC 61857-1:2004 电气绝缘系统 热评定规程 第 1 部分:通用要求 低压

3 术语和定义

IEC 61857-1:2004 确立的以及下列术语和定义适用于本标准。

3.1

包封剂 encapsulant

除和外部的连接外完全包封住线圈的电气绝缘材料,并且是电气绝缘系统(EIS)的一部分。

3.2

包封 encapsulation

使用包封剂的工艺过程。

注:注塑成型、模压成型、浇铸及其他技术工艺均可用于评定电气绝缘系统(EIS)。

3.3

线圈架 bobbin

线圈绕制于其上的骨架。

3.4

双线绕组 bifilar winding

由互相绝缘的两个相邻导体组成匝间的两个线圈组。

注:双线绕组两个线圈的感应泄漏因数通常忽略不计。

3.5

对地绝缘 earth insulation

线圈和接地之间的电气绝缘材料(EIM)。

3.6

EIS 估计耐热性指数 EIS assessed thermal endurance index (EIS ATE)

从已知运行经验或已知对比功能性评定获得的基准 EIS,以摄氏温度的数值表示。

3.7

EIS 相对耐热性指数　EIS relative thermal endurance index (EIS RTE)

待评 EIS 和基准 EIS 均经受相同老化规程和诊断规程的对比试验，与基准 EIS 的已知 EIS ATE 相对应的待评 EIS，以摄氏温度的数值表示。

3.8

待评模型　candidate model

用来评估必测耐热性的模型。

注：通过对比待评模型和基准模型的热老化进行测定。

3.9

基准模型　reference model

用作基准与待评模型进行对比性试验，由已知运行经验的热老化获得的耐热性已知的模型。

注：试验结果作为待评模型试验结果的基准。无基准模型试验结果提供，但有运行经验数据时，运行所用的 EIS 模型应作为与待评模型进行比较试验的基准模型。

4　结构

4.1　概述

用来评定待评 EIS 中所有组分相容性的模型，能够等效模拟实际制造工艺的影响，比如绕组工艺、端部工艺、浸漆及/或包封工艺。

4.2　待评模型和基准模型的相似度

待评模型和基准模型的外形和装配应相似。按 GB 6109.1—2008 中表 1 规定，基准模型和待评模型用绕组线的尺寸差应小于两级。待评模型和基准模型结构的详情应按 IEC 61857-1:2004 中 7.4 写入报告。

4.3　模型组件

a）线圈：应用两股完全相同的线平行绕制线圈(双线绕组)；

b）线：2 级漆膜电磁线；优先采用线径 0.4 mm～0.63 mm 的电磁线，认为其可代表其他线径用于试验；

c）对地绝缘(主绝缘)：作为线圈架评定的 EIM 应不同时作为包封材料。作为包封材料使用的 EIM 同样要进行评定；

d）线圈间绝缘：若有设计要求，相邻线圈间的绝缘；

e）引接线：连接绕组线至接线端或引线处的部分，其应延伸到浸渍层或包封层。引接线是模型的基本部件；

f）评定时不承受电应力的部件，在最终产品里不应作为 EIM 使用；

g）铁心：与模型一体的金属机座或冲片；

h）浸渍树脂/漆：可能是模型的组分。

4.4　模型装配

a）用认可的绕线工艺将电磁线绕制在线圈架上；

b）绑扎绕组线圈；

c）将线圈嵌入铁心；

d）连接绕组线至接线柱或引线；

e）若是待评 EIS 的部件，则使用浸渍树脂/漆处理；

f）若是待评 EIS 的部件，使用包封材料处理。

注：实际电工设备也可进行试验。

5 试品数量

每一老化温度下每种待评 EIS 和基准 EIS 试品应不少于 5 件。

6 试验规程

6.1 概述

所有试品、待评 EIS 和基准 EIS 均应在经受初始筛选试验后按下列顺序进行反复循环的耐热性试验：

a) 热老化试验分周期；

b) 电气诊断试验。

6.2 初始筛选试验

6.2.1 概述

所有试品，待评 EIS 和基准 EIS 在高温下经受第一个热老化分周期之前，应进行初始筛选试验以便剔除有缺陷的试品。初始筛选试验可包括下述步骤并应按规定顺序进行：

a) 条件预处理(见 6.2.2)；

b) 外观检查；

c) 初始介电试验(见 6.2.3)。

6.2.2 条件预处理

初始筛选试验之前试品应在低温点下进行 48 h 的预处理。

6.2.3 初始介电试验

应在其他预诊断应力和热老化试验之前对每一试品进行初始筛选耐电压试验(筛选电压不小于 1 500 V，持续时间 30 s±2 s)。初始介电试验在线圈对线圈、线圈对地(铁心)间进行。绕组线间的试验电压不小于 500 V。

试验电压频率在 48 Hz～62 Hz 范围。

注：不推荐施加瞬时满载电压。建议在试验电路中加入脉冲保护器以消除意外的峰值高压。

对于施加电压进行评定的试品，提前校准过的跳闸时间为 2 s～3 s 的过电流继电器可成功地用来检测其失效。

6.3 耐热性试验

6.3.1 老化试验周期

在规定数量的待评试品和基准试品进行初始筛选试验后，试品应进行反复循环的耐热性试验周期。待评模型和基准模型应按 IEC 61857-1:2004 进行每个耐热性试验周期。试验周期的组成如下：

a) 热老化分周期；

b) 电气诊断试验。

6.3.2 热老化

应在 4 个不同的老化温度下进行热老化分周期试验。最低温度下应获得不小于 1 500 h 的平均试验寿命。最高温度下应获得不小于 100 h 的平均试验寿命。选择最高老化温度时宜考虑到 EIM 的转变温度如熔点或玻璃态转化温度，最高老化温度应比最低转变温度至少低 5 K。

每个热老化周期期间，应对试品的双线绕组施加一个 500 V±25 V a.c.，频率 48 Hz～62 Hz 的电压。铁心应接地。

热老化由老化温度、初始老化时间和老化规程组成，应按 IEC 61857-1:2004 中 6.3 进行试验。按 IEC 61857-1:2004 中 6.3.4，采用烘箱加热法。

6.3.3 老化温度

老化温度应基于待评 EIS 的预期耐热等级(EIS TC_A),最低温度为 EIS TC_A+40 K,如表 1 所示。其他试验温度必须符合 6.3.2 所述准则。

6.3.4 老化时间

为使每套试品在 3 个试验周期的最小值内达到预期的平均试验寿命,每个老化温度应是指定的所选曝露时间。若第一个周期或第 2 个周期后就发生失效,则周期持续时间应减半。

老化温度应基于待评 EIS 的预期耐热等级(EIS TC_A),耐热等级 180 及以下 EIS 采用 10 K 间隔,耐热等级 200 及以上 EIS 采用 15 K 间隔。推荐的老化温度和老化时间见表 1。最低温度等于预期等级温度加上 40 K。每个温度增量表示一组试样被置于相应的烘箱。

表 1 推荐的老化温度和老化时间

推荐的周期老化时间 h	(预期等级)							
	120	130	155	180	200	220	250	
336~504	160	170	195	220	240	260	290	EIS TC_A 老化温度 ℃
168~240	170	180	205	230	255	275	305	
72~120	180	190	215	240	270	290	320	
24~48	190	200	225	250	285	305	335	

为显示 EIS TC_A 和受试模型适合的其他老化温度及时间,可以在规定温度下进行预老化试验。

注:为方便考虑,建议老化时间为 24 h(1 d)的整数倍。

6.3.5 电气诊断试验

按 6.3.2 和 6.3.4 所述,每一老化周期后,在室温下按表 2 规定的电气诊断试验评定试样。

表 2 模型的电气诊断试验

试 验	方 法	试验条件	失效判据
双线线圈绕组线间	绝缘电阻	500 V d.c.	≤2 MΩ
线圈间(对多线圈结构)	介电诊断试验 绝缘电阻	600 V±30 V a.c.,48 Hz~62 Hz 500 V d.c.	击穿 ≤7 MΩ
主绝缘	介电诊断试验 绝缘电阻	600 V±30 V a.c.,48 Hz~62 Hz 500 V d.c.	击穿 ≤7 MΩ

注:使用大约 500 V 的直流电压测量绝缘电阻,电压施加 1 min 之后测量。

为检查试品状况及测定终点寿命,电气诊断试验应在经受每一连续的热老化周期后进行。

7 寿命终点标准

每个单独试样的寿命终点标准均应是符合表 2 的试验条件下的模型失效,或者在热老化分周期期间由于施加交流电压而使模型发生失效。当检查出试品失效时,该试样应不再进行后续试验。

8 分析、报告和分级

分析、报告和分级应和 IEC 61857-1:2004 中第 7 章规定一致,并参考 IEC 60216-5 规程。待评模型的 RTE 应写作表示鉴别耐热性的数字,再加上"(IEC 62101)",例如,"耐热等级 130(62101)"。

介电诊断试验检查出失效，或平行绕组线间发生击穿且击穿发生在连续的两个周期，其寿命终点值是连续两个热老化周期数的平均值。在上述两种结果都发生的情况下，较低的数值被认为是寿命终点。

数据分析要求至少 3 个温度点。最低老化温度应有不小于 1 500 h 的平均试验寿命。最高老化温度应有不小于 100 h 的平均试验寿命。

注：本标准不同于 IEC 61857 的分级。仅限于不经受低温、潮湿或振动的设备，使用本标准试验将得到 EIS 相同数值的分级结果。另外，除非经过完整的重复试验，否则就不能对结构进行调整。

ICS 29.100.01
K 97

中华人民共和国国家标准

GB/T 26171—2010

电线电缆专用设备检测方法

Inspection method for electric wire and cable of special equipment

2011-01-14 发布　　2011-07-01 实施

中华人民共和国国家质量监督检验检疫总局
中国国家标准化管理委员会　发布

前　言

本标准按照 GB/T 1.1—2009 给出的规则起草。

本标准由中国电器工业协会提出。

本标准由全国电工专用设备标准化技术委员会(SAC/TC 412)归口。

本标准负责起草单位:无锡市梅达电工机械有限公司。

本标准参加起草单位:合肥神马科技股份有限公司、德阳东佳港机电设备有限公司、上海鸿得利重工股份有限公司、瑞安市先锋电工机械有限公司。

本标准主要起草人:过伟洪、万全红、周章银、陈隆森、黄林康、李富海。

本标准是首次制定。

电线电缆专用设备检测方法

1 范围

本标准规定了电线电缆专用设备中的连铸连轧设备、拉线设备、管式绞线设备、框式绞线设备及绕组线漆包设备的术语和定义、通用检测方法、专用检测方法。

本标准适用于电线电缆专用设备中的连铸连轧设备、拉线设备、管式绞线设备、框式绞线设备及绕组线漆包设备。

2 规范性引用文件

下列文件对于本文件的应用是必不可少的。凡是注日期的引用文件，仅注日期的版本适用于本文件。凡是不注日期的引用文件，其最新版本（包括所有的修改单）适用于本文件。

GB/T 2900.40 电工名词术语 电线电缆专用设备

GB 5226.1 机械电气安全 机械电气设备 第1部分：通用技术条件（IEC 60204-1）

GB/T 11365 锥齿轮和准双曲面齿轮 精度

GB/T 13924 渐开线圆柱齿轮精度 检验细则

GB/T 16769 金属切削机床 噪声声压级测量方法

GB/Z 18620.4 圆柱齿轮 检验实施规范 第4部分：表面结构和轮齿接触斑点的检验

GB/T 23644 电工专用设备通用技术条件

JB/T 5813 绕组线漆包设备 技术要求

JB/T 5816 电线电缆拉线设备 技术要求

JB/T 5818.3 电线电缆绞线设备 技术要求 第3部分：管绞设备

JB/T 5818.4 电线电缆绞线设备 技术要求 第4部分：笼绞设备

JB/T 7601.2 电线电缆专用设备 基本技术要求 第2部分：检验与验收

JB/T 7601.10 电线电缆专用设备 基本技术要求 第10部分：电气控制设备

3 术语和定义

GB/T 2900.40 界定的以及下列术语和定义适用于本文件。

3.1

杆（杆材） rod

符合电线电缆标准或其他行业标准的圆形截面大长度材料。

3.2

轧辊 roller

将铸锭挤压成符合技术要求截面形状杆材的滚轮。

3.3

拉线设备 drawing machines

将铝（铝合金）或铜（铜合金）杆通过模具和拉线轮拉拔变形后成为符合标准要求截面和形状线材的设备。

3.4

拉线轮 drawing wheel

将线材拉过模具实现拉力与压力同时作用于线材，改变线材尺寸或形状的轮子。

3.5

定速轮 final capstan

确定被拉线材最后线速度的拉线轮。

3.6

管绞设备 tubular stranding machine

绞合旋转体为管状结构的绞线设备。

3.7

筒体 tubular

形状为圆形廻转型的绞合旋转体的主要旋转部件。

3.8

框绞设备 frame equipment

绞合旋转体为框架式结构的绞线设备。

3.9

绕组线漆包设备 enamelling machines

将导线(铜或铝)通过涂覆绝缘漆成为绕组线的漆包设备。

4 通用检测方法

4.1 环境适应性检测

空载运转性能试验前应进行设备工作环境、电压波动情况检测，检测工具是温度计、湿度计、电压表，检测结果应符合 GB/T 23644 的规定。

4.2 附件及工具检查

随设备提供的附件及工具应进行检查，检查结果应符合 GB/T 23644 的规定。

4.3 安全保护检测

4.3.1 绝缘电阻测量。用 500 V 及以上的绝缘电阻测试仪测量电气控制装置带电回路与接地装置之间的绝缘电阻，测量结果应符合 JB/T 7601.10 的规定。

4.3.2 接地电阻测量。用接地电阻测试仪测量电气控制装置主接地端子和装有电器的任何金属构件之间的接地电阻，测量结果应符合 JB/T 7601.10 的规定。

4.3.3 电气控制器件标识和耐压试验应符合 GB 5226.1 的规定。

4.3.4 带有保护开关的安全防护装置应进行动作试验不少于 3 次。

4.3.5 其他项目进行检测，结果应符合 GB/T 23644 的规定。

4.4 外观质量检测

4.4.1 目测油、水、气、电等管道、线路安装排列状况。

4.4.2 用常规量具测量结合面的错位量。

4.4.3 表面涂装颜色根据用户要求用样板对比，目测检查。

4.4.4 以上项目检测结果应符合 GB/T 23644 的规定。

4.5 轴承温升检测

设备在最高转速下，轴承达到稳定温度时，用点温度计测量各轴承部位的工作温度，并计算温升，其值应符合 JB/T 7601.2 的规定。

4.6 噪声检测

噪声检测应在设备最高转速下进行，检测方法按 GB/T 16769 的要求，检测结果应符合 GB/T 23644 的规定。

5 专用检测方法

5.1 连铸连轧设备专用检测方法

5.1.1 空载运转性能试验

设备装配完毕后，制造厂应进行分部件空载运转性能试验。在使用厂家整机安装调试完毕后，应进行整机联动空载运转性能试验。

5.1.1.1 传动机构转动步骤和时间

运转机构应从低速开始，逐级升高，作低、中、高三级速度运转，低速和中速的运转时间不少于 30 min，高速连续运转时间不少于 4 h。

5.1.1.2 转速检测

在额定转速下，用转速表分别测量浇铸机结晶轮、轧机各输出轴和收杆机牵引轮的转速，转速表指示稳定时，读数即为该转动体的转速，其值应符合设计要求。

5.1.2 负载运转性能试验

设备在空载运转性能试验合格后，按设备的技术规程进行负载运转性能试验。

5.1.2.1 产品规范检测

从设备所规定的生产范围内，选取大、小两种规格为加工对象，分别按加工对象所允许的最高速度运转，每种规格的加工量不少于 3 筐。用常规量具测量产品直径。

5.1.2.2 可靠性检测

在设备规定的转速范围内，在正常生产和工艺条件下，应无故障连续运行 24 h。

5.1.3 主要零部件精度检测

5.1.3.1 结晶轮精度检测

结晶轮精度检测应符合图 1、表 1 的规定。

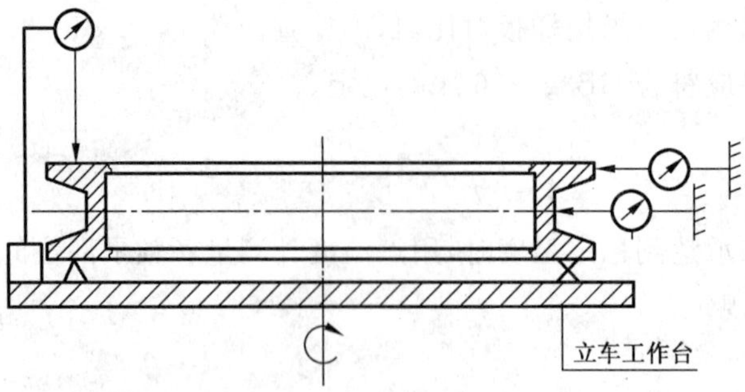

图 1

表 1

检测项目	检测工具	检测方法	要求
结晶轮槽底工作表面和非工作表面圆周对安装孔轴线的径向圆跳动误差	1. 立车工作台 2. 带指示器的测量架 3. 固定和可调支承三只	1. 将结晶轮置于立车工作台三只等高支承上； 2. 将测量架吸于立车刀架上，校正安装孔中心与工作台中心重合； 3. 使指示器测头分别触及结晶轮槽底工作表面和非工作表面圆周、结晶轮两端面，转动工作台，分别取指示器的最大读数差值	符合设计要求
结晶轮两端面对内孔轴线的端面圆跳动误差			
结晶轮槽形状；表面质量	槽形样板	1. 用槽形样板比对结晶轮槽形。 2. 目测结晶轮表面质量	

5.1.3.2 机架体精度检测

机架体精度检测应符合图 2、表 2 的规定。

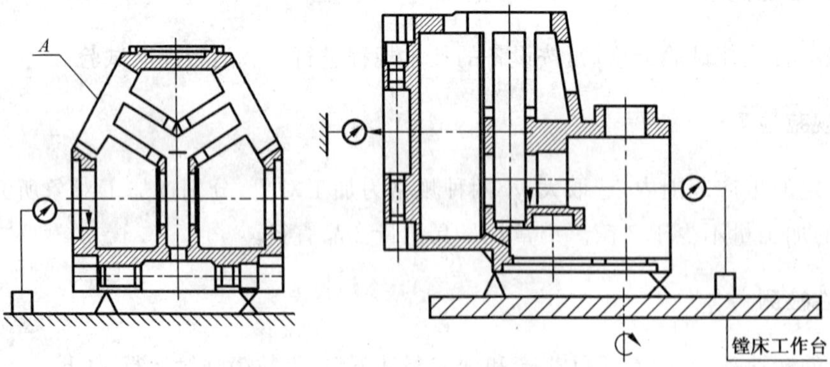

图 2

表 2

检测项目	检测工具	检测方法	要求
三辊机架体水平孔轴线对燕尾槽底面的平行度误差	1. 带指示器的测量架 2. 固定和可调支承三只 3. 平板 4. 通用量具 5. 角度尺 6. 镗床工作台	1. 将三辊机架体底面置于三只可调支承上并进行调整，使底面与平板等高； 2. 将指示器测头触及水平孔最低点处，移动测量架，取指示器的最大读数差值	符合设计要求
三辊机架体倾斜孔轴线的倾斜度误差		以 A 面为基准，用角度尺测量倾斜孔，取最大差值	
两辊机架体垂直孔轴线对燕尾槽底面的垂直度误差		1. 将两辊机架体旋转 90°置于镗床工作台，支承于三只可调支承上并进行调整，上下移动镗床刀架和测头使底面与工作台垂直； 2. 将指示器测头触及内孔最低点处，移动测量架，取指示器的最大读数差值	
燕尾槽槽面对底面的倾斜度误差	槽形样板	用槽形样板测量燕尾槽槽面对底面的倾斜度，取最大差值	

5.1.3.3 底板精度检测

底板精度检测应符合图 3、表 3 的规定。

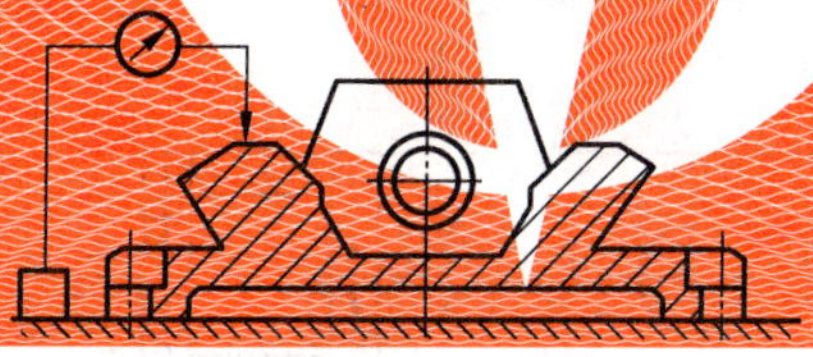

图 3

表 3

检测项目	检测工具	检测方法	要求
底板底面和燕尾导轨面的平面度误差	1. 平板 2. 塞尺 3. 平尺 4. 高度游标卡尺	将底板底平面置于平板上，用塞尺测量取最大差值；用平尺测量其导轨平面度取最大差值	符合设计要求
底板底面和燕尾导轨平面的高度误差		1. 用平尺测量导轨平面度，取最大差值； 2. 用高度游标卡尺测量底面和燕尾导轨平面的高度，取最大差值	
燕尾槽面对底面的倾斜度误差	槽形样板	用槽形样板测量燕尾槽对底面的倾斜度，取最大差值	

5.1.3.4 轧辊精度检测

轧辊精度检测应符合图 4、表 4 的规定。

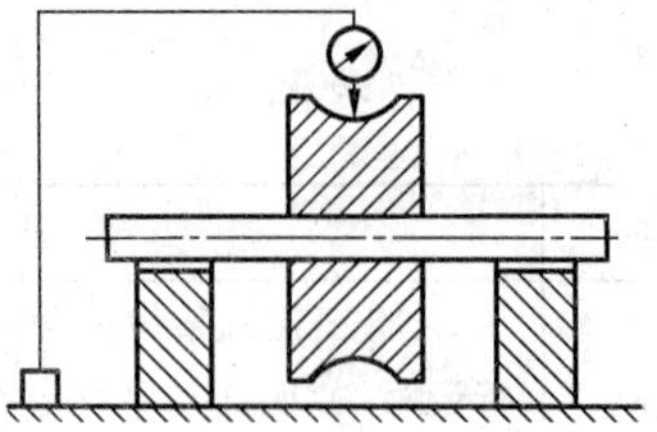

图 4

表 4

检测项目	检测工具	检测方法	要求
轧辊工作表面直径与中心安装孔轴线同轴度误差	1. 等高 V 形支撑架 2. 带指示器的测量架 3. 检验芯轴	1. 将检验芯轴穿入轧辊中心安装孔，并放入等高 V 形支撑架； 2. 将指示器测头触及轧辊工作表面并转动检验芯轴，取指示器的最大读数差值之半	符合设计要求
槽形	槽形样板	用槽形样板检测	
硬度	洛氏硬度计	用洛氏硬度计 HRC 检测	
工作表面粗糙度	粗糙度对比块	用粗糙度对比块检测	

5.1.3.5 轧机齿轮箱精度检测

轧机齿轮箱精度检测应符合图 5、表 5 的规定。

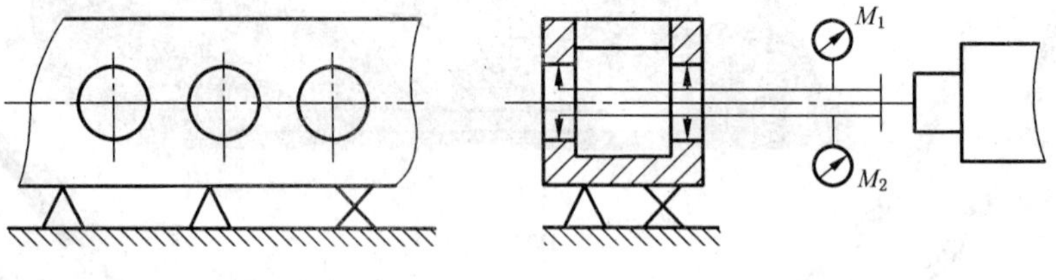

图 5

表 5

检测项目	检测工具	检测方法	要求
齿轮箱各轴承孔的轴线平行度误差	1. 带指示器的测量架 2. 固定和可调支承三只 3. 镗床工作台	1. 将齿轮箱置于镗床工作台上的三只等高支承上； 2. 将测量架固定于镗床主轴上，转动主轴，校正齿轮箱上任一轴承孔并使前后孔中心重合； 3. 移动工作台，使第二轴承孔对准镗床主轴，在三个互成 120°的轴向截面内测量，取指示器的最大读数差值。 4. 依次检测其余各轴承孔的平行度误差	符合设计要求

5.1.3.6 收杆系统粗糙度检测

使用粗糙度对比块比对收杆系统中导杆管、甩杆头和收杆框内孔、内壁粗糙度，检测结果应符合设计要求。

5.1.4 装配质量检测

5.1.4.1 浇铸机装配精度检测

浇铸机装配精度检测应符合图6、表6的规定。

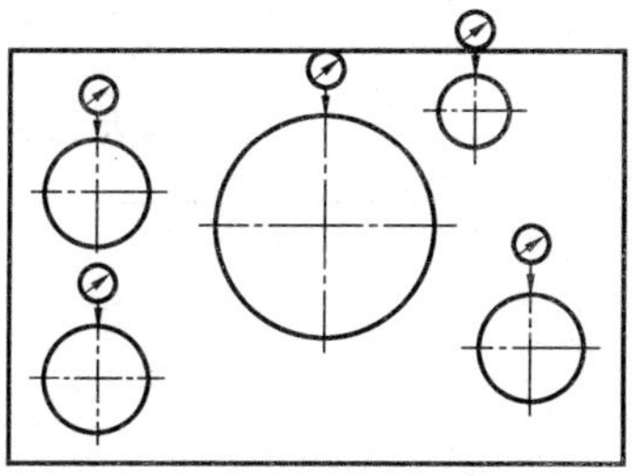

图6

表6

检测项目	检测工具	检测方法	要求
结晶轮工作表面对轴中心线的径向圆跳动误差	1. 带指示器的测量架 2. 常规量具	用指示器测头触及结晶轮工作表面,转动结晶轮,取指示器的最大读数差值	符合设计要求
结晶轮、导轮和张紧轮工作表面槽中心线的轴向圆跳动误差	1. 带指示器的测量架 2. 常规量具	将钢带装入结晶轮、导轮和张紧轮外圆槽内,转动结晶轮、导轮和张紧轮,测量钢带与轮槽边缘的间隙,取最大读数差值	符合设计要求

5.1.4.2 轧机装配精度检测

轧机装配精度检测应符合图7、表7的规定。

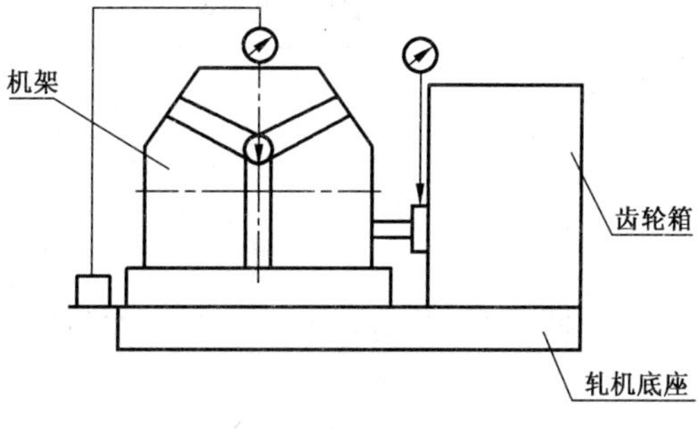

图7

表 7

检测项目	检测工具	检测方法	要求
轧机和传动机架联轴器径向圆跳动误差	带指示器的测量架	用指示器测头触及轧机和传动机架联轴器外圆，转动齿形联轴器，取指示器的最大读数差值	符合设计要求
传动机架轧制中心高	高度游标卡尺	用高度游标卡尺测量传动机架轧制中心高	
单个机架轧辊组成的孔型及辊缝	1. 塞规 2. 塞尺	用塞规检测孔型尺寸；用塞尺检测辊缝	

5.1.4.3 **收杆系统装配精度检测**

收杆系统装配精度检测应符合表 8 的规定。

表 8

检测项目	检测工具	检测方法	要求
导杆管、冷却包、甩杆头、收杆车安装位置	常规量具	直接测量	符合设计要求

5.1.4.4 **液压系统、气动系统和冷却润滑系统检测**

液压系统、气动系统和冷却润滑系统的检测应符合表 9 的规定。

表 9

检测项目	检测工具	检测方法	要求
液压、气动、冷却润滑系统的压力和温度	1. 压力表 2. 点温计	1. 将压力表接入液压、气动或冷却润滑系统，并在系统达到稳定工作状况后直接读数； 2. 用点温计测量工作介质和系统的温度	符合设计要求
系统的密封性能	泡沫水	用泡沫水涂在各个管接头处，如无渗漏，再进行各执行元件动作试验	
润滑喷油管喷射位置	—	目测润滑喷油管喷射位置是否正确	

5.2 **拉线设备专用检测方法**

5.2.1 **空载运转性能试验**

设备装配完毕后，制造厂应进行分部件空载运转性能试验。在使用厂家整机安装调试完毕后，应进行整机联动空载运转性能试验。

5.2.1.1 **传动机构运转步骤和时间**

运转机构应从低速开始，逐级升高，作低、中、高三级速度运转，低速和中速的运转时间不少于 30 min，高速连续运转时间不少于 4 h。

5.2.1.2 **转速检测**

在额定转速下，用转速表测量拉线主机各拉线轮轴转速、收线机顶尖轴转速，转速表指示稳定时，读数即为该转动体的转速，其值应符合设计要求。

5.2.1.3 **制动时间检测**

设备从最高转速制动到零转速的时间用计时器检测，制动时间不大于 5 s。

5.2.2 **负载运转性能试验**

设备在空载运转性能试验合格后，按设备的技术规程进行负载运转性能试验。

5.2.2.1 **产品规范检测**

在设备规定的生产范围内，选取大、中、小 3 种规格的加工产品为对象，分别按加工产品所允许的最高速度运转，每种规格不少于 3 盘，用常规量具测量线直径，目测外观。

5.2.2.2 **可靠性检测**

5.2.2.2.1 在设备规定运转速度范围内，在正常生产和工艺条件下，无故障连续运行 24 h。

5.2.2.2.2 双盘收线切换捕捉率不小于 99%。

5.2.2.3 **出线线速度检测**

5.2.2.3.1 理论出线线速度 V_1

设备运行时，用转速表测量出线拉线轮转速，其计算见式(1)：

$$V_1 = \frac{\pi(D+d)n}{60 \times 1\,000} \ \text{m/s} \qquad (1)$$

式中：

V_1——理论出线线速度，m/s；

D——出线拉线轮直径，mm；

d——导线直径，mm；

n——转速表测得的转数，r/min。

5.2.2.3.2 用仪器测定导线的实际出线线速度 V_2。

出线线速度为理论出线线速度 V_1 与实际出线线速度 V_2 之差值，应符合设计要求。

5.2.2.4 **制动时间检测**

设备从最高转速制动到零转速的时间用计时器检测，制动时间不大于 8 s。

5.2.3 **主要零部件精度检测**

5.2.3.1 **拉线轮精度检测**

拉线轮精度检测应符合图 8、表 10 的规定。

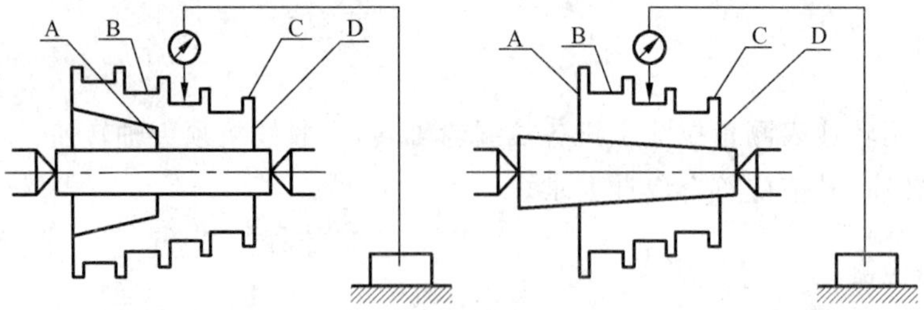

图 8

表 10

检测项目	检测工具	检测方法	要　求
拉线轮工作表面及非工作表面径向圆跳动误差	1. 偏摆仪 2. 检验芯轴 3. 带指示器的测量架	1. 在拉线轮孔中无间隙地插入检验芯轴，安放于偏摆仪上，使指示器测头触及图 8 中 B、C 待测表面上； 2. 轻轻转动检验芯轴，取指示器的最大读数差值	符合 JB/T 5816 的规定
拉线轮端面圆跳动误差		1. 在拉线轮孔中无间隙地插入检验芯轴，安放于偏摆仪上，使指示器测头触及图 8 中 A、D 待测表面上； 2. 轻轻转动检验芯轴，取指示器的最大读数差值	
拉线轮工作表面及轴孔配合表面粗糙度	1. 粗糙度样块 2. 粗糙度测试仪	1. 用粗糙度样块与拉线轮工作表面进行对比； 2. 当用样块比较法有争议时，用粗糙度测试仪检测	
拉线轮工作表面硬度	硬度计	按硬度计的有关操作规定进行检测	

5.2.3.2 主机传动齿轮加工精度检测

齿轮加工精度的检测方法按 GB/T 13924 的要求，检测结果应符合设计要求。

5.2.3.3 主机齿轮箱传动轴精度检测

主机齿轮箱传动轴精度检测应符合表 11 的规定。

表 11

检测项目	检测工具	检测方法	要　求
主机齿轮箱传动轴和拉线轮孔配合表面粗糙度	1. 粗糙度样块 2. 粗糙度测试仪	1. 用粗糙度样块与拉线轮工作表面进行对比； 2. 当用样块比较法有争议时，用粗糙度测试仪检测	符合 JB/T 5816 的规定

5.2.3.4 主机齿轮箱轴孔精度检测

主机齿轮箱各轴承孔精度检测应符合图 9、表 12 的规定。

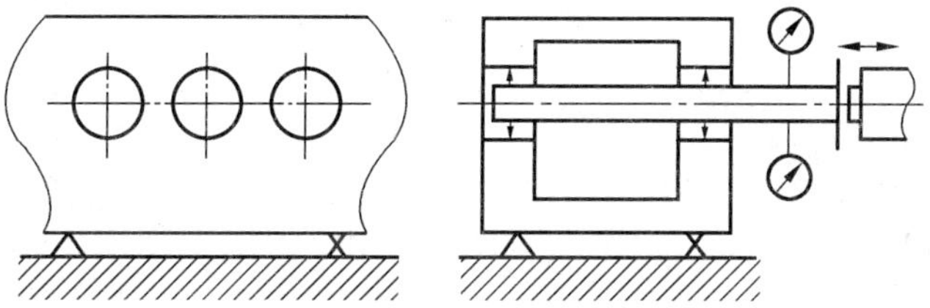

图 9

表 12

检测项目	检测工具	检测方法	要求
主机齿轮箱各轴承孔的轴线平行度误差	1. 带指示器的测量架 2. 固定和可调支承	1. 按图 9 将齿轮箱置以镗床工作台上的等高支承上； 2. 将测量架固定于镗床主轴上，转动主轴，校正齿轮箱上任一轴承孔，使前后孔中心线重合； 3. 移动工作台，使第二轴承孔对准镗床主轴，依次在三个互成 120°的轴向载面内测量，取指示器的最大读数差值； 4. 依次检测其余各轴承孔的平行度误差	符合 JB/T 5816 的规定

5.2.3.5 退火轮精度检测

退火轮精度检测应符合图 10、表 13 的规定。

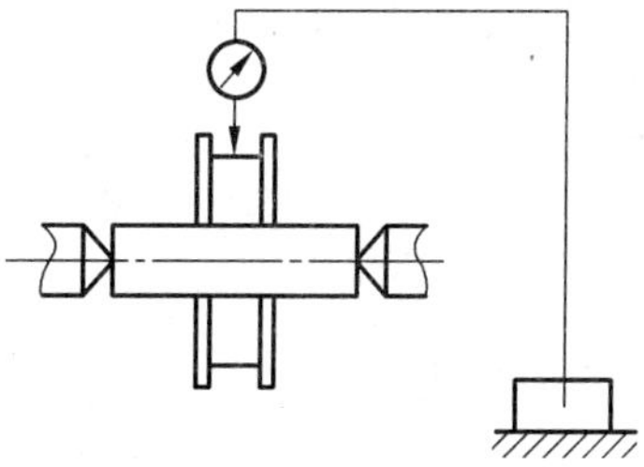

图 10

表 13

检测项目	检测工具	检测方法	要求
退火轮工作表面径向圆跳动误差	1. 偏摆仪 2. 检验芯轴 3. 带指示器的测量架	1. 按图 10 在退火轮孔中无间隙地插入检验芯轴，安放于偏摆仪上，使指示器测头触及待测表面上； 2. 轻轻转动检验芯轴，取指示器的最大读数差值	符合设计要求
退火轮工作表面粗糙度	1. 粗糙度样块 2. 粗糙度测试仪	1. 用粗糙度样块与拉线轮工作表面进行对比； 2. 当用样块比较法有争议时，用粗糙度测试仪检测	

5.2.4 装配质量检测

5.2.4.1 拉线轮轴装配精度检测

拉线轮轴装配精度检测应符合图11、表14的规定。

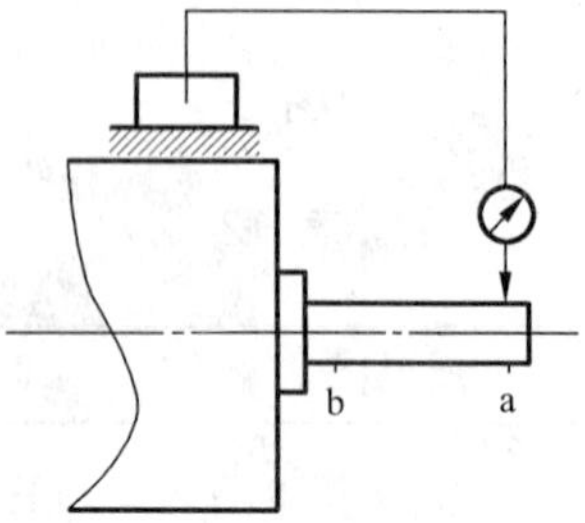

图 11

表 14

检测项目	检测工具	检测方法	要求
拉线轮轴径向圆跳动误差	带指示器的测量架	按图11将测量架固定在设备上，指示器测头触及被测拉线轮轴a、b两处的表面，轻轻转动拉线轮轴，取指示器的最大读数差值	符合设计要求

5.2.4.2 拉线轮装配精度检测

拉线轮装配精度检测应符合图12、表15的规定。

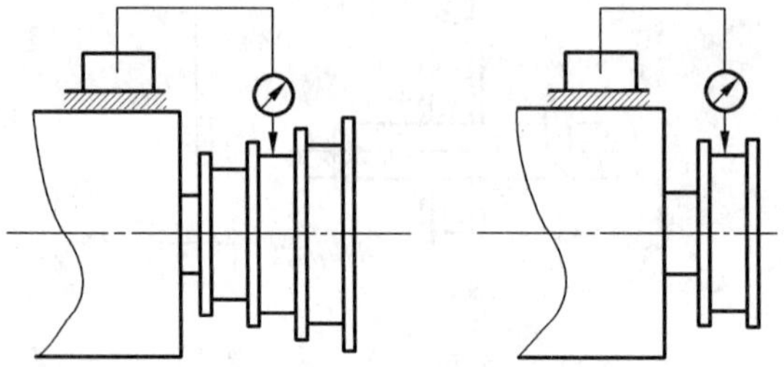

图 12

表 15

检测项目	检测工具	检测方法	要求
拉线轮工作表面径向圆跳动误差	带指示器的测量架	将测量架固定在设备上，指示器测头触及被测拉线轮工作表面，轻轻转动拉线轮，取指示器的最大读数差值	符合JB/T 5816的规定

5.2.4.3 齿轮传动装配精度检测

齿轮副接触齿面上的接触斑点精度检测方法按GB/Z 18620.4的要求，检测结果应符合设计要求。

5.2.4.4 **退火装置装配精度检测**

退火轮装配精度检测应符合图13、表16的规定。

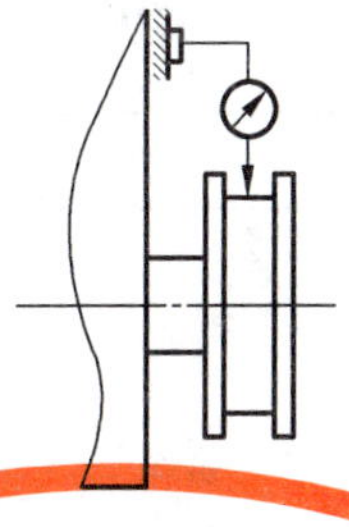

图 13

表 16

检 测 项 目	检测工具	检 测 方 法	要 求
退火轮工作表面径向圆跳动误差	带指示器的测量架	将测量架固定在设备上,指示器测头触及被测退火轮工作表面,轻轻转动退火轮,取指示器的最大读数差值	符合设计要求

5.2.4.5 **收排线装置装配精度检测**

悬臂式、端轴式收线盘轴零件组装后的精度检测应符合图14、表17的规定。

a) 悬臂式　　b) 端轴式

图 14

表 17

检 测 项 目	检测工具	检 测 方 法	要 求
悬臂式收线轴径向圆跳动误差	带指示器的测量架	将测量架固定在设备上,指示器测头触及收线轴表面,轻轻转动收线轴,在轴a、b两处的表面测量,取最大值读数差值	符合JB/T 5816的规定
端轴式收线轴同轴度误差	1. 加长专用测量杆 2. 指示器	将活动顶尖伸至工作长度位置,再将测量杆固定在旋转顶尖轴上,使指示器的测头触及活动顶尖轴表面,轻轻转动旋转顶尖轴,使指示器围绕活动顶尖轴转动,在轴a、b两处的表面测量,取最大读数差值之半	

5.2.4.6　圈式收线装置装配精度检测

绕线轮旋转部件动平衡精度检测应符合表18的规定。

表 18

检测项目	检测工具	检测方法	要求
绕线轮旋转部件动平衡精度	便携式动平衡仪	按便携式动平衡仪操作规程进行检测	符合设计要求

5.3　管式绞线设备专用检测方法

5.3.1　空载运转性能试验

设备装配完毕后，制造厂应进行分部件空载运转性能试验。在使用厂家整机安装调试完毕后，应进行整机联动空载运转性能试验。

5.3.1.1　传动机构的转动步骤和时间

运转机构应从低速开始，逐级升高，作低、中、高3级速度运转，低速和中速的运转时间不少于30 min，高速连续运转时间不少于4 h。

5.3.1.2　主机转速检测

设备在最高转速下，用转速表测量筒体转速，转速表指示稳定时，读数即为主机的转速，其结果应符合设计要求。

5.3.1.3　制动时间检测

设备在额定转速下，同时按下秒表和紧停按钮，当筒体停止转动时，立即按停秒表，其读数即为其制动时间，其值应符合JB/T 5818.3的规定。

5.3.1.4　润滑系统检测

启动润滑系统油泵电机，调节流量阀查看轴承座的进油与回油状况及各管道渗漏油状况，并试验断流保护功能。整个润滑系统应供油正常，回油顺畅，无渗漏。

5.3.2　负载运转性能试验

设备在空载运转性能试验合格后，按设备的技术规程进行负载运转性能试验。

5.3.2.1　产品规范检测

从设备所规定的生产范围内，选取大、小两种规格为加工对象，分别按加工对象所允许的最高速度运转，每种规格不少于1盘，用常规量具测量绞合节距及绞合外径。

5.3.2.2　可靠性检测

在设备规定的转速范围内，在正常生产和工艺条件下，无故障连续运行24 h。运转时观察运行的平稳性、动作的灵活性，应符合设计要求。

5.3.3 主要零部件精度检测

5.3.3.1 筒体精度检测

筒体精度检测应符合表 19 的规定。

表 19

检测项目	检测工具	检测方法	要求
筒体托轮圈和轴承配合面对两端支承轴线径向圆跳动误差	带指示器的测量架	把指示器固定在机床上，使指示器测头分别触及筒体托轮圈各表面或轴承配合面、两端支撑板端面，转动筒体，分别取指示器的最大读数差值	符合 JB/T 5818.3 的规定
筒体两端支撑板端面对筒体轴线垂直度误差			符合设计要求
止口轴线对筒体两端支承轴线同轴度误差		把指示器固定在机床上，使指示器测头触及筒体两止口表面，转动筒体，取指示器的最大读数差值之半	符合 JB/T 5818.3 的规定
筒体内两支撑板轴线同轴度误差	检验芯轴	将检验芯轴插入两支撑板孔内，应能顺利通过并能转动	
筒体动平衡检测	动平衡仪	按动平衡仪操作规程进行检测	符合设计要求

5.3.3.2 线盘架精度检测

线盘架精度检测应符合图 15、表 20 的规定。

a)　　b)

图 15

表 20

检测项目	检测工具	检测方法	要求
线盘支承孔同轴度误差	检验芯轴Ⅰ	按图 15a)将检验芯轴Ⅰ插入线盘支承孔，应能顺利通过并能转动	符合设计要求
线盘架两支承孔同轴度误差	1. 带指示器测量架 2. 平板 3. 检验芯轴Ⅱ、Ⅲ 4. 固定和可调支承 3 只	1. 按图 15 a)将检验芯轴Ⅱ、Ⅲ无间隙地插入线盘架两端支承孔，将线盘架侧面置于三个支承上，校正基准检验芯轴Ⅱ与平板平行。用指示器在检验芯轴Ⅲ上 a、b 两点处测量，并记录该两点分别与基准芯轴的差值； 2. 将线盘架旋转 90°[见图 15 b)]，按图 15 a) 同样方法进行测量； 3. 以上两项中的最大差值为同轴度误差	

5.3.4 装配质量检测

5.3.4.1 筒体装配精度检测

a) 托轮支承式结构筒体装配精度检测应符合图 16、表 21 的规定。

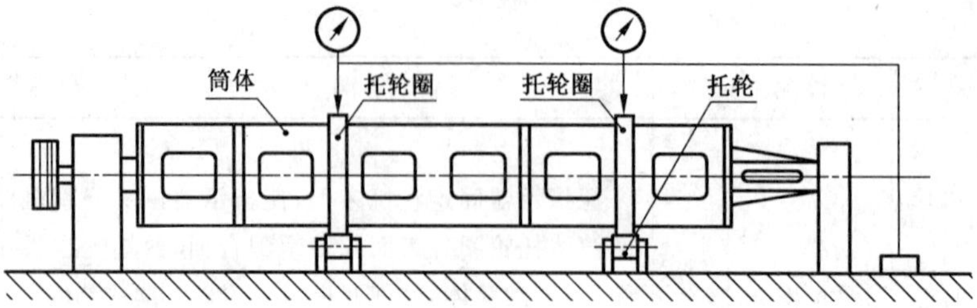

图 16

表 21

检测项目	检测工具	检 测 方 法	要 求
筒体托轮圈工作表面径向圆跳动误差	带指示器测量架	1. 空载运转性能试验结束后，在静止状态时将托轮调整好，把指示器固定在机座上（见图 16），使指示器测头触及筒体托轮圈工作表面，转动筒体，取指示器的最大读数差值； 2. 每个托轮圈均需作同样的检测	符合 JB/T 5818.3 的规定

b) 滚动轴承支承式结构筒体装配精度检测应符合图 17、表 22 的规定。

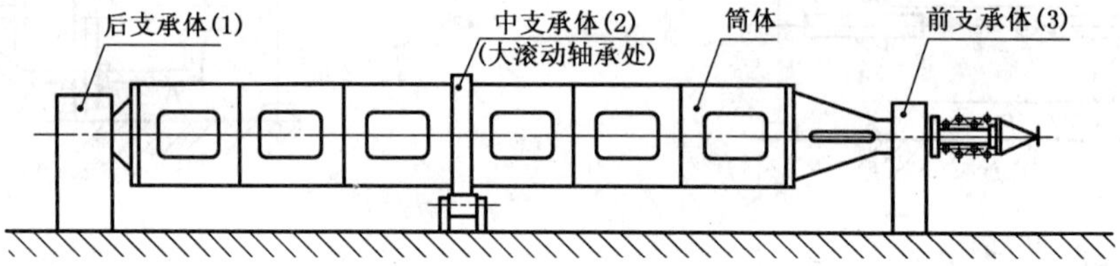

图 17

表 22

检测项目	检测工具	检 测 方 法	要 求
筒体各轴承座轴承中心线垂直方向误差	1. 水准仪 2. 钢板尺	整机装配好后，用钢板尺和水准仪测出各个轴承座（如图 17 中座 1、座 2、座 3）里轴承的中心高，取最大差值	≤1 mm
筒体各轴承座端面垂直度误差	带指示器的测量架	将指示器的测量架分别固定在各轴承座附近的筒体上，使指示器测头触及各轴承座端面，转动筒体，取指示器的最大读数差值	符合设计要求

5.3.4.2 **托轮装配精度检测**

托轮装配后，托轮外圆精度检测应符合图18、表23的规定。

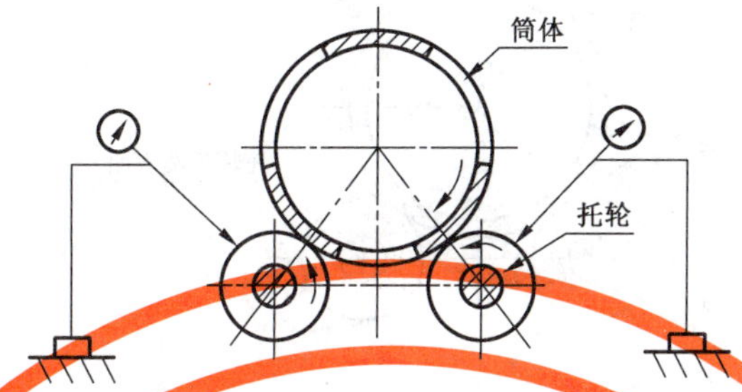

图 18

表 23

检测项目	检测工具	检 测 方 法	要　求
托轮外圆表面径向圆跳动误差	带指示器测量架	1. 在静止状态时将托轮调整好，把测量架固定在机座上，使指示器测头触及托轮外圆表面，转动托轮，取指示器的最大读数差值； 2. 每个托轮均需作同样的检测	符合JB/T 5818.3的规定

5.3.4.3 **线盘架装配精度检测**

线盘架装配精度检测应符合图19、表24的规定。

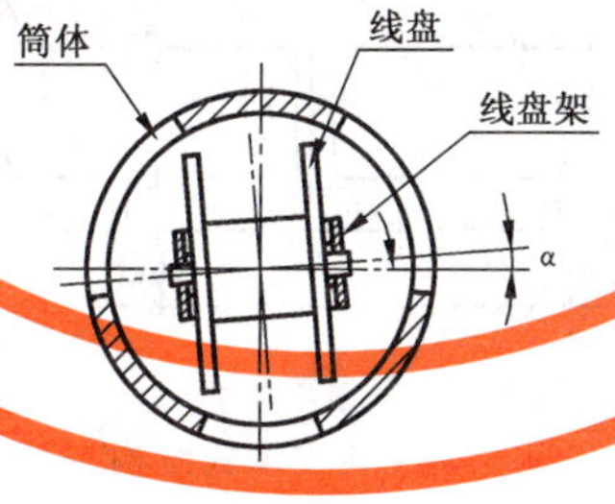

图 19

表 24

检测项目	检测工具	检 测 方 法	要　求
线盘架水平倾斜度误差	钢板尺	筒体在静止状态时，用手摆动装在筒体内的线盘架，当线盘架自然停止摆动后，以安装水平为基准，对线盘架两侧线盘支承孔(轴)的中心高度进行检测，将两孔中心高之差值换算为线盘架水平倾斜度误差	符合JB/T 5818.3的规定

5.3.4.4 **筒体托轮圈与托轮接触面检测**

筒体托轮圈与托轮接触面精度检测应符合图20、表25的规定。

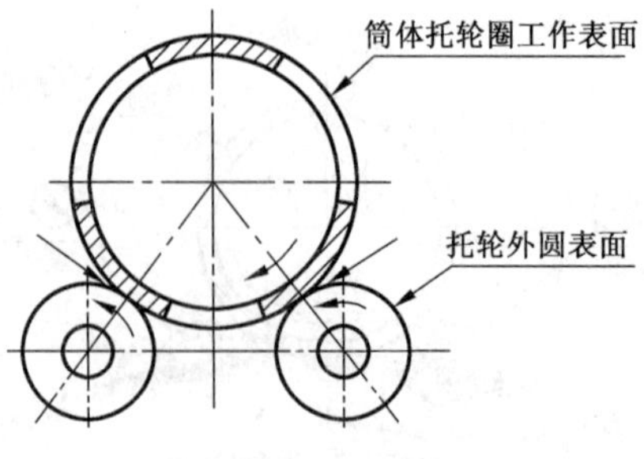

图 20

表 25

检测项目	检测工具	检测方法	要求
筒体托轮圈与托轮接触面的面积比例	红丹涂料	将红丹涂料均匀地抹在托轮外圆表面上；转动筒体(手动)，根据筒体托轮圈工作表面接触受色面积计算接触面比例	符合JB/T 5818.3的规定

5.3.4.5 **筒体动平衡精度检测**

筒体动平衡精度检测应符合图21、表26的规定。

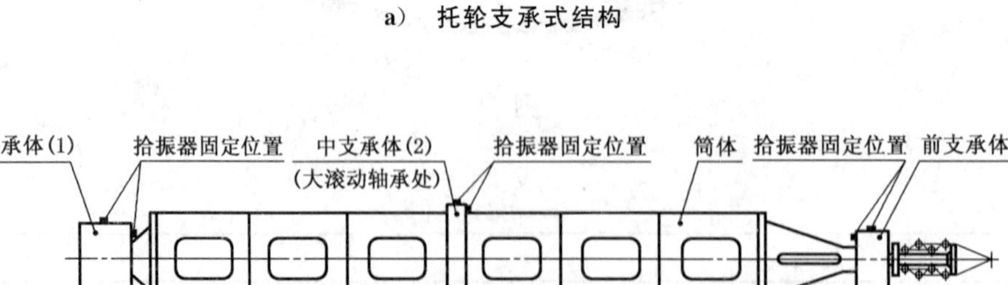

a) 托轮支承式结构

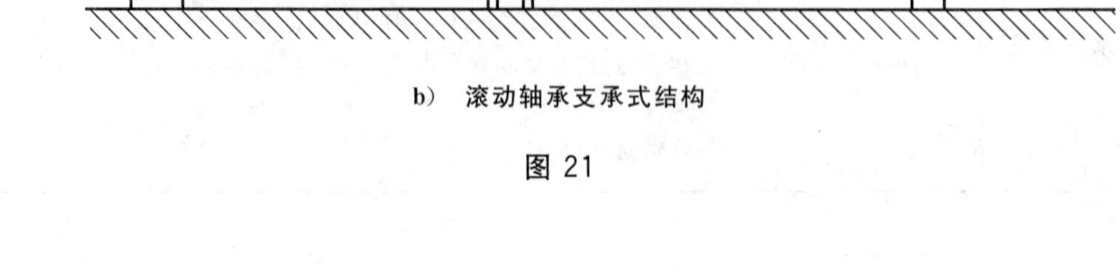

b) 滚动轴承支承式结构

图 21

表 26

检测项目	检测工具	检 测 方 法	要 求
筒体动平衡精度	可移式动平衡测试仪	启动主机，逐步升到最高转速，将筒体调整到最佳工作状态，将拾振器分别固定于各支承体上面及侧面处，测量其振幅值；按动平衡测试仪的操作规定，检测筒体动平衡精度	符合 JB/T 5818.3 的规定

5.4 框式绞线设备专用检测方法

5.4.1 空载运转性能试验

设备装配完毕后，应进行分部件空载运转性能试验。在使用厂家整机安装调试完毕后，应进行整机联动空载运转性能试验。

5.4.1.1 传动机构的转动步骤和时间

运转机构应从低速开始，逐级升高，作低、中、高 3 级速度运转，低速和中速的运转时间不少于 30 min，高速连续运转时间不少于 4 h。

5.4.1.2 主机转速检测

设备在最高转速下，用转速表测量各输出轴转速，转速表指示稳定时，读数即为主机的转速，其值应符合设计要求。

5.4.1.3 制动时间检测

在绞笼最高转速下，同时按下秒表和紧停按钮，当停止转动时，立即按停秒表，其读数即为其制动时间，其值应符合 JB/T 5818.4 的规定。

5.4.1.4 润滑系统检测

启动润滑系统油泵电机，查看齿轮箱的进油与回油及各管道渗漏油状况，并试验断流保护功能。整个润滑系统应供油正常，回油顺畅，无渗漏。

5.4.2 负载运转性能试验

设备在空载运转性能试验合格后，按设备技术规程进行负载运转性能试验。

5.4.2.1 产品规范检测

从设备规定的生产范围内，选取大、中、小 3 种规格为加工对象，分别按加工对象所允许的最高速度运转，每种规格不少于 1 盘，用常规量具测量绞合节距和绞合外径，目测外观要求。

5.4.2.2 可靠性检测

在设备规定运转速度范围内，在正常生产和工艺条件下，无故障连续运行 24 h。运转时观察运行的平稳性、动作的灵活性。同时要检测装配质量、安全保护、外观质量是否符合要求。

5.4.3 主要零部件精度检测

5.4.3.1 框架圆盘精度检测

框架圆盘精度检测应符合表 27 的规定。

表 27

检测项目	检测工具	检测方法	要求
框架圆盘外圆的径向圆跳动误差	带指示器的测量架	1. 将框架圆盘置于立车工作台 3 只等高支承上； 2. 将带指示器的测量架固定在立车刀架上，校正内孔中心与工作台中心重合； 3. 将指示器测头分别触及框架圆盘外圆处和框架圆盘两端面边缘处，转动工作台，分别取指示器的最大读数差值	符合设计要求
框架圆盘端面圆跳动误差			

5.4.3.2 支承架精度检测

支承架精度检测应符合图 22、图 23 和表 28 的规定。

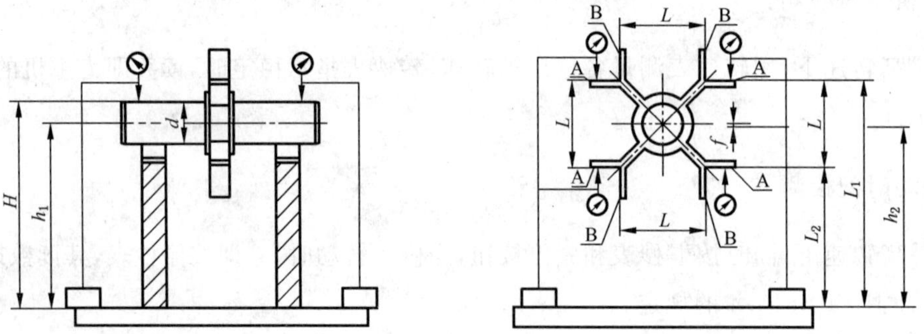

图 22

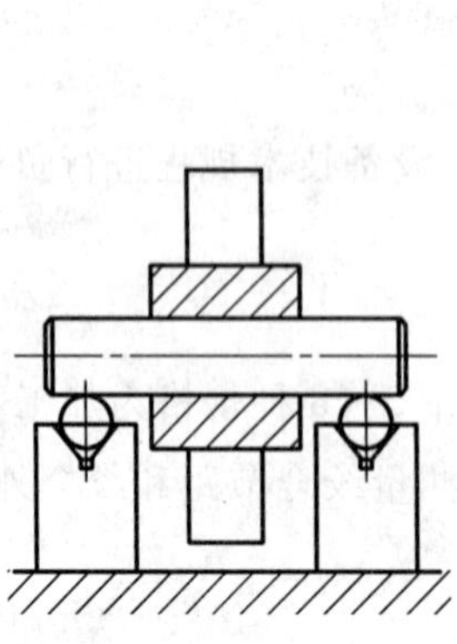

图 23

表 28

检测项目	检测工具	检测方法	要求
尺寸L偏差	游标卡尺	用游标卡尺对尺寸L依次测量	符合设计要求
A面、B面对支承孔轴线平行度误差	1. 带指示器的测量架 2. 检验芯轴 3. V形块2块 4. 平板 5. 90°角尺	1. 将检验芯轴无间隙地穿入支承架孔内，检验芯轴置于V形块上，用指示器校正检验芯轴，使检验芯轴的两端与平板等高； 2. 调整支承架，使图22中A面与平板等高，将测量架指示器测头触及图22中A面上，移动测量架，取指示器最大读数差值； 3. 将支承架旋转90°，用同样方法测量B面的平行度误差	
A面对B面的垂直度误差	90°角尺	用90°角尺测量图22中A面对B面的垂直度误差	
A面、B面对十字支承孔轴线的对称度误差	高度游标卡尺	1. 校正心轴，使心轴的两端与平板等高； 2. 用高度游标卡尺测量心轴至平板的距离 H，则轴心相对于平板的高度 $h_1=H-\frac{d}{2}$； 3. 调整支承架，使平面A至平板等高，分别测量上下两A面至平板的距离 L_1、L_2，则两A面的对称中心面相对于平板的高度 $h_2=(L_1-L_2)/2$； 4. 在支承架两边分别测量，取计算结果 $f=2\|h_2-h_1\|$ 值大者为A面对支承架孔轴线的对称度误差； 5. 将支承架旋转90°，用同样方法测量B面对称度误差	符合设计要求
支承架静平衡精度	1. 平衡架 2. 检验芯轴 3. 橡皮泥	按图23将支承架套于检验芯轴，置于水平平衡架上，当其支承架自然停止时，在其顶端用橡皮泥配重，多次试验，使支承架能停止在任一位置，所配橡皮泥的质量与橡皮泥至检验芯轴中心线的距离的乘积即为支承架的静平衡精度	

5.4.3.3 **框架与支承轴精度检测**

框架支承轴精度与框体平衡精度检测应符合图24、表29的规定。

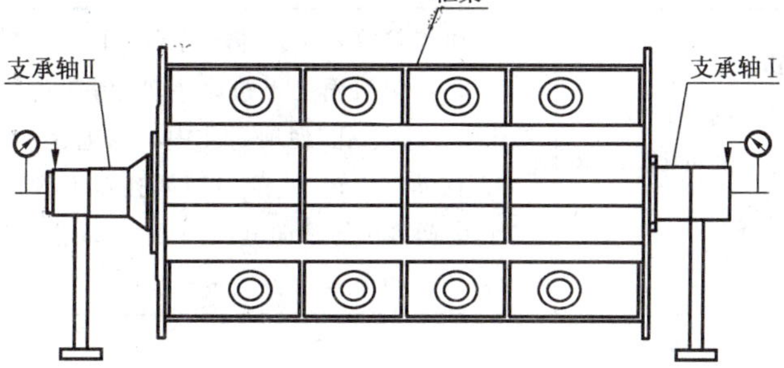

图 24

表 29

检测项目	检测工具	检测方法	要求
支承轴Ⅰ、Ⅱ同轴度误差	1. 带指示器的测量架 2. 带有V形块的支座	1. 支承轴Ⅰ、Ⅱ和框架组装后放置在V形块上，将带指示器的测量架固定，指示器测头触及支承轴Ⅰ远端待测外圆表面上，转动框架一周，指示器的最大读数差值即为支承轴Ⅰ、Ⅱ同轴度误差； 2. 支承轴Ⅱ按支承轴Ⅰ的方法进行检测； 3. 以上两项中的最大差值为同轴度误差	符合设计要求
框架体静平衡精度	1. 带有V形块的支座 2. 橡皮泥	将框架体放置在V形块上，框架体自然停止时，在其顶端用橡皮泥配重，多次试验，使框架体能停止在任一位置，所配橡皮泥的质量与橡皮泥至框架体回转中心线的距离的乘积即为框架的静平衡精度	

5.4.3.4 **牵引轮精度检测**

牵引轮精度检测应符合表 30 的规定。

表 30

检测项目	检测工具	检测方法	要求
两牵引轮电缆接触R槽底公共直径误差	1. 游标卡尺 2. 深度游标卡尺 3. 槽形样板	1. 测量两牵引轮外径值与每条牵引轮槽底深度值，然后分别计算出每条牵引轮槽底的直径及最大相互差值； 2. 用槽形样板检测两牵引轮每条槽侧隙误差	符合技术要求
两牵引轮V型槽电缆接触面公共直径误差		1. 测量两牵引轮外径差值； 2. 用槽形样板检测两牵引轮每条槽型侧隙误差	

5.4.3.5 **主齿轮箱各轴承孔精度检测**

主齿轮箱各轴承孔精度检测应符合表 31 的规定。

表 31

检测项目	检测工具	检测方法	要求
各轴承孔的平行度误差	1. 指示器的测量仪 2. 固定和可调支承3只	1. 将齿轮箱置于镗床工作台上的3只等高支承上； 2. 将测量架固定于镗床主轴上，转动主轴，校正齿轮箱上任一轴承孔，使前后孔中心线重合； 3. 移动工作台，使第二轴承孔对准镗床主轴；依次在三个互成120°的轴向截面内测量，取指示器最大差值； 4. 依次检测其余各轴承孔	符合设计要求

5.4.3.6 **粗糙度检测**

穿线模、过线导轮、过线导辊表面用粗糙度样块对比，应符合设计要求。

5.4.4 装配质量检测

5.4.4.1 框架体精度检测

a) 框架体(含整体焊接框架体)装配后,框架圆盘精度检测应符合图 25、表 32 的规定。

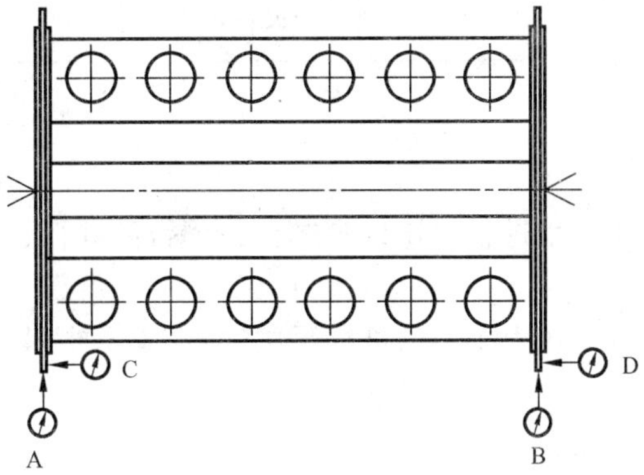

图 25

表 32

检 测 项 目	检测工具	检 测 方 法	要求
圆盘外圆对框架轴中心线的径向圆跳动误差	带指示器的测量架	将测量架固定,指示器测头触及 A、B 两测量面,转动框架一周,分别取指示器的最大读数差值	符合设计要求
圆盘外端端面对框架轴中心线的端面圆跳动误差		将测量架固定,指示器测头触及 C、D 两测量面,转动框架一周,分别取指示器的最大读数差值	

b) 框架体(含整体焊接框架体)装配后,线盘支承轴孔精度检测应符合图 26、表 33 的规定。

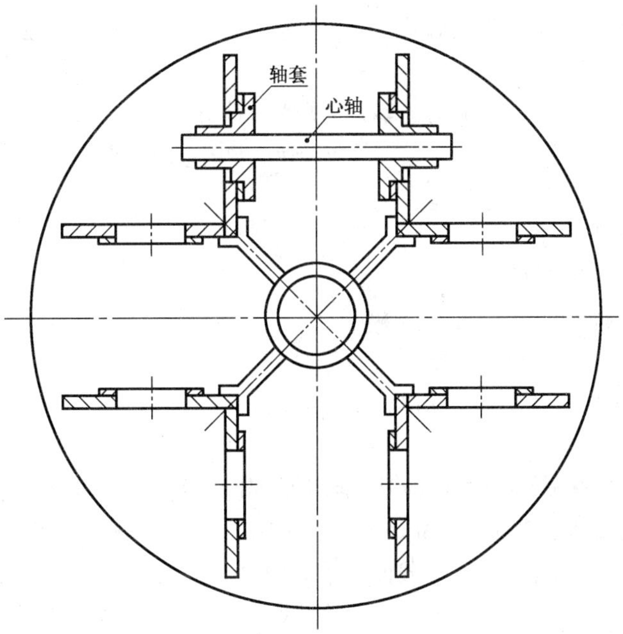

图 26

表 33

检测项目	检测工具	检测方法	要求
线盘支承轴孔轴线同轴度误差	1. 轴套 2. 检验芯轴	1. 将轴套固定在两端线盘支承孔和端面上； 2. 检验芯轴直径为轴套孔的实效尺寸，检验芯轴应能顺利地通过两个被测孔	符合设计要求

5.4.5 气动系统和液压系统检测

气动系统按系统额定压力 1.1 倍进行耐压试验，应无渗漏，再进行各执行元件动作试验，应符合设计要求。

液压系统（油和水）按系统额定压力 1.2 倍进行耐压试验，应无渗漏，再进行各执行元件动作试验，应符合设计要求。

5.5 绕组线漆包设备专用检测方法

5.5.1 空载运转性能试验

设备装配完毕后，制造厂应进行分部件空载运转性能试验。在使用厂家整机安装调试完毕后，应进行整机联动空载运转性能试验。

5.5.1.1 主机的运转

主机应从低速开始，逐级升高，作低、中、高 3 级速度运转，低速运转时间不少于 30 min，中速运转时间不少于 2 h，高速连续运转时间不少于 4 h。

5.5.1.2 主循环风机、助力电动机应从低速开始逐步调至高速，并在高速连续运转的时间不少于 4 h。

5.5.1.3 收线装置

a) （包括带牵引装置）应从低速开始逐级升高，作低、中、高 3 级速度运转，低速和中速运转时间不少于 30 min，高速连续运转时间不少于 4 h。

b) 带有张力装置运转时检测收线张力，其结果应符合 JB/T 5813 的规定。

5.5.1.4 线速度检测

a) 用转速表测量牵引轮或牵引辊筒的转速，线速度计算见式(2)：

$$V=\pi\cdot D\cdot n \qquad (2)$$

式中：

V ——线速度，m/min；

D ——牵引轮或辊筒直径，m；

n ——转速表测得的转数，r/min。

b) 用接近开关测速装置观察线速度表的显示速度。

c) 线速度为 a)项与 b)项之差值，应符合设计要求。

5.5.1.5 烘炉温度检测

a) 模拟漆包工艺给定烘炉各点温度应达到设计的最高温度。通电 2 h 之内达到设定温度。利用本设备配备的仪表进行观测，并做好记录。炉膛不应有影响设备正常生产的变形。

b) 用热电偶和电位差计测量同一横截面的等距离 3～5 点温度，测得的值应符合设计要求。

c) 在最高温度保持 24 h 后，用点温度计测量烘炉炉体的表面温度，分别测量蒸发区部位，固化区部位和催化区部位炉体表面温度，取其平均值，该值应符合 JB/T 5813 的规定。

5.5.1.6 退火炉温度检测

a) 模拟退火炉工艺给定退火温度应达到退火炉的最高温度。通电升温达到退火温度之后保持24 h，利用本设备配备的仪表进行观测。退火管不应有影响设备正常生产的变形。

b) 在最高温度保持24 h后，用点温度计测量退火炉炉体的上、中、下3个部位表面温度，取其平均值，该值应符合JB/T 5813的规定。

5.5.2 负载运转性能试验

设备空载运转性能试验合格后，按设备的技术规程进行负载运转性能试验。

5.5.2.1 可靠性检测

a) 在设备规定的生产速度范围内，无故障连续运行24 h。

b) 烘炉各区给定温度的变化，应符合JB/T 5813的规定，直接观测仪表值，每隔2 h观测记录1次，共观测记录12次。

c) 退火炉给定温度的变化应符合JB/T 5813规定。直接观测仪表值，每隔2 h观测记录1次，共观测记录12次。

d) 给定牵引速度的变化应符合设计要求。用转速表每隔2 h测量1次，共测量12次。

5.5.2.2 产品规范检测

在烘炉、退火达到正常工艺温度后，从设备规定的生产范围内，选取大、中、小3种规格为加工对象，在导线不涂漆的条件下，观测退火后的导线不应氧化，收线张力大小可调，并且保持一致性，排线应均匀、平整，用1级精度千分尺测量收取的导线直径，导线的拉线应在标准允许的范围内。在上述的各种要求均达到工艺要求后开始给导线涂漆。漆涂后漆包线的质量应符合JB/T 5813的规定。每种规格每头不少于1盘。

5.5.3 主要零部件精度检测

5.5.3.1 导轮精度检测

主导轮和导轮装置精度检测应符合表34的规定。

表34

<table>
<tr><th>检测项目</th><th>检测工具</th><th>检测方法</th><th>要求</th></tr>
<tr><td>主导轮槽部径向圆跳动误差及端面圆跳动误差</td><td rowspan="2">1. 平板
2. 带指示器的测量架
3. 检验芯轴
4. V形架或偏摆仪</td><td rowspan="2">1. 将指示器校正水平放置平板上；
2. 将指示器测头触及主导轮的槽底，转动导轮，指示器最大读数差值即为径向圆跳动误差；
3. 将导轮装配于检验芯轴转动导轮无卡涉；
4. 利用V形架和偏摆仪将指示器测头触及主导轮、导轮端面，转动导轮，指示器最大读数差值即为端面圆跳动误差</td><td>符合设计要求</td></tr>
<tr><td>导轮装置径向圆跳动误差及端面圆跳动误差</td><td rowspan="2">符合JB/T 5813的规定</td></tr>
<tr><td>导轮平衡精度</td><td>平衡仪</td><td>用平衡仪检测单槽式和多槽式的精度</td></tr>
</table>

5.5.3.2 炉膛出口与进口中心线高度检测

炉膛出口与进口中心线高度检测应符合表35的规定。

表 35

检测项目	检测工具	检测方法	要求
漆包机炉膛出口与进口中心线高度	1.5 m 直尺	将烘炉安装在标准的水平位置，用直尺检验炉膛出口与进口的中心高度	≤5 mm

5.5.4 装配质量检测

5.5.4.1 牵引轮或定速辊筒精度检测

牵引轮或定速辊筒精度检测应符合表 36 的规定。

表 36

检测项目	检测工具	检测方法	要求
牵引轮或定速辊筒径向圆跳动误差	带指示器测量架	指示器测头触及牵引轮定速辊筒的表面，转动牵引轮或定速辊筒，取指示器最大读数差值	符合设计要求

5.5.4.2 收线装置检测

收线装置应符合 JB/T 5813 的规定。

5.5.4.3 排线装置检测

排线装置检测应符合表 37 的规定。

表 37

检测项目	检测工具	检测方法	要求
排线行程调节控制	直尺	将排线行程按各种盘具调整合适位置；启动排线电机，排线装置往复运行平稳，换向无停顿，排线行程调节灵敏	符合设计要求

5.5.4.4 拉线装置精度检测

拉线装置精度检测应符合表 38 的规定。

表 38

检测项目	检测工具	检测方法	要求
拉线轮及定速轮径向圆跳动误差	1. 千分尺 2. 带指示器测量架	指示器测头触及牵引轮的表面，转动拉线轮，取指示器的最大读数差值	符合设计要求

5.5.4.5 全自动换盘装置检测

全自动换盘装置检测应符合表 39 的规定。

表 39

检测项目	检测工具	检测方法	要求
全自动换盘	—	启动自动换盘收线装置，设定各种盘具的换盘计量长度，收线捕线器处于正常的工作状态，采用线的规格中间值，铜线做松紧度调整。自动换盘过程运行平稳，换盘无停顿	符合设计要求

ICS 97.140
Y 81

中华人民共和国国家标准

GB 26172.1—2010

折叠翻靠床　安全要求和试验方法
第1部分：安全要求

Foldaway beds—Safety requirements and tests—
Part 1:Safety requirements

(ISO 10131-1:1997,MOD)

2011-01-14 发布　　　　2011-09-15 实施

中华人民共和国国家质量监督检验检疫总局
中国国家标准化管理委员会　发布

前　言

本部分的全部技术内容为强制性。

《折叠翻靠床　安全要求和试验方法》分为以下两个部分：

——GB 26172.1—2010　折叠翻靠床　安全要求和试验方法　第1部分：安全要求；

——GB/T 26172.2—2010　折叠翻靠床　安全要求和试验方法　第2部分：试验方法。

本部分是《折叠翻靠床　安全要求和试验方法》的第1部分。

本部分修改采用ISO 10131-1：1997《折叠翻靠床　安全要求和试验　第1部分：安全要求》(英文版)。本部分与ISO 10131-1：1997相比主要技术变化如下：

——增加了木质材料、金属材料安全性要求(见4.1.1和4.1.2)。

本部分还做了下列编辑性修改：

——用小数点符号"."代替小数点符号","；

——页码变化；

——用"本标准"代替"本国际标准"；

——用"本标准的本部分"代替"本国际标准的本部分"；

——删除国际标准中资料性概述要素(包括封面、前言和引言)；

——为了便于第2部分试验方法的引用，增加了子条款的编号。

本部分的附录A为规范性附录，附录B为资料性附录。

本部分由中国轻工业联合会提出。

本部分由全国家具标准化技术委员会(SAC/TC 480)归口。

本部分负责起草单位：杭州炬日家具工业有限公司、上海市质量监督检验技术研究院；参加起草单位：浙江林学院。

本部分主要起草人：李光耀、周关松、戴钟、刘志坤、刘曜国、罗菊芬、古鸣、许俊、胡孙跃。

折叠翻靠床　安全要求和试验方法
第1部分:安全要求

1　范围

本标准的本部分规定了室内用折叠翻靠床的安全和强度要求及其安装强度要求。

本部分不适用于折叠翻靠床的电子设备要求。

本部分不适用于铺面折叠的床、可变换成椅子等座具的床或中小型沙发、野营床、医疗床。

2　规范性引用文件

下列文件中的条款通过本标准的本部分引用而成为本部分的条款。凡是注日期的引用文件,其随后所有的修改单(不包括勘误的内容)或修订版均不适用于本部分,然而,鼓励根据本部分达成协议的各方研究是否可使用这些文件的最新版本。凡是不注日期的引用文件,其最新版本适用于本部分。

GB/T 26172.2—2010　折叠翻靠床　安全要求与试验方法　第2部分:试验方法(ISO 10131-2:1997,MOD)

3　术语和定义

下列术语和定义适用于本标准的本部分。

3.1

折叠翻靠床　foldaway beds

使用时床铺面可至少沿一个水平轴转动的床。

4　要求

4.1　材料

4.1.1　木质材料

木材和木质材料应无腐朽和虫蛀。

4.1.2　金属材料

金属材料不应有锈蚀。

4.2　结构

暴露在外的边部和突出的部件应倒圆、不应有毛刺、刃口,管子端口应封闭。

4.3　折叠配件

4.3.1　不应有剪切点和挤压点,如果不可避免,应确保人体在无意识靠近这些剪切点和挤压点时不会发生危险。

4.3.2　当按照GB/T 26172.2—2010的5.4进行循环试验时,应保证折叠配件在试验进行100次和10 000次循环后两次测定的启闭力差异不超过20%。

4.4　折叠部分与框架的安装

4.4.1　折叠装置应紧固在建筑或其他结构的框架上,产品在使用期间不应松动。

注:一般情况下,使用螺母和螺钉效果好于使用普通木螺钉的效果。

4.4.2　当按照GB/T 26172.2—2010的5.4进行试验后,紧固件应无松动。

4.5　强度和耐久性

当按照GB/T 26172.2—2010的5.5.1、5.5.2和5.6进行试验后,产品构件和连接建筑结构或其他结构的安装部件应无松动及影响产品功能和安全性的任何损坏。

4.6 非故意闭合

当按照 GB/T 26172.2—2010 的 5.5.3 进行试验时，可折叠的部件不应自动闭合，支撑装置抬离地面的距离不应超过 5 mm。

4.7 非故意打开

4.7.1 将可折叠部分从顶部边缘打开至 150 mm 的范围内，应能自动闭合（见 GB/T 26172.2—2010 的图 6）。

4.7.2 当按照 GB/T 26172.2—2010 的 5.5.4 进行试验时，施加在指定加载点的作用力应大于 250 N（见 GB/T 26172.2—2010 的图 6）。

4.7.3 打开的作用力应不小于 20 N，或折叠翻靠床应配有一种正向的锁定装置，使产品稳固地保持在闭合位置，只能通过一种手动的安全装置（如钥匙、双动按钮）将其打开。锁定装置的操作力应不小于 50 N，当旋转部件时，作用力应施加于旋转轴切线方向且尽可能远离旋转轴的部件。

4.7.4 当按 GB/T 26172.2—2010 的 5.4 进行试验时，将折叠翻靠床打开至 70°时，打开力矩不应超过 10 N · m[1)]。当能满足以下条件时，将折叠翻靠床打开至 70°位置，打开力矩不应超过 60 N · m[1)]，重力控制的折叠翻靠床的打开力矩不应超过 120 N · m[1)]。

打开：

a） 打开长度为 250 mm 时能够自动关闭；

b） 在打开过程中的负重不大于 100 N。

闭合：

a） 对于端部绕轴旋转的床，到自动闭合点的关闭长度应不大于 350 mm；

b） 边部绕轴旋转的床，到自动闭合点的关闭长度应不大于 300 mm；

c） 打开所需的力矩应不大于 60 N · m[1)]（重力控制的折叠翻靠床打开所需的力矩不应大于 120 N · m[1)]）。

4.8 折叠翻靠床的安装

4.8.1 随折叠翻靠床产品应提供安装配套用的紧固件（连接件）和安装说明。

4.8.2 紧固装置应设计得当，以确保由于地板下陷（例如地毯或软质地板）超过 15 mm 时不会产生附加力对紧固装置造成影响，紧固装置应符合 4.4 的要求，也可以使用其他安全系数相当的安全装置。紧固装置内部不应有任何的松散。

5 安装说明

每件产品都应提供两套安装说明，一套应牢固地系在拴扣点附近易见的地方。这些说明至少应包含以下信息：

a） 不正确安装可能引起危险性的警示；

b） 未获得操作许可，不得私自安装和调试；

c） 需要检查地板、墙和床的匹配性，以及拴扣等紧固装置能承受的力；

d） 每个装配点的试验力（F_h）的数值；

e） 提供部件列表和装配床所需的工具明细表，根据附录 A 计算出折叠翻靠床每个装配点所需要的螺钉数目；

f） 允许使用床垫的最大质量和最小质量，折叠翻靠床配有特殊床垫或配有可调节的张紧装置的情况除外。

1） 该数值是根据床的质量和打开时的速度或是根据折叠翻靠床打开时的力矩计算得出的。

6 标志

按照本部分要求生产的所有产品应具有以下内容的永久性标志。

a) 产品名称、注册的商品名称或制造商、批发商、零售商注册的商标；

b) 本部分的标准编号，如 GB 26172.1—2010。

附　录　A
（规范性附录）
折叠翻靠床装配位置螺钉最小数量的计算

A.1　选择合适的螺钉安装位置以及材料厚度，以确保拉力均匀地分布在所有安装的螺钉上。两个相邻的螺钉之间的距离应至少为 50 mm。

A.2　在墙上每个装配点的螺钉使用的最小螺钉数量 n 的计算方程式，见式(A.1)：

$$n = \frac{F_h}{F_s} \qquad \cdots\cdots(A.1)$$

式中：

F_h——每个装配点位置的强度试验载荷，单位为牛顿(N)；

F_s——产品安装的建筑或其他结构的框架为每个螺钉提供的握钉力(抵抗钉子被拔出的能力)，单位为牛顿(N)。不同的安装结构的握钉力大小不一样。

其中 F_h 的计算见式(A.2)。

$$F_h = 5F_p + 100 \qquad \cdots\cdots(A.2)$$

式中：

F_h——每个装配点位置的强度试验载荷(应不小于 400 N)，单位为牛顿(N)；

F_p——折叠翻靠床打开和闭合的过程中作用在每个装配点上的最大水平力，单位为牛顿(N)。

在折叠翻靠床的打开和闭合过程中每个拴扣点上所能承受的最大的力应由计算或测量得出。将拉力定为正值，将压力定为零。

附　录　B
（资料性附录）
折叠翻靠床试验程序图

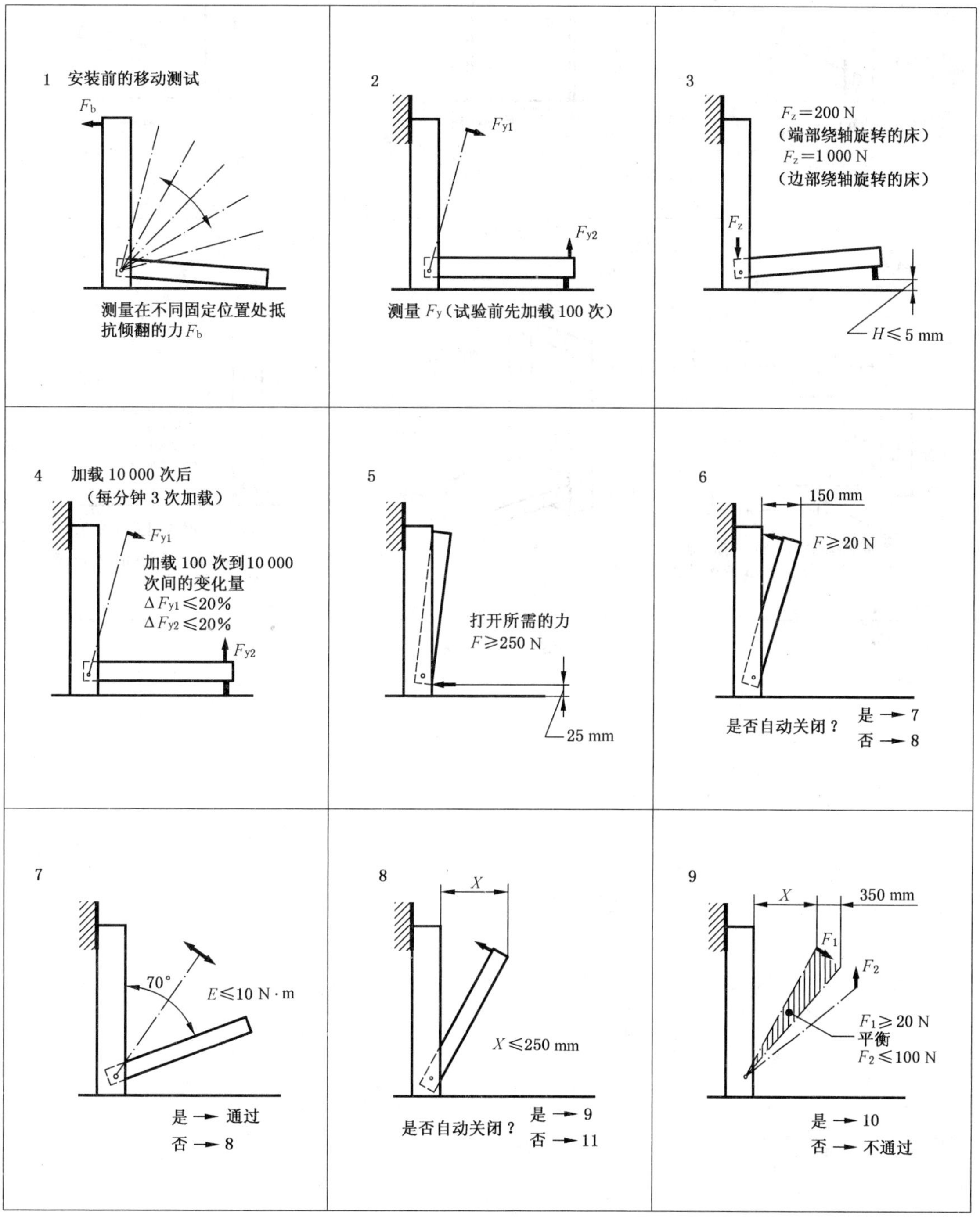

图 B.1　折叠翻靠床试验程序图

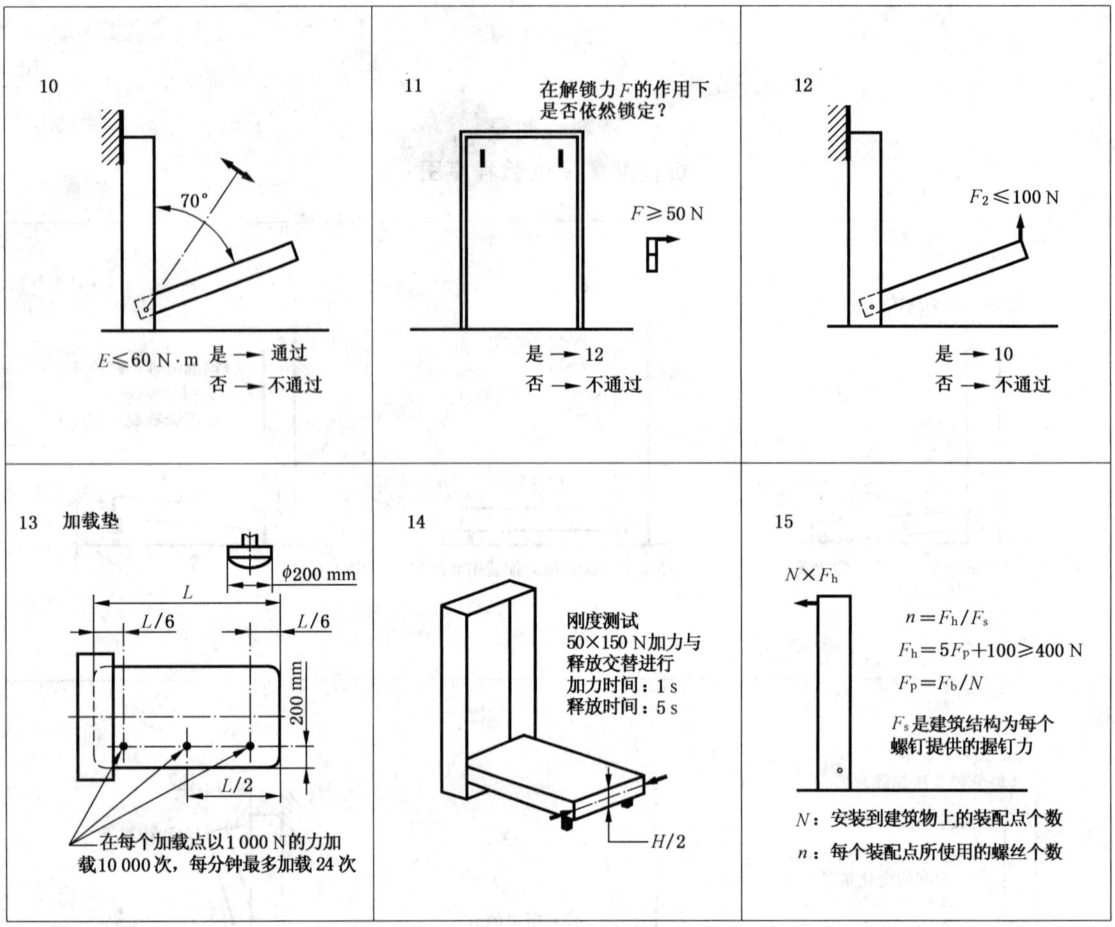
10
70°
E≤60 N·m 是→通过
否→不通过
11
在解锁力F的作用下
是否依然锁定？
F≥50 N
是→12
否→不通过
12
F₂≤100 N
是→10
否→不通过
13 加载垫
ϕ200 mm
L
L/6
L/6
200 mm
L/2
在每个加载点以1 000 N的力加
载10 000次，每分钟最多加载24次
14
刚度测试
50×150 N加力与
释放交替进行
加力时间：1 s
释放时间：5 s
H/2
15
N×Fh
n=Fh/Fs
Fh=5Fp+100≥400 N
Fp=Fb/N
Fs是建筑结构为每个
螺钉提供的握钉力
N：安装到建筑物上的装配点个数
n：每个装配点所使用的螺丝个数

图 B.1（续）

ICS 97.140
Y 81

中华人民共和国国家标准

GB/T 26172.2—2010

折叠翻靠床 安全要求和试验方法
第2部分:试验方法

**Foldaway beds—Safety requirements and tests—
Part 2: Test methods**

(ISO 10131-2:1997,MOD)

2011-01-14 发布 2011-06-01 实施

中华人民共和国国家质量监督检验检疫总局
中国国家标准化管理委员会 发布

前　言

《折叠翻靠床　安全要求和试验方法》分为以下两个部分：

——GB 26172.1—2010　折叠翻靠床　安全要求和试验方法　第1部分：安全要求；

——GB/T 26172.2—2010　折叠翻靠床　安全要求和试验方法　第2部分：试验方法。

本部分是《折叠翻靠床　安全要求和试验方法》的第2部分。

本部分修改采用ISO 10131-2：1997《折叠翻靠床　安全要求和试验　第2部分：试验方法》(英文版)，本部分与ISO 10131-2：1997相比，主要技术变化如下：

——删除规范性引用文件ISO 554：1976(见第2章，ISO 10131-2：1997第2章)；

——删除"试验前，试件应至少存放一周，存放条件按照ISO 554的规定，温度为(23±2)℃，相对湿度为(50±5)%(见3.2，ISO 10131-2：1997第3章)；

——修改木质胶合材料的试验前存放时间，即"若试件是以木材或类似材料胶合而成，则制造后应在正常室内环境中存放至少4周才能开展试验"改为"若试件是以木材或类似材料胶合而成，从制成后到试验前，应至少在一般室内环境下连续存放7 d"(见3.2，ISO 10131-2：1997第3章)。

本部分还做了下列编辑性修改：

——用小数点符号"."代替小数点符号"，"；

——页码变化；

——用"本标准"代替"本国际标准"；

——用"本标准的本部分"代替"本国际标准的本部分"；

——增加了附录A(资料性附录)；

——删除国际标准中资料性概述要素(包括封面、前言和引言)。

本部分的附录A为资料性附录。

本部分由中国轻工业联合会提出。

本部分由全国家具标准化技术委员会(SAC/TC 480)归口。

本部分负责起草单位：杭州炬日家具工业有限公司、上海市质量监督检验技术研究院；参加起草单位：浙江林学院。

本部分主要起草人：李光耀、周关松、戴钟、刘志坤、刘曜国、罗菊芬、古鸣、许俊、胡孙跃。

折叠翻靠床　安全要求和试验方法
第2部分:试验方法

1　范围

本标准的本部分具体规定了评定室内用折叠翻靠床的安全性要求的试验方法。

本部分适用于已装配完毕,并准备投入使用的产品。

本部分是模拟正常使用以及可预见的习惯误用时,折叠翻靠床各部位受载条件下具有的强度试验。本部分旨在评价产品的性能,并不限定材料、造型结构和加工工艺。

试验结果仅对受检样品有效。当这些试验结果拟用于其他同类产品时,则试验样品宜具有该类型产品的代表性。

对于样品结构不满足试验程序的试件,试验尽可能按规定的程序进行,并记录与规定试验程序的差异。

2　规范性引用文件

下列文件中的条款通过本标准的本部分引用而成为本部分的条款。凡是注日期的引用文件,其随后所有的修改单(不包括勘误的内容)或修订版均不适用于本部分,然而,鼓励根据本部分达成协议的各方研究是否可使用这些文件的最新版本。凡是不注日期的引用文件,其最新版本适用于本部分。

GB/T 10807—2006　软质泡沫聚合材料　硬度的测定(压陷法)(ISO 2439:1980,IDT)

GB 26172.1—2010　折叠翻靠床　安全要求和试验方法　第1部分:安全要求(ISO 10131-2:1997,MOD)

3　一般试验要求

3.1　公差要求

除有其他规定外,公差还要求:

——所有力的测量应精确到±5%;

——所有质量的测量应精确到±0.5%;

——所有尺寸的测量应精确到±1 mm。

3.2　试验初始准备

若试件是以木材或类似材料胶合而成,从制成后到试验前,应至少在一般室内环境下连续存放7 d。

当产品交付时应进行检验,如果试件是拆装式的,应按照产品的装配说明书对产品进行组装,若试件可按不同方式装配或组合的,则每次试验时,应按最不利于试验的方式对试件进行装配或组合。

试验前,拆装式产品的连接件应紧固。

若产品具有可调整的属性,则应在其可调整范围的两端极限位置上进行试验。

4　试验设备

4.1　一般规定

除非另有规定,试验可以使用任何合适的装置施加载荷,因为试验结果仅仅取决于正确的加载,而不取决于仪器设备。

4.2　加载垫

直径为200 mm的刚性圆形物体,其加载表面为球面,球面曲率半径为300 mm,其周边倒圆半径为12 mm(见图1)。

单位为毫米

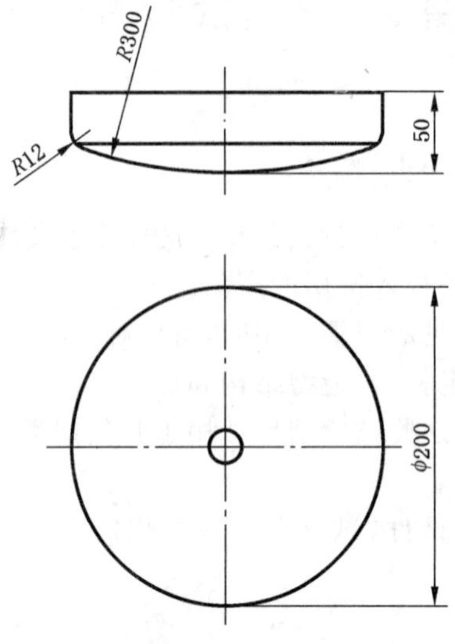

图 1　加载垫

4.3　试验床垫

软质聚酯泡沫垫，其厚度为 100 mm，密度为(30±2)kg/m³，压痕硬度指数按 GB/T 10807—2006 规定为(170±20)N，在试验过程中，试验床垫的面积至少是 800 mm×800 mm，其外形尺寸大致与受试床铺面相等，该试验床垫外表应无任何覆盖物。

试验床垫的同一部分在 2 h 内不应重复使用，经 20 次试验后应予以更换。

4.4　挡块

旨在防止试件移动而不限制试件倾翻的装置，其高度应不大于 12 mm。如果因试件需要的设计允许使用较高的挡块，但其最大高度应以刚好能防止试件移动为宜。

4.5　试验地面

地面应水平、平整。

5　试验程序

5.1　试验前的安装和检查

按制造商的使用说明安装试件，试验前，目视检查产品是否存在缺陷。检验方法参见附录 A。

5.2　加工工艺检查

检查产品，确定其外露的边沿，螺钉、螺栓、拉链及其他连接件是否倒圆或倒角，是否有毛刺或刃口。检验方法参见附录 A。

5.3　打开与合拢

在测量打开和合拢的力时，应保证缓慢和匀速，以消除动态力的影响。

通过产品打开时的弧线作出启闭力的曲线图，按照使用说明给产品配置最大质量和最小质量的床垫，记录启闭结果。

根据合成曲线图中对应的打开弧度计算打开时的力矩(见图 2)。通过过程测试或结果计算，确定加载到每个装配点的最大荷载。

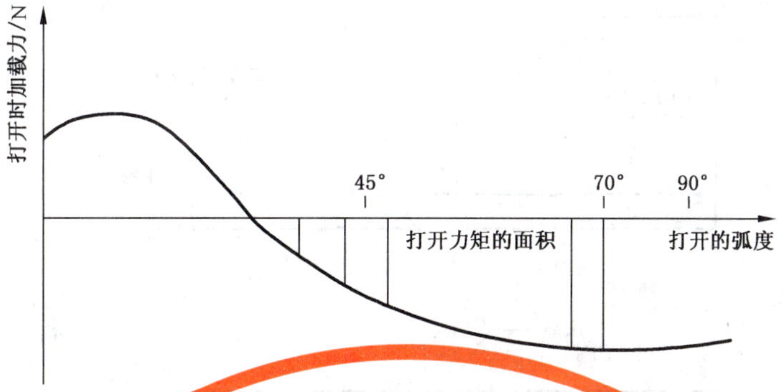

图 2　打开所需力矩

5.4　折叠装置

试验前，将产品的可折叠部分打开，并应使支撑装置不产生摆动。

注：不适用于支撑装置能自动摆动的产品。

测定产品在打开或合拢 100 次和 10 000 次后的启闭阻力 F_y(见图 3)。

以 3 次/min 的循环速率完全打开和合拢产品，打开与合拢床的结构装置应正确安装，以确保没有附加力施加在产品上。

记录固定折叠部分和框架的紧固件是否松动或出现断裂。

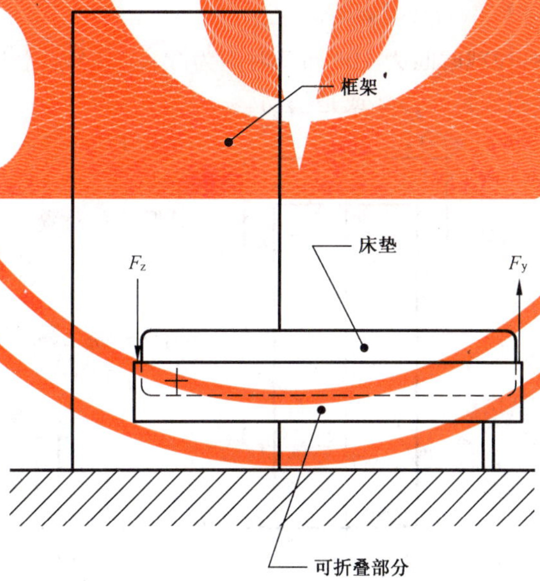

图 3　启闭阻力 F_y

5.5　强度和耐久性试验

5.5.1　折叠部分的强度和耐久性

通过加载垫(4.2)，在图 4 所示的 3 个位置上垂直向下施加 1 000 N 的力 10 000 次，加载频率不超过 24 次/min。

单位为毫米

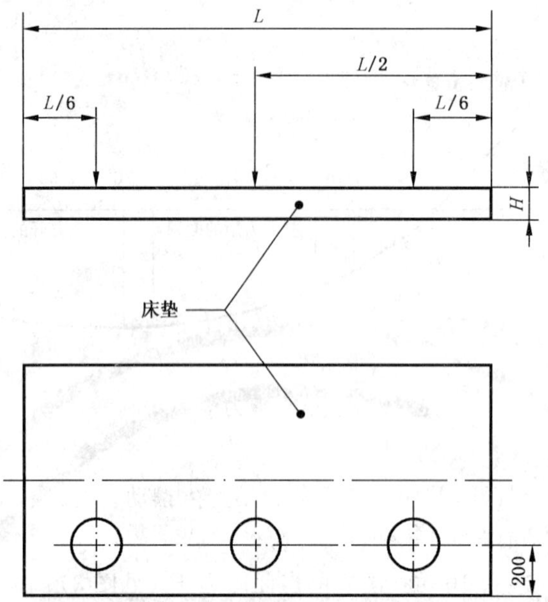

图 4　加载位置

5.5.2　水平耐久性试验

将试件打开，保证床脚着地并能自由移动。

在床的自由部分的左右两边的顶端处，水平交替施加一个 150 N 的力 F_x，其方向垂直于纵向轴（见图 5）。

一个循环周期应持续 6 s，加载时间为 1 s，卸载时间为 5 s。每个点上加载 50 次（5min）。

检查折叠装置，并记录紧固件是否损坏或是松动。

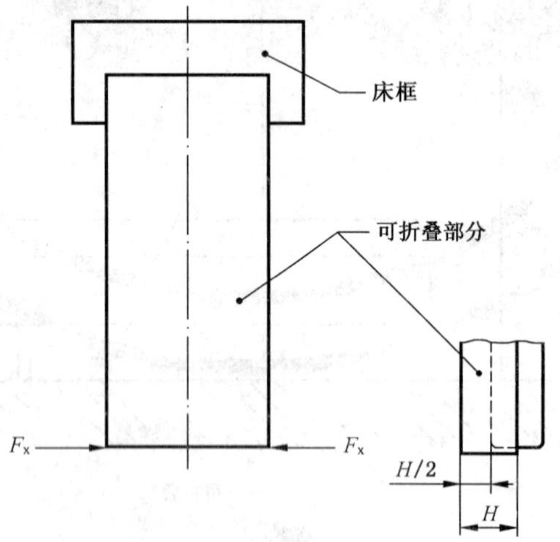

图 5　水平耐久性试验

5.5.3　非故意闭合

根据安装说明装配试件，并安装一个说明中所规定的最轻质量的床垫供使用。

对于端轴转动的产品，通过加载垫（4.2）在产品结构的转轴边缘上垂直向下施加 200 N 的力 F_z（见图 3）。

对于边轴转动的产品，通过加载垫（4.2）在床垫上（近转轴边）垂直向下施加 1 000 N 的力 F_z，加力时使加载垫的边缘与产品结构的边缘保持一致。

记录支撑装置是否翘离地面以及离开的距离。

5.5.4 非故意打开

闭合可折叠部分 10 min 后进行该项试验。

在离可折叠部分底边向上 25 mm 处的纵向中心轴上加载一水平力 F_0，加载力应逐渐增至 250 N（见图 6）。记录加载力值和产品是打开还是合拢。

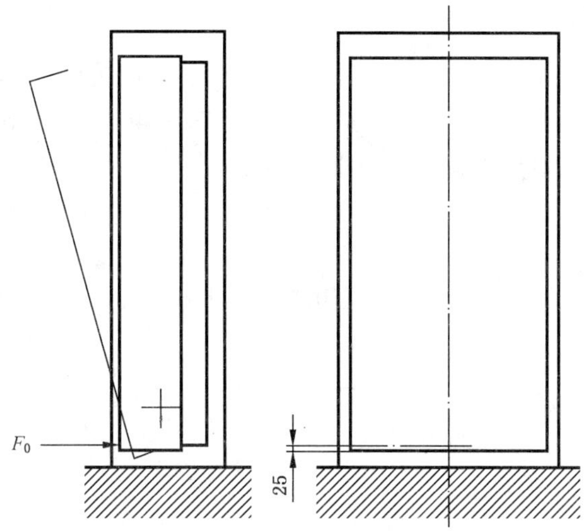

图 6 测试非故意打开时加载力 F_0 的位置

5.6 紧固装置的强度

按照安装说明，将每个紧固点连接到墙上，在每个特定的连接点上加载所需要的力 F_H 并持续 5 min。

记录紧固件的任何断裂、变形或其他损坏。

6 试验报告

试验报告至少应包括以下信息：

a） 本部分的检验委托书（任务来源）；

b） 试件的描述（相关数据）；

c） 床垫的最大质量与最小质量；

d） 试件交付情况的描述；

e） 根据 5.2～5.6 进行试验的结果；

f） 与 GB 26172.1—2010 要求的符合性 ；

g） 偏离本部分的任何细节；

h） 试验机构的名称、地址；

i） 试验日期。

附 录 A
（资料性附录）
试 验 方 法

A.1 产品外观安全性能检测

本标准第1部分4.1、4.2、4.3.1、4.4.1、4.8、第5章、第6章的检验，采用在自然光下或光照度为300 lx～600 lx范围内的近似自然光（例如40 W日光灯）下，视距为700 mm～1 000 mm内目视测法。有争议时，由三人共同检验，以多数相同结论为检验结果。

A.2 相关尺寸及偏差的测定

将试件放置在本部分4.5规定的地面上，采用精确度不小于1 mm的钢直尺或卷尺进行测定。

ICS 85.060
Y 32

中华人民共和国国家标准

GB/T 26173—2010

超级压光纸

Super calendered paper

2011-01-14 发布 2011-06-15 实施

中华人民共和国国家质量监督检验检疫总局
中国国家标准化管理委员会 发布

前　言

本标准由中国轻工业联合会提出。

本标准由全国造纸工业标准化技术委员会(SAC/TC 141)归口。

本标准起草单位:山东华泰纸业股份有限公司、中国制浆造纸研究院、山东斯道拉恩索华泰纸业有限公司、中国造纸协会标准化专业委员会。

本标准主要起草人:李建华、巨云利、高扬、刘燕韶、田居龙、张凤山。

超 级 压 光 纸

1 范围

本标准规定了超级压光纸的产品分类、技术要求、试验方法、检验规则和标志、包装、运输、贮存。

本标准适用于杂志、商品目录、广告宣传、报纸插页、增刊及礼品包装等印刷用纸。

2 规范性引用文件

下列文件中的条款通过本标准的引用而成为本标准的条款。凡是注日期的引用文件，其随后所有的修改单(不包括勘误的内容)或修订版均不适用于本标准，然而，鼓励根据本标准达成协议的各方研究是否可使用这些文件的最新版本。凡是不注日期的引用文件，其最新版本适用于本标准。

GB/T 450 纸和纸板 试样的采取及试样纵横向、正反面的测定(GB/T 450—2008,ISO 186:2002,MOD)

GB/T 451.1 纸和纸板尺寸及偏斜度的测定

GB/T 451.2 纸和纸板定量的测定(GB/T 451.2—2002,eqv ISO 536:1995)

GB/T 455 纸和纸板撕裂度的测定(GB/T 455—2002,eqv ISO 1974:1990)

GB/T 462 纸、纸板和纸浆 分析试样水分的测定(GB/T 462—2008;ISO 287:1985,MOD;ISO 638:1978,MOD)

GB/T 1541—1989 纸和纸板 尘埃度的测定

GB/T 1543 纸和纸板 不透明度(纸背衬)的测定(漫反射法)(GB/T 1543—2005,ISO 2471:1998,MOD)

GB/T 2828.1 计数抽样检验程序 第1部分：按接收质量限(AQL)检索的逐批检验抽样计划(GB/T 2828.1—2003,ISO 2859-1:1999,IDT)

GB/T 7974 纸、纸板和纸浆亮度(白度)的测定 漫射/垂直法(GB/T 7974—2002,neq ISO 2470:1999)

GB/T 7975 纸及纸板 颜色的测定(漫反射法)

GB/T 8941.3—1989 纸和纸板镜面光泽度的测定法 75°角测定法

GB/T 10342 纸张的包装和标志

GB/T 10739 纸、纸板和纸浆试样处理和试验的标准大气条件(GB/T 10739—2002,eqv ISO 187:1990)

GB/T 12914 纸和纸板 抗张强度的测定(GB/T 12914—2008;ISO 1924-1:1992,MOD;ISO 1924-2:1994,MOD)

GB/T 22363—2008 纸和纸板 粗糙度的测定(空气泄露法) 本特生法和印刷表面法(GB/T 22363—2008;ISO 8791-2:1990,MOD;ISO 8791-4:1992,MOD)

GB/T 22365 纸和纸板 印刷表面强度的测定(GB/T 22365—2008,ISO 3783:1980,MOD)

3 产品分类

3.1 超级压光纸按质量分为优等品、一等品和合格品。

3.2 超级压光纸为卷筒纸。

4 技术要求

4.1 超级压光纸的技术指标应符合表1或订货合同的规定。

表 1

指标名称		单位	规定		
			优等品	一等品	合格品
定量		g/m^2	45.0 48.0 52.0 56.0 60.0 64.0 70.0		
定量偏差		%	±5.0		
厚度		μm	42 46 50 52 55 59 63		
厚度偏差		μm	±3		
纵向抗张指数 ≥		N·m/g	36.0		
横向撕裂指数 ≥		$mN\cdot m^2/g$	3.60		
粗糙度(正反面均) ≤		μm	1.90	2.00	2.40
光泽度(正反面均) ≥		光泽度单位	28	22	20
亮度 ≥		%	65.0	63.0	60.0
印刷表面强度(正反面均)[a] ≥		m/s	0.60	0.50	0.40
不透明度 ≥		%	91.0		
尘埃度	$0.5\ mm^2\sim4.0\ mm^2$ ≤	个/m^2	64	100	120
	其中 $1.5\ mm^2\sim4.0\ mm^2$ ≤		4	8	12
	大于 $4.0\ mm^2$		不应有	不应有	不应有
交货水分		%	4.0～8.0		
色度[b]	L^* ≥		80.0		
	a^*		0.1～0.9		
	b^*		−1.5～−0.5		
同班次纸的色差(ΔE) ≤			2.0		

[a] 对于凹版印刷的产品,可不考核印刷表面强度。

[b] a^*、b^* 值不作为交收检验依据。

4.2 超级压光纸纸面应平整,不应有折子、破损、斑痕、硬质块及明显的条痕等外观纸病。

4.3 超级压光纸在印刷中不应掉粉、掉毛;不应有导致印刷不上墨的湿排斥等缺陷,不应有明显的印刷光斑。

4.4 超级压光纸卷筒按下列要求进行卷纸:

a) 超级压光纸纸张应卷在干燥、硬实的整根纸芯上;

b) 卷筒直径应为 980 mm～1 005 mm 或按订货合同生产其他直径的卷筒纸;

c) 卷筒纸应紧密,全幅松紧一致,卷筒纸端面应平整;

d) 卷筒纸内不应卷入碎纸或纸条;

e) 纸张尺寸按订货合同的规定,尺寸偏差应不超过±3 mm;

f) 超级压光纸卷筒纸接头个数应不超过 2 个。

5 试验方法

5.1 试样的采取和试样的处理按 GB/T 450 和 GB/T 10739 的规定进行。

5.2 纸张尺寸按 GB/T 451.1 的规定进行测定。

5.3 定量按 GB/T 451.2 的规定进行测定。

5.4 横向撕裂指数按 GB/T 455 进行测定。

5.5 交货水分按 GB/T 462 进行测定。

5.6 不透明度按 GB/T 1543 进行测定。

5.7 亮度按 GB/T 7974 进行测定。

5.8 色度和色差按 GB/T 7975 进行测定。

5.9 光泽度按 GB/T 8941.3—1989 进行测定。

5.10 纵向抗张指数按 GB/T 12914 进行测定，仲裁时采用恒速拉伸法。

5.11 粗糙度按 GB/T 22363—2008 中印刷表面法进行测定，采用软垫、980 kPa 的压力进行测定。

5.12 尘埃度按 GB/T 1541—1989 进行测定。

5.13 印刷表面强度按 GB/T 22365 进行测定，采用低粘度油墨进行测定，仲裁时采用电动法。

5.14 外观质量采用目测检验。

6 检验规则

6.1 生产厂要保证生产的产品符合本标准或订货合同的规定，每卷纸交货时要附产品合格证。

6.2 以一次交货数量为一批，但应不超过 50 t。

6.3 计数抽样检验程序按 GB/T 2828.1 规定进行，样本单位为卷。接收质量限(AQL)：纵向抗张指数、粗糙度、光泽度、亮度、不透明度 AQL=4.0，定量、定量偏差、厚度、厚度偏差、横向撕裂指数、尘埃度、水分、表面强度、色度、色差、接头个数、外观质量 AQL=6.5。抽样方案采用正常检验二次抽样方案，检查水平为特殊检查水平 S-3，见表 2。

表 2

批量/卷筒	二次正常抽样　检查水平 S-3				
	样本量	AQL=4.0		AQL=6.5	
		Ac	Re	Ac	Re
2～50	3	0	1	0	1
51～150	3	0	1	—	—
	5 5(10)	— —	— —	0 1	2 2
151～3 200	8 8(16)	0 1	2 2	0 3	3 4

6.4 可接收性的确定：第一次检验的样品数量应等于该方案给出的第一样本量。如果第一样本中发现的不合格品数小于或等于第一接收数，应认为该批是可接收的；如果第一样本中发现的不合格品数大于或等于第一拒收数，应认为该批是不可接收的。如果第一样本中发现的不合格品数介于第一接收数和第一拒收数之间，应检验由方案给出样本量的第二样本并累计在第一样本和第二样本中发现的不合格品数。如果不合格品累计数小于或等于第二接收数，则判定该批是可接收的；如果不合格品累计数大于或等于第二拒收数，则判定该批是不可接收的。

6.5 需方有权按本标准的规定检验产品，如需方对产品质量有异议，应在到货后三个月内通知供方共同复验。如符合本标准或订货合同的规定，则判该批合格，由需方负责处理；如不符合本标准或订货合同的规定，则判该批不合格，由供方负责处理。

7 标志、包装、运输、贮存

7.1 按 GB/T 10342 的规定进行包装和标志。

7.2 超级压光纸应妥善保管，严防受潮。

7.3 纸卷在运输过程中，应使用有篷且清洁的运输工具。

7.4 在搬运和堆垛时，不应从高处扔下。

ICS 85.060
Y 32

中华人民共和国国家标准

GB/T 26174—2010

厨 房 纸 巾

Kitchen towel

2011-01-14 发布

2011-06-01 实施

中华人民共和国国家质量监督检验检疫总局
中国国家标准化管理委员会
发布

前　言

本标准的附录A为规范性附录。

本标准由中国轻工业联合会提出。

本标准由全国造纸工业标准化技术委员会(SAC/TC 141)归口。

本标准起草单位:中国制浆造纸研究院、金佰利(中国)有限公司、维达国际控股有限公司、湖南恒安纸业有限公司、中顺洁柔纸业股份有限公司、国家纸张质量监督检验中心。

本标准主要起草人:史记、张青、杨静、吴宝英、陈长明、张洪。

厨 房 纸 巾

1 范围

本标准规定了厨房纸巾的产品分类、技术要求、试验方法、检验规则及标志和包装、运输和贮存。

本标准适用于清洁用的厨房纸巾。

2 规范性引用文件

下列文件中的条款通过本标准的引用而成为本标准的条款。凡是注日期的引用文件，其随后所有的修改单(不包括勘误的内容)或修订版均不适用于本标准，然而，鼓励根据本标准达成协议的各方研究是否可使用这些文件的最新版本。凡是不注日期的引用文件，其最新版本适用于本标准。

GB/T 450 纸和纸板 试样的采取及试样纵横向、正反面的测定(GB/T 450—2008，ISO 186：2002，MOD)

GB/T 451.1 纸和纸板尺寸及偏斜度的测定

GB/T 451.2 纸和纸板定量的测定(GB/T 451.2—2002，eqv ISO 536：1995)

GB/T 461.1 纸和纸板毛细吸液高度的测定(克列姆法)(GB/T 461.1—2002，idt ISO 8787：1986)

GB/T 462 纸、纸板和纸浆 分析试样水分的测定(GB/T 462—2008；ISO 287：1985，MOD；ISO 638：1978，MOD)

GB/T 465.2 纸和纸板 浸水后抗张强度的测定(GB/T 465.2—2008，ISO 3781：1983，MOD)

GB/T 1541 纸和纸板 尘埃度的测定

GB/T 2828.1 计数抽样检验程序 第1部分：按接收质量限(AQL)检索的逐批检验抽样计划(GB/T 2828.1—2003，ISO 2859-1：1999，IDT)

GB/T 7974 纸、纸板和纸浆亮度(白度)的测定 漫射/垂直法(GB/T 7974—2002，neq ISO 2470：1999)

GB/T 8942 纸柔软度的测定

GB/T 10739 纸、纸板和纸浆试样处理和试验的标准大气条件(GB/T 10739—2002，eqv ISO 187：1990)

GB/T 12914 纸和纸板 抗张强度的测定(GB/T 12914—2008；ISO 1924-1：1992，MOD；ISO 1924-2：1994，MOD)

3 产品分类

3.1 厨房纸巾可分为卷纸、盘纸、平切纸和抽取纸。

3.2 厨房纸巾可分为压花、印花、不压花、不印花。

3.3 厨房纸巾可分为单层、双层或多层。

4 技术要求

4.1 厨房纸巾的技术指标应符合表1或订货合同的规定。

表 1 厨房纸巾技术指标

指标名称			单位	规定
定量			g/m^2	16.0±1.0 18.0±1.0 20.0±1.0 23.0±2.0 27.0±2.0 31.0±2.0 35.0±2.0 39.0±2.0 44.0±3.0 50.0±3.0
亮度(白度)			%	80.0～90.0
横向吸液高度 ≥	单层产品		mm/100 s	15
	双层、多层产品			20
横向抗张指数 ≥	≤40.0 g/m^2		N·m/g	2.5
	>40.0 g/m^2			3.0
纵向湿抗张指数 ≥	≤40.0 g/m^2		N/m	1.5
	>40.0 g/m^2			2.0
洞眼	总数	≤	个/m^2	6
	2 mm～5 mm	≤		6
	>5 mm			不应有
尘埃度	总数	≤	个/m^2	20
	0.2 mm^2～1.0 mm^2	≤		20
	大于 1.0 mm^2～2.0 mm^2	≤		1
	大于 2.0 mm^2			不应有
交货水分		≤	%	10.0
注：印花和本色浆厨房纸巾不考核亮度指标。				

4.2 厨房纸巾的微生物指标应符合表 2 的规定。

表 2 厨房纸巾微生物指标

指标名称		单位	规定
细菌菌落总数		CFU/g	≤200
大肠菌群		—	不得检出
致病性化脓菌	绿脓杆菌	—	不得检出
	金黄色葡萄球菌	—	不得检出
	溶血性链球菌	—	不得检出
真菌菌落总数		CFU/g	≤100

4.3 厨房纸巾的卷纸和盘纸的宽度、节距、卷重(或长度、节数)，平切纸的长、宽、包装质量(或张数)，抽取纸的规格尺寸、抽数等应按合同规定生产。卷纸和盘纸的宽度、节距尺寸偏差应不超过±5 mm；平切纸和抽取纸的规格尺寸偏差应不超过±5 mm，偏斜度应不超过 3 mm；厨房纸巾数量(长度、节数、张数或抽数)偏差应不小于－2.0%，质量(卷重)偏差应不小于－4.5%。

注：根据标志内容，数量偏差和质量偏差两者选择其一即可。

4.4 厨房纸巾起皱后的皱纹应均匀，纸面应洁净，不应有明显的死褶、残缺、破损、沙子、硬质块、生浆团等纸病。

4.5 厨房纸巾不应有掉粉、掉毛现象。

4.6 厨房纸巾不应使用任何回收纸、纸张印刷品、纸制品及其他回收纤维状物质作原料。

5 试验方法

5.1 试样的采取和处理

试样的采取和处理按 GB/T 450 和 GB/T 10739 的规定进行。

5.2 定量

定量按 GB/T 451.2 测定，以单层表示结果。

5.3 亮度(白度)

亮度(白度)按 GB/T 7974 测定。

5.4 横向吸液高度

横向吸液高度按 GB/T 461.1 测定，按成品层数测定。

5.5 横向抗张指数

横向抗张指数按 GB/T 12914 测定，仲裁时按 GB/T 12914 中恒速拉伸法测定。夹距为 100 mm，双层或多层试样按成品层数测定，然后换算成单层的测定值。

5.6 湿抗张强度

纵向湿抗张强度按 GB/T 465.2 和 GB/T 12914 测定，仲裁时按 GB/T 12914 中恒速拉伸法和 GB/T 465.2 测定。夹距为 100 mm，按成品层数测定。测定时，按纵向切样。测定前应先进行预处理，将试样放在(105±2)℃烘箱中烘 15 min，测定时将处理过的试样平放在滤纸上，用滴管在试样的中间部位滴一滴水，水滴应扩散到试样的全宽，然后立即进行测定，以实测值换算成单层的测定值，取 10 个有效测定值，以纵向湿抗张强度的平均值表示结果。

5.7 洞眼

用双手持单层试样的两角，用肉眼迎光观测，按标准规定数出洞眼个数。双层或多层试样应每层都测，每个样品的测定面积应不少于 0.5 m^2，然后换算成每平方米的洞眼数，如果出现大于 5 mm 的洞眼，则应至少测定 1 m^2 的试样。

5.8 尘埃度

尘埃度按 GB/T 1541 测定，双层或多层试样只测定上下表面层朝外的一面。

5.9 交货水分

交货水分按 GB/T 462 测定。

5.10 数量(或质量)偏差

取 1 个完整包装，数其实际数量(长度、节数、张数、抽数)或称取质量(卷重)，以实际数量(或质量)与包装标志的数量(或质量)之差占包装标志数量(或质量)的百分比表示。同规格样品分别测定 3 个完整包装，以实际数量(质量)的最小值计算结果，准确至 0.1%。计算方法见式(1)。

$$\text{数量(或质量)偏差} = \frac{\text{实际数量(或质量)} - \text{包装标志的数量(或质量)}}{\text{包装标志的数量(或质量)}} \times 100\% \quad \cdots\cdots\cdots(1)$$

5.11 微生物指标

微生物指标按附录 A 测定。

5.12 外观

外观采用目测。

6 检验规则

6.1 生产厂应保证所生产的厨房纸巾符合本标准或订货合同的规定，以一次交货数量为一批，每批产品应附产品合格证。

6.2 厨房纸巾的微生物指标不合格，则判定该批是不可接收的。

6.3 计数抽样检验程序按 GB/T 2828.1 规定进行，样本单位为箱。接收质量限(AQL)：横向吸液高度、横向抗张指数、纵向湿抗张指数为4.0,定量、亮度(白度)、洞眼、尘埃度、交货水分、尺寸及偏斜度、外观、数量(或质量)偏差为6.5。抽样方案采用正常检验二次抽样方案,检查水平为特殊检查水平S-3。其抽样方案见表3。

表3 抽样方案

批量/箱	正常检验二次抽样方案　特殊检验水平S-3				
	样本量	AQL=4.0		AQL=6.5	
		Ac	Re	Ac	Re
2～50	3	0	1	—	—
	2	—	—	0	1
51～150	3	0	1	—	—
	5	—	—	0	2
	5(10)	—	—	1	2
151～500	8	0	2	—	—
	8(16)	1	2	—	—
	5	—	—	0	2
	5(10)	—	—	1	2
501～3 200	8	0	2	0	3
	8(16)	1	2	3	4

6.4　可接收性的确定:第一次检验的样品数量应等于该方案给出的第一样本量。如果第一样本中发现的不合格品数小于或等于第一接收数,应认为该批是可接收的;如果第一样本中发现的不合格品数大于或等于第一拒收数,应认为该批是不可接收的。如果第一样本中发现的不合格品数介于第一接收数与第一拒收数之间,应检验由方案给出样本量的第二样本并累计在第一样本和第二样本中发现的不合格品数。如果不合格品累计数小于或等于第二接收数,则判定该批是可接收的;如果不合格品累计数大于或等于第二拒收数,则判定该批是不可接收的。

6.5　需方若对产品质量持有异议,应在到货后三个月内通知供方共同复验,或委托共同商定的检验部门进行复验。复验结果若不符合本标准或订货合同的规定,则判为该批不可接收,由供方负责处理;若符合本标准或订货合同的规定,则判为该批可接收,由需方负责处理。

7　标志和包装

7.1　产品销售包装标志

产品销售包装标志至少应包括以下内容:

——产品名称、商标;

——产品标准编号;

——生产日期和保质期,或生产批号和限用日期;

——产品的规格;

——产品数量(平切纸应标注包装质量或张数,抽取纸应标注张数或抽数,卷纸、盘纸应标注卷重或节数或长度);

——产品合格标志(进口产品除外);

——生产企业(或产品责任单位)名称、详细地址等。

7.2　产品运输包装标志

运输包装标志至少应包括以下内容:

——产品名称、商标；
——生产企业(或产品责任单位)名称、地址等；
——产品数量；
——包装储运图形标志。

7.3 包装

直接与产品接触的包装材料应无毒、无害、清洁。产品包装应完好，包装材料应具有足够的密封性，以保证产品在正常的运输与贮存条件下不受污染。

8 运输和贮存

8.1 厨房纸巾运输时应采用洁净的运输工具，防止产品受到污染。

8.2 厨房纸巾应存放于干燥、通风、洁净的地方，并妥善保管。应防止雨、雪及潮气侵入产品，影响质量。

8.3 搬运时应注意包装完整，不应将纸件从高处扔下，以防损坏外包装。

8.4 凡出厂的产品因运输、保管不善造成产品损坏或变质的，应由造成损失的一方赔偿损失，变质的厨房纸巾不应出售。

附　录　A
（规范性附录）
微生物指标的测定

A.1　产品采集与样品处理

于同一批号的三个运输包装中随机抽取至少 12 个最小销售包装样品，四分之一样品用于检测，四分之一样品用于留样，另二分之一样品（可就地封存）必要时用于复检。抽样的最小销售包装不应有破损，检验前不得开启。

在 100 级净化条件下用无菌方法打开用于检测的至少 3 个包装，从每个包装中取样，准确称取 10 g±1 g 样品，剪碎后加入到 200 mL 灭菌生理盐水中，充分混匀，得到一个生理盐水样液。

A.2　细菌菌落总数的检测

A.2.1　操作步骤

待上述生理盐水样液自然沉降后取上清液作菌落计数。共接种 5 个平皿，每个平皿中加入 1 mL 样液，然后将冷却至 45 ℃左右的溶化的营养琼脂培养基 15 mL～20 mL 倒入每个平皿内混合均匀。待琼脂凝固后翻转平皿置 35 ℃±2 ℃培养 48 h 后，计算平板上的菌落数。

A.2.2　结果报告

菌落呈片状生长的平板不宜采用。计数符合要求的平板上的菌落，按式（A.1）计算结果：

$$X_1 = A \times \frac{K}{5} \qquad \cdots\cdots\cdots\cdots(\text{A.1})$$

式中：

X_1——细菌菌落总数，单位为菌落形成单位每克（CFU/g）或单位为菌落形成单位每毫升（CFU/mL）；

A——5 块营养琼脂培养基平板上的细菌菌落总数；

K——稀释度。

当菌落数在 100 以内时，按实有数报告，大于 100 时采用两位有效数字。

如果样品菌落总数超过本标准规定时，按 A.2.3 进行复检和结果报告。

A.2.3　复检方法

将留存的复检样品依前法复测两次，两次结果平均值都达到本标准的规定，则判定被检样品合格；若其中有任何一次结果平均值超过本标准规定，则判定被检样品不合格。

A.3　大肠菌群的检测

A.3.1　操作步骤

取样液 5 mL 接种于 50 mL 乳糖胆盐发酵管，置 35 ℃±2 ℃培养 24 h，如不产酸也不产气，则报告为大肠菌群未检出。

如产酸产气，则划线接种伊红美蓝琼脂平板，置 35 ℃±2 ℃培养 18 h～24 h，观察平板上菌落形态。典型的大肠菌落为黑紫色或红紫色，圆形，边缘整齐，表面光滑湿润，常具有金属光泽，也有的呈紫黑色，不带或略带金属光泽，或粉红色，中心较深的菌落。

取疑似大肠菌落 1 个～2 个作革兰氏染色镜检，同时接种乳糖发酵管，置 35 ℃±2 ℃培养 24 h，观察产气情况。

A.3.2 结果报告

凡乳糖胆盐发酵管产酸产气，乳糖发酵管产酸产气，在伊红美蓝平板上有典型大肠菌落，革兰氏染色为阴性无芽胞杆菌，可报告被检样品检出大肠杆菌。

A.4 绿脓杆菌检测方法

A.4.1 操作步骤

取样液 5 mL，加入到 50 mL SCDLP 培养液中，充分混匀，置 35 ℃±2 ℃培养 18 h～24 h。如有绿脓杆菌生长，培养液表面呈现一层薄菌膜，培养液常呈黄绿色或蓝绿色。从培养液的薄菌膜处挑取培养物，划线接种十六烷三甲基溴化铵琼脂平板，置 35 ℃±2 ℃培养 18 h～24 h，观察菌落特征。绿脓杆菌在此培养基上生长良好，菌落扁平，边缘不整，菌落周围培养基略带粉红色，其他菌不长。

取可疑菌落涂片作革兰氏染色，镜检为革兰氏阴性菌者应进行下列试验：

a) 氧化酶试验：取一小块洁净的白色滤纸片放在灭菌平皿内，用无菌玻棒挑取可疑菌落涂在滤纸片上，然后在其上滴加一滴新配制的 1%二甲基对苯二胺试液，30 s 内出现粉红色或紫红色，为氧化酶试验阳性，不变色者为阴性。
b) 绿脓菌素试验：取 2 个～3 个可疑菌落，分别接种在绿脓菌素测定用培养基斜面，35 ℃±2 ℃培养 24 h，加入三氯甲烷 3 mL～5 mL，充分振荡使培养物中可能存在的绿脓菌素溶解，待三氯甲烷呈蓝色时，用吸管移到另一试管中并加入 1 mol/L 的盐酸 1 mL，振荡后静置片刻。如上层出现粉红色或紫红色即为阳性，表示有绿脓菌素存在。
c) 硝酸盐还原产气试验：挑取被检菌纯培养物接种在硝酸盐胨水培养基中，置 35 ℃±2 ℃培养 24 h，培养基小倒管中有气者即为阳性。
d) 明胶液化试验：取可疑菌落纯培养物，穿刺接种在明胶培养基内，置 35 ℃±2 ℃培养 24 h，取出放于 4 ℃～10 ℃中，如仍呈液态为阳性，凝固者为阴性。
e) 42 ℃生长试验：挑取可疑培养物，接种在普通琼脂斜面培养基上，置 42 ℃培养 24 h～48 h，有绿脓杆菌生长为阳性。

A.4.2 结果报告

被检样品经增菌分离培养后，证实为革兰氏阴性杆菌，氧化酶及绿脓菌素试验均为阳性者，即可报告被检样品中检出绿脓杆菌。如绿脓菌素试验阴性而液化明胶、硝酸盐还原产气和 42 ℃生长试验三者皆为阳性时，仍可报告被检样品中检出绿脓杆菌。

A.5 金黄色葡萄球菌检测方法

A.5.1 操作步骤

取样液 5 mL，加入到 50 mL SCDLP 培养液中，充分混匀，置 35 ℃±2 ℃培养 24 h。

自上述增菌液中取 1 个～2 个接种环，划线接种在血琼脂培养基上，置 35 ℃±2 ℃培养 24 h～48 h。在血琼脂平板上该菌菌落呈金黄色，大而突起，圆形，不透明，表面光滑，周围有溶血圈。

挑取典型菌落，涂片作革兰氏染色镜检，金黄色葡萄球菌为革兰氏阳性球菌，排列成葡萄状，无芽胞与荚膜。镜检符合上述情况，应进行下列试验：

a) 甘露醇发酵试验：取上述菌落接种甘露醇培养液，置 35 ℃±2 ℃培养 24 h，发酵甘露醇产酸者为阳性。
b) 血浆凝固酶试验：

① 玻片法：取清洁干燥载玻片，一端滴加一滴生理盐水，另一端滴加一滴兔血浆，挑取菌落分别与生理盐水和血浆混合，5 min 之内如血浆中出现团块或颗粒状凝块，而盐水滴仍均匀

混浊、无凝固，则为阳性；如两者均无凝固，则为阴性。凡盐水滴与血浆滴均有凝固现象，再进行试管凝固酶试验。

② 试管法：吸取 1∶4 新鲜血浆 0.5 mL，放灭菌小试管中，加入等量待检菌 24 h 肉汤培养物 0.5 mL，混匀，放入 35 ℃±2 ℃温箱或水浴中，每 30 min 观察一次，24 h 之内呈现凝块即为阳性。同时以已知血浆凝固酶阳性和阴性菌株肉汤培养物各 0.5 mL 作阳性与阴性对照。

A.5.2 结果报告

凡在琼脂平板上有可疑菌落生长，镜检为革兰氏阳性葡萄球菌，并能发酵甘露醇产酸，血浆凝固酶试验阳性者，可报告被检样品检出金黄色葡萄球菌。

A.6 溶血性链球菌检测方法

A.6.1 操作步骤

取样液 5 mL 加入到 50 mL 葡萄糖肉汤，35 ℃±2 ℃培养 24 h。

将培养物划线接种血琼脂平板，35 ℃±2 ℃培养 24 h 观察菌落特征。溶血性链球菌在血平板上为灰白色，半透明或不透明，针尖状突起，表面光滑，边缘整齐，周围有无色透明溶血圈。

挑取典型菌落作涂片革兰氏染色镜检，应为革兰氏阳性，呈链状排列的球菌。镜检符合上述情况，应进行下列试验：

a) 链激酶试验：吸取草酸钾血浆 0.2 mL(0.01 g 草酸钾加 5 mL 兔血浆混匀，经离心沉淀，吸取上清液)，加入 0.8 mL 灭菌生理盐水，混匀后再加入待检菌 24 h 肉汤培养物 0.5 mL 和 0.25% 氯化钙 0.25 mL，混匀，放 35 ℃±2 ℃水浴中，2 min 观察一次(一般 10 min 内可凝固)，待血浆凝固后继续观察并记录溶化时间。如 2 h 内不溶化，继续放置 24 h 观察，如凝块全部溶化为阳性，24 h 仍不溶化为阴性。

b) 杆菌肽敏感试验：将被检菌菌液涂于血平板上，用灭菌镊子取每片含 0.04 单位杆菌肽的纸片放在平板表面上，同时以已知阳性菌株作对照，在 35 ℃±2 ℃下放置 18 h～24 h，有抑菌带者为阳性。

A.6.2 结果报告

镜检革兰氏阳性链状排列球菌，血平板上呈现溶血圈，链激酶和杆菌肽试验阳性，可报告被检样品检出溶血性链球菌。

A.7 真菌菌落总数检测

A.7.1 操作步骤

待上述生理盐水样液自然沉降后取上清液作真菌计数，共接种 5 个平皿，每一个平皿中加入 1 mL 样液，然后用冷却至 45 ℃左右的溶化的沙氏琼脂培养基 15 mL～25 mL 倒入每个平皿内混合均匀，琼脂凝固后翻转平皿置 25 ℃±2 ℃培养 7 d，分别于第 3 d、第 5 d、第 7 d 观察，计算平板上菌落数，如果发现菌落蔓延，则以前一次的菌落计数为准。

A.7.2 结果报告

菌落呈片状生产的平板不宜采用。计数符合要求的平板上的菌落，按式(A.2)计算结果：

$$X_2 = B \times \frac{K}{5} \qquad \text{(A.2)}$$

式中：

X_2——真菌菌落总数，单位为菌落形成单位每克(CFU/g)或单位为菌落形成单位每毫升(CFU/mL)；

B——5 块沙氏琼脂培养基平板上的真菌菌落总数；

K——稀释度。

当菌落数在 100 以内，按实有数报告，大于 100 时采用两位有效数字。

如果样品菌落总数超过本标准的规定，则按 A.7.3 进行复检和结果报告。

A.7.3 复检方法

将留存的复检样品依前法复测两次，若两次结果都达到本标准的规定，则判定被检样品合格；若其中有任何一次结果超过本标准规定，则判定被检样品不合格。

ICS 97.200.50
Y 57

中华人民共和国国家标准

GB/T 26175—2010

弹射玩具动能测试方法

Test method to determine the kinetic energy of projectile toys

2011-01-14 发布

2011-06-15 实施

中华人民共和国国家质量监督检验检疫总局
中国国家标准化管理委员会 发布

前 言

本标准的附录 A 为资料性附录。

本标准由中国轻工业联合会提出。

本标准由全国玩具标准化技术委员会(SAC/TC 253)归口。

本标准起草单位:深圳市计量质量检测研究院、广东出入境检验检疫局检验检疫技术中心玩具实验室、昆山创新科技检测仪器有限公司、深圳出入境检验检疫局玩具检测技术中心、扬州进出口玩具检验所、北京中轻联认证中心。

本标准主要起草人:李思源、柯灯明、黄涛、徐晓光、陶泽成、刘炘。

弹射玩具动能测试方法

1 范围

本标准规定了弹射玩具的弹射物动能测试方法。

本标准适用于设计或预定供 14 岁以下儿童玩耍的蓄能弹射玩具、非蓄能的弓箭玩具的动能测试。

2 规范性引用文件

下列文件中的条款通过本标准的引用而成为本标准的条款。凡是注日期的引用文件，其随后所有的修改单(不包括勘误的内容)或修订版均不适用于本标准，然而，鼓励根据本标准达成协议的各方研究是否可使用这些文件的最新版本。凡是不注日期的引用文件，其最新版本适用于本标准。

GB 6675　国家玩具安全技术规范

3 术语和定义

GB 6675 确立的术语和定义适用于本标准。

4 基本原则

在正常使用条件下，选定五次速度读数的最大值计算弹射物的动能。

若玩具不只有一种弹射物，则每种弹射物的动能均应测试、计算。

对于弓箭玩具，如果箭的长度允许，将弓弦尽量拉展，但最大拉展长度应小于或等于 70 cm(如图 1 所示)。

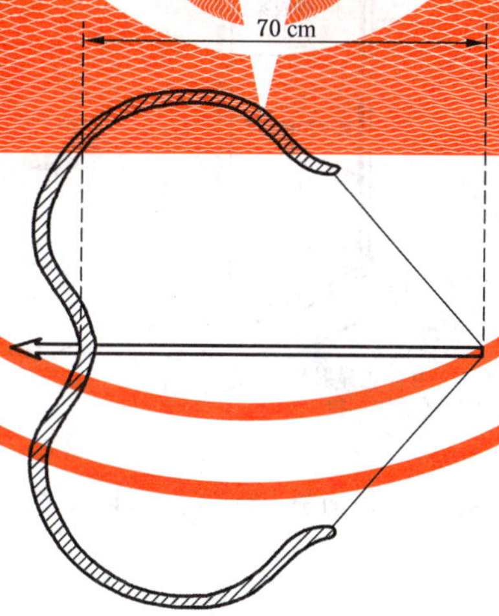

图 1　弓弦最大拉展长度示图

5 方法原理

用于测定弹射物速度的测速仪器主要由两个带有光电感应装置的弹道屏组成，间距为 L。当弹射物接触(或飞至)第一弹道屏时，仪器开始计时，至第二弹道屏时，计时结束，飞行时间为 t，通过两个屏之间的飞行距离和飞行时间可以测出弹射物的飞行速度 v。

根据感应器的不同位置，弹射物动能测试仪器分封闭式和开放式，见图 2 和图 3。弹射动能测试仪器的弹道屏之间距离宜为 100 mm～300 mm。通常测试条件下，弹道屏之间距离设为 200 mm。

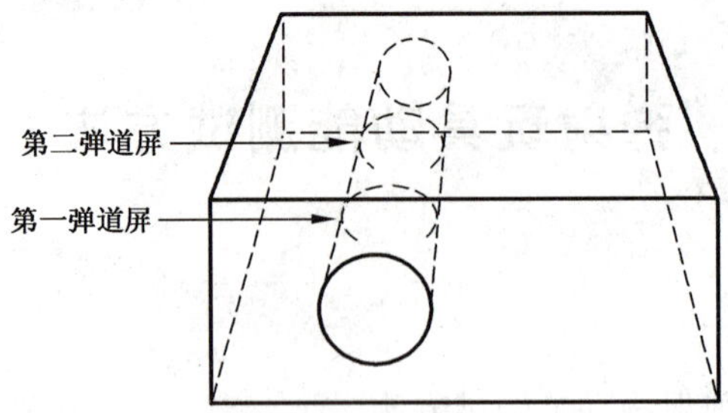

a) 圆形通道

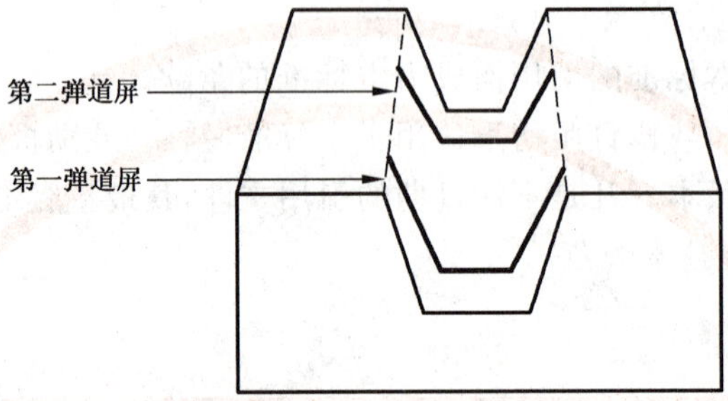

b) U 型通道

图 2　封闭式弹射物动能测试仪

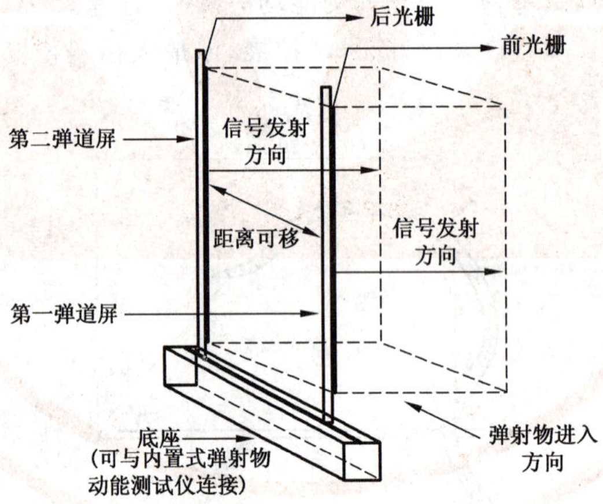

图 3　开放式弹射物动能测试仪

6　仪器精度

6.1　弹射物动能测试仪

对于测速式弹射物动能测试仪,其精度应达到 0.005 J 或 0.001 m/s。

6.2　天平

测定弹射物质量的天平精度应达到 0.001 g。

7　操作步骤

7.1　弹射物动能 E_k 的测定

称量弹射物的质量(m)。

测量弹射物或弓箭长度(L_0)。

进行弹射物速度试验时,发射器端口或弓箭玩具的弦应置于距离第一个弹道屏 L_0 的位置(如图 4 所示)。在正常使用条件下,发射五次,选定五次速度读数的最大值 v,计算弹射物的动能 E_k。

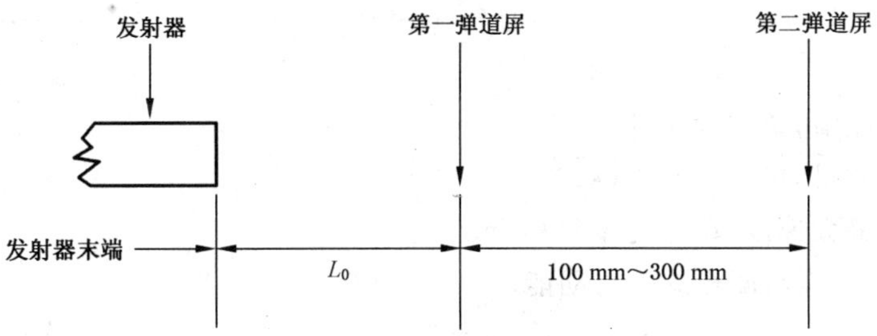

a) 蓄能弹射玩具

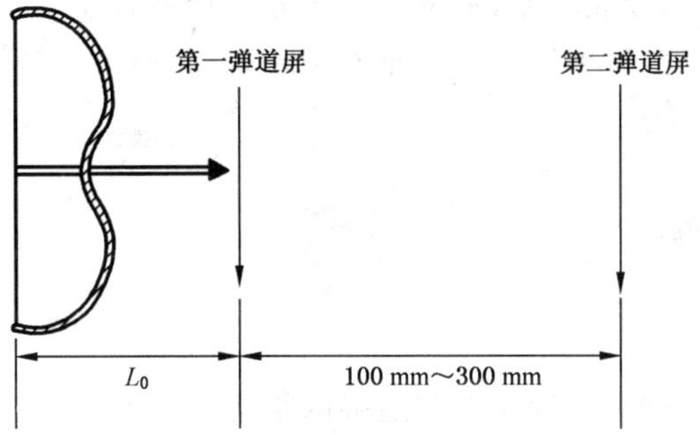

b) 非蓄能的弓箭玩具

图 4 测试弹射物速度示意图

7.2 弹射物撞击面积 A 的测定

按以下方法测定有保护件弹射物的撞击面积 A:

a) 在弹射物的顶端涂上油性印泥,将干净的坐标纸(坐标纸最小格子尺寸为 1 mm×1 mm)平整地固定在木板上组成测试板,或在木板和复写纸间(复写面朝白纸)放一张坐标纸(也可用白纸代替),将其平整地固定在木板上组成测试板,木板表面应平整且无明显凹痕。固定测试板,使其在冲击时不移动。

b) 将被测弹射物按制造商推荐的使用方法装进弹射机构中,向离发射器端口、弹射物前端或弓箭的箭头的距离为 300 mm±5 mm 的垂直表面发射。若发射机构有不止一种速度档,则应以最大速度档发射。

c) 将弹射物发射至纸上。

d) 测量坐标纸或白纸上印记的面积(如图 5 所示),如果印记边缘部分没有覆盖满格,则应估算累加。撞击面积 A 是最少五次测量结果的平均值。

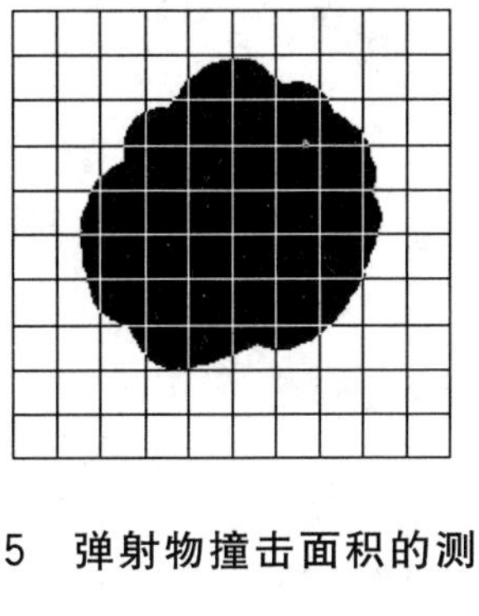

注:每小格尺寸为 1 mm×1 mm。

图 5 弹射物撞击面积的测定

8 计算

使用式(1)计算弹射物在自由飞行时的最大动能 E_k。

$$E_k = mv^2/2 \qquad (1)$$

式中：

E_k——最大的动能值，单位为焦耳(J)；

m——弹射物的质量，单位为千克(kg)；

v——弹射物的最大速度，单位为米每秒(m/s)。

使用式(2)计算单位撞击面积的弹射动能。

$$E_{k,area} = mv^2/2A \qquad (2)$$

式中：

$E_{k,area}$——单位撞击面积的最大动能，单位为焦耳每平方厘米(J/cm²)；

A——弹射物的撞击面积，单位为平方厘米(cm²)。

9 报告

测试报告应包括以下内容：

a) 产品描述；

b) 测试依据及结果；

c) 测试时所采用的第一弹道屏和第二弹道屏的距离。

附 录 A
（资料性附录）
高度法测试弹射动能

A.1 总则

本附录用以对弹射玩具的动能测定提供参考方法。

向上垂直发射弹射物，当弹射物到达最高点时，根据能量守恒定律，假定空气阻力忽略不计，弹射物在自由飞行时的动能 E 全部转化为重力势能 E_p，由此可以根据弹射物的发射高度来计算弹射物动能。

操作玩具并测量弹射物的弹射动能。重复五次并选定高度的最大值，计算弹射物的最大动能。

注：测试时选择无风的，足够空间的区域进行。

A.2 测试方法

向上垂直发射弹射物，并记录弹射物到达最高点的高度，使用式(A.1)计算弹射物在自由飞行时的动能 E。

$$E = mv^2/2 = E_p = mgh \qquad \text{(A.1)}$$

式中：

E——动能值，单位为焦耳(J)；

m——弹射物的质量，单位为千克(kg)；

v——弹射物的速度，单位为米每秒(m/s)；

E_p——重力势能，单位为焦耳(J)；

g——重力加速度，单位为米每二次方秒(m/s²)；

h——弹射物垂直发射到达的最大高度，单位为米(m)。

得到以下换算关系：

$$0.2\ \text{J} = 2.039\,4 \times 10^{-3}\ \text{kg} \cdot \text{m}$$

$$0.5\ \text{J} = 5.098\,6 \times 10^{-3}\ \text{kg} \cdot \text{m}$$

$$0.8\ \text{J} = 8.157\,8 \times 10^{-3}\ \text{kg} \cdot \text{m}$$

注：1 J $= 10.197\,2 \times 10^{-3}$ kg·m，重力加速度“g”的近似标准值为 9.8 m/s²。

ICS 97.040.01
Y 68

中华人民共和国国家标准

GB/T 26176—2010

豆　浆　机

Soymilk maker

2011-01-14 发布　　　　2011-06-01 实施

中华人民共和国国家质量监督检验检疫总局
中国国家标准化管理委员会　发布

前言

本标准按照GB/T 1.1—2009给出的规则起草。

请注意本文件的某些内容可能涉及专利。本文件的发布机构不承担识别这些专利的责任。

本标准由中国轻工业联合会提出。

本标准由全国家用电器标准化技术委员会(SAC/TC 46)归口。

本标准起草单位:九阳股份有限公司、广东省中山市美斯特实业有限公司、美的集团有限公司、广东天际电器有限公司、中国家用电器研究院、广东新宝电器股份有限公司、佛山市顺德区欧科电器有限公司、浙江绍兴苏泊尔生活电器有限公司、金莱克电气股份有限公司、万利达集团有限公司、青岛海尔成套家电服务有限公司、广东洛贝电子科技有限公司、浙江爱仕达电器股份有限公司、宁波出入境检验检疫局电气安全检测中心、山东省标准化研究院。

本标准主要起草人:王旭宁、顾永洪、周益林、戴良才、周伟生、杜鑫、杨彬、胡秋雷、黄理水、熊开胜、雷国娣、张学军、杨斌、陈美荣、高松波、王波。

豆　浆　机

1　范围

本标准规定了家用和类似用途豆浆机(以下简称豆浆机)的术语和定义、分类与型号命名方式、技术要求、试验方法、检验规则、标志、包装、运输、贮存。

本标准适用于额定电压不超过250 V、额定容积不超过2.5 L的豆浆机,对于商用豆浆机参照附录A。

注:用于海拔超过1 000 m地区的豆浆机的要求正在考虑中。

2　规范性引用文件

下列文件对于本文件的应用是必不可少的。凡是注日期的引用文件,仅注日期的版本适用于本文件。凡是不注日期的引用文件,其最新版本(包括所有的修改单)适用于本文件。

GB/T 230　金属洛氏硬度试验(所有部分)

GB/T 1019　家用和类似用途电器包装通则

GB/T 4214.1　声学　家用电器及类似用途器具噪声测试方法　第1部分:通用要求(GB/T 4214.1—2000,eqv IEC 60704-1:1997)

GB/T 4340　金属维氏硬度试验(所有部分)

GB 4706.1　家用和类似用途电器的安全　第1部分:通用要求(GB 4706.1—2005,IEC 60335-1:2001,IDT)

GB 4706.19—2008　家用和类似用途电器的安全　液体加热器的特殊要求(IEC 60335-2-15:2005,IDT)

GB 4706.29　家用和类似用途电器的安全　便携式电磁灶的特殊要求

GB 4706.30—2008　家用和类似用途电器的安全　厨房机械的特殊要求(IEC 60335-2-14:2006,IDT)

GB 4806.1—1994　食品用橡胶制品卫生标准

GB/T 5009.58—2003　食品包装用聚乙烯树脂卫生标准的分析方法

GB/T 5009.62—2003　陶瓷制食具容器卫生标准的分析方法

GB/T 5009.81—2003　不锈钢食具容器卫生标准的分析方法

GB/T 5009.99—2003　食品容器及包装材料用聚碳酸酯树脂卫生标准的分析方法

GB 5296.2　消费品使用说明　第2部分:家用和类似用途电器

GB 9684—1988　不锈钢食具容器卫生标准

GB 9693—1988　食品包装用聚丙烯树脂卫生标准

GB 13116—1991　食品容器及包装材料用聚碳酸酯树脂卫生标准

GB 13121—1991　陶瓷食具容器卫生标准

GB 19778—2005　包装玻璃容器　铅、镉、砷、锑　溶出允许限量

QB/T 2132—2008　植物蛋白饮料　豆奶(豆浆)和豆奶饮料

3　术语和定义

下列术语和定义适用于本文件。

3.1

豆浆机　soymilk maker

至少可制作纯豆浆，也可兼具以谷物、果蔬和水为主要原料制作饮品功能的食品加工器具。制作上述饮品，通常包含食物粉碎、搅拌、加热煮沸等程序。

3.2

纯豆浆　soymilk

用水提取大豆中的蛋白质和其他成分而得到的乳状饮料。

3.3

单功能豆浆机　single function soymilk maker

只能制作纯豆浆的豆浆机。

3.4

多功能豆浆机　multifunctional soymilk maker

除能制作纯豆浆外，还能制作其他饮品的豆浆机。

3.5

标准干大豆　criterion dry soybean

收获后存放不超过12个月的、无虫无霉无污染清洁饱满的、百粒重在(17～21)g之间的、蛋白质含量大于等于40%且小于44%、水分含量不超过13%的东北大豆。

3.6

标准湿大豆　criterion wet soybean

由标准干大豆经(20±2)℃的水中自然浸泡8h，颗粒形体发生变化的大豆。浸泡时的水量为所浸泡干大豆质量的3倍。

3.7

额定容量　rated volume

由制造厂规定的豆浆机制作纯豆浆时制浆容器所允许放入原料的最大容量。

3.8

最小制浆容量　lcast pupling volume

由制造厂规定的豆浆机制作纯豆浆时制浆容器所允许放入原料的最小容量。

3.9

额定容量范围　rated volume range

由制造厂规定的豆浆机制作纯豆浆时制浆容器所允许放入原料的容量范围。

3.10

额定负载　rated volume load

按照使用说明规定的额定容量对应的水的质量和标准湿大豆或标准干大豆质量的总和。

3.11

正常工作　normal operation

豆浆机在额定电压下并加入额定负载的条件下，进行制作纯豆浆的工作状态。

3.12

制浆时间　manufacture time

豆浆机完成一次制浆过程所用的时间。

注：具有预约功能(定时开机)的豆浆机，应在预约时间到的时刻开始计时。

3.13

出渣率　rate of the filtered residue

豆浆机所制作的纯豆浆，经规定目数的标准筛网过滤后，所产生的干豆渣与所使用的干大豆的质量之比,用百分数表示。

3.14

焦糊　brown

豆浆机工作时电热元件或制浆容器内表面上产生的严重发黄或发黑物质的现象。

3.15

粉碎装置　crumble device

豆浆机上能将固体原料粉碎的装置。

4　分类与型号命名方式

4.1　按功能分类

a）单功能豆浆机;

b）多功能豆浆机。

4.2　型号命名方式

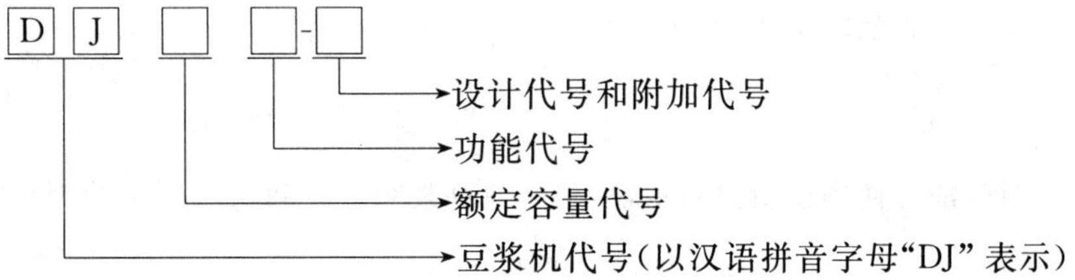

其中:

——额定容量代号,用两位阿拉伯数字表示,单位是百毫升;

——功能代号,按4.1分类,用一位汉语拼音字母表示,单功能豆浆机,用“A”表示;多功能豆浆机,用“B”表示;

——设计代号和附加代码,用不多于六位的汉语拼音字母和阿拉伯数字组合表示。

示例1:DJ15A-01,表示单功能豆浆机,额定容量为1 500 mL,第一款产品设计。

示例2:DJ12B-02A,表示多功能豆浆机,额定容量为1 200 mL,第二款产品第一次改进设计。

5　技术要求

5.1　正常工作环境要求

豆浆机在下列室内环境条件下应能正常工作:

a）周围空气温度(0～40)℃;

b）空气的相对湿度不大于90%;

c）海拔高度不超过1 000 m;

d）电源:交流电压单相(220±22)V,频率(50±1)Hz;

e）无显著振动、腐蚀性气体、易燃性气体的场所。

5.2　安全要求

豆浆机应满足GB 4706.1、GB 4706.19—2008和GB 4706.30—2008的适用要求,对于采用电磁加热方式的豆浆机还应满足GB 4706.29的适用要求。

5.3 性能要求

5.3.1 容量偏差

实测制浆容器的上标注线容量与额定容量的偏差应在±5%范围内。实测制浆容器的下标注线容量与最小制浆容量的偏差应在±5%范围内。

5.3.2 粉碎装置硬度

粉碎装置刃口部分的金属洛氏硬度应达到33 HRC～44 HRC。

5.3.3 防焦糊

豆浆机应具有足够的防焦糊能力,冲洗后的电热元件表面或制浆容器表面所粘附物质的颜色判定应不超过PANTONE 7508C的色泽深度。

颜色判定见附录B的规定。

5.3.4 噪声

豆浆机正常工作时产生的噪声A计权声功率级应不大于80 dB。

5.3.5 制浆时间偏差

纯豆浆的制浆时间应在使用说明中明示,实测的纯豆浆制浆时间与所明示的制浆时间的偏差不应超过5%。

5.3.6 防溢

豆浆机在制浆过程中不应有溢出现象。

5.3.7 升耗电量

豆浆机制作纯豆浆的升耗电量不应超过170 W·h/L。

豆浆机主要性能分级的升耗电量项目按照附录C表C.1的规定进行。

5.4 制浆能力要求

5.4.1 总固形物

豆浆机所制作的纯豆浆的总固形物含量不低于3.2 g/100 mL。

豆浆机主要性能分级的总固形物项目按照附录C表C.2的规定进行。

5.4.2 煮熟度

豆浆机所制作的豆浆中的脲酶活性应为阴性。

5.4.3 出渣率

豆浆机制作纯豆浆时的出渣率应不高于30%。

5.5 可洗净性

与饮品接触的表面应能拆卸清洗或使用随机提供的工具进行清洁,清洁后不应残留有可见物质。

具有自清洗功能的豆浆机在执行一次自清洗功能后,与饮品接触的部件表面不应残留有可见物质。

5.6 多功能豆浆机的其他性能要求

除符合制作纯豆浆的要求外，还应按使用说明的规定制作一种以大豆和谷类为配方的饮品的要求应满足5.3.6、5.4.2以及5.5的规定。

5.7 正常工作寿命

豆浆机的正常工作寿命应不低于600个工作循环。

豆浆机经受600个工作循环后，应至少能正常工作一次，并把制作出的豆浆、豆渣混合液经50目标准筛网(方形孔边长0.3 mm、直径200 mm的圆形筛网)自然过滤，过滤时距离网面(15～20)cm并沿网面均匀过滤，过滤后的纯豆浆的总固形物含量不应低于2.7 g/100 mL，豆浆机的出渣率不应高于35%；不得出现电机不工作、不加热或其固定件开裂现象；刀片不得出现断裂现象；杯体、壳体不得出现开裂现象。

5.8 与饮品接触的部件的卫生要求

5.8.1 不锈钢食具容器卫生应符合GB 9684—1988中第3章的要求。

5.8.2 食品用橡胶制品卫生应符合GB 4806.1—1994中第3章的要求。

5.8.3 聚碳酸酯原材料卫生应符合GB 13116—1991中第3章的要求。

5.8.4 聚丙烯树脂材料制品卫生应符合GB 9693—1988中第2章的要求。

5.8.5 玻璃制品卫生应符合GB 19778—2005第4章的要求。

5.8.6 陶瓷食具容器卫生应符合GB 13121—1991中3.2的要求。

5.8.7 其他材料制品应符合相应的国家标准和行业标准，或经相关机构检验证明符合国家食品卫生要求。

6 试验方法

6.1 试验的一般要求

6.1.1 试验环境

——在无强制空气对流的环境中进行试验；

——周围空气温度(20±5)℃；

——空气的相对湿度(45～75)%；

——大气压力不低于89.9 kPa(对应海拔1 000 m)的场所进行；

——电源：交流电压单相(220±2.2)V，频率(50±1)Hz；

——试验用水：生活饮用水。

6.1.2 试验用仪器、仪表

表1 测量仪表的准确度要求

名　称	准确度要求
电气测量仪表	测量值的±0.5%
温度测量仪表	±0.5 ℃
时间测量仪表	测量值的±0.2%
质量测量仪表	±0.1 g
其他测量仪表和设备	准确度应满足试验条件要求

6.2 安全试验

豆浆机的安全试验应按 GB 4706.1、GB 4706.19—2008 和 GB 4706.30—2008 规定的试验方法进行,对于采用电磁加热的豆浆机还应按 GB 4706.29 规定的试验方法进行。

6.3 性能试验

6.3.1 容量偏差试验

称量制浆容器质量 M_0;

将制浆容器水平放置,依次向容器内注入(25±5)℃的水至容量上标注线(对于不透明容器,以 45°±5°的视角观察加水至上标注线上沿)和容量下标注线(对于不透明容器,以 45°±5°的视角观察加水至下标注线上沿),分别称量制浆容器和水的总质量 M_1 和 M_2;

分别按式(1)和式(2)计算制浆容器实际容量 V_1 和 V_2:

$$V_1=(M_1-M_0)/\rho \quad \cdots\cdots(1)$$

$$V_2=(M_2-M_0)/\rho \quad \cdots\cdots(2)$$

式中:

M_0——制浆容器质量,单位为克(g);

M_1——注水至容量上标注线时制浆容器和水的总质量,单位为克(g);

M_2——注水至容量下标注线时制浆容器和水的总质量,单位为克(g);

V_1——计算出的容量上标注线的实际容量,单位为毫升(mL);

V_2——计算出的容量下标注线的实际容量,单位为毫升(mL);

ρ——水的密度,取值 1 g/mL。

分别按式(3)和式(4)计算出制浆容器实际容量偏差 β_1 和 β_2:

$$\beta_1=(1-V_1/V_{e1})\times100\% \quad \cdots\cdots(3)$$

$$\beta_2=(1-V_2/V_{e2})\times100\% \quad \cdots\cdots(4)$$

式中:

β_1——额定容量偏差,百分号前的数值保留一位小数;

β_2——最小制浆容量偏差,百分号前的数值保留一位小数;

V_1——计算出的容量上标注线的实际容量,单位为毫升(mL);

V_2——计算出的容量下标注线的实际容量,单位为毫升(mL);

V_{e1}——豆浆机的额定容量,单位为毫升(mL);

V_{e2}——豆浆机的最小制浆容量,单位为毫升(mL)。

6.3.2 粉碎装置硬度试验

按 GB/T 230 或 GB/T 4340 用洛氏或维氏硬度计进行测量,在粉碎刀刃口附近(1~2)mm 处测两点,每片刀片上的硬度值均为其两点平均值,粉碎刀的硬度值为各刀片平均硬度值的平均值。采用维氏硬度计测量的结果,应换算成洛氏硬度值。

6.3.3 防焦糊试验

豆浆机在 1.06 倍的额定电压条件下,加入 1.6 倍的使用说明规定的标准干大豆或标准湿大豆量,然后加入水至最小制浆容量,工作一个周期。

试验后使用口径 DN15 的水龙头对电热元件表面或制浆容器内表面以 30°±5°的角度连续冲洗 30 s,水流量设定为(0.25±0.05)L/s,在水龙头出水口距离电热元件表面或制浆容器内表面(5±1)cm

处冲洗。

6.3.4 噪声试验

豆浆机的噪声试验按 GB/T 4214.1 规定的方法试验，在半消音室内进行测试，以确定 A 计权声功率级。

按使用说明的规定，加入标准湿大豆(具有标准干大豆功能的豆浆机应采用标准干大豆进行试验)和水至额定容量范围的中间值，进行一次制作纯豆浆试验。

6.3.5 制浆时间偏差试验

在环境温度为(23±2)℃条件下，采用温度与环境温度相差不超过 1 ℃的原料。

按使用说明的规定，豆浆机在额定加热功率和额定容量范围中间值的条件下进行纯豆浆制浆试验。

启动纯豆浆制浆功能，采用时间测量仪表开始计时，在豆浆机工作完成时记录测量仪表指示的时间 T_1。

按式(5)计算制浆时间偏差：

$$\sigma=\frac{T_1-T_0}{T_0}\times 100\% \qquad \cdots\cdots(5)$$

式中：

σ ——制浆时间偏差；

T_0——使用说明明示的制浆时间，单位为分钟(min)；

T_1——实测的制浆时间，单位为分钟(min)。

6.3.6 防溢试验

豆浆机在额定电压条件下，加入蒸馏水和使用说明规定的标准干大豆量或标准湿大豆量进行一次制作纯豆浆试验，在试验过程中豆浆不能溢出制浆容器。

6.3.7 升耗电量试验

在环境温度为(23±2)℃条件下，采用温度与环境温度相差不超过 1 ℃的原料。

豆浆机在额定电压条件下，加入水和使用说明规定的标准干大豆量或标准湿大豆量至额定容量 V_e，进行一次制作纯豆浆试验，试验时在豆浆机和电源之间连接一个电能表，测量出一次制浆所消耗的电能 E，并计算出制作 1 000 mL 纯豆浆所消耗的电量，即升耗电量 η。

按式(6)计算出制作 1 000 mL 纯豆浆的升耗电量 η:

$$\eta=\frac{E}{V_e} \qquad \cdots\cdots(6)$$

式中：

η ——升耗电量，单位为瓦时每升(W·h/L)；

E ——一次制浆消耗的电能，单位为瓦时(W·h)；

V_e——额定容量，单位为升(L)。

6.4 制浆能力试验

豆浆机正常工作一次，把制作出的豆浆、豆渣混合液经 50 目标准筛网(方形孔边长 0.3 mm、直径 200 mm 的圆形筛网)自然过滤，过滤时距离网面(15～20)cm 并沿网面均匀过滤。把过滤产生的纯豆浆搅匀立即均分成两份，分别倒入两个 500 mL 的干净烧杯 A 和 B 中，自然冷却至(23±2)℃后去除表面形成的凝结固形物，备用。

6.4.1 总固形物试验

分别在烧杯A和烧杯B的液面下(20±2)mm处取10 mL纯豆浆,按QB/T 2132—2008中5.2.1规定的方法进行总固形物试验。

同时具备标准干大豆和标准湿大豆功能的豆浆机,其总固形物试验结果以高的试验结果为准。

6.4.2 煮熟度试验

分别在烧杯A和烧杯B的液面下(20±2)mm处取(1.0～4.0)mL纯豆浆,按QB/T 2132—2008附录A规定的方法进行豆浆脲酶的定性试验。

6.4.3 出渣率试验

选取适量的试验用标准干大豆和振动筛分仪的50目标准筛网(方形孔边长0.3 mm、直径200 mm的圆形筛网),同时放入恒温干燥箱内,在(105±2)℃下烘干至恒重[烘干(30～60)min取出,置于干燥器内冷却至室温,取出称重,再烘干30 min,烘干至前后两次质量差不超过0.1 g即为恒重]。取出后称重空的50目标准筛网质量为M'_1,并将筛网放入三维正弦波振动筛分仪中。

在正常工作条件下按使用说明的规定称量质量为M'_0的标准干大豆(对于使用说明规定标准湿大豆制浆的豆浆机应把称量的质量为M'_0的标准干大豆泡制成标准湿大豆)和水进行正常工作制浆试验。将制作出豆浆和豆渣的混合液全部倒入筛网中,设定振动筛分仪的振幅为1.5 mm、频率为50 Hz、水流量为(0.2～0.25)L/s,按工作1 min,停止5 s进行振动试验,累计试验5 min。

试验后,取出50目标准筛网连同豆渣放入恒温干燥箱内,在(105±2)℃下烘干至恒重,称量50目标准筛网与干豆渣总质量为M'_2。

按式(7)计算出渣率:

$$\delta=\frac{M'_2-M'_1}{M'_0}\times 100\% \qquad \cdots\cdots(7)$$

式中:

δ ——出渣率;

M'_0——烘干的标准干大豆质量,单位为克(g);

M'_1——50目标准筛网的质量,单位为克(g);

M'_2——50目标准筛网和干豆渣的总质量,单位为克(g)。

6.5 可洗净性试验

豆浆机在制作纯豆浆完成后立即通过拆卸可拆卸部件和使用随机清洗工具进行实际清洗,判定其符合性。

具有自清洗功能的豆浆机在制作纯豆浆完成后立即进行一次自清洗,判定其符合性。

6.6 多功能豆浆机的其他要求试验

对于多功能豆浆机还应按使用说明的规定制作一种以大豆和谷类为配方的饮品试验,参照6.3.6、6.4.2以及6.5的方法进行。

6.7 正常工作寿命试验

豆浆机在额定电压下,加入标准湿大豆(具有标准干大豆功能的豆浆机应采用标准干大豆进行)和水至额定容量,进行制浆试验。

制浆完成后倒出豆浆,并把豆浆机清洗干净,冷却至室温为一个工作循环。

6.8 与食物接触的部件的卫生要求试验

6.8.1 不锈钢材料制品试验

按照 GB/T 5009.81—2003 中第 3 章～第 6 章的规定试验。

6.8.2 橡胶材料制品试验

按照 GB 4806.1—1994 中第 4 章的规定试验。

6.8.3 聚碳酸酯原材料卫生试验

按照 GB/T 5009.99—2003 中第 3 章、第 4 章规定分析试验。

6.8.4 聚丙烯树脂材料制品试验

按照 GB/T 5009.58—2003 中第 2 章、第 5 章规定的方法试验。

6.8.5 玻璃制品卫生试验

按照 GB 19778—2005 中第 5 章、第 6 章的检验方法试验。

6.8.6 陶瓷制品卫生试验

按照 GB/T 5009.62—2003 中第 3 章～第 7 章的分析方法试验。

6.8.7 其他材料制品试验

应按照相应的国家标准和行业标准的要求进行试验。

7 检验规则

7.1 总则

检验分例行检验和型式检验。

7.2 例行检验

在生产过程的末端对豆浆机进行的 100%的检验。

例行检验的项目至少应包括标志、泄漏电流、电气强度、接地电阻(仅对Ⅰ类器具)。

例行检验的方法可参照 GB 4706.1,GB 4706.19—2008 和 GB 4706.30—2008 结合生产状况以及强制性产品认证的相关规则由企业自行规定。

例行检验的结果应全部合格。

7.3 型式检验

7.3.1 当出现下列条件之一时,应进行型式检验:

a) 新产品投产前;

b) 老产品转移生产场地时;

c) 正式生产后,如设计、材料、工艺、结构有较大的改变可能影响豆浆机合格性时;

d) 正常批量生产时(每年一次);

e) 豆浆机停产达到半年后恢复生产时。

7.3.2 型式检验的项目应包括 GB 4706.19—2008、GB 4706.30—2008 及本标准所有适用要求。

除新产品外，型式检验的样品应从例行检验合格的产品中抽取，抽取数量由企业自行决定。

8 标志、包装、运输、贮存

8.1 标志

8.1.1 产品标志除应符合 GB 4706.19—2008、GB 4706.30—2008 的第 7 章和 GB 5296.2 的相关规定，还应包含按附录 C 规定的主要性能分级所对应的标志。

8.1.2 包装标志应符合 GB/T 1019 规定的适用内容。

8.2 包装

包装应确保将豆浆机送达用户时，完好无损，能正常工作。

8.3 运输

运输豆浆机所采用的方式，应不会导致豆浆机因振动和碰撞而损坏。

8.4 贮存

豆浆机应在干燥、通风良好、无腐蚀性气体的仓库中贮存。

附 录 A
（资料性附录）
商用豆浆机

对于商用豆浆机，本附录做如下的修改：

1 范围

该章增加下述内容：

本附录规定了商用豆浆机的特殊技术要求和试验方法。

2 规范性引用文件

该章增加下述内容：

GB 4706.35 家用和类似用途电器的安全 商用电煮锅的特殊要求(GB 4706.35—2008，IEC 60335-2-47:2002，IDT)

GB 4706.38 家用和类似用途电器的安全 商用电动饮食加工器具的特殊要求(GB 4706.38—2008，IEC 60335-2-64:2002，IDT)

GB 4706.52 家用和类似用途电器的安全 商用电炉灶、烤箱、灶和灶单元的特殊要求(GB 4706.52—2008，IEC 60335-2-36:2008，IDT)

3 术语和定义

该章增加下述条款：

3.101

商用豆浆机 commercial soymilk maker

用于例如餐馆、食品店、医院的厨房和诸如面包房、肉食店之类场所的豆浆机(以下简称“器具”)。

5 技术要求

5.1 正常工作环境要求

c） 海拔高度不超过 1 500 m；

5.2 安全要求

该条增加下述内容：

对于商用豆浆机还应满足 GB 4706.35、GB 4706.52 和 GB 4706.38 的安全要求。

5.3 性能要求

5.3.1 容量偏差

实测制浆容器的上标注线容量与额定容量的偏差应在±10%范围内。

5.3.4 噪声

器具正常工作时产生的噪声A计权声功率级应不大于85 dB。

5.3.7 升耗电量

器具制作纯豆浆的升耗电量不应超过300 W·h/L。

5.4 制浆能力要求

5.4.1 总固形物

器具所制作的纯豆浆的总固形物含量不低于3.5 g/100 mL。

5.7 正常工作寿命

豆浆机的正常工作寿命应不低于1 000个工作循环。

附 录 B
（规范性附录）
焦糊色泽判定图

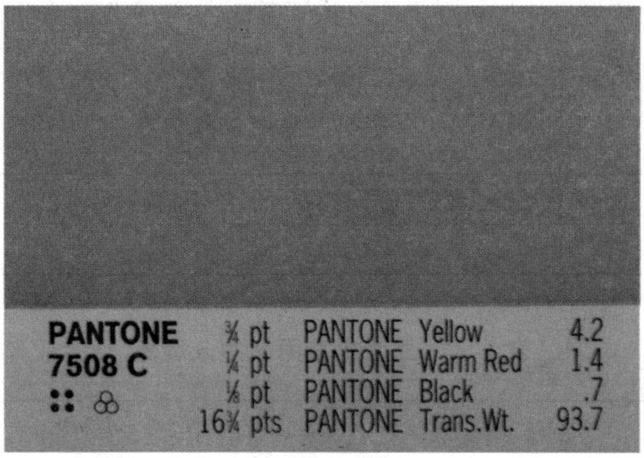

图 B.1

附　录　C
（规范性附录）
豆浆机主要性能分级

C.1　豆浆机主要性能的分级分别按照升耗电量、总固形物分为1级、2级、3级。

C.2　表C.1、表C.2中的等级指标是在豆浆机的其他项目（正常工作寿命除外）必须符合本标准要求的前提下进行的。

表C.1　豆浆机升耗电量分级表

检测项目	单位	1级	2级	3级
升耗电量	W·h/L	≤110	≤140	≤170

表C.2　豆浆机总固形物分级表

检测项目	单位	1级	2级	3级
总固形物	g/100 mL	≥4.4	≥3.9	≥3.2

参 考 文 献

[1] GB 4706.35 家用和类似用途电器的安全 商用电煮锅的特殊要求(GB 4706.35—2008,IEC 60335-2-47:2002,IDT)

[2] GB 4706.38 家用和类似用途电器的安全 商用电动饮食加工器具的特殊要求(GB 4706.38—2008,IEC 60335-2-64:2002,IDT)

[3] GB 4706.52 家用和类似用途电器的安全 商用电炉灶、烤箱、灶和灶单元的特殊要求(GB 4706.52—2008,IEC 60335-2-36:2008,IDT)

ICS 17.180.20
K 70

中华人民共和国国家标准

GB/T 26177—2010/CIE 53—1982

辐射度计和光度计性能的评价方法

Methods of characterizing the performance of radiometers and photometers

(CIE 53—1982,IDT)

2011-01-14 发布　　2011-06-01 实施

中华人民共和国国家质量监督检验检疫总局
中国国家标准化管理委员会　发布

前　言

本标准等同采用 CIE 53—1982《辐射度计和光度计性能的评价方法》(英文版)。

本标准等同翻译 CIE 53—1982。

为便于使用,本标准做了下列编辑性修改:

a）“本技术报告”一词改为“本标准”;

b）用小数点“.”代替作为小数点的“,”。

本标准由中国轻工业联合会提出。

本标准由全国照明电器标准化技术委员会(SAC/TC 224)归口。

本标准起草单位:国家电光源质量监督检验中心(北京)、杭州远方光电信息有限公司、中国质量认证中心、北京电光源研究所。

本标准主要起草人:华树明、潘建根、李维泉、江姗。

本标准首次发布。

引　言

本标准概述了辐射度计和光度计特性的评价方法，特别是光度计的特性。

对于评价极其重要的误差，本标准给出了量化方法。这些误差包括：校准中的系统误差；由非标准光谱响应引起的误差；辐照度（照度）、球面辐照度（照度）、柱面辐照度（照度）或辐亮度（亮度）的非标准空间评价；非线性度；疲劳及温度系数。

本标准还建议了评定其他误差重要性的方法。这些误差包括：读数误差、调制辐射的影响、偏振的影响、非均匀性响应、响应率的不稳定性、零点漂移等。

本标准涉及了评估光度仪器和辐射度仪器的一般问题。今后将给出评价每一类型仪器的数值要求。

本标准给出了五种特殊光源的相对光谱分布表，可用来估计测量探头的 $V(\lambda)$ 校正量。

辐射度计和光度计性能的评价方法

1 总则

1.1 目的

本标准的目的是尽可能地提出一种客观的方法，通过该方法使用者可以评价特定用途的辐射度计和光度计的特性。在辐射度计或光度计的使用中的重要因素并且是本评估系统组成部分的因素，也可作为制造商改进辐射度计或光度计仪器的指导。辐射度仪器代表任何用于测量光学辐射的装置，因此包括光度计，因为它有一个特定的光谱响应。

辐射度计的评估包括大量的特性，这些特征可以看作相互独立。一些特性引起可以被量化的特定相关误差，这样依据每一特性可将仪器进行分级。而其他特性目前不能被量化，对这些特性的分级是一种主观的或定性的。

1.2 误差

辐射度学中，那些由于不准确的校准程序、不正确的维护、由于技术欠缺引入的杂散光、不准确的灯方向，和不准确的距离测量等引起的误差，在此不考虑。即便仪器非常完美，以上误差也会存在。

第3章中每一项的误差的允许范围只能由使用者建立。独立误差 f_i 的总和一定不能超过最大允许误差。当误差大部分为大小和方向都确定的系统误差而不是具有不确定大小和方向的随机误差时，用 $[\sum_i (f_i)^2]^{1/2}$ 计算累积误差是不恰当的。当误差稳定并且建立得很好，同时等于(或超过) 在测量中最大允许误差的一个重要部分时，使用者应该(必须)尽其所能修正这些误差。

对于单一测量中由于特定原因导致的误差，在进行误差评价时，应作为系统误差加以标准偏差。在该过程中系统偏差可以通过修正消除，并且独立标准偏差平方和的方根可以作为不确定度的指标。预期系统误差可以进行修正，但没有可以用于由这种特定误差造成的仪器读数中标准偏差的修正。

大多数特性依赖于一些影响量，因此，当确定装置输出所依赖的某一变量时，将其他参数确定在一代表值或平均值上是很重要的。例如，要确定光谱响应度，辐射应该是非偏振的并且正常(或者如更合适的话，是在一指定立体角内均匀地)入射；辐照度应一致并覆盖探测器的所有或一特定的部分；环境温度应为 25 ℃*，辐射应稳定。

1.3 范围

本标准适于所有光度计和辐射度计设备，包括用于以下测量的设备：亮度、光通量、照度(球面和圆柱面照度)、光强、曝光量(光的量)和具有明确的目标光谱响应的与这些量相等的辐射度。

1.4 确定和描述误差的程序

1.4.1 可用的程序

一种是用每个设备提供详细的测量，据此可以计算每一种特定测量的误差。一种是选择一些测量情况并计算出每一情况的预期误差。使用者需要判断哪一种情况最接近他目前测量的实际情况以便决定预期什么样的误差。一些使用者可能仅需要最大预期误差以保证其测量误差低于一个预先确定的水平。

1.4.2 推荐的程序

尽可能给出了确定不同类型误差的方法和对它们定量评价的数学描述。一些误差的表示也可以用作修正因数，鼓励制造商使用这些方法，尤其是对一些较高水平的仪器。

一些其他的误差表示采用平均值方式，仅能用于估计测量的可能误差。然而，这些可能作为使用者

* ISO 3205:1976 推荐 23 ℃，但是 CIE 和 IEC 标准当前是 25 ℃。

根据不同的测量情况选择设备的指导，因此，鼓励制造商使用这些误差描述，在可能的情况下评价其单独设备的误差以及这些值的不确定度，或对于较低等级的设备，作为给定类型仪器的明确允差限值。

2 定义

在下列定义中，角标“e”用于指示能量的量，角标“v”和“p”用于表示光和光子的量。

2.1

（光辐射）探测器　detector（of optical radiation）

对入射的光辐射会产生可测量物理效应的装置。

2.2

辐射度计（光度计）探头　radiometer（photometer）head

物理光度计的一部分，该部分包含探测器和其光谱和空间校准工具。

2.3

影响量　influence quantity

一种可能会在仪器指示中产生不希望的变化的量（不是测量量）。

注：一般的包括如温度、温度变化率、电源电压、湿度等。

2.4

响应度（灵敏度）　responsivity（sensitivity）

探测器输出量（Y）与输入量（X）的商。

$$符号：s，s=Y/X \quad \cdots\cdots（2.1）$$

注1：在没有辐射照度的情况下，如果探测器的输出为（Y_ω），而测量的总的探测器输出是 Y_t，则由探测器输入（X）产生的探测器输出（Y）为 $Y=Y_t-Y_\omega$。

注2：如果 X 代表辐射量，使用术语辐射响应度 s_e；如果 X 代表光度量，使用术语光度响应度 s_v。用术语光谱响应度 $s(\lambda)$，辐射输入量 $X_{e\lambda}$ 的光谱集中和相对光谱分布 $S(\lambda)$ 得到：

$$辐射响应度 \quad s_e=\frac{\int_0^\infty X_{e\lambda}s(\lambda)\mathrm{d}\lambda}{\int_0^\infty X_{e\lambda}\mathrm{d}\lambda}=\frac{\int_0^\infty S(\lambda)s(\lambda)\mathrm{d}\lambda}{\int_0^\infty S(\lambda)\mathrm{d}\lambda} \quad \cdots\cdots（2.2）$$

$$光度响应度 \quad s_V=\frac{\int_0^\infty X_{e\lambda}s(\lambda)\mathrm{d}\lambda}{K_m\int_0^\infty X_{e\lambda}V(\lambda)\mathrm{d}\lambda}=\frac{\int_0^\infty S(\lambda)s(\lambda)\mathrm{d}\lambda}{K_m\int_0^\infty S(\lambda)V(\lambda)\mathrm{d}\lambda} \quad \cdots\cdots（2.3）^*$$

其中 K_m 是最大光谱光视效率，$V(\lambda)$ 是光谱光视效率。

注3：响应度依赖于相对光谱分布，而且它可能依赖入射辐射的偏振及方向、辐照均匀性、探测器的温度及电路。如果探测器的输出量与输入量不成比例，响应度也依赖于探测器输入量的值。

2.5

光谱响应度　spectral responsivity

2.5.1

绝对光谱响应度　absolute spectral responsivity

探测器输出［$\mathrm{d}Y(\lambda)$］与探测器输入［$\mathrm{d}X_e(\lambda)=X_{e\lambda}\cdot\mathrm{d}\lambda$，$\lambda$ 为波长］的商。

符号：$s(\lambda)$

$$s(\lambda)=\frac{\mathrm{d}Y(\lambda)}{\mathrm{d}X_e(\lambda)} \quad \cdots\cdots（2.4）$$

* 由于分别取0和∞作为发光的量的集合的极值，在使用 $s(\lambda)$ 时，当函数值达到零的时候停止积分。若使用 $V(\lambda)$，目前使用360 nm和830 nm作为实际区间极值。

2.5.2

相对光谱响应度　relative spectral responsivity

在波长 λ 处的光谱响应度 $s(\lambda)$ 与参照波长 λ_0 处的光谱响应度的比。

符号：$s(\lambda)_{\mathrm{rel}}$

$$s(\lambda)_{\mathrm{rel}}=\frac{s(\lambda)}{s(\lambda_0)} \qquad \cdots\cdots(2.5)$$

注 1：有时用 s_{m} 的均值代替 $s(\lambda_0)$。

$$s_{\mathrm{m}}=\frac{\int_{\lambda_1}^{\lambda_n}s(\lambda)\mathrm{d}\lambda}{\lambda_n-\lambda_1}=\frac{\sum_{i=1}^{n}s(\lambda_i)\Delta\lambda_i}{\lambda_n-\lambda_1} \qquad \cdots\cdots(2.6)$$

λ_1 和 λ_n 是波长区间极值，用于归一化。

注 2：如果探测器的输出量与探测器的输入量不成比例，一般可能定义一个独立于探测器输出量的值的相对光谱响应度，作为探测器输出量的等值量。用明确的值 X_{e} 和 Y 得到：

$$s(\lambda)_{\mathrm{rel}}=\frac{s(\lambda)}{s(\lambda_0)}=\frac{X_{\mathrm{e}}(\lambda_0)}{X_{\mathrm{e}}(\lambda)};\qquad Y(\lambda)=Y(\lambda_0) \qquad \cdots\cdots(2.7)$$

2.6

相对响应度　relative responsivity

探测器被辐射 Z 照射的响应度 $s(Z)$ 与其被基准辐射 N 照射的响应度 $s(N)$ 的比例。

符号：$\alpha(Z)$

$$\alpha(Z)=\frac{s(Z)}{s(N)} \qquad \cdots\cdots(2.8)$$

注 1：带有相对光谱分布 $S(\lambda)_z$ 的量的测量值 $X(Z)_{\mathrm{meas}}$ 可以根据相对光谱响应度 $\alpha(Z)$ 校正到真实值 $X(Z)$。

$$X(Z)=\frac{1}{\alpha(Z)}X(Z)_{\mathrm{meas}} \qquad \cdots\cdots(2.9)$$

注 2：如果已知相对光谱响应 $S(\lambda)_{\mathrm{rel}}$，相对光谱分布 $S(\lambda)_{\mathrm{N}}$ $S(\lambda)_{\mathrm{Z}}$，相对响应度可以计算：

相对辐射响应度：

$$\alpha_{\mathrm{e}}(Z)=\frac{\int_0^{\infty}S(\lambda)_{\mathrm{Z}}s(\lambda)_{\mathrm{rel}}\mathrm{d}\lambda}{\int_0^{\infty}S(\lambda)_{\mathrm{Z}}\mathrm{d}\lambda}\times\frac{\int_0^{\infty}S(\lambda)_{\mathrm{N}}\mathrm{d}\lambda}{\int_0^{\infty}S(\lambda)_{\mathrm{N}}s(\lambda)_{\mathrm{rel}}\mathrm{d}\lambda} \qquad \cdots\cdots(2.10)$$

相对光度响应度：

$$\alpha_{\mathrm{V}}(Z)=\frac{\int_0^{\infty}S(\lambda)_{\mathrm{Z}}s(\lambda)_{\mathrm{rel}}\mathrm{d}\lambda}{\int_0^{\infty}S(\lambda)_{\mathrm{Z}}V(\lambda)\mathrm{d}\lambda}\cdot\frac{\int_0^{\infty}S(\lambda)_{\mathrm{N}}V(\lambda)\mathrm{d}\lambda}{\int_0^{\infty}S(\lambda)_{\mathrm{N}}s(\lambda)_{\mathrm{rel}}\mathrm{d}\lambda} \qquad \cdots\cdots(2.11)$$

注 3：如果在大多数情况下探测器的输出与输入不成比例，如涉及探测器输出的等值量，可以定义一个独立于探测器输出的相对响应度。也运用式(2.9)得到：

$$\alpha(Z)=\frac{s(Z)}{s(N)}=\frac{X(N)}{X(Z)};\quad Y(N)=Y(Z) \qquad \cdots\cdots(2.12)$$

注 4：相对响应度的倒数被称为光谱校准系数。

注 5：相对响应度在一些应用地区和一些国家称作光化度。

2.7

线性度　linearity

线性度是探测器输出量与输入量成比例的特性。而响应度在特定输入范围是常数。

注 1：探测器一般仅在一特定输入范围内是线性的，这一范围之外是非线性的，必须说明这一范围。

注 2：探测器的线性范围可能会受到使用了不当电路的影响。

2.8　**其他术语和定义**

由于本标准基本目的在于说明辐射亮度(亮度)计和辐照度(照度)计,因此总结辐射亮度(亮度)和辐照度(照度)的定义以方便读者。

2.8.1

(在给定方向上,在光源或探测器表面上的某一点或在光束路径上的某一点的)辐射亮度　radiance (in a given direction, at a point on the surface of a source or a detector, or at a point in the path of a beam)

离开、到达或通过这点表面的一个元素,并在包含给定方向立体角元的辐射通量(ϕ)除以立体角元(Ω)和表面元(dA)投射到给定方向垂直平面的面积的乘积。

符号 L_1,L_e

$$L = \frac{d^2\phi}{d\Omega \cdot dA \cdot \cos\varepsilon} \quad \cdots\cdots(2.13)$$

这里 ε 是表面元法线与传播方向间的夹角。

注:在探测器表面一点的辐亮度:在探测器表面上一点,在给定方向上,辐亮度是到达垂直于给定方向的表面上该点的辐照度除以包含该方向及围绕产生这一辐照度的光束的立体角元(每单位立体角的垂直辐照度(E))。

$$L = \frac{dE}{d\Omega} \quad \cdots\cdots(2.14)$$

2.8.2

辐照度　irradiance

从一个半球面各方向通过一个平面单位面积的通量。

符号:E,E_e

$$E = \int_{(2\pi)} L(\varepsilon,\varphi)\cos\varepsilon d\Omega(\varepsilon,\varphi) = \int_{\varphi=0}^{2\pi}\int_{\varepsilon=0}^{\pi/2} L(\varepsilon,\varphi)\cos\varepsilon\sin\varepsilon d\varepsilon d\varphi\Omega_0 \quad \cdots\cdots(2.15)$$

$\Omega_0 = 1\ sr$ 单位立体角。

这里角度如图 1 所示。

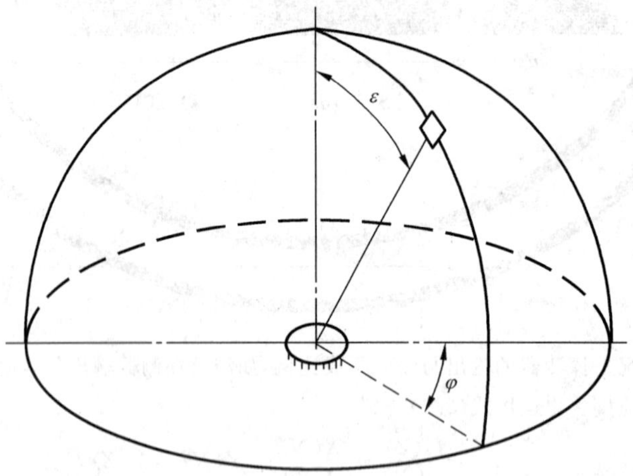

图 1　由一个辐射源在一个平面上产生的辐照度的定义的示例

2.8.3

球面辐照度　spherical irradiance

在一给定点的辐亮度在 $4\pi\ sr$ 立体角进行积分,没有角度加权(见图 2)。

符号:E_o,E_{eo}

$$E_o = \int_{(4\pi)} L \mathrm{d}\Omega \qquad \cdots\cdots (2.16)$$

注：E_o 是投射到以给定点为中心的无限小球体外表面的全部辐射的辐通量除以该球直径横截面积。

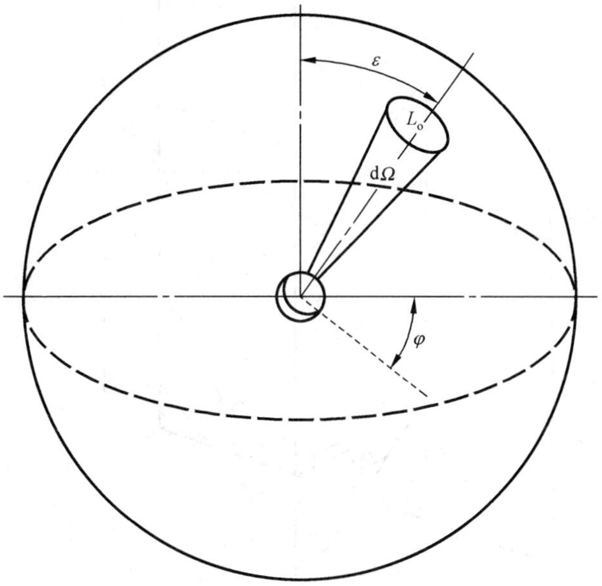

图 2 球面辐照度的定义的示例

2.8.4

圆柱面辐照度 cylindrical irradiance

在一给定点的辐亮度在 4π *sr* 立体角进行积分，根据 sinε/π 进行加权，ε 是入射束与圆柱轴之间的夹角(见图 3，dH 代表高度，dD 代表圆柱直径)。

符号：E_Z，E_{eZ}

$$E_Z = \frac{1}{\pi} \int_{(4\pi)} L \sin\varepsilon \mathrm{d}\Omega \qquad \cdots\cdots (2.17)$$

注 1：E_Z 是投射到圆柱外表面上的总辐射通量除以在包含其轴线的平面上测量的圆柱体横截面积的 π 倍的商。

注 2：圆柱面辐照度用于评估辐射通量，例如，需要在所有垂直平面上辐射的区域，但对于水平面不太重要。

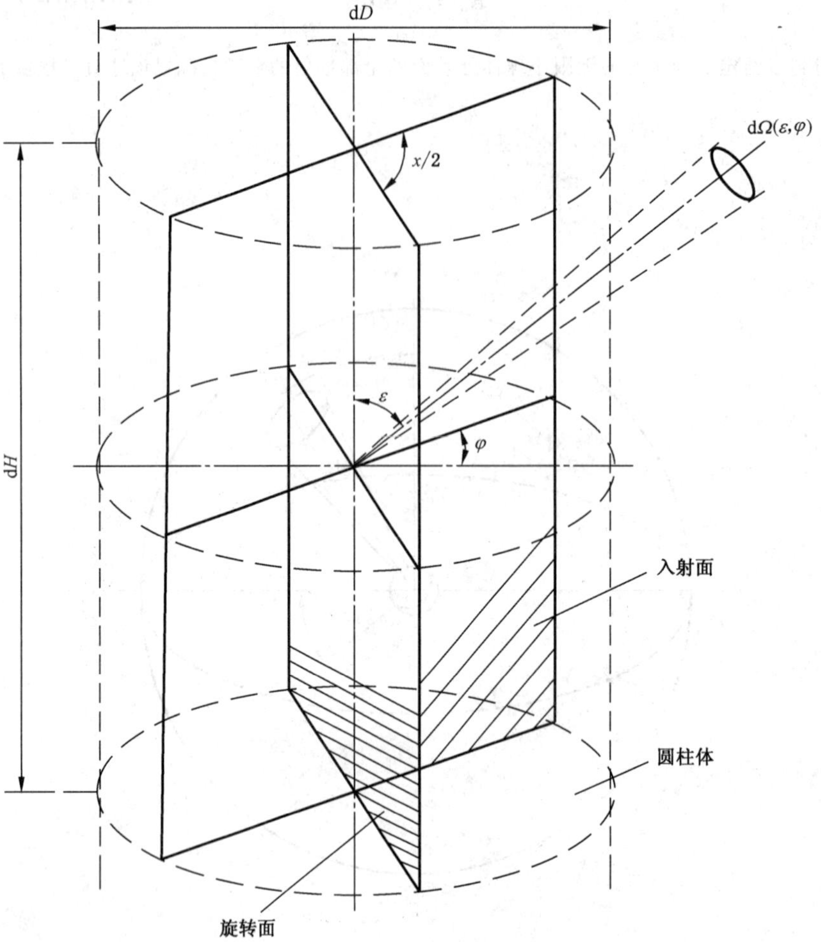

图 3 圆柱面辐照度

3 可以使用推荐量值评价方法的特定误差

3.1 仪器的校准误差

如果仪器由制造商校准，制造商应说明其校准光源，它们的预计不确定度。对于光度仪器，基准校准应使用 CIE 标准照明体 A 进行。

制造商应声明对于仪器推荐的校准周期。

由于在仪器运输过程中可能使校准值发生变化，建议使用者保持其自己的校准标准。

在接收仪器时，最好测量一个稳定的测试目标值，然后周期性地进行此操作以检查仪器校准是否因自然老化或偶然事故而变化，此操作应在仪器送去再校准之前及之后进行，以保证仪器使用者实验室测量稳定性的可追溯性。

探测器的响应度（绝对响应度和光谱响应度）会随着入射角和温度的变化而变化。因此，必须声明基本校准在垂直入射下进行，并声明探测器校准的温度，推荐环境温度为 25 ℃*。

3.2 光度计探头的非标准相对光谱响应度

3.2.1 介绍

一般情况下，需要特定的相对光谱响应度 $S_T(\lambda)_{rel}$，如 $V(\lambda)$（明视觉响应）、$V'(\lambda)$（暗视觉响应）、红斑响应、光合作用响应、杀菌响应、量子响应、中子响应等等。对于本标准涉及的所有仪器，相对光谱响

* 见第 415 页脚注。

应度必须独立于辐照度水平。

3.2.2 $s(\lambda)_{rel}$的表示

应测量光度计探头的相对光谱响应度 $s(\lambda)_{rel}$并以表格形式给出，在 $s(\lambda)$与零有明显偏差的整个波长范围内，间隔最少为 10 nm。（如果 $s(\lambda)_{rel}$以 10 nm 为间隔给出不能描述其特征，应采用更小的间隔）。预期的响应度 $s_T(\lambda)_{rel}$也应在表中给。曲线 $s(\lambda)_{rel}$，$s_T(\lambda)_{rel}$和$[s(\lambda)_{rel}-s_T(\lambda)_{rel}]/s_T(\lambda)_{rel}$也应给出。

3.2.3 误差计算

由 $s(\lambda)_{rel}$产生的整体误差与 $s_T(\lambda)_{rel}$不成比例，这依赖于标准光源和被测光源$[S(\lambda)_N,S(\lambda)_Z]$的辐射度量的光谱集，例如，标准光源的光谱辐照度 $E_{e\lambda,N}$和被测光源的光谱辐照度 $E_{e\lambda,Z}$。

测量具有相对光谱能量分布 $S(\lambda)_Z$ 的被测光源 Z 时产生的误差，可以用独立相对响应度误差表示：

$$
\begin{aligned}
f_1(Z)&=\alpha(Z)-1\\
&=(s_Z/s_A)-1\\
&=\frac{\sum\limits_{i=\min}^{\max}S(\lambda_i)_Z s(\lambda_i)_{rel}\Delta\lambda}{\sum\limits_{i=\min}^{\max}S(\lambda_i)_Z s_T(\lambda_i)_{rel}\Delta\lambda}\cdot\frac{\sum\limits_{i=\min}^{\max}S(\lambda_i)_A s_T(\lambda_i)_{rel}\Delta\lambda}{\sum\limits_{i=\min}^{\max}S(\lambda_i)_A s(\lambda_i)_{rel}\Delta\lambda}-1
\end{aligned}
\qquad(3.1)
$$

$\alpha(z)$是 2.6 中定义的相对响应度。

$S(\lambda)_A$ 是 CIE 标准照明体 A 的相对光谱分布。

如果测量具有相对光谱分布 $S(\lambda)_Z$ 的灯，$f_1(Z)$是会产生的误差的直接测量量。$f_1(Z)$不太适于仪器性质的一般描述，因为至少理论上即使 $s(\lambda)_{rel}$与 $s_T(\lambda)_{rel}$有很大的偏离，为了选择光源光谱分布总是可以将 f_1 最小化，这有可能在有其他 $S(\lambda)_Z$ 的时候，导致 f_1 的值很大。因此一些仪器制造商倾向于一种误差定义。

$$
f'_1=\frac{\int_0^{\infty}|s_X(\lambda)_{rel}-s_T(\lambda)_{rel}|\,d\lambda}{\int_0^{\infty}s_T(\lambda)_{rel}\,d\lambda}
$$

这里 $$s_X(\lambda)_{rel}=\frac{\int_0^{\infty}S(\lambda)_A s_T(\lambda)_{rel}\,d\lambda}{\int_0^{\infty}S(\lambda)_A s(\lambda)_{rel}\,d\lambda}s(\lambda)_{rel}$$

这里光谱响应度根据 CIE 标准照明体 A 的相对光谱分布归一化，没有考虑目标照明体。

缺点是 f'_1 不能作为校准系数。

现在推荐使用 f_1 定义误差。已表明如果选用像 3.2.4 中描述的五个光源用于确定 $f_1(Z)$最大值 $f_1(Z)_{max}$，那么在一般照明条件下最实际的光度测量误差将不超过 $f_1(Z)_{max}$然而 $f_1(Z)$值不应用于优化仪器特性。

同时声明 $f_1(Z)_{max}$和 f'_1 值作为仪器特性的更全面描述被认为是好的操作方法。

3.2.4 用于估计可能误差的被测光源

对于所选探测器，大量光源用于计算 $f_1(Z)$[见式(3.1)]，探测器范围从照度计中使用的未校准的硒光电池到高度校正并部分滤光的硅光电池。这些计算表明，由于探测器的非标准光谱响应的误差可以通过对相对少量光源计算最大 $f_1(Z)$来描述。这些光源选自那些光谱分布用于测试所选探测器的光源，以给出在大多数情况下的最大误差。

表 1 给出了所选灯的相对光谱分布。随着灯技术的进一步发展，表 1 的光源目录可随将来的修订增加。

对于特殊目的例如用光度仪器对信号灯或 LED 的评价，相对响应度 $\alpha(Z)$应在每种情况下计算并校正测量值。

对于用于根据其他特殊加权函数(如红疹、杀菌等)测量的仪器的评价还没有推荐的方法,这是由于它们的光谱响应度和校准光谱能量分布仍在考虑中。如果能够获得可被广泛接受的生物响应函数,本标准将补充这些内容。

表 1 用于检查光度仪器 $V(\lambda)$ 校准的 $S(\lambda)$ 推荐值

λ nm	三基色荧光灯管	高压汞灯	高压钠灯	金卤灯	
				3-化合物	稀土
380	0.000 0	0.000 0	0.010 7	0.029 4	0.452 4
390	0.000 0	0.000 0	0.013 9	0.029 0	0.525 5
400	0.011 6	0.048 3	0.018 6	0.088 4	0.610 8
410	0.011 7	0.073 4	0.022 7	0.153 4	0.740 1
420	0.013 6	0.016 7	0.027 5	0.296 9	0.811 5
430	0.026 2	0.043 7	0.034 4	0.197 5	0.744 8
440	0.052 7	0.186 5	0.041 8	0.247 2	0.743 0
450	0.031 3	0.017 8	0.058 3	0.182 2	0.684 5
460	0.027 7	0.012 9	0.033 8	0.215 3	0.809 2
470	0.024 1	0.013 7	0.096 1	0.179 4	0.770 3
480	0.039 0	0.013 3	0.017 8	0.155 0	0.772 0
490	0.142 4	0.024 4	0.020 1	0.165 0	0.715 8
500	0.037 3	0.009 6	0.221 0	0.232 8	0.750 6
510	0.008 1	0.009 3	0.025 8	0.162 5	0.736 1
520	0.004 4	0.008 9	0.037 1	0.193 8	0.705 3
530	0.009 6	0.012 4	0.012 3	0.440 0	0.692 0
540	0.447 3	0.029 3	0.016 6	1.000 0	0.754 6
550	0.330 1	0.413 8	0.061 7	0.317 8	0.911 3
560	0.046 6	0.021 3	0.137 1	0.204 4	0.742 5
570	0.038 3	0.017 7	0.839 0	0.442 8	0.821 9
580	0.155 7	1.000 0	0.665 9	0.365 6	1.000 0
590	0.169 1	0.044 9	0.997 6	0.796 9	0.849 8
600	0.134 4	0.023 1	1.000 0	0.709 4	0.853 8
610	1.000 0	0.060 8	0.478 5	0.589 7	0.797 6
620	0.151 2	0.386 3	0.343 4	0.294 4	0.813 2
630	0.207 3	0.035 8	0.175 1	0.208 8	0.748 8
640	0.023 8	0.016 2	0.135 4	0.220 0	0.694 3
650	0.052 6	0.025 1	0.110 7	0.190 9	0.631 1
660	0.014 2	0.015 6	0.095 9	0.202 2	0.675 8
670	0.015 5	0.012 6	0.095 9	0.520 3	0.812 1
680	0.016 7	0.009 1	0.074 9	0.250 3	0.672 9
690	0.018 2	0.034 7	0.046 8	0.141 3	0.642 7
700	0.020 0	0.130 8	0.038 6	0.116 3	0.744 8
710	0.088 9	0.024 3	0.035 9	0.106 6	0.410 7
720	0.000 0	0.006 8	0.033 8	0.102 8	0.414 2
730	0.000 0	0.007 7	0.032 5	0.082 8	0.431 0
740	0.000 0	0.000 0	0.032 0	0.096 3	0.325 4
750	0.000 0	0.000 0	0.034 4	0.095 6	0.317 3
760	0.000 0	0.000 0	0.043 1	0.142 8	0.439 1
770	0.000 0	0.000 0	0.078 0	0.323 8	0.407 8
780	0.000 0	0.000 0	0.034 9	0.127 5	0.338 2
790	0.000 0	0.000 0	0.035 0	0.091 6	0.346 9
800	0.000 0	0.000 0	0.042 3	0.087 8	0.518 6

3.2.5 光度计的红外响应度

带有 $V(\lambda)$ 函数校正相对光谱响应度的测量探头在红外波长范围不应有任何响应。

为保证这一点，在 CIE 标准照明体 A 的照射下，入射光束的探测器测量探头的电子输出 Y_{IR} 在带有红外线滤光器，如 Schott RG 780/3 mm，Hoya R 80/3 mm 或其他等同的设备时和不带有滤光器时的相同光束的探测器电子输出 Y_A 的比值 r 应不超过 10^{-3}。

$$r=\frac{Y_{IR}}{Y_A}\leqslant 10^{-3}$$

3.2.6 独立于 t，ε 和 φ 的 $s(\lambda)_{rel}$

接近所希望的光谱响应度的 $s(\lambda)_{rel}$ 应几乎独立于辐射入射角(ε,φ)和光度计探头表面上的辐射入射位置。应确定这两个变量的大小并提供给使用者。

很重要的一点是辐射度计的相对光谱响应度不应随时间 t 的变化而变化，以保证误差可通过使用校准因数而减小。如果绝对响应度随时间变化，而相对光谱响应度不变时，辐射度计应使用单独标准光源再次校准。然而，如果相对光谱响应度随时间变化，使用者就不能容易地再次校准辐射度计，而必须接受较大的未知误差或必须使用一个非常接近被测光源的标准光源。或者，使用者必须重新测量相对光谱响应度，然后在测量不同类型光源时，必须再次计算可预见的误差。

如果用校准因数来校正特殊光源的误差测量，应给出校准因数一年周期的预期稳定性。在一个较长时间段校准因数的预期变化是有用的。

用于观察相对光谱响应度是否发生变化的测试方法十分有用，应当提供。这可以通过测试窄带宽玻璃滤光器和锐波滤光器对稳定光源的透射比实现。如果透射比变化超出了限值，那么就代表该设备需要重新校准光谱响应度了。

3.3 方向性评价

入射辐射方向评价的质量可以从误差 $f_2(\varepsilon,\varphi)$ 中得到，$f_2(\varepsilon,\varphi)$ 是在从方向(ε,φ)的辐射测量中产生的微小误差。误差 $f_2(\varepsilon,\varphi)$ 和 f_2(f_2 为所有方向的加权整体)根据测量应用，用下列方式表示。

为了评价整体，可使用求和，为此目的应确定 $L(\varepsilon,\varphi)$ 和 $f_2(\varepsilon,\varphi)$ 并以角度 ε 和 φ 最大间隔为 10°给出。

3.3.1 辐照度计(照度计)

校准通常在单向辐射到达角度 $\varepsilon=0$ 时进行。方向误差为：

$$f_2(\varepsilon,\varphi)=\frac{E_{reading}(\varepsilon,\varphi)}{E_{reading}(\varepsilon=0^\circ)\cos\varepsilon}-1 \quad\cdots\cdots(3.2)$$

这里 $E_{reading}(\varepsilon)$ 和 $E_{reading}(\varepsilon=0^\circ)$ 分别为入射角 ε 和 0°时到达的辐照度 E，分母是仪器的理想响应。ε 和 φ 的定义如图 1 所示，当辐照由半球辐射 $L(\varepsilon,\varphi)$ 引起时，仪器的微小误差由下式给出：

$$f_2=\frac{\int_{(\Omega)} f_2(\varepsilon,\varphi)L(\varepsilon,\varphi)\cos\varepsilon \mathrm{d}\Omega}{\int_{(\Omega)} L(\varepsilon,\varphi)\cos\varepsilon \mathrm{d}\Omega} \quad\cdots\cdots(3.3)$$

将 $f_2(\varepsilon,\varphi)$ 独立于 φ，即 $f_2(\varepsilon,\varphi)=f_2(\varepsilon)$，“整体”误差估计* 的实际表达为：

$$f_2=\int_{\varepsilon=0}^{85^\circ}|f_2(\varepsilon)|\sin 2\varepsilon \mathrm{d}\varepsilon \quad\cdots\cdots(3.4)$$

这里用 85°代替 90°，因为当 $\varepsilon\rightarrow 90^\circ$ 时，$f_2(\varepsilon)\rightarrow\infty$ 或 -1。实际上该测量通常以 5°为间隔进行。

3.3.2 球面辐照度(照度)计

校准通常在角度 $\varepsilon=0$，$\varphi=0$ 时进行，在角度 ε，φ 时的方向性微小误差为：

* $L(\varepsilon,\varphi)=L=$常数

$$f_{2,0}(\varepsilon,\varphi)=\frac{E_{\text{reading}}(\varepsilon,\varphi)}{E_{\text{reading}}(0,0)}-1 \qquad \cdots\cdots(3.5)$$

这里应用的辐照度独立于 ε,φ,并且角度如图 2 中所示。对于 4π 立体角的辐射(亮度)分布 $L(\varepsilon,\varphi)$ 球面辐射测量中的整体误差由下式给出:

$$f_{2,0}=\frac{\int\limits_{(4\pi)} f_{2,0}(\varepsilon,\varphi)L(\varepsilon,\varphi)\mathrm{d}\Omega}{\int\limits_{(4\pi)} L(\varepsilon,\varphi)\mathrm{d}\Omega} \qquad \cdots\cdots(3.6)$$

为了找到一个可以用来给出球面辐照度(照度)计角度误差代表值的公式,使 $f_{2,0}(\varepsilon,\varphi)$ 独立于 φ,即 $f_2(\varepsilon,\varphi)=f_2(\varepsilon)$,“整体”误差估计* 的实际表达为:

$$f_{2,0}=\frac{1}{2}\int_0^{\pi}|f_{2,0}(\varepsilon)|\sin\varepsilon\mathrm{d}\varepsilon \qquad \cdots\cdots(3.7)$$

3.3.3 圆柱面辐照度(照度)计

校准在角度 $\varepsilon=\pi/2,\varphi=0$ 时进行。在角度 ε,φ 时方向性微小误差为:

$$f_{2,Z}(\varepsilon,\varphi)=\frac{E_{\text{reading}}(\varepsilon,\varphi)}{E_{\text{reading}}\left(\frac{\pi}{2},0\right)\sin\varepsilon}-1 \qquad \cdots\cdots(3.8)$$

角度 ε 和 φ 如图 3 所示。对于 4π 立体角的亮度分布 $L(\varepsilon,\varphi)$ 圆柱面辐照度测量中的整体误差由下式给出:

$$f_{2,Z}=\frac{\int\limits_{\varphi=0}^{4\pi}\int\limits_{\varepsilon=0}^{\pi} f_{2,Z}(\varepsilon,\varphi)L(\varepsilon,\varphi)\sin\varepsilon\mathrm{d}\varepsilon\mathrm{d}\varphi}{\int\limits_{\varphi=0}^{2\pi}\int\limits_{\varepsilon=0}^{\pi} L(\varepsilon,\varphi)\sin\varepsilon\mathrm{d}\varepsilon\mathrm{d}\varphi} \qquad \cdots\cdots(3.9)$$

这里分母为理想响应。使 $f_{2,Z}(\varepsilon,\varphi)$ 独立于 φ,即 $f_{2,Z}(\varepsilon,\varphi)=f_{2,Z}(\varepsilon)$,“整体”误差估计* 的实际表达为:

$$f_{2,Z}=\frac{2}{\pi}\int_{\varepsilon=0}^{85^\circ}|f_{2,Z}(\varepsilon)|\sin^2\varepsilon\mathrm{d}\varepsilon \qquad \cdots\cdots(3.10)$$

这里用 85°代替 90°,因为当 $\varepsilon\rightarrow 90^\circ$ 时,$f_{2,Z}(\varepsilon)\rightarrow\infty$ 或 -1。实际上该测量通常以 5°为间隔进行。

3.3.4 辐射(亮度)计

根据术语辐射的定义,辐射度计的响应度的方向分布在一小立体角应是恒定的,并且在此角度外为零,因此响应度的方向分布的完全描述为 $L_{\text{reading}}(\varepsilon,\varphi)$ 曲线,根据图 1 中的角度定义,这些曲线包含参数 φ 并将响应度描述为 ε 的函数。

如果辐射度计在一个小角度 ε 被照射,响应度独立于 φ 是很重要的。当仪器在角 ε(如在 $\varepsilon=0$ 下观察)的读数为最大读数的 1/2 值时,ε 角则为仪器的特征值,通常在辐射度计说明书中以“视角”给出。这一具体值定义为“标称半角($\varepsilon_{1/2}$)”。

应检查球面对称性,通过在八个等距 φ 角上的标称半角上记录 L_{read}** 值,等于 $L_{\text{read}}(\varepsilon_{1/2},\varphi_i)$,$\varphi_i=0°$,45°,90°,135°,180°,225°,270°,315°。球面对称性由最大和最小读数间的相对偏差确定。

$$f'_2(\varepsilon_{1/2},\varphi)=\frac{L_{\text{read}}^{\max}(\varepsilon_{1/2},\varphi_i)-L_{\text{read}}^{\min}(\varepsilon_{1/2},\varphi_k)}{L_{\text{read}}^{\max}(\varepsilon_{1/2},\varphi_i)+L_{\text{read}}^{\min}(\varepsilon_{1/2},\varphi_k)} \qquad \cdots\cdots(3.11)$$

---

* $L(\varepsilon,\varphi)=L=$常数

** L_{read}表示它并不是真实的辐射度(亮度),而是从仪器读取的数值。

φ_i 和 φ_k 是 L_{read}^{max} 和 L_{read}^{mix} 中的角。

辐射度计的一个关键评价参数是 $\varepsilon_{1/100}$ 角，对于它

$$L_{read}(\varepsilon_{1/100}) = L_{read}(\varepsilon = 0)\ \frac{1}{100} \quad \cdots\cdots(3.12)$$

3.4 非线性度

非线性度可以通过一些方法测量。使用较好的电路和适当的探测器，非线性度与其他误差相比应可忽略。

一些使用带有安培表的探测器的仪器是非线性的，这与探测器特性和仪表阻抗有关。仪器零点设置的不合适也会产生非线性，但这里假设零点可以且将被精确设置。

对于任何读数，非线性都是系统性的。根据校准时刻度的位置，误差可能是正的或负的，当这些误差与预期的测量准确性相比十分显著时应进行修正。

描述非线性度的误差 $f_3(Y)$ 可定义为：

$$f_3(Y) = \frac{Y_{read}}{Y_{read,K}} \cdot \frac{X_K}{X} - 1 \quad \cdots\cdots(3.13)$$

式中：

Y_{read}——仪器(输出量)的读数；

$Y_{read,K}$——校准水平的读数；

X——在读数 Y_{read} 下的输入量；

X_K——在读数 $Y_{read,K}$ 下的输入量。

在整个仪器测量范围 $0 \leqslant X \leqslant X_{max}$ (X_{max} 是所使用仪器的最大输入量)，推荐非线性度的所有误差由 $f_3(Y)$ 的最大值描述。

对于精密仪器，生产商应该在设备从最低到最高测量范围内进行几次校准并说明结果。在中间值范围内，在两个点进行校准就足够了，例如：在量程约 30% 和 90% 的位置。

对于中等级别仪器，应给出最低范围和最高范围中心处的非线性度，以及最大的非线性度。为了避免误差的交叉关联，应在所有水平使用同样的光谱分布或注意消除光谱分布变化的效应。

3.5 读数误差

读数误差可能从模拟表的满量程的 5% 到数字读数装置的 ±1 不等。有必要在不同水平建立读数精度并选择仪表以满足要求。在所需测量中仪器读数误差必须小于测量的允许误差。该误差以范围内最大读数的百分比表达：

$$f_4(Y) = \frac{\Delta Y(X)}{Y(X_{max})} \quad \cdots\cdots(3.14)$$

这里 $\Delta Y(X)$ 是输入量 X 的读数偏差，X_{max} 是达到最大读数的输入量。

3.6 疲劳

疲劳是在恒定输入及其他工作条件恒定情况下的可逆变化，由疲劳引起的误差 $f_5(t)$ 定义为：

$$f_5(t) = \frac{Y(t)}{Y(t_0)} - 1 \quad \cdots\cdots(3.15)$$

式中：

t——从照射探测器开始到一给定辐照度水平所经过的时间；

$Y(t)$——时间 t 时的读数；

t_0——参照时间，如 10 s，与 t 为相同事件的测量。

一个由疲劳引起的所有误差 f_5 可以定义为：

$$f_5 = \frac{Y(30\ \text{min})}{Y(10\ \text{s})} - 1 \quad \cdots\cdots(3.16)$$

推荐在出现疲劳的每一仪表量程范围的最大处测量疲劳，在测量疲劳的影响前，探测器必须在一规

定的时间间隔内(至少 24 h)避免受到光学辐射及其可感应的辐射。为了得到由于探测器温升引起的可能疲劳部分的真实效应,在测量疲劳特性时,不应采用特殊的预防措施控制仪器温度。

3.7 温度系数

一般情况下,仪器的读数受到环境温度影响。由环境温度不同于校准温度 T_0 引起的误差 $f_6(T)$ 可定义为:

$$f_6(T)=\frac{Y(T)}{Y(T_0)}-1 \qquad (3.17)$$

式中:

$Y(T)$——环境温度 T 的读数;

T_0——参照环境温度(在光度学中通常为 25 ℃)。

一般情况下 $f_6(T)$ 几乎与 T 成线性关系,所以这种温度的影响通常由温度系数描述。

$$\alpha=\frac{Y(T)-Y(T_0)}{Y(T_0)}\cdot\frac{1}{\Delta T} \qquad (3.18)$$

$$\Delta T=T-T_0$$

对具有良好温度控制的探测器和仪器 α 实际应为零。

如测量照度,α 的测量应该在 1 000 lx,$T_0=25$ ℃,$T=40$ ℃和 0 ℃的条件下进行。后者温度对于在室内使用的仪器不做要求,但对其他所有应用都是必要的。

一般情况下,α 依赖于被测光源的光谱分布。因此,光度计的温度系数应根据 CIE 标准照明体 A 和大约 D65 的光谱分布确定。对辐射度计,其他光源可能更合适。

对于精密仪器,恒温是很必要的,否则可能发生相对光谱变化,以及绝对响应度变化。

注:测得的疲劳效应可能部分来自温度变化的效应。另一方面,为了避免疲劳的影响,温度系数的测量应在固定时间 t(见 3.6)进行。

3.8 调制辐射的频率影响

对于辐射度计,如果用来测量周期模式下的灯,如高频荧光灯或发光二极管,必须有一个描述调制辐射频率对读数的影响的量。对于频率为 ν 的完全调制光的测量,误差 $f_7(\nu)$ 定义如下:

$$f_7(\nu)=\frac{Y(\nu)}{Y(\nu=0\ \mathrm{Hz})}-1 \qquad (3.19)$$

式中:

$Y(\nu=0\ \mathrm{Hz})$——稳定光下的读数;

$Y(\nu)$——以频率为 ν 调制的相同平均输入量光的读数,即输入量的算术平均值对于调制光和稳定光是相同的。

对于照度计,一个代表性的误差 f_7 可以通过在平均照度 $E=1\ 000$ lx 及正弦波 $v=1$ kHz(10 kHz 更好)下测量得到。

所有的光度计和辐射度计应进行测试以保证其测试工作在适用的 50 Hz 或 60 Hz 电源频率下的灯的平均连续辐射。

用于脉冲光度量的仪器必须研究脉冲线性度和脉冲响应度。进行这些测量的指导将在补充中给出,尤其针对曝光测量仪器。

3.9 偏振的影响

辐射束很少有完全偏振或完全非偏振的,其经常在一定角度偏振,并作为部分偏振。可以认为部分偏振束由两部分组成,一部分偏振而另一部分为非偏振,两部分之间没有相干性。

如果探测器被完全平面偏振光辐照,通过旋转偏振的角度,确定最小和最大响应的角度,那么探测器的"偏振响应度数"$\Delta(\varepsilon')$依赖于入射角 ε,可以定义为:

$$\Delta(\varepsilon')=\frac{Y_{max}-Y_{min}}{Y_{max}+Y_{min}} \qquad (3.20)$$

式中：

Y_{max}——最大仪器响应；

Y_{min}——最小仪器响应。

偏振响应的度数可以用作由偏振引起的最大误差 $f_8(\varepsilon)$ 的估算：

$$f_8(\varepsilon)_{max}=\pm\Delta(\varepsilon') \qquad (3.21)$$

推荐辐射照度（照度）计制造商在 $\varepsilon=0°$ 和 30°给出完全平面偏振光和 CIE 标准照明体 A 的 $f_8(\varepsilon)_{max}$。

3.10 探测器受非均匀辐照的影响

一般情况下，探头光敏表面的（绝对）响应度 s 和相对光谱响应度 $s(\lambda)_{rel}$ 不是恒定的，尤其是对于光电倍增管，或嵌入滤光片的硅-光伏电池。因此推荐在校准时采用恒定的辐照度 E 照射探测器的敏感表面，在其他测量中尽可能地使用恒定辐照度。如果仪器有入射光，同样要控制的是，首先辐射充满入射窗口，其次要均匀地照射探测器表面。如果仪器用于测量明显小于光度计探头窗口的光束的辐射通量，应考虑下列内容：

作为描述光度计探头的非均匀辐照的影响的描述，提出 f_9：

$$f_9=\frac{\int_{i=1}^{4}(Y_i-Y_0)}{4Y_0} \qquad (3.22)$$

式中：

Y_i——输入量为 X 时辐照光度计探头光敏表面四个位置之一时的读数，这四个位置位于距光度计探头光敏部分中心 2/3 半径处，四个位置间隔 90°；

Y_0——在同样输入量 X 时辐照光度计探头光敏部分中心时的读数。

在所有五种情况下，辐照的直径应为测量探头光敏表面直径的 1/10。

4 非推荐量值评价的具体误差

4.1 光谱和绝对响应度的不稳定性

由响应度变化引起的误差很难估计，尤其是用它们预计长期变化的效应。在一台仪器上的一些再校准或者在相同设计的一些仪器上的完全再校准都是需要的，以给出所预期的校准随时间的变化而变化的一些信息。

制造商应声明红色光谱响应度（600 nm～650 nm）相对于蓝色光谱响应度（430 nm～480 nm）每年变化的预期值及绝对响应度在一年或更长的时间（如可能）的变化。制造商应推荐进行相对光谱响应再校准的时间，以保持相对光谱响应度在其容差范围内。

4.2 零点漂移

如果零点随时间的变化作为温度变化或其他影响量变化的结果，将引起测量误差或导致零点复位的不便，需要一些程序评价这两种情况。理想情况下，零点应可自调整或几乎不需调整。如果当仪器第一次开机时零点迅速变化，即最可能发生的情况，制造商应声明在规定误差下使用之前需要预热的时间。一些试验室仪器可能长时间处于开的状态，以得到最大的稳定性。说明书应声明仪器启动后 15 min，30 min 和 60 min（或其他小于此时间）时的零点漂移率（或误差），或在使用前需要将零点误差和测量误差调整至所选的规定精度范围内所需的时间。

由读数大引起零点变化是一个普遍的问题，制造商应声明这一效应的范围。对于测试照度计，零点读数应在移开一个 1 000 lx 的稳定照度后 15 s、30 s 和 60 s 后，在无入射光条件下测量，持续 15 min。如果照度计用于室外测试，稳定的照度应增至 10 000 lx。

生产商可以给出低级别的使用建议。

4.3 受震动、摆动、温度、高度、湿度和光学辐射的损害

耐震性通常以在一特定频率下，一规定期间内的最大加速度表示。对于一般搬运或事故，耐震性是非常重要的。仪器必须能承受一般的搬运，而保证没有损害的风险，并应在正常的运输中有足够的耐震性。在共振频率下相似的测试可用于测试耐摆动性。

需要知道对于仪器不会产生永久损害的最大和最小存放和工作温度，以保护仪器。通常建议将仪器保持在一个均匀稳定的温度下，尤其是当使用一个真空中的光阴极。在这种情况下高温、温度变化或不稳定的温度可以改变阴极的光谱和绝对响应。这种类型的阴极需要老炼以得到最好的稳定性。该老炼可能会持续一年。

一些仪器可能受气压(快速)变化的影响。如果仪器性能受存放或工作时不同于正常大气压的影响(如在一定高度使用光电倍增管的仪器可能出现损坏现象)，制造商应给出详细说明。

如果潮湿会规律或偶尔地出现，防止仪器在潮湿条件下的变化是很重要的。

应知道仪器承受强烈光学辐射的范围。

4.4 磁场的影响

对光电倍增管或真空光电池，校准受磁场的影响可能出现变化。应通过磁屏蔽的方法来减少这一变化。尤其应注意的是，在校准和用于测量之间仪器被移动的情况。对于一些仪器，电梯或实验室金属椅的移动也能引起一些变化，因此即使探测器是固定的，屏蔽也是很重要的。应给出每韦伯每平方米的读数的百分比变化作为磁场影响的指示。

4.5 范围变化引起的误差

如果范围变化由电气方法引起，相对光谱响应度通常不会改变。例外是，光电倍增管的前几个打拿级点上电压变化会改变增益。仅从第三个打拿级点后改变电压会更好。然而，绝对准确度依赖于电气线路，制造商应在每一范围内声明。

如果响应度的变化由使用滤光片引起，相对光谱响应度可通过滤光片的波长依赖性 $\tau(\lambda)$ 校正，并且制造商应再次测量并声明(见 3.2)。

由带孔的屏引起的衰减变化可能依赖于辐射的入射角，应带着每一光学衰减器再次测量角度响应度。对于光电倍增管如果阴极和第一个打拿级点间的电压变化了，应再次测量角度和光谱响应度，以保证产生的误差可以忽略(见 3.3)。

4.6 辐射度计电源或电池电压变化的不稳定性

校准随线电压或电池电压波动的范围是很重要的。光电倍增管对电源电压尤为敏感。设备内必须提供调节措施以减少线电压变化的影响。说明书应给出校准随线电压或电源电压变化的百分比。应提供给使用者由±5%的较慢线电压变化或±10%的较慢电池电压变化引起的辐射度计(光度计)读数的百分比误差。

4.7 有效测量区域和平面的规定

用于测量的辐射度计的有效区域和平面必须提供给使用者，使其可以容易地定位测量平面并确定入射窗口是否被辐射充满。强烈推荐在探测器外壳上标出测量平面的位置，以便于相对于这一平面的距离的测量。

4.8 响应时间

如果辐射度计的响应太慢或太快，可能导致测量误差。理想的光度计应测量 AC 供电的电源在工频下的周期(或周期的整数倍)内的平均值，或将远超过一个周期的测量值取平均数。如果测试光源不稳定，最好使辐射度计将远超过光源变化周期的时间内的量取平均数。在一些情况下，使操作者能够控制仪器的响应速度是很有利的。应给出对于辐射的逐步增加或减少的响应时间常数的说明(见 3.8)。

4.9 观测者遮挡

如果辐射度计放置的位置使探测器置于主仪器架上，当测量和读数同时进行时，可能产生由观测者的遮挡引起的误差。

4.10 校准的方便性和频率

校准的调整应是可行的但不能频繁。如果校准可以通过使用标准灯测量来保证，那么需要对相对光谱响应度和角度响应进行昂贵的再校准，以及需要检查每一级别上的多个点时，仪器将更有价值。

5 其他考虑(非误差导致的)

影响光度计的评价但并不影响测量误差的项目包括以下内容：

5.1 使用的方便性

在黑暗中可见的读数是很方便的。使用十进制乘法器(如适用的话)和单位量纲是有利的。通过开关或机械部分进行量程范围变化是很有用的，因此不需存储附件。带有浮点十进制数的自动量程的仪器更加方便。对于辐射度计，需要方便和稳定的装置。在辐射度计或亮度计，应提供准确的视觉装置。

5.2 多用途性

对于仪器的主要目的，如果可以使用附件来测量亮度和照度(球面的和柱面的)而不降低测量准确度，它是一个较好的仪器，也被其他测量需要。需要保证的是变换是简单的，且不能降低仪器的主要作用。在结果的准确度没有降低的前提下，不同的场大小和放大率是很重要的。读数自动地随着仪器的调整而变化是很有用的。

需要考虑一个事实，如果实验室所有的测量功能都包含在一个仪器中，那么，如果仪器受损或由一个人使用，所有的测试能力将丧失或被限制。而且，如果仪器用途过多，不同的校准和校正可能引起混淆。

参考文献

[1] C. L. Sanders, Accurate measurements of and corrections for non-linearities in radiometers. J. Res. N. B. S. A 76A, 437(1972).

[2] Light as a True Visual Quantity: Principles of Measurement, CIE No. 41(TC-1. 4.)1978.

[3] R. Haase and J. Krochmann: Ober den Einfluss polarisierter Strahlung auf die Empfindlichkeit photoelektrischer Bauelemente, Arch. Techn. Messen Blatt V45-2(1972), Lieferung 433, S31-34.

[4] G. Geutler, J. Krochmann: Ober die Kennzeichnung der Güte von Geräten zur Messung von Beleuchtungsstärke, Raumbeleuchtungsstärke und zylindrischer Beleuchtungsstärke, Optik 47, 39-53, 1977.

[5] G. Geutler, J. Krochmann: Proposal for the definition of the quality of illumination meters, Proc. 7. IMEKO Photin-Det. Symp. Braunschweig, 1977.

[6] M. Krystek, W. Erb: Kenngrössen von Empfängern, Optik 54, 381-88. 1979/80.

[7] J. Krochmann, R. Rattunde: On the quality of the V(λ)-correction of light detectors, Licht-Forschung 2/1980 Nr. 1.

[8] G. Czibula, G. Dézsi, L. Szönyi, J. Schanda: On the determination of parameters of photodetectors used in illuminance meters, Proc. IMEKO Photon-Det. Symp. Praha, 1978.

ICS 17.180.20
K 70

中华人民共和国国家标准

GB/T 26178—2010/CIE 84—1989

光通量的测量方法

The measurement of luminous flux

(CIE 84—1989,IDT)

2011-01-14 发布　　2011-06-15 实施

中华人民共和国国家质量监督检验检疫总局
中国国家标准化管理委员会　发布

前　言

本标准等同采用 CIE 84—1989《光通量的测量方法》(英文版)。

本标准等同翻译 CIE 84—1989。

为便于使用,本标准做了下列编辑性修改:

a)“本技术报告”一词改为“本标准”;

b) 用小数点“.”代替作为小数点的“,”。

本标准附录 A 为资料性附录。

本标准由中国轻工业联合会提出。

本标准由全国照明电器标准化技术委员会(SAC/TC 224)归口。

本标准起草单位:国家电光源质量监督检验中心(北京)、杭州远方光电信息有限公司、中国合格评定国家认可中心、国家发展和改革委员会、广东明家科技股份有限公司、广东金莱特电器股份有限公司、中山市澳克士照明电器有限公司。

本标准主要起草人:华树明、潘建根、陈延青、吕方、周建林、黄格雅、田畴、袁建红、区沃钜、付名越。

本标准首次发布。

引　言

本标准的目的是对目前所使用的光通量测量的几种主要方法进行论述。其中一种方法(根据照度和亮度分布进行计算)主要被国家标准实验室所使用,另一种方法(使用积分球测量)则广泛应用于工业。然而,也有个别工业企业的实验室能够采用第三种的测量方法:使用分布光度计测量光强分布。每一种方法的使用者都是最关注自己领域内目前使用的方法,因此,有必要在光通量测量方面进行一些基础工作,使它能涵盖这些主要测试方法,并使之互相联系起来。

光通量的测量方法

1 范围

本标准定义了光通量测量的术语。涉及了光通量测量的原理，描述了照度分布的计算方法，使用积分球光度计测量光通量的方法和通过亮度、光强和照度测量来定义光通量的方法。

2 术语

2.1 光度量

2.1.1

光通量(Φ_v;Φ) luminous flux(Φ_v;Φ)

根据辐射对 CIE 标准光度观察者的作用，从辐射通量 Φ_e 导出的光度量。对于明视觉，有

$$\Phi_v = K_m \int_0^{\infty} \frac{d\Phi_e(\lambda)}{d\lambda} \cdot V(\lambda) d(\lambda) \tag{1}$$

式中：

$d\Phi_e(\lambda)/d\lambda$——辐射通量的光谱分布；

$V(\lambda)$——光谱光视效率。

单位：lm。

2.1.2

(光源在指定方向上的)发光强度(I_v;I) luminous intensity(of a source, in a given direction)(I_v;I)

离开光源的在包含指定方向的立体角元 $d\Omega$ 内传输的光通量 $d\Phi_v$ 除以该立体角元之商，即

$$I = \frac{d\Phi_v}{d\Omega} \tag{2}$$

单位：cd=1 m/sr。

2.1.3

(表面上某一点处的)照度(E_v;E) illuminance(at a point of a surface)(E_v;E)

投射到包含该点的面元上的光通量 $d\Phi_v$ 除以该面元面积 dA 之商，即

$$E_v = \frac{d\Phi_v}{dA} \tag{3}$$

单位：$lx = lm \cdot m^{-2}$。

2.1.4

(在指定方向上的实际或假想的表面上的给定点处的)亮度(L_v,L) luminance(in a given direction, at a given point of a real or imaginary surface)(L_v,L)

由公式定义的量。

$$L_v = \frac{d\Phi_v}{dA \cdot \cos\theta \cdot d\Omega} \tag{4}$$

式中：

$d\Phi_v$——是经过给定点的光束元在包含指定方向的立体角元 $d\Omega$ 内传播的光通量；

dA——包含给定点的该光束的截面积；

θ——该截面法线与光束方向之间的夹角。

单位：$cd \cdot m^{-2} = lm \cdot m^{-2} \cdot sr^{-1}$。

2.2 测量仪器术语

2.2.1

光度计 photometer

测量光度量的仪器。

2.2.2

积分光度计 integrating photometer

通常与积分球结合用于测量光通量的光度计。

2.2.3

积分球 integrating sphere

乌布里希球形光度计 Ulbricht sphere

表面尽可能为一非选择性漫反射层的空心球。

2.2.4

箱式光度计 box photometer

箱式光度计是一个积分光度计，它代替了积分球，具有任意形状并且是中空的。

2.2.5

光度计探头 photometer head

光度计探头包括一个光敏探测器和用于光谱测量(如滤光片)或分光设备(如光栅)的设备。它也可包含定向对光进行评价的设备，如漫射窗口、透镜和狭缝。

2.2.6

接收面 acceptance area

接收面是光度探头接收和定向对入射光进行评价的区域。

2.2.7

分布光度计 goniophotometer

测试光源、灯具、介质或表面的方位光分布特性的光度计。

3 测量方法

可以采用不同的方法来测量或计算光源的光通量：

——计算光强分布(第4章)；

——计算照度分布(第5章)；

——使用球形光度计进行光度或光谱测量(第6章)；

——使用箱式光度计测量(6.4)；

——通过测量照度、光强或亮度的相对测试法(第7章)。

当测量光强分布后，可以通过计算得到光通量(例如灯具)。

通过测量光源照度分布来计算光通量是许多国家标准实验室用来建立光通量基准的测试方法。光通量的单位流明是由光强的SI基础单位坎德拉导出的。使用这种方法同样可以对光源颜色特性及其光谱功率分布的空间变化进行精确测量。

使用球形光度计测量光通量适用于以下情况：

——用于产品控制测量的工业实验室；

——实验室和用户进行的测量；

——使用更高级别的标准灯来计量其他标准灯(例如工作标准灯)，由于比较用光源的几何尺寸、光谱和光分布的差异来对误差进行额外修正；

——测量光通量随时间变化的光源(如可调光光源、闪光灯)；

——光通量的测量与时间(推移)成函数关系的。

如果光源和灯具的光强分布有很大差异，则不建议使用积分球方法来测量灯具的光输出比，即光源的光通量与灯具的光通量之比。

如果标准灯和被测光源的空间光强分布、光谱分布和尺寸相同，那么使用箱式光度计进行的光通量测量则仅能代表光源的光通量与光度计内表面任意一点的间接照度的直接关系。

对于各方向上的光谱能量分布不同的光源(例如金属卤化物灯)，可使用积分球光度计来测量其光谱辐射通量。这个方法可提供计算下列参数所需的所有信息：

——光谱能量分布；

——光通量；

——辐射通量；

——颜色；

——显色指数。

通过测量照度、光强度或亮度来确定光源的光通量的方法，在实际应用中常被用来确定某些具体参数对测量的影响(例如寿命，温度，位置)。通常被视为一种相对测量。测量安装在灯具上的荧光灯的光通量时也可使用此方法。

用于测试光通量的方法取决于适用的设备。设备和方法的使用受以下因素影响：

——光度实验室的目标；

——经济条件；

——时间消耗；

——可接受的测量不确定度。

4 通过光强分布计算光通量

4.1 测试原理

根据定义，光通量 Φ 可以通过光强的空间分布得到，公式：

$$\Phi = \int_{(\Omega)} I \mathrm{d}\Omega \qquad \cdots\cdots (5)$$

式中：$\Omega = 4\pi sr$ 是总立体角。

光强分布可以用分布光度计测量。

4.2 光强分布的测量

在 CIE 70 中描述了光强分布测量方法，其中包括测量光强分布和所用分布光度计的信息和测量操作的数据。

4.3 计算方法

为了计算光通量，光强值应该是由全部立体角积分得到，如式(5)所示。

立体角的角元 $\mathrm{d}\Omega$ 的三角函数表示方法是：

$$\mathrm{d}\Omega = \sin\varepsilon \mathrm{d}\varepsilon \mathrm{d}\eta \qquad \cdots\cdots (6)$$

式中：

$\mathrm{d}\Omega$ 为立体角角元；

ε, η 取决于所选择的坐标系；

ε 仰角是在顶点时 $\varepsilon = 0$，η 作为方位角。

在光强分布的测试过程中，为了与测试光强分布使用的坐标系一致，ε 角和 η 角应该被代替。

实际计算数值时用求和代替积分。这种情况下，光通量可以通过下面公式计算出：

在下列各平面测试时：

A 平面：

$$\Phi=\Delta A\sum_{m=1}^{M}\sum_{n=-N+1}^{N}I(\alpha,A)\{\sin(n\Delta\alpha)-\sin[(n-1)\Delta\alpha]\} \quad\cdots\cdots(7a)$$

B 平面：

$$\Phi=\Delta B\sum_{m=1}^{M}\sum_{n=-N+1}^{N}I(\beta,B)\{\sin(n\Delta\beta)-\sin[(n-1)\Delta\beta]\} \quad\cdots\cdots(7b)$$

C 平面：

$$\Phi=\Delta C\sum_{m=1}^{M}\sum_{n=1}^{N}I(\gamma,B)\{\cos[(n-1)\Delta\gamma]-\cos(n\Delta\gamma)\} \quad\cdots\cdots(7c)$$

$\Delta\alpha$ 和 $\Delta\beta$ 表示角度步长为 $\pi/2N$，$\Delta\gamma$ 相当于 π/N，另外，设 $\Delta\alpha,\Delta\beta,\Delta\gamma$ 为 $2\pi/M$（见附录 A 和参考文献[11]）。

所选的角度步长越小，光通量的测量值越精确。光强分布急剧变化时要求角度步长尽可能小。

4.4 误差来源

在通过计算光强分布来确定光通量时，下列因素可能会产生相应的误差：

——光强测量的误差[11]；

——角度步长过大；

——光源被分布光度计机械部分和灯座遮挡；

——测试过程中光源不稳定；

——光度计的机械安装不稳固。

5 根据照度分布计算光通量

5.1 测试原理

根据定义，已知光源周围空间一个闭合表面 A 的照度分布 E，可以通过下式得出光通量 Φ：

$$\Phi=\int_{(A)}E\mathrm{d}A \quad\cdots\cdots(8)$$

照度分布能通过分布光度计在光源的球面测量出来。光源不必精确地放置在虚拟球的中心位置，但是建议将它放在尽可能接近球中心的位置。

由于机械原因，球中心到光度计探头的最小距离取决于被测灯的最大尺寸。只要照度计能根据方向等条件正确地计算照度值(余弦响应)，这个距离就可以小于极限测光距离。

5.2 分布光度计的种类

用于测试照度分布的不同类型的分布光度计是能够区分开的。在所有类型的分布光度计中，被测光源都要按规定燃点位置进行操作。

5.2.1 光源在固定位置的分布光度计

该分布光度计中，光源应该保持在规定的燃点位置而不得移动。用于测量的照度计的光度探头围绕着光源在两个成直角相交的轴上旋转。

如图 1a～图 1c 中描述的例子，这两个轴可以依靠外部结构在空间内任意的定向，而外部结构在测量中保持稳定。

在附录的术语中，测量是在 C 平面进行的。最内部平面框架用 γ 角表示其位置特性；中间平面框架用角度 C 表示其位置特性。

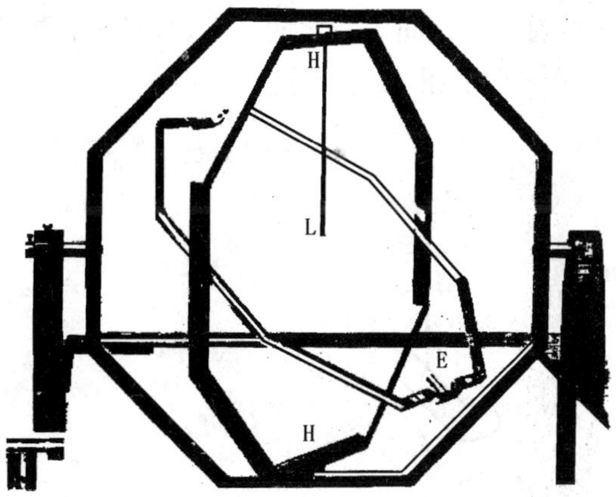

图 1a:采用光通量积分法,则将紧凑光源 L(如白炽灯)固定在框架结构顶部或底部的固定架 H 上。
固定架牢固地固定于外部框架上,框架能够转到任意位置,但测试时其位置保持不变。
两个内部框架同时旋转,使光度计 E 在一个球面上移动。

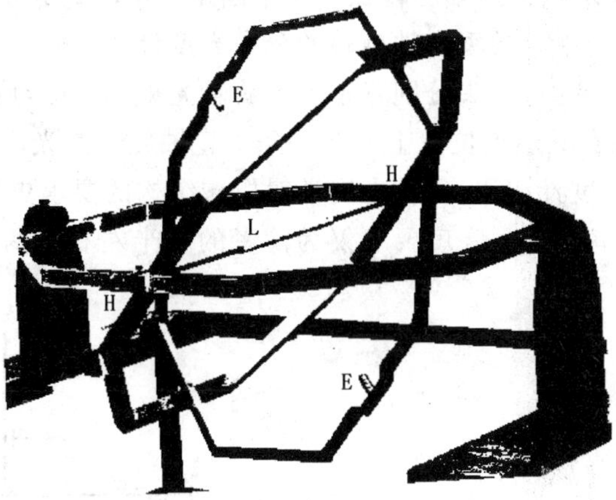

图 1b:被测直管行光源和外部框架都处于水平位置。
两个灯座 H 提供机械支撑和电气动力。两个光度计 E 绕球面运动。

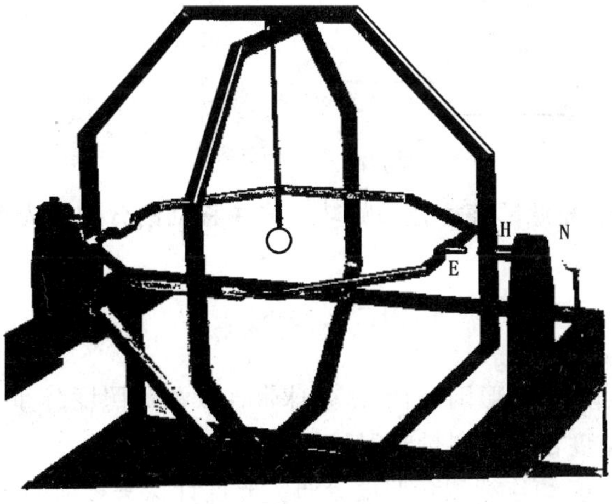

图 1c:校准光度计时,载着光度计 E 的外部框架向外转 180°。外部框架的其中一个支撑架是空的。
置于旋转框架系统外的光强标准灯 N 以一个给定照度照射探测器。

图 1　一个带有光源的分布光度计的图样,光源在固定位置上

5.2.2 光源围绕空间固定的光中心旋转的分布光度计

在这些分布光度计中,光源被固定于空间中指定的一点,且沿垂直轴旋转。光度计探头围绕光源在一个垂直面内旋转(图 2)。两个轴成直角相交。

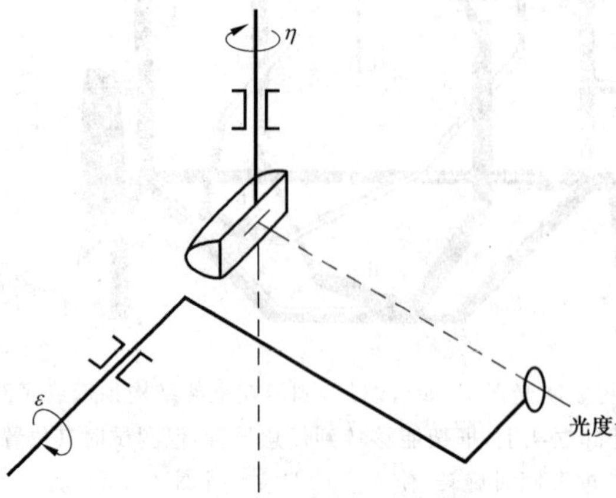

图 2 光源绕垂直轴旋转且有一个固定光中心的分布光度计

5.2.3 光源围绕一个移动的光中心做垂直轴旋转的分布光度计

该分布光度计中,光源和光度计探头分别置于水平旋转光束的两端,旋转光束围绕着从光束中部穿过的水平轴旋转(图 3)。光源在其燃点位置上围绕一条垂直轴旋转。光度中心围绕一条水平轴在一个平面内旋转。与 5.2.2 中的光度计相比,这种光度计对机械结构的要求更严格。但是,在光源和光度计探头间距离相等的情况下,后者对房间高度要求仅为前者的一半左右。两种方法也可以在同一个实验中结合使用。

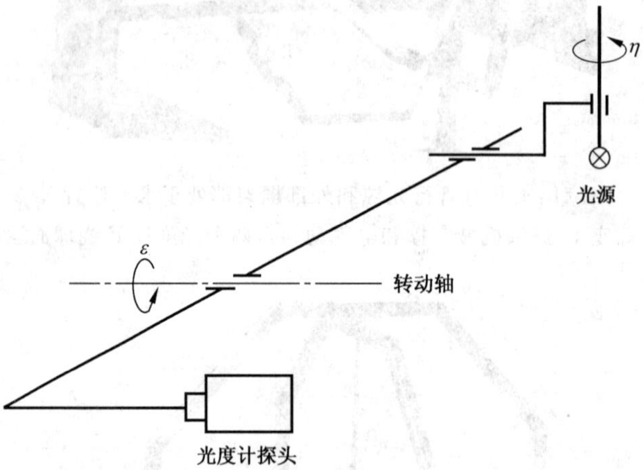

图 3 光源围绕垂直轴旋转且光中移动的分布度光度计

5.3 照度分布的测量

5.3.1 光度计探头的移动

以下几种方法可测量照度分布:

——沿球表面围绕着光源(螺旋形围绕)的一条球带连续测量照度分布。见图 4。对于这种光度计探头的移动,指定角度步长的测量时间是最短的。

——沿圆锥表面(固定角度 ε)连续测量照度分布。光度计探头移动的角度步长是 $\Delta\varepsilon$。

——沿垂直面(固定角度 η)连续测量照度分布。光度计探头移动的角度步长是 $\Delta\eta$。

——在光度计探头或光源的角度步长为 $\Delta\varepsilon$ 和 $\Delta\eta$ 时测量照度分布。

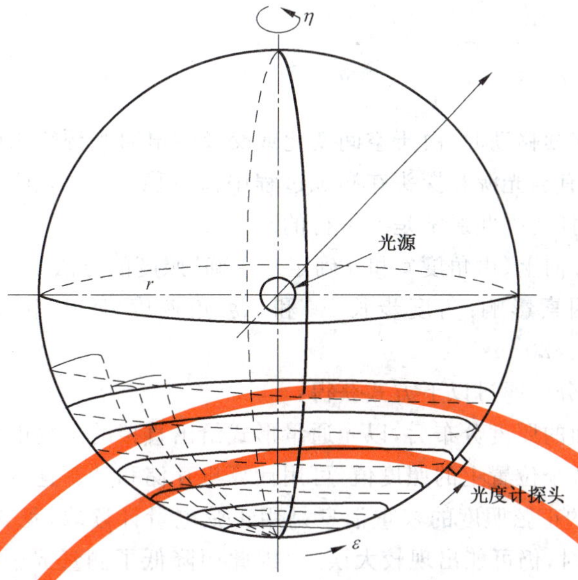

图 4　球面照度分布的连续测量原理

5.3.2　角度步长

旋转中，极角 $\Delta\varepsilon$ 和方位角 $\Delta\eta$ 的步长越小，光通量的测量越精确。为了取得精确的测量结果，特别是在光源光强分布变化较大时，可要求角度步长 $\Delta\varepsilon=\Delta\eta=0.1$ 度。在光源光强分布较均匀时，可选择较大的角度步长。

5.3.3　旋转速度

对于光通量取决于环境温度和气流速度的光源，只能围绕垂直轴在一个限定的速度下旋转。某些光源会受到其内部移动物质的影响。如果有移动微粒特别是 Na、Hg 的存在，则其加速度应小于标准重力加速度的 1/10。

注：允许的旋转速度可能取决于以下因素：

——测量光源的光通量，是旋转速度的函数；

——测量沿光源旋转轴没有被灯座部件遮住的位置的照度，是旋转速度的函数。

测试中光通量开始变化(通常减少)时的旋转速度应为最大值。要求光度计探头的移动是均匀而平稳的。这就需要机械系统达到非常平衡。

5.4　角度编码

为了测量光度计探头在指定位置上的照度，需要设定和测量两个角。当不需要调整初始位置时，推荐使用绝对角度编码器。

即使关闭电源后仍需保持设定位置。也可使用其他的角度编码方式，如步进电机。角度应该精确到 0.1 度以内。

5.5　照度计

通过计算照度分布来测量光通量的精确性，关键取决于所用照度计的质量。

5.6　数据获取和光通量计算

对于所有通过测量照度分布来计算光通量的分布光度计，照度分布是在围绕光源的一个球面上测得的。那么光通量由以下公式得出：

$$\Phi=\int_{(A)} E\mathrm{d}A=r^2\int_{\varepsilon=0}^{\pi}\int_{\eta=0}^{2\pi} E(\varepsilon,\eta)\sin\varepsilon\mathrm{d}\varepsilon\mathrm{d}\eta \qquad \cdots\cdots(9)$$

式中：

A——球表面；

E——球面面元 $\mathrm{d}A$ 处的照度；

r——球半径；

ε——极角；

η——方位角。

测量中当光源或探头连续移动时，由于空间变化或交流供电时光源输出的瞬时变化，光度探头处的照度会随之变化。因此，只有当光源和探头在测试过程中保持稳定时，才能达到局部照度的精确测量。这种方法需要很长的测试时间，因此通常是不可行的。

测量指定面元或指定方向上(由角度 ε 和 η 确定)"正确"照度的方法不同且不能粗略描述。总的来说，测量精度明显受以下因素影响：角度步长 $\Delta\varepsilon$ 和 $\Delta\eta$，角速度 $d\varepsilon/dt$ 和 $d\eta/dt$，照度计的积分时间(50 Hz，交流供电的情况下>20 ms)。

式(9)中给出的照度积分可通过以下方式获得：

——在计算出整个球面的照度分布后，以光通量形式给出直接的采集电信号；

——测量光度探头在各个位置上的照度值，可用计算机存储和计算这些数据。

在直接信号采集中，ε 的正弦照度的权重消息是用正弦电量计读取，见式(9)。即使这些电位计使用了精密组件，当 ε 值较小时，仍可能出现较大误差，因此而降低了测量光强分布变化较大的光源的精确度。所以，角度步长相等的情况下，计算值通常比直接信号采集要更精确。

在数值计算中，也可以得出立体角某一截面的局部光通量，如顶部或底部半球。

5.7 杂散光

应避免杂散光(由光源间接到达光度计探头的光)。将分布光度计置于暗室中可避免杂散光。也可以在光源后面放置一个光陷阱(可以被光度计探头看到)，使它与光度计探头一起移动。光度探头应评价未被光源遮住的立体角发出的光，为了使探头灵敏度降至最低，可以在光度计探头前放置一个尺寸适当、内部涂黑的遮挡支架。在光源和光度探头之间放置一个黑挡屏，完全遮住光源且随探头一起移动，用这个黑挡屏来对光通量进行附加测量，可以使大部分的杂散光被测到。这种方式测得的光通量是只有杂散光的光通量，因此应该从不带罩的光通量测量值中减去。

更多有关使用分布光度计测量光通量时消除杂散光的信息，参见参考文献[20]。

5.8 被遮挡的光通量

在一个很小的立体角内，一部分光源发出的光可能会被分布光度计的机械部件遮挡住，使得这些光不能被光度探头接收到。

如果由于从光源发出的光通量受到机械部件的遮挡不足时，可以使用高反射率的覆盖层将遮挡部件盖住。

如果由于分布光度计的结构原因，而使得光度探头无法被放置在立体角一个有限的小区域内，从而无法测量此区域的照度分布，那么这个区域的辐射光通量就会被遮挡。这种情况下，通过推算出立体角包含的这一区域内的照度分布就可对测量结果进行修正。对遮挡物影响的计算方法详见参考文献[12]。

5.9 误差来源概要

评价来自照度分布的光通量时的不确定性源于：

——分布光度计机械部件的变形(框架结构，旋转臂)；

——光度计探头可接收面和旋转中心之间的距离的不确定度；

——光度探头位置的不确定度；

——不规则旋转；

——角度步长过大；

——照度计测量的不确定度；

——角速度过大：影响光源的光输出。对于交流供电光源：阻止正常的光通量瞬时积分；

——光通量的被遗漏和被遮挡；

——杂散光；

——光度校准的不确定度；

——测试中光源或系统其他部件的不稳定性(例如光电倍增管)。

5.10　性能列表

为了描述用于计算照度分布的光通量的分布光度计的性能，需要给出以下数据：

机械结构方面：

——分布光度计类型；

——分布光度计尺寸；

——可测光源的最大尺寸；

——可测光源的最大重量。

几何方面：

——光度探头和旋转中心的距离；

——无法测量的立体角；

——能被光度计探头测到的杂散光的立体角区域。

布置方面：

——角度编码方法；

——解析/决定；

——初始位置的标记方法；

——角度步长；

——旋转速度；

——标记角度与实际角度的偏离。

照度计和数据处理方面：

——所用照度计的误差；

——数据获取和处理的方法；

——计算机的数据。

5.11　校准与测试

5.11.1　校准

分布光度计作为照度分布光通量的测量设备，通常采用光强标准灯进行校准。此校准方法适用于分布光度计配用的照度计，使用光度计距离定律，根据标准灯的光强计算出照度。

5.11.2　测试

可使用三种不同方法检定分布光度计。

5.11.2.1　光通量标准灯

可以用光通量标准灯对分布光度计进行检定和校准。如果要检查分布光度计的精确性，标准灯测得的光通量与它的标称值应一致，符合声称的不确定度范围。如果用标准灯校准分布光度计，应在使用此设备测量光通量的其他不确定度中加入标准灯校准声称的不确定度。

建议使用以上方法时至少使用三种不同的光通量标准灯。

5.11.2.2　光强标准灯

如果照度计的光度探头被移动到某一位置，在这个位置上位于分布光度计中心的标准灯的光强是已知的，那么也可使用光强标准灯对分布光度计进行检定和校准。测试中，照度计的光度探头和光强标准灯应保持稳定，分布光度计的驱动装置应停止工作。分布光度计的移动(光源，探头)可以通过恰当的计算机程序来模拟。光通量的结果等于 $4\pi sr$ 乘以标准灯的光强。

5.11.2.3　已校准的照度计

还可通过测量分布光度计中照度计的响应来检查分布光度计。其中：

$$s = I_{ph}/E \quad \cdots\cdots (10)$$

式中：

I_{ph}——照度计产生的光电流；

E——光度探头接收面的照度，根据标准灯的光强和它到光度探头的距离计算出来。

响应测量中测定光电流 I_{ph} 时分布光度计里照度计的光度探头应被断开，并使用恒流源来提供相同的电流。

然后按照测试顺序进行测试。光通量计算公式：

$$\Phi = 4\pi r^2 \cdot I_{ph}/s \quad \cdots\cdots (11)$$

式中：

r——旋转中心和光度探头接收面间的距离；

s——根据式(10)得出的响应值；

I_{ph}——所提供的恒定光电流。

此测试包含分布光度计移动周期带来的影响。

5.11.3 相互比对

评价某个分布光度计的光通量测试不确定度的一个好的方法是在几个具备良好资质的实验室测试同一批灯，对测试结果进行比较。使用不同光度计（例如，一个分布光度计和一个积分球光度计）测试同一批灯并对结果进行比对，也可以得出有用信息。

6 使用积分球测量

6.1 测量原理

光源的光通量可以在积分球中通过与标准灯的比较测量中得到。在测试的过程中，将光源和标准灯先后放置在积分球中相同的位置。将测量球体表面的间接照度作为光通量的测量方法。

球形光度计包括积分球、带有数据输出的光度探头以及供电电源。

6.2 球理论

在球形光度计中通过与标准灯光通量的比较能够测量出被测光源光通量。根据乌布里希的理论，光源光通量与积分球内表面间接照度 E_{ind} 相关，并可以表示为：

$$\Phi = E_{ind} \cdot \frac{1-\rho}{\rho} \mathrm{A} \quad \cdots\cdots (12)$$

式中：

E_{ind}——积分球内表面的间接照度（例如，被放在球内表面的光电探头的接受面）；

ρ——球内表面的反射系数；

A——球的表面积。

因数 k：

$$k = \frac{1-\rho}{\rho} \mathrm{A} \quad \cdots\cdots (13)$$

被称为“积分球系数”。在实践应用中，k 与上式所给的理论值并不相同，主要是因为球在测量中不是空的。因此，k 不能根据上式进行计算，而是需要通过一个基准光源（光通量标准灯）来确定。

$$k = \frac{\Phi_N}{E_{ind,N}} \quad \cdots\cdots (14)$$

式中：

Φ_N——标准灯光通量；

$E_{ind,N}$——光通量 Φ_N 的间接照度。

然后，根据式(12)和式(14)，光源光通量计算方法为：

$$\Phi = \Phi_N \cdot \frac{E_{ind}}{E_{ind,N}} \qquad (15)$$

6.3 **光谱法**[22,23]

光源的一个重要的参数是光谱辐射通量 $\Phi_{e\lambda}$，通过它可以计算出下列量值：

——光通量；

——辐射通量；

——产生光生物效应的辐射通量；

——颜色(三刺激值，相关色温)；

——显色性(特殊(Ri)和一般(Ra)显色指数)。

光源的光谱辐射通量可使用积分球光度计测量，此时需要用一个与匹配的探测器相结合的单色仪代替 $V(\lambda)$ 光探头。用这种方法，测量的是以波长为函数的光谱辐照度 $E_{e\lambda,ind}$，而非间接照度 E_{ind}。

当使用这种方法进行光谱测量时，球壁的光谱反射率和辐射计探头的相对光谱响应率之间不应影响结果。标准灯与被测灯之间由于光的空间分布不同产生的影响，与用积分球光度计测量光通量是相同的。

应当使用一个已知光谱辐射通量 $\Phi_{e\lambda,N}$ 的标准灯。

被测光源的光谱辐射通量能从下式中被计算得到：

$$\Phi_{e\lambda,X} = \Phi_{e\lambda,N} \frac{Y_{\lambda,X}}{Y_{\lambda,N}} = \frac{1}{s(\lambda)} \cdot Y_{\lambda,X} \qquad (16)$$

式中：

$s(\lambda) = Y_{\lambda,N}/\Phi_{e\lambda,N}$——积分球辐射计的光谱响应率；

$Y_{\lambda,X}$——被测灯 X 在波长 λ 处的输出信号；

$Y_{\lambda,N}$——标准灯 N 在波长 λ 处的输出信号；

$\Phi_{e\lambda,N}$——标准灯 N 的光谱辐射通量。

通过已知的标准灯的光通量 Φ_N 和标准灯光谱能量分布 $S_{\lambda,N}$，可以计算被测光源的光通量，

$$\Phi_X = \Phi_N \frac{\int_0^\infty S_{\lambda,N} \cdot (Y_{\lambda,X}/Y_{\lambda,N}) \cdot V(\lambda) \cdot d\lambda}{\int_0^\infty S_{\lambda,N} \cdot V(\lambda) \cdot d\lambda}$$

$$= K_m \int_0^\infty (Y_{\lambda,X}/s(\lambda)) \cdot V(\lambda) \cdot d\lambda \qquad (17)$$

式中：

$K_m = 683\ \mathrm{lm/W}$——最大光谱光视效率。

为计算其他(不发光的)量，在式(17)中应使用相对光谱响应率代替 $V(\lambda)$。

除了光谱参数，在第 5 章提到的球形光度计的许多其他参数，也需要考虑。

6.4 **箱式光度计**

相同类型的光源的光通量比较可以用一种箱式光度计来完成，这种光度计用一种任意形状的盒子或矩形容器代替积分球。

6.5 **积分球**

6.5.1 **球的直径**

积分球应有容纳测量的最大光源的足够的直径，光源和球壁之间应有足够的距离来满足多次的漫反射光，并且不受来自光源本身的干扰。推荐的积分球直径，对于紧凑型灯，应至少为光源最大尺寸的

10 倍；对于管形灯，则应至少为两倍，因此对于测量 1.5 m 长的荧光灯应使用 3 m 直径的积分球（对于不太苛刻的测量 2 m 直径的积分球足以得到相同的结果）。积分球的直径的选择也取决于被测灯的能量消耗。

积分球的光度计的响应率随积分球直径的平方反比变化。

积分球不应使球外的杂散光进入。

6.5.2 球的涂料

球内侧的涂料应无选择性地漫反射，且不应发光。由于在高反射率的情况下，光谱反射率 $\rho(\lambda)$ 的微小相关变化会对积分球系数 k（见式(13)）有较大的影响，所以推荐选择反射率为 0.8 的涂料。必须指出，球的积分特性会随反射率的减小而减弱。

球的涂料已投放市场，它的光谱函数 $\rho(\lambda)/[1-\rho(\lambda)]$ 作为波长的函数被列出。图 5 表示一种改良的反射率为 0.8 的积分球涂料，与作为在可见光谱区的漫反射标准的纯硫酸钡涂层的比较结果。

根据使用和环境的情况，球应每年重新喷涂一次，以使老化和污染的影响降到最低。

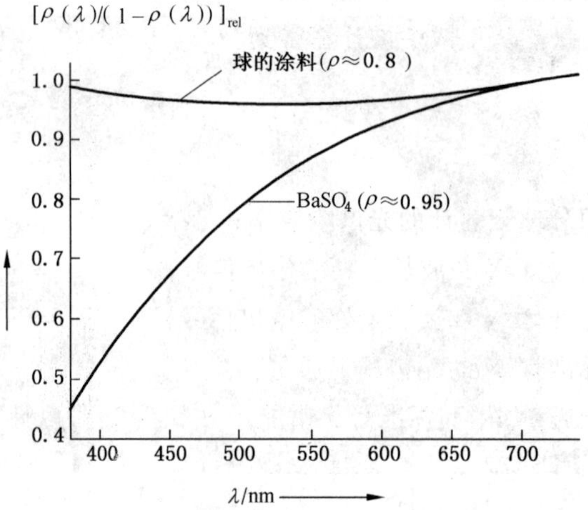

图 5　改良的球涂料的函数 $\{\rho(\lambda)/[1-\rho(\lambda)]\}$，与硫酸钡（$\rho$ 约为 0.95）的比较

6.5.3 光源和挡屏的布局

挡屏应放在积分球内，防止光源的光直射到光度计的光探头。

光源的两种可能的位置

a) 通常光源放置在球的正中心，确定好方向，保证最少的直射光落在挡屏上。像管形荧光灯一样的线状光源的放置位置应使它的轴通过球心并且与探头一致。挡屏通常放在距离光探头等于六分之一球直径的地方（如果光源相对于球直径比较小，则应放置在四分之一的地方）（图 6）。它应该足够大，防止光探头接受区域被光源直射到，在满足这一前提下，挡屏应该尽可能小。

b) 对于有强烈直射光的光源如 LED 和反射型灯来说，光源可以被放置在接近光探头的一个发射区的球壁上。一个小的挡屏挡住光源射向探头的直射光（图 7）。

挡屏应有尽可能高的反射率，并具有非选择性和漫反射的特性。

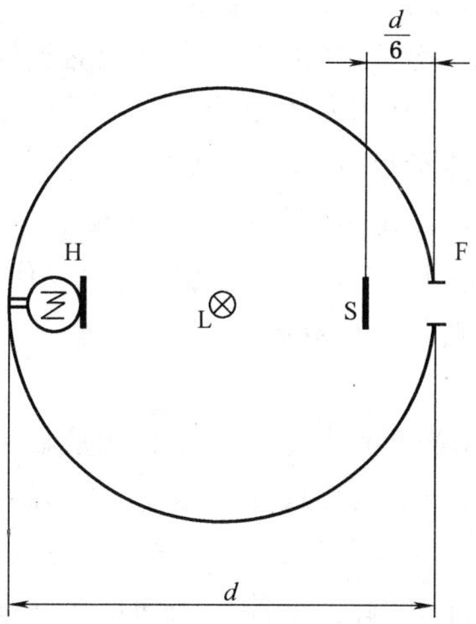

L——光源；　　　　　　　　　　H——带挡屏的辅助灯；
S——挡屏；　　　　　　　　　　d——球的直径。
F——球的光度计探头部分；

图6　在积分球中测量光通量的布置图

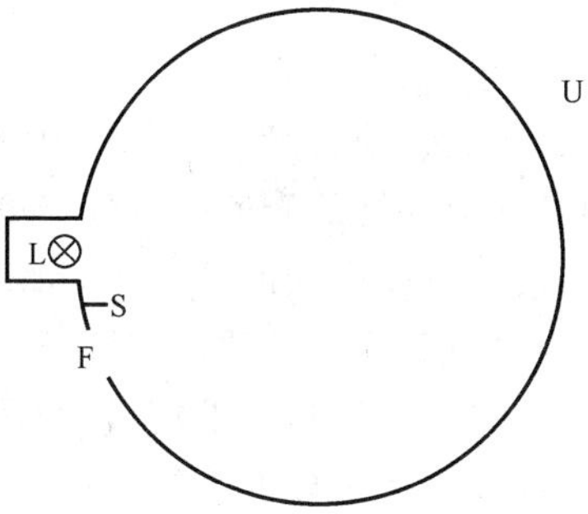

L——光源；
F——球的光度计探头部分；
S——挡屏；
U——积分球。

图7　具有较强方向性的发光强度分布的光源在积分球中的测量

光源的支架应具有尽可能小的尺寸和尽可能高的反射率。

6.5.4　辅助光源和球内物体的影响

球内的所有物件，如挡屏、灯座，都会影响测试结果，因此它们应该越小越好。光源自身也会吸收辐射。

球内物体的影响能通过对辅助灯的附加测量来确定和进行修正(见6.9)。

辅助灯的位置应在光探测器的对面，并且应该均匀的照射到球的内表面。出于这个目的，一个小的白色挡屏应放在辅助灯的前面，阻挡住被测光源的直射光。如果使用一个端部有白色反射膜的白炽灯，也可以不加挡屏。

辅助灯的光通量不应随时间而变化。

6.6　照度计

在球形光度计中对光通量的测量包括测量球壁处的间接照度，该照度与光源的光通量成比例。为此，需要一个照度计。

光探头的接受面应该是由一种良好的漫反射(透射)材料制成，比如，合适的乳白玻璃，并且直接与球的内壁曲面相切。为了使挡屏小(见6.5.3)，接受面也应该尽可能小，推荐使用带有自动控制温度的光探头。在球壁上开的放置探头的口应与光源高度相同。

由于测量的精确度依赖于照度计探头，所以选用高质量的光探头是十分必要的。更重要的是，当被测灯与标准灯的光谱能量分布不同时，使用的照度计的光谱灵敏度应接近 CIE $V(\lambda)$函数。

使用带内置信号减弱器的照度计是很方便的。这使得在测标准灯的光通量时，显示值设置成已知的标准灯的光通量值，因此，可以直接读出被测灯的光通量值。

对于球形光度计测量光通量，使用光谱法时，应使用光谱仪代替照度计。推荐使用带有数据读取的装置。辐射计探头接受面的位置规则与照度计探头规定相同。

6.7 数据获取

如果系统经过增益控制的校准，光源的光通量就能直接从显示系统上得出。对于日常测量，建议使用打印机记录光源的测量值。为此，光电仪器应该有数字式的显示输出。对于日常检测量，同时记录灯电压、灯电流和消耗功率以及光通量，对光效的计算和输出也是必要的。如果使用计算器，则可以输出或存储一组灯的相关量值(平均值、标准偏离、未能达到的最小光通量)。

6.8 光通量标准灯

如果被测灯和标准灯有以下几点相同，则通过替代原理在球形光度计中测量的光通量的结果是正确的：

——相同的尺寸和外形。

——相同的光谱分布。

——相同的空间分布。

如果被测灯和标准灯有上述一项或几项不同特性，就会出现测量误差。

当测量系统的光谱响应率、被测灯和标准灯的光谱能量分布等信息全部给出时，不同光谱分布的影响是可以消除的。不同尺寸和外形的修正可以用辅助灯(见 6.5.4 和 6.9)。

大多光通量标准灯都为白炽灯，但也有其他种类的标准灯。

建议对日常使用的标准灯的校准至少要用三只标准灯，核查用标准灯应在适当的时间间隔内对三只标准灯重复进行，用这种方法，很容易发现单只标准灯的变化。

6.9 测量的实施

将环境温度设定在规定值(通常 25 ℃)，标准灯放入积分球，测量标准灯的数值是 Y_N。

关闭标准灯，打开辅助灯，测量值为 Y_{HN}。

被测灯放入标准灯位置进行测量，记录辅助灯数值 Y_H。

之后关闭辅助灯，得到被测灯数值 Y。

每次测量都应考虑到灯的稳定时间。

被测灯的光通量可以通过标准灯的光通量和测量值用下面公式计算。

$$\Phi = \Phi_N \cdot \frac{Y}{Y_N} \cdot \frac{Y_{HN}}{Y_H} \qquad \cdots\cdots(18)$$

注：在异常情况下定期测量程序可以简化：

如果标准灯与被测灯是同样的种类和尺寸，辅助灯可以省去($Y_{HN}=Y_H$)。

如果被测光源的光谱分布为相同的类型，那么积分球涂料的选择和光度计探头对 $V(\lambda)$函数的匹配误差都不会影响测量的精确性。

如果被测光源的光分布很大程度上是相同的，那么使用其他种类的腔体(例如盒子)代替球是可行的。

如果被测灯是大功率发散的光源，推荐球外的环境温度控制在大约 24 ℃，同时灯稳定的过程中球门应打开。当灯达到稳定状态，应关闭球门，在温度计显示的温度到达 25 ℃时进行测量。

6.10 测试和修正

6.10.1 积分球涂料影响的修正

可以通过修正因数 k 消除涂层引起的误差。

$$\Phi = \Phi_{meas} \cdot k \qquad \cdots\cdots(19)$$

式中：

Φ_{meas}——发光种类为 Z 的光源的实测光通量；

k——发光种类为 Z 的光源的修正因数。

$$k=\frac{\int_0^{\infty} S_{\lambda}(N)\cdot\frac{\rho(\lambda)}{1-\rho(\lambda)}\cdot s(\lambda)_{rel}\cdot d\lambda}{\int_0^{\infty} S_{\lambda}(N)\cdot V(\lambda)\cdot d\lambda}\cdot\frac{\int_0^{\infty} S_{\lambda}\cdot V(\lambda)\cdot d\lambda}{\int_0^{\infty} S_{\lambda}(N)\cdot\frac{\rho(\lambda)}{1-\rho(\lambda)}\cdot s(\lambda)_{rel}\cdot d\lambda} \quad\cdots\cdots(20)$$

式中：

S_{λ}——被测灯的光谱分布；

$S_{\lambda}(N)$——标准灯的光谱分布；

$\rho(\lambda)$——积分球涂料的光谱反射率；

$V(\lambda)$——光谱光视效率；

$s(\lambda)_{rel}$——光度探头的相对光谱响应度。

6.10.2 白炽灯测量的修正

积分球涂层光谱反射影响的修正可以在测量白炽灯光通量和某方向光强时进行。应当使用一个有非常精确的 $V(\lambda)$ 修正的光度计，测试灯工作电压的函数。如果因数 $k(U)$，见式(21)。

$$k(U)=\Phi_{meas}(U)/I(U) \quad\cdots\cdots(21)$$

式中：

$\Phi_{meas}(U)$——在 U 电压下的光通量测量值；

$I(U)$——在 U 电压下的发光强度。

与工作电压 U 无关，积分球涂层的光谱反射的影响可以被忽略。但是，如果 $k(U)$ 随灯的工作电压改变，白炽灯光通量的测量值 Φ 也可以根据下式修正。

$$\Phi=\Phi_{meas}\cdot k \quad\cdots\cdots(22)$$

式中：

Φ——白炽灯的光通量值；

Φ_{meas}——电压 U 下光通量的测量值；

k——修正因数。

其中

$$k=\frac{\Phi_{meas}(U_0)}{\Phi_{meas}}\cdot\frac{I(U)}{I(U_0)} \quad\cdots\cdots(23)$$

式中：

U——测量光通量所要求的白炽灯工作电压；

U_0——与标准灯光通量有相同温度分布的白炽灯工作电压。

可以通过测量两种灯的比率温度 T_r（“蓝与红比率”）来确定与作为标准光通量的白炽灯有相同分布温度的被测白炽灯的电压 U_0，且有足够的精确度。

当用卤钨灯与普通白炽灯比较时，这种修正是必要的。

6.10.3 荧光灯测量的修正

测量荧光灯时，也可以在一定条件下对球涂层的光谱反射的影响进行修正。

如果使用发光类型为 N 的标准荧光灯来测量荧光灯的光通量，则发光类型为 Z 的荧光灯的光通量可以通过一个由标准灯和被测灯的发光强度（照度）测量（“相对光通量”）确定的修正因数来修正。

这种修正方法考虑了球涂层对光谱反射的影响，但不包含不同尺寸和形状的影响。这种方法限制了精确度，因为荧光灯的发光强度在灯轴向的垂直平面上并不是常数。

6.10.4 测试随时间(变化)的稳定性

球形光度计随时间的稳定性受以下因素影响：

——球涂层的光谱反射随时间改变，例如，干燥的天气，连续使用或受紫外照射造成改变，以及灰尘的影响。

——温度决定了球涂层的光谱反射率 $\rho(\lambda)$。

——光度计探头的疲劳。

——光度计探头受温度的影响。

——电源和测量设备受时间的影响。

在一天中或每隔一段时间，球形光度计的稳定情况可以通过测量有稳定光通量的辅助灯来进行检查。

6.11 误差来源

用球形光度计测量光通量的结果，受以下因素影响：

——标准灯和被测灯不同的光谱分布。

——标准灯和被测灯不同的空间分布。

——标准灯和被测灯不同的尺寸和吸收特性。

——积分球壁内表面反射率的变化，在连续测量时，球壁反射率随全天温度不同而改变。

建议在非工作状态时在球内点一只灯，以保证探头的温度。

反射率会随污染改变，由于尘灰的影响，积分球下部的灰尘通常比上部多。

——亮度测试的不确定度。

——在测量时光源的不稳定性(未考虑稳定阶段)。

6.12 球形光度计的描述

以下是球形光度计描述要给出的参数：

——球的直径。

——挡屏和辅助灯的布置。

——辅助灯的参数(种类，标称电压等)。

——积分球涂料的光谱函数 $\rho(\lambda)/[1-\rho(\lambda)]$。

——使用的照度计参数。

——显示和获得数据方式的详细信息。

——可测量的最小光通量值。

7 通过光强、亮度和照度确定光通量

7.1 测量原理

通常，对于任一给定的光源，只要其位置保持不变，就能够推算出它的光通量、在一定区域定义了位置关系的光源的照度 E、在给定方向的光强 I 和光源给定方向的发光部分区域的亮度 L 之间的比例。

$$\Phi = c_E \cdot E = c_I \cdot I = c_L \cdot L \qquad (24)$$

在这种情况下的光源的光通量通过测量 E,I,L 被确定下来，只要可以确定比例因数(c_E,c_I,c_L)。

对于一些灯的光通量和 E,I,L 之间的比例关系也适用于灯的种类，不仅是对于单个的灯(例如荧光灯)。

7.2 测试和校准

当通过照度、光强或度的几何学方法测量光通量时，适用的比例因数应固定。目前没有公认的测量方法，但在一些特殊应用时，通常使用这些方法。

凡是涉及到用于照明装置的灯的光通量的确定，至今获得的很多经验是关于荧光灯的。测量表明在距离灯端约 20 cm 处的荧光灯的亮度和光通量之间有紧密关系。

当测量单只光源时，杂散光不是很重要(例如测量周围温度对于光通量的影响时)。然而当通过亮度测量照明装置中的荧光灯的光通量时，应消除来自灯具部件或临近光源的杂散光。最好的做法是在合适的位置使用黑色挡屏为被测灯和灯具阻挡来自于周围或邻近光源所发出的光。

7.3 特征

通过测量照度、光强或亮度对光源的光通量进行测量的设备用以下量表示：

——使用该设备的光源的种类。

——测试的量。

——测量几何学和测量方法。

——比例因数及其标准偏离。

——使用的照度或亮度计的参数。

8 一般的测量环境

8.1 工作环境

除非有特殊的规定，所有的灯应在相关IEC标准和国家标准的规定条件下燃点和测试。特别是要说明测试电压、电流和功率是否为额定值。这样在确保测量结果在不可避免的测量不确定度之内，与其他地方进行的测量结果进行比对。

测量和运行设备对量值的影响应尽可能小。在测量不确定度的评价中应该考虑不可避免的影响。

灯和测量设备应进行校准，可直接或间接对照国际标准。

8.2 老炼

灯的工作参数会随寿命时间变化而变化。这种变化在寿命的第一阶段尤为明显。为了使测量重复性足够高，需要对灯进行老炼。

不同类型的灯的老炼时间在相应的IEC标准和国家标准中都有规定。

8.3 燃点位置

灯的燃点位置应符合IEC标准或国家标准的规定或生产商和使用条件的技术规定，燃点位置应在测试报告中说明。

8.4 环境温度

放电灯应该在没有对流空气的房间中测量，即灯周围应没有对流空气的影响。光度测试时通常周围环境温度为25 ℃，对于温度对光通量有很大影响的光源，温度波动范围应为±1 ℃，其他的光源应为±3 ℃，如果测量是在不同温度下进行的，应给出温度。

应使用精度至少为0.1 ℃的温度计测量温度，测量点与光源应大致处于同一高度并具有代表性。

如果是分布光度计，温度计与光源光度中心的水平距离应超过光源最大水平尺寸的50%+0.5 m。

对于球形光度计，温度计应该放置在距离球壁20 cm或1/3球径处。温度计应该有隔离装置防止被测灯的光直射。

8.5 震动和冲击

当开关开启时，灯不应受到超过10 m/s^2(4 Hz～3 000 Hz)的加速度或超过30 mm(最大为4 Hz)的位置改变，该限值对于大多数灯是足够的。

8.6 稳定阶段

稳定性试验的目的是为了保证所有的重要参数在测量开始时都处于稳定的状态。在稳定和测试期间，灯的工作环境应当相同。特别应注意避免改变灯的燃点位置和额定的工作参数(如额定电压、功率或电流)，稳定时间取决于光源的种类和工作环境。应从点灯开始连续测量这些参数，当读数在特定方向不再出现趋势性的变化，则认为光源达到稳定状态。

注：一些光源在开始的一小段工作时间之后，呈现出稳定状态；之后又回变化并到达一个新的稳定阶段。这些光源应上升到最终的稳定阶段后，才可以进行测量。

8.7 电气测量

8.7.1 测量的不确定性

光参数测量结果的不同常常是由于测量中的误差或电参数的变化造成的。对于工作在交流或直流状态下的白炽灯，电参数测试设备的不确定度应不大于0.1%，在交流状态下工作的气体放电灯，应不大于0.2%。

注：白炽灯1%的电压变化会引起4%的光输出变化，同样程度的电流变化会引起8%的光通量变化。

应说明哪些参数(电压、电流、功率)应保持不变，以及其他应满足的条件。

8.7.2 电源和工作模式

使用直流测量比使用交流更准确，因为对于交流，光源和电参数测量仪器受很多变量影响，例如频率、波形和相位变化。因为光度的量很大程度上取决于电气参数，因此供电电源应尽可能稳定。

交流供电电源的波形应尽可能接近正弦波线，在其他频率的谐波应最小。

8.7.3 接线

线路、镇流器和电测量设备应放置在能防止外部影响的位置，如需要可加挡屏。建议使用特制的灯座测量灯电压或功率。

特制的灯座应该有四个接触点，两个用来提供电流(I_L)，分出的另外两个直接连接在灯端测量灯电压(U_L)。当使用一个高阻抗的电压表时，流过接触点的电流几乎为零，所以四端法线路可以把电压测量的误差减少到零。

8.7.4 电气测量的操作

当测量功率，或同时测量电流和电压时，仅有两种电路。一种是电流表测量的电流包含流过电压表的电流，另一种是电压表测量的电压包含电流表上的电压降。由于现在使用的电压表阻抗较高，前一种形式的电路较为普遍，如果流过电压表的电流较大，则需要进行修正(参见相关IEC文件中的建议)。

电路的负载能力会影响测试结果，尤其是当电路处于高频状态，例如测试低压钠灯时。接地错误对测试影响很大。

对于精确的交流电路测量放电灯，设备应是真有效值类型可满足谐波含量的要求。当测试高频放电灯时，需要使用特殊的方法和设备。

8.7.5 测试电路

对于放电灯，IEC标准或相应的国家标准规定了被测灯的电路。

8.8 镇流器

气体放电灯的测量应使用基准镇流器，除非该灯是控制电流或功率而不是控制电压。如果使用其他镇流器(如灯具的测试)，使用的镇流器应在测试报告中说明。

8.9 供电电源

当测量白炽灯时推荐选用直流电源，以得到较高的电测量精度。气体放电灯通常使用交流供电。

测量寿命时，供电电压应保持稳定在0.5%以内，实际测量时应保持在0.1%以内，对于校准标准白炽灯，应保持在0.02%以内。

交流电源的总谐波含量应不大于3%，对于高电抗型的高压放电灯，电源的选择应满足无功功率的要求。

总谐波含量的定义是以基波为100%的各次谐波的均方根(r.m.s.)总和。

注：这就意味着供电电源与镇流器相比应该有足够低的阻抗，应注意这适用于所有测量条件。

附　录　A
（资料性附录）
测量平面

通常，光源（灯或灯具）的光强度分布的测量都是在几个平面上进行的。光强度分布的曲线的数量和测量平面的选择是根据光源的种类和使用的分布光度计而确定的。在各种测量平面中，经验证有三个平面系统更有助于测量。

A-平面（见图 A.1）

所有的 *A*-平面是指穿过光度计中心、平行于光源的入射面积且垂直于光源中心轴的光线交集所组成的一组平面。

注：如果光源是倾斜的，那么 *A*-平面系统就是严格与光源相联接的，并随着光源倾斜。

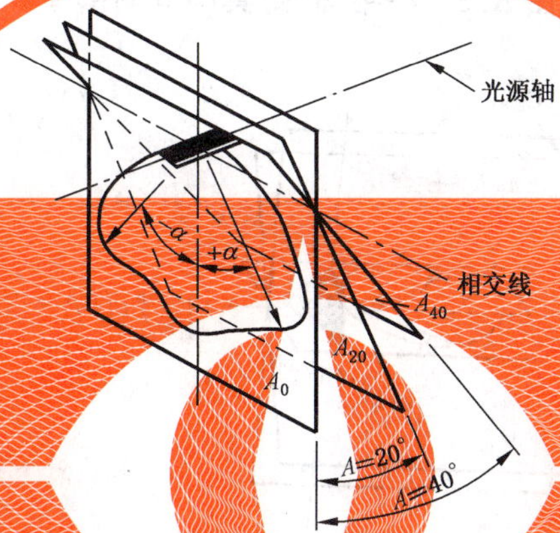

图 A.1　*A*-平面

B-平面（见图 A.2）

所有的 *B*-平面是穿过光度计中心、平行于光源中心轴且垂直于 *A*-平面的光线的交集的所组成的平面。

注：如果光源是倾斜的，那么 *B*-平面系统就是严格与光源相联接的，并随着光源倾斜。

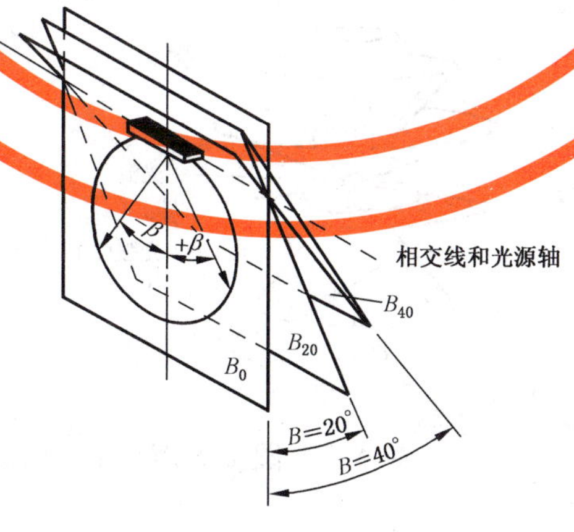

图 A.2　*B*-平面

C-平面（见图 A.3）

所有的 *C*-平面是垂直穿过光度计中心光线的交集组成的平面。

注：*C*-平面系统一般在空间上严格定向而不会随光源发光倾斜。*C*-平面的光线的交集只垂直于光源的 *A*-平面和 *B*-平面的零点交集（$\delta=0$）。

在某些情况下，所有的 C-平面系统的平面的线的交集与 A_0-平面和 B_0-平面的线的交集的是有关的（见图 A.4）。在这种情况下，C-平面交集就是严格连接到光源的（A-平面和 B-平面的情况也如此）。

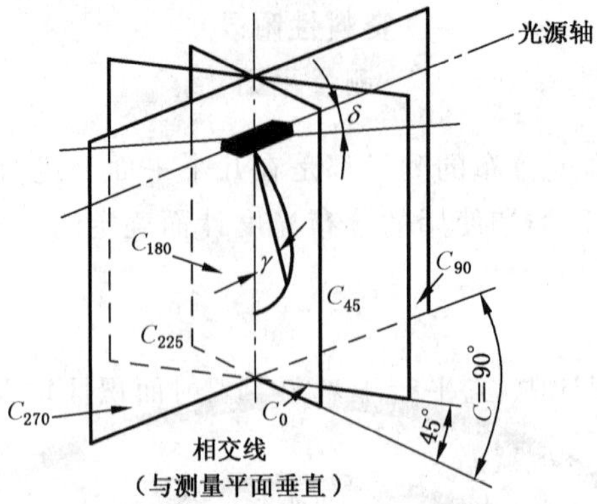

图 A.3　C-平面（灯具的 δ 倾斜角）

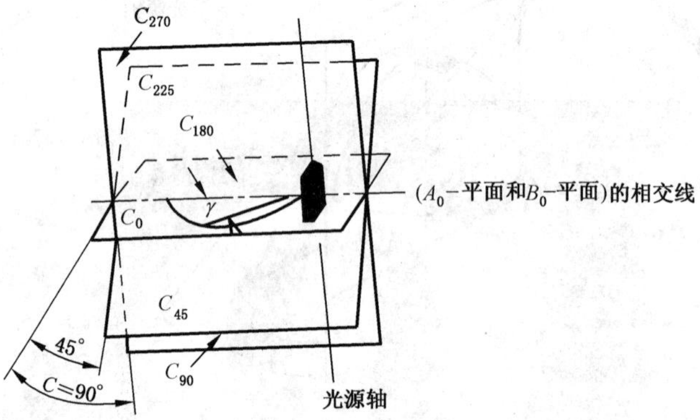

图 A.4　严格连接到光源的 C-平面

圆锥表面（图 A.5）。

对于某些分布光度计来说，合适的方法是在一个固定的两极角度测量光强度分布曲线，然后用圆锥表面的曲线描述结果。这个圆锥体的轴对应于 C-平面的线的交集。

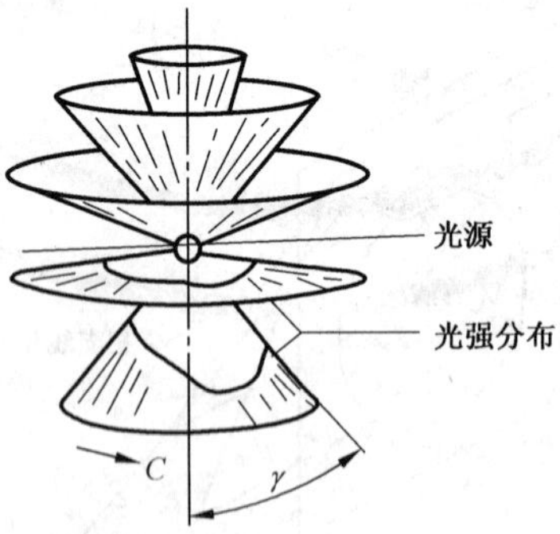

图 A.5　圆锥表面

平面角度的符号

平面的倾斜角是通过一个指数来指定的。A-平面和 B-平面的倾斜角是从 −180°经过 0°到 180°的，而 C-平面的是从 0°到 360°的（半平面）。圆锥平面的孔径角的测量是与 C-平面的线的交集有关系的。

使用下列符号表示（角度符号见图 A.1～图 A.5）：

——A-平面的角用符号 α 表示，通过垂直于 A-平面的线的交集的线来测量。

——B-平面的角用符号 β 表示，通过垂直于 B-平面的线的交集的线来测量。

——C-平面的角用符号 γ 表示，通过在向下的方向来测量 C-平面的线的交集来测量。

——圆锥平面的角用符号 C 表示，通过 C_0-平面来测量。

平面的倾斜角作为相关平面的指数被添加。

关系

各个平面系统的某个方向是通过两个角来表征的：

——一个平面或圆锥表面的角；

——一个平面或圆锥表面的倾斜角。

表 A.1 表示各种平面系统常用的角度符号。

表 A.1 角度符号

系　　统	平 面 的 角	平面的倾斜角
A-平面	α	A
B-平面	β	B
C-平面	γ	C
圆锥平面	C	γ

表 A.2 列出了表 A.1 中角度的变换方程式。

表 A.2 平面系统的转换方程式

方　　向		平面的倾斜角	平 面 的 角
给定的	要测定的		
A,α	B,β	$\tan B=\tan\alpha/\cos A$	$\sin\beta=\sin A\cdot\cos\alpha$
A,α	C,γ	$\tan C=\tan\alpha/\sin A$	$\cos\gamma=\cos A\cdot\cos\alpha$
B,β	A,α	$\tan A=\tan\beta/\cos B$	$\sin\alpha=\sin B\cdot\cos\beta$
B,β	C,γ	$\tan C=\sin B/\mathrm{tg}\beta$	$\cos\gamma=\cos B\cdot\cos\beta$
C,γ	A,α	$\tan A=\cos C\cdot\mathrm{tg}\gamma$	$\sin\alpha=\sin C\cdot\sin\gamma$
C,γ	B,β	$\tan B=\sin C\cdot\mathrm{tg}\gamma$	$\sin\beta=\cos C\cdot\sin\gamma$

参考文献

[1] Procedure for the Measurement of Luminous Flux of Discharge Lamp and for their Calibration as Working Standard
Publ. CIE No. 25,1973.

[2] Procedure Symposium in Light and Radiation Measurement'81.

[3] International Lighting Vocabulary
Publ. CIE No. 17. 4,1987.

[4] Methods of Characterizing the Performance of Radiometers and Photometers
Publ. CIE No. 53,1982.

[5] J. S. Franklin Automated Universal Distribution Photometer
Illum. Eng. ,Vol. 53,No. 3(1958),pp. 667-678.

[6] O. C. Jones,R. G. Berry A New Determination of the Lumen,Metrologia,Vol. 6,No. 3(1970),pp. 81-89.

[7] Schaefer,Mohan A New Gonioradiometer for Total Flux Measurements
Journal of the IES,July,1974,pp. 349-353.

[8] J. Makai,G. Czibula,J. Schanda Spatial distribution of colorimetric characteristics of metal halide lamps Proceedings Symp. Light and Radiation Meas. '80 pp. 47-50,Hungarian Nat. Committee of CIE,Budapest,1981.

[9] D. Förste,E. Krochmann,G. Sauter Abhängigkeit des Farbortes von der Richtung und der Brennstellung bestimmter Lampentypen
Tagungsbericht Lichtt. Gemeinschaftstagung 1984.

[10] J. Krochmann Über die Bestimmung des Lichtstroms von Leuchtstofflampen in Beleuchtungsanlagen
Licht 2(1986). Pp. 136-141.

[11] The measurement of absolute luminous intensity distributions
Publ. CIE No. 70,1987.

[12] D. Frste Ein Goniophotometer zur genauen Bestimmung des Lichtstromes
Licht-Forschung 1(1979),pp. 30-36.

[13] M. E. Thain,F. Hengstberger A new goniophotometer for the calibration of small luminous flux standard lamps
J. Phys. Sci. Instr. 15(1982),p. 675-678.

[14] L. A. G. Monard,F. Hengstberger,T. Appenroth,M. E. Thain,C. J. Kok,R. Turner Luminous flux measurements at the NPRL by means of a new goniophotometer
Proc. 10th IMEKO Symp. Photon-Detectors,Berlin
1982,p. 205-214.

[15] J. Krochmann,P. Marx Ein digitales He β gerät zur Ermittlung des Lichtstromes aus der Lichtstärkeverteilung
Lichttechnik 21(1969)p. 97A-98A.

[16] P. Marx Das Spiralphotometer
Dissertation TU Berlin,1973.

[17] Methods of characterizing illuminance meters and luminance meters:Performance,characteristics and specifications

Publ. CIE No. 69, 1987.

[18] R. Rattunde Methods and errors of measurement of luminous flux with goniophotometers Proceedings Symposium on Light and Radiation
Measurement'81, Hung. Nat. Comm. CIE, Budapest, p. 120-132.

[19] T E Wightman, F. Grum Low-reflectance backing materials for use in optical radiation Color Res. and Appl. 6(1981) p. 139-142.

[20] D. Förste, G. Sauter, H. Martin Elimination des Fremdlichts bei der Lichtstrombestimmung mit dem Goniophotometer
Licht-Forschung 2(1980) No. 1, p. 27-29.

[21] F. Hahne Vergleichsmessungen mit einem neuartigen Licht-stromintegrator und einer Ulbrichtschen Kugel
Lichttechnik 27(1975) p. 151-152.

[22] O. C. Jones, J. R. Moore The spectroradiometric measurement of light sources
NPL Report DES 70, April 1981.

[23] Spectroradiometry
Publication CIE No. 63, 1984.

[24] G. Krenzke Die Optimierung der Me β anordnung in runden und eckigen Hohlräumen zur Lichtstrombestimmung ausgedehnter Lichtquellen
Lichttechnik 21(1969) p. 105A-106A.

[25] K. Mahr Photometrie und Farbmessung in U-Kugeln mit untersehiedlichem Innenaufbau und Empfängern
CIE Publ. No. 36(1976) p. 83-91.

[26] G. Geutler, J. Krochmann K. D. Rei β mann, K. Steglich Über eine Anordnung zur genauen Messung von Reflexionsgrad und Transmissionsgrad
Optik 54(1980) p. 394-408.

[27] F. Rotter View into the integrating sphere through the observation window
Appl. Opt. 10(1971) p. 2629-2638.

[28] Kopfleuchten, Richtlinien für Ausführung und Prüfung
DIN 22 437(Dez. 1962).

[29] L. Morren Mésures électriques sur les lampes à décharge (puissance-tension-eourant)
Revue E(Belgium) 4(1964) No. '8, P. 311-327.

[30] U. Mathis Anwendung von elektronischen Vorschaltgeräten für Leuchtstofflampen, Tagungsberieht
Fachtagung Graz, 1983, LTAG.

ICS 17.180.20
K 70

中华人民共和国国家标准

GB/T 26179—2010/CIE 63—1984

光源的光谱辐射度测量

The spectroradiometric measurement of light sources

(CIE 63—1984,IDT)

2011-01-14 发布 2011-06-15 实施

中华人民共和国国家质量监督检验检疫总局
中国国家标准化管理委员会 发布

前　言

本标准等同采用 CIE 63—1984《光源的光谱辐射度测量》(英文版)。

本标准等同翻译 CIE 63—1984。

为便于使用,本标准做了下列编辑性修改:

a) “本技术报告”一词改为“本标准”;

b) 用小数点“.”代替作为小数点的“,”;

c) 删除 CIE 63—1984 的前言。

本标准的附录 A 为资料性附录。

本标准由中国轻工业联合会提出。

本标准由全国照明电器标准化技术委员会(SAC/TC 224)归口。

本标准起草单位:国家电光源质量监督检验中心(北京)、杭州远方光电信息有限公司、中国质量认证中心、北京新材料科技促进中心。

本标准主要起草人:华树明、潘建根、陈松、阮军。

本标准首次发布。

引 言

本标准分为两部分,第一部分包括光谱辐射度计的一般使用方法,通过参考光度和色度的测试结果,来测量任何光源的光谱能量分布。第二部分涉及不同种类的灯的测量,特别是管形荧光灯。如有需要,应该增加更多的部分来扩充本标准对于其他种类光源的适用范围。

测量光源的光度和色度特性基本有两种途径:

宽带测量法:可以使用一个探测器,它的光谱响应函数与明视觉或暗视觉条件下的CIE标准光度观察者相一致;或者使用一个三刺激值色度计,它的光谱响应函数与CIE 1931标准色度观察者相一致,或为其线性转换的三刺激值色度计直接进行的测量。这些方法在本标准中被称作宽带测量法。

光源的光谱能量分布分光辐射测量法:

要使探测器的相对光谱响应率符合CIE标准光度和色度观察者是很困难的,但是在所有情况下,对于光源的某些特性,至少要了解光谱能量分布的相对形式(例如当计算显色指数时)。当光谱测量直接用于光度量的计算时,光谱能量分布应以绝对值的形式进行测量。

涉及到这种类型的测量,我们应认识到,光谱辐射度测量要想给出有意义的光度和色度结果,那么测量系统的单个部分和使用的技术就应满足极为严格的标准。

本标准的目的:

详细说明一种用光谱辐射度学来测量连续光谱,线状光谱和混合光谱光源的简单的但适合的程序。这种方法适用于测量光谱的近紫外,可见和近红外区域的光谱辐射照度,辐射亮度和辐射通量。

说明哪些方法步骤是应该用到的,哪些是不应该用到的,同时也说明了不应该使用的原因。

指出不同具体应用条件下所要求的光谱辐射度测量的精确性,包括光度测试,色表和显色性。

本标准给出的测试程序包括测量一个荧光灯或灯的一部分,或荧光灯加上一个例如灯具的特殊调节器后的光谱辐射照度,辐射亮度和辐射通量。同样也被考虑过其他的包含有线谱或线状光谱与连续光谱混合的光源的辐射测量。

光源的光谱辐射度测量

0 术语

本标准中讨论到的辐射量在国际照明词汇(CIE 1983)中有详细定义。但是在这里重申一遍一些涉及到的重要概念是很有帮助的。

0.1

(在表面一点的)**辐射照度 Irradiance(at a point of a surface)**

是入射到包含该点的面积元上的辐射通量除以该面积元的商。辐射度表达式为 $E_e = d\phi_e/dA$ 在SI中的单位为 $W \cdot m^{-2}$(瓦特每平方米)。

0.2

辐射亮度 Radiance

是指辐射源表面上一点处在给定方向的辐射亮度是包含该点的面积元在给定方向上的辐射强度与面元在垂直于该方向的平面上的正交投影面积之商。

辐射亮度的表达式为 $L_e = d^2\phi_e/(d\Omega \cdot dA \cdot \cos\theta)$,在SI中的单位为 $W \cdot sr^{-1} m^{-2}$(瓦特每球面度每平方米)。

前缀词"光谱的"是完全表达"一光谱密集度"的缩写,光谱密集度是指在给定波长两侧附近,无穷小波长范围内的辐射通量与该波长间隔之商。

光谱辐射照度的表达式为 $E_{e,\lambda} = dE_e/d\lambda$ 在SI中的单位为 $W \cdot m^{-3}$,或 $W \cdot m^{-2} \cdot nm^{-1}$。

光谱辐射亮度的表达式为 $L_{e,\lambda} = dL_e/d\lambda$ 在SI中的单位为 $W \cdot sr^{-1} m^{-3}$,$W \cdot sr^{-1} m^{-2} \cdot nm^{-1}$。

在实践中,测量的量往往围绕 $E_{e,\lambda}$ 或 $L_{e,\lambda}$ 与光谱辐射度计的光谱响应函数之间进行。光度值是通过用加权函数的积分的光谱测量得到的,比如 $\int E_{e,\lambda} V(\lambda) d\lambda$。这种积分法一般是用带宽 $\Delta\lambda$ 求和得到的,即 $\sum E_{e,\lambda} V(\lambda) d\lambda$。要想得到一个绝对值,求出的和就应再乘以 K_m,即 $V(\lambda)$ 响应值最大时的光效,定义为 683 lm/W。

更详细的光度值定义见CIE 18/2《物理光度学基础》。

1 光谱辐射度计及使用方法

1.1 光谱辐射度测量系统的基本组成元素

一个光谱辐射度测量系统是由三个基本元素组成的:

1) 一个或几个光源、电气测量仪器及供电电源;

2) 用于耦合光源、光接收器的分光单色仪;

3) 光接收器、工作电源、数据采集及输出装置。

图1用一个普通的图表表示一个象征性的光谱辐射度测量系统。关于光谱辐射度测量的基本原理见附录A。

首先将尝试各种光谱辐射度计实际的装置的局限性。然后会补充更深的内容来扩充本标准特殊测量技术方面的范围。

1.2 光谱辐射照度的测量

一般测量过程包括被测光源和一只已知光谱能量分布的标准光源(通常是一只钨丝灯)的比较。在所有情况下,校准的精确情况应加以说明,以保证这些情况在光源以后的使用中可以再现。

对于辐射照度来说,测量的是光源在给定方向上到达指定的区域内的辐射。如果需要绝对测量的话，就要严格限定光源与被辐射面的距离。理想情况下辐射应当来自于整个光源表面产生的辐射照度，虽然对于大的光源来说，应该加一个光阑来隔离出代表性的被测部分，以阻止光以一个大入射角入射到光谱辐射度计。

因此，建立辐射照度测量的条件应该包括以下信息：

1） 光源的空间方向和灯座、灯箱（如果有）的详细说明；

2） 被辐照面的中心点相对于光源的方位和距离；

3） 校准适用区域的方向和范围。

为了尽量减少由于测量系统的非线性误差，被测光源的信号和标准光源的信号应尽可能的相近。为此，应适当调整两个光源之间的距离。当两个光源的光谱不同时，比如一个荧光灯和一个钨丝灯比较时，则应考虑它们在某些波长的光谱响应水平的不同，系统的线性要求就会相应的更高。

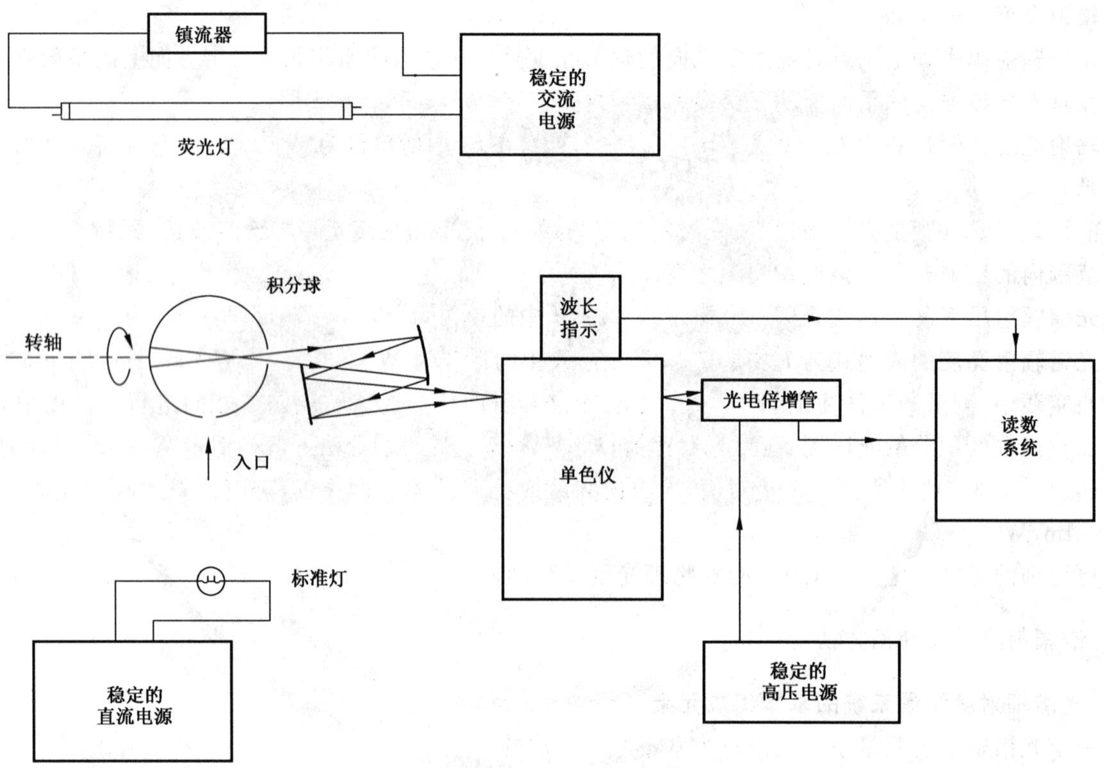

图 1　光谱辐射计系统的配置框图

1.3　光源辐射亮度和辐射通量的测量

1.3.1　光谱辐射亮度

对于辐射亮度的测量，按照它的定义，即测量在给定方向上的，辐射源面上指定部分的辐射量。通常只有辐射源面上某指定面积的辐射被接收，这种分离是通过把这部分辐射面成像到一个适当的视场光阑上。测量部位的选择取决于所研究区域辐射亮度的空间均匀性。推荐的校准方法包括直接用标准光谱辐射亮度源替代被测辐射源，这种情况下，仪器的光谱选择性和几何特性都是无关的，因为对于标准源和被测源来说，这些都是相同的。

虽然使用了一个视场光阑来分离出源的指定区域，但是光学系统中的衍射效应仍可能使周围区域的辐射亮度影响像的辐射亮度。如果标准辐射源和被测辐射源在区域外的辐射面部分在大小和形状方面相差很大，那么就需要对这种衍射的影响进行修正。

对于辐射亮度的校准，对操作条件的全面描述应包括以下信息：

1） 灯或其他类型的辐射源的空间方位以及灯头和灯箱(如果有)的细节；

2） 被校准部位的位置和大小；

3） 主轴的方位及成像光学元件的可接收角。

通常钨带灯被用作光谱辐射亮度的标准源，但对于较低的辐射亮度，有时使用光谱反射特性已知的表面，并由被标准光谱辐射照度照射。

被测源和标准源所发出的光谱信号应尽可能相等，以减少由测量系统的非线性可能引起的误差。如果在强光源前使用一个衰减器，那么它在每一个波长的衰减因子都应精确的知道。

虽然工业化的实验室通常选择在几何条件相似的条件下进行比较性测量，但是有时还是有必要依据光谱辐射照度标准来测量光谱辐射亮度。在这种情况下，被测辐射源(或它的成像)的某一已知面积辐射表面的光谱辐射强度，就可以通过某一已知距离下该辐射源所产生的光谱辐射照度导出。光谱辐射亮度就可以由光谱辐射强度除以光阑面积得到。在这种比较测量中，对于成像系统的光谱透射比应进行修正，并且应很好地确定几何条件，以保证必要的准确的测量。用一个单独的实验来检查一下这种测量是适当的，例如使用宽带辐射而不是单色辐射(Bauer,1973)。

1.3.2 空间总光谱辐射通量

对于测量空间总光谱辐射通量，被测源应安装在一个积分球内，从积分球出口出射的辐射应辐照到光谱辐射计的输入光学部分。应提供挡屏，且挡屏要用与积分球内壁相同的材料喷涂，以避免辐射源的辐射直射到球的出口。

对于总光通量的测量，确定灯工作在哪一种状态是非常重要的。

如果标准源是有方向性的，那么就应对积分球的光谱选择性和辅助光学部件进行修正。但是如果使用总光谱辐射通量标准，就可以用替代法测量被测源，此时对于积分球引入的修正就没有必要了，但是自吸收的影响还应考虑，因为不可能同时将两个源放入积分球内。

如果标准源和被测源的光谱辐射通量的空间分布不同的话，测量时应该特别注意，必要时还需要做附加的修正。

1.4 输入光路的布局

在辐照度测量中，最好避免辐射源直接照射单色仪的入射狭缝，因为在单色仪和探测器的光电阴极上的辐照度分布会发生变化。在狭缝前使用透射式漫射器不太可能解决这个问题，因此不予推荐。它所产生的漫射程度随波长变化而变化，且在许多情况下，在光谱的长波端几乎为零。

光谱辐射照度测量最准确的方法是在单色仪的入射狭缝前是使用一个积分球(见图2)。球上的入射窗口位于与单色仪光轴成90°的位置上。球可方便的沿着与单色仪光轴相一致的直径旋转，可停留在两个对称位置上，此时入射窗口在与轴垂直的同一平面上。在一个位置上标准源的辐射进入入射窗口，另一个位置上则被测源的辐射进入入射窗口。另一种方法是将球固定，移动两个辐射源，以使第一个辐射源和第二个辐射源能依次照射入射窗口。完美的漫射并不总是重要的，重要的是积分球能够以相同的方式处理两个源的辐射。但是当被比较的两个源在大小和形状上明显不同的话，要满足前一种情况就更加困难了。

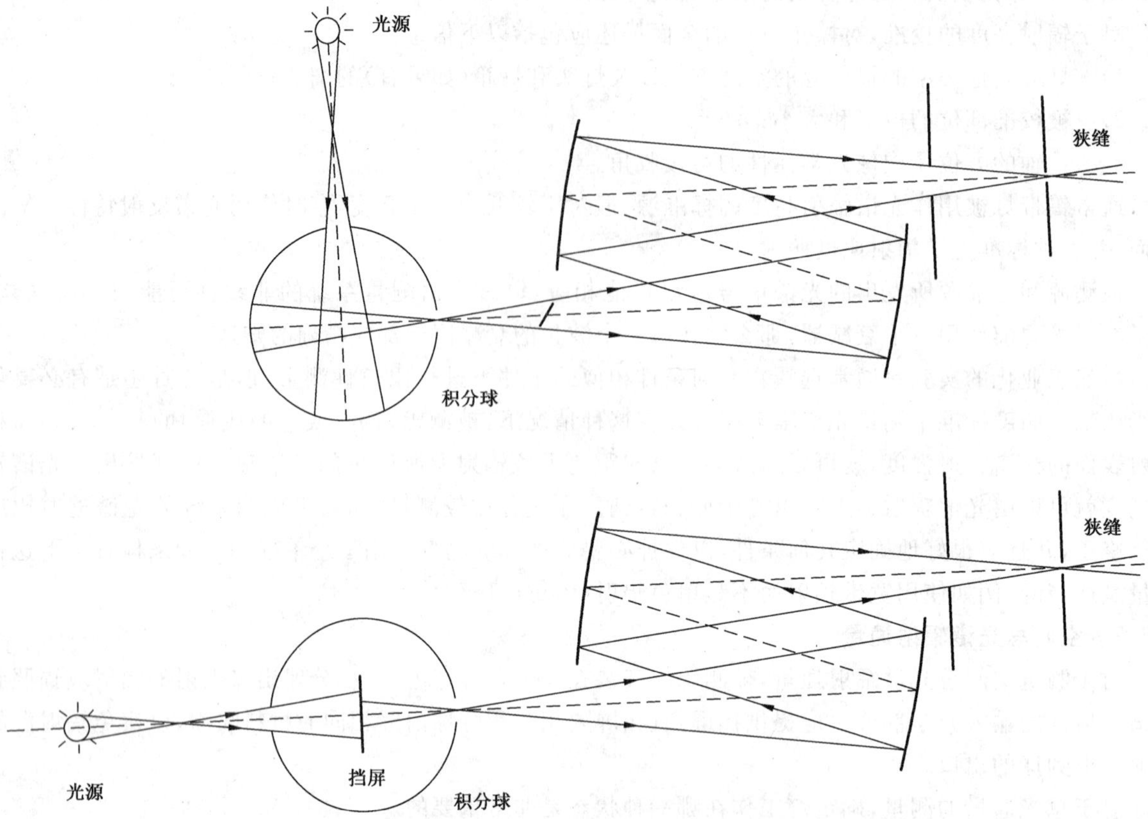

图 2　使用积分球测量光谱辐射照度时的两种系统

被测源和标准源对球壁的直接辐射区最好是完全一样的，但在不能满足这个条件时，通常只要能保证被单色仪观测到的球壁部分和被任一光源直接辐照的部分不重叠就可以了。也就是说只有经过两次或更多次的反射后的辐射才能进入单色仪。需要注意的是，不要使积分球出来的辐射过量地进入单色仪，以避免造成过多的杂散辐射。要提供充足的屏蔽，以避免除了被测源以外的其他辐射源的辐射进入积分球。

在上述条件下，积分球对光的相当完全的消偏振作用，最大程度地减小了单色仪偏振和光源偏振的相互作用。这样，在任何情况下，单色仪的入射狭缝都被完全而均匀的填充。从标准源和被测源出来的辐射通量被同样地削弱。积分球的使用对于光源的安装提供了很大的灵活性。只要借助于积分球的入射窗口定位方向的变化，其他任何平面的光谱辐射亮度的测量也会很简单。入射窗口的边缘应很尖锐以避免余弦误差。Nonaka 等(1972)使用的积分球的几何参数为：内径 200 mm，入射、出射口直径 40 mm。

使用积分球的缺点之一是由于球壁涂层的吸收，使得到达探测器的辐射减少，特别是在紫外(UV)光谱区。这就使得简单的几何光学测试成为必要。

可以使用一个平面漫反射板，对其进行正常照射并在 45°角观察，以这种方式来代替积分球(见图 3)但是存在引入系统误差的危险。漫射板可以有高出 5 或 10 倍的效率，但它会引起更大的偏振和角度敏感误差。为了使漫射板远离单色仪，可以使用透镜或平面镜将它成像在入射狭缝上，从而提供更大的空间来安装辐射源。当需要高效率来减少信噪比所引起的不确定度时，应考虑使用漫射板。

偏离正常位置 45°辐照漫射板有以下缺点：在漫射板上会出现一个小的辐照梯度，这可能引起探测器接受面上辐照度的差异。对于工作在反射材料已有部分吸收的光谱区的棱镜仪器，不均匀的辐照可能会增大误差。这种光路配置的对称性可用交换被测源和标准源的办法评定。

对于苛刻的工作，特别是在使用 45°或垂直照射的漫射板时，最好是在一条光路中使用一个永久固定的比较辐射源。被测源和标准源则可以在另一条光路中交替使用，因而可以保证在完全相同的几何条件下使用被测源和标准源。参照辐射源的作用是在比较测量标准源和被测源时，提供对光谱辐射计响应函数可能产生飘移的补偿。

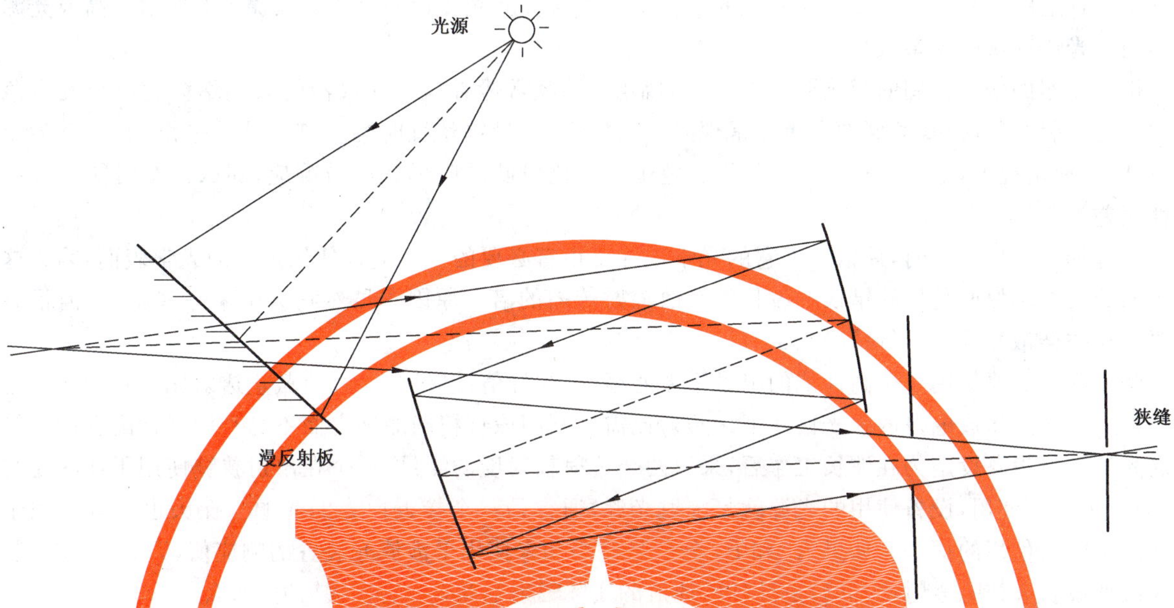

图 3　使用漫反射板测量光谱辐射照度

1.5　单色仪的特性

单色仪最主要的特性有波长精确性、有效带宽、采集光效率和杂散光特性。

单色仪采集光效率特性是指在带宽值设置好时，决定在入射狭缝口入射辐射能量的部分。下面的表达式对于比较不同单色仪在调节到相同的带通时的传输辐射能量的能力方面是非常有用的：

$$\zeta(\lambda)=\frac{\tau(\lambda)\cdot h\cdot A}{f}\cdot\frac{\mathrm{d}}{\mathrm{d}\lambda}$$

式中：

$\tau(\lambda)$——系统的光谱传输，由反射和传输损耗，及衍射光栅的效率等确定；

h——入射狭缝和出射狭缝的高度，假定单个放大倍数；

A——限定孔的发射面，比如衍射光栅；

f——准直仪的焦距；

$\frac{\mathrm{d}}{\mathrm{d}\lambda}$——单色仪的角色散。

在推断以上表达式时，假定光栅工作在利特罗(Littrow)方式(或棱镜处于最小偏离)，缝隙处和其他孔处的衍射可以忽略不计。

棱镜单色仪的其中一个缺点是仪器的带宽随着波长的不同而不同。在给定的缝隙设置值时，长波的带宽会相对宽一些。这种情况不会出现在光栅单色仪上，因为对于小角度的偏离，光栅对于辐射的色散是一个常数。从另一个角度来看，使用光栅单色仪时需要加装一个或几个滤光片来消除二级光谱或更多级光谱的辐射，这个问题在棱镜单色仪上就不会发生。

一个双分光系统，双棱镜，双光栅或棱镜-光栅会由于它的较精良的杂散光辐射特性而更加受到青睐。出于这种考虑，干涉或全息光栅的表现会比它们的一般刻划光栅要好的多。棱镜-光栅组合的双单色仪由于融合了近乎恒等的带宽和近乎线性的波长数值范围的优点而变有用。

双单色仪对加减法都适用。一个加法双单色仪，两部分散射是叠加的，然而减法双单色仪，是相互抵消的。后一种情况，出射狭缝辐射输出的光谱组成相对于视觉方向来说是独立的。对于加法仪器而言，为光谱辐射度测试设置相对较宽的带宽是很困难的。

单棱镜或光栅单色仪会在某些情况下使用，但是需要额外的工作来保证结果的一致准确性。如果使用单分光器的单色仪，应该在探头存在相对低的响应值的波长区域或光源光谱能量分布较低的波长区域使用合适的滤光装置来减少杂散光的干扰。使用这种滤光装置的目的是在探头响应值较高或光源较强烈的光谱区域减少杂散光。

衍射光栅的偏振作用的影响要大于棱镜的影响，要经常检查以保证仪器的效率不会随波长发生急剧的变化，例如可以检查光栅的严重异常现象。比如说，测量钨丝灯时的光谱应该是平滑的，没有尖峰的特性，一般情况下，如果在整个系统的波长范围内有比较陡的阶梯状函数响应，那么极有可能导致系统性误差。

当选择一个单色仪时，评估一下它的光学设计是很有必要的。它应该使用最少的光学表面，因为这些表面的反射和散射是导致错误的波长的杂散辐射传播的潜在原因。虽然它会带来一些困难，但很有必要对这类杂散光辐射进行精确测量。

测试程序需要使用一个高性能的窄带干涉滤镜（高的峰值透射比，非峰值截止透射比），它的峰值透射比在一个低气压放电灯的强光谱线上。透射比需要利用该灯精确的确定而不是利用经常配套设备使用的光源。将设备设定为在波长工作后，采取两个透射辐射度的测量：一个在出射狭缝使用干涉滤光装置，另一个则不使用，设备使用的光源就是辐射光源，通常是一个接近白光的光源。探头也应该是用于常规测量的所使用的探头。如果 R_1 和 R_2 分别是使用和未使用干涉滤光装置的响应值，$T(\lambda)$ 是滤光装置在线性波长 λ 处的透射比，$\phi(\lambda)$ 是设备所透射的实际辐射通量，ϕ_s 是杂散辐射，那么

$$R_1 = K\phi(\lambda)T(\lambda) \text{ 和 } R_2 = K\phi(\lambda) + K\phi_s$$

其中 K 是一个常数，因此

$$\phi_s/\phi(\lambda) = (R_2 \cdot T(\lambda)/R_1) - 1$$

响应测量的精确性取决于杂散辐射，杂散辐射又决定于干涉滤光装置的质量，干涉滤光装置应该有一个平的光谱透射函数，但是无论如何，测量可以给设备特性一个向导。

以上步骤中用于检查是否有在选择的通带以外的波长的杂散光的变量，是用来测量系数的，即涉及的响应与指定 λ 下的通常状态下的被测光源，然后用一个在单色仪入射狭缝处的合适的干涉滤光器或一个锐截止滤光器进行反复的比较。滤光器的出现不可以改变测量系数。

研究杂散辐射是否存在和特性的一个最好的方法，就是在波长小于锐截止滤光器的截止点处测量若干个锐截止滤光器的透射比。这是那些滤光器的一个特性，它们在这个区域有强烈的吸收，如果设备记录下任何的透射，那是由于波长大于截止波长的杂散辐射导致的。使用了这一系列的不同波长级别的滤光器，可以建立起来在给定的单色仪波长处的杂散光光谱分布图。一个合适的系列，用光谱范围在 300 nm～700 nm，可以从许多专门的光学玻璃制造商那里获得。值得注意的是，许多吸收滤光的玻璃都有荧光的，这种荧光不应该与杂散光混淆。

应该注意的是部分的杂散光是许多变量的函数：包括带宽，测量波长，探头的光谱响应，单色仪和所有辅助光学设备的光谱透射比（当单色仪调整到测量波长），光源的光谱分布，进入单色仪入口狭缝的有角度的能量分布，入口狭缝的高度和直到探头的入射光束的角度。当单色仪调整到有较低透射比的波长或来自探头的信号很弱时，杂散光就会是一个很令人头疼的问题。对于从衍射光栅出射的光的散射的理论研究，Verrill（1987）和 Sharpe 和 Irish（1987）的报告可供参考。但是现实测量设备中的辐射可以在光学系统的许多部分发生散射。

一个有良好的设计和构造的单色仪应该提供校准的稳定性和精确性，但是经常进行波长的校准是很有必要的。波长数值范围所需的精确性取决于光谱辐射度结果赋值的使用。如果把色度计算当作是最苛刻的应用，对于大多数包括荧光灯在内的白光光源来说，x 和 y 的精确性在对应 400 nm 到 600 nm 中 ±0.1 nm 的波长中应为 0.000 1。大多数单色仪不会保持这种波长精确性，除非温度可以控制在 ±0.5 ℃以内。

最大带通同样取决于色度误差的考虑。带通太窄会造成很多困难，因为这样会增加线性和连续产生的探头响应的系数，同样这样会造成因波长的改变而产生信号的快速变化。带通在 1 nm 到 5 nm 之间是大多数情况的一个合理折中。

1.6 探测器和测量系统

1.6.1 探头的辐照

为了减少杂散光的影响，通过出射狭缝，在探测器位置上应只能观察到反射镜、透镜、棱镜或单色仪的光栅。如果还有二级光谱的问题，可用滤光器截止掉。

探测器的表面应均匀的受到辐照，如果有必要的话，可以在探测器前加一个漫射器，该漫射器的相响应度应与辐照光束的微小移动无关。这样将减少光谱辐射计灵敏度的波动和避免探测器因小面积被强辐照而引起的损坏。如果信号太小，则应该去掉探测器前的漫射器，以提高信噪比。在这种情况下，应非常小心地控制入射光路的几何条件，以保证单色仪的输出光束对被测源和标准源是等同的。探测器的面积在满足上述条件下应尽量小一些，因为探测器的热噪声与探测器面积的平方根成正比。

除了常用的传导漫射器外，还有两种可用的漫射器类型：

1） 一个内壁具有高漫反射比，外径与探测器表面外径一致的圆筒，它被放在两漫射镜中间，虽然有很大的光损失，但却是一个令人满意的解决方案。

2） 一个小的积分球也是一个有效的漫射器，但是可能效率较低。其安装方式有两种，一种是垂直式，像在输入光路中那样；另一种是共轴式。在后一种情况下，应该在球的中心安装一块漫射板，以阻止有直接辐射到达探测器。如果漫射板表面对单色仪的出射狭缝的第一个漫射表面涂上能将紫外辐射（大多数积分球喷涂的材料对紫外辐射的反射比通常很低）转化为可见光，那么该装置的紫外效率就与上述第一种圆筒式漫射器相近了。

1.6.2 探头的特性和电气操作

1.6.2.1 光电倍增管

光电倍增管因为其很高的响应度以及良好的信噪比而经常被应用。阴极类型的选择取决于所需测量的光谱范围和信噪比。在较长波长处具有高响应度的阴极，往往热发射较高，即热噪声较大，因此应尽量选择响应度刚好达到被测最大波长的光电倍增管。例如我们可以使用一个在可见光谱区没有无响应的 UV 灵敏阴极的光电倍增管来做紫外辐射的测量，以获得良好的信噪比。如果要求在紫外和可见光谱区均能进行测量，通常选 S-20 型或增红感的 S-20 型阴极，并装有石英窗口的光电倍增管作为探测器。对于 700 nm 以上波段的测量，应该选用对红光灵敏高的光电倍增管，因为这种类型的倍增管单个之间存在着较大的差异。

除了在光电阴极和第一打拿极之间使用较大的电阻，或期间在最后一个打拿极和阳极之间使用齐纳二极管之外，其余打拿极之间均应使用阻值近似相同的电阻连接起来。这种接法可在供电电压较低时，也能保证光电倍增管有良好的线性。此外，打拿极之间的电压分配也可影响光电倍增管的线性。

光电倍增管打拿极的数量取决于被测量的辐射照度的最大值和最小值及光学系统的容许能力。尽管某些仪器成功地使用了 14 个打拿极的光电倍增管，但通常 10 或 11 个就足够了。

光电倍增管的疲劳特性和非线性均受信号强弱的影响，要注意的是不要让光电倍增管的阳极电流超过推荐的最大值。按照所用光电倍增管类型的不同，其阳极电流可在 10^{-6} A 到 10^{-8} A 范围内变化。光电倍增管各极供电的电阻链中的电流比所允许的阳极电流要高很多，通常为 10^{-3} A 到 10^{-4} A。

最佳工作状态下的测量顺序取决于所用光电倍增管的类型和所允许的最大阳极电流。通常对光电阴极的辐照时间尽可能短，以减少疲劳。应找出最佳信噪比和疲劳特性所引入的被认为是噪音的系统误差。在打拿极供电电阻链的最后几个电阻上并联电容的办法，对于保持打拿极电压稳定和避免脉冲信号驱使倍增管进入非线性工作状态，有时效果是很好的。

光电倍增管的噪音电流是白噪音，仅在最低频率下，在倍增管暗电流水平下发生偏移，因此信噪比随测量时间平方根增加。探测器电路的时间常数或信号积分时间的选取，应使在信号电流最低的光谱范围仍能达到所需要的测量精确度。

应对光电倍增管的暗电流加以补偿，办法是测量暗电流并从探测器输出信号中扣除，或通过探测系统电器调整的调零来实现。

最好在光电倍增管上一直施加工作电压，至少是中等电压，以使管内的温度，电荷和分子的分布达到稳定。这样光电倍增管的响应度也会相应稳定。

典型光电倍增响应度的温度系数为 $1\times10^{-3}\sim5\times10^{-3}/$ ℃的数量级，因此测量时温度应控制在 ±1 ℃或更严的温度范围内。9558 型光电倍增管的温度系数大约为 $2\times10^{-3}/$ ℃。温度系数还与波长有关，对某些有长波响应增益的光电倍增管在长波长截止区，其温度系数值可能很大。

打拿极电阻链能提供阳极由于太大的阴极照射导致的电流过载的保护，但最好还是避免过强的辐照，尤其是过长时间的辐照，否则光电倍增管很可能出现永久性损坏或至少需要很长时间才能恢复。

把辐照漫射到整个光电阴极区是一个很好的方法（见 1.6.1）。如果辐照区很小，可能引起管子永久性损坏或表面响应度的不均匀性，并导致因杂散光内反射增加系统误差或引起测量结果的变化。在测量或比对期间内，辐照条件应保持恒定。

挑选光电倍增管的电源的主要标准是稳定性好，谐波成分和噪声量小，以及足够的控制设置。在测量进行期间，不允许光电倍增管打拿极各极上的高电压值有变化，否则会极大地降低测量的准确度。典型的一个十级光电倍增管增益按电压的七次方而变，因此如果方法是整个光谱区测完参考灯再测被测灯的话，应要求供电电压稳定在每小时变化不超过±0.005%。如果测量方法是采用逐个波长进行比较测量的话，电源的长时间稳定性就不要求那么严格了。

这个问题当然与随后用于测量阳极电流的电子仪器的性能有关：如果低级的电子仪器采用低级的信号处理电子元件，那么提供一个昂贵的优质高电压电源也就毫无意义了。应在实际的测量中考察探测器系统的稳定性，同时也要对其非线性作检测，如果非线性过大，则应该相应的修正。

检查线性的基本方法是叠加法（Clarke，1972 和 Sanders，1972），该方法可以利用一个单独的固定漫射器轻松的实现。其方法是先用两个不同的光源分别辐照，测出读数后，在两光源同时辐照时再测出第三次的读数，它应对应于前两次读数的和。只要进行一系列这种测量，对整个读数范围即可提供一个响应度线性的系统性检查。这种检查应对整个探测系统开展，包括在相同的正常情况下工作的从光电倍增管到读数电子仪器。

在某些光电倍增管中可以观察到小而恒定的依赖于波长的非线性，这往往是由于阴极到第一个打拿极之间的聚焦误差引起的，特别是在两电极间的电压太低的情况下较为明显。因此也应考察线性随光谱的变化。另一方面非线性也取决于供电电压，所以线性检查也应在实际的使用电压下进行。

变化着的磁场，如附近电机产生的磁场，也可以影响光电倍增管的增益。检查电机磁场影响的简单方法是在探测器受连续的、非零的辐照时关掉和接通电机电源，观察输出是否恒定。如果相应值有变化并且不可以忽略，则应把磁场源移到更远的位置。但无论如何，光电倍增管本身应加磁屏蔽外罩。

1.6.2.2 硅光电池

对 200 nm 到 900 nm 的波长范围，一个高质量，紫外增感的，工作于光-电压方式的，带有优质运算放大器的硅光二极管就是一个线性的探测器系统（Budde，1979），但它的灵敏度显然不如上述的光电倍增管。在高于 1 100 nm 的红外区，发现了某些硅光二极管具有超线性现象（Schaefer et al.，1977）。那就是随着辐照的增加，探测器的绝对响应度也增加，直到它的响应开始饱和为止。这个问题可以通过选择为红外测量特殊设计的硅光二极管来避免，如一种钕 YAG 激光器能量测量（Geist et al.，1980）。

多个硅探测器的阵列系统是近年来发展起来的探测器系统。通常将光谱成像在这种探测器阵列的表面，这样就可通过电子开关使光谱信号（在约几毫秒的时间）迅速被扫描测量。这就提供了对脉冲或迅速变化光源进行光谱测量的可能性，但是就像工作在同一方式下的电视摄像管一样，因探测器元件之间的空隙和元件本身响应度的非均匀性都会给测量带来一些问题。

1.6.2.3 红外探头

有几种可用于近红外光谱区的探测器，带有 S-1 型或 InGaAsP 型阴极的光电倍增管，光导元件(大多为硫化铅 PbS)以及硅或砷化镓光电器件。

S-1 型阴极光电倍增管在室温显示出了过量的热离子暗电流，因此它们最好工作在低温下；通常 −70 ℃才是有效的。已经被证实的是随着温度的升高，这些管子的长波响应度会变坏。工作前首先应冷却这类光电倍增管，只有当管子充分冷却后，才能接通光电倍增管的工作电压。

具有 InGaAsP 型或上述材料相关化合物阴极的光电倍增管中的某些型号，其响应度可延伸到 1 100 nm甚至 1 400 nm 的波长。尽管许多制造厂仍在继续改进其性能，但是这类光电倍增管还是容易损坏，昂贵并且使用困难。它不仅要工作在低温以减少暗电流，而且如果任何时候温度上升到 0 ℃左右，即使当管子处于运输或贮存过程中时，也可能永久性的损坏其阴极。通常用装有干冰(固体 CO_2)的特殊容器来运输。对于这种类型的管子应严格遵守制造厂提出的有关使用和储存的条件。

尽管硅光电二极管的灵敏度比光电倍增管低，但是一个合格的硅光二极管配上一个性能良好的运算放大器(见 1.6.2.2)，就可很好地在波长达到1 100 nm的范围内进行光谱测量，这类硅光电二极管探测器既耐用，操作起来也方便。

对波长大于 800 nm 的光谱测量，PbS 探测器可在组合中使用辐射斩波器、交流放大器及相敏探测器。

光电倍增管也可与斩波器，交流放大器和相敏探测器联用，但电流积分或直流技术，不管有没有暗电流自动补偿，它们在大多数情况下都是同样有用的。无论对以上两种情况的哪一种，都应注意线性，稳定性及漂移问题。

1.7 标准光源

测量中使用的标准光源可以是温度已知的黑体炉，一个钨丝灯或放电灯，只要它们有已知的可复现的光谱能量分布均可采用。通常选择钨丝灯作为标准源，因为它使用方便，易控制且长期稳定性好。校准过的光源可以从许多国家标准实验室得到校准值，可以溯源到普朗克辐射体的已知温度或其他一些基准，例如同步辐射加速或稳定的电弧。关于灯操作的细节见本标准的第 2 章。

最好每一类型的标准源有至少三支，以便能进行交叉检查来确定性能随时间的飘移，或因偶然因素引起的量值的突然变化。为保持稳定，间隔时间进行定期再校准是很有必要的。

在条件许可的情况下，尽可能使用与被测光源同型号的可靠的标准源，这样的比较测量可以消除许多的系统误差，是很有好处的。

1.8 测量方法

1.8.1 测量顺序

一个光谱辐射度计经常被用来比较两个光源，其中一个是已知光谱能量分布的标准或参考光源，这个光源可以看成是用来校准设备的响应的。另一个是被测光源，它的光谱能量分布是未知的，但是它的一般形式是已知的，这是需要测量的。两个光源会用比较法进行测量，根据系统的接受情况它们可以被同时或依次进行操作。两个步骤的区别如下：

1) 每个光源被依次测量，设备对它们的响应表现在对光谱的测量。标准光源通常被最先测量，然后是一个或多个被测光源。最后还要测第二个标准光源或复测第一个标准光源来检查系统的飘移。设备通过光谱对于两个不同种类光源的响应将被比较。

   通过这种安排，标准光源的使用被控制在最低限度但是精度就取决于测量系统的光谱特性(单色仪透投射比和探头响应值)在整个测量过程中保持不变。

2) 两个光源被同时测量，在光谱的每个波长进行比较。参考光源本身可以是一个标准光源，或者，更多情况是经常被标准光源校准的光源，可能一天两次或三次。

   如果使用这种方法，参考光源要长时间的工作，飘移会成为一个问题。

1.8.2 光谱能量测量的目的

光谱能量分布的信息表示方法取决于光谱的复杂性和光谱信息的需求目的。

光谱能量分布这个术语，指的是一个有光学辐射的源，被定义为辐射能量的光谱集合，作为波长的函数。辐射能量的光谱集合是给定波长任一边无穷小范围内的辐射能量除以该范围的商。这个定义就意味着需要为无穷窄的波带确定 $P_{\lambda}(\lambda)$的值。光谱测量经常是需要的，但是并不是以它本身作为目标，而是用来运用计算辐射度，光度或色度的量。这些加权的量来自对于光谱数据的求和或积分的过程，单个的信息点，即使它们可能表现为不同形式的曲线，这个过程事实上被当作好象它们形成了一个柱状图。

在这种情况下，我们需要的并不是能量 $P_{\lambda}(\lambda)$的光谱集合的特殊波长的一系列值，而是需要测量能量 $P_{\lambda}(\lambda)\cdot \mathrm{d}\lambda/\int \mathrm{d}\lambda$ 在需要的光谱范围内一系列连续波长带的平均值。

需要的分辨率，即柱状图的波长间隔，取决于光谱的复杂程度和使用加权函数的性质。

1.8.3 带宽

基于上述观点，光谱能量 $P_{\lambda}(\lambda)$的定义涉及一个无限窄的波带，事实上任何实际的单色仪出射的光谱都是很有限的窄带。对于给定的波长 λ_s，单色仪的透射比是 λ_s 和入射辐射波长 λ 的函数。这个函数 $T(\lambda,\lambda_s)$的曲线见图 4，即我们所知道的狭缝函数。它的正常情况为梯形，中心位置为 λ_s，两边逐渐为 0。如果单色仪的有效入射和出射狭缝相等的话，那么梯形就会变成三角形。在实际的设备中情况下，函数的转角会在某种程度上变得圆滑，这是因为衍射和散射辐射的影响。狭缝函数的两个半峰值高度点的波长宽度 $\Delta\lambda$ 就是单色仪在 λ_s 波长处的带宽。不能假设所有的波长都是相同的，特别是在单色仪中加有光学棱镜的情况下，但是一个好的单色仪的带宽随波长变化应该是很慢的。

这里所定义的狭缝函数需要一个接近于单色辐射的辐射源，它的辐射波长在单色仪透射率不为 0 的波长范围内连续变化。可调谐激光器可以作为这种光源，但是这种设备太昂贵而且经常是不太好利用。基于这种原因，现实中经常利用固定波长的线状光谱，同时调节单色仪的波长设置来进行测量。得到的相似函数被近似认为是单色仪的狭缝函数。如果仪器的几何参数、色散、衍射和吸收等恒定或在相关的波长范围内变化很小时，那么上述的狭缝函数认为不应该导致严重的错误。这些应进行检查，有些光栅单色仪在这些方面不是很令人满意。因为测量是在这个光谱辐射度测量系统中进行的，所以上述的所有限制同样适用于系统所使用的探测器的光谱响应度。

关于这方面的全面分析，见附录 A 和美国国家局出版的《光辐射测量自学手册》(Kostkowski，1979)。

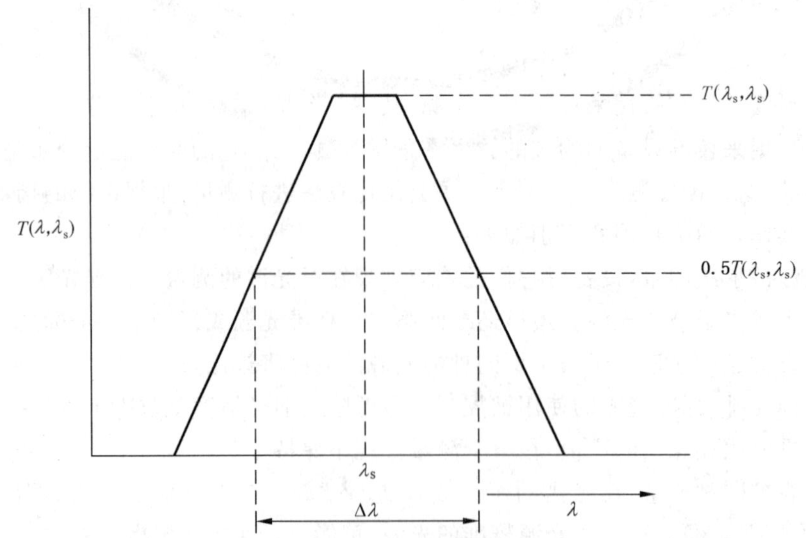

图 4 设定波长为 λ_s 时单色仪的透射比函数 $T(\lambda,\lambda_s)$。该曲线称为狭缝函数。

1.8.4 光谱采样

1.8.4.1 连续光源

钨丝灯(包括卤钨灯)类的光源都有相对平滑的连续光谱，光源的 $P_\lambda(\lambda)$ 随波长变化的很缓慢。这种光谱用波长间隔 10 nm 来进行测量就可以充分的体现出来。在单色仪的每个设定波长下，被测光源的光谱能量分布与参考光源的光谱能量分布的比值由探测器的响应比值给出。如果单色仪带宽不比测量间距明显的大，它的实际值是不太重要的。

如果单色仪被一系列的窄带宽的滤光器所代替来隔离个别波段，也可以得到近乎相同的结果。使用滤光器的主要缺点是，当探测器的响应值超过大部分的辐射光谱时，滤光器不能充分的滤掉波长在通带以外的辐射。此外，光谱辐射测量通常希望在规则的波长间隔内进行记录(见 1.8.5)，而要想得到一系列的通带中心在所需波长的滤光器是很困难的。

1.8.4.2 线性和混合光源

荧光灯和其他形式的放电灯，它们的光谱大多是线状和连续辐射光谱组合而成的。过去有一种特别对于荧光灯的专门的混合式的测量技术，它特殊针对相对少的特征汞谱线的测量。这可以看成是从荧光辐射中分离出来的，然后将荧光辐射看成是平滑的连续辐射处理，取样间隔为 10 nm。这种方法现在已经不再使用了。现代荧光灯管中所使用的荧光粉包含窄带辐射特性(见图 5)，这种特性用 10 nm 间隔测量是无法正确表现的，而且在某些情况下，按照一般单色仪的给定带宽，要从汞谱线中区别出荧光辐射是不可能的。不应把荧光灯的测量当作一种特殊情况，我们最好是使用一种可以处理任何种类的具有线性和连续光谱的混合辐射光源的测量技术。

要测量这种类型的光谱，测量的波长间距需要更小。作为光谱辐射度测量中最重要的应用之一的色品参数的计算表明，对于几乎所有的近似白光的光源来说，取波长间隔 2 nm 的积分给出的 x 和 y 的值精确度为 0.000 1。这对于大部分的要求就已经足够了。

1.8.4.2.1 分隔采样法

对于一般的光谱辐射度测量系统来说，光谱测量要在整个光谱范围内，在规则的间隔下调节单色仪的设定波长。同时进行探测器的测量，可以在波长驱动静止时，也可以在驱动过程中，波长标尺与选定设置的波长非常接近的极短时刻进行。当使用这种不连续的取样方法测量不平滑的光谱时，要想准确的评价光谱特征，最主要就是使取样间隔和单色仪带宽之间保持严格的关系。

光谱辐射计系统的相对光谱响应度 $r(\lambda,\lambda_s)$ 是入射辐射波长 λ 和单色仪设定波长 λ_s 的函数。图 6 显示了一个单色仪探测系统在设定波长 λ_{s1}、λ_{s2}、λ_{s3} 等处的相对光谱响应度曲线，该系统有一个三角形的带通和一个在 1.8.3 中定义的 $\Delta\lambda$ 的带宽。这种带通形式就是最经常使用的形式，即调节单色仪入射和出射狭缝等宽时的情形。

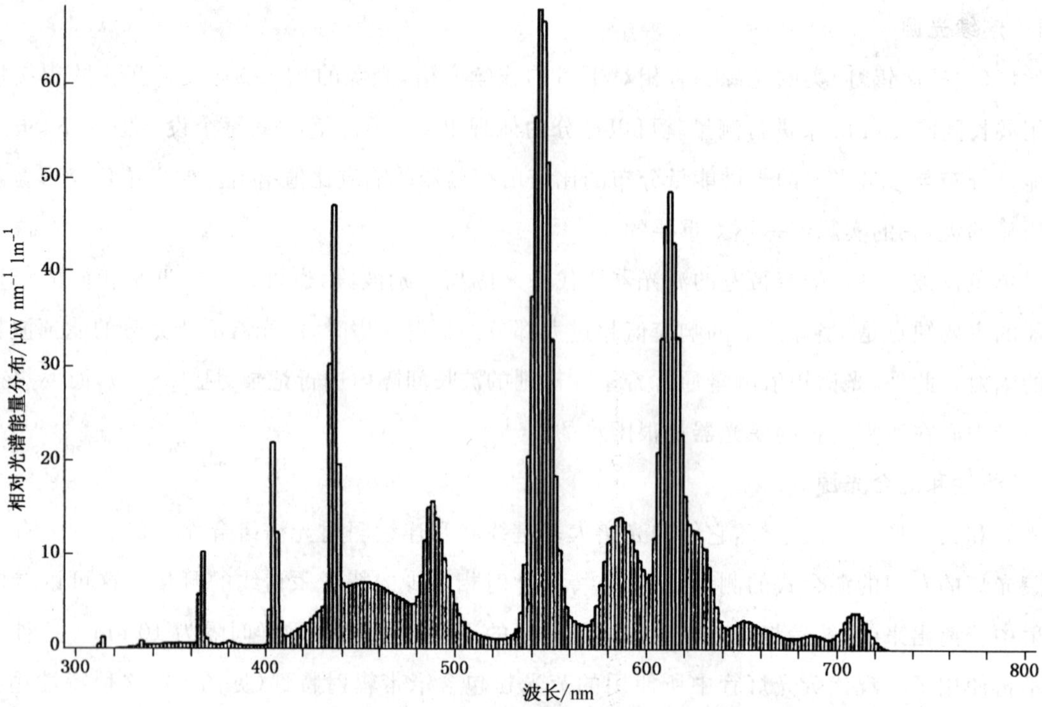

图 5 三基色荧光灯的相对光谱能量分布。该相对光谱能量的单位为 W/nm，对应于概念上的 1 lm 光通量的光谱能量

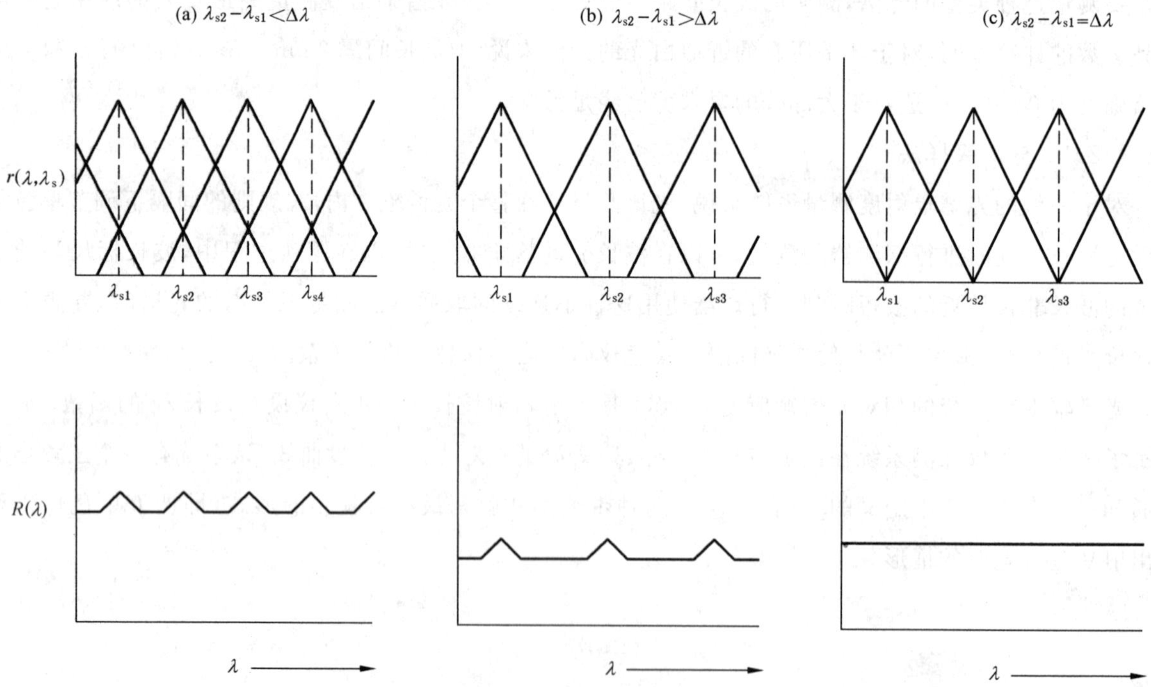

图 6 在一系列分立设定的波长 λ_s 下，单色仪-探测器的相对光谱响应曲线 $r(\lambda,\lambda_s)$ 对应的有效光谱响应函数 $R(\lambda)$。显示了三种情况：(a)采样间隔小于单色仪带宽；(b)采样间隔大于单色仪带宽；(c)采样间隔等于单色仪带宽

考虑三种可能出现的情况：$\lambda_{s2}-\lambda_{s1}<\Delta\lambda$，$\lambda_{s2}-\lambda_{s1}>\Delta\lambda$，$\lambda_{s2}-\lambda_{s1}=\Delta\lambda$。并讨论测量一个具有单位能量，波长为 λ 的谱线的情况。如果在设定波长 λ_s 下进行测量，并用这组测量结果来表示这种光谱分布，那么谱线能量仅对某些设定波长下的读数才有贡献，在这些设定波长 λ_s 下，其波长为 λ 处的响应度值不为零。对谱线的响应是 λ 的函数，并正比于有关设定波长 λ_s 下的各 $r(\lambda,\lambda_s)$ 的和。这个函数也如图 6 所示。对准确测量的响应 $R(\lambda)$ 值对所有波长都应相同，很明显这一点只有在 $\lambda_{s2}-\lambda_{s1}$ 确切等于 $\Delta\lambda$ 时才是这样的。更加一般的情况是，当 $\Delta\lambda=n\cdot(\lambda_{s2}-\lambda_{s1})$ 时，$R(\lambda)$ 才是常数，在这里 n 是一个整数。

单色仪带宽设定等于测量间隔的分隔采样方法，是一种经常被使用的和通过谨慎的操作可以得到完美的可接受的方法。对设备带宽的控制是准确的测量的方法，但是在实际操作中却是很难实现的。该方法还有一个基本要求就是单色仪应该具有一个对称的，梯形的或三角形的狭缝函数。

如果取样间隔 $\lambda_{s2}-\lambda_{s1}$ 可以在一定程度上减小的话，这就表示只有一很小的带宽 $\Delta\lambda$，那么大部分的这种误差就变得不重要了，狭缝函数的形状及带宽与采样波长间隔之间的关系的限制也就没有了。但不幸的是，在这种情况下所需分隔采样的次数要很多，为了在一个宽的波长范围内得到有效的结果，这包括了数百次，甚至数千次单个测量。利用计算机或微处理机控制的现代化自动测量设备，可迅速采样和处理大量的数据，这已不存在任何问题，因此使用这种方法完全是可以实现的。选用波长间隔为 0.1 nm或 0.2 nm 及单色仪带宽为 1 nm 或 2 nm 的测量表明，荧光灯及其他类型的多谱线放电灯分隔采样法也能给出满意的结果。

1.8.4.2.2 连续扫描法

考虑一个波长为 λ_1 单个的窄谱线，谱线宽度为 $\delta\lambda$，能量为 $P(\lambda_1)$。光谱辐射度测量系统的响应函数为 $R(\lambda_1,\lambda_s)$，它随设定波长 λ_s 的变化情况见图 7。曲线之下的面积与能量 $P(\lambda_1)$ 成正比。任何光源的光谱能量分布 $P_\lambda(\lambda)$ 总可以分成一系列的谱线，波长为 $\delta\lambda$，能量为 $P(\lambda)=\delta\lambda P_\lambda(\lambda)$（注：$P_\lambda(\lambda)$ 的物理特性为每单位波长的能量），假设探测器的光谱响应值和单色仪的光谱特性是恒定的，光源的光谱能量就正比于光谱辐射度计随设定波长变化的曲线下面的面积。如果探测器系统的响应度和光谱能量的大小无关，即探测器系统是线性的，这种说法是正确的。

响应曲线下的区域在波长范围内可以被分割为间距为 1 nm 或 2 nm 的一系列的波带。由于探测器的响应度和单色仪的特性随波长的变化是很缓慢的，所以认为在每个单一波段内它们是恒定不变的，每个波段的能量正比于曲线下对应波段的面积。

适用于所有光谱能量分布类型并且能避免测量波长间距和单色仪带宽之间的任何限制的光谱辐射度方法就是基于这种原理。

一个与单色仪传动螺杆相连的马达驱动器提供在整个波长范围内匀速的连续的、不间断的扫描。这个过程中仪器的快门保持开的状态，探测器的信号输出随波长变化进行积分。在一定波长间距下，记下累积的积分信号，同时又进行下一波长间距的积分，所以这样可以得到一系列的读数，它们是整个波长范围内一系列相邻波长间隔内与辐射能量对应的值。

对输出信号的积分可以用任何方便的方法进行。已经在工作的仪器中应用成功的两种方法如下：

1） 通过电容充电电荷的累积来实现光电流的积分，而最终以实现测量电容器的电压来得到模拟积分值。

2） 通过电压频率转换器，以实现探测器输出信号的数字化，然后用电子学方法在整个被测量的波长间隔范围内对频率累加记数以完成积分。

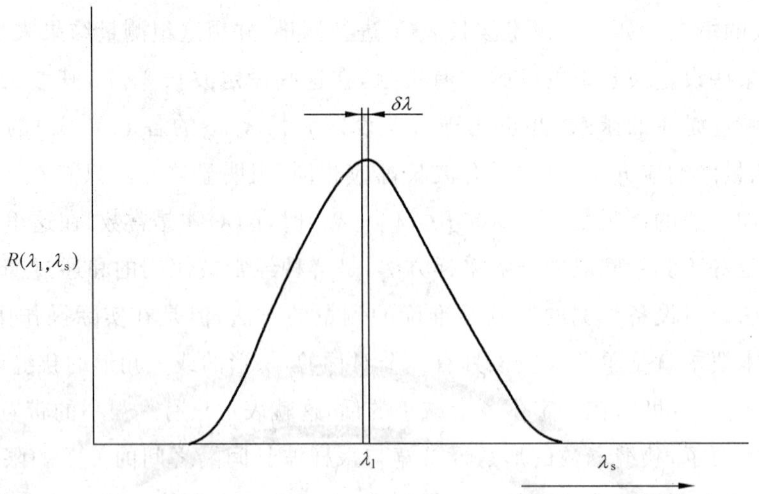

图 7　光谱辐射计系统对波长为 λ_1 的入射辐射的响应函数 $R(\lambda_1,\lambda_s)$。λ_s 为单色仪的设定波长

对以上两种情况,如果对波长来说,扫描给定的光谱波段的速度是恒定的,那么记录的结果就与光谱波段内的辐射能量成正比。当然,它同时也与扫描这个波段的时间成正比。当光谱辐射度计被用于比较两个光源,如果两个光源的扫描速度严格相等,那么扫描速度的影响就可以抵消了。如果可以再引入一个记录结果仅与时间成正比的第二个通道,就可以更方便地消除时间的影响,特别是两个被比较的光源燃点场合不同时(1.8.1 中方法 1)。如果两个通道的积分同时开始的话,那么它们每个波段的光输出之比,将与扫描速度无关。

对于荧光灯和其他放电灯而言,光谱测量常常只需要相对方式就可以了。在这种情况下,如果第二个通道,即时间补偿通道的信号是由一个单独的探测器提供,这个探测器可以通过一个可以分离出某一固定波长波段(如 $V(\lambda)$ 修正滤光器)的光学系统来观测光源,那么这就是我们考虑的对于测量不稳定光源的精确度改良方法。两个光源的光输出的波动对于相对光谱能量分布没有影响,这对于两个通道来说是相同的,因此两个探测器的响应的比值的起伏也就被抵消了。

很明显,这种系统需要有一个可以自动数据处理系统来处理测量结果。这些可以记录在纸上,磁带上或者直接与电脑相连。用 1 nm 或 2 nm 波长间距的测量结果得到的数量巨大的数据点,需要一个计算机以便以后进行的色品坐标、相关色温或显色指数的计算。关于计算机、微处理器或其他控制系统的细节已超出了本标准的范围。

采样间隔的选择,即波段的数量的选择,取决于两个因素:一个是计算色品坐标要求的精度(或无论如何,这是光谱辐射测量数据最重要的用途);另一个是探测器的光谱灵敏度的要求和单色仪的光学特性,在每一波段都要保持不变。由于单色仪带宽的影响,测量波长设定值在 λ_{s1} 和 λ_{s2}($\lambda_{s2}>\lambda_{s1}$)之间的一个单独的波段,所测得的数据包含了波长小于 λ_{s1} 和大于 λ_{s2} 的光谱能量的贡献。然而这种误差并不在所测得的能量之中,而在它对应的波长。

用这种方法测得的单一的单色谱线会表现的好像被加宽了而不止跨越一个波段。通常这并不是一个严重的缺点,甚至还具有一定的优点,特别是由几条主要的线组成的光谱。理论上完美的柱状图,每条谱线只能在一个波段内出现,所以在以后的计算时可以当作好像它的波长就等于该波段中心波长。当能量被分到两个或三个相邻的波段时,矩形中心的趋势就会靠近该谱线的固有波长,因而就改进了如光谱数据计算得到的色品坐标等有关参数的精确度。其最佳状态在满足下述条件时出现:狭缝函数为三角形(入射狭缝和出射狭缝等宽),单色仪带宽等于光谱辐射度计的读数波长间隔,不过后一种情况对于积分法测量不是很重要。

如果认为有必要的话,原则上可以将测得的光谱能量分布的分辨率进行改进,可以用抵消积的方法。对这种方法的详细介绍可以参照 Shumaker(1979),第 8 章。

1.8.5 结果陈述

为了测量结果一致的目的，我们应该使用SI单位。

报告给出的数据，数据点中心波长应该为下面系列中的一种：

1) 波长间隔1 nm：400，401，402，403，404，……

2) 波长间隔2 nm：400，402，404，406，408，……

3) 波长间隔5 nm：400，405，410，415，420，……

4) 波长间隔10 nm：400，410，420，430，440，……

应该注意的是简单的求和计算，上面3)中的数据能从1)得到，4)中数据能从2)得到；如果1)中数据得到2)中数据或3)中数据得到4)中数据，其中包括一个简单的算术计算。这种计算将引入一些小的附加误差而影响精确度。

相对能量分布的数据可以被标准化和用许多不同的方法处理。推荐使用的方法有以下三种：

1) 我们要调节数据点来保证某一特定波长的值，通常555 nm对应于$V(\lambda)$曲线的峰值，取该波长处的值为1或100。如果波长间隔为10 nm，该波长只能取为560 nm。

2) 我们要调节数据点来保证测得的最大值为1或100。

3) 相对光谱能量值用单位W/nm来表示，相对于该光源辐射1 lm光通量时的光谱能量值。这种方法的例子见图5。这种方法的好处是，把相对光谱能量分布和光度测量即光通量或光照度的测量结合起来，就能得到光谱辐射通量或光谱辅照度的数值。

1.8.6 交流光源的测量

交流放电灯的光输出和光谱能量分布均以电源频率的两倍波动。在特定情况下，甚至对没有调制的探测器系统，如果没有和电源频率同步，这种波动也会导致测量误差。

实际误差的大小取决于测量期间内所覆盖电源周期的数量，但作为一种粗略估计，对单相全波整流式的正弦光输出，在单个读数中可能出现的误差，近似由下式给出：

最大误差百分数$=10/(t \cdot f)$

这里t是读数测量时间，f为供电频率。

应注意这是最大可能的误差。有时可能出现一种特殊情况，即$(t \cdot f)$碰巧为整数，即信号在许多个完整的周期内被积分。此时误差将变为零，但是在无同步控制的测量系统情况下，这仅仅是随机出现的情况，一般来说，测量周期应调整到满足这个条件，即使在最坏的情况下，至少应保证达到所需要的准确度。如果光发射的余辉延长，例如，因灯管荧光涂层引起的延长，那么最大可能的误差将比上面的公式给出的小。但另一方面，由许多调光设备及某种类型的稳定交流电源所产生的平顶供电波形却会使得这种误差变得更大。

某些光谱辐射计，在其光束中安有内置斩波器，同时跟随有同步监测，这样有利于探测器输出信号的交流放大，因此消除了直流漂移和暗电流的影响。为准确测量辐射能量的平均值，由于斩波器-探测器的时间-采样特征，对具有不同瞬时相位关系的辐射输出分量（如放电电弧本身的发射和荧光发射）不必给出不同的权重。斩波器电源的频率应不同于电源的频率（通常是市电频率）。并且探测器信号的积分时间应选得比这两个电源频率的差频周期更长。

1.9 误差分析

需要考虑的各方面的不同的误差来源已经包括在本标准的各个章节中。归纳起来，以下方面值得考虑，它们将会在系统的不同部分发挥作用。

1.9.1 杂散光

杂散光的引入可能是发生在入射光学元件，也可能是在单色仪本身内部。

对于所有的辐射测量都是一样的，应通过检查来保证除了要测量的光源外，没有其他的辐射到达探测器上。对使用双光束，逐个波长同时比对的系统（见1.8.1方法2），仅点燃一只光源，同时把仪器调节到接受另一个光源辐射的状态，这时得到的输出信号就是入射光学元件引起的杂散光。

单色仪内部的杂散光误差可用1.5中介绍的方法进行检查。这里应注意杂散光的影响还和被测灯的光谱能量分布有关，对各种类型的灯都应该进行检查。

1.9.2 波长误差

单色仪的波长误差包括标准的系统性误差，这个误差应该用低气压气体放电灯产生的一系列单色谱线进行校准。常用的标准波长表见 Habell 和 Jackson(1963)的论文以及 Zwerling 和 Theriault(1961)等的论文。

单色仪波长刻度的准确性和机械重复性也要被考查，就像它的温度系数(通常是0.1 nm/℃～0.5 nm/℃)一样。如果我们计算的 x 和 y 值的准确性要求在±0.000 1，那么对于大多数的荧光灯来说，在波长范围400 nm～600 nm之间，所需的波长精确度为±0.1 nm。因此应严格控制单色仪的温度，可以控制在±0.5 ℃之间。

经验表明，在一些单色仪中，尽管设置的波长不变，当狭缝宽度改变时，狭缝的有效中心会产生移动。这种缺陷将会发生在狭缝开大的过程中相对于仪器光轴不能保持对称时。如果实际测量时的狭缝宽度不是波长校准时的狭缝宽度时，波长误差就会产生。这经常发生在实际测量时调节狭缝宽度来改变仪器的灵敏度的情况。

1.9.3 偏振误差

一般平均水平的单色仪显示在10%～40%之间的偏振相关性。螺旋钨灯丝的白炽灯辐射的偏振可达6%，在某些情况下，直线型钨灯丝的白炽灯的偏振可达15%或更大。这些综合起来能导致百分之几的偏振误差。

如果在单色仪的入射狭缝前加装辐射漫射器，那么偏振引起的误差就会减小。平板漫射器能消除偏振一个数量级，而积分球的消除偏振的效果更好。

使用衍射光栅单色仪测量时，要仔细检查偏振的影响。

1.9.4 探头系统

对于应检查的探测器系统的最主要的三个误差来源是:零点不稳，响应度变化和非线性。这些误差的来源可能是探测器，也可能是相连接的放大器，即使是使用现代化电子仪器，绝大部分不确定度还是来自探测器。

光电倍增管的暗电流及其波动，在使用直流测量技术时可能会导致一些误差。响应度的稳定情况是非常重要的，如果测量方法是测完一个光源的整个光谱分布再测另一个光源的整个光谱分布。所有情况下探测器良好的线性都是非常重要的，除了使用光学衰减技术以外。正如在1.6.2中讨论的，两种信号的叠加法是检查线性最好的办法。

1.9.5 相关标准的不确定度

相关标准的不确定度主要分为两部分，光谱形状的偏离和标准化因数的误差。任何国家实验室的校准都应包括对于不确定度的说明。如果标准灯的特性变了，或工作的环境不能有良好的重复性，那么附加的不确定度也要说明。

作为替代使用具有绝对光谱校准的标准源的方案，可以通过一个单独的试验建立标准化因数，此试验用经过绝对校准的探头进行宽带测量。这种探测器可以是一个校准过的无选择的热电堆，也可以是绝对光谱响应度曲线已知的其他光电探测器，以及一个与之配合的光谱透过率已知的滤光器。

1.10 准确性要求

光谱辐射测量所要求的准确度取决于测量结果的目的。

一般来说，当需要从光谱辐射测量数据计算出一些复杂的参量时，所要求的准确度是最高的，这当中最重要的也许是色品参量的计算，虽然这里仅仅需要相对光谱能量分布。光谱能量分布的误差对色品坐标的影响是相当复杂的，很难用一些简单的语言作定量表述。它受相对光谱分布形状和光谱分布情况的误差影响。

对波长准确度和分辨率的要求已经分别在1.5和1.8.4.2中讲过了，这种误差的光谱分布最通常形式之一就是所测量光谱范围，从光谱的一端到另一端，单色仪的波长标尺相对均匀的变化，这可能是在测量过程中因系统响应度缓慢变化引起的。如果是由于校准测量系统的第二钨丝标准灯的色温值误差，那它将产生与此非常相似的误差分布。对于大多数近白光光源，包括大多数荧光灯，色温 10 K 的误差对应于色坐标 x，y 值的变化分别为约 0.000 8 和 0.000 6，这个影响与在整个可见光谱区 400 nm 到 700 nm 范围内相对于 550 nm 有±1%的倾斜所引起的效果是相同的。

某些特定的荧光灯，若汞谱线相对于荧光连续谱有 1%的误差，则对色匹配灯，造成色坐标 x，y 值的变化分别约为 0.000 15 和 0.000 17；对暖白色荧光灯，x，y 值的变化分别约为 0.000 3 和 0.000 26。大多数的这种偏移是由 436 nm 和 546 nm 的谱线引起的，这是因为 x，y 和 z 色匹配函数的形状引起的，使得在波长区 420 nm 到 480 nm 和 530 nm 到 620 nm 内的光谱能量误差，对测量结果有最大的影响。

一般来说，对于近似白光的光源，有一个大概的判断界限，如果光谱能量分布的测量准确度达到 1%以内，那么色坐标 x，y 值的准确度可达到 0.001。显色指数的计算受光谱能量分布误差的影响要小得多(Moore et al.，1973)。显色指数百分之几的误差可能在视觉上并没有十分重要的影响，但是有许多包括显色指数在内的可行的或不可行的技术规范，它们对特殊照明所使用的灯的显色指数都提出了一定的要求，有时甚至导致了对测量准确度接近于灯极限的人为的过高要求。

当光谱辐射测量用于计算光度量的时候，其光度量的准确度主要受 555 nm 周围光谱辐射值准确度的影响。在其他波长上影响权重，则直接和 $V(\lambda)$ 曲线成正比的下降。

对辐射能量的绝对测量无论是窄带的还是宽带的，经常为工程师、生物学家、植物学家等所需要，但通常他们要求准确度较低。对特殊情况所需准确度的实际评价表明，通常不确定度大到 5%，甚至 10%，也是可以接受的。

2 各种类型光源的测量步骤

2.1 钨丝灯

人们常常喜欢把钨丝灯用作光谱能量分布的标准光源，这是因为它的稳定性好，而且使用方便。当然应选择适当类型的灯并在对重要性能方面作考察的基础上，从批量灯中逐个进行挑选。

传统的充气钨灯和卤钨灯都可成功的用作标准光源。通常钨带灯用作辐亮度测量，钨丝灯用于辐照度测量。Suzuki 和 Ooba(1976)已报道了溴钨灯在国家标准实验室之间做得比对测量情况，它表明光谱辐射照度测量结果的离散范围：在 300 nm 处为±4%，550 nm 处为±1%，800 nm 处为±3.5%。

在 Steiner(1975)的文章中可找到有关标准灯的详细描述和介绍。国际照明委员会的 TC-1.2 技术委员会在起草一个关于稳定性的二级基准光源的新技术文件。

2.1.1 灯的安装

由于 1.2 提到的几何因素的重要性，对于光谱辐射计的输入，光源的安装应位置精确并且可重复，并要明确说明其安装定位方法。对有透明玻壳的平面灯丝光源，通常最好是测量距灯丝的直线距离，对有磨砂玻壳或螺旋丝的灯应使用一个确定的参考点，例如灯或灯座上的一个可靠的标记以测量距离。若有双销插脚式灯头这种较牢固的形式，可用灯座来确定灯的位置。对其他类型的灯头则可能需要定位装置以保证灯丝和安装机构之间有不变的位置关系。借助于不确定度与对理想安装位置偏差的对应关系，给出了一个安装灯的公差要求是很有用的。

2.1.2 输入光路的几何位置

通常在这方面钨丝灯出现的问题较少。应该注意的是，从灯玻壳放射的辐射对辐射照度可能产生百分之几的贡献，因此挡屏不应遮挡灯玻壳的任何部分，除非有特别说明，灯原来就是在这种条件下校准。在某些时候，偏振的影响也可能引起一定的误差。

有些钨丝灯的性能可能会受到外部空气对流的影响。在这种情况下，灯附近的仪器和屏的位置也应加以说明；或者将灯置于一个专用的灯罩内作为一个整体使用。

2.1.3　钨丝灯的点燃

设计和制造良好的钨丝灯，其电性能是极稳定的。最大的危险是可能由机械撞击或短暂的过电压点燃引起的突变。标准灯在点燃时应缓慢地增大电流，在熄灭前应缓慢地减低电流，以减少灯丝的热冲击。应避免灯丝和灯丝挂钩之间不良的热接触，最好使用焊接支撑点。

应确切说明灯工作时的电参数。只要能满足调节和准确度要求，交流或直流电源都是可用的。但直流测量技术较简单容易，通常推荐使用直流供电。对交流供电，应确保瞬时测量结果不存在有辐射输出随瞬时电流变化所引起的误差。低电流的灯，当工作在相同的有效值电流下，交流供电和直流供电不能产生相同的平均辐射能量输出，因为灯丝电阻在交流周期内会发生变化。因此，标准灯使用时的供电电源应该与校准时的类型相同，见 IEC 60064:1973。

当使用卤钨灯作标准灯时，推荐应尽可能选用低电压型的灯，因低电压卤钨灯灯丝直径较粗，因而必然更结实更耐用。据某些报道，有些高电压型的卤钨灯还发现有气体发射线谱叠加在正常连续光谱上的现象。

低压白炽灯的工作条件通常用特定的电流值来确定。通过测量灯的电压降，我们也可以对灯的稳定性进行附加的考查，不过灯电压的测量应尽可能在灯头上的两极引出，以排除大电流流过灯座触点所产生压降的影响。若用灯座外引线测量电压，灯座接触处的电阻稍有变化，就会引起灯电压一个虚假的变化。

对精密测量，准确度的要求应达到万分之一。（注：电流变化 0.1%会引起钨丝灯色温约 1.2 K～2 K 的变化，光度值约 0.6%～0.7%的变化）为达到这一准确度常用的办法是让电流通过规格适当的标准电阻，用电位差计或数字电压表测量标准电阻两端的电压。使用 1.8.1 中方法 2，需要一个内置参考光源，为此应选用具有良好的短期稳定性和适当的长期稳定性的灯担任，对其光学性能要求倒不是很很严格。对这类灯供电电流稳定性的要求如上对标准灯的要求一样，即不超过 1×10^{-4}。

2.1.4　灯的老炼

关于灯的老炼可参阅 CIE 25—1973，IEC 60064:1973 和 IEC 60081:1974。

白炽灯的特性在其制成后最初点燃的几个小时里变化相当快，因此灯只有经过老炼后才适合于用作标准灯。因为不同类型的钨丝灯的寿命相差很大，所以最好按灯的寿命的一定比例来确定灯老炼的时间。推荐的预先老炼时间为灯点燃在额定电压或电流下额定寿命的 5%。其次灯在使用时，应让它工作在额定电压或稍低于额定值的电压下。卤钨灯工作电压不应低于额定值太多，否则可能影响灯内正常的化学循环。在灯老炼期间，每天应多次关闭电源，每次关闭 10 min 左右，然后再重新点燃。因热冲击会促使制造中有缺陷的灯提前寿终。

在可能的条件下，我们应通过实验测定的办法来确定某一类型灯的最佳老炼程序。用同一类型的样品灯，观察它在整个老炼过程中，多次相继的老炼周期内光输出的变化率，从而确定出该类灯最佳的老炼程序。

2.1.5　测量方法

尽管测量之前应先将灯预热 10 min 左右，但一般说来，灯不需要任何的特殊预防措施，只有在整个测量过程中应经常监测和记录灯的电压（或电流）。当使用 1.8.1 中方法 2 进行测量时，为较少标准灯的老炼，最好是使用一支与光谱辐射计相配合的参考灯，并在工作的若干天内用两支或三支不同的标准灯对系统校准二到三次。

2.2　管形荧光灯

管形荧光灯，通常它的长期稳定性和短期稳定性都不如白炽灯。某些类型的管形荧光灯还可能有“回升”现象即它们在不使用的贮存期间其光输出可能会增加。通常管形荧光灯用交流电源供电。

按 Moore(1963)在 1963 年的国际照明委员会关于管形荧光灯相对光谱能量分布测量的报告中，以及 Sanders 和 Jerome(1973)的关于荧光灯更进一步的测量比对结果，对连续光谱实验室之间的偏差：在可见区为±2%，在 380 nm 和 800 nm 处上升为±10%；对线光谱偏差更大：在可见区为±6%，在紫外区上升为40%。

2.2.1 灯的安装

通常管形荧光灯都工作在灯管轴线处水平位置的状态。不应用灯玻壳来支撑灯光，因这样会使在接触位置处引起汞的凝结而长时间改变灯的性能。要用温度计测量环境的温度，且感温元件部分应置于与灯管等高的位置上，并有保护措施以防止受灯的直接光照，但又不能影响感温元件周围空气的流动。为了限制灯管被测部位所用的光栏，应保证不妨碍灯管周围的空气的自然流动，所以不能使用同轴的套筒式光栏。

2.2.2 输入光路的几何位置

通常使用一个适当的光栏来测量仅仅来自灯管中心区域的辐射。不测量荧光灯整个灯管的原因之一就是要避免远离灯轴垂直方向上的辐射的贡献。因这种辐射比垂直方向上的辐射在玻壳中传输了更长的路程，它的光谱成分，尤其在紫外区将会改变。如果测量包括斜入射辐射在内的整个灯管的辐射的话，那么总的结果将与灯和输入光路的几何位置密切相关。另一个原因与比较测量的光源要依次辐照同一漫射器的方法有关。重要的是两个光源应以相似的张角照射漫射器。如果被测灯的被测部分较标准灯所张角度大的多，此时该条件就不可能满足。因此比对中使用过的典型布置如下：将一个开有200 mm×20 mm矩形孔的放在灯中央部位的前面，距灯管表面10 mm，距测量平面500 mm。荧光灯工作在水平状态。

对某些特殊的应用，确实应测定整个灯入射到给定表面面元上的辐射能量。观察到的一般原则是：无论点燃条件怎样，其校准测量时所用的几何条件应与后来用做标准源时的几何条件相同。

2.2.3 荧光灯的点燃

荧光灯在规定的条件下点燃(见IEC 60081:1974)，最好还应配以基准镇流器。电流由可调稳定交流电源提供，应保证给定电参数的公差不超过1×10^{-3}。这种电源应有1×10^{-4}的长期电压稳定性，且总电压谐波畸变要小，最好小于0.5%。同样电流的准确调节对荧光灯来说也是很重要的。在许多标准规范中，对荧光灯的工作条件都提到了需要一个基准镇流器和一个规定的供电电压。此外电源波形的质量也应该作为特别重要的一条规定。

管形荧光灯对环境温度及空气对流也是很敏感的。测量时通常为水平位置点燃，且灯管仅只能用管脚支撑，不应有通风设备，但应记录环境温度，同时也应说明温度计及灯周围任何屏蔽物的位置。对水平点燃的荧光灯，管壁温度稍有变化将引起它光谱能量分布的变化，特别是引起线谱辐射与荧光辐射之间比例的变化。

准确测量荧光灯的条件是：温度(25±1) ℃；空气流速<0.1 m/s；标准镇流器及能量因数在规定值的0.5%以内；电源的总谐波分量应小于0.5%；电源频率在规定值的0.5%以内。

实际测量开始前应至少在上述规定条件下预热20 min。

2.2.4 灯的老炼

如同所有的其他气体放电灯一样，为了提高稳定性，荧光灯在校准测量前应先进行老炼。下面的老炼步骤似乎是有些严格了，但已证明是有价值的，且也是许多实际应用中所需要的。有人建议荧光灯老炼，应在接近于设计电参数的条件下点燃750 h完成。老炼时适当的周期是每燃点3 h后熄灭15 min。在点燃100 h之后，检查灯的电参数应在规定值的3%以内，对超出此范围的灯则应剔除。在完成了灯的250 h老炼之后的500 h期间，应以每隔100 h的间隔对灯进行测量，并书面记录灯的光输出及电流随时间的变化情况，应剔除光输出或电流在每燃点100 h后变化大于2%的灯。对直流电流分量大于交流均方根值0.5%的灯，不能用作标准灯。在老炼过程完成后，每支灯应在积分球内先后点燃和熄灭5次，分别对各次点燃进行测量，以证实光输出及电流的重复性均应在平均值读数的±1%以内。我们发现，通常低负载的40 W管形荧光灯是最适合用作标准灯使用的。

灯管玻壳紫外透射比随使用时间的变化在小于300 nm的波长范围可能引起一些问题。不能认为灯在可见光谱区的稳定性好就能保证在波长300 nm处的稳定性也好。为获得灯在任意波长下的稳定性数据，唯一可靠的办法是在每次测量之间，以一定的点燃周期，例如 20 h，多次测量灯的光输出以考查其稳定性。

2.2.5 **测量方法**

荧光灯辐射的光谱是汞放电发射的线状光谱与荧光粉涂层发射的荧光辐射的混合。在荧光光谱取光滑连续形式的某些情况下，如果能确定谱线对连续光谱辐射的比值，则从谱线分离出并单独测量荧光辐射的光谱能量分布是可能的(Morren,1975)。而连续光谱可由一系列读数，比如说在整个光谱范围内以 10 nm 间隔的读数表示。这是一个通俗的方法，因它只需次数相对很少的测量，但这种方法只有在荧光辐射是相当平滑的条件下，其结果才是令人满意的。在日益增多的现代荧光灯的情况下，这一条件并不都能满足，图 5 给出了现代荧光灯之一例，并表明在这种情况下要得到正确的测量结果，需要一种更复杂更通用的测量方法，例如 1.8.4.3 中所述的连续扫描积分光谱输出信号的方法。

如果被测灯总的光输出随时间而变，但它的相对光谱能量分布变化很小，如果对某一固定波长或某一给定波长范围内的辐射输出加以监测，或者在一个宽的波长范围内用预先测定的权重对光谱测量结果作相应的修正，那么就可以提高测量的精度。另一种可能的办法是控制灯的供电能量以维持光输出监测探测器的响应值的恒定。

当用交流电源点燃且荧光灯的光输出以两倍于供电频率被调制时，1.8.6 中的有关评述就是恰当的，应予注意。

附 录 A
（资料性附录）
光谱辐射测量的基本原理

A.1 引言

光源光谱辐射测量系统的基本部件是单色仪和辐射探测器。单色仪可以看作是一个可调的窄带滤光器，它的光谱透射比，因取决于辐射波长 λ 和单色仪的设定波长 λ，故表示为 $T(\lambda,\lambda_s)$。一般来说，我们可以对 $T(\lambda,\lambda_s)$ 作如下假定：作为 λ 的函数，对某一固定点 λ_s，它在包含 λ_s 的一个窄的波长范围 $\Delta_t\lambda$ 以外，其值降为零。而且除了原点 λ_s 的移动以外，$T(\lambda,\lambda_s)$ 函数的形状及大小随 λ_s 的变化即使有也很小。

对波长为 λ_0，能量为 $\phi(\lambda_0)$ 的单色谱线，光谱辐射计的响应为：

$$R(\lambda_0,\lambda_s)=\phi(\lambda_0)S(\lambda_0)T(\lambda_0,\lambda_s) \quad \cdots\cdots\cdots(\text{A.1})$$

这里 $S(\lambda)$ 是辐射探测器的光谱灵敏度。事实上，光谱辐射计所做的各种测量都是这种相对测量，其输出响应仅取决于 $S(\lambda)$ 与 $T(\lambda,\lambda_s)$ 的乘积。此外，可假定 $S(\lambda)$ 是一个平滑变化的函数，这样前面对 $T(\lambda,\lambda_s)$ 所做的假定也可以完全适用于两者的乘积，为了简化和方便起见，我们可以省去因子 $S(\lambda)$，并理解为 $S(\lambda)$ 已被包含在 $T(\lambda,\lambda_s)$ 之中了。从现在起，我们将遵照这一约定。因此式(A.1)变为：

$$R(\lambda_0,\lambda_s)=\phi(\lambda_0)T(\lambda_0,\lambda_s) \quad \cdots\cdots\cdots(\text{A.2})$$

其中 $T(\lambda,\lambda_s)$ 称为仪器函数。下面当所省去的变量固定时，我们进一步简写为 $T(\lambda)$ 或 $T(\lambda_s)$ 的形式。

A.2 连续辐射的测量

首先让我们考虑用下述系统比较两个光源的连续辐射：其一，我们假定为光谱能量分布已知的标准光源。当光谱能量密度 $\phi_\lambda(\lambda)$ 和单色仪设定波长 λ_s，探测器的 $R(\lambda_s)$ 为：

$$R(\lambda_s)=\int\phi_\lambda(\lambda)T(\lambda,\lambda_s)\mathrm{d}\lambda \quad \cdots\cdots\cdots(\text{A.3})$$

因为已假定在整个 T 不为零的小波长间隔 $\Delta_t\lambda$ 范围内，$\phi_\lambda(\lambda)$ 是平滑变化的函数，所以我们可以按通常方式将 $\phi_\lambda(\lambda)$ 展开为 $(\lambda-\lambda_s)$ 的多项式，同时忽略高次方项，于是得到：

$$R(\lambda_s)=\phi_\lambda(\lambda_s)\int T(\lambda,\lambda_s)\mathrm{d}\lambda+[\mathrm{d}\phi_\lambda(\lambda)/\mathrm{d}\lambda]_{\lambda_s}\int(\lambda-\lambda_s)T(\lambda,\lambda_s)\mathrm{d}\lambda \quad \cdots\cdots\cdots(\text{A.4})$$

到目前为止，我们仅仅认为 λ_s 是单色仪的设定波长，且它的定义一直没有明确。如果把它定义为 $T(\lambda,\lambda_s)$ 的矩心所对应的波长，即：

$$\lambda_s=\frac{\int\lambda T(\lambda,\lambda_s)\mathrm{d}\lambda}{\int T(\lambda,\lambda_s)\mathrm{d}\lambda} \quad \cdots\cdots\cdots(\text{A.5})$$

这样式(A.4)右边的第二个积分值就消去了，即；

$$R(\lambda_s)=\phi_\lambda(\lambda_s)\int T(\lambda,\lambda_s)\mathrm{d}\lambda \quad \cdots\cdots\cdots(\text{A.6})$$

由此得出：如果用光谱辐射计比较测量两个连续谱光源，在 $\lambda=\lambda_s$ 处的光谱密度比就等于探测器响应之比，因为因子 $\int T(\lambda,\lambda_s)\mathrm{d}\lambda$ 对两个光源都是相同的。

应注意，单色仪的波长校准通常按如下方法进行：用已知波长 λ_0 的单色辐射源作照明光源，在光谱仪设定的一系列波长 λ_s 下，测量 $R(\lambda_0,\lambda_s)$。由式(A.2)可知，这样得到的数据与 $T(\lambda_s)$ 有关，而不是与 $T(\lambda)$ 有关。因此在理论上不能把 $T(\lambda)$ 的矩心作为上面所定义的 λ_s。然而，正如下面将要进行的更详细的讨论一样，通常 $T(\lambda)$ 和 $T(\lambda_s)$ 具有相同的形状，实际上这个问题并不严重。

A.3 线性辐射的测量

以上讨论清楚的表明：在比较测量两个连续谱辐射源时，如果光谱能量分布在整个 $\Delta_t\lambda$ 范围内平滑变化，并适当的定义 λ_s，那么 $T(\lambda)$ 的形状是无关紧要的。可是在通常情况下，当比较测量的两个辐射源之一时，常常是被测源而不是标准源，发射线状光谱辐射时，则情况就不同了。一般说来，单一光谱线的波长宽度与 $\Delta_t\lambda$ 相比是很窄的，且不可能用光谱辐射计来分辨它结构的细节，所以我们希望能实现的就只是测量谱线的总辐射能量。下面让我们来看一看对一条孤立谱线是如何通过与标准源连续光谱能量相比较而测得它的总能量。

如果已知谱线的波长为 λ_0，总能量为 $\phi(\lambda_0)$，当 $\lambda_s=\lambda_0$ 时，其响应由下式给出：

$$R(\lambda_0,\lambda_0)=\phi(\lambda_0)T(\lambda_0,\lambda_0) \quad \cdots\cdots(A.7)$$

将式(A.7)除以标准源在设定波长为 λ_0 时的响应 $R'(\lambda_0)$，其 $R'(\lambda_0)$ 由式(A.6)给出。我们得到：

$$\frac{R(\lambda_0,\lambda_0)}{R'(\lambda_0)}=\frac{\phi(\lambda_0)}{\phi'_\lambda(\lambda_0)}\cdot\frac{T(\lambda_0,\lambda_0)}{\int T(\lambda,\lambda_0)\mathrm{d}\lambda} \quad \cdots\cdots(A.8)$$

为了确定 $\phi(\lambda_0)$，就要知道 $T(\lambda_0,\lambda_0)/\int T(\lambda,\lambda_0)\mathrm{d}\lambda$ 的值，该比值具有 $1/\lambda$ 的量纲，用其倒数即 $\Delta\lambda$ 表示更方便。式(A.8)变为：

$$\phi(\lambda_0)=\phi'_\lambda(\lambda_0)\Delta\lambda\frac{R(\lambda_0,\lambda_0)}{R(\lambda_0)} \quad \cdots\cdots(A.9)$$

式中：

$$\Delta\lambda=\frac{\int T(\lambda,\lambda_0)\mathrm{d}\lambda}{T(\lambda_0,\lambda_0)} \quad \cdots\cdots(A.10)$$

由上式确定的量 $\Delta\lambda$ 被称为单色仪的带宽。像 $\Delta_t\lambda$ 一样，它可以是 λ_s 的函数，但即便是随 λ_s 变化也是很小的。式(A.10)的几何意义是：$\Delta\lambda$ 等于高为 $T(\lambda_0,\lambda_0)$ 的矩形函数的宽度，该矩形的面积与 $T(\lambda,\lambda_0)$ 的面积相同。因此如果 $T(\lambda,\lambda_0)$ 的形状是三角形或梯形，则 $\Delta\lambda$ 为其半高度两点间的距离(波长差)。

A.4 带宽的测量

在单色仪设定波长 $\lambda_s=\lambda_0$ 时，实验测定 $\Delta\lambda$ 的方法，原则上应按以下步骤进行：调节单色仪设定波长为 λ_0，用能量恒定、波长可连续变化的单色辐射源辐照单色仪，给出探测器响应随波长 λ 变化的曲线。因响应与 $T(\lambda,\lambda_0)$ 成正比，将 $T(\lambda,\lambda_0)$ 曲线下的面积除以 $\lambda=\lambda_0$ 时纵坐标的值，就可得到 $\Delta\lambda$ 的值。

但是，这种方法需要一个高单色性的可调节波长的辐射源，实际上这个条件很难满足，仅在染料激光器工作的有限波长范围内能得到实现。一个更合适更通用的，适合于任何光谱区的方法是：用固定波长为 λ_0 的单色谱线辐照单色仪，当然也可以是被测的谱线，改变单色仪的设定波长 λ_s，然后测量并给出相应 $R(\lambda_s)$ 作为设定波长 λ_s 的函数曲线。

如果我们用曲线下的面积除以 $\lambda=\lambda_0$ 时纵坐标的值，就可得到 $\Delta\lambda'$ 为：

$$\Delta\lambda'=\frac{\int T(\lambda_0,\lambda_s)\mathrm{d}\lambda_s}{T(\lambda_0,\lambda_0)} \quad \cdots\cdots(A.11)$$

在整个波长范围 $\Delta_t\lambda$ 内，$T(\lambda,\lambda_s)$ 通常是 $(\lambda-\lambda_s)$ 的函数，换个说法就是，λ_s 固定由 λ 变化引起 $T(\lambda,\lambda_0)$ 的变化与 λ 固定由 λ_s 变化引起 $T(\lambda,\lambda_0)$ 的变化相同。如果是这样的话，那么：

$$\int T(\lambda_0,\lambda_s)\mathrm{d}\lambda_s=\int T(\lambda,\lambda_0)\mathrm{d}\lambda \quad \cdots\cdots(A.12)$$

因此，$\Delta\lambda'$ 就等于所需要的由式(A.10)所定义的带宽 $\Delta\lambda_0$。

应注意的是，关于 $T(\lambda,\lambda_s)$ 形状的假定仅在一定的波长范围内才是成立的。在这个范围内，$T(\lambda,$

λ_s)是由仪器几何参数、光栅或棱镜的色散及衍射影响等决定的，且在 $\Delta_t\lambda$ 范围内这些因素保持不变或变化很慢。否则，如果单色仪的某个光学元件在带宽范围内表现出有锐吸收带的话，那么上面的假定就是不成立的。

A.5 光谱的测量

迄今为止，我们仅考虑了光谱辐射计在某一设定波长上的测量。现在让我们来考虑更实际的情况，即测量被测源在一个宽的波长范围内的光谱能量分布，光谱辐射计进行波长扫描的情况。暂时忽略采样特性和采样频率的实际限制，并假定用此方法得到的是一个理想的无噪声的 $R(\lambda_s)$ 和 $R'(\lambda_s)$ 的记录曲线，其中 $R(\lambda_s)$ 和 $R'(\lambda_s)$ 分别为被测源和标准源的响应。由此根据标准源已知的光谱能量分布 $\phi_\lambda(\lambda)$，我们计算函数 $f(\lambda_s)$ 的值为：

$$f(\lambda_s)=\frac{R(\lambda_s)}{R'(\lambda_s)}\phi'_\lambda(\lambda_s) \quad\cdots\cdots\cdots\cdots(\text{A.13})$$

如果被测源像标准源一样具有连续的光谱能量 $\phi_\lambda(\lambda)$，则由式(A.6)可得到：

$$\frac{R(\lambda_s)}{R'(\lambda_s)}=\frac{\phi_\lambda(\lambda_s)}{\phi'_\lambda(\lambda_s)} \quad\cdots\cdots\cdots\cdots(\text{A.14})$$

因此 $f(\lambda_s)=\phi_\lambda(\lambda)$，即 $f(\lambda_s)$ 是所希望的光谱能量分布 $\phi_\lambda(\lambda)$ 的真实记录。在更复杂的情况下，即被测光源是总能量为 $\phi(\lambda_0)$ 的孤立谱线时，函数 $f(\lambda_s)$ 的形状与仪器函数 $T(\lambda_0,\lambda_s)$ 的形状相似，而与光源的光谱分布不同。然而我们已看到对连续光谱分布的被测光源，其任何波长范围内 $f(\lambda_s)$ 的面积就等于该范围内光谱分布中的能量。这就意味着如果波长范围大到足以包含 $f(\lambda_s)$ 值的整个非零区域，则上述结论对单谱线光源所得到的函数 $f(\lambda_s)$ 同样也是成立的。

为了证明上述结论具有事实依据，我们将式(A.13)中的 $R(\lambda_s)$ 和 $R'(\lambda_s)$ 分别用式(A.2)和式(A.6)中的线谱和连续谱光源的响应去代替，再将式子对 λ_s 积分，即得：

$$\int f(\lambda_s)\,\mathrm{d}\lambda_s=\phi(\lambda_0)\int \mathrm{d}\lambda_s\,\frac{T(\lambda_0,\lambda_s)}{\int T(\lambda,\lambda_s)\,\mathrm{d}\lambda} \quad\cdots\cdots\cdots\cdots(\text{A.15})$$

按照我们已经对 $T(\lambda,\lambda_s)$ 形状所作的一般假设，上式右边积分号内的分子仅在与 λ_0 接近的小的 λ_s 范围内不为零，而分母仅随 λ_s 很慢的变化，因此我们可用 $\lambda_s=\lambda_0$ 处的值代替后者，并提到关于 λ_s 的积分号外，即：

$$\int f(\lambda_s)\,\mathrm{d}\lambda_s=\phi(\lambda_0)\,\frac{\int T(\lambda_0,\lambda_s)\,\mathrm{d}\lambda_s}{\int T(\lambda,\lambda_0)\,\mathrm{d}\lambda} \quad\cdots\cdots\cdots\cdots(\text{A.16})$$

由式(A.12)，上式简化为需要的结果：

$$\int f(\lambda_s)\,\mathrm{d}\lambda_s=\phi(\lambda_0) \quad\cdots\cdots\cdots\cdots(\text{A.17})$$

因此在连续光谱和单一线谱的情况下，我们都已证明了 $f(\lambda_s)$ 曲线下的面积就等于相应波长间隔内的辐射能量。像前面一样，如果积分范围包含整个 $f(\lambda_s)$ 值的非零区域，推而广之，则上述结论对包含线谱和连续谱混合的任意光谱分布都是适用的：

$$\int_{\lambda_1}^{\lambda_2} f(\lambda_s)\,\mathrm{d}\lambda_s=\int_{\lambda_1}^{\lambda_2}\phi_\lambda(\lambda)\,\mathrm{d}\lambda \quad\cdots\cdots\cdots\cdots(\text{A.18})$$

然而，如果在积分的上、下限之处，例如上限 λ_2，其 $f(\lambda_s)\neq 0$，那么对于范围 $\lambda_2-\Delta_t\lambda$ 到 λ_2 的任何光谱能量 $f(\lambda_s)$ 的积分将不会给出充分的加权值，但它却包含了波长从 λ_2 到 $\lambda_2+\Delta_t\lambda$ 范围内光谱能量 $\phi_\lambda(\lambda)$ 的部分贡献。测量值 $\int\phi_\lambda(\lambda)\,\mathrm{d}\lambda$ 的误差与 $\phi_\lambda(\lambda)$ 的形状及 λ_1 和 λ_2 值的选择都密切相关，而归于相应的波长间隔。这个波长不确定度有 $\Delta_t\lambda$ 的量极，除了 $\Delta_t\lambda$ 随 λ_s 缓慢变化的范围以外，它与积分范围无关。由此得出：如果我们把 $f(\lambda_s)$ 的整个扫描曲线分成若干相等的间隔，并在每一间隔内确定 $f(\lambda_s)$ 的

积分值，则我们就能得到光谱能量分布的直方图，该图仅在波长不确定度为$\Delta_t\lambda$的范围内与$\phi_\lambda(\lambda)$的真实直方图有所差别。因此不论间隔宽度如何，这种不确定度有相同的绝对大小，即使在间隔宽度趋于零的极限情况下，同样的结论也是适用的，在这种情况下，直方图变成了函数$f(\lambda_s)$本身。

从以上讨论可知：$f(\lambda_s)$是对给定带宽单色仪所能获得的原始光谱分布最好的近似。确实，如果$T(\lambda,\lambda_s)$为已知，从理论上分析，我们可用对$f(\lambda_s)$消卷积的办法得到更好的近似。然而，消卷积法的细节往往是不可靠的，且进一步又能得到什么呢？可能并没有实际的用处。例如在一定的光谱范围内确定某些带权重的积分常常需要光谱能量分布的数据，而常用的权重函数全部都是平滑变化的，只要使$\Delta_t\lambda$取得足够小，就能保证在这个波长范围内权重函数是线性变化的。既然如此，那么由$f(\lambda_s)$得到的积分值仅与由$\phi_\lambda(\lambda)$计算出的真实值相差一个二级小量。

A.6 $f(\lambda_s)$的实验测定

如果我们没有自动化的记录仪器，而且待测光源的光谱又有相当复杂的线状光谱成分的话，那么函数$f(\lambda_s)$的实验测定就可能是一个十分冗长的过程。在没有这类记录仪器时，我们只能将测量波长范围分成一系列等波长间隔点，然后在这大量的分立的波长点上测量$f(\lambda_s)$。乍看起来，采样频率应足够高以分辨出$f(\lambda_s)$中的最高频成分。在单一谱线$f(\lambda_s)$取仪器函数$T(\lambda_s)$形状的情况下，通常这将意味着在仪器带宽$\Delta\lambda$范围内有几个采样点，在任何宽广的波长范围内，以这样小的波长间隔采样，这虽然对保证测试结果的准确度是必要的，但其工作量都是很大的，而且对于获得一个不确定度必然大到$\Delta\lambda$量级的测量结果这似乎也是很低效率的办法。进一步的分析可以看到，如果对仪器函数$T(\lambda_s)$的形状作某些简化的假定，那么上述巨大的工作量大部分就可避免。

考虑图A.1中的情况，这里$T(\lambda_s)$是一个对称的三角形，因此如上所述，由式(A.10)定义的带宽等于三角形半高度点间的波长宽度。假定光谱仪是一条单线谱，其$f(\lambda_s)$取$T(\lambda_s)$相同的形状，我们考虑在采样间隔等于$\Delta\lambda$时对$f(\lambda_s)$采样的结果。谱线波长的位置相对于采样梳状点是任意的，这当中又分两种情况：一种是特殊情况A，一个采样点刚好位于最大值处而其相邻两个采样点则刚好位于基底处；另一种是通常的情况B，两个采样点落在曲线$f(\lambda_s)$上。在以上两种情况下，采样点外各个y值的总和$(\sum y)$均与谱线波长相对于梳状采样点的位置无关，而只和曲线下面的面积H有关，其关系为：

$$H=\sum y\cdot\Delta\lambda \qquad \text{(A.19)}$$

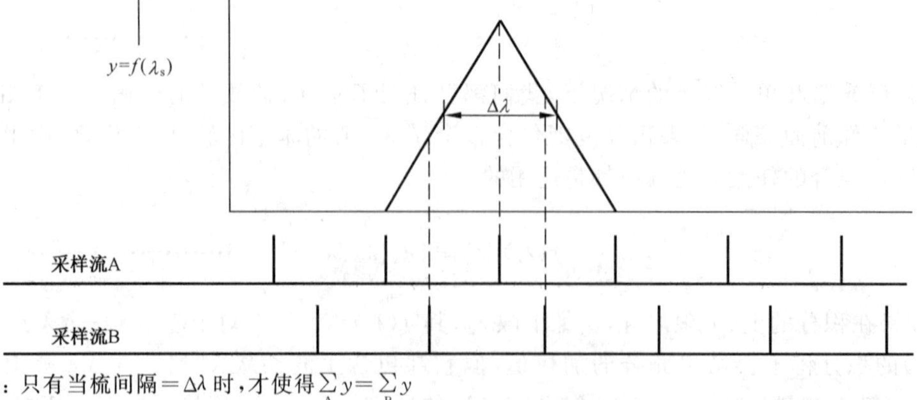

注：只有当梳间隔$=\Delta\lambda$时，才使得$\sum_A y=\sum_B y$

图A.1 单谱线辐射功率的求值

很容易证明，对仪器函数为对称梯形或任何其他的对称函数时，只要一边上的半高度点是另一边的反转中心，以上的结论都是成立的(注 1)。

注 1：更一般的情况是，任何一个函数亦可，只要它的复数付氏变换中，其采率和谐波频率分量的振幅为零。

这种方法的缺点在于除了它要求一个特别类型的仪器函数，就是测量精确度相当密切的取决于采样间隔。如果采样波长间隔 $\Delta\lambda$ 相差一个小数 δ，很容易看出，对三角形的仪器函数，在 A 种测量方式下的误差介于零到 δ 之间变化，并和谱线与梳状采样点间的相对位置有关。对梯形仪器函数的情况更差。若我们考虑一个矩形函数的极端情况，且采样间隔稍为宽一点，这时谱线可能被正确的测量到，也可能完全被漏掉。由此可见，在采样间隔偏离带宽 $\Delta\lambda$ 时，梯形仪器函数情况下的误差会比三角形仪器函数的情况更差。

一种减小这种误差的方法是如下事实给出来的：与上述完全相同的结论也适用于第二种梳状采样方式 B，其采样间隔仍为 $\Delta\lambda$，但与第一种梳状采样点有若干分之一个 $\Delta\lambda$ 的位移，因此第二个梳状采样将叠加在第一个梳状采样之上。很明显，可选择两个梳状点间的位移为 $\Delta\lambda/2$，换句话说，就是要用一个采样间隔为原来的间隔的一半的梳状采样，此时就使得因不准确的采样间隔引起的误差趋于抵消。我们可以把这一原则扩大到采样间隔为 $\Delta\lambda/n$ 的情况，其中 n 为整数。当然随着 n 的增大，对分立采样值的求和也就变为常规的积分法了，其优点在于带宽与采样间隔之间的关系的限制条件也就趋于消失了。

注：在上述简单的讨论中，忽略了实际限制的影响，如探测器系统的有限的响应时间。

参考文献

[1] BAUER G(1973) Spektrale Strahlungsmessung. Lichttechnik,25,566-571.

[2] BUDDE W(1979) Multidecade linearity measurements on Si photodiodes. Appl Opt,18,1555-1558.

[3] CIE(1973) International lighting vocabulary. Publication No. 17.

[4] CIE(1983) The basis of physical photometry. Publication No. 18. 2.

[5] CIE(1983) Procedures for the measurement of luminous flux of discharge lamps. Publication No. 25.

[6] CLARKE F J J(1972) High accuracy spectrophotometry at the National Physical Laboratory. J Res Nat Bur Stds,76A,375-403.

[7] GEIST J, ZALEWSKI E F and SCHAEFER A R(1980) Spectral response self-calibration and interpplation of silicon photodiodes. Appl Opt,19,3795-3799.

[8] HABELL K J and JACKSON A(1963) Spectral lines for refractometry. Opt Act,10,217-221.

[9] IEC(1973) Tungsten filament lamps for general service. Publication No. 64.

[10] IEC(1974) Tubular fluorescent lamps for general lighting service. Publication No. 81.

[11] JACQUINOT P(1954) The luminosity of spectrometers with prisms, gratings,or Fabry-Perot etalons. J Opt Soc Amer,44,761-765.

[12] KOSTKOWSKI H J(1979) The relative spectral responsivity and slitscattering function of a spectroradiometer. NBS Technical Note 910-4, Self-Study Manual on Optical Radiation Measurements,Part 1,Chapter 7.

[13] MORREN L(1975) A method for the separation of lines from the continuous part in mixed spectra:the process using variable slit-widths of the monochromator. Optik,42,23-42.

[14] MOORE J R(1963) Report on the international intercomparison of photometric and colorimetric measurements on fluorescent Lamps. NPL Report to CIE Committee E. 1. 3.

[15] MOORE J R,STOTT P,DAVIES I F and HALSTEAD M B(1973) The effect of measurement uncertainty on the colour rendering indices of fluorescent lamps. Ltg Res and Tech,5,17-28.

[16] NONAKA M,KINAMERI K and ISHIBAI M(1972) Spectroradiometric measurement on fluorescent lamps. Metrologia,8,133-145.

[17] SANDERS C L(1972) Accurate measurements of and corrections for nonlinearities in radiometers. J Res Nat Bur Stds,76A,437-453.

[18] SANDERS C L and JEROME C W(1973) Interlaboratory comparison of measurements of the spectral irradiance from fluorescent and incandescent lamps:a report. Appl Opt,12,2088-2098.

[19] SCHAEFER A R,ZALEWSKI E F,LIND M A and GEIST J(1977) Linearity studies on silicon photodiodes. Proc. Electro-optics/Laser Conf. , (Industrial and Scientific Conference Management, Chicago,Illinois,60606 USA),459-463.

[20] SHARPE M R and IRISH D(1978) Stray light in diffraction grating monochromators. Opt Act,25,861-893.

[21] SHUMAKER J B(1979) Deconvolution. NBS Technical Note 910-4,Self-Study Manual on Optical Radiation Measurements,Part 1,Chapter 8.

[22] STEINER B W(1975) A survey of sources used for accurate measurement of visible,near infrared,and near ultra-violet radiation. CIE London 18th Session,P-7507.

[23] SUZUKI M and OOBA N(1976) An international intercomparison of spectral irradiance scales. Metrologia,12,123-128.

[24] VERRILL J F(1978) The specification and measurement of scattered light from diffraction gratings. Opt Act,25,531-547.

[25] ZWERDLING S and THERIAULT J P(1961) Calibration of prism spectrometers in the ultraviolet,visible and near infrared regions. Spect Act,17,819-856.

ICS 17.180.20
K 70

中华人民共和国国家标准

GB/T 26180—2010/CIE 13.3—1995

光源显色性的表示和测量方法

Method of measuring and specifying colour rendering of light sources

（CIE 13.3—1995，IDT）

2011-01-14 发布　　2011-06-15 实施

中华人民共和国国家质量监督检验检疫总局
中国国家标准化管理委员会　发布

前　　言

本标准等同采用 CIE 13.3—1995《光源显色性的表示和测量方法》(英文版)。

本标准等同翻译 CIE 13.3—1995。

为便于使用,本标准做了下列编辑性修改:

a) “本技术报告”一词改为“本标准”;

b) 用小数点“.”代替作为小数点的“,”;

c) 删除 CIE 13.3—1995 的前言;

d) 删除 CIE 13.3—1995 的第 1 章和附录 B,将 CIE 13.3—1995 的第 2 章和第 3 章分别改为第 1 章和第 2 章,将 CIE 13.3—1995 的附录 A 改为第 3 章。

本标准由中国轻工业联合会提出。

本标准由全国照明电器标准化技术委员会(SAC/TC 224)归口。

本标准起草单位:国家电光源质量监督检验中心(北京)、杭州远方光电信息有限公司、中国质量认证中心。

本标准主要起草人:华树明、潘建根、陈松。

本标准首次发布。

引　言

本标准建立了基于被测物体总色偏移的光源显色性的测量和表示方法，(称为“颜色测试方法”)。这是评价光源显色性的基本方法，并推荐用于型式试验及测试独立的灯。

为了应用推荐的颜色测试方法，必须计算所选的适当的测试颜色样本的总色偏移。通过光谱辐射因数来确定的一套八个颜色样本用于计算一般显色指数。这些样本覆盖了色相环，饱和度适中，视亮度接近一致。六个传统颜色测试样本的数据代表深红、黄、绿、蓝及肤色和植物色。根据色偏移可得到显色指数。

光源显色性的表示和测量方法

1 目的

本标准建立了基于被测物体总色偏移的光源显色性的测量和表示方法,简称“颜色测试方法”。

本标准应作为评价光源显色性的基本方法,并推荐用于型式试验及测试独立的灯。

对于本标准中使用的但未在国际照明词汇中出现的定义,见第3章。

2 范围

本标准适用于大多数普通照明用照明体(如钨丝灯、管形荧光灯和紧凑型荧光灯,及其他各种类型的气体放电灯,不包括主要为单色光的光源,如低压钠灯)。该方法也可以应用于被修正的日光。

3 术语和定义

下列术语和定义适用于本标准。

3.1

显色性 colour rendering properties

在一定条件下,光源对物体的色表与其在基准照明体下的色表的比较效果。

3.2

1994 均匀色空间 1994 uniform space

产生于三个正交轴 U^*,V^*,W^* 形成的空间的一个接近一致的色空间,U^*,V^*,W^* 由式(3-1)定义:

$$W^* = 25Y^{1/3} - 17$$
$$U^* = 13W^*(u - u_0) \qquad \cdots\cdots (3\text{-}1)$$
$$V^* = 13W^*(v - v_0)$$
$$1 \leqslant Y \leqslant 100$$

u,v 是 1960 UCS 色坐标(见 1960 UCS 图),u_0,v_0 是所选非彩色颜色的变量值。

注1:对于物体颜色,照明体色坐标 u_0,v_0 的选择是可以满足的。

注2:在本系统中,对颜色(U_1^*,V_1^*,W_1^*)和颜色(U_2^*,V_2^*,W_2^*)的差异的知觉大小 ΔE 为:

$$\Delta E = [(U_1^* - U_2^*)^2 + (V_1^* - V_2^*)^2 + (W_1^* - W_2^*)^2]^{1/2}$$

3.3

1960 UCS 图 1960 UCS diagram

产生于直角坐标系 u,v 的一个接近均匀色度图,u,v 由式(3-2)定义:

$$u = 4x/(-2x + 12y + 3) = 4X/(X + 15Y + 3Z) \qquad \cdots\cdots (3\text{-}2)$$
$$v = 6y/(-2x + 12y + 3) = 6Y/(X + 15Y + 3Z)$$

3.4

兆开尔文的倒数(MK^{-1}) reciprocal megakelvin(MK^{-1})

用于描述相关色温差别的术语。值为 $10^6 K^{-1}$(代替了作废的术语“迈尔德”:微倒数度)。

注:沿普朗克轨迹的相等差别对应大致相等的兆开尔文的倒数。

4 评价

评价应当包括一般显色指数,并可以由一系列特殊显色指数作为补充。

特殊显色指数的导出应基于与 1964 均匀色空间中的色差矢量长度的比较,并应根据第5章和第6

章中描述的方法进行。

5 评价程序

5.1 总述

为了应用推荐的颜色测试方法，必须计算所选择的适当的颜色测试样本的总色偏移。为此，首先需要依据 CIE 1931 确定被测照明体和参照体的各种颜色测试的三刺激值。下一步就是将这些三刺激值转换为 1960 UCS 图中的色坐标。

适应色偏移由 JUDD 的基本理论，通过 VON KRIES 转换计算得出的。被测照明体和基准照明体色度的差异应足够小，以得到一个令人满意的色适应效应的近似值。

然后颜色测试样本的色差在 1964 均匀空间中计算。

5.2 基准照明体

光源显色性的评价总是应当参照以数学方式定义的基准照明体。基准照明体和被测灯应有相同或相近的色度。

选择基准照明体的公差，见 5.3。

除非有其他说明，具有低于 5 000 K 相关色温的光源的基准照明体应为普朗克辐射体并且从 5 000 K开始，应该与日光的光谱能量分布相匹配。

在特殊情况下，CIE 或其他指定标准照明体可作为基准照明体。

在所有情况下，都需要对基准照明体在可见光谱范围内以不大于 10 nm 的波长间隔对其光谱能量分布进行详细描述。

5.3 基准照明体公差

理想状态下，基准照明体与被测灯的色度应当相同或相近。如果可能，应当选择色度偏差 DC 在小于 5.4×10^{-3}，这是推荐的实际公差限值。

被测灯(u_k, v_k)与基准照明体(u_r, v_r)的色度偏差 DC 的计算方法是：

$$DC = [(u_k - u_r)^2 + (v_k - v_r)^2]^{1/2} \qquad (5\text{-}1)$$

公差 $DC=5.4\times10^{-3}$在普朗克轨迹上对应大约 15 MK^{-1}(兆开尔文的倒数)。

如果被测灯与基准照明体的色度偏差 DC 大于 5.4×10^{-3}，得出的显色指数的准确性就可能降低。在所有情况下，基准照明体的信息都应当在评价值后用括号标注[例如：Ra＝90(D65)]。

5.4 颜色测试样本

一套八个 CIE—1974 颜色测试样本(T_i，i=1…8)** 在第 8 章表 1 中光谱辐射因数给出。这些样本覆盖了色相环，饱和度适中，并且视亮度大致相同。

进一步的 CIE—1974 颜色测试样本(T_i，i=9…14)** 给出了深红、黄、绿和蓝并表现了脸色和植物叶子颜色，见第 8 章表 2。这些样本在视亮度和饱和度上有很大不同。

** CIE 颜色测试样本：

序号	近似孟塞尔符号	日光下的色表
1	7.5 R 6/4	浅灰红色
2	5 Y 6/4	暗灰黄色
3	5 GY 6/8	深黄绿色
4	2.5 G 6/6	中黄绿色
5	10 BG 6/4	浅蓝绿色
6	5 PB 6/8	浅蓝色

序号	近似孟塞尔符号	日光下的色表
7	2.5 PB 6/8	浅紫罗兰色
8	10 P 6/8	浅红紫色
9	4.5 R 4/13	深红色
10	5 Y 8/10	深黄色
11	4.5 G 5/8	深绿色
12	3 PB 3/11	深蓝色
13	5 YR 8/4	浅黄粉色(人的肤色)
14	5 GY 4/4	中橄榄绿色(叶子颜色)

其他单独的颜色测试样本(T_i,$i>14$)也可能用到,必须由准确的光谱辐射因数数据定义。

对于本标准推荐的特殊显色指数的计算,可以用任一个颜色测试样本的数据(见 6.2);一般显色指数的计算,推荐仅以前八个 CIE—1974 颜色测试样本数据为基础(见 6.3)。

当所需的光谱辐射因数比第 8 章表 1 和表 2 所给出的波长间隔小时,使用线性插值法。

注:最初的 CIE 13.2—1974 表 1 或表 2 包含的光谱辐射因数也位于主要的汞辐射线上。由于目前的光谱辐射度量没有将汞线从连续光谱线中分离出来,所以在汞辐射线上的光谱辐射因数已从 CIE 13.3—1994 表 1 和表 2 中省略。

5.5 确定颜色测试样本的 CIE 1931 三刺激值

根据对被测灯适当而准确的光谱辐射度测试(见 7.2 和 7.3)及表 1 和表 2 给出的 CIE—1974 颜色测试样本的光谱辐射因数,测试样本和光源相应的 CIE 1931 三刺激值 X、Y、Z,CIE 1931 色坐标 x、y 应确定。无论计算或测量的色度值应给出四位小数。

5.6 转换为 1960 UCS 色坐标

色度数据必须用下列公式由 CIE 1931 值(X、Y、Z,x、y)转换为 1960 图的色坐标(u、v):

$$u=4X/(X+15Y+3Z) \qquad \cdots\cdots(5\text{-}2a)$$

$$v=6Y/(X+15Y+3Z)$$

或

$$u=4x/(-2x+12y+3) \qquad \cdots\cdots(5\text{-}2b)$$

$$v=6y/(-2x+12y+3)$$

5.7 适应性(观察到的)色偏移的考虑

应采用式(5-3)计算由于在被测灯 k 和基准照明体 r 下的色适应的状态不同而引起的适应色偏移。

$$u'_{k,i}=\frac{10.872+0.404\frac{c_r}{c_k}c_{k,i}-4\frac{d_r}{d_k}d_{k,i}}{16.518+1.481\frac{c_r}{c_k}c_{k,i}-\frac{d_r}{d_k}d_{k,i}}$$

$$v'_{k,i}=\frac{5.520}{16.518+1.481\frac{c_r}{c_k}c_{k,i}-\frac{d_r}{d_k}d_{k,i}} \qquad \cdots\cdots(5\text{-}3)$$

$u'_{k,i}$和 $v'_{k,i}$是考虑了适应性色偏移后的颜色测试样本 i 的色坐标值。通过移动被测光源至基准照明体得到,即 $u'_k=u_r$ 和 $v'_k=v_r$,并且不应与 CIE 1976 u',v'色坐标混淆。

对于被测光源的 u_k,v_k(c_k 和 d_k)和在被测光源下的颜色测试样本 i 的 $u_{k,i}$,$v_{k,i}$($c_{k,i}$和 $d_{k,i}$),式(5-3)中函数 c 和 d 应根据式(5-4)计算:

$$c=\frac{1}{v}(4-u-10v) \qquad \cdots\cdots(5\text{-}4)$$

$$d=\frac{1}{v}(1.708v+0.404-1.481u)$$

5.8 转换为 1964 均匀空间色坐标

色度数据必须用式(5-5)转换为 1964 均匀空间色坐标。

$$W^*_{r,i}=25(Y_{r,i})^{1/3}-17;\qquad W^*_{k,i}=25(Y_{k,i})^{1/3}-17$$
$$U^*_{r,i}=13W^*_{r,i}(u_{r,i}-u_r);\qquad U^*_{k,i}=13W^*_{k,i}(u'_{k,i}-u'_k) \qquad \cdots\cdots(5\text{-}5)$$
$$V^*_{r,i}=13W^*_{r,i}(v_{r,i}-v_r);\qquad V^*_{k,i}=13W^*_{k,i}(v'_{k,i}-v'_k)$$

$u'_k=u_r$，$v'_k=v_r$ 是考虑过适应性色偏移后的被测光源的色坐标。值 $Y_{r,i}$ 和 $Y_{k,i}$ 必须归一化，使 $Y_r=Y_k=100$。

5.9 总色偏移的确定

颜色测试样本 i 在被测光源 k 和基准照明体 r 的照射下感知的颜色差别应用 CIE 1964 色差公式计算：

$$\Delta E_i=\sqrt{(U^*_{r,i}-U^*_{k,i})^2+(V^*_{r,i}-V^*_{k,i})^2+(W^*_{r,i}-W^*_{k,i})^2}$$
$$=\sqrt{(\Delta U^*_i)^2+(\Delta V^*_i)^2+(\Delta W^*_i)^2} \qquad \cdots\cdots(5\text{-}6)$$

6 显色指数的计算

6.1 显色指数的表示

显色指数用字母 R 表示。6.2 中导出的“特殊显色指数”由符号 R_i($i=1,2,3\cdots$对应于任何一个可能被研究的颜色测试样本号)表示。6.3 中导出的“一般显色指数”由符号 R_a 表示。

6.2 特殊显色指数的计算

基于对任何个体颜色测试样本的式(5-6)得到的 DE_i，特殊显色指数 R_i 由下列公式导出：

$$R_i=100-4.6DE_i \qquad \cdots\cdots(6\text{-}1)$$

将结果修正至最接近的整数。

如果在第一个小数位的数字为 5 且其后所有小数位均为 0 时，若整数部分为偶数，则直接修正；若整数位为奇数，则修正至下一个偶数。

该指数是比例化的，指数 100 代表颜色测试样本在被测光源和其参照标准下的色坐标相同，一般显色指数 50 为用于早期研究的标准暖白荧光灯在以白炽灯为参照体的条件下的测试结果。这一比例的调整通过使用式(6-1)中的因数 4.6 得到。

6.3 一般显色指数的计算

一般显色指数 R_a 通过将 CIE—1974 颜色测试样本(编号 1…8)的八个特殊显色指数进行算术平均得到。

$$R_a=\frac{1}{8}\sum_{i=1}^{8}R_i \qquad \cdots\cdots(6\text{-}2)$$

7 解释性评论

7.1 显色指数的意义

为了全面描述光源的显色特性，需要一系列的特殊显色指数。如第 4 章所述，(特殊)显色指数的导出是基于 1964 均匀空间中色差矢量长度的总体比较，即色偏移的量。人们认识到色偏移方向的重要性，但并不包括在显色指数中。

CIE—1974 颜色测试样本(编号 1…8)显色指数的平均值导出了一般显色指数(见 6.3)。这一平均值总体性地指出了被测灯与基准照明体之间显色性的平均偏差。

该指数并不是一个绝对值。例如，具有相同的接近 100 的显色指数的 6 500 K 的日光色灯和 3 000 K的暖白色灯与它们各自的基准照明体，即 CIE D65 和普朗克3 000 K辐射体的偏差基本相同。这些基准照明体各自之间的显色性不同，并且这也适用于两种被测光源，即使它们具有相同的一般显色指数。

7.2 *R* 的不确定度

经验表明，显色指数依赖于基准照明体的选择，因此，也依赖于基准照明体的相关色温 T_c（计算相关色温，见[20…33]）的值。当该 T_c 值与被测灯的相关色温相等时，所得到的 *R* 被认为是获得值。

经验表明，由于现有测量方法（见 5.5）的原因，光谱能量分布上的差别可能产生 R_a 大约 1～3 个单位的不确定度。

因此，尤其需要注意被测光源光谱能量分布的精确确定。

已经发现，*R* 的值受代表可见光光谱（如 400 nm～700 nm，380 nm～830 nm）的光谱范围的影响，并受应用于计算的光谱间隔的影响。

推荐光谱间隔最大为 5 nm。CIE 13.2—1974 中，对于荧光灯，光谱间隔为 10 nm 也是允许的，与之相比，这是一个变化。经验表明，由于现代光谱辐射方法及计算机控制光谱数据采集，5 nm 间隔成为工业标准。通过采用 5 nm 间隔，测量时不必将连续光谱和线状光谱分开，因此，颜色测试样本对于汞谱线数据不再给出（见 5.4）。

如有疑问，推荐采用更小的间隔。CIE—1974 颜色测试样本（见第 8 章表 1 和表 2）的光谱辐射因数，从 360 nm～830 nm 以 5 nm 间隔给出。对于更小的间隔，根据指导使用线性插值法（见 5.4）。

7.3 测试条件的影响

灯的工作方式与光谱能量分布测量（如光通量、光强、亮度或照度的测量）的几何性可能引起不确定度。

每个参数代表光源工作的特定条件。由测试条件的变化引起的差别不是由于方法本身，测试条件的选择应取决于最终目标。

出于比较目的，用于测量的几何光学条件应随工作数据应一起给出，如燃点位置、电参数等。

7.4 *R* 的最小可觉差异

关于 DE（指数比例基础）的实践经验和理论均表明，当色偏移的方向几乎一致的时候，R_i 约 5 个单位的差异，在最优条件下将产生视觉上可察觉的色差。对于 R_a 没有一个简单的规则。R_a 由八个 R_i 值的平均值得到，即便当两个光源有完全一致的 R_a 值，一个或多个 R_i 有 5 个单位或更大的差异也是可能的，因此它们的显色性对于研究中的物体颜色将是不同的。当 R_a 接近 100 时，R_i 值未必有足够大的变化从而产生可察觉的色差。但是当 R_a 由 100 降低时，相应的特殊显色指数 R_i 变化增大。

还应注意的是尽管 R_i 确定这一色差矢量的长度，其并没有给出矢量的方向信息（见 7.1）因此，如果对于给定样本，在两个具有相同色度的光源下的 R_i 均为 95，也并不意味着样本在两个光源下相同的色表。如果矢量的方向完全相反，则会有对应于 10 个单位显色指数的色差。

7.5 关于显色特性的灯的互换性

由于 7.4 中提到的原因，两个灯的 R_a 相等并不保证同样的显色特性，因为将不同的特殊显色指数平均可能导致相同的 R_a 值。尽管偏移量相同，相同的特殊显色指数也可能由不同方向的色偏移产生。因此从显色特性来说，一般显色指数 R_a 并不能保证单个灯完全的互换性，即使这些灯的色表在一定的公差内。

为解决这一难点，必须定义一套在光源色品规定值的公差范围内的特殊显色指数，以保证根据显色性的互换性。互换性的评价将以特殊显色指数的数值增加及允许公差的减小而提高。如果仅使用一个像 R_a 这样的指数来保证根据显色性的互换性，被测灯的典型光谱能量分布可用于作为基准照明体来评价被测灯。

8 表

表1 用于计算一般显色指明数的 CIE—1974 颜色测试样本编号 1…8(TCS01…08)的光谱辐射因子

λ	TCS01	TCS02	TCS03	TCS04	TCS05	TCS06	TCS07	TCS08
360	0.116	0.053	0.058	0.057	0.143	0.079	0.150	0.075
365	0.136	0.055	0.059	0.059	0.187	0.081	0.177	0.078
370	0.159	0.059	0.061	0.062	0.233	0.089	0.218	0.084
375	0.190	0.064	0.063	0.067	0.269	0.113	0.293	0.090
380	0.219	0.070	0.065	0.074	0.295	0.151	0.378	0.104
385	0.238	0.079	0.068	0.083	0.306	0.203	0.459	0.129
390	0.252	0.089	0.070	0.093	0.310	0.265	0.524	0.170
395	0.256	0.101	0.072	0.105	0.312	0.339	0.546	0.240
400	0.256	0.111	0.073	0.116	0.313	0.410	0.551	0.319
405	0.254	0.116	0.073	0.121	0.315	0.464	0.555	0.416
410	0.252	0.118	0.074	0.124	0.319	0.492	0.559	0.462
415	0.248	0.120	0.074	0.126	0.322	0.508	0.560	0.482
420	0.244	0.121	0.074	0.128	0.326	0.517	0.561	0.490
425	0.240	0.122	0.073	0.131	0.330	0.524	0.558	0.488
430	0.237	0.122	0.073	0.135	0.334	0.531	0.556	0.482
435	0.232	0.122	0.073	0.139	0.339	0.538	0.551	0.473
440	0.230	0.123	0.073	0.144	0.346	0.544	0.544	0.462
445	0.226	0.124	0.073	0.151	0.352	0.551	0.535	0.450
450	0.225	0.127	0.074	0.161	0.360	0.556	0.522	0.439
455	0.222	0.128	0.075	0.172	0.369	0.556	0.506	0.426
460	0.220	0.131	0.077	0.186	0.381	0.554	0.488	0.413
465	0.218	0.134	0.080	0.205	0.394	0.549	0.469	0.397
470	0.216	0.138	0.085	0.229	0.403	0.541	0.448	0.382
475	0.214	0.143	0.094	0.254	0.410	0.531	0.429	0.386
480	0.214	0.150	0.109	0.281	0.415	0.519	0.408	0.352
485	0.214	0.159	0.126	0.308	0.418	0.504	0.385	0.337
490	0.216	0.174	0.148	0.332	0.419	0.488	0.363	0.325
495	0.218	0.190	0.172	0.352	0.417	0.469	0.341	0.310
500	0.223	0.207	0.198	0.370	0.413	0.450	0.324	0.299
505	0.225	0.225	0.221	0.383	0.409	0.431	0.311	0.289
510	0.226	0.242	0.241	0.390	0.403	0.414	0.301	0.283
515	0.226	0.253	0.260	0.394	0.396	0.395	0.291	0.276
520	0.225	0.260	0.278	0.395	0.389	0.377	0.283	0.270
525	0.225	0.264	0.302	0.392	0.381	0.358	0.273	0.262

表 1（续）

λ	TCS01	TCS02	TCS03	TCS04	TCS05	TCS06	TCS07	TCS08
530	0.227	0.267	0.339	0.385	0.372	0.341	0.265	0.256
535	0.230	0.269	0.370	0.377	0.363	0.325	0.260	0.251
540	0.236	0.272	0.392	0.367	0.353	0.309	0.257	0.250
545	0.245	0.276	0.399	0.354	0.342	0.293	0.257	0.251
550	0.253	0.282	0.400	0.341	0.331	0.279	0.259	0.254
555	0.262	0.289	0.393	0.327	0.320	0.265	0.260	0.258
560	0.272	0.299	0.380	0.312	0.308	0.253	0.260	0.264
565	0.283	0.309	0.365	0.296	0.296	0.241	0.258	0.269
570	0.298	0.322	0.349	0.280	0.284	0.234	0.256	0.272
575	0.318	0.329	0.332	0.263	0.271	0.227	0.254	0.274
580	0.341	0.335	0.315	0.247	0.260	0.225	0.254	0.278
585	0.357	0.339	0.299	0.229	0.247	0.222	0.259	0.284
590	0.390	0.341	0.285	0.214	0.232	0.221	0.270	0.295
595	0.409	0.341	0.272	0.198	0.220	0.220	0.264	0.316
600	0.424	0.342	0.264	0.185	0.210	0.220	0.302	0.348
605	0.435	0.342	0.257	0.175	0.200	0.220	0.324	0.384
610	0.442	0.342	0.252	0.169	0.194	0.220	0.344	0.434
615	0.448	0.341	0.247	0.164	0.189	0.220	0.362	0.462
620	0.450	0.341	0.241	0.160	0.185	0.223	0.377	0.528
625	0.451	0.339	0.235	0.156	0.183	0.227	0.389	0.258
630	0.451	0.339	0.229	0.154	0.160	0.233	0.400	0.604
635	0.451	0.338	0.224	0.152	0.177	0.239	0.410	0.629
640	0.451	0.338	0.220	0.151	0.176	0.244	0.420	0.648
645	0.451	0.337	0.217	0.149	0.175	0.251	0.429	0.663
650	0.450	0.336	0.216	0.148	0.175	0.258	0.438	0.676
655	0.450	0.336	0.216	0.148	0.175	0.263	0.445	0.685
660	0.451	0.334	0.219	0.148	0.175	0.268	0.452	0.693
665	0.451	0.332	0.224	0.149	0.177	0.273	0.457	0.700
670	0.453	0.332	0.230	0.151	0.180	0.278	0.462	0.705
675	0.454	0.331	0.238	0.154	0.183	0.281	0.466	0.709
680	0.455	0.331	0.251	0.158	0.186	0.283	0.468	0.712
685	0.457	0.330	0.269	0.162	0.189	0.286	0.470	0.715
690	0.458	0.329	0.268	0.165	0.192	0.291	0.473	0.717
695	0.460	0.328	0.312	0.168	0.195	0.296	0.477	0.709
700	0.462	0.328	0.340	0.170	0.199	0.302	0.483	0.721

表 1（续）

λ	TCS01	TCS02	TCS03	TCS04	TCS05	TCS06	TCS07	TCS08
705	0.463	0.327	0.366	0.171	0.200	0.313	0.489	0.720
710	0.464	0.326	0.390	0.170	0.199	0.325	0.496	0.719
715	0.465	0.325	0.412	0.166	0.198	0.338	0.503	0.722
720	0.466	0.324	0.431	0.166	0.196	0.351	0.511	0.725
725	0.466	0.324	0.447	0.164	0.195	0.364	0.518	0.727
730	0.466	0.324	0.460	0.164	0.195	0.376	0.525	0.729
735	0.466	0.323	0.472	0.165	0.196	0.389	0.532	0.730
740	0.467	0.322	0.481	0.168	0.197	0.401	0.539	0.730
745	0.467	0.321	0.488	0.172	0.200	0.413	0.546	0.730
750	0.467	0.320	0.493	0.177	0.203	0.425	0.553	0.730
755	0.467	0.318	0.497	0.181	0.205	0.436	0.559	0.730
760	0.467	0.316	0.500	0.185	0.208	0.447	0.565	0.730
765	0.467	0.315	0.502	0.189	0.212	0.458	0.570	0.730
770	0.467	0.315	0.505	0.192	0.215	0.469	0.575	0.730
775	0.467	0.314	0.510	0.194	0.217	0.477	0.578	0.730
780	0.467	0.314	0.516	0.197	0.219	0.485	0.581	0.730
785	0.467	0.313	0.520	0.200	0.222	0.493	0.583	0.730
790	0.467	0.313	0.524	0.204	0.226	0.500	0.585	0.731
795	0.466	0.312	0.527	0.210	0.231	0.506	0.587	0.731
800	0.466	0.312	0.531	0.218	0.237	0.512	0.588	0.731
805	0.468	0.311	0.535	0.225	0.243	0.517	0.589	0.731
810	0.468	0.311	0.539	0.233	0.249	0.521	0.590	0.731
815	0.468	0.311	0.544	0.243	0.257	0.525	0.590	0.731
820	0.465	0.311	0.548	0.254	0.265	0.529	0.590	0.731
825	0.464	0.311	0.552	0.264	0.273	0.532	0.591	0.731
830	0.464	0.310	0.555	0.274	0.280	0.535	0.592	0.731

表 2　CIE—1974 颜色测试样本编号 9…14 的光谱辐射因数　$\beta_i(\lambda)$

λ	TCS09	TCS10	TCS11	TCS12	TCS13	TCS14
360	0.069	0.042	0.074	0.189	0.071	0.036
365	0.072	0.043	0.079	0.175	0.076	0.036
370	0.073	0.045	0.086	0.158	0.082	0.036
375	0.070	0.047	0.098	0.139	0.090	0.036
380	0.066	0.050	0.111	0.120	0.104	0.036
385	0.062	0.054	0.121	0.103	0.127	0.036

表 2（续）

λ	TCS09	TCS10	TCS11	TCS12	TCS13	TCS14
390	0.058	0.059	0.127	0.090	0.161	0.037
395	0.055	0.063	0.128	0.082	0.211	0.038
400	0.052	0.066	0.127	0.070	0.264	0.038
405	0.052	0.067	0.121	0.068	0.313	0.039
410	0.051	0.068	0.116	0.064	0.341	0.040
415	0.050	0.069	0.112	0.065	0.352	0.041
420	0.050	0.069	0.108	0.075	0.359	0.042
425	0.049	0.070	0.105	0.093	0.361	0.042
430	0.048	0.072	0.104	0.123	0.364	0.043
435	0.047	0.073	0.104	0.160	0.365	0.044
440	0.046	0.076	0.105	0.207	0.367	0.044
445	0.044	0.078	0.106	0.256	0.369	0.045
450	0.042	0.083	0.110	0.300	0.372	0.045
455	0.041	0.066	0.115	0.331	0.374	0.046
460	0.038	0.095	0.123	0.346	0.376	0.047
465	0.035	0.103	0.134	0.347	0.379	0.048
470	0.033	0.113	0.148	0.341	0.384	0.050
475	0.031	0.125	0.167	0.328	0.389	0.052
480	0.030	0.142	0.192	0.307	0.397	0.055
485	0.029	0.162	0.219	0.282	0.405	0.057
490	0.028	0.189	0.252	0.257	0.416	0.062
495	0.028	0.219	0.291	0.230	0.429	0.067
500	0.028	0.262	0.325	0.204	0.443	0.075
505	0.029	0.305	0.347	0.178	0.454	0.083
510	0.030	0.365	0.356	0.154	0.461	0.092
515	0.030	0.416	0.353	0.129	0.466	0.100
520	0.031	0.465	0.346	0.109	0.469	0.108
525	0.031	0.509	0.333	0.090	0.471	0.121
530	0.032	0.546	0.314	0.075	0.474	0.133
535	0.032	0.581	0.294	0.062	0.476	0.142
540	0.033	0.610	0.271	0.051	0.483	0.150
545	0.034	0.634	0.248	0.041	0.490	0.154
550	0.035	0.653	0.227	0.035	0.506	0.155
555	0.037	0.666	0.206	0.029	0.526	0.152
560	0.041	0.678	0.188	0.025	0.553	0.147

表 2（续）

λ	TCS09	TCS10	TCS11	TCS12	TCS13	TCS14
565	0.044	0.687	0.170	0.022	0.582	0.140
570	0.048	0.693	0.153	0.019	0.618	0.133
575	0.052	0.698	0.138	0.017	0.651	0.125
580	0.060	0.701	0.125	0.017	0.680	0.118
585	0.076	0.704	0.114	0.017	0.701	0.112
590	0.102	0.705	0.106	0.016	0.717	0.106
595	0.136	0.705	0.100	0.016	0.729	0.101
600	0.190	0.706	0.096	0.016	0.736	0.098
605	0.256	0.707	0.092	0.016	0.742	0.095
610	0.336	0.707	0.090	0.016	0.745	0.093
615	0.418	0.707	0.087	0.016	0.747	0.090
620	0.505	0.708	0.085	0.016	0.748	0.089
625	0.581	0.708	0.082	0.016	0.748	0.087
630	0.641	0.710	0.080	0.018	0.748	0.086
635	0.682	0.711	0.079	0.018	0.748	0.085
640	0.717	0.712	0.078	0.018	0.748	0.084
645	0.740	0.714	0.078	0.018	0.748	0.084
650	0.758	0.716	0.078	0.019	0.748	0.084
655	0.770	0.718	0.078	0.020	0.748	0.084
660	0.781	0.720	0.081	0.023	0.747	0.085
665	0.790	0.722	0.083	0.024	0.747	0.087
670	0.797	0.725	0.088	0.026	0.747	0.092
675	0.803	0.729	0.093	0.030	0.747	0.096
680	0.809	0.731	0.102	0.035	0.747	0.102
685	0.814	0.735	0.112	0.043	0.747	0.110
690	0.819	0.739	0.125	0.056	0.747	0.123
695	0.824	0.742	0.141	0.074	0.746	0.137
700	0.828	0.746	0.161	0.097	0.746	0.152
705	0.830	0.748	0.182	0.128	0.746	0.169
710	0.831	0.749	0.203	0.166	0.745	0.188
715	0.833	0.751	0.223	0.210	0.744	0.207
720	0.835	0.753	0.242	0.257	0.743	0.226
725	0.836	0.754	0.257	0.305	0.744	0.243
730	0.836	0.755	0.270	0.354	0.745	0.260
735	0.837	0.755	0.282	0.401	0.748	0.277

表 2（续）

λ	TCS09	TCS10	TCS11	TCS12	TCS13	TCS14
740	0.838	0.755	0.292	0.446	0.750	0.294
745	0.839	0.755	0.302	0.485	0.50	0.310
750	0.839	0.756	0.310	0.520	0.749	0.325
755	0.839	0.757	0.314	0.551	0.748	0.339
760	0.839	0.758	0.317	0.577	0.748	0.353
765	0.839	0.759	0.323	0.599	0.747	0.368
770	0.839	0.759	0.330	0.618	0.747	0.379
775	0.839	0.759	0.334	0.633	0.747	0.390
780	0.839	0.759	0.338	0.645	0.747	0.399
785	0.839	0.759	0.343	0.656	0.746	0.408
790	0.839	0.759	0.348	0.666	0.746	0.416
795	0.839	0.759	0.353	0.674	0.746	0.422
800	0.839	0.759	0.359	0.680	0.746	0.428
805	0.839	0.759	0.365	0.686	0.745	0.434
810	0.838	0.758	0.372	0.691	0.745	0.439
815	0.837	0.757	0.380	0.694	0.745	0.444
820	0.837	0.757	0.388	0.697	0.745	0.448
825	0.836	0.756	0.396	0.700	0.745	0.451
830	0.836	0.756	0.403	0.702	0.745	0.454

参 考 文 献

[1] CIE,C. R. 11°Session,Paris 1948,p. 5.

[2] CIE,C. R. 12°Session,Stockholm 1951,vol. 3,p. 41.

[3] CIE,C. R. 13°Session,Zurich 1955,vol. 1,p. 3.

[4] CIE,C. R. 14°Session,Bruxelles 1959,vol. A,pp. 111.

[5] CIE informal Report on a Terminology of Colour Rendering;Committee E-1. 3. 2,1964.

[6] CIE,C. R. 15°Session,Vienna 1963,vol. A,pp. 115-159.

[7] J. L. OUWELTJES: The Specification of Colour Rendering Properties of Fluorescent Lamps. Farbe 9(1960),pp. 207-246;No. 4/6.

[8] D. NICKERSON:Recent Work on Colour Rendering in the United States. Farbe 12(1963), pp. 69-74;No. 1/6.

[9] W. MÜNCH, U. SCHULTZ: Bestimmung der Farbwiedergabe-Eigenschaften von Lichtquellen nacl einem vereinfachten Testfarbenverfahren. Lichttechnik 15(1963),pp. 269-274;No. 5.

[10] I. HENNICKE:Zur Frage der Farbwiedergabe durch Lichtquellen und ihre Kennzeichnung. Farbe 9(1960),pp. 183-206;No. 4/6.

[11] CIE Publication No. 13(E-1. 2. 3.), 1965: Method of Measuring and Specifying Colour Rendering Properties of Light Sources. 1st ed.

[12] CIE,C. R. 16°Session,Washington 1967,vol. A,pp. 117-151.

[13] J. L. OUWELTJES:Chromatic Adaptation and Colour Rendering of Light sources. C. R. 1st AIC Colour Congress"Color 69"(Stockholm 1969),pp. 831-838.

[14] W. MÜNCH,U. SCHULTZ:Zur Berücksichtigung der Farbumstimmung in der Bewertung der Farbwiedergabe. Farbe 19(1970),pp. 130-134;No. 1/6.

[15] D. B. JUDD:Standard Rsponse Functions for Protanopic and Deuteranopic Vision. J. opt. Soc. Ame. 35(1945),pp. 199-220;No. 3.

[16] CIE publication No. 17:International Lighting Vocabulary 3rd ed. ,common to the CIE and IEC; at present this edition is superceded by CIE Publication NO. 17. 4 International Lighting Vocabulary,1987.

[17] ClE Publication No. 15(E. 1. 3. 1)1971:Colorimetry. This Publication has been updated in 1986 to CIE Publication 15. 2. Colorimetry. 1987.

[18] CIE Publication No. 13.-1974: Method of measuring and specifying colour rendering properties of light sources.

[19] National Bureau of Standards. The ISCC-NBS Method of Designating Colours and a Dictictionary of Color Names. Washington. NBS Circular No. 553(1955).

[20] K. L. KELLY:Lines of Constant Correlated Color Temperature based on MacAdam's(u, v)-Uniform Chromaticity Transformation of the CIE diagram,J. Opt. Soc. Amer. 53 81963). pp. 999-1002;No. 10.

[21] L MORI, SUGIYAMA, N. KAMBE: An Absolute Method of Colour Temperature Measurement. Acta Chromatica 1(1964),pp. 93-102;No. 3.

[22] A. R. ROBERTSON:Computation of Correlated Color Temperature and Distribution Temperature. J. Opt. Soc. Amer. 58(1968). Pp. 1528-1535);No. 11.

[23] K. IV AHR,W. MÜNCH, U. SCHULTZ: Ein auf den Planckschen Strahler bezogenes

Koorcinatensystem für die Farbart. In: Techn. -Wiss.. Abh. OSRAM, Bd. 10(1969), pp. 283-292.

[24] W. HDLM AND J KROCHMANN, Ermittlung der ähnlichsten Farbtemperatur, Farbe 24, 91-96(1975).

[25] J. SCHANDA. M. MÉSZÁROS, AND G. CZIBULA. Calculating correlated color temperature with a desktop programmable calculator, Color Res. Appl. 3, 65-69(1978).

[26] M. KFYSTEK, An algorithm to calculate correlated color temperature, Color Res. Appl. 1O, 38-40(1984).

[27] QIU XINGZHONG, Fomulas for computing correlated color temperature, Color Res. Appl. 12, 285-287 (1987).

[28] DAVID L. MACADAM, Correlated color temperature?, J. Opt. Soc. Am. 67, 839-840 (1977).

[29] J. SCHANDA, The effect of chromatic adaptation on color rendereing, Color Res. Apll 6, 221-227(1981).

[30] F. GRUM, S. B. SAUNDERS, AND D. L. MACADAM, Concept of correlated color temperature, Color Res. Appl 6, 221-227(1978).

[31] M. B. HALSTEAD, F. W. HEARD, AND B. W. JEWESS, A study of correlated colour temperature lines, CIBS National Lighting Confefence, 1980.

[32] C. S. MCCAMY. Correlated color temperature as an explicit function of chromaticity coordinates, Color Res. Appl. 17, 142-144(1992).

[33] W. WALTER, Determination of correlated color temperatrue based on a color-apperance model, Color Res. Appl. 17, 24-30(1992).

ICS 97.040.30
Y 61

中华人民共和国国家标准

GB/T 26181—2010

家用和类似用途 CO_2 制冷剂热泵热水器用全封闭型电动机-压缩机

Hermetic motor-compressors for household and similar heat pump water heater using CO_2 refrigerant

2011-01-14 发布　　2011-06-01 实施

中华人民共和国国家质量监督检验检疫总局
中国国家标准化管理委员会　发布

前　言

本标准的附录A、附录B为资料性附录。

本标准由中国轻工业联合会提出。

本标准由全国家用电器标准化技术委员会(SAC/TC 46)归口。

本标准起草单位:西安庆安制冷设备股份有限公司、中国家用电器研究院、上海日立电器有限公司、广东美芝制冷设备有限公司、广东万和新电气股份有限公司、上海三菱电机上菱空调机电器有限公司、西安大金庆安压缩机有限公司、大金机电设备(苏州)有限公司、松下·万宝(广州)压缩机有限公司、珠海凌达压缩机有限公司。

本标准主要起草人:李晓明、孙民、牟欣强、杨军、陈振华、黄逊青、童杏生、贾伟强、纪高锋、熊玮、陈炯。

家用和类似用途 CO_2 制冷剂热泵热水器用全封闭型电动机-压缩机

1 范围

本标准规定了家用和类似用途 CO_2 制冷剂热泵热水器用全封闭型电动机-压缩机(以下简称压缩机)的术语和定义、产品分类、要求、试验方法及标志、包装、运输、贮存的要求。

本标准适用于制冷剂为 CO_2 的家用和类似用途热泵热水器使用的全封闭型电动机-压缩机。

2 规范性引用文件

下列文件中的条款通过本标准的引用而成为本标准的条款。凡是注日期的引用文件,其随后所有的修改单(不包括勘误的内容)或修订版均不适用于本标准,然而,鼓励根据本标准达成协议的各方研究是否可使用这些文件的最新版本。凡是不注日期的引用文件,其最新版本适用于本标准。

GB/T 1019—2008 家用和类似用途电器包装通则

GB/T 4214.1—2000 声学 家用电器及类似用途器具噪声测试方法 第1部分:通用要求(eqv IEC 60704-1:1997)

GB 4706.17—2010 家用和类似用途电器的安全 电动机-压缩机的特殊要求(IEC 60335-2-34:2009,IDT)

GB/T 5773—2004 容积式制冷剂压缩机性能试验方法

GB/T 23137—2008 家用和类似用途热泵型热水器

3 术语和定义

下列术语和定义适用于本标准。

3.1

名义值 rating parameter

产品规格书中标称的数值。

3.2

性能系数 coefficient of performance

在规定的工况下,压缩机的制冷量与输入功率的比值。

3.3

额定制冷量 rated cooling capacity

标准工况下压缩机的标称制冷量。

3.4

CO_2 制冷剂热泵热水器 heat pump water heater using CO_2 refrigerant

一种以 CO_2 为制冷剂,利用电动机-压缩机驱动的蒸气压缩式跨临界循环,将空气或其他低温热源的热量转移到被加热的水中来制取生活热水的设备。

3.5

跨临界循环 transcritical cycle

高压侧的压力高于在热力学平衡中其制冷剂气、液能够共存时的压力的循环。

4 产品分类

4.1 型式分类

4.1.1 按结构型式分类

a) 转子式压缩机；

b) 涡旋式压缩机；

c) 活塞式压缩机。

4.1.2 按压缩型式分类

a) 单级压缩压缩机；

b) 双级压缩压缩机。

4.1.3 按转速控制型式分类

a) 定速压缩机；

b) 变速压缩机。

4.1.4 按容量变化分类

a) 定容量压缩机；

b) 变容量压缩机。

5 技术要求

5.1 产品规格书

压缩机制造厂商应根据需求向压缩机用户提供产品规格书，产品规格书应包括压缩机电源规格、气缸名义工作容积、额定制冷量、性能系数、工作电流、名义噪声值、名义振动值、整机残余水分含量、整机内部杂质含量、气密性试验压力、过负荷条件等项目及本标准所规定的测试条件。

5.2 工作环境温度

压缩机适用于热泵热水器工作的环境温度见 GB/T 23137—2008 中附录 A。

5.3 性能要求

5.3.1 制冷量及性能系数(*COP*)

按 6.2 和 6.4 规定的方法进行试验，实测制冷量应不小于其名义值的 95%，实测性能系数(*COP*)应不小于其名义值的 95%，且应不小于表 1、表 2 规定的限值。

注 1：变速压缩机的性能系数计算时不计入变速控制装置的功率损耗。

注 2：变速压缩机的性能系数(*COP*)是指在名义值对应的转速下的实测值。

注 3：变容量压缩机性能系数限定值正在考虑中。

表 1 转子式、涡旋式压缩机性能系数的限值

气缸名义工作容积/cm^3		≤2.0	>2.0～3.5	>3.5～5.0	>5.0～7.0	>7.0～12
性能系数/(W/W)	标准工况	2.50	2.56	2.60	2.62	2.68
	夏季工况	3.03	3.08	3.10	3.13	3.18
	冬季工况	1.37	1.42	1.46	1.48	1.54

表 2 活塞式压缩机性能系数的限值

气缸名义工作容积/cm^3		≤2.0	>2.0～3.5	>3.5～5.0	>5.0～7.0	>7.0～12
性能系数/(W/W)	标准工况	2.17	2.22	2.28	2.34	2.39
	夏季工况	2.56	2.66	2.76	2.87	2.97
	冬季工况	1.31	1.37	1.42	1.48	1.54

5.3.2 **起动性能**

压缩机按6.3规定的方法进行试验，压缩机应能正常起动。变速压缩机、变容量压缩机不适用于此条。

5.3.3 **输入功率和工作电流**

按6.4规定的方法进行试验，输入功率和工作电流值应不超过名义值的110%。

5.3.4 **噪声**

压缩机运转时，不应有异常声音。

按6.5规定的方法进行试验，各类压缩机实测(A计权)声功率噪声值应不大于表3～表5中规定的相应限值，其中对于变速压缩机在名义值对应的转速下测得的噪声值不应超过压缩机的噪声名义值，并且该噪声名义值要符合国家有关法律法规、标准的要求。

注：变容量压缩机噪声限定值正在考虑中。

表3 转子式压缩机噪声的限值

气缸名义工作容积/cm^3	≤2.0	>2.0～3.5	>3.5～5.0	>5.0～7.0	>7.0～12
声功率级/dB(A)	63	66	68	72	74

表4 涡旋式压缩机噪声的限值

气缸名义工作容积/cm^3	≤2.0	>2.0～3.5	>3.5～5.0	>5.0～7.0	>7.0～12
声功率级/dB(A)	60	62	64	68	70

表5 活塞式压缩机噪声的限值

气缸名义工作容积/cm^3	≤2.0	>2.0～3.5	>3.5～5.0	>5.0～7.0	>7.0～12
声功率级/dB(A)	61	63	66	69	72

5.3.5 **振动**

按6.6.1规定的方法，转子式压缩机在其规定的各测量点测得的切向振动加速度最大值(变速压缩机在名义值对应的转速下测试)应不大于表6规定的限值。

按6.6.2规定的方法，涡旋式压缩机在其规定的各测量点测得的各个方向的峰-峰振幅值最大值(变速压缩机在名义值对应的转速下测试)应不大于表7规定的限值。

按6.6.3规定的方法进行试验，活塞式压缩机在其规定的各测量点测得的法向振动加速度最大值(变速压缩机在名义值对应的转速下测试)应不大于表8规定的限值。

注：变容量压缩机振动限定值正在考虑中。

表6 转子式压缩机振动的限值

气缸名义工作容积/cm^3	≤2.0	>2.0～3.5	>3.5～5.0	>5.0～7.0	>7.0～12
切向最大振动加速度(有效值)/(m/s^2)	30				

表7 涡旋式压缩机振动的限值

气缸名义工作容积/cm^3	≤2.0	>2.0～3.5	>3.5～5.0	>5.0～7.0	>7.0～12
峰-峰振幅值/μm	60				80

表8 活塞式压缩机振动的限值

气缸名义工作容积/cm^3	≤2.0	>2.0～3.5	>3.5～5.0	>5.0～7.0	>7.0～12
法向最大振动加速度(有效值)/(m/s^2)	5.0	7.0	10.0	13.0	

5.3.6 压缩机壳体的气密性

按6.7规定的方法进行试验，壳体（含被固定在壳体上的密封零件）不应渗漏。

5.3.7 整机残余水分含量

按6.8规定的方法进行试验，其整机残余水分含量应不大于表9规定的限值。

表9 压缩机残余水分的限值

气缸名义工作容积/cm^3	≤2.0	>2.0～3.5	>3.5～5.0	>5.0～7.0	>7.0～12
整机残余水分含量/mg	100	150	200	250	300

5.3.8 整机内部杂质含量

按6.9规定的方法进行试验，其整机内部杂质含量应不大于表10规定的限值。

注：变容量压缩机杂质含量限定值正在考虑中。

表10 压缩机杂质含量的限值

气缸名义工作容积/cm^3		≤2.0	>2.0～3.5	>3.5～5.0	>5.0～7.0	>7.0～12
整机内部杂质含量/mg	活塞式	120	140	160	180	200
	转子式和涡旋式	100	120	150	150	150

5.3.9 加速寿命试验

按6.10规定的方法进行试验，制冷量及性能系数（*COP*）的下降不应超过原实测值的5%；噪声值不应大于原实测值3 dB(A)。

5.3.10 起动耐久性试验

定速压缩机按6.11规定的方法进行试验，不应出现下列故障：

a) 压缩机机械性损坏，试验压比无法维持；

b) 悬挂（或支承）弹簧损坏，引起噪声明显增加，或导致压缩机起动和停机时，出现撞击；

c) 压缩机内部出现电气短路或断路。

变速压缩机不适用于此条。

5.4 其他技术要求

5.4.1 压缩机成品应封入不低于大气压力的干燥氮气或空气（露点温度在－35 ℃以下），也可以采取其他有效的密闭措施以防止大气中的潮气等污染物侵入。

5.4.2 压缩机通常应按设计要求和规定的注油量注入冷冻机油。

5.4.3 压缩机壳体表面涂漆应均匀一致，不应有漏涂、划痕、锈斑等缺陷。

6 试验方法

6.1 试验条件

6.1.1 环境温度

除特殊要求外，一般试验的环境温度为25 ℃±10 ℃。

6.1.2 被测压缩机周围应是正常使用状态，除对气流敏感的试验有特殊规定外，一般其周围空气流速应在1.0 m/s以下，周围500 mm距离内不应有影响试验的冷热源。

6.1.3 试验用电源的电压波动值和频率波动值均不应大于1%；

6.1.4 变速压缩机制冷量、性能系数、噪声、振动测试及各项试验时所用的变速控制装置可由压缩机厂家提供或推荐。

6.1.5 测量用仪表应在有效使用期内，并附有检定合格证，其型式和测量精度应符合表11的规定。

表 11 一般试验仪器仪表的精度

仪表分类	仪表类型	仪表准确度	
		用于型式检验和出厂检验的抽检项目	用于出厂检验的必检项目
温度测量仪表	玻璃水银温度计 热电偶 电阻温度计 温差计	(1) 量热器的加热或冷却介质和制冷剂的进出口温度:±0.1 ℃ (2) 压缩机吸气温度,流量节流装置前温度:±0.2 ℃ (3) 其他温度:±0.2 ℃	±1 ℃
压力测量仪表	水银压力计 压力表	(1) 吸入压力(绝对压力读数)±1% (2) 对高压侧制冷剂压力(绝对压力读数)±1%	不低于 1.5 级
电工测量仪表	指示仪表	不低于 0.5 级	不低于 1 级
	累积仪表	不低于 1 级	不低于 1 级
噪声测量仪器	精密声级计等	1 dB 频率范围:20 Hz～12 500 Hz	
振动测量仪器	测振仪	±0.5 m/s^2	
质量测量仪器	天平	±1 mg	±1 mg

6.2 制冷量试验

按 GB/T 5773—2004 进行试验,其试验条件应符合表 12 的规定。

表 12 制冷量试验条件

试验条件	排气压力/MPa	吸气压力/MPa	吸气温度/℃	阀前温度/℃	环境温度/℃
标准工况	10±0.03	4.5±0.01	20±0.2	22±0.5	35±1
夏季工况	10±0.03	5.2±0.01	25±0.2	29±0.5	35±1
冬季工况	11.5±0.03	3.5±0.01	10±0.2	20±0.5	35±1

6.3 起动性能试验

带有全部电气附件的压缩机接入起动性能试验装置(见图 1)。每次试验前其截流阀预先按 6.11 调到适合的位置。将系统抽空并充入适量的制冷剂,打开均压阀,压缩机运转 5 min 后,调整充入的制冷剂量,使系统的平衡压力为 6.5 MPa±0.5 MPa,关闭均压阀。

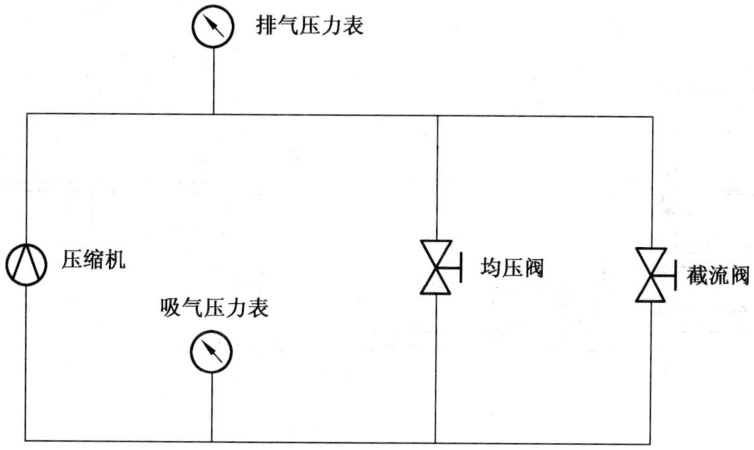

图 1 起动性能试验装置

a) 升电压起动:在压缩机接线端子处测量的端电压为 1.06 倍的额定电压时,连续起动压缩机 3 次,每次起动进入工况后,立即停机,并用均压阀使系统恢复到平衡压力;

b) 降电压起动:在压缩机接线端子处测量的端电压为 0.85 倍的额定电压时,连续起动压缩机 3 次,每次起动进入工况后,立即停机,并用均压阀使系统恢复到平衡压力。

注:电源变压器应有足够的容量,以保证试验时在压缩机上所测得的闭路试验电压不少于试验电压的 95%。

6.4 输入功率和工作电流测量

在按 6.2 规定测定制冷量时,用功率表、安培表测定压缩机在该试验工况条件下运行时的输入功率、工作电流值。

6.5 噪声试验

本标准采用 GB/T 4214.1—2000 作为压缩机 A 计权声功率级噪声水平的测定方法。

被测压缩机置于符合 GB/T 4214.1—2000 中 4.4.1 测试环境要求的场合。测试环境为半消声室,压缩机应装上自身配用的减振垫(不带固定螺栓),压缩机用非刚性连接管接入置于半消声室外的代用制冷系统(图 2 为推荐的代用制冷系统)。

系统抽空并充入该压缩机适用的制冷剂,运转压缩机。调整排气压力使其稳定在 10 MPa±0.1 MPa,调整吸气压力使其稳定在 4.5 MPa±0.05 MPa,并调整恒温控制水阀门,使回气温度同制冷量试验中相同的吸气温度,系统进入稳定状态 30 min。

系统稳定后,即可开始按 GB/T 4214.1—2000 规定,测量各点的 A 计权声压级噪声值,然后求出测量表面平均 A 计权声压级噪声值 L_p,并计算出压缩机 A 计权声功率级噪声值 L_w。

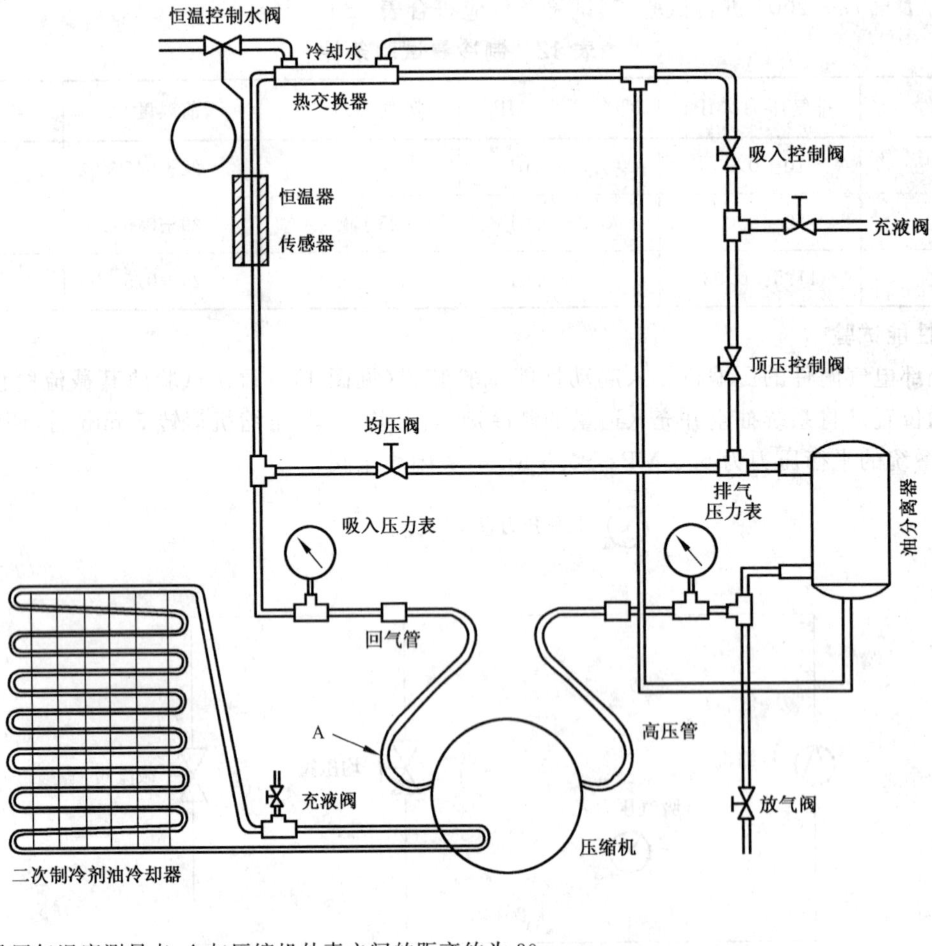

注:A 是回气温度测量点,A 与压缩机外壳之间的距离约为 30 cm。

图 2 推荐的代用制冷系统

6.6 振动测量

在噪声测定后，维持压缩机和代用制冷系统的工作状态不变，用测振仪测量规定点的振动加速度或峰-峰振幅。转子式压缩机测量切向振动加速度，涡旋式压缩机测振幅，活塞式压缩机测法向振动加速度。

6.6.1 转子式压缩机的切向振动加速度测量点——过圆柱形壳体的中心轴线和汽液分离器中心轴线做一纵截面。该纵截面与壳体的圆柱面相交形成两条交线，在远离汽液分离器交线上取中心，和距中点各为 1/3H 的两点，该三点为其测点。H 为转子式压缩机壳体的高度。

6.6.2 涡旋式压缩机的峰-峰振幅测量点——测点必须在所有安装位置进行测量，并尽可能靠近安装点。另外，在压缩机机壳或者机体上吸气和排气管接头处也应当进行测量。

测量方向在吸气和排气接头处，必须在三个方向正交方向上进行测量；在安装位置处，在三个方向上进行测量。在吸气和排气接头处，一个方向必须平行于接头处的管道方向，剩余两个方向中的一个应当描述接头处压缩机机体的切向运动，第三个方向根据正交要求来确定。如图 3 所示。

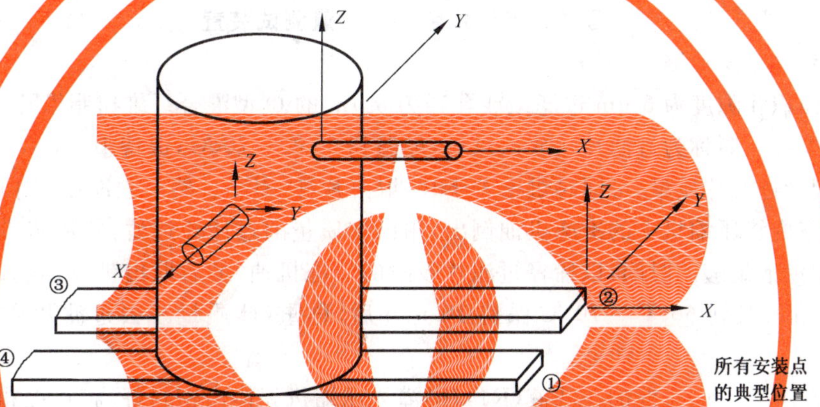

图 3 振动实验装置图(典型的)

6.6.3 活塞式压缩机的法向振动加速度测量点——在压缩机高度 1/2 的位置截取横截面，在该横截面上过中心点沿活塞运动方向做 X 坐标，过中心点垂直 X 坐标的方向做 Y 坐标，过横截面中心做该面的垂线为 Z 坐标。三个坐标轴与压缩机外壳相交的三点为其测点。

6.7 压缩机壳体的气密性试验

压缩机壳体内充入不低于产品规格书规定的气密性试验压力的氮气或干燥空气(露点 −35 ℃以下)后，浸入水槽中视检，持续 1 min。

6.8 整机残余水分含量试验

将未封入冷冻机油的压缩机置于恒温干燥箱内(如果压缩机中已充入保护气体，则应将保护气体放出，直到压力与环境压力相平衡)。吸排气管同时接入水分测量装置，如图 4 所示。干燥箱内温度调到 125 ℃±5 ℃，为了缩短压缩机的加热时间，运行绕组通入适量的加热电流，使其绕组温度达到箱内温度。在截止阀关闭的状态下，起动真空泵，当系统内绝对压力达到 200 Pa 以下时，冷凝管放入冰桶(−70 ℃)冷浴，然后逐渐打开截止阀，试验应持续 4 h，4 h 后系统内绝对压力不应超过 5 Pa，这时停机。反之试验无效。

停机后，从装置上取下冷凝管，将其管口封好，当冷凝管的温度与环境温度相等时读出(或用分析天平称出)管中水的重量。

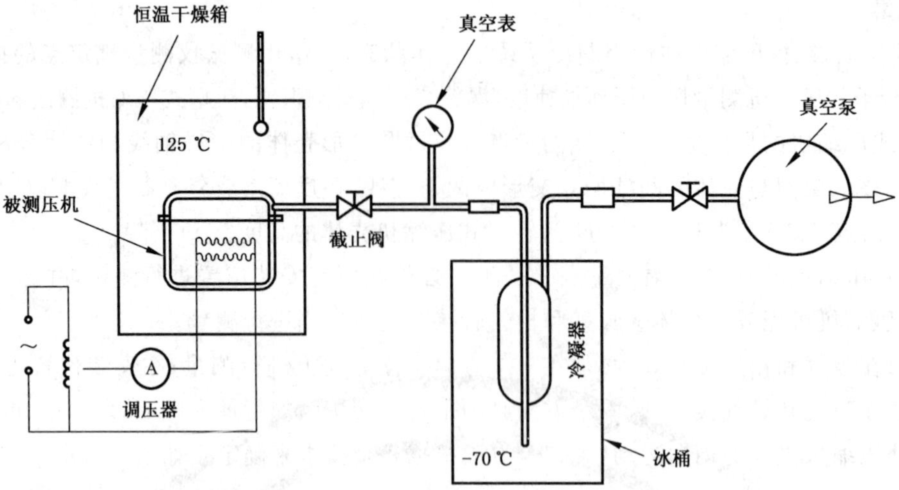

注：冰桶内装半缸(约 1 L)甲醇或酒精，然后放入干冰，保持其要求的温度。

图 4　整机残余水分含量测试装置

6.9　整机内部杂质含量检测

6.9.1　取所需面积孔隙度为 5 μm 过滤纸或孔径为 5 μm 的 O 型混合纤维树脂微孔滤膜或 5 μm 粉末烧结过滤片(以下统一简称为过滤片)，放入烘箱，加温到 60 ℃～70 ℃，保持 10 min，过滤片从烘箱取出后立即称重并记录过滤片质量(可同时烘干若干片，取一片称一片)。然后立即放入干燥皿内保存。

6.9.2　在净化室内将压缩机中的冷冻机油倒出，用已知质量的过滤片过滤，然后将带滤出物的滤片放入清洁的汽油中浸泡足够的时间，以稀释过滤片吸附的冷冻机油，最后取出带滤出物的过滤片，待汽油挥发后，放入烘箱加温到 60 ℃～70 ℃保持 10 min 后，称重，此质量减去过滤片质量为油中杂质的质量。

6.9.3　将不少于 0.8 L 已过滤的冲洗液(R141b)灌入压缩机壳体内密封好，将压缩机固定在图 5 所示的冲洗装置上，以每秒一转的速度顺时针方向旋转 10 转，逆时针方向旋转 10 转，这样交替进行达 100 s，然后倒出冲洗液，用已知质量的干燥过滤片过滤。这样的冲洗过滤程序共进行 3 次，不更换过滤片。最后将带滤出物的滤片按 6.9.2 的规定，放入清洁汽油中浸泡足够的时间，并烘干、称重。把从油中和壳体清洗中收集到的杂质质量相加即为压缩机内部杂质含量。

6.9.4　整机由于结构限制，冲洗液及冷冻机油无法全部倒出的压缩机。可在生产现场(外壳封闭前)对相应的待装配零件进行检测，但冷冻机油要按设计要求数量取样测试。

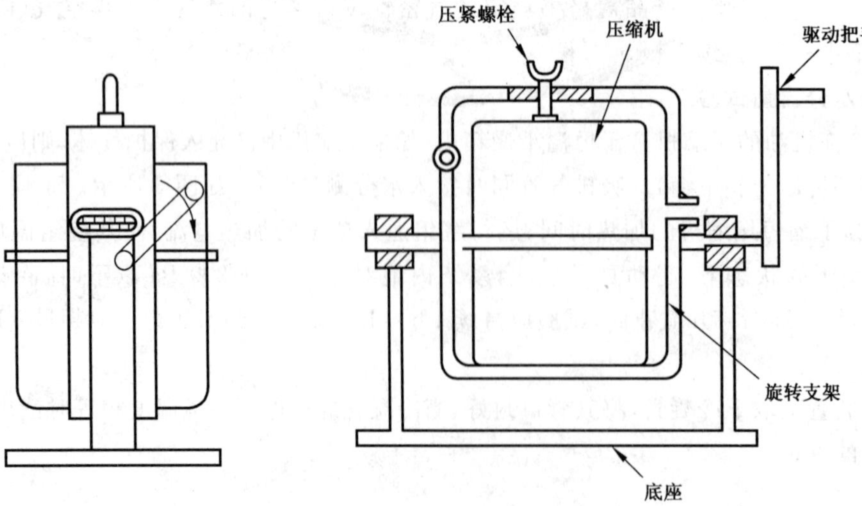

图 5　压缩机内部冲洗装置

6.10 加速寿命试验

6.10.1 定速压缩机加速寿命试验

将做完6.2和6.5试验的压缩机接入代用制冷系统(参见图2),按表13所示的条件进行1 000 h连续运行。如需要时,可采用强制通风冷却。加速寿命试验结束后,重新进行6.2和6.5的试验,试验完应符合5.3.9的技术要求。

表13 加速寿命试验工况

电源	排气压力/MPa	吸气压力/MPa	排气温度/℃
额定工作电压和频率	12±0.2	3.5±0.1	110～130

6.10.2 变速压缩机加速寿命试验

将做完6.2和6.5试验的变速压缩机接入代用制冷系统(见图2),按产品规格书中记载的压力保证范围中A点的频率或转速及表13加速寿命试验工况条件连续运行(如图6所示)。如需要时,可采用强制通风冷却。1 000 h后,重新进行6.2和6.5的试验,试验完应符合5.3.9的要求。

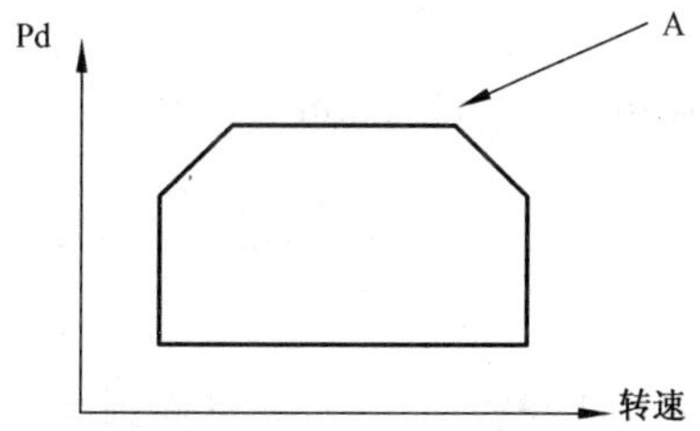

注:A点是压缩机在最大冷凝压力下最大转速时的点。

图6 变速压缩机压力保证图

6.11 起动耐久性试验方法

将压缩机接入起动耐久性试验装置(见图7),将其抽空后,充入适量制冷剂,关闭均压阀,起动并运行压缩机,调整截流阀,使排气压力稳定在10 MPa±0.1 MPa,调整吸气压力使其稳定4.5 MPa±0.05 MPa,然后停机,试验前准备工作结束。压缩机按照自行设定的试验周期进行起动耐久性试验,但在每个试验周期中,压缩机工作必须达到或超过上述的试验压比,然后停机,在压缩机重新起动前,机芯与外壳之间的连接件应达到静止状态,系统内的压力应达到平衡(可通过均压阀使系统压力快速平衡)。试验一直连续进行600 000次循环为止,或出现故障不能继续试验为止。试验期间,系统内的平衡压力应保持稳定,发现其平衡压力降低时,应及时补充制冷剂,允许压缩机外部采用强制冷却,以避免试验期间过热保护器动作。

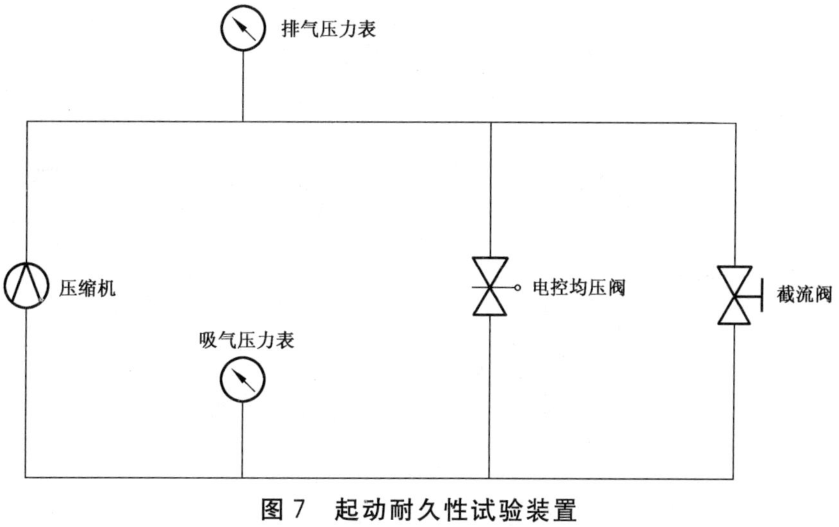

图7 起动耐久性试验装置

7 标志、包装、运输和贮存

7.1 标志

7.1.1 每台压缩机上应有耐久性铭牌固定在明显位置,铭牌的技术要求和标识内容应符合GB 4706.17—2010的规定。

7.1.2 接线标志

铭牌上无接线标志的压缩机,在接线端子附近的壳体上或接线端子盖上应有耐久性接线标志。

7.2 包装和运输

压缩机包装应符合GB/T 1019—2008的有关规定,压缩机的包装和运输,可按订货合同的规定办理。压缩机在包装箱内应固定可靠,并有防潮和防震措施。保证产品在正常运输装卸和保存时,不致损坏和碰伤,包装箱外面应使用不褪色颜料标明下列内容:

a) 产品名称、型号;

b) 产品批号;

c) 净质量、毛质量;

d) 包装外形尺寸:长×宽×高(mm×mm×mm);

e) 制造厂名称;

f) 储运注意事项:如“小心轻放”、“向上”、“怕雨”等文字或符号。

7.3 贮存

7.3.1 产品应贮存在防雨、防漏、通风良好的仓库中,并且周围不应有腐蚀气体存在。

7.3.2 压缩机只有在使用时,才允许拔出密封橡胶堵头,在运输和贮存过程中不应出现堵头脱落或松动。

附 录 A
（资料性附录）
检 验 规 则

A.1 检验规则

A.1.1 出厂检验

A.1.1.1 凡提出交货的压缩机均应进行出厂检验。出厂检验项目包括必检项目和抽检项目。

A.1.1.1.1 出厂检验的必检项目、技术要求和试验方法见表 A.1 所示的 1～4 项。

A.1.1.1.2 出厂检验的抽检项目、技术要求和试验方法见表 A.1 所示的 5～13 项。

A.1.1.2 出厂检验抽样方案，由制造厂质量检验部门自行决定。

A.1.1.3 出厂检验的抽检项目中的安全部分的抽样方案按 GB 4706.17 的有关规定，其余项目的抽样方案，由制造厂质量检验部门自行决定。

A.1.2 型式检验

压缩机在下列情况之一时，应进行型式检验：

a) 新产品或老产品转厂生产的试制定型鉴定时；

b) 正式生产后，如结构、材料、工艺有较大改变，可能影响产品性能时；

c) 时隔一年以上再生产时。

A.1.2.1 型式检验应包括表 A.1 中除 1、3、4 项以外所规定的全部试验项目。

A.1.2.2 型式检验样品总数为 8 台，其中，1 台为开盖的样品，供结构检验用。1 台为由制造厂单独制备的堵转样品，供堵转试验用。

出厂检验和型式检验项目及不合格分类见表 A.2 的规定，型式检验所采用的抽样方案，判别水平、样本大小、不合格质量水平、合格判定数和不合格判定数见表 A.3 的规定。

第一次抽样的 2 台样品完成性能试验后，任选其中 1 台进行安全试验（即致命缺陷试验项目的测试）。在安全试验中，若出现 1 台项不合格，则判该批产品不合格。

表 A.1 检验内容一览表

序号	检 验 项 目	技术要求		试验方法	
		GB 4706.17	本标准	GB 4706.17	本标准
1	冷态电气强度	16 章		16 章	
2	制冷量的代替试验		参照 5.3.1 自定		自定
3	生产线壳体气密试验		参照 5.3.6 自定		自定
4	外观要求		5.4.3		视检
5	接地措施（非直接连接不需要）	27 章		27 章	
6	防触电保护	8 章		8 章	
7	泄漏电流	16 章		16 章	
8	制冷量		5.3.1		6.2
9	起动性能试验		5.3.2		6.3
10	工作电流		5.3.3		6.4

表 A.1（续）

序号	检验项目	技术要求		试验方法	
		GB 4706.17	本标准	GB 4706.17	本标准
11	噪声		5.3.4		6.5
12	振动		5.3.5		6.6
13	壳体气密性		5.3.6		6.7
14	整机残余水分含量		5.3.7		6.8
15	整机内部杂质含量		5.3.8		6.9
16	潮态电气强度	15章、16章		15章、16章	
17	非正常工作	19章		19章	
18	其他的安全试验	21章～32章(其中22.7不适用)	附录B(替代GB 4706.17中22.7)	21章～32章(其中22.7不适用)	附录B(替代GB 4706.17中22.7)
19	加速寿命试验		5.3.9		6.10
20	起动耐久性试验		5.3.10		6.11

表 A.2 出厂检验和型式检验项目及不合格分类表

检验项目	不合格性质		
	致命缺陷	B类不合格	C类不合格
冷态电气强度	√		
接地措施(非直接连接不需要)	√		
制冷量的代替试验		√	
壳体气密性		√	
外观要求			√
防触电保护	√		
泄漏电流	√		
制冷量		√	
起动性能试验		√	
工作电流		√	
噪声		√	
振动			√
整机残余水分含量		√	
整机内部杂质含量		√	
潮态电气强度	√		
连续过载试验	√		
最终断开试验	√		
转子堵转试验	√		
机械强度试验	√		
爬电距离、电气间隙、穿通绝缘距离	√		
耐热、耐燃、耐漏电的起痕	√		
其他的安全检验	√		
加速寿命试验		√	
起动耐久性		√	

表 A.3 型式检验判定

判别水平	抽样方案 二次抽样	样本大小	不合格质量水平			
			B 类不合格 RQL=80		C 类不合格 RQL=100	
			Ac	Re	Ac	Re
Ⅱ	第一次	$n_1=2$	0	2	0	3
	第二次	$n_2=2$	1	2	3	4

A.1.2.3 抽样的样品分组检验方案(见图 A.1)。

A.1.2.4 型式检验的样品除 1 台开盖样品和 1 台堵转样品外,均应从交货产品中随机抽取。

A.1.3 验收

订货方有权检查产品质量。交货时,订货方案按出厂检验项目验收,根据订货方的要求,供货方应提供型式检验报告。验收的质量指标和抽样方案由制造厂同订货方共同商定。如订货方对产品质量有怀疑时,可由双方商定增加型式检验中的部分试验项目或全部试验项目。如仍有争议,则由法定质量监督部门进行仲裁。

压缩机制造厂应保证从发货之日起 18 个月内,在用户遵守产品规格书所示各项规定的条件下,对产品因制造不良而发生损坏或不能正常工作时,制造厂应负责更换。

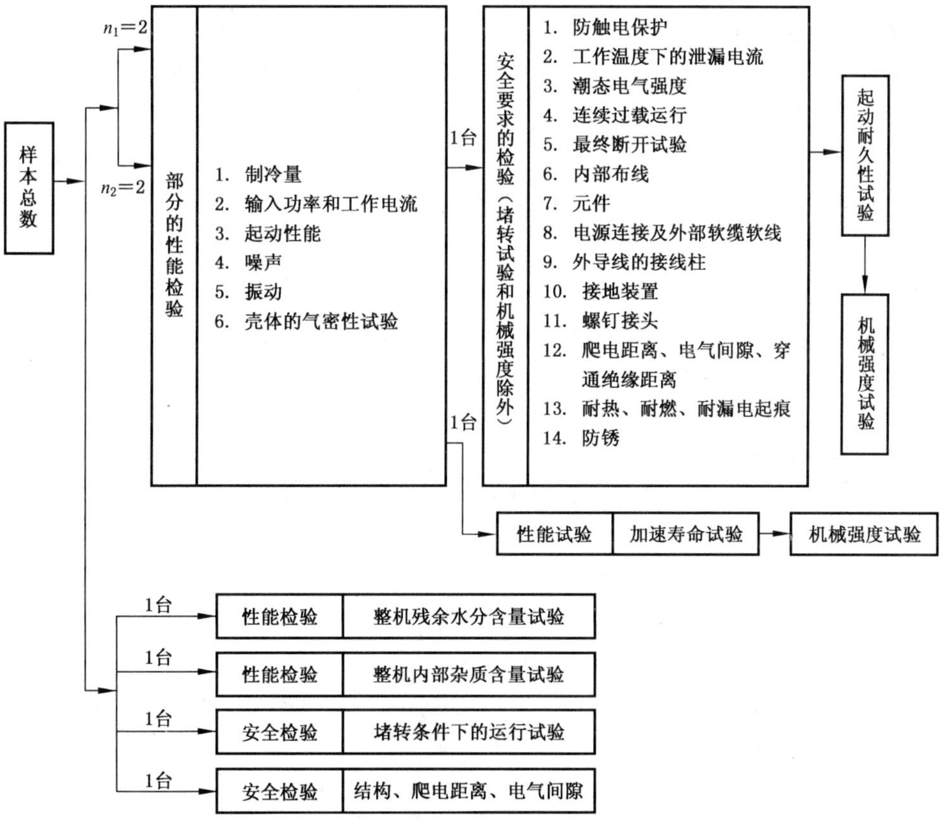

注:检验顺序可参考此图的检验顺序进行。

图 A.1 型式检验的分组检验方案图

附 录 B
（资料性附录）
家用和类似用途 CO_2 制冷剂热泵热水器用全封闭型电动机-压缩机的压力安全要求

B.1 范围

本附录规定了家用和类似用途 CO_2 制冷剂热泵热水器用全封闭型电动机-压缩机的压力安全要求。

本附录适用于以 CO_2 为制冷剂用于跨临界制冷或热泵系统的全封闭型电动机-压缩机。

注 1：如果电动机-压缩机用于配备压力释放装置的跨临界制冷系统，这些装置在整机测试中应满足相关要求。

注 2：本附录参照采用 GB 4706.17—2010 和 ISO/CD 5149.2:2007 的要求。

注 3：本附录中所有压力均为表压。

B.2 定义

本附录采用下列术语和定义：

B.2.1

跨临界制冷系统　transcritical refrigeration system

一种制冷系统，其高压侧的压力高于在热力学平衡中其制冷剂气、液能够共存时的压力。

B.2.2

设计压力　design pressure(DP)

指跨临界制冷系统的表压，尤其针对制冷系统的高压侧。

B.2.3

压力释放装置　pressure relief device

用于在制冷系统压力超过其预设压力时自动降低压力的压力敏感装置。

注：该装置不允许最终用户自行设定。

B.2.4

强度试验　strength test

在试验期间承压部件承受数倍于正常情况下所承受的压力，以检测承压部件的结构强度，试验结果不应出现破裂、泄漏现象。

B.3 结构

B.3.1 壳体应能承受在正常使用时的预期压力，其中：

——处于高压侧的壳体应能承受 3 倍设计压力，试验压力圆整至 0.5 MPa，且不低于 42 MPa 的强度试验压力；

——处于低压侧的壳体应能承受不低于 28.6 MPa 的强度试验压力。

压缩机高压侧的设计压力为正常运行期间可能达到的最高压力。

B.3.2 两级电动机-压缩机，壳体承压要求为：

——在第二级排气直接排出壳体外的，按低压侧设计；

——在第二级排气没有直接排出壳体外的，按高压侧设计。

若壳体承压要求按低压侧设计，应校核制冷系统正常运行期间壳体可能达到最高压力，若不超过 9.5 MPa，强度试验压力按 28.6 MPa 规定；若超过 9.5 MPa，应按可能达到的最高压力的 3 倍规定强度试验压力，且该试验压力圆整至 0.2 MPa。

B.3.3 在安装压力释放装置的系统中，压力释放装置与电动机-压缩机之间的管路，包括与压力释放装置联接的高压侧以及与压力释放装置泄放管的联接位置，均不得设置截止装置或其他类似部件。

注：压力释放装置由电动机-压缩机制造商或整机制造商安装。

B.3.4 压力释放装置应保证受保护的部件承受的压力，不得超过该部件在B.3.1或B.3.2规定试验压力的1/3的1.10倍。

B.4 强度试验

试验样品需不少于2件，试验样品应充入流体，并连接压力源。压力逐渐升高至B.3.1或B.3.2规定的试验压力，并保持1 min，期间样品不应出现破裂、爆破或泄漏。

注：从安全的角度考虑，应使用不可压缩流体，如水、液压油等。流体应充满部件，以完全驱除空气。

ICS 97.170
Y 64

中华人民共和国国家标准

GB/T 26182—2010

家用和类似用途保健按摩椅

Household and similar healthful massage chair

2011-01-14 发布　　　　2011-06-01 实施

中华人民共和国国家质量监督检验检疫总局
中国国家标准化管理委员会　发布

前　言

本标准的附录 A 为资料性附录。

本标准由中国轻工业联合会提出。

本标准由全国家用电器标准化技术委员会(SAC/TC 46)归口。

本标准主要起草单位:厦门蒙发利科技(集团)股份有限公司、浙江豪中豪健康产品有限公司、山东康泰实业有限公司、中国家用电器研究院、福建怡和电子有限公司、上海荣泰健身科技发展有限公司、宁波奥森健身器材科技有限公司、宁波市产品质量监督检验所、深圳市检验检疫科学研究院。

本标准主要起草人:张旭东、杨友、赵勇伟、马哲文、薛建平、林琪、王忠发、鲍俊、邓哲、张栋。

家用和类似用途保健按摩椅

1 范围

本标准规定了家用和类似用途保健按摩椅(以下简称按摩椅)的术语和定义、分类与命名、技术要求、试验方法、检验规则、标志、包装、运输、贮存等。

本标准适用于家庭及类似场所用按摩椅。

本标准不适用于作为医疗用途的按摩椅。

2 规范性引用文件

下列文件中的条款通过本标准的引用而成为本标准的条款。凡是注日期的引用文件,其随后所有的修改单(不包括勘误的内容)或修订版均不适用于本标准,然而,鼓励根据本标准达成协议的各方研究是否可使用这些文件的最新版本。凡是不注日期的引用文件,其最新版本适用于本标准。

GB/T 191 包装储运图示标志

GB/T 2828.1 计数抽样检验程序 第1部分:按接收质量限(AQL)检索的逐批检验抽样计划(GB/T 2828.1—2003,ISO 2859-1:1999,IDT)

GB/T 2829 周期检验计数抽样程序及表(适用于对过程稳定性的检验)

GB/T 4214.1—2000 声学 家用电器及类似用途器具噪声测试方法 第1部分:通用要求(eqv IEC 60704-1:1997)

GB 4343.1 家用电器、电动工具和类似器具的电磁兼容要求 第1部分:发射(GB 4343.1—2009,CISPR 14-1:2005,IDT)

GB 4343.2 家用电器、电动工具和类似器具的电磁兼容要求 第2部分:抗扰度(GB 4343.2—2009,CISPR 14-2:2008,IDT)

GB 4706.1—2005 家用和类似用途电器的安全 第1部分:通用要求(IEC 60335-1:2001,IDT)

GB 4706.10 家用和类似用途电器的安全 按摩器具的特殊要求(GB 4706.10—2008,IEC 60335-2-32:2005,IDT)

GB 5296.2 消费品使用说明 第2部分:家用和类似用途电器

GB/T 17626.2 电磁兼容 试验和测量技术 静电放电抗扰度试验(GB/T 17626.2—2006,IEC 61000-4-2:2001,IDT)

GB/T 17626.4 电磁兼容 试验和测量技术 电快速瞬变脉冲群抗扰度试验(GB/T 17626.4—2008,IEC 61000-4-4:2004,IDT)

GB/T 17626.5 电磁兼容 试验和测量技术 浪涌(冲击)抗扰度试验(GB/T 17626.5—2008,IEC 61000-4-5:2005,IDT)

GB/T 17626.11 电磁兼容 试验和测量技术 电压暂降、短时中断和电压变化的抗扰度试验(GB/T 17626.11—2008,IEC 61000-4-11:2004,IDT)

3 术语和定义

下列术语和定义适用于本标准。

3.1

保健按摩椅 healthful massage chair

采用电能驱动,依靠机械、气袋、电磁和电热等作用对人体部位进行按摩的座椅。

3.2

按摩机芯　massage assembly

对人体部位进行各种按摩动作的装置。

3.3

按摩头　massage wheel

机芯的一部分,模仿人手对人体进行按摩动作的部件。

3.4

靠背翻转锁紧装置　backrest turn locking part

为了方便包装而设置的靠背可翻转且能锁紧的部件。

3.5

揉捏　knead

按摩机芯依靠机械运动或气袋依靠气体压力模拟人手对人体进行揉、捏的动作。

3.6

捶击　tap

按摩机芯依靠机械运动模拟人手对人体进行的敲打动作。

3.7

拍打　flap

捶击动作的一种,捶击频率较慢而且是变化的,每一捶击周期中间有短暂间歇的按摩动作。

3.8

摇摆　waver

按摩头以摇摆运动施加于人体的按摩动作。

3.9

振动　vibration

利用电动机、电磁阀或弹性器件等实现振动的按摩动作。

3.10

气动　air-operated

利用气袋中充放气体的压力作用于人体,产生压迫和解除压迫的按摩动作。

3.11

最大按摩范围　largest massage range

机芯从背架最低点运动到最高点按摩头间的最大距离。

3.12

按摩宽度　massage width

左右按摩头轮廓外缘最高点(或滚轮中间)处,垂直于左右按摩头轴线的剖面间的距离。

3.13

揉捏速度　knead speed

按摩头或气袋每分钟揉捏的次数(按摩头或气袋间距由最宽到最窄,再由最窄到最宽一个循环为1次)。

3.14

捶击速度　tap speed

单边按摩头或电磁阀每分钟敲击的次数。

3.15

异音　exceptional voice

机械传动及电动元器件、气动元件工作时产生的异常声音。

4 分类与命名

4.1 分类

以按摩机芯的运动形式分：

a） 机芯只具有回转运动的按摩功能（以汉语拼音字母 Z 表示）；

b） 机芯只具有升降运动的按摩功能（以汉语拼音字母 J 表示）；

c） 机芯的按摩功能主要由气囊驱动来实现（以汉语拼音字母 Q 表示）；

d） 机芯具有左右和升降两个运动方向，即二维机芯的按摩功能（以汉语拼音字母 E 表示）；

e） 机芯具有左右、升降和前后三个运动方向，即三维机芯的按摩功能（以汉语拼音字母 S 表示）。

4.2 命名

4.2.1 型号组成及含义

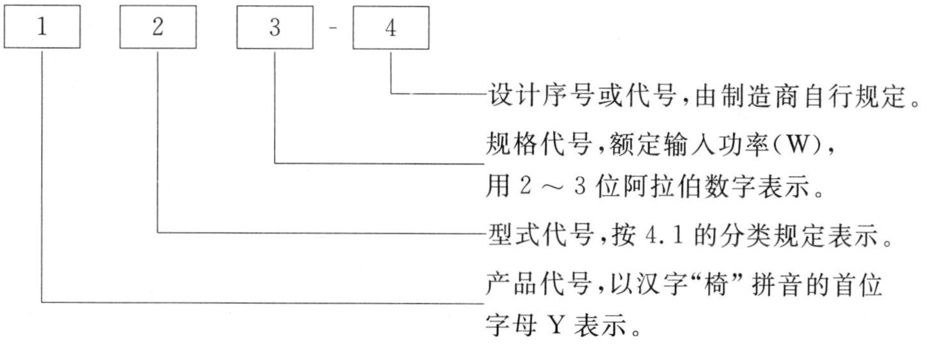

4.2.2 型号示例

例 1：YZ 90-A

表示只具有回转运动的机芯，输入功率 90 W，设计序号 A 的按摩椅。

例 2：YE 250-E901

表示具有左右和升降两个运动方向的二维机芯，输入功率 250 W，制造商代号为 E901 型的按摩椅。

5 技术要求

5.1 一般要求

5.1.1 按摩椅的安全要求应符合 GB 4706.10 的规定。外形及结构尺寸符合经批准的设计文件的规定。

5.1.2 按摩椅采用的材料、元器件、紧固件应符合相关标准的规定。

5.1.3 结构件齐全，安装牢固可靠，无松动、滑脱、干涉等现象。

5.1.4 按摩椅以工作电压通电后，依据产品使用说明书的要求操作，应能起动运转并完成说明书所述的功能。功能按键操作灵活，不应有卡滞现象。

5.2 使用环境

a） 环境温度：0 ℃～35 ℃；

b） 环境相对湿度：20%～80%；

c） 大气压力：86 kPa～106 kPa。

5.3 外观要求

5.3.1 整机外表面应色彩均匀，不得有划伤、露底、钉伤及其他可见的缺陷。缝纫件无油渍污染，无明显色差；缝线平直无开脱和残留线头，转角处无明显皱折。

5.3.2 金属件漆膜、塑料件涂层应附着力强，结合牢固。不得有明显的露底、凸起、凹坑、皱皮、飞漆、色差和流挂。

5.3.3 电镀件镀层表面应光滑、致密，不得有明显的剥落、露底、针孔、气泡、花斑、划痕、毛刺。

5.3.4 印刷字迹清晰、完整，无脱落、断线现象。

5.3.5 器具贴面牢固、平整、无卷边和翘起。

5.4 噪声

按摩椅处于空载及开启全部功能状态下，其声功率级噪声值应不大于 62 dB(A 计权)，且无明显异音。

5.5 机械伤害

按摩椅不应有引起用户正常使用和维修保养时造成伤害的粗糙表面和锋利边角，以及易触及到的自攻螺钉或其他紧固件暴露在外部的尖端。

电机、传动带等可能对人体造成伤害的运动部件应有外罩防护或其他方式避免接触，确保正常使用中，能提供足够的保护以防止人身伤害。按摩机芯不应产生人体不易承受的高压力。

靠背与座部结合部位可能夹伤头部的距离应大于 300 mm，可能夹伤手指的距离应大于 25 mm 或小于 5 mm，腿部结构与座架的间隙要大于 60 mm；可能夹伤脚趾的距离应大于 50 mm；按摩椅具有手部按摩功能时，如果使用者处于自身不能采取避险行动状态下，两只手臂不能同时被夹持。

防护性的外壳、防护装置或类似部件，应有足够的机械强度。防护性的皮套、布料等的锁紧拉链应牢固、可靠；必须使用工具方能拆卸。

5.6 结构件强度

5.6.1 外壳强度

按摩椅外壳的每一个可能的薄弱点上用 0.5 J 的冲击能量冲击三次，外壳无开裂或出现裂纹。

5.6.2 靠背强度

经规定的强度试验后，功能应正常。无结构损坏、松动、转轴变形、异音、与电动推杆或气弹簧等的连接处变形等异常。

5.6.3 座架强度

经规定的强度试验后，无结构松动、损坏和明显变形，锁紧应牢靠。

5.6.4 小腿框架强度

经规定的强度试验后，功能应正常，无结构松动、损坏和明显变形，锁紧应牢靠。

5.6.5 扶手强度

经规定的强度试验后，无结构松动、损坏和明显变形，锁紧应牢靠。

5.6.6 靠背翻转锁紧装置强度

经规定的强度试验后，锁紧机构应完好，相关联的零部件(如：电动推杆耳座或气弹簧耳座等)与背架连接应可靠，工作时无异常和异音。

5.6.7 脚轮强度

经规定的强度试验后，不应有脚轮及底座松动、活动不顺畅、变形、裂纹、弯曲、断裂等异常现象。

5.7 性能要求

5.7.1 按摩范围

最大按摩范围应符合按摩椅使用说明书的规定。

5.7.2 按摩宽度

最大按摩宽度及最小按摩宽度应符合按摩椅使用说明书的规定。

5.7.3 按摩速度

a) 揉捏速度应控制在(3～83)次/min；

b) 捶击速度应控制在(25～1 700)次/min；

c) 振动速度应控制在(34～7 300)次/min；

d) 摇摆速度应控制在(34～150)次/min。

5.8 气动压力

按摩椅具有气动按摩功能时应有一定的按摩力度，但又不应使人体有难以承受的压迫感。其产生压迫功能的气压应不大于 48 kPa。

注：气压是指充气泵出气口的输出压力。

5.9 按摩椅定时时间

按摩椅应有自动停机功能，从开机到自动停机的时间要符合使用说明书标定的时间，一般应不大于 30 min，其误差不大于±2%。

5.10 电磁兼容

5.10.1 骚扰限值

按摩椅在空载连续运行状态下，产生的连续骚扰限值和断续骚扰限值应符合 GB 4343.1 的规定。

5.10.2 抗扰度

按摩椅应能承受 GB 4343.2 中规定的静电放电、电快速瞬变、浪涌、电压暂降和短时中断的抗扰度试验。

6 试验方法

6.1 测试用的仪器仪表

a) 用于型式检验的电工测量仪表，其精度应不低于 0.5 级，出厂检验应不低于 1.0 级；

b) 测量温度用的温度计，其精度应在 0.5 ℃以内；

c) 测量时间用的仪表，其精度应在 1 s 以内；

d) 测量质量的衡器以千克(kg)计，其精度应在 0.1 kg 以内；

e) 压力计指示值以千帕(kPa)计，其精度应在最大指示值的 1.5%以下；

f) 测量噪声用的声级计，其精度应不大于 1 dB(A)。

6.2 外观及涂层附着力、印刷附着力检查

6.2.1 外观

在 40 W 日光灯下，与水平面成 45°角方向，距离被检物 0.45 m 处，目视及手感检查缝纫件、金属件、塑料件及涂饰、印刷的外观状态，应符合 5.3 的规定。

6.2.2 涂层附着力测试

用下列方法在涂饰件或喷塑件上测试涂层的结合力：

a) 用划格器在待测区域划出 10 mm×10 mm 的方格区，方格深度必须刮透整个涂层；

b) 用宽度 25 mm，粘着力(10±1)N/25 mm 的压敏胶粘带紧贴在划格区域；

c) 拉住胶带的一端，以涂层和胶带形成 45°的方向，迅速连贯地把胶带拉脱；

d) 上述测试连续进行 3 次，切割区域的涂层不应被拉脱并无起皮现象。

6.2.3 印刷附着力测试

a) 用白色棉布沾水以约 10 N 的力擦拭印刷标志 15 s，再用沾汽油的棉布以约 10 N 的力擦拭 15 s；

注：用于此试验的汽油是脂肪族溶剂己烷，其按容积的最大芳烃含量为 0.1%，贝壳松脂丁醇值为 29，始沸点约为 65 ℃，干点约为 69 ℃，密度约为 0.66 kg/L。

b) 以约每秒 1 次(1 个往复)的速率连续擦拭；

c) 检查印刷层不应有脱落、模糊，标志仍应清晰易读，标志牌应不易揭下并且不应卷边。

6.3 性能测试

6.3.1 按摩范围及按摩宽度测试

用钢直尺和钢卷尺测量。测量结果应符合使用说明书对尺寸及其偏差范围的规定。

6.3.2 按摩速度测试

a) 揉捏速度

按摩椅施加额定电压，于空载状态下，开启揉捏功能，分别对最强挡和最弱挡进行测试，时间各为 1 min，记录按摩头的揉捏次数。

b） 捶击速度

按摩椅施加额定电压，于空载状态下，开启捶击或拍打功能，分别对最强挡和最弱挡进行测试，使用频闪仪或测试工装记录捶击、拍打速度。

c） 振动速度

按摩椅施加额定电压，于空载状态下，开启振动功能，分别对最强挡和最弱挡进行测试，使用频闪仪或测试工装记录振动速度。

d） 摇摆速度

按摩椅施加额定电压，于空载状态下，开启摇摆功能，分别对最强挡和最弱挡进行测试，时间各为 1 min，记录按摩头的摇摆次数。

6.3.3 气压测试

将通气软管连接在充气泵的出气口，另一端连接气阀、气袋。启动充气泵，测量其气动按摩产生压迫功能的压力值。

6.3.4 按摩椅定时时间测试

自按摩椅起动开始至自动停机的时间用秒表测定。

6.4 噪声测试

按摩椅置于一个反射面上方的近似自由场测试环境中，按 5.4 的要求至少工作一个完整周期。按 GB/T 4214.1—2000 中 7.1.1 规定的方法测试，传声器对准噪声源，读取在噪声较大情况下指示的平均值，按 GB/T 4214.1—2000 第 8 章规定的方法进行背景噪声级及测试环境的修正，并进行各测点平均声压级的计算，最后计算出声功率级噪声值。在测试过程，应近距离耳听有无异常声音（可与 5.1.4 一起测试）。

6.5 机械伤害测试

目视检查和用试纸或纤维布擦摸外壳、框架、手柄等部件有无粗糙锋利边和紧固件暴露尖端；用钢卷尺检查 5.5 规定的按摩部件的安全距离；可能夹伤头部的距离也可用试验用人体模型做夹合试验（如附录 A）：使按摩机芯运行至靠背最上端，将试验用人体模型头部插入座部与靠背的结合部，头部处于身体不会翘起状态下的最大下俯状态。使按摩机芯向下方移动，判别头部能否被夹住。当安全距离小于最小夹合尺寸时，人体模型头部应能顺利地从中滑出。

按 5.5 规定的对于有手臂按摩功能的按摩椅，两只手臂同时放入按摩扶手上，不应同时被夹持。

对每一个开口，分别采用标准测试指和试验销施加 5 N 的推力，不应触及到可能会引起人身伤害的部件。例如：皮带轮、运动框架、中心板的外壳、变压器外壳等。

6.6 结构件强度测试

6.6.1 外壳强度测试

在外壳的每一个可能的薄弱点上用手持弹簧冲击器撞击三次。

6.6.2 靠背强度测试

靠背倒背到最大仰角，距座面后边缘 0.4 m 处为中心，施加质量 80 kg 的载荷，历时 30 min。

注：座部允许加载荷作为配重，以保持测试中按摩椅不会倾翻。后边缘指贴近靠背的座面边缘。

6.6.3 座架强度测试

将按摩椅放置在测试平台或水平地面上。用 1 个直径约 410 mm，质量为 70 kg 的载荷，以自由落体的方法，从距离座面 0.30 m 的高度落到座面中心位置（见图 1）。

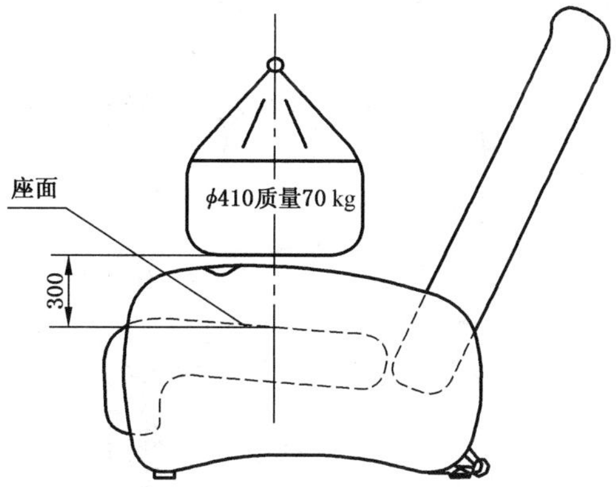

图 1

6.6.4　小腿框架强度测试(分离式小腿与组合式小腿测试相同)

6.6.4.1　静态测试

将按摩椅放置于测试平台或水平地面上,小腿框架升至水平状态。小腿框架上端加质量为 70 kg 的载荷均匀分布,保持 30 min(见图 2)。

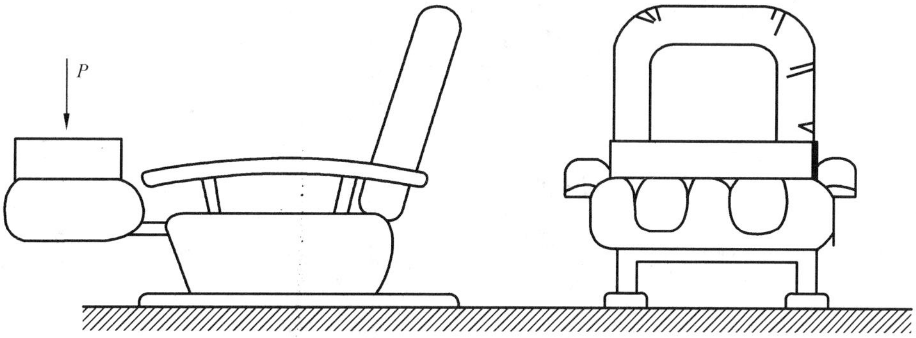

图 2

6.6.4.2　冲击测试

小腿框架升至水平状态,在框架中心位置上方 0.15 m 处以质量为 30 kg 的载荷自由落下冲击一次。

6.6.4.3　侧向拉力测试

小腿框架升至水平状态,沿水平方向施加垂直于侧板的拉力 300 N,力值作用于山字形小腿侧板顶部,历时 1 min。

6.6.5　扶手强度测试

6.6.5.1　静态测试

将按摩椅放置在测试平台或水平地面上,在单侧扶手中间位置或最薄弱位置,在长 300 mm 的上表面,施加垂直压力 700 N,保持 1 min(见图 3),应符合 5.6.5 的要求。扶手上面如有别的结构或是可拆卸的扶手结构,测试位置和测试方法与本方法有区别时,可另行规定。

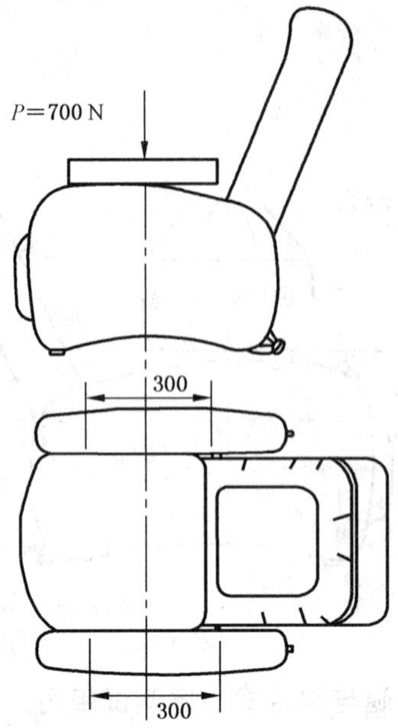

图 3

6.6.5.2 拉力(推力)测试

将按摩椅固定在测试平台上,在扶手中间位置或最薄弱位置,与扶手方向成45°的倾斜角施加300 N拉力(推力)保持1 min(见图4),应符合5.6.5的要求。扶手上面如有手控器或是可拆卸扶手,测试方法与本方法有区别时,可另行规定。

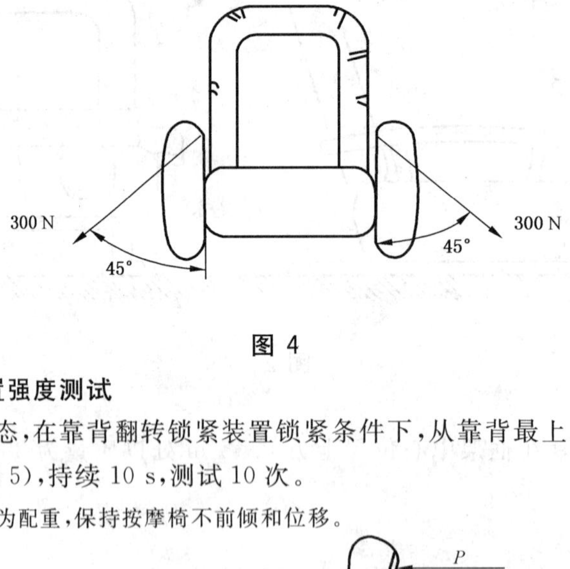

图 4

6.6.6 靠背翻转锁紧装置强度测试

靠背处于最大升背状态,在靠背翻转锁紧装置锁紧条件下,从靠背最上端后面任何处,水平向前施加 P=300 N的推力(见图5),持续10 s,测试10次。

注:座部允许施加载荷作为配重,保持按摩椅不前倾和位移。

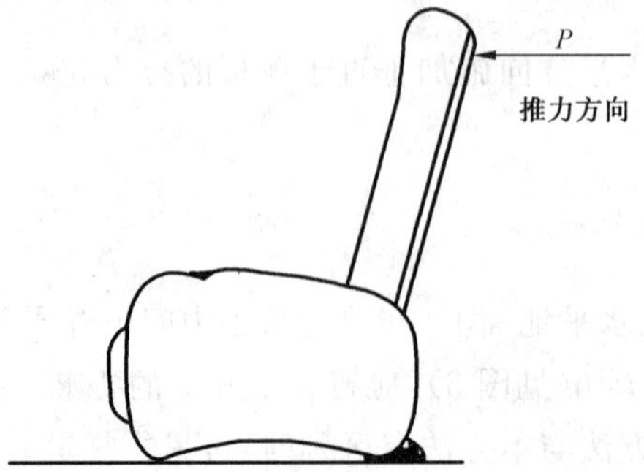

图 5

6.6.7 脚轮强度测试

将按摩椅向后倾斜，使2个脚轮着地，推行100 m，速度(35～40)m/min。

6.7 电磁兼容测试

6.7.1 骚扰限值测试，依据GB 4343.1的规定。

6.7.2 抗扰度测试，依据GB 4343.2、GB/T 17626.2、GB/T 17626.4、GB/T 17626.5、GB/T 17626.11的规定。

7 检验规则

7.1 检验分类

检验分出厂检验和型式检验。

7.2 出厂检验

7.2.1 出厂要求

按摩椅应经制造商质量检验部门进行检验，合格后方能出厂，并附有产品合格证、使用说明书，并在合格证上标明出厂日期。

7.2.2 检验项目

7.2.2.1 出厂检验分为逐台检验和抽样检验，其检验项目、要求和试验方法见表1。其中序号(3～4)的检验按7.2.2.2；序号9的检验按7.2.2.3；序号10的检验按7.2.2.4；序号11的检验按7.2.2.5。

7.2.2.2 5.3中涂层附着力和印刷附着力不在按摩椅总成中检测，应在同批零部件中抽检。抽检比率或数量由企业产品标准规定或供需双方商定，并在产品总成之前实施。

7.2.2.3 5.4噪声中逐台检查异音，噪声检测的数量和替代方法由企业产品标准中予以规定。

7.2.2.4 5.5机械伤害中逐台目视检查有无紧固件暴露尖端和部件锋利边缘，其他防止机械伤害的要求按GB/T 2828.1进行抽样检测。其逐批检验的抽样方案、检查水平及接收质量限由制造商质量检验部门自行规定。

7.2.2.5 5.7规定的性能要求和5.9规定的按摩椅定时时间按GB/T 2828.1进行抽样检测。其逐批检验的抽样方案、检查水平及接收质量限由制造商质量检验部门自行规定。

表1 出厂检验项目、要求和试验方法

序号	检验项目	本标准		GB 4706.10	不合格分类		
		技术要求	试验方法	技术要求与试验方法	A	B	C
1	标志	8.1	视检		√		
2	外观	5.3	视检				√
3	涂层附着力	5.3.2	6.2.2			√	
4	印刷附着力	5.3.4	6.2.3			√	
5	一般检查	5.1.2;5.1.3	视检及手检				√
		5.1.4	按说明书操作				√
6	泄漏电流	5.1.1		GB 4706.1—2005第16章	√		
7	电气强度(冷态)	5.1.1		GB 4706.1—2005第16章	√		
8	接地电阻	5.1.1		GB 4706.1—2005第27章	√		
9	噪声	5.4	6.4		√		
10	机械伤害	5.5	6.5		√		
11	性能测试	5.7;5.9	6.3			√	
12	包装	8.3	视检				√

7.3 型式检验

7.3.1 在下列情况之一时，应进行型式检验：

a) 新产品试制定型鉴定或新产品转厂生产试制定型鉴定；

b) 设计、工艺、材料有重大改变；

c) 正常生产时，每两年进行一次；

d) 产品停产1年以上，恢复生产；

e) 出厂检验结果与上次型式检验有较大差异；

f) 国家质量监督机构提出型式检验要求。

7.3.2 型式检验项目应包括本标准表1和表2所列各项以及GB 4706.10中规定的全部检验项目。

表2 型式检验项目、要求和试验方法

序号	试验项目	本标准		不合格分类		
		技术要求	试验方法	A	B	C
1	按摩范围及按摩宽度	5.7.1;5.7.2	6.3.1		√	
2	揉捏速度	5.7.3a)	6.3.2a)		√	
3	捶击速度	5.7.3b)	6.3.2b)		√	
4	振动速度	5.7.3c)	6.3.2c)		√	
5	摇摆速度	5.7.3d)	6.3.2d)		√	
6	气动压力	5.8	6.3.3		√	
7	外壳强度	5.6.1	6.6.1		√	
8	靠背强度	5.6.2	6.6.2		√	
9	座架强度	5.6.3	6.6.3		√	
10	小腿框架强度	5.6.4	6.6.4		√	
11	扶手强度	5.6.5	6.6.5		√	
12	靠背翻转锁紧装置强度	5.6.6	6.6.6		√	
13	脚轮强度	5.6.7	6.6.7		√	
14	电磁兼容骚扰限值	5.10.1	6.7.1	√		
15	电磁兼容抗扰度	5.10.2	6.7.2	√		

7.3.3 型式检验的样品，应从出厂检验合格产品中随机抽取。型式检验采用的抽样方案按GB/T 2829执行，采用判别水平Ⅰ的一次抽样方案，其样本大小、不合格质量水平见表3。

型式检验的样品一律不能作为合格品交付订货方。

表3 型式检验抽样方案

判别水平	抽样方案	样本大小	不合格质量水平					
			A类		B类		C类	
			RQL=40		RQL=80		RQL=120	
			Ac	Re	Ac	Re	Ac	Re
Ⅰ	一次	$n=2$	0	1	1	2	2	3

8 标志、使用说明、包装、运输和贮存

8.1 标志

产品的铭牌及安全注意事项应位于明显位置，铭牌应安装牢固、表面光滑、字迹清晰，并应标明下列内容：

a) 产品名称、型号；

b) 制造商名称或商标；

c) 产品编号、制造日期；

d) 电击防护类别；

e) 电源性质的符号（标有额定频率的除外），额定电压或工作电压范围，单位为伏（V）；

f) 额定输入功率，单位为瓦（W）。

8.2 使用说明

每台按摩椅应有使用说明书，使用说明书除应符合 GB 5296.2 的编写要求和 GB 4706.10 规定的内容外，还应标示出下述内容：

a) 按摩椅的型号、规格，主要技术参数（额定电压、额定频率、工作电压范围、额定输入功率等）；

b) 按摩椅外形尺寸简图；

c) 按摩椅安装方式和安装方法；

d) 使用方法及使用注意事项、警示语等；

e) 故障排除及维护保养；

f) 使用环境。

8.3 包装

8.3.1 内包装为塑料薄膜、外包装用纸箱包装。包装必须牢固可靠，在运输过程中防止受损，并应有可靠的防潮防尘措施，保证按摩椅的绝缘性能。包装内应附有合格证、使用说明书、装箱清单、保修卡等。

8.3.2 外包装表面应标明以下内容：

a) 产品名称、型号、规格；

b) 执行标准号；

c) 产品的批号或生产日期；

d) 制造商和生产厂地址；

e) 毛重、净重，kg；

f) 包装箱的外形尺寸（长×宽×高），mm；

g) 符合 GB/T 191 规定的包装储运图示标志。

8.4 运输

产品在装卸过程中，应轻装轻卸，码放整齐，严禁滚动和抛掷；在运输过程中应防止剧烈振动和挤压，应有遮篷，防止日晒雨淋，不得与有毒、有污染的物品混运，防止化学物品侵蚀。

8.5 贮存

产品应贮存在通风、干燥的库房内，周围不得有腐蚀性的物品存在。堆码高度应不高于包装箱上标明的堆码层数。

附 录 A
（资料性附录）
人体模型夹合试验

A.1 导言

本附录给出了按摩椅在工作期间，为防止幼儿不慎将头部夹在靠背与座垫之间产生伤害，而进行的人体模型夹合试验。

A.2 夹合试验方法

A.2.1 去除不用工具即可拆下的全部外套。

A.2.2 将按摩椅靠背调整到被认为是最容易将头部夹在座垫和靠背相连位置的角度。如果不能确定该角度，应尝试多个角度来确定，其中包括靠背竖起到最大角度和躺倒到最小角度。

A.2.3 将按摩机芯调整到最上位置，将人体模型头部向靠背方向放置，沿着座位的方向将头部插入座位和靠背的结合部。头部处于在身体不会翘起的情况下最大俯卧状态，如图 A.1。

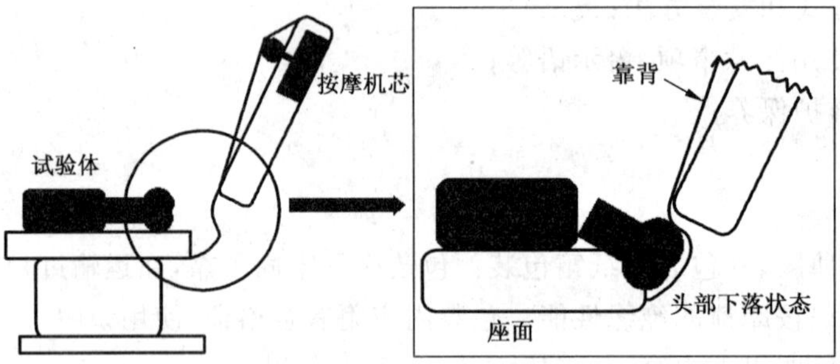

图 A.1 试验人体状态

A.2.4 使按摩机芯向下方移动，确认人体模型头部被按摩头触及状态，如图 A.2。当安全距离小于最小夹合尺寸时，头部应能顺利地从中滑出。

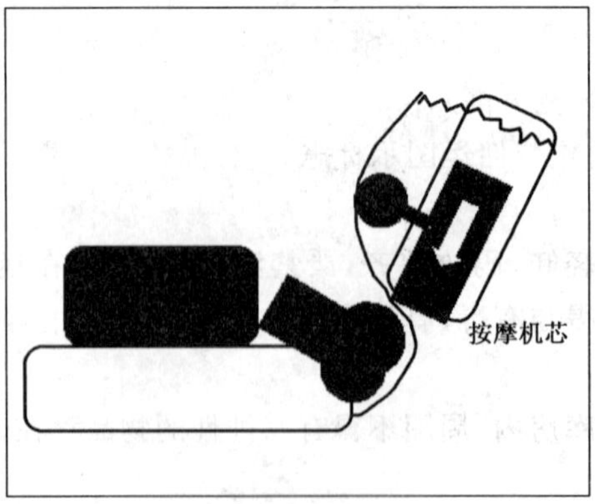

图 A.2 头部夹合状态

A.3 人体模型形状尺寸、材料及质量

a） 形状尺寸如图 A.3，头部可动范围如图 A.4。

b） 材料：头部——铝合金或其他硬质材料（按摩头挤压后不会产生变形）；

身体部分——聚缩醛(polyacetal)树脂。

c) 质量:头部(包含颈部)——(2.5±0.1)kg;

身体部分——(18±0.1)kg。

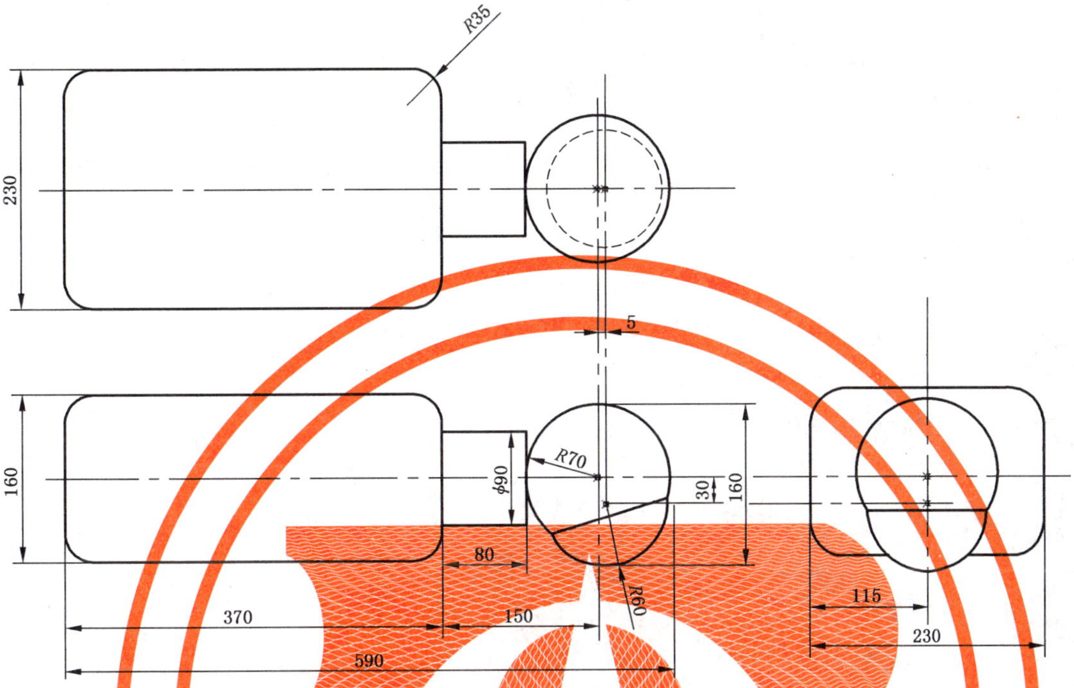

图 A.3 人体模型形状尺寸

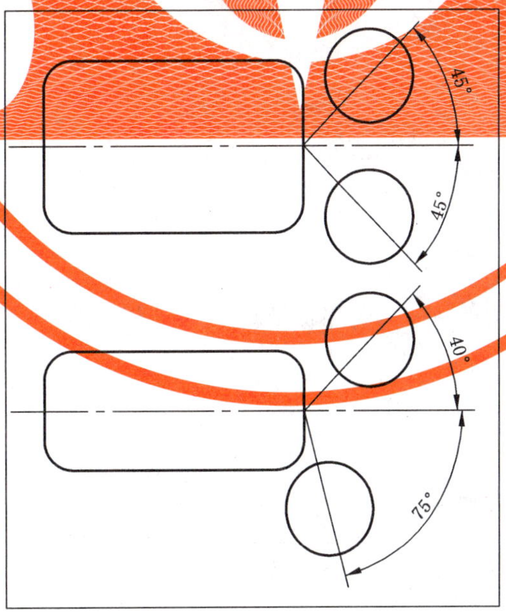

图 A.4 头部可动范围

ICS 97.120
Y 69

中华人民共和国国家标准

GB/T 26183—2010

家用和类似用途多功能吊顶装置

Household and similar multi-function ceiling appliances

2011-01-14 发布　　2011-06-01 实施

中华人民共和国国家质量监督检验检疫总局
中国国家标准化管理委员会　发布

前　言

本标准按照 GB/T 1.1—2009 给出的规则起草。

请注意本文件的某些内容可能涉及专利。本文件的发布机构不承担识别这些专利的责任。

本标准由中国轻工业联合会提出。

本标准由全国家用电器标准化技术委员会(SAC/TC 46)归口。

本标准起草单位:杭州奥普电器有限公司、品格卫厨(浙江)有限公司、浙江宝兰电气有限公司、浙江奥华电气有限公司、海盐法狮龙建材科技有限公司、浙江楚乔电气有限公司、浙江鼎美电器有限公司、广东美的厨卫电器制造有限公司、浙江德莱宝卫厨科技有限公司、浙江来斯奥电气有限公司、嘉兴市奇力电器有限公司、嘉兴美尔凯特卫厨科技有限公司、嘉兴市美旗电器有限公司、嘉兴市今顶电器科技有限公司、嘉兴市克兰斯电器有限公司、嘉兴市奥邦电器有限公司、嘉兴宝仕龙集成家居有限公司、杭州奥普卫厨科技有限公司。

本标准主要起草人:李瑞山、张珂、沈利民、姚松良、张亚晨、顾惠民、陈树文、华志军、沈明、潘晓翔、朱晓红、李仕泽、穆国强、许振华、鲍群立、周建成、朱炳康、许伟、沈业勇、朱旭明、曾海平、李瑞峰。

家用和类似用途多功能吊顶装置

1 范围

本标准规定了多功能吊顶装置的术语和定义、分类、技术要求、试验方法、安装要求、检验规则、标志、包装、运输和贮存等。

本标准适用于家用和类似用途，如浴室、厨房、客厅等场所使用的集照明、换气和(或)取暖等功能为一体的多功能吊顶装置。该装置通常包括功能器具、吊顶板和安装附件等。

2 规范性引用文件

下列文件对于本文件的应用是必不可少的。凡是注日期的引用文件，仅注日期的版本适用于本文件。凡是不注日期的引用文件，其最新版本(包括所有的修改单)适用于本文件。

GB/T 191 包装储运图示标志(GB/T 191—2008,ISO 780:1997,MOD)

GB/T 1019 家用和类似用途电器包装通则

GB/T 2423.17—2008 电工电子产品环境试验 第2部分:试验方法 试验Ka:盐雾(IEC 60068-2-11:1981,IDT)

GB/T 2828.1 计数抽样检验程序 第1部分:按接收质量限(AQL)检索的逐批检验抽样计划(GB/T 2828.1—2003,ISO 2859-1:1999,IDT)

GB/T 4214.1—2000 声学 家用电器及类似用途器具噪声测试方法 第1部分:通用要求(eqv IEC 60704.1:1997)

GB 4706.1—2005 家用和类似用途电器的安全 第1部分:通用要求(IEC 60335-1:2004 (Ed 4.1),IDT)

GB 4706.23 家用和类似用途电器的安全 第2部分:室内加热器的特殊要求(GB 4706.23—2007,IEC 60335-2-30:2004(Ed 4.1),IDT)

GB 4706.27 家用和类似用途电器的安全 第2部分:风扇的特殊要求(GB 4706.27—2008,IEC 60335-2-80:2004(Ed 2.1),IDT)

GB/T 4857.5 包装 运输包装件 跌落试验方法(GB/T 4857.5—1992,eqv ISO 2248:1985)

GB/T 4857.7 包装 运输包装件基本试验 第7部分:正弦定频振动试验方法(GB/T 4857.7—2005,ISO 2247:2000,MOD)

GB 5296.2 消费品使用说明 第2部分:家用和类似用途电器

GB 7000.1 灯具 第1部分:一般要求与试验(GB 7000.1—2007,IEC 60598-1:2003,IDT)

GB 7000.12 嵌入式灯具安全要求(GB 7000.12—1999,idt IEC 60598-2-2:1997)

GB/T 9775 纸面石膏板(GB/T 9775—2008,ISO 6308:1980,MOD)

GB/T 11981 建筑用轻钢龙骨(GB/T 11981—2008,JIS A 6517:2002,NEQ)

GB/T 14806—2003 家用和类似用途的交流换气扇及其调速器(IEC 60665:1980,NEQ)

GB/T 22769 浴室电加热器具(浴霸)

GB/T 23444 金属及金属复合材料吊顶板(GB/T 23444—2009,EN 13964:2004,NEQ)

JC/T 558—2007 建筑用轻钢龙骨配件

3 术语和定义

GB 4706.23、GB 4706.27、GB 7000.12 界定的以及下列术语和定义适用于本文件。

3.1

多功能吊顶装置 multi-functional ceiling appliance

由若干吊顶板和功能器具组合而成的一种吊顶装置，它包括了功能器具、吊顶板、安装附件等组件，简称多功能吊顶。

3.2

吊顶板 board ceiling

将金属板材、金属复合板材、石膏、塑料等材料加工成方形、长方形、条形等各种形状，用于吊顶的装饰板。

3.3

功能器具 function appliance

具有取暖、照明、换气等单一功能或多个功能组合而成的器具。

3.4

功能器具主机 main body of function appliance

功能器具的主体部分。对面板可拆卸式器具通常指卸掉面罩后的箱体部分。

3.5

安装附件 installation accessories

将多功能吊顶装置安装到位所必需的配套零件，如吊杆、吊件、龙骨、龙骨配件等。

3.6

收边条 end-cap

铺设在用户墙壁与多功能吊顶装置间，用于提供多功能吊顶装置四边吊顶板的一侧支撑的构件。

3.7

安装面 installing base

支撑和固定多功能吊顶装置的受力面，多指建筑物的顶面和墙面。

3.8

专业安装人员 professional installer

具有一定基础知识、操作技能并经专业培训合格，被授权以安全的方式完成多功能吊顶装置安装任务的人员。

3.9

用户 user

使用多功能吊顶产品和接受多功能吊顶安装服务的个人、家庭或社会团体。

4 分类

4.1 功能器具分类

功能器具可以分为取暖、照明、换气等；

取暖器具根据加热源的不同，可分为辐射式、风扇式及复合式三种加热方式。

4.2 吊顶板分类

按材料可分为金属材料、金属复合材料、塑料、石膏等；

金属及金属复合材料按表面处理工艺可分为辊涂、喷涂、覆膜、着色、阳极氧化等。

5 技术要求

装置的功能器具的安全，应符合相应国家标准的使用要求。装置中的功能器具，如在本标准未有规定，可执行相应的国家标准、行业标准或备案的企业产品标准规定。

5.1 一般要求

5.1.1 装置应符合本标准的要求，并应按经规定程序批准的图样和技术文件制造。
5.1.2 装置的紧固件及其他零部件应符合有关国家标准的规定，其易损件应便于更换。
5.1.3 吊顶板应采取适当的保护措施，确保吊顶板表面不会出现划痕、凹陷等缺陷。

5.2 外观要求

5.2.1 吊顶板

5.2.1.1 表面涂层外观应平整光滑，无毛刺、明显色差现象，正面不得有露底及明显流挂、气泡、橘皮等缺陷，氧化层无疏松和花斑等缺陷。
5.2.1.2 加工后的吊顶板应平整无明显变形，表面光滑，无毛刺、压痕、凹凸点、划伤等缺陷。
5.2.1.3 表面印刷牢固清晰明亮，位置正确，图案粗细均匀一致，无中断现象，图案应有足够的耐磨能力。

5.2.2 功能器具

5.2.2.1 装置上的金属制件，表面应进行防锈蚀处理，例如采用电镀、涂漆、搪瓷或其他有效的防锈蚀处理。表面应光滑细密、色泽均匀、不得有剥落、露底、针孔、鼓泡、明显的花斑和划伤等缺陷。经过耐腐蚀试验后其表面、边缘及棱角部位不应出现面积 1 mm^2 以上的锈蚀点。
5.2.2.2 装置上的涂漆件或涂塑件的涂饰层应附着力强，结合牢固，不应有明显的气泡、流痕、漏涂、底漆外露、皱纹、裂痕等现象。
5.2.2.3 装置上的塑料件表面应平整光滑、色泽均匀、耐老化，不得有裂纹、气泡、缩孔等缺陷。

5.3 吊顶板性能要求

5.3.1 金属及金属复合材料吊顶板应符合 GB/T 23444 的要求。
5.3.2 石膏板吊顶板应符合 GB/T 9775 的要求。
5.3.3 其他材料的吊顶板应符合相应国家标准的要求。

5.4 功能器具性能要求

5.4.1 取暖器具热性能要求

取暖器具热性能应符合 GB/T 22769 的相关要求。

5.4.2 热过载

取暖模块的热过载应符合 GB/T 22769 的相关要求。

5.4.3 抗老化

取暖模块的抗老化性能应符合 GB/T 22769 的相关要求。

5.4.4 辐射源的抗冷水冲击

辐射源的抗冷水冲击性能应符合 GB/T 22769 的相关要求。

5.4.5 低电压启动

对于带电机的功能器具,在 85%额定电压下,电机应能正常启动。

5.4.6 排风量

对于具有换气功能的部件,在静压为零时对应的排风量应不低于 1.6 m^3/min;其实际排风量不应低于铭牌所标的标称风量的 95%。

5.4.7 噪声

对于具有换气功能的功能器具,在正常工作时,其声功率级噪声值应不大于 69 dB(A 计权)。其实际噪声值与铭牌上的标称值允差为+2 dB(A)。

5.4.8 跌落

功能器具在经受标准规定的跌落试验后,对产品进行通电检测,产品的各项功能应工作正常。

5.4.9 振动

功能器具在经受标准规定的振动试验后,应达到以下要求:

a) 包装箱的结构应无明显破损和变形,箱内固定物无明显位移;

b) 器具表面及零部件不应有机械损伤;

c) 对器具进行通电检测,器具的各项功能应工作正常。

6 试验方法

6.1 试验条件及试验用仪表

6.1.1 试验的一般条件

a) 除另规定外,型式试验应在环境温度为(20±5)℃,其相对湿度为 60%～70%,无外界气流影响,无强烈阳光和其他热幅射作用的室内进行。

b) 试验用交流电压为正弦波,电压及频率波动范围不得超过额定值的±1%。

c) 装置应按制造厂说明书要求安装完毕后进行试验。

6.1.2 试验用仪表

a) 电工仪表的精度,用于型式试验时应不低于 0.5 级,用于出厂试验时应不低于 1.0 级。

b) 测温仪表,其精度应不低于 0.5 ℃。

c) 计时仪表,其精度应不低于 0.1 s。

6.2 外观结构检查

视检,必要时通过手动试验确定其是否合格。

部件的耐腐蚀能力按 GB/T 2423.17—2008 规定的 24 h 盐雾试验。

6.3 吊顶板试验方法

按相应的国家标准中的试验方法进行。

6.4 功能器具性能试验方法

6.4.1 热性能试验

试验按照 GB/T 22769 的相关要求进行。

6.4.2 热过载试验

试验按照 GB/T 22769 的相关要求进行。

6.4.3 抗老化试验

试验按照 GB/T 22769 的相关要求进行。

6.4.4 辐射源的抗冷水冲击试验

试验按照 GB/T 22769 的相关要求进行。

6.4.5 低电压启动试验

将输入电压调为 85%额定电压,打开电机开关,视检电机能否正常启动。对于同时具有换气、吹风功能的功能器具,应对电机的正反转分别进行该试验。

6.4.6 排风量测试

按照 GB/T 14806—2003 中附录 A 规定的 B 型换气扇的方法进行试验。

6.4.7 噪声测试

换气器具在噪声测试时的安装及工作状况,均按照 GB/T 4214.1—2000 中第 5 章要求执行,器具以最高转速档运转。表面上的测定位置、测点坐标具体要求及试验方法按 GB/T 4214.1—2000 中 6.2.3 执行。

6.4.8 跌落试验

包装件自由跌落试验按 GB/T 4857.5 进行。

依次将试件的 3、2、5、4、6 面向下。提到预定高度 600 mm,保证初速度为零的情况下突然释放,每面各跌落一次。

对不能倒置的产品,应对底部连续进行 6 次跌落试验。

6.4.9 振动试验

振动试验按 GB/T 4857.7 规定进行水平振动和垂直振动试验,振动时间为 45 min。

7 安装要求

装置的安装必须由专业安装人员来完成,其安装附件的选择和装置的安装应符合本标准的要求和安全技术规定的一般原则,并应符合国家和地方政府颁布的有关电气、建筑、环境保护等法律法规、标准以及产品说明书的要求。

7.1 一般要求

7.1.1 装置的各部件应采取必要的定位措施,确保功能器具运行时不会发生故障。

7.1.2 装置的各部件应连接牢固,不松脱。

7.1.3 功能器具的布线应安全、牢固、可靠。

7.2 安装环境

装置的安装应避开下列影响安全、使用效果的因素:

a) 易燃气体发生泄漏的地方或有强烈腐蚀气体的环境;

b) 人工强电、磁场直接作用的环境;

c) 易产生噪声、振动的环境;

d) 渗水严重的环境。

7.3 安装面

7.3.1 装置的安装面应坚固结实,具有足够的承载能力。

7.3.2 安装面为建筑物的墙壁或屋顶时,应是实心砖、混凝土或与其强度等效的安装面。安装面为木质、空心砖、金属、非金属等结构以及安装表面装饰层过厚时,应采取相应的加固、支撑和减震措施。

7.3.3 用膨胀螺栓固定丝杆吊架的顶面,其建筑厚度尺寸应足够,在满足正常安装钻孔深度的同时不存在被穿透的隐患。

7.4 电气连接

装置的所有功能器具的连接,应通过相应规格的固定布线用导线进行。安装后应有接地保护措施,在正常使用时,应无漏电现象。

导线应连接正确、牢固,并按如下规则进行布线:

a) 每个功能器具的接地不能串联,应分别独立引线连接到进线的接地端。使用 220 V、50 Hz 电源的各个功能器具的 L、N 端应分别一一相对应连接,不得 L、N 混接。

b) 功能器具的接线端子与预留电源出线端子(如接线盒)之间不允许使用两段及以上经过连接的导线。

c) 布线时以导线自然状态敷设,不应拉伸和扭曲。

d) 导线布线方式应采用贴墙贴边并绕开功能器具。

e) 功能器具之间的导线与导线间不应相互缠绕。

f) 过墙、埋墙的导线应采用 PVC 穿线管保护,没有过墙、埋墙的导线宜采用 PVC 穿线管管保护。

7.5 安装附件要求

安装多功能吊顶装置所选用的龙骨应符合 GB/T 11981 的要求,龙骨配件应符合 JC/T 558—2007 的要求。

7.6 安装尺寸要求

7.6.1 吊杆安装距离

吊杆之间的间距应不大于 1 200 mm,与墙壁相邻的吊杆与墙壁之间的间距应不大于 300 mm;

主龙骨之间的间距应不大于 1 400 mm,与墙壁相邻的主龙骨与墙壁之间的间距应不大于 300 mm;

辅龙骨相连接时，连接点与主龙骨的间距不大于150 mm。

7.6.2 吊顶板安装尺寸

同一平面吊顶板表面平整度：≤2 mm/m。

同一平面的相邻两块吊顶板之间的高度差：≤0.50 mm。

相邻两吊顶板之间的拼装间隙：≤0.50 mm。

当4 m^2 面积内超差点多于3处，则判为不合格(对进行过裁剪的部位不进行考核)。

7.7 安装过程控制

7.7.1 安装准备

装置安装之前应由专业安装人员确认安装环境，对于不能满足装置安装要求的，应建议整改安装，对不能整改的，应拒绝安装。

安装人员应根据用户意见绘制安装设计图，列出安装附件详细清单，并经用户确认。

专业安装人员进行正式安装前，应将设计图、原辅材料明细单、用户验收指南交用户手中，告知用户对最终设计图确认、安装材料的验收与确认以及对整个安装过程的验收方法。

7.7.2 安装过程及验收

7.7.2.1 专业安装人员在安装过程中的各阶段应进行自我验证，确保安装质量要求符合本标准要求。

7.7.2.2 专业安装人员在安装过程中对需要用户验收确认的环节，应指导用户按照用户验收指南进行验收。用户验收至少包括：

a) 安装前：对原辅材料数量、材质、标识、表面质量及原辅材料明细单进行符合性确认，重点验证功能器具、电线、控制开关等有无强制认证标志，金属件有无锈蚀情况。

b) 隐蔽工程：钻孔前确认避开隐蔽的水电气管路；吊顶板安装前，对安装完成后隐蔽的安装质量进行确认，重点验证丝杆吊架组件间距、导线布线状况。

c) 安装完成：对照最终设计图对安装位置符合性进行确认；功能器具工作状态下噪声符合性确认；吊顶板表面质量验证。

7.7.2.3 用户对安装尺寸、漏电等需要仪器检验的内容提出确认要求时，专业安装人员应协助用户验收。

7.7.2.4 用户在相关安装记录签字表明对验收结果确认。对未通过验收的项目，专业安装人员应立即着手进行整改。

7.8 安装检验

整个装置安装完毕以后，需对各个功能器具依次进行检查及试运行，并对接地措施进行检验。

7.8.1 感官检验

产品标识、安装位置、线径与布线质量、表面质量采用目测。

防松试验采用手指敲击、拨动的方式进行测试。

噪声试验时，逐一开启功能器具，用耳听判断异常噪音；所有功能器具工作10 min后，再用耳听判断异常噪音。

7.8.2 仪器检验

功能器具工作时，用试电笔和万用表、钳形漏电流测试仪(表)对装置漏电进行检查，泄漏电流应符合 GB 4706.1—2005 中 13.2 关于器具总泄漏电流的规定。

丝杆吊架组件间距、安装尺寸用钢卷尺、2 m 靠尺、塞尺进行测试。

7.8.3 功能器具主机和面板的安装强度检验

对于通过吊杆或龙骨安装功能器具主机，在安装就位后，用两个拉力计分别用相当于主机自身重量的拉力在主机两侧中心位置均匀向下牵引，吊顶下垂最大处位移不得超过 10 mm。如果面板不用工具可以拆卸，应在拆卸后进行。

对于直接固定安装在某块吊顶板上的主机以及(或)面板，用一个拉力计用相当于该主机以及(或)面板自身重量的拉力在模块面板中心位置均匀向下牵引，该吊顶板不得跌落或吊顶下垂最大处位移不得超过 10 mm。

7.9 安装交付

7.9.1 安装完毕，用户按照验收指南确认并在相关安装记录签字，通过视为安装交付。

7.9.2 专业安装人员应告知用户安全使用和维护的注意事项。

8 检验规则

8.1 每台功能器具均应经制造商质量管理部门检验合格后方能出厂，同时附上合格证、使用说明，并在产品上标明出厂日期。

8.2 检验分类

检验分例行检验和型式检验。

8.2.1 例行检验

即在生产过程的末端对产品进行 100%的检验，例行检验项目全部合格方可出厂。试验可以在装配好的整机上进行，如果后面的生产过程不会影响到检测结果，可以在生产期间的恰当阶段进行。例行检验的项目至少应包括：

a) 外观标志检查；

b) 输入功率；

c) 接地电阻；

d) 泄漏电流；

e) 电气强度。

例行检验的方法可参照本标准和功能器具对应的国家标准安全要求，结合生产状况以及产品认证的需要由企业自行规定。

8.2.2 型式试验

8.2.2.1 型式试验应在下列情况之一时进行：

a) 新产品试制定型鉴定；

b) 新产品转厂生产试制定型鉴定；

c) 设计、工艺或使用零部件和材料有较大改变，可能影响到产品性能时；

d) 产品停产一年以上，再恢复生产时；

e) 抽样检验结果与上次型式试验结果有较大差异时；

f) 国家质量监督机构提出进行型式试验的要求时。

8.2.2.2 检验项目

GB 4706.23(取暖器具)、GB 4706.27(换气器具)、GB 7000.12(照明器具)和本标准规定(除第7章)的所有项目。

8.3 交货时，是否进行抽样检验以及抽样检验的方法等由企业结合客户要求自行确定。如有争议，则采用 GB/T 2828.1 的正常检查二次抽样方案，判别水平 I，接收质量限(AQL)为：C 类不合格，AQL=6.5。

9 标志、包装、运输、贮存

9.1 标志

功能器具的铭牌应位于器具明显的位置。铭牌标志应符合 GB 4706.1、GB 4706.23、GB 4706.27、GB 7000.1、GB 7000.12 的相应要求。对于需要现场接线的器具，其电气线路图应靠近接线位置。

每台功能器具上应有下列清晰牢固的标志：

a) 功能器具的名称；
b) 产品的型号、规格；
c) 额定电压或电压范围；
d) 电源性质的符号，标有额定频率的除外；
e) 额定输入功率；
f) 制造商或承销商的名称、商标或识别标记；
g) 防水等级；
h) 产品的安全使用年限及产品批号或生产日期；
i) 对于具有换气功能的功能器具产品，需要标注噪声和排风量；
j) 对于需要现场接线的器具，必须有电气线路图。

9.2 使用说明

每台功能器具应有使用说明。使用说明应符合 GB 5296.2 的相应要求。同时，每台功能器具的说明书上应标出下列内容：

a) 功能器具的名称、型号、规格、主要技术参数(产品的型号、规格、额定电压、额定输入功率)和电气线路图；
b) 使用环境；
c) 安装/开孔尺寸及简图；
d) 安装接线方式；
e) 使用注意事项；
f) 执行标准；
g) 故障排除及保养；
h) 防水等级；
i) 产品的安全使用年限；
j) 对于具有换气功能的功能器具，需要标注噪声和换气量。

9.3 包装

产品包装应符合 GB/T 1019 的规定。

9.3.1 包装应有可靠的防潮防尘措施，保证产品的绝缘性能、金属保护层及各种零件不致损坏。

9.3.2 包装箱应牢固可靠，能有效地保护产品。

9.3.3 包装箱标志

包装箱标志至少应包括以下内容：

a) 产品名称；

b) 产品的型号、规格；

c) 包装箱毛重，kg；

d) 包装箱外形尺寸：(长×宽×高)mm；

e) 执行标准；

f) 注意事项及标记“小心轻放”、“防潮”、“向上”等字样或符号，标志应符合 GB/T 191 的规定；

g) 堆码；

h) 出厂日期或批号；

i) 制造商或承销商名称、地址和商标或识别标记。

9.3.4 包装箱内的产品、附件、合格证、使用说明、保修单等应齐全。

9.4 运输

9.4.1 运输过程中应加强对成品的防护。

9.4.2 运输过程中应防止剧烈振动、挤压、雨淋及化学物品侵蚀。

9.4.3 搬运必须轻拿轻放，堆放整齐，严禁滚动和抛掷。

9.5 贮存

9.5.1 成品必须储存在干燥通风、周围无腐蚀性气体的仓库。

9.5.2 按型号分类存放，堆码的高度应不大于包装箱上标明的堆码高度。

附 录 A
(规范性附录)
标准试验室

标准试验室是由一个模拟室内温度的试验室和一个模拟室外温度的冷冻室构成,如图 A.1、图 A.2 所示,并以图 A.1 所示的视为外墙的壁板隔开上述试验室。

通过调节冷冻室温度来模拟低温条件下沐浴的室外环境,并在试验开始前帮助试验室达到试验所要求的环境温度。冷冻室体积应在 30 m^3～40 m^3 之间,长在 3 m～4 m 之间、宽在 3 m～4 m 之间、高在 2.4 m～2.6 m 之间。试验室为模拟标准浴室,长 1.8 m、宽 1.8 m、高 2.2 m。

在试验室外墙有一个至少为 1.2 m×0.8 m,导热系数不大于 3 W/(m^2K)的玻璃窗,窗下护墙的高度至少为 0.8 m,导热系数不大于 0.5 W/(m^2K),外墙剩余部分导热系数不大于 1.0 W/(m^2K),对于其他壁板、地板和天花板,导热系数不大于 0.6 W/(m^2K)。

试验前,打开试验室与冷冻室之间的门,以及两侧墙体和玻璃窗口之上两个对称的 100 mm×100 mm 出气口,来自冷冻室的冷空气通过该扇门和两个出气口提供给试验室。空气通过自然对流将冷冻室空气带给试验室,使其环境温度与冷冻室环境温度达到平衡。必要时,还可以采用强制对流方式。

试验进行时,关闭试验室门和上述两个出气口。

试验室外应有一个加湿量足够的加湿器为试验室提供一定的湿度环境。使用一个置于试验室内的湿度控制器控制试验室湿度,此湿度控制器应放置在距墙 1 m,距地面 1.2 m 处。

记录仪表应放置于试验室外。

单位为毫米

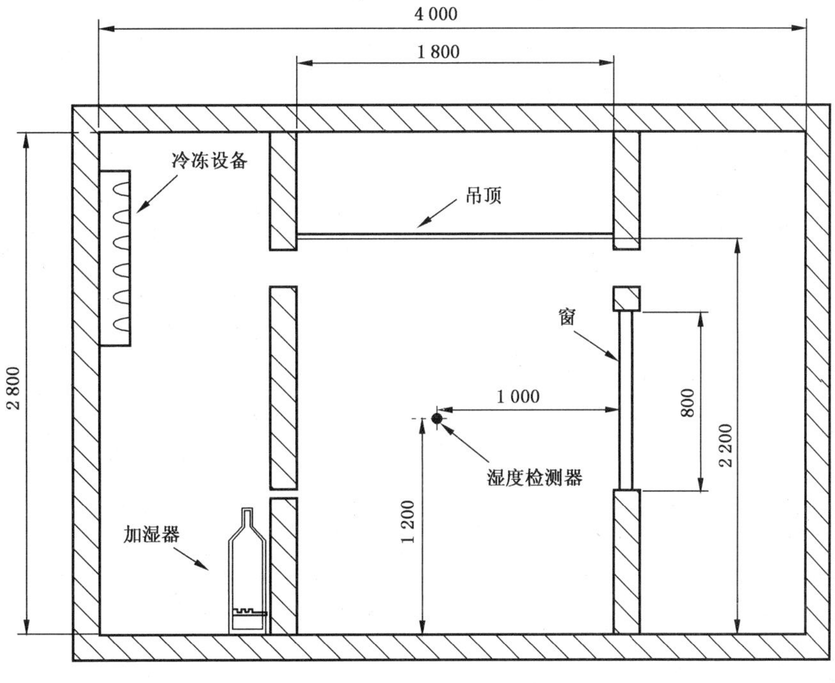

图 A.1 标准试验室侧视图

单位为毫米

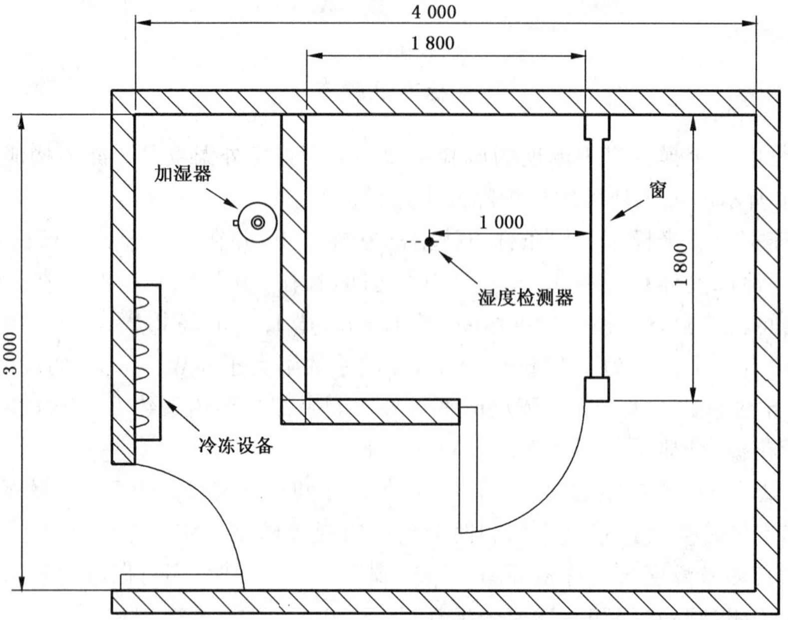

图 A.2 标准试验室俯视图

ICS 17.180.20
K 70

中华人民共和国国家标准

GB/T 26184—2010/CIE 70—1987

绝对发光强度分布的测量方法

The measurement of absolute luminous intensity distributions

(CIE 70—1987,IDT)

2011-01-14 发布　　　　2011-06-01 实施

中华人民共和国国家质量监督检验检疫总局
中国国家标准化管理委员会　发布

前　言

本标准等同采用 CIE 70—1987《绝对发光强度分布的测量方法》(英文版)。

本标准等同翻译 CIE 70—1987。

为便于使用,本标准做了下列编辑性修改:

a) “本技术报告”一词改为“本标准”;

b) 用小数点“.”代替作为小数点的“,”;

c) 删除 CIE 70—1987 的前言。

本标准由中国轻工业联合会提出。

本标准由全国照明电器标准化技术委员会(SAC/TC 224)归口。

本标准起草单位:国家电光源质量监督检验中心(北京)、杭州远方光电信息有限公司、上虞市产品质量监督检验所、中国质量认证中心、北京电光源研究所。

本标准主要起草人:华树明、潘建根、余培铨、陈松、江姗。

本标准首次发布。

引　言

本标准包含了发光强度分布测试需要用到的术语表。同时概括了发光强度分布测试的基本原则和测试使用的探头的相应要求，描述了发光强度分布测试与复现时使用的坐标系统。从细节上讨论了发光强度分布测试中涉及到的分布光度计的类型、角度编码的可行途径和数据处理。还包括了发光强度分布测试中的其他事项如电源、测试条件、以及操作、修正与复现等。多个部分中包含了关于描述分布光度计需要满足的特性的足够数据。

绝对发光强度分布的测量方法

1 术语

1.1 数量

1.1.1

发光强度 luminous intensity

(某一个光源给定方向上的)发光强度 I 是发自此光源的在包含给定方向的立体角元内传播的光通 $d\Phi$ 除以该立体角元 $d\Omega$ 的商。

$$I = d\Phi / d\Omega \qquad (1)$$

符号:I,I_v

单位:坎德拉(符号:cd)

1.1.2

照度 illuminance

表面上一点的照度 E 是照到包含此点在内的单元面积上的光通量 $d\Phi$ 除以该面元的面积 dA 的商。

$$E = d\Phi / dA \qquad (2)$$

符号:E,E_v

单位:勒克斯(符号:lx)

1.1.3

亮度 luminance

(给定方向上,光源或者接收器表面上一点或者光束光路上的一点的)亮度是发自、入射到或者经过该点所处表面上单元 dA 且在给定方向上传播的光通量 $d^2\Phi$ 除以圆锥立体角和此面元在与给定方向垂直的面上的正交投影面积 dA 之积的商。

$$L = \frac{d^2\Phi}{d\Omega \cdot dA \cdot \cos\varepsilon} \qquad (3)$$

ε 是法线与光束方向间的夹角。

符号:L,L_v

单位:坎德拉每平方米(符号:$cd \cdot m^{-2}$)

1.2

光强分布表面 surface of luminous intensity distribution

光强分布表面是由从一个公共原点发出的所有半径矢量末端组成的表面,矢量半径的长度与光源对应方向上的光强成比例。

1.3

光强分布曲线 luminous intensity distribution

(一个光源或者光设备的)光强分布曲线通常是极坐标曲线,此曲线可以代表在过光源的一个平面内的光强,是从某个给定方向量起的角度的函数。

注:a) 当一个光源具有对称的光强分布时,这个平面通常是子午面。

b) 当参考方向是竖直方向时,角度是从竖直向下量起的。

1.4

等光强图　isocandela diagram

等光强图是由一系列等光强曲线组成的。它们是在一个以光源为中心的假想球上连接所有代表相同光强方向的点组成的，或者说是一个此种曲线的投影。

1.5

亮度测试的测试区域和测试区域角　measuring field and measuring-field angle in luminance measurements

亮度计的测量区域是外部空间中所有能够辐射到接受面并被探头感知和评估的点的总合，探头以一个具有方向性的响应率，该响应率至少为其最大响应率的10%，对这些点的辐射进行感知和评估。

注：测量区域通常是圆形的。然而，其他固定形式或者可变形式也是可能的（比如，梯形的、长方形的、正方形的）。

测试区域角 α 是从测试平面上观察测试区域时表观上的角度。

1.6　测试设备术语

1.6.1

光度计　photometer

光度计是测量光度量的设备。

注：光度量是可以从辐射度量中以确定的转换关系（叠加原理、$V(\lambda)$ 函数、光强单位的定义）导出的。

1.6.2

分布（角度）光度计　goniophotometer

测角光度计是用来测量与角度相关的光度量的光度计。

注：测量空间光强分布的测角光度计也叫做光强分布光度计。

测量空间光强分布的测角光度计通常包含一个用于安置并定位光源和光度计探头的机械设备和一个（或者更多）通常是可移动的光度计探头，而光度计探头配有必要的转换器和制度装置，也有获取和处理数据的设备。

1.6.3

光度计探头　photometer head

光度计探头包含一个光敏探测器和一些对光进行光谱评估（比如，颜色滤光器）或者光谱分光（比如，光栅）的装置。也可能包含对光进行方向评估的装置，比如散射窗、镜头和光圈。光敏感探测器将入射光转换为电学量。

1.6.4

接收面　acceptance area

接收面是光度计探头接收并直接评估入射光的面。

1.7

（光源或者灯具的）光度中心　photometric centre(of a lamp or luminaire)

光源或者灯具的光度中心是一个可以对其使用光度距离定律的参考点（参见2.1）。对于光源而言，光度中心对应为发光区域的中心。对于带有反射器的光源，光度中心取在出光口的中心。至于灯具光中心的信息则包含在技术报告《灯具的光度测量》中。

注意：光强分布测试时，光源的光度中心应置于测角光度计的轴线交点上（几何中心）。

1.8

杂散光　stray light

杂散光是除了光源直射到光度计探头并被其评估的那部分光通量。

1.9

限定光度测试距离　limiting photometric distance

受限光度距离是指允许的从光源到光度计探头间最小距离，在此距离下测试误差比允许误差小。

2 光强测试原理

光强测量可以通过测量照度并由光度距离定律的计算进行，也可以通过亮度积分进行。两种方法都遵从光度学基本定律。

2.1 光度测试距离定律

光度测试距离定律根据下面的公式对光强进行判断：

$$I = E \cdot r^2 / (\cos\varepsilon_2 \cdot \Omega_0) \quad \cdots\cdots(4)$$

式中：

I——到接收区域方向上的光强；

E——接收区域上的照度；

R——从光源到接收区域的距离；

ε_2——入射角，相对接收区域发现方向而言；

Ω_0——1 球面度（单位立体角）。

数量 Ω_0 是根据 CIE 词汇第四版（准备中）使用的，允许其作为可选项使用。对于是否需要使用 Ω_0 还没有达成完全的一致，可以将其等效省略或者用数字 1 替代。

式(4)仅适用于距离 r 超过限定的光度测试距离时。

测试误差取决于：

——光源最大尺寸；

——光源在空间和方向上的亮度分布；

——光度计探头接收区域的在空间和方向上的相应率。

注 1：对于具有均一亮度（朗伯辐射体）的圆形发光区域和圆形的接收区域，限制光度距离 r 是两个区域中较大的直径的 10 倍（5 倍）。这种情形下，依据光度距离定律进行计算获得的轴向的光强 I 的误差小于 0.5%(1%)。

注 2：对于窄的光强分布，限制光度测试距离比适用于朗伯辐射体的值还要大。[9,10]

注 3：根据式(4)进行光强计算时要确认，如果需要可通过不同的测试距离进行测试，测试距离超过限定的光度测试距离。对于装有固定光度探头的测角光度计，如果测试距离小于限制光度距离的话，可以通过使用足够大的反射镜来延长测试距离。由反射镜引起的光线偏振和反射镜的光谱反射率应加以考虑。

注 4：当根据式(4)推导光强时，很重要的一点是需要通过在光源和光度计探头之间使用挡屏来对入射到光度计探头的杂散光进行限制。所有从光度计探头处能够看到的光源背景部分都应漆成尽可能黑的颜色。光源与其背景之间的距离应尽可能的大。（图 1）

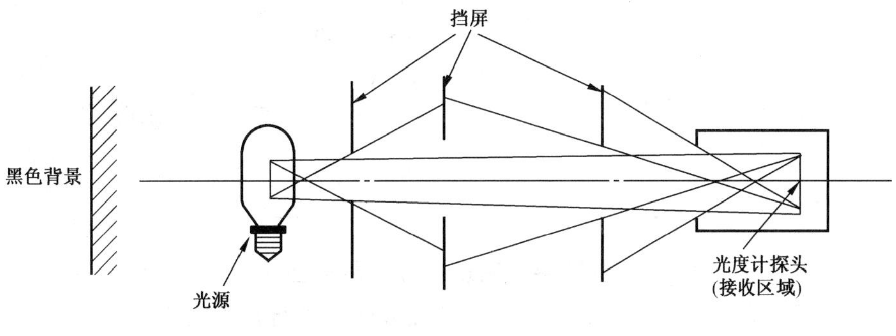

图 1 光强测试中杂散光的降低

2.2 亮度积分

光强可以通过亮度积分的方法进行判断：

$$I=\int_{(A_1)} L(\varepsilon_1)\cdot \mathrm{d}A_1\cdot \cos\varepsilon_1 \qquad \cdots\cdots(5)$$

式中：

A_1——发光面积；

$\mathrm{d}A_1$——发光面积元；

$L(\varepsilon_1)$——用于确定光强值的方向上面元 $\mathrm{d}A_1$ 的亮度；

ε_1——面元 $\mathrm{d}A_1$ 的出射角，即用于确定光强值方向与该面元法向之间的夹角。

3 光度计探头的类型

根据用来确定光强所使用的理论关系[式(4)或式(5)]，在测角光度计中可以使用两种类型的光度计探头。

3.1 测量照度的光度计探头

根据式4进行光强判断时，应使用一个测量照度的光度计探头。这种光度计探头应满足下列要求[1,6]：

——相对光谱响应与 $V(\lambda)$ 函数有好的符合性(误差 f_1)；

——线性(误差 f_3)；

——低失真(误差 f_5)；

——环境温度的影响(温度系数 α)；

——相对光度中心而言接收区域的立体角尽可能小。

CIE已经将关于误差 f_1 到 f_5 以及照度计的归类的术语进行了编纂。

3.2 亮度积分用的光度计探头

3.2.1 结构

3.2.1.1 带有镜头的光度计探头

使用镜头的亮度积分光度探头包含一个直径比光源要大的镜头(也称场镜)和一个置于处在镜头焦点上的光阑后方的探测器(包括进行 $V(\lambda)$ 修正的滤光片)组成(图2)。这种光度计探头的测量区域角 α 就是：

$$\alpha=2\cdot \arctan(a/2f) \qquad \cdots\cdots(6)$$

式中：

f——镜头的焦距；

a——测量区域边界的直径。

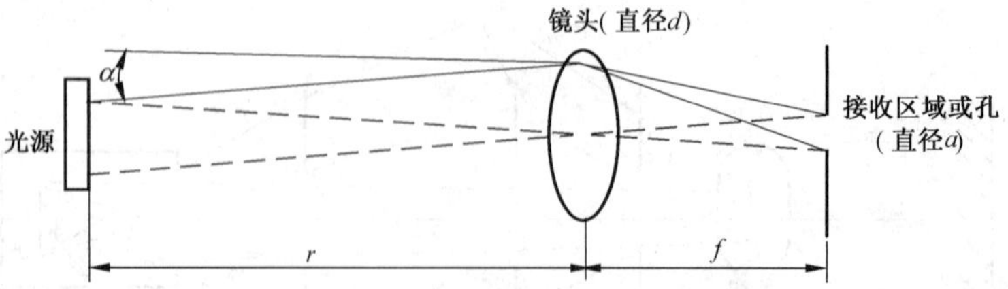

图2 带有镜头的亮度积分测量光强的探头

通过镜头进行亮度积分的光度计探头所能测量的光源的最大直径 D 通过式(7)给出：

$$D=d-r\cdot a/f \qquad \cdots\cdots(7)$$

式中：

D——允许的最大光源尺寸；

d——镜头的直径；

r——光源和镜头之间的距离。

当满足式(7)的条件和限制光度距离条件(将比率 D/r 限制到一个最大值)时,测试可以在任意的光源和镜头间距离 r 下进行。

3.2.1.2 带有平行定位的光学件的光度计探头

除了使用单个的镜头外,也可以用几个紧靠在一起的镜头。通过这种排列,可以对具有大的发光区域的光源进行测量。

注意:带有平行光管的光度计探头也可以通过将各个镜头仅仅排列成直线。这种镜头列可以在一个垂直于测量方向的平面内移动或倾斜,而在这个垂直方向上的亮度积分(求和)应以数值形式进行。

3.2.1.3 带有光电管的光度计探头

亮度积分光度计探头也可由带有光收集设备的光电管,(具有 $V(\lambda)$ 响应)光电探测器并联构成。图3给出了这种结构安排,其中光收集是通过一个固定在光电管后端效果类似于积分球的球形设备实现的。探测器可以置于球形设备的侧边。对亮度的空间评估可以通过在探测器前面的光圈实现。

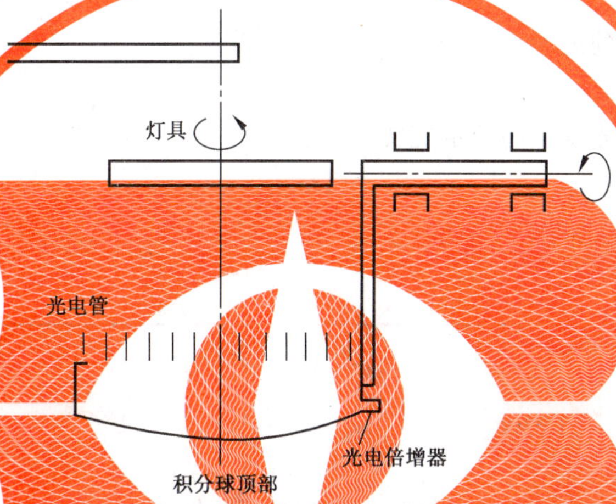

图3 带有光电管的亮度积分光度计探头

此种光度计探头的相对光谱响应决定性的取决于球形收集设备的内表面喷涂的光谱反射。涂层的污染,即使是非选择性的,也会导致设备相对光谱响应和整体的绝对响应的变化。

注:现实中,对整个探头的相对光谱响应的测试是不可能的。

图4给出了另外一种具有平行定向管的光度探头的结构布局,可以获得很高的空间响应均匀性,并有稳定的、可测的光谱响应。

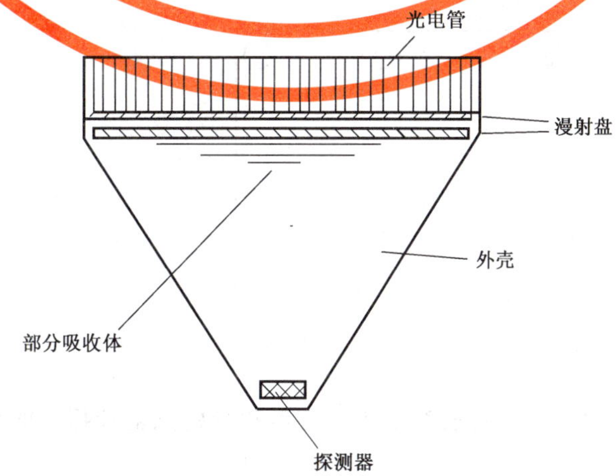

图4 亮度积分光度计探头

光源和光度计接收区域之间的距离会影响测量的结果。

为了完全覆盖光源的发光区域，接收区域与光源间的最小距离 r_{min} 应满足：

$$r_{min} = (l/\sqrt{2} - d/2) \cdot f/d \qquad \cdots\cdots (8)$$

式中：

l——光电管安装盘中相邻管间的距离；

d——光电管的直径；

f——光电管安装盘的厚度。

由于机械原因，r_{min} 也应大于光源最大尺寸(D)的一半以上。所以，用这种设备能够测试的光源最大尺寸保守限值应通过要求 r_{min} 和 $D_{max}/2$ 的和等于测角光度计的固定旋转半径(r)来实现。这种条件下，D_{max} 可以由式(9)规定：

$$D_{max} = 2(r - r_{min}) \qquad \cdots\cdots (9)$$

式中：

D_{max}——允许最大光源的最大尺寸；

r_{min}——根据式(8)计算；

r——某个特定测角光度计的给定旋转半径。

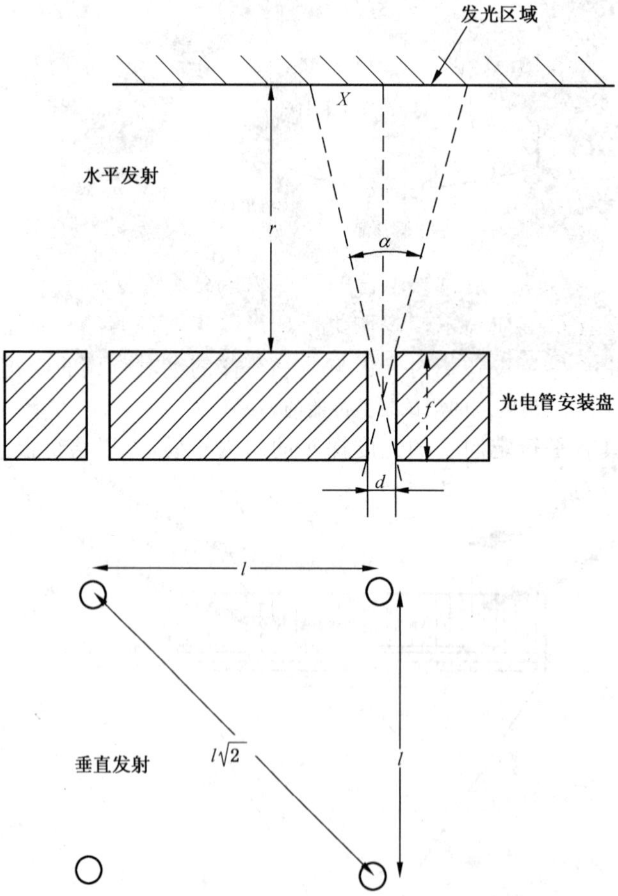

图 5　采用光电管安装盘进行亮度积分的光度计探头的尺寸

光度计探头接收区域的最小直径 B 应该是：

$$B = D_{max} + 2 \cdot r \cdot d/f \qquad \cdots\cdots (10)$$

无论结果是否与光源与接收区域的距离相关都应确保满足这一点。

3.2.2　不均匀照度的影响

如果光度计探头的响应在整个接收区域内不是均匀的，光源的空间不均匀空间照度能够导致测量误差。

测量误差将受光源的亮度分布、光源的尺寸与数量以及整个接收区域的响应差异分布所影响。

如果进行校准，测量误差将受到校准源和被测源的相对特性以及光源相对接收区域的位置所影响。

如果可能，校准源和被测源应该置于相同的位置上。

为了提供一个对可能的测量误差进行评估的基础，应该对接收区域的响应分布进行确定。

这可以通过下面的方式进行：将光度计探头水平固定，使其接收区域的法线朝向上方。在一个距离大于最小测试距离 $r_{\min}$[见式(8)]的水平面内移动一个光源，光源的移动连续覆盖整个探头上方区域。

光源在其出射区域的法线方向应该有近似恒定的光强分布，并且其出射区域的面积不应超过接收区域面积的 1/10 或者 10 cm^2（反正要小一些）。可以采用一个 100 W 的磨砂白炽灯。

对于光源的不同位置上的读数可以用来计算相应的光度计使用中由不均匀照度导致的误差 f_9。

如果将 f_9 作为读数间的最大百分差异，就会获得最差情况下的误差。

$$f_9=(1-Y_{\min}/Y_{\max})\cdot 100\% \qquad (11)$$

式中：

$Y_{\min}$——最小读数；

$Y_{\max}$——最大读数。

如果光度计是用来测量紧凑型光源，f_9 应取所有围绕接收区域中心的圆周上读数平均值(a)与中心点读数(b)的最大百分差异：

$$f_9=\left[\left(\sum_{\alpha=0^\circ}^{360^\circ}Y_\alpha\right)_{\max}-\left(\sum_{\alpha=0^\circ}^{360^\circ}Y_\alpha\right)_{\min}\right]\cdot\frac{1}{Y_0}\cdot\frac{\Delta\alpha}{360}\cdot 100\% \qquad (11a)$$

式中：

Y_0——中点读数；

$\Delta\alpha$——以度为单位的读数角度间隔；

$(\sum Y_\alpha)_{\max}$——沿圆周上平均读数的最大值；

$(\sum Y_\alpha)_{\min}$——沿圆周上平均读数的最小值。

如果光度计用来测量线形光源，f_9 应取所有围绕接收区域中心的任意直径圆周上读数平均值与平行于光度计水平轴圆周上读数平均值的最大百分差异。

如果光度计用来同时测量紧凑型和线形光源，则取上述误差中较大的一个。

在圆周上读数时，圆周直径增量应尽可能小，而直径间的角度距离同样应该尽可能小。在判断 f_9 时，应对圆周直径增量为 20 cm 和角度间隔为 5°的差异百分比进行计算。

3.2.3　测量区域角的影响

当使用照度测量方式确定光强时，限定的光度测试距离 r 决定了比率 D/r 的最大值（D 是光源的最大尺寸）。如果采用亮度测量来判断光强，同样应将这一限制比率考虑在内。对于带有镜头的光度计探头，这意味着：

$$\tan\alpha\leqslant D/r \qquad (12)$$

α 根据式(6)的测量区域角。

对于带有光电管的光度计探头则需要：

$$d/f\leqslant 2D/r \qquad (13)$$

d、f，见图 5。

4　测量面

通常光源（灯和灯具）的光强分布是在一定数目的面内测量的。光强分布曲线的数目和测量面的选择取决于光源的种类、用途以及测角光度计的类型。已经证明在众多可能的测量面中有三种面体系特别有用。

4.1 **A 面系(见图 6)**

A 面系是指那些交线过光度中心、平行于出射面并且垂直于光源的假想轴的面。

注:A 面系系统与光源刚性结合并随光源倾斜而倾斜。

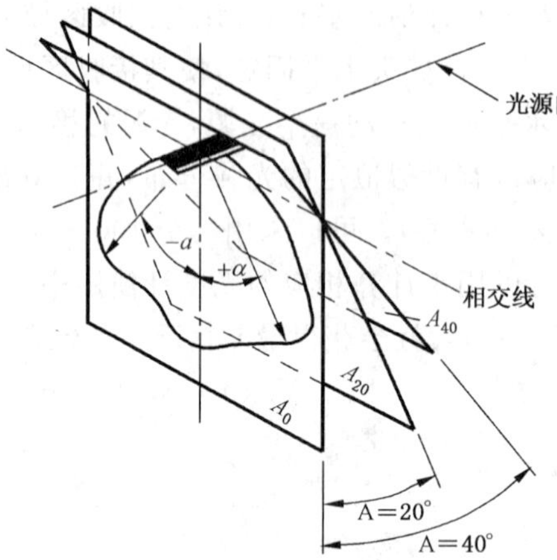

图 6 **A 面系**

4.2 **B 面系(见图 7)**

B 面系的总和是那些交线过光度中心、平行于光源的假想轴并且垂直于 A 面系的交线的面。

注:B 面系系统与光源刚性结合并随光源的倾斜而倾斜。

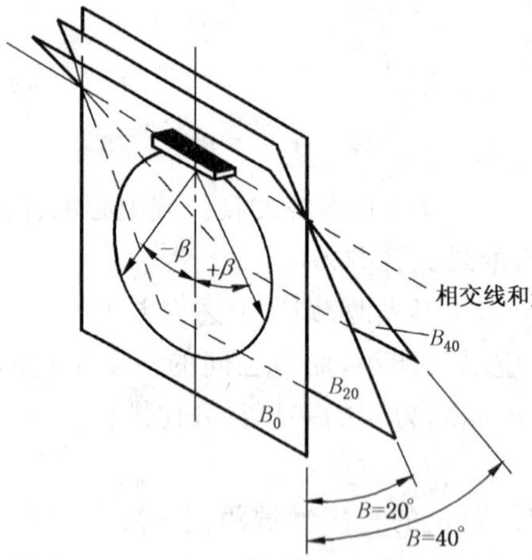

图 7 **B 面系**

4.3 **C 面系(见图 8)**

C 面系的总和是那些交线垂直经过光度中心的面。

注:C 面系系统一般在空间中刚性定向,不随着光源倾斜。C 面系的交线仅垂直于光源倾斜角为 0 时的 A 面系的交线和 B 面系的交线。

一些情况下,C 面系的总和也可以是那些交线为 A_0 面与 B_0 面的交线的面(见图 9)。此类情况下,C 面系也是与光源刚性结合的(与 A 面系和 B 面系情况相同)。

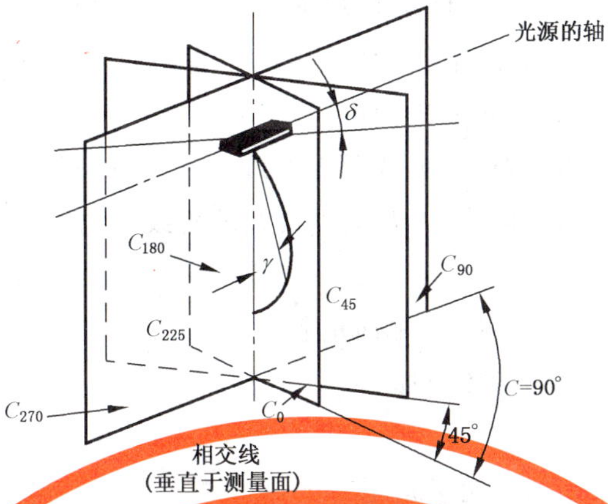

图 8　C 面系（**δ** 为灯具的倾斜角）

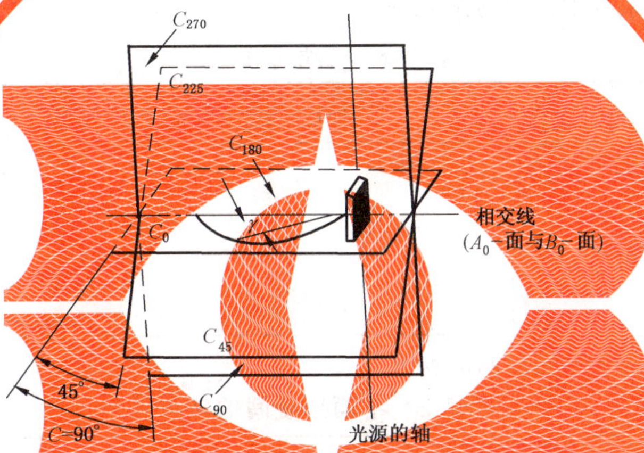

图 9　与灯具刚性结合的 C 面系

4.4　圆锥面（见图 10）

对于一些测角光度计而言，以固定的极角来测试光强分布曲线并在圆锥面内以曲线表达结果比较方便。圆锥的轴线对应为 C 面系的交线。

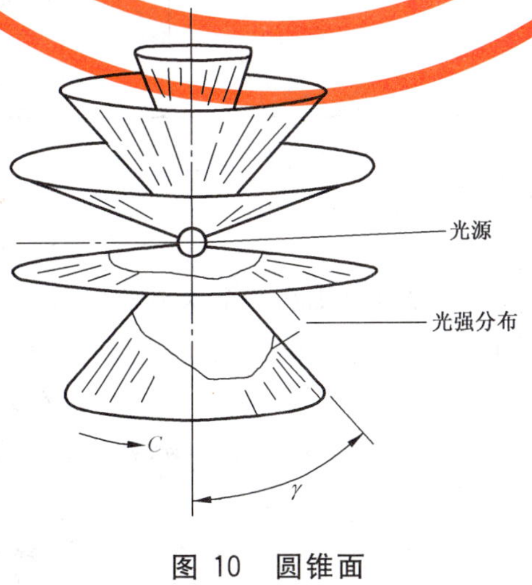

图 10　圆锥面

4.5 面角度的标记

面的倾斜角用一个参数来指定。A 面系和 B 面系平面的倾角从 $-180°$ 经过 $0°$ 到 $180°$，而 C 面系的倾角则是从 $0°$ 到 $360°$（半平面）。圆锥面的张角是相对 C 面系的交线而言的。

使用以下标记（角度标记符见图 6～图 10）

——A 面系平面内的角度用 α 表示，从 A 面系交线的垂线方向量起；

——B 面系平面内的角度用 β 表示，从 B 面系交线的垂线方向量起；

——C 面系平面内的角度用 γ 表示，从 C 面系交线的向下的方向量起；

——圆锥面上的角度用 C 表示，从 C_0 平面量起。

平面的倾角作为平面间相对的指数相加。

4.6 相互关系

每一个平面系统内的特定方向由两个角度确定：

——平面或者圆锥面内的角度；

——平面或者圆锥面的倾斜角度。

表 1 给出了不同面系统中常用的角度符号。

表 1 角度符号

系　统	平面内的角度	平面的倾斜角度
A 面	α	A
B 面	β	B
C 面	γ	C
圆锥面	C	γ

表 2 列出了对应于表 1 中角度间的换算等式。

表 2 平面系统间的转换式

方　向		平面的倾斜角度	平面内的角度
给出的	期望的		
A,α	B,β	$\tan B=\tan\alpha/\cos A$	$\sin\beta=\sin A\cdot\cos\alpha$
A,α	C,γ	$\tan C=\tan\alpha/\sin A$	$\cos\gamma=\cos A\cdot\cos\alpha$
B,β	A,α	$\tan A=\tan\beta/\cos B$	$\sin\alpha=\sin B\cdot\cos\beta$
B,β	C,γ	$\tan C=\sin B/\mathrm{tg}\beta$	$\cos\gamma=\cos B\cdot\cos\beta$
C,γ	A,α	$\tan A=\cos C\cdot\mathrm{tg}\gamma$	$\sin\alpha=\sin C\cdot\sin\gamma$
C,γ	B,β	$\tan B=\sin C\cdot\mathrm{tg}\gamma$	$\sin\beta=\cos C\cdot\sin\gamma$

5 带有旋转光源设施的测角光度计

5.1 原理

在此类测角光度计上，光源围绕一个竖直轴和一个水平轴转动。光度探头固定不动。用此类测角分布光度计只能获得那些光强分布不受方位和温度影响的光源的精确的光强分布。

注 1：对于荧光灯和使用荧光灯的灯具的光强分布测试而言，可以使用此类测角光度计，不过前提条件是：如果光源的位置不同于一般燃点位置，应用一个辅助探头（见 5.4）或者使用相应的修正系数来保持每一个方向上的光强恒定。

注 2：可以通过使用固定在测试空间远处墙上的反射镜来增加光源和光度探头间的光程。应考虑镜子的反射率选择和偏振选择。

5.2 应用

带有旋转光源装置的测角光度计只能用来测量白炽灯和荧光灯或者使用它们的灯具。不论其结构和价格，这些测角光度计通常是最有利的类型。它们通常用来根据光度距离定律来确定光强。通常需要使用辅助探头(见5.4)。

5.3 结构原理

有三种带有旋转光源装置的测角光度计：

类型1：固定的水平轴和一个可动的垂直于水平轴的竖直轴(图11)。当光源围绕着水平轴转动，第二轴在固定方向上时，测试在A系面或B系面内进行。

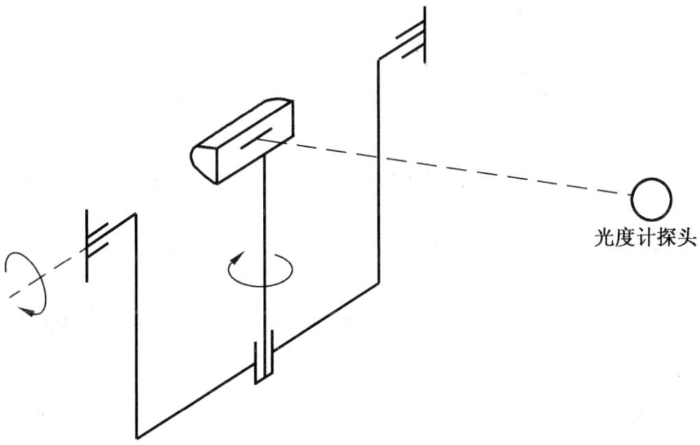

图11 具有转动光源装置的测角光度计，类型1

类型2：固定竖直轴，可动水平轴(图12)。测试在A系或B系面内进行。

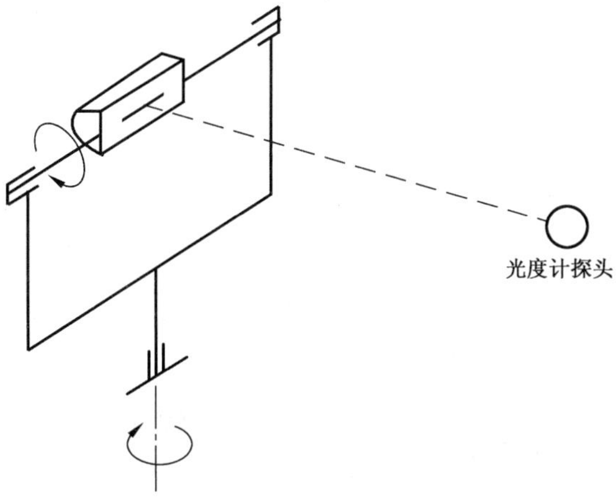

图12 具有转动光源装置的测角光度计，类型2

类型3：固定水平轴，可动竖直轴(图13)。测量在C系平面或者锥面内测量。如果光源旋转90°，类型3和类型2是等同的。

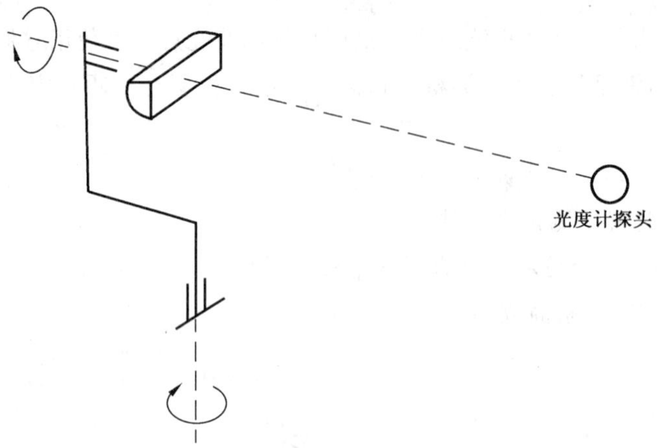

图 13 具有转动光源装置的测角光度计，类型 3

5.4 辅助探头

那些(绝对)光强分布随着燃点方位而变化但相对光强分布不随着燃点方位而变化(例如，荧光灯或者使用了荧光灯的灯具)的光源，如果测量通过一个辅助探头进行了修正，可以用旋转光源的测角光度计来测量。不推荐使用此方法进行精确测量。所有的使用独立光度探头的照度计都可以用作参考探头。辅助探头应相对光源位置固定，以使其与光源的运动同步。更好的是辅助探头能被所有的发光区域照到，而且不会遮挡光源照到光强测量的光度探头上的光。

对于辅助探头的唯一严格要求是：低疲劳特性和参数漂移。其他确定照度计性能的参数重要性较低。

为了获得光强分布，要获得在燃点位置垂直方向上的辅助探头的读数。当围绕水平轴转动光源的时候，可以通过相应调整供电电压将辅助探头上的读数维持在一个恒定水平上。

第二种可能是，维持光源供电电压不变，用修正系数将各个方向上的测得光强进行修正。

$$I = K \cdot I_{meas} \tag{14}$$

式中：

I——光源的光强；

K——修正系数；

I_{meas}——测得(不精确的)光强。

修正系数 K 与辅助探头上的测得读数满足：

$$K = \frac{E_0}{E_\theta} \tag{15}$$

式中：

E_0——光源在描述燃点方位(燃点后)上时辅助探头上的读数；

E_θ——光源在角度 θ 确定的燃点方位上时辅助探头上的读数。

6 带有移动光度计探头的测角光度计

6.1 原理

在此类测角光度计上，光源围绕一个竖直轴转动，光度探头在一个竖直平面内围绕光源转动。

可以不移动探头，而是用一定数目的固定探头替代，相应于移动的光度探头，固定探头也处于同一个竖直面内。也可能用一系列的光度探头的竖直面安排来替代光源的转动过程。

注：在一个或多个竖直平面内使用固定光度计探头需要对应于应测量角度相同数目的光度计探头。所有的光度计探头应独立校准，这在现实中很不利。其结果是使用的机械机构更简单，测试时间会显著降低。

6.2 应用

因为此类测角光度计中，光源仅围绕竖直轴转动，所以，可以在光源正常燃点方位上完成测试，这就可能对所有光源及使用它们的灯具进行测试。

精确测量的前提是光源到光度探头的距离足够长，这个距离当然取决于使用的光度计探头。如果使用的光度计探头是测量照度的，通常需要使用一个相对大尺寸的测试空间。

6.3 结构原理

对于具有移动光度探头的测角光度计，有三种基本类型。

类型1：光源围绕一个由水平和竖直旋转轴确定的交点转动，光度探头围绕一个水平轴转动(图14)。也可以是光度探头在一个围绕光源的竖直平面内的一个圆周上运动，与光源没有任何的机械连接(图15)。

图14 具有移动光度探头的测角光度计，类型1。光度探头围绕一个水平轴转动

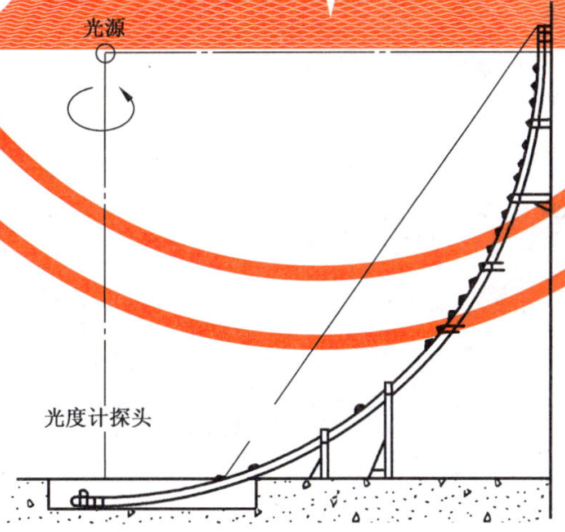

图15 具有移动光度探头的测角光度计，类型1
光度探头在一个围绕被测物的圆上移动，没有直接机械连接

类型2：光源和光度探头处于一个桁架的两端，桁架绕过中心的水平轴转动。光度探头刚性固定在桁架上，而将灯具以一个水平方向自由轴固定，确保桁架旋转时灯具始终像一个灯泡一样向下悬挂。光源以其指定的燃点方位围绕一个竖直轴转动，而灯具的光度中心在一个 C 平面内围绕一个水平轴转动

(图 16)。值得注意的是,许多类型的光源的光输出是与温度相关的。因此,由光源移动引起的气流速度应保持在一个低水平上。转动光源也可能因为(如液体金属的)离心运动而导致变化量增大。所需的空间深度是类型 1 的一半。此类型仅在结合使用照度测试光度探头时才有意义。

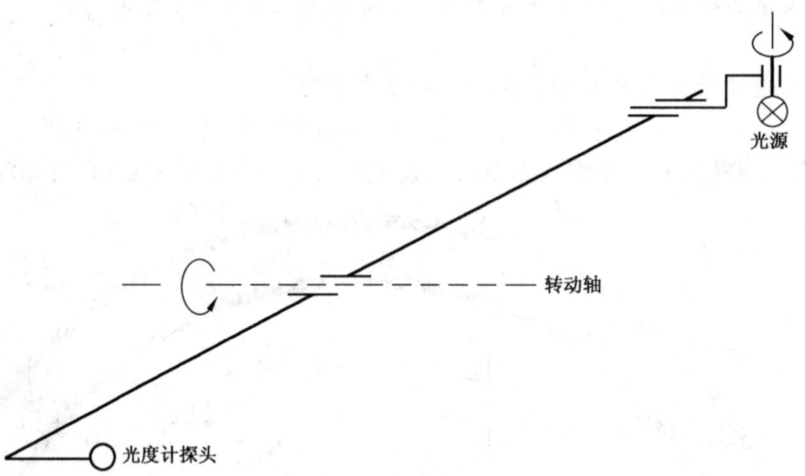

图 16　具有移动光度探头的测角光度计,类型 2
光度探头和光源在一个竖直面内的圆周上运动

类型 3:光源在一个固定位置上围绕一个竖直轴转动。光度探头在 C 平面内沿直线运动(水平的或竖直的),与光源之间没有机械连接(图 17)。移动的光度探头可以在光源光度中心上与其光轴对齐。如果光度探头响应度作为入射角的函数被引入数值计算,则光度探头也可停留在一个固定的空间方向(光度探头的光轴,竖直的或水平的)上。光源和光度探头间距离变化所导致的在数值计算时应予考虑。

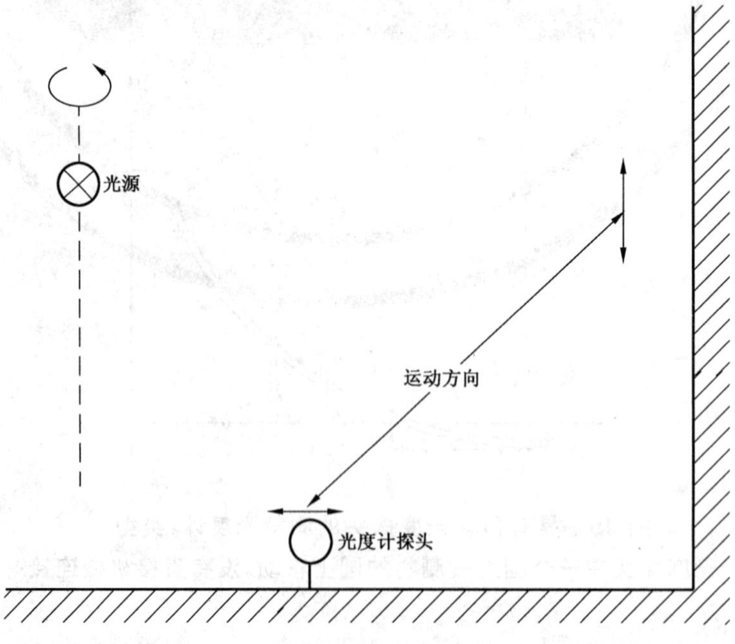

图 17　具有移动光度探头的测角光度计,类型 3
光度探头在一个水平或竖直线上移动

对于类型 1 和类型 3 的测角光度计，可以使用很多固定光度探头，每个探头都分别校准过，来替代一个移动的探头。

探头的数量取决于所需的角度精度，因而很大程度上取决于光源的类型。这种测角光度计的测量时间可以很短。校准和老化问题对于这种多探头系统而言可能比较突出。第一类型的测角光度计可配用测量照度或测量亮度的光度探头。第二和第三类型的测角光度计则只适宜使用测量照度的光度探头。

对于带有移动光度探头的测角光度计而言，测试在 C 系平面或锥面内进行。

7 带有旋转反射镜的测角光度计

7.1 原理

在此类测角光度计中，光源围绕一个竖直轴转动，一个反射镜围绕一个水平轴转动。光度探头的位置是固定的。

注：可以在测试房间远端使用一个反射镜来加大光源和光度探头间的光程。由镜子引起的选择性反射和偏振应加以考虑。

7.2 应用

由于此类测角光度计中源只围绕一个竖直轴转动，并且可以指定燃点方位测试，因此它可以测试所有类型的光源及使用这些光源的灯具。

精确测量的前提是光源到光度探头的距离足够大，这个距离取决于使用的光度计探头。

7.3 结构原理

目前，带有旋转镜子的测角光度计一般仅使用一个反射镜，以便于对准。然而，带多个镜子的测角光度计也是已知的。图 18 和图 19 给出了带有旋转镜子的测角光度计的结构原理。应注意不能有光从光源直接到达光度探头。镜子应足够大，不能在光束通路中引起阻断。

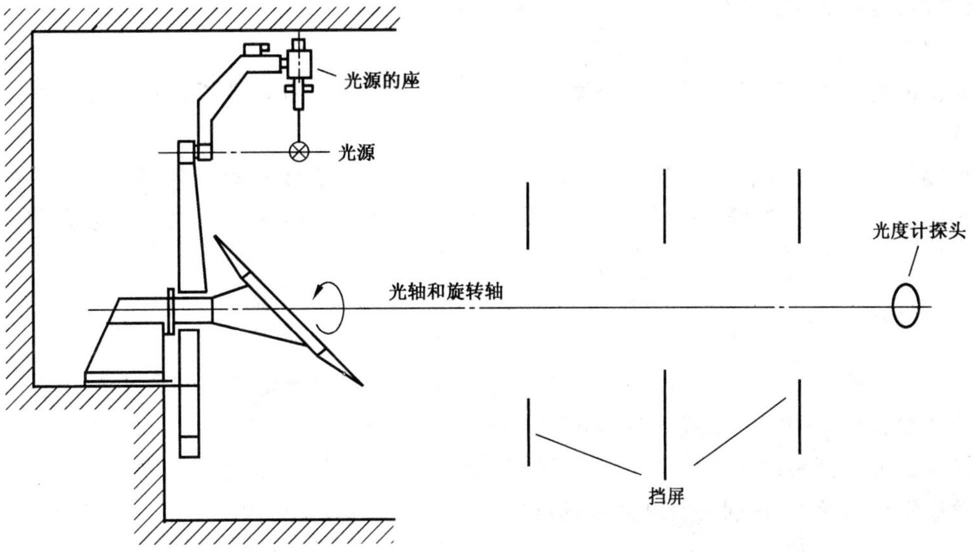

图 18 带有旋转镜子的测角光度计（镜子在光学轴上）

挡屏应放在镜子和光度探头之间，以保证没有光从光源直接到达探头，并且，最好是也没有光从地板、顶棚或地面反射到探头。测试在 C 系平面或锥面内进行。

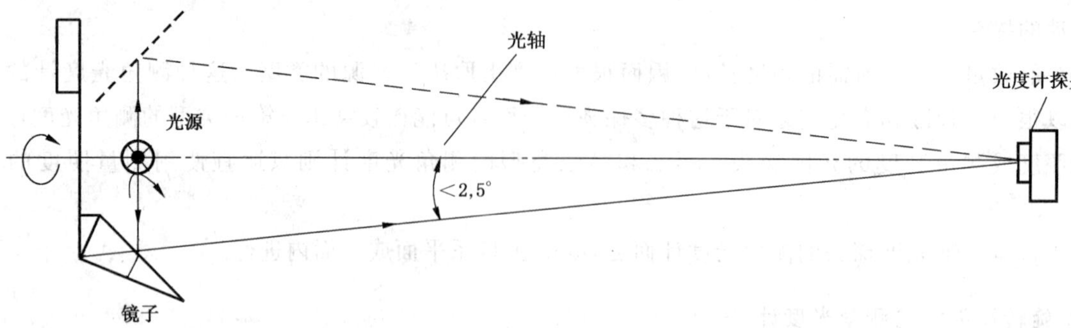

图 19　带有旋转镜子的测角光度计(光源处在光学轴上)

由旋转镜子引起的误差的测量应根据 3.2.2 内容进行。

8　角度测量

8.1　可能性

为了测量一个给定方向的光强,需要在使用的特定平面系中确定两个角度。测角光度计中的光源定位通常通过手工或电动机完成。如果采用电动机,电动机可以手工或自动控制。后一种情况中,需要使用电动旋转测量装置。所有的情况下,都可使用角度测量装置。可能方法如下:

——手动调整测角光度计,通过角度尺读数;

——手动或电动机调整测角光度计,通过电位计实现角度编码,产生的电压是角度位置的测量尺度;

——使用步进电机,脉冲数目是角度位置测量的尺度;

——使用角度编码器(脉冲发生器),脉冲数被计数。应考虑对零位的判定;

——采用绝对角度编码器,不需要进行零位调整。一个特定位置始终被编码,即使是在断电的情况下。任意特定的参考位置都可以被定义为专门测试的零位,绝对零位不会丢失,可以频繁地获取。

当前位置通常是数字式指定的。

8.2　需要

应对光源的充分精确定位。对于变角度步长测试的角度安排,推荐选择角度精度为 0.1°。分辨率也可以为 0.01°。

应进行测量以确保指定位置与光源的实际位置是相同的,并确保不会因为测角光度计的机械不稳定性导致不精确。这意味着,需要测角光度计的机械部件足够重,这会在很大程度上影响这种设备的价格。

9　光电转换和数据处理

带有光电转换的系统包括从光度探头获取并处理信号的电路(通常使用带有反馈的运行放大器)和光强的数字或模拟显示附加电路或者合适的输出,例如,连接到计算机或者 xy 记录仪。当可行时,带有自动温度调整的光度探头的电源也是光电转换的部分。自动范围调整的电路也是应有的特点。

采用 AC 供电的光源,特别是放电灯,具有电源两倍频率的确定波动光输出。测量时应通过电路的足够长的稳定时间或者时间积分来消除受到这种波动的影响。无论如何,测角光度计的"瞬时测量"速度的函数不应影响测量结果。

对于采用 DC 供电的光源,总的测试时间通常比 AC 供电的要短。

带有光电处理电路的光度探头的性质应符合照度计或亮度计相同的规范。

测量值(多系列的光强读数,两个角度位置和——当可用时——辅助探头的读数)的获得可以通过如下步骤:

——对模拟或数字形式的指定数量的手动记录；

——在一个适合的打印机上打印出测得值序列；

——在一个 XY-记录仪上在极坐标或直角坐标内绘制光强分布；

——在一个合适的计算机上存储。

当需要完全自动测量并获得光强分布时，对反映光源基本信息的测得数据进行的必要计算和打印时，应选择使用计算机。这包括了对光强分布以表格和图表形式的打印。另外，要打印的是：对于光源，光通量值和发光效率；对于灯具，灯具总光通、灯具光输出比率、平均亮度分布（用于评估眩光限制）；对于投光灯具，利用光通量的水平和竖直方向的十分之一峰值（扩展），利用系数等。

10 一般测量条件

10.1 运行条件

除非另有协议，所有的光源都应在可用的 IEC 推荐值或国家标准规定的条件下运行并测试。对是否是在标定的电压、电流或功率下进行的测试的陈述是必需的。这确保了可以与其他实验室测得的数据在不可避免的测量不确定度范围内进行比较。

固定数量值应尽可能少的受测试设备的影响。在对测量进行评估时应将不可避免的影响考虑在内。

校准应该以可以直接或间接与国际认可标准相比较的方式进行（光源，测量设备）。

10.2 老炼

光源的工作参数在其寿命期内逐渐变化。在其寿命的初期阶段，这种变化尤其明显。为了使测试达到足够的重复程度，需要对光源进行老炼。

在可用的 IEC 推荐值和国家标准中规定了不同类型光源的老炼期。

10.3 燃点方位

光源的燃点方位应与可用的 IEC 推荐值或国家标准或者制造商指定和应用规定相符合。在测试报告中应陈述燃点方位。

10.4 环境温度

光源测试应在无风的房间进行以消除周围空气对流的损害。光度测试通常是在 25 ℃的环境温度下进行。对于光通输出对温度影响很明显的光源，温度容限应该为±1 ℃，其他光源为±3 ℃。如果测试是在不同的环境温度下进行的测试，温度应给以陈述。

对于一些特殊的光源，如果光源是在一个明确的、给定的附属灯具内运行的，光通测试应是在制造商的规定条件下进行的。

温度应使用精度至少为 0.01 ℃的温度计测试。温度应该在与光源大概同样高度的可复现的点上进行测试。

如果使用的是测角光度计，温度传感器和被测光源的光度中心间的距离至少应超过光源水平最大延展尺度 0.5 m 以上。被测光源到传感器的直接辐射应加以屏蔽。

10.5 振动和震动

当通电后，大多数光源不应承受超过 10 m/s^2（4 Hz～3 000Hz）的加速度或超过 30 mm 的位移（最高到 4 Hz）。但是，无法对于所有的光源和灯具给出一套固定的限定值。

10.6 稳定期

稳定期的目的就是要达到一个所有测试重要参数都稳定的状态。在稳定阶段的运行条件应该同样应用到后续测试中。应特别注意防止燃点方位的改变和指定运行参数的改变（如：标定电压、功率和电流）。需要的稳定期取决于光源的类型和运行条件。应该连续监测读数以检查稳定性，当相应读数不再呈现单向趋势时可以认为光源稳定。

注：一些光源保持一定时间的稳定后会重新开始变化直至达到新的稳定状态。

10.7 电测量

10.7.1 测量不确定性

光度测量结果变化经常是电参数测量或调整误差导致的。对于电流和电压(DC 和 AC)白炽灯测量不确定性应不超过 0.1%,而对于 AC 电流或电压的放电灯的相应数据为 0.2%。

注:对于白炽灯,电压的 1%误差会导致光通量大约 4%偏差。电流同等程度的误差会导致光通量 8%的误差。应当有协议保证需要测试的参数(电压、电流、功率)一致,并且其他条件都得到满足。

10.7.2 电源类型和运行模式

对于 DC 的电源可以比 AC 的电源可以更精确的测量,因为 AC 光源和电测设备会受到更多数目影响因素(例如,频率、波形和相位滞后)的影响。因为有时候光度量很大程度上受电量的影响,应使用足够稳定的电源。

10.7.3 接线

电线,镇流器和电测设备都应该被放置或遮挡以不影响测试。如果对于一些光度测试需要确定光源的电压和功率,推荐使用测量灯座。

注:测量灯座有四个连接点,两个用于电流供电(I_L),两个独立的用于在灯座处直接测量灯电压(U_L)。四电极灯座将电压测量误差降为零,因为当使用高内阻数字电压表时,没有可测的电流通过测量接点。

10.8 镇流器

对于放电灯的测量通常使用基准镇流器进行。如果使用的是其他的镇流器(例如,灯具测量),在测试协议中应注明使用的镇流器。

10.9 供电电压

对于白炽灯的测试最好使用 DC 电源供电,因为会有较高的电参测量精度。对于放电灯的测试应使用 AC 电源供电。

老化期间的电源电压应该在 0.5%范围内稳定,在实际测试中应在 0.1%以内,用白炽灯校准时应在 0.02%以内。

频率相对镇流器设计值最大变化 0.1%。

AC 电源的总谐波含量应不超过 3%。对于运行有较大的反馈功率比列的高压光源时,电源选择应以能够满足反馈功率的方式进行。

总谐波含量定义为单独谐波成分的均方根(r. m. s.)总和,以基波值为 100%。

注:这暗示了光源的电源应有相对于镇流器内阻足够低的内阻并且此条件应在所有的测试条件中满足。

10.10 测试的执行

对于测试而言,光源的光度中心应该安置在旋转轴的交点上。

测试结果不应受光源运动的影响。

注:对于荧光光源的测试,光源旋转速度应不超过每分钟 3 圈,以防止旋转对结果造成影响。

应使用挡屏来降低照到光度探头上的杂散光,同时,挡屏不应引起对光束通路的阻隔。

在开始测试之前,光源应该燃点足够长时间以获得热平衡。在测试开始之前,所有的电度和光度设备都应该打开足够长时间确保在测试开始时超过其预热时间。

11 测试结果的修正

如果光源在测试过程中使用的电压不同于标称电压,如果环境温度不同于指定值,或者如果测试中光源方位与指定的不同,结果应在可能时进行修正。

如果光源光通与电压的关系已知,则由于电压不同于标称值的结果就应进行修正。在不同环境温度下获得的测试结果应在一定程度上修正。如果光通与环境温度间的关系已知,则对不同温度下测得的光通结果应进行修正。对于灯具情况,灯具和环境温度之间的差异也应知道。

对于白炽灯和荧光灯,通过使用额外的附属探头,针对不同燃点方位的修正是可能的(见 5.4)。

12 结果的表述

结果的表述应该以一种适当选择的直角坐标平面系统或者极坐标和表格形式给出。也可以将结果转换到测试光源的标称光通量(如果已知)的形式。标称光通量应该加以陈述。

对于可以使用不同光源但光源具有同样的几何关系(发光部分的尺寸和方位)的灯具的测试,推荐光强以灯具中光源的光通调整到 1 000 lm 情形下表述。

13 机械调整

13.1 带有旋转光源装置的测角光度计

这种类型的光度计的旋转轴应相互垂直并有一个交点。应保证水平和竖直轴真正对应于其方向。这种条件应该以不确定度不超过 0.01°的高精度检验。

在轴线的交点上,将一个具有好的光学抛光、直径 5 mm 的镜子置于过光源的光中心的平面上光源的位置,光源在光度计的光学轴方向有一条垂直线(从轴线交点到光度探头的接收面的线)。

轴线交点和测量面的中心接着通过一个软管水平计调整到一个高度上。把一个稳定的激光器的发光区域固定在(已经移走了的)光度探头的接收区域上。其光束朝向处于转动装置上的光源位置上的光学镜子的中心。

光源旋转装置应调整到能够使激光器的光束恰好反射回到激光器自身上。这可以通过围绕激光器出射区域使用一个白色漫反射面来实现,反射回来的激光束在其上面是可见的。过程如下:

——光度计类型 1 和 2

如果镜子围绕竖直轴(也是类型 2 光度计垂直轴)转动,反射激光束应该沿一条水平线达到光度计房间的墙上。当竖直轴在两个方向上旋转 45°时,如果光束打到旋转光源的轴线交点并且高度与激光发光区相同(用软管水平尺检查),那么竖直轴就设置正确了。

当绕着水平轴在两个方向上旋转装置时,反射的激光束直射到地板或者顶棚上,激光束应该与过轴线交点的垂直线重合。

——光度计类型 3

对于此类测角光度计,竖直轴采用与类型 1 和 2 相同的方法检验,通过围绕水平轴旋转镜子来检验水平轴的位置。在这种情况下,反射激光束处在光度探头测量区域所在的平面的位置不应变化。

13.2 带有移动光度探头的测角光度计

为了检查旋转光源所围绕的竖直轴的方向,光度探头移动到最低点($\gamma=0$)位置。光源位置上固定一个激光器,其光束直接朝向光度探头的接收区(覆盖了的)中心。如果激光器围绕过其位置的光束所在的竖直轴转动,接收区应该不变。

为了检查水平轴的位置,将一个底部带有重物的白条固定在竖直轴上。如果将一个激光器固定在光度探头位置,并且其光束打到白条上,那么当水平轴转动时,如果白条上的光点始终保持在同一位置,就可确定水平轴了。

13.3 带有旋转镜子的测角光度计

为了检查带有反射镜的测角光度计的调整装置,要插入一个测量杆替代光源,测量杆包含了竖直轴,且在转轴交点(光度中心的位置)处有一个几毫米的直径。在测量杆上标出光度中心位置。用一个激光器替代光度探头,在任意镜子位置上,激光器光束经镜子反射后直接朝向光度中心。通过在镜子附近使用光阑将激光器光束直径限制在 10 mm 以下。无论镜子的位置如何,激光束都应该打到光度中心上。

14 校准

测角光度计可以通过一个光强标准灯加以校准。或者,采用校准了的照度计(亮度积分器),并且测量出转轴交点与接收面间的距离。对于带有旋转镜子的测角光度计，第一种方法包括镜子的性质。

14.1 光强标准

光强标准灯光度中心固定在轴交点上，处在指定的燃点方位，这样光强就可以在其校准方向上测得。在此基础上，建立光强和读数间的关系。

14.2 校准过的照度计

在光学平台上进行照度计校准，测量出轴交点和测量面间的距离。通过这些数据，可以根据光度距离定律计算光强。对于亮度积分光度探头，如果已确认其读数与距离无关，则不需要进行距离测试。

14.3 相对测量

对于相对光强分布测试，不需要特别的校准。应保证光度探头的线性度。

15 误差源和测量精度

15.1 机械安排

下列机械缺陷会导致测量误差：

——不足够的机械稳定性；

——水平、竖直轴不相交；

——两个轴不相互垂直；

——对于带有旋转镜子的测角光度计，镜子的光学轴与可转动的旋转轴不重合；

——旋转过程中可动部件的振动；

——光度探头的错误定位；

——由振动或者缺乏平衡导致的不均匀转动。

15.2 角度测量和角度步长

光强测试的精度很大程度上取决于角度测量的不确定性和角度步长。测量不确定性基本上取决于采用的角度编码器类型，这方面的信息应该从制造商那里获得。对于一个已知光强的测量这方面的测量不确定性可以加以计算。

如果光度计不在每一个角度位置上停止(角度 x,y)来实施测试，每一个测量值应该是决定于测量时间和移动部件的旋转速度的角度间隔内的平均值。影响测量结果不确定度的因素是：

——角度测量的机械不确定度；

——积分时间内的角度不确定度，特别是AC供电的光源；

——一个采样需要的时间间隔；

——两个连续角度间的时间间隔。

15.3 旋转镜子或光度探头对亮度积分的影响

在具有旋转镜子测角光度计中使用的镜子在性能上与理想反射镜有所差异。由镜子引起的测量误差可以有如下几种原因：

——镜子表面相对平面的偏差以及测试过程中这种差异的变化；

——镜子反射率的局部变化；

——镜子表面上的光散射，由漫反射、损伤表面或灰尘所引起；

——镜子表面对被测光的偏振；

——镜子表面反射率的波长依赖性；

——后表面涂层的基底玻璃的不充分的平面平行度(镜头效应)。

由镜子引起的偏振误差在有些时候可以消除，方法是在光度探头前面放置一个检偏器，并使其随镜子一起转动。一个干净旋转镜子的光散射引起的误差难于被消除。然而，对于大测试距离和使用好镜子的情况下，通常将其忽略。

由镜子表面偏离平面(表面粗糙)引起的误差不能被消除，通过仔细选择镜子可以将这种误差降到可忽略的水平。

通过将光度探头和镜子的相对光谱响应调整到 $V(\lambda)$ 函数可将由镜子表面选择性光谱反射引起的误差去除掉。

对于亮度积分光度探头，误差可能由以下因素引起：

——不恒定的空间响应率；

——不足够的接收面尺寸；

——光源和接收面间不足够的距离，导致光源一些部分发光丢失；

——太大的测量场角，导致光度距离限值条件不再满足。

15.4　杂散光

杂散光可以使光强分布测试结果失效。所以，推荐在光源和光度探头接收面之间使用挡屏来限制入射的杂散光，但挡屏不能在光束通路中引起阻隔。

通过在光源和光度探头的中间位置放置一个最小可能尺寸的屏来判断杂散光的比例是可行的，屏挡住了从光源到接收面的直射光。光强分布的测试应该在挡屏处在对应位置上时能够复现。此时的测量信号就是直射杂散光的信号，应将这个量从没有这个挡屏的测试结果中减去(见文献[25])。

15.5　相对光谱响应

光度探头的相对光谱响应应严格地调整到与人眼视觉的光谱响应 $V(\lambda)$[1,6,7]。如果被测光源与校准标准有相同的光谱分布，则探头光谱响应与 $V(\lambda)$ 的吻合就不重要了。比如说相对测试就是这种情况。对于具有旋转镜子的测角光度计，光度探头的 $V(\lambda)$ 吻合应该与镜子结合起来一同考虑。对于采用亮度积分的光度探头的测角光度计，应注意到如果采用了一个空间进行积分，其相对光谱响应会因为灰尘(尽管是非选择性的)而变化。对这些光度探头的探测器的相对光谱响应的测量是可行的，但一般不对整个光度探头实施。

15.6　照度和亮度计

光度探头和附带的光电系统在很大程度上决定了测量的精度。在 CIE 中汇编了测量精度的规定和误差限。

15.7　数据处理

对于获得和处理测试数据而言，数字信号的误差通常是被忽略的。如果数据是以模拟方式获得的，由使用设备带来的误差应加以考虑。

15.8　光度距离限值

光源到光度探头的距离太小可以引起光强分布的误差。在文献[9,10]中给出了误差计算的例子。

15.9　运行条件

运行条件与指定条件间的差异会导致误差。它们是：

——将光度中心置于偏离两个轴交点的位置；

——光源相对指定燃点方位的偏差，这种影响仅存在于测角光度计上具有旋转光源装置时非常不精确的修正；

——燃点阶段或预热阶段结束前开始测试的时间；

——不精确的光源运行电压的调整和测量；

——电源频率相对规定频率的偏差；

——滑环上变化的接触电阻；

——电源不允许的谐波含量；

——与标准环境温度值的温度偏差；

——测量光源的暂时不稳定性；

——通风设备或者太快的光源移动的影响；

——测角光度计部件或者光路中挡屏挡住的光源部分。

15.10 光度标准

使用的标准光度数据在校准时是有测试不确定度的。当说明测试允许误差极限时，不确定度的数值应当依据校准证书给出。在校准时，可能会由于错误的设定电气参数而产生其他的误差。

16 测角光度计测性质

16.1 机械布局

为了能够确定测角光度计的机械细节，应提供下列信息：

——测角光度计的类型；

——几何尺寸；

——允许的光源总重量；

——允许的光源最大尺寸；

——不会被设备部件屏蔽时光强测试的角度间隔；

——光源和光度探头间的测试距离。

对于具有旋转镜子的测角光度计：

——镜子性质的数据。

16.2 角度编码

为了明确使用角度编码设备的性质，需要提供下列信息：

——角度编码类型；

——精度；

——零位编码方式；

——测得值与真实角度间的可能偏差。

16.3 光度探头

光度探头的性质应根据相应的 CIE 推荐值加以陈述。对于亮度积分探头，3.2 中涉及到的数据应该加入。

16.4 光电性质和数据处理

为了将光电性质和数据处理特征化，应提供与相应的 CIE 出版物[1.6]相关的信息。除此之外，应给出下述内容：

——照度积分的积分间隔。

参考文献

[1] Methods of characterizing the performance of radiometers and photometers Publication CIE No. 53(TC-2. 2)1982.

[2] Photometry of indoor type luminaires with tubular fluorescent lamps
Publication CIE No. 24(TC-2. 4)1973.

[3] Photometry of Luminaires for Street Lighting
Publication CIE No. 27(TC-2. 4)1973.

[4] Photometry of floodlights
Publications CIE No. 43(TC-2. 4)1979.

[5] International lighting vocabulary, 3rd ed.
Publication CIE No. 17(E-1. 1)1970.

[6] Methods of characterizing illuminance meters and luminance meters
Publication CIE(TC-2. 2)to be published.

[7] The basis of physical photometry
Publication CIE No. 18. 2(TC-1. 2)1983.

[8] Photometry of luminaires
Publication CIE(Division II)to be published.

[9] H. J. Hentschel Über den Einfluβ der Lichtstärkeverteilung auf die photometrische Grenzentfernung
Lichttechnik 12(1960)p. 673-674.

[10] K. Stolzenberg Die Kennzeichnung und Messung der Lichtstärkeverteilung von Leuchten für Leuchtstofflampen
Tagungsbericht Fachtagung LiTG, SLG, LTAG Salzburg, Bd. 1, p. 238-256.

[11] T. E. Wightman, F. Grum Low-reflectance backing materials for use in optical radiation measurement
Color Res. and Appl. 6(1981)p. 139-142.

[12] J Johnson Zero-length searchlight photometry system
Illuminating Engineering 57(1962)p. 187-194.

[13] F. Languasco, M. Pasta, P. Soardo Photometry of luminaires at IEN: A new goniophotometer
Publication CIE No. 50(1980)p. 180-183.

[14] E. Frederiksen Unidirectional-sensitive photometer
Light and Lighting 60(1967)p. 46-48.

[15] E. Frederiksen The collimated light photometer
Report No. 28, Lysteknisk Laboratorium, Kopenhagen 1981.

[16] J. Krochmann Appareils modernes de photometrie et de colorimetrie
LUX(1979) 102. P. 109-118.

[17] Lichtmessung, Messungen an Leuchten
DIN 5032 Teil 4.

[18] J. Krochmann Goniophotometry, methods and performance
Proceedings of the symposium on "Light and Radiation Measurement'81", p. 20-38

Hungarian Electr. Assoc. Budapest 1981.

[19] L. C. Snyder, P. E. Westlake An automated high-speed photometer
Journ. IES 6(1977) Nr. 2, p. 105-109.

[20] L. A. G. Monard, F. Hengstberger, T. Appenroth, M. E. Thain, C. J. Kok, R. Turner
Luminous Flux measurements at the NPRL by means of a new goniophotometer
Proc. 10th IMEKO Symp. Photon-Detectors, Berlin, 1982 p. 205-214
IMEKO Secretariat H 1374 Budapest POB 457.

[21] Y. Kurioka Light distribution photometry in Japan.
App. Optics 10(1971) No. 12, p. 2600-2606.

[22] L. Morten Mésures électriques sur les lampes à décharge(Puissance-Tension-Courant)
Revue E(Belgium) Vol 4 No. 8(1964) p. 311-327.

[23] U. Mathis Anwendung von elektronischen Vorschaltgeräten für Leuchtstofflampen Tagungsbericht LTAG Fachtagung
Graz, 1983.

[24] M. Nonaka Polarisation errors in distribution measurments of luminaires
Journal of the I11. Eng. Inst. of Japan, 56(1972) p. 537-545.

[25] D. Förste C. Sauter H. Martin Elimination des Fremdlichtes bei der Lichtstrombestimmung mit dem Goniophotometer
Licht-Forschung 2(1980), p. 27-29.

ICS 97.100.10
Y 63

GB

中华人民共和国国家标准

GB/T 26185—2010

快热式热水器

Instantaneous water heater

2011-01-14 发布 2011-06-01 实施

中华人民共和国国家质量监督检验检疫总局
中国国家标准化管理委员会 发布

前　言

本标准的附录A为规范性附录，附录B为资料性附录。

本标准由中国轻工业联合会提出。

本标准由全国家用电器标准化技术委员会(SAC/TC 46)归口。

本标准起草单位：中国家用电器研究院、厦门帅科卫浴电器有限公司、广东美的厨卫电器制造有限公司、青岛经济技术开发区海尔热水器有限公司、法罗力比力奇(鹤山)水暖设备有限公司、中山美旗电器有限公司、浙江康泉电器有限公司、默洛尼卫生洁具(中国)有限公司、艾欧史密斯(中国)热水器有限公司、中山汉诺威电器有限公司、樱花卫厨(中国)股份有限公司、宁波方太厨具有限公司、宁波索顿飞羽电器有限公司、广州市奥特朗企业有限公司。

本标准主要起草人：马德军、葛丰亮、侯全舵、周立国、王任华、韩宝东、罗桂彬、徐忠、杨波、万华新、陈苏、廖金柱、王琦、陈非、冯俊。

快 热 式 热 水 器

1 范围

本标准规定了家用和类似用途快热式热水器的产品分类、结构要求、性能要求、试验方法、制造和生产试验、检验规则、标志、包装、运输、贮存。

本标准适用于家用和类似用途快热式热水器(以下简称热水器)。

本标准所涉及的热水器的安全性能应符合 GB 4706.1 和 GB 4706.11 的要求。

2 规范性引用文件

下列文件中的条款通过本标准的引用而成为本标准的条款。凡是注日期的引用文件,其随后所有的修改单(不包括勘误的内容)或修订版均不适用于本标准,然而,鼓励根据本标准达成协议的各方研究是否可使用这些文件的最新版本。凡是不注日期的引用文件,其最新版本适用于本标准。

GB/T 2828.1 计数抽样检验程序 第1部分:按接收质量限(AQL)检索的逐批检验抽样计划(GB/T 2828.1—2003,ISO 2859-1:1999,IDT)

GB 4706.1 家用和类似用途电器的安全 第1部分:通用要求(GB 4706.1—2005,IEC 60335-1:2001,IDT)

GB 4706.11 家用和类似用途电器的安全 快热式热水器的特殊要求(GB 4706.11—2008,IEC 60335-2-35:2002,IDT)

3 术语和定义

下列术语和定义适用于本标准。

3.1

快热式热水器 instantaneous water heater

当水流过器具时加热水的驻立式器具。

3.2

封闭式热水器 closed water heater

预定在水源压力下工作,水流由在出水装置中的一个或多个阀门控制的快热式热水器。

注:工作压力可以是一个减压或增压装置的出口压力。

3.3

敞开式热水器 open-outlet water heater

水流由在进水管处的一个阀门控制的快热式热水器,这种热水器在出水管处没有阀门。

3.4

恒温热水器 thermostatic water heater

可以设置出水温度,其加热功率和/或出水流量可以自动变化的热水器。

3.5

额定压力 rated pressure

制造厂为器具规定的水压。

3.6

水流开关 flow switch

随水的流动而动作的开关。

3.7

压力开关　pressure switch

随压力的变化而动作的开关。

3.8

额定输入功率　rated input power

制造厂规定的输入功率。

3.9

额定电压　rated voltage

制造厂规定的电压(如是3相,为线电压)。

3.10

水质适应性能　water-resistant performance

使用一定硬度的水连续工作100 h后加热效率的降低性能。

3.11

寿命　wear

热水器在正常使用状况下通断水启动加热的次数。

4　产品命名

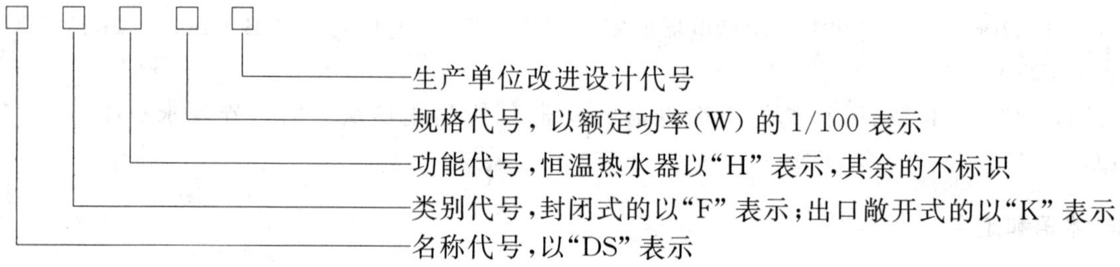

5　结构要求

5.1　外观要求

5.1.1　整机外观:应光洁、无裂痕、无明显划痕等。

5.1.2　塑料件部分:外露表面应光洁、色泽均匀,无严重变形、缩水等现象。塑料件经过热老化和机械强度实验后,不应有明显的破碎、变形等缺陷。

5.1.3　钣金件部分:必须进行防腐处理,喷涂或油漆件必须平整光亮,色泽均匀,漆层牢固,其主要表面应无明显流漆、斑痕、皱纹和剥落等缺陷;电镀件经盐雾试验符合标准要求。

5.2　温控器和热断路器

5.2.1　温控器和热断路器的固定应可靠,不会松脱。

5.2.2　无级调温温控器应有能够控制水温上升或下降的指示。

5.3　加热元件

5.3.1　加热元件应可靠固定,以防止在正常运输和维修时被损坏。

5.3.2　加热元件的管材应具有足够的防腐性能。

5.4　水管连接和管道

5.4.1　热水器进出水管如直接安装于分供水系统时,进出水管应符合国家有关水管接头标准的要求。

5.4.2　热水器的进出水管应具有足够的强度,同时便于与外部的水管连接。

5.4.3　连接的水管应具有足够的耐高温性能以防止热水器中的水回流时损坏。

5.5　热水器应有固定的安装装置,其负荷能力应承受热水器满载工作时总质量的2倍以上,不发生变形和裂纹。

6 性能要求

6.1 加热效率

热水器的加热效率应不低于92%,加热效率的分级指标见表A.1的数据。

6.2 出水温度稳定性能(仅适用于恒温热水器)

在一定的水压、电压和进水温度波动范围内,恒温热水器从开始工作到达到稳定状态的调节时间,稳态误差和超调量的分级指标见表A.2。

6.3 水质的适应性能

使用按照附录B的方法配置的硬度为2.5 mmol/L的硬水,连续加热100 h,其加热器表面不应被水垢完全覆盖,其加热效率应不低于90%,其水质的适应性能等级见表A.3。

6.4 加热速度

热水器在正常使用状态和使用设置下,从开始工作到进入稳定状态的时间应该小于20 s。

6.5 脉冲寿命要求

热水器在至少承受5万次脉冲寿命试验后,热水器整机应能正常工作,各连接处无渗漏。热水器的寿命分级指标见表A.4。

7 试验方法

7.1 测试总要求

7.1.1 试验条件

除非另有规定,在热水器上进行的测试应满足下面条件:

a) 实验室内空气流速不应大于0.25 m/s;

b) 环境温度为20 ℃±2 ℃。环境温度测量点应选择在被测试热水器与实验室墙壁的中间点或距离被测热水器1 m处,两者取较小值,测量点高度为热水器最高点的1/2,环境温度应在稳定条件下测量;

c) 相对湿度不超过85%。温度和湿度是在稳定条件下得到,而不是在热水从热水器中排出的瞬间得到;

d) 额定电压±5%;

e) 供水温度θ_c保持在15 ℃±2 ℃;

f) 在测试期间不排水时的水压在0.275 MPa和热水器制造商规定的最大许可压力之间。水压应保持稳定。

7.1.2 试验用的仪器、仪表

a) 电气测量仪表的准确度应不低于0.5级;

b) 测量温度用仪表,其精度在0.5 K以内;

c) 测量时间用仪表,其精度在1 s内;

d) 测量湿度用仪表,其准确度为±1%;

e) 测量能耗用瓦时计,其准确度为0.01 kWh。

7.1.3 热水器的安装

挂墙式热水器安装在距离墙至少150 mm的隔墙上或隔板上。

安装在隔墙或隔板上的热水器要保证有上下至少250 mm,前面和两侧面至少700 mm的活动余量。

装在地板上的热水器放在地板上或为测试方便装在类似地板上或放在它们的支架上。

嵌装式热水器按制造厂规定装在墙上或放在地板上。

其他形式热水器按照制造厂规定方式安装。

进出水管的安装。按照制造商的说明要求连接必要的附件，测试时，没有规定的连接管和阀门可采用非金属件，如采用金属件时，需要增加一定的保温。

7.2 加热效率的测试方法

热水器热效率的测定如图1、图2所示。

电路中接入功率表，在额定工作条件下通水通电，将热水器以最大功率工作，调节流量使热水出水温度保持在40℃±2℃左右，功率稳定1.5 min后，记下功率表、温度计和电子秤的起始读数，再记录通电3 min、6 min、9 min时出水温度、功率和水的质量，按式(1)计算加热效率：

$$\eta=\frac{1.16G(T_2-T_1)}{PT/60}\times 100\% \qquad (1)$$

式中：

η——热效率，%；

G——通水通电功率稳定后1.5 min以后到试验结束时所收集热水的质量，kg；

T_1——进水温度，℃；

T_2——出水温度平均值，℃；

P——功率，W；

T——收集热水的时间，min。

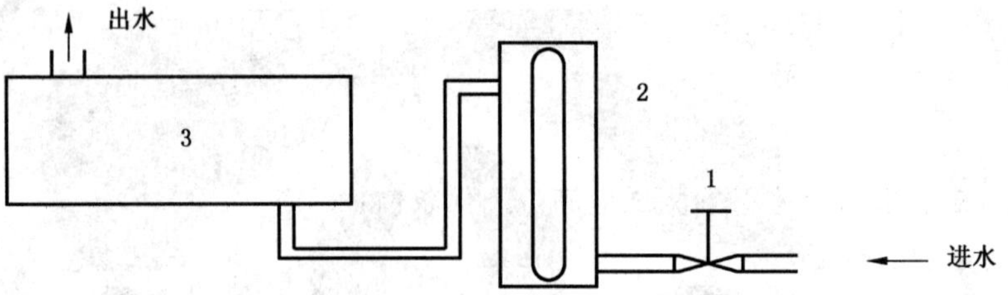

1——进水阀门；

2——转子流量计；

3——试样。

图1

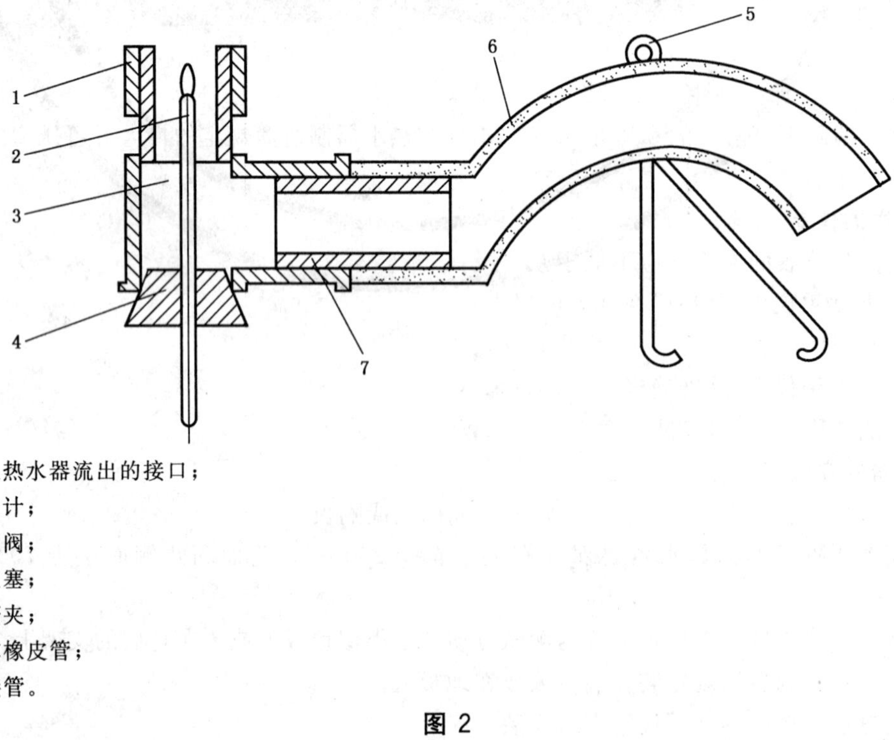

1——水从热水器流出的接口；

2——温度计；

3——三通阀；

4——橡皮塞；

5——弹簧夹；

6——支撑橡皮管；

7——连接管。

图2

7.3 出水温度稳定性能测试方法

7.3.1 进水压力变化时出水温度稳定性能测试方法

7.3.1.1 将机器连接到测试台，调节供水温度为 15 ℃±1 ℃，水压为 0.3 MPa±0.01 MPa，流量调整为按照额定加热功率和温升 25 ℃情况下流量的 90%，供电电压为器具的额定电压。

7.3.1.2 保持状态调节温度控制到 40 ℃±2 ℃。

7.3.1.3 放水 180 s±15 s，检测记录出水温度。

7.3.1.4 迅速调节供水水压达到表 1 的设定值变化，压力达到设定值或保留设定值的±15%或±0.015 MPa，水压变化在 1 s 内完成。

7.3.1.5 监控并记录出水水温。

7.3.1.6 重复以上步骤测试 3 次。

表 1

变 化 过 程	供水压力/MPa
第一次变化	0.5±0.02
第二次变化	额定压力±0.02
第三次变化	0.3±0.01
第四次变化	0.2±0.01
第五次变化	0.3±0.01

7.3.2 电源电压变化时出水温度稳定性能测试方法

7.3.2.1 将机器连接到测试台，调节供水温度为 15 ℃±1 ℃，水压为 0.3 MPa±0.01 MPa，流量调整为按照额定加热功率和温升 25 ℃情况下流量的 90%，供电电压为器具的额定电压。

7.3.2.2 保持状态调节温度控制到 40 ℃±2 ℃。

7.3.2.3 放水 180 s±15 s，检测记录出水温度。

7.3.2.4 迅速(不超过 2 s)调节供电电压达到表 2 的值。

7.3.2.5 监控并记录出水水温。

7.3.2.6 重复以上步骤测试 3 次。

表 2

变 化 过 程	供应电压/V
第一次变化	220/380
第二次变化	198/342
第三次变化	220/380
第四次变化	242/418
第五次变化	220/380

7.3.3 进水温度变化时出水温度稳定性能测试方法

7.3.3.1 将机器连接到测试台，调节供水温度为 15 ℃±1 ℃，水压为 0.3 MPa±0.01 MPa，流量调整为按照额定加热功率和温升 25 ℃情况下流量的 90%，供电电压为器具的额定电压。

7.3.3.2 保持状态调节温度控制到 40 ℃±2 ℃。

7.3.3.3 放水 180 s±15 s，检测记录出水温度。

7.3.3.4 迅速调节入水水温达到表 3 的值，每个温度调置值至少保留 2 min 后测温。

7.3.3.5 在每次记录入水水温变化 120 s±5 s 后记录出水温度。

表 3

变化过程	进水温度/℃
第一次变化	7±1
第二次变化	20±1
第三次变化	15±1

7.4 水质适应性能试验方法

将热水器按照厂家要求进行安装，其进水口安装一水泵可以将固定容器的水泵入热水器内进行加热，出水口连接一冷却装置，将热水器的出水经过冷却后流回到固定容器内，要求冷却装置可以保证热水器以最大功率连续工作。

在固定容器内注入按照附录B的方法配置的硬度为2.5 mmol/L的硬水，使用热水器的最大功率进行加热，调节流量使其出水温度保持在40 ℃±2 ℃。连续加热10 h后更换一次固定容器的标准硬水。

热水器连续加热100 h后，按照7.2的试验方法检测其加热效率，然后将热水器加热打开在干燥空气中再放置24 h观察其加热器表面的结垢情况。

7.5 加热速度试验方法

将热水器按照厂家使用要求进行安装固定，水压调整至0.3 MPa±0.01 MPa，电压为额定电压±2 V，将热水器按照正常的使用状态进行设置(保证出水温度在40 ℃±5 ℃)，计时热水器从开始工作至进入稳定状态(出水温度稳定在±1 ℃)的时间。

7.6 寿命试验方法

将热水器按照厂家使用要求进行安装固定，在正常工作的条件下进行下列试验。水压调整至0.3 MPa±0.01 MPa，电压为额定电压，出口敞开式热水器控制进水口，封闭式热水器控制出水口，使用脉冲控制水的通断，要求10 s关闭，20 s通水。

注：每循环5 000次结束时，将热水器在试验水压下保持10 min，观察各连接处无漏水，然后使热水器在正常工作条件下连续工作30 min，检测各个使用功能是否正常，电器性能是否符合要求。

8 制造和生产试验

制造商在每个热水器上进行，可以在装配的整机上进行，如果后面的生产过程不会影响到检测结果，可以在生产期间的恰当阶段进行下面试验。

注：如果元件在它们制造时已预先经受了常规试验，则不经受这些试验。

8.1 接地电阻试验

一个来自空载电压不超过12 V的电源(交流或直流)的至少10 A的电流，通过每个易触及接地金属部件之间和下述部件之间。

——对打算永久连接到固定布线的Ⅰ类器具，接地端子；

——对其他Ⅰ类器具，插头的接地触点或接地插脚。

测量电压降并算出电阻，电阻不应超过：

——对带电源线的器具，0.2 Ω或0.1 Ω加上电源线的电阻，两者取小值；

——对其他器具，0.1 Ω。

8.2 电气强度试验

电气强度的试验方法与GB 4706.11规定的试验方法相同，但在生产过程中，试验电压的数值是

GB 4706.11 规定试验电压的 1.2 倍，时间是 1 s。

8.3 **压力试验**

容器用流体作压力试验。

当采用液体时，压力如下：

——对于封闭式热水器，试验压力使用额定压力的 1.1 倍；

——对于出口敞开式热水器，试验压力使用 0.05 MPa。

当采用气体时，压力可以降低，但是应足以检查出泄漏。

注：用气体检验封闭式热水器时要小心。

在试验中不得有泄漏。

9 检验规则

9.1 每台热水器均应经制造厂质量管理部门检验合格后方能出厂，并附有合格证、使用说明书，并在说明书或合格证上标明出厂日期。

9.2 出厂检验

9.2.1 每台电热水器出厂前除要求检验第 8 章所有项目外还应检验外观和铭牌。

9.2.2 抽样检验

产品批量检查验收时，执行抽样检验。

9.2.2.1 抽样方案

a) 抽样方案按照 GB/T 2828.1 规定。

b) 产品抽验不合格时，本批产品判为不合格。本批产品应重新逐台检验后组批交验。

9.2.2.2 检验项目

抽样检验项目至少按照表 4 规定的项目进行。

表 4

序 号	检 验 项 目
1	标志
2	说明书
3	包装
4	接地电阻
5	电气强度
6	加热功率
7	泄漏电流

9.3 型式试验

9.3.1 型式试验应在下列情况之一时进行。

a) 新产品试制定型鉴定；

b) 新产品转厂生产试制定型鉴定；

c) 设计、工艺或使用零部件和材料有较大改变，可能影响到产品性能时；

d) 产品长期停产后，恢复生产时；

e) 出厂检验结果与上次型式检验结果有较大差异时；

f) 国家质量监督机构提出进行型式检验的要求时。

9.3.2 检验项目

GB 4706.11 和本标准规定的所有项目。

9.4 库存两年以上的产品应按 9.1 规定复查。

10 标志、包装、运输、贮存

10.1 标志

热水器的铭牌及安全注意事项应位于明显的位置。

10.1.1 铭牌

除 GB 4706.11 规定的内容外，铭牌还应标出下述内容：

a) 热水器的名称与型号；

b) 额定功率，单位：kW；

c) 额定压力，单位：MPa；

d) 加热效率等级；

e) 水质适应能力等级；

f) 寿命等级。

10.1.2 安全注意事项

安全注意事项至少应包括下述内容：

a) Ⅰ类热水器，应标明热水器必须接地；

b) 如果设置温度超过 50 ℃，可能会对你的身体造成烫伤，请不要直接淋浴使用。

10.2 使用说明书

每台热水器应有使用说明书，使用说明书除符合 GB 4706.11 规定的内容外，还应标出下述内容：

a) 热水器的型号、规格、主要技术参数(额定电压、额定功率、加热效率等级、耐硬水能力等级、寿命等级)和电气原理图；

b) 热水器的外形尺寸简图；

c) 热水器的安装方式；

d) 使用注意事项；

e) 故障排除及保养；

f) 使用环境；

g) 安全使用年限。

10.3 包装

10.3.1 热水器的包装应有可靠的防潮防尘措施，保证产品的绝缘性能、金属保护层及各种零件不致损坏。

10.3.2 包装箱应牢固可靠，能有效的保护产品。

10.3.3 包装箱标志

包装箱标志至少应包括以下内容：

a) 产品名称、型号、规格；

b) 牌号及商标；

c) 包装箱毛重，单位：kg；

d) 包装件外型尺寸：长×宽×高，单位：mm；

e) 注意事项及标记“小心轻放”、“切勿受潮”、“向上”等字样或符号；

f) 堆码；

g) 出厂日期或批号；

h) 制造厂全名和生产场地地址。

10.3.4 包装箱内的产品、合格证、使用说明书、保修卡、装箱单等附件应与装箱单一致。

10.4 运输

10.4.1 运输过程中应防止剧烈振动、挤压、雨淋及化学物品侵蚀。

10.4.2 搬运必须轻拿轻放，码放整齐，严禁滚动和抛掷。

10.5 贮存

10.5.1 成品必须储存在干燥通风、周围无腐蚀性气体的仓库。

10.5.2 热水器应按型号分类存放，堆码的高度应不大于包装箱上标明的堆码高度。

附 录 A
（规范性附录）
主要性能指标的分级

A.1 加热效率

热水器加热效率分为4级，见表A.1。

表 A.1

加热效率等级	加热效率 η
A	$\eta>98\%$
B	$96\%<\eta\leqslant98\%$
C	$94\%<\eta\leqslant96\%$
D	$92\%<\eta\leqslant94\%$

A.2 出水温度稳定性能

出水温度稳定性能指标分为4级，见表A.2。

表 A.2

出水温度稳定性能等级	调节时间	稳态误差	超调量
A	20 s	±1.0 ℃	8%
B	30 s	±1.0 ℃	10%
C	45 s	±2.0 ℃	12%
D	60 s	±2.0 ℃	15%

A.3 耐水质适应能力

水质适应能力指标分为4级，见表A.3。

表 A.3

耐水质适应能力等级	加热效率 η
A	$\eta>95\%$
B	$90\%<\eta\leqslant95\%$
C	$85\%<\eta\leqslant90\%$
D	$80\%<\eta\leqslant85\%$

A.4 寿命

热水器寿命指标分为 4 级，见表 A.4。

表 A.4

寿命等级	试验次数 t
A	11 万次＜t≤15 万次
B	9 万次＜t≤11 万次
C	7 万次＜t≤9 万次
D	5 万次＜t≤7 万次

附　录　B
（资料性附录）
试验硬水的配置方法

B.1　制备硬水的成分

硬水暂时硬度的成分为碳酸氢钙[$Ca(HCO_3)_2$]。永久硬度在氯化钙（$CaCl_2$）和硫酸镁（$MgSO_4$）之间。硬水成分见表 B.1。

表 B.1

离子	摩尔质量	总硬度/(mmol/L)		
		0.5	1.5	2.5
		离子浓度/(mmol/L)		
Ca^{2+}	40.0	0.42	1.25	2.08
Mg^{2+}	24.3	0.08	0.25	0.42
HCO_3^-	61.0	0.68	2.00	3.33
Cl^-	35.5	0.16	0.50	0.83
SO_4^{2-}	96.0	0.08	0.25	0.42
暂时硬度/(mmol/L)		0.34	1.00	1.67

B.2　二次硬化方法

添加方法 A 或方法 B 的盐量达到所要求硬度。

方法 A：向软水加入盐量以 mg/L 为单位，所加盐的纯度至少为 98%。

表 B.2

盐　种　类	总硬度/(mmol/L)		
	0.5	1.5	2.5
$CaCO_3$	33	100	167
$CaCl_2 \cdot 2H_2O$	12	37	61
$MgSO_4 \cdot 7H_2O$	21	61	103

方法 B：向软水中加入盐溶液量以 mL/L 为单位。

表 B.3

盐　溶　液	总硬度/(mmol/L)		
	0.5	1.5	2.5
$NaHCO_3$—溶液 1	0.83	2.50	4.17
$CaCl_2 \cdot 2H_2O$—溶液 2	0.83	2.50	4.17
$MgSO_4 \cdot 7H_2O$—溶液 3	0.83	2.50	4.17

根据水量和要求的暂时硬度，称量干燥的碳酸钙（$CaCO_3$）用量，取少量软水混合后加入到余下的水中。

通过使用小棒或带有小孔的循环喷头使二氧化碳缓慢起泡，将其分散到储水箱的底部。在注入水箱前，使用减压阀将二氧化碳气柱的压力降至约为 35 kPa，如有必要可以加热阀门以防止冻结。

这个过程，pH 值下降，将不可溶解的碳酸钙转化成碳酸氢钙，持续到水变清为止。

注：本过程可能持续 1 h～3 h，由水量及硬度要求而定。

然后加入固体氯化钙（$CaCl_2 \cdot 2H_2O$），加入量为要求的永久硬度的一半（0.01 mmol/L，每升加入 1.47 mg $CaCl_2 \cdot 2H_2O$）。

然后加入固体硫酸镁（$MgSO_4 \cdot 7H_2O$），加入量为要求的永久硬度的一半（0.01 mmol/L，每升加入 2.46 mg $MgSO_4 \cdot 7H_2O$）。

加入气体以提升 pH 值，使之达到表 B.4 中 pH 值范围内。

表 B.4

硬　度	20 ℃时 pH 值
0.5 mmol/L	8.0～8.3
1.5 mmol/L	7.5～8.0
2.5 mmol/L	7.3～7.7

水应保持在正常室温的密闭水箱内，不进行进一步搅拌。

在使用硬水之前，如有需要可使用 HCl 或 NaOH 调整 pH 值。